U0370288

MICROELECTRONICS:
CIRCUIT ANALYSIS AND DESIG
FORTH EDITION

电子电路分析与设计

（第四版）

半导体器件及其基本应用

[美] 尼曼（Donald A. Neamen） 著

任艳频 赵晓燕 张东辉 译

新视野
电子电气
科技丛书

清华大学出版社
北京

北京市版权局著作权合同登记号 图字：01-2017-8422

Donald A. Neamen

Microelectronics：Circuit Analysis and Design，Fourth Edition

ISBN：978-0-07-338064-3

Copyright © 2010 by McGraw-Hill Education.

All Rights reserved. No part of this publication may be reproduced or transmitted in any form or by any means，electronic or mechanical，including without limitation photocopying，recording，taping，or any database，information or retrieval system，without the prior written permission of the publisher.

This authorized Chinese translation edition is jointly published by McGraw-Hill Education and Tsinghua University Press Limited. This edition is authorized for sale in the People's Republic of China only，excluding Hong Kong，Macao SAR and Taiwan.

Copyright © 2020 by McGraw-Hill Education and Tsinghua University Press Limited.

图书在版编目（CIP）数据

电子电路分析与设计：第四版. 半导体器件及其基本应用/（美）尼曼（Donald A. Neamen）著；任艳频，赵晓燕，张东辉译. —北京：清华大学出版社，2020.10

新视野电子电气科技丛书

书名原文：Microelectronics：Circuit Analysis and Design（Fourth Edition）

ISBN 978-7-302-55000-6

Ⅰ. ①电… Ⅱ. ①尼… ②任… ③赵… ④张… Ⅲ. ①电子电路—电路分析 ②电子电路—电路设计 ③半导体器件—电子技术 Ⅳ. ①TN702

中国版本图书馆 CIP 数据核字（2020）第 051530 号

责任编辑：王 芳
封面设计：傅瑞学
责任校对：李建庄
责任印制：刘海龙

出版发行：清华大学出版社
　　　　网　　　址：http://www.tup.com.cn，http://www.wqbook.com
　　　　地　　　址：北京清华大学学研大厦 A 座　　　　　邮　　编：100084
　　　　社 总 机：010-62770175　　　　　　　　　　　　邮　　购：010-83470235
　　　　投稿与读者服务：010-62776969，c-service@tup.tsinghua.edu.cn
　　　　质量反馈：010-62772015，zhiliang@tup.tsinghua.edu.cn
　　　　课件下载：http://www.tup.com.cn，010-83470236
印 装 者：三河市君旺印务有限公司
经　　销：全国新华书店
开　　本：185mm×260mm　　印　张：35　　　　　　字　　数：852 千字
版　　次：2020 年 11 月第 1 版　　　　　　　　　印　　次：2020 年 11 月第 1 次印刷
印　　数：1～3000
定　　价：159.00 元

产品编号：077489-01

Donald A. Neamen 教授主编的《电子电路分析与设计》第四版和读者见面了,该书自清华大学出版社于 2000 年引进以来,颇受国内广大高校师生的欢迎。新版不但秉承了前几版"为模拟和数字电子电路的分析和设计提供基础教程"的宗旨,而且在诸多方面进行了改进、补充和重新编排,使之具有更加鲜明的特色,突出了科学性、基础性、系统性和适用性。

一、本书的结构和内容

第四版与第三版在总体结构上基本相同;全书包括三部分,共 17 章。本册为第一部分。

第 1~8 章为第一部分,主要阐述分立元件模拟电子电路的分析和设计方法。内容包括半导体材料、二极管基本原理及其基本应用电路、场效应管工作原理及其线性放大电路、双极型晶体管工作原理及其线性放大电路和应用、频率响应、输出级和功率放大电路等。

第 9~15 章为第二部分,主要阐述更复杂的模拟电子电路的分析和设计,即运算放大器及构成集成放大电路的基本模块,以及运放的应用等。包括理想运放及其基本应用、集成电路的恒流源偏置电路和有源负载、差分放大电路、反馈及放大电路的稳定性、构成运算放大器的各种电路的分析和设计、模拟集成电路中非理想因素的影响以及有源滤波电路和振荡电路等。

第 16 章和 17 章为第三部分,主要阐述数字电子电路的分析和设计。第 16 章的内容是 CMOS 数字电路的分析和设计,包括基本逻辑门电路、触发器、寄存器、基本 A/D 和 D/A 转换器等。第 17 章的内容是双极型数字电路的分析与设计,包括射极耦合逻辑电路(ECL)和三极管-三极管逻辑电路(TTL)。

二、本书内容编排的特点

1. 每章均以内容简介开篇,对前一章和新一章的内容起承上启下的作用;预览部分以列表形式呈现,使读者一目了然。每章以小结和复习题结尾,仍以列表形式回顾本章建立的基本概念和方法,提出学过本章后应达到的水平和应具有的能力,并可通过习题完成自我评估,以便更好地进入下一章的学习。开头和结尾相互呼应,教学目标性很强。

2. 各章每一节开始均重申本节的学习目标,结尾大都有理解测试题,做到一节一测试。同时,各章节配有充分的例题,每一道例题后面均紧跟一道与例题相似的练习题,随时检查刚刚学过的内容;使学习过程循序渐进,一步一个脚印。这些例题包含了电子电路分析和设计的各个细节,因此不断加深读者对基本概念和基本方法的理解和应用。

3. 每章的最后一节为设计应用,阐述一个与本章内容紧密相关的具体的电子电路设计,以期达到理论联系实际、学以致用的目的。例如,利用二极管、MOSFET 管和 BJT 管设计电子温度计,利用集成运放设计有源滤波器,利用 CMOS 和 ECL 电路的基本结构设计门电路,等等;使读者逐渐掌握电子电路自上而下的设计方法。

三、本书的主要特色

本书加强了教学的严密性,修改了部分电路参数和元件参数,使之更适于现代电子学的发展。与国内众多同类教材相比,以下特色更为显著。

1. 突出鲜明的教学目的

本书在每一章甚至每一节都给出了明确的学习目标,使读者"心中有数",了解学后应掌握的基本元件,基本概念、电路和方法以及应当达到的能力。

2. 满足灵活的教学安排

本书具有很强的适应性,各个重要部分在叙述上既相互独立,又相互联系,使得教学安排能够灵活多变。在全局上,既可以先讲数字电子电路,又可以先讲模拟电子电路;在模拟电子电路部分,既可以先讲集成运放及其应用,又可以先讲分立元件放大电路及其应用;在分立元件放大电路部分,既可以先讲场效应管及其放大电路,又可以先讲双极型三极管及其放大电路;在数字电子电路部分,既可以先讲单极型逻辑电路,又可以先讲双极型逻辑电路。

3. 强调电子设计的重要性

电子技术课程具有很强的工程性,作者认为"设计是工程的核心。好的设计源于相当丰富的分析经验。"因此,本书在对电子电路进行分析时特别强调它们不同的特性,以期读者能够建立一种可以"在设计过程中应用的直觉"。这种将分析和设计紧密结合的方法,使得学生将分析中获得的感悟立刻用于设计之中,从而逐步掌握电子电路的设计方法。

4. 提高习题的丰富性

本书在各种习题的丰富性上做了大量工作,共新增近 260 道练习题和理解测试题,580 道章后习题;其中包含 50 多道开放设计题,60 多道计算机仿真题;并提供习题答案,读者可以在每一章、每一节甚至每一个例题后进行自我测试,一步一步地达到学习目标。

5. 明确 EDA(Electronic Design Automation)应用的目的

电子电路计算机辅助分析和设计的方法已日臻成熟,EDA 软件的应用已成为电子技术类课程不可或缺的组成部分。本书特别强调人工分析与设计,以便读者透彻地理解基本的电路概念。但是,对于某些复杂电路和问题作者则大量使用较为流行的 PSpice 软件进行分析;并在不少章节同时给出人工分析结果和 PSpice 分析结果;使得读者不但深入掌握电子电路的基本概念,而且理解 EDA 工具的应用场合和使用方法。

总之,本书在各个章节中,分析与设计紧密结合,启发引导,循序渐进,叙述详尽;在总体内容上,充分体现知识的系统和完整型;各种习题丰富多彩,自我测评细致入微。本书内容涵盖了我国高等院校模拟电子技术和数字电子技术课程大部分教学要求,内容丰富,视野开阔;虽然篇幅较大,但层次清楚、思路清晰、文字流畅、易于阅读;因而不但可以作为电子技术基础及同类课程的教材,还可以作为相关课程的参考书。

华成英

2020 年 8 月于清华园

理念与目标

《电子电路分析与设计》旨在用作电气与计算机工程专业本科生的电子学课程教材。本书的撰写注重通俗易懂、简单易读。

目前，大多数电子电路的设计都包含集成电路。集成电路将整个电路制作在单片半导体材料上，它可以包含数百万个半导体器件和其他元件，能完成很复杂的功能。微处理器是集成电路的一个经典案例。本教材的最终目标是清晰地呈现构成这些复杂集成电路的基本电路的工作原理、电路特性以及限制条件。虽然大多数工程师会在专业设计应用中使用已有的集成电路，但是他们仍需知悉基本电路的特性，以便理解集成电路的工作特性和限制条件。

通过本书，首先，对分立晶体管电路进行分析和设计；其次，不断增加所研究电路的复杂度；最后，使读者能够分析和设计集成电路中的基本单元电路，比如线性放大电路和数字逻辑门电路。

本书是电子电路这个复杂课题的入门教材。因此，书中没有包含那些更先进的材料，也没有包含像砷化镓这种在一些特殊的应用中使用的技术。本书未涉及集成电路的布局布线和制造技术，因为这些内容可以单独构成一本完整的教材。

设计的重要性

设计是工程的核心。好的设计源于相当丰富的分析经验。本教材对电路进行分析时，会阐述它们的不同特性，以便建立一种可以在设计过程中应用的直觉。

本教材中包含很多设计例题、设计练习题和每章后面的设计习题。每章后面的设计习题用"D"标识。这些例题和习题中有一组设计规格，从这些设计规格出发，可得到唯一的解。虽然真正意义上的工程设计的解决方案并不唯一，但是作者相信这些初步的设计例题和习题是学习设计过程的第一步。每章后面的习题有单独的一部分为"设计习题"，其中包含一些开放设计习题。

计算机辅助分析和设计

计算机分析和计算机辅助设计（CAD）是电子学的重要环节。SPICE（侧重于集成电路的仿真程序）是当前最为流行的电子电路仿真程序之一，由加州大学开发。本教材中使用的PSpice是SPICE针对个人计算机定制的版本。

本教材强调人工分析和设计，以便专注于基本的电路概念。不过，在教材中的某些地方包含了PSpice分析结果，并和人工分析的结果进行关联。当然，根据授课教师的自由安排，计算机仿真可以在教材的任何部分引入。在每章后面的习题中，有一个独立的部分为计算机仿真习题。

　　某些章节,大量地应用计算机分析。但即使在这些情况下,也只是在充分了解电路的基本特性以后才考虑使用计算机分析方法。计算机是可以给电子电路分析和设计提供辅助的工具,但它并不能彻底理解电路分析中的基本概念。

先修要求

　　本书的适用对象为电气与计算机工程专业的大学二年级学生。为了理解书中的内容,先修要求包括电子电路的直流分析和正弦稳态分析,以及 RC 电路的瞬态分析。不同的网络概念,比如戴维南和诺顿定理,在书中广泛使用。了解拉普拉斯变换方法有助于理解本书的内容。不要求读者具备半导体器件物理的先验知识。

本书的结构

　　《电子电路分析与设计》一书分为三部分。本书为第一部分,共有 8 章,包括半导体材料、二极管的基本原理和二极管电路、晶体管的基本原理和晶体管电路等内容。《电子电路分析与设计——模拟电子技术》为第二部分,介绍更高级的模拟电路,比如运算放大器电路、集成电路中使用的偏置技术以及其他模拟电路应用。《电子电路分析与设计——数字电子技术 》为第三部分,介绍数字电子电路,包括 CMOS 集成电路。

　　第 1 章介绍半导体材料和 PN 结,由此引出第 2 章的二极管电路和应用。第 3 章讲解场效应晶体管,重点介绍金属-氧化物-半导体场效应管(MOSFET)。第 4 章介绍基本场效应晶体管线性放大电路。第 5 章讨论双极型晶体管。第 6 章介绍基本双极型线性放大电路及其应用。第 7 章讨论晶体管和晶体管电路的频率响应特性。由于第 3～6 章的重点是电路的分析和设计方法,在同一章内混合讲解两种不同的晶体管类型会引起不必要的混淆。从第 7 章开始,在同一章中既讨论 MOSFET 电路,又讨论双极型电路。第 8 章作为第一部分的结束内容介绍输出级和功率放大电路。

　　本书的最后有 4 个附录。附录 A 包含物理常数和转换因子;附录 B 包含几个器件和电路的制造商数据手册;附录 C 给出标准的电阻值和电容值;附录 D 列出参考文献和其他阅读资源。

教学次序

　　《电子电路分析与设计》一书,撰写时考虑具备一定的灵活度,授课教师可以设计自己的教学次序。

1. 运算放大器电路

　　为了那些希望把理想运算放大器电路作为电子学的第一个授课主题的教师,对《电子电路分析与设计——模拟电子技术》的第 1 章做了修改,其中的 1.1 节～1.5.5 节可以作为第 1 章来进行学习。

教学章节
理想运算放大器电路
《电子电路分析与设计——模拟电子技术》第 1 章,1.1 节～1.5.5 节
第 1、2 章等

2．MOSFET 和双极型晶体管

介绍 MOSFET 的第 3、4 章和介绍双极型晶体管的第 5、6 章在书中是相互独立的两部分内容。因此，授课教师既可以先讲授 MOSFET，后讲授双极型晶体管；也可以采用更传统的方式，先讲授双极型晶体管，后讲授 MOSFET。

教学章节			
本教材		传统方式	
章节	内容	章节	内容
1	PN 结	1	PN 结
2	二极管电路	2	二极管电路
3	MOS 晶体管	5	双极型晶体管
4	MOSFET 电路	6	双极型电路
5	双极型晶体管	3	MOS 晶体管
6	双极型电路	4	MOSFET 电路

3．数字和模拟

为了那些希望先讲授数字电子学后讲授模拟电子学的教师，第 2、3 部分在撰写时彼此独立。因此，教师可以在讲授第 1～3 章后，直接跳到《电子电路分析与设计——数字电子技术》的第 1 章。

教学章节	
章节	内容
1	PN 结
2	二极管电路
3	MOS 晶体管
16	MOSFET 数字电路
5	双极型晶体管
17	双极型数字电路
其他	模拟电路

第四版最新修订内容：

（1）新增近 260 道练习题和理解测试题；

（2）新增 580 多道每章后的习题；

（3）在每章后的习题部分新增 50 多道开放设计题；

（4）在每章后的习题部分新增 60 多道计算机仿真题；

（5）更新了电路中的电压值，使之与现代电子学更相符；

（6）更新了 MOSFET 器件参数，使之与现代电子学更相符；

（7）改写了第 9 章，使理想运算放大器电路可以作为电子学的第 1 章来学习；

（8）加强了数学严密性，以便更清晰地理解基本的电路原理和特性。

教材中继续保持的特色:

(1) 每章的开始都有一个简短的内容介绍,对前一章的内容和新一章的内容起承上启下的作用。每章的目标,即读者应该从本章收获什么,在每章前面的预览部分用列表的形式给出,一目了然。

(2) 每一节都在开始部分重申本章这部分内容的目标。

(3) 本书通篇包含大量的实用例题,以加强对书中理论和概念的理解。这些例题包含分析或设计的所有细节,读者不必担心会遗漏掉什么步骤。

(4) 每个例题后面都有一道练习题。练习题和例题非常相似,这样读者可以立刻检查自己对于刚刚学过的内容的理解程度。每道练习题都给出答案,因而读者不用到书末去寻找答案。这些练习题可以帮助读者在进入下一部分内容之前加深对前面内容的理解和掌握。

(5) 在每一节的末尾大都有理解测试题。通常,这些测试题比例题后面的练习题综合性更强。这些测试题同样可以帮助读者在进入下一部分内容之前加深对前面内容的理解和掌握。理解测试题也给出答案。

(6) 解题技巧贯穿在每章的内容当中,以帮助读者分析电路。尽管求解方法可能不唯一,但这些解题技巧仍可以帮助读者迈出电路分析的第一步。

(7) 每章的最后一节为设计应用,这部分提供一个和本章内容相关的具体电子设计。通过本教材的学习,学生将学会构建一个电子温度计电路。虽然不是每个设计应用都和电子温度计相关,但是每个应用都向学生展示如何进行实际的设计。

(8) 每章的最后是本章内容小结,总结本章获得的全部结果,并回顾所建立的基本概念。小结部分也用列表形式给出,一目了然。

(9) 小结后面是检查点,列出通过本章学习应当已经达到的目标,以及读者通过学习应当掌握的能力。它可以帮助读者在学习下一章之前评估自己的进展。

(10) 每章末尾列出复习题。这些复习题作为自我测试,帮助读者确定自己对本章所讲述基本概念的掌握程度。

(11) 每章后面给出大量的习题,分节编排。在第四版中加入了很多新习题。除了难度不同的习题,还加入设计导向的习题。此外,还单独给出计算机仿真题和开放设计题。

(12) 附录B给出几个器件和电路的制造商数据手册。这些数据手册可以使读者将书中学习的基本概念和电路特性与实际电路特性和限制条件联系起来。

补充材料

Microelectronics 网站给教师和学生提供各种工具。教师可以从 McGraw-Hill 的 COSMOS 电子解决方案手册中受益。COSMOS 可以帮助教师们生成不计其数的习题材料,布置给学生,同时也可以把他们自己的习题转换和整合到软件中。针对学生,提供了电气工程师简介,通过对工作在 Fairchild 半导体和 Apple 等不同企业的工程师的访谈,给学生提供电气工程现实世界的直观认知。此外,网站提供 PowerPoint 幻灯片、图片库和完整的教师指导手册(带密码保护)、数据手册、实验手册和其他网站链接。

电子教材购买

CourseSmart 为教师和学生提供本教材。CourseSmart 是一个在线资源,学生可以购买在线电子教材,它的价格差不多是传统教材的一半。购买电子教材的好处是可以利用 CourseSmart 的网站工具进行学习,这些工具包括全文搜索、记笔记、标重点和通过电子邮件在同学之间分享笔记。想了解更多关于 CourseSmart 的内容,可以和销售代表联系。

电子学导论

大多数人听到电子学这个词，会想到电视机、笔记本电脑、手机或者 iPad。事实上，这些设备都是由子系统或电子电路组成的电子系统，电子电路包括放大电路、信号源、电源和数字逻辑电路等。

电子学是研究电荷在气体、真空或半导体内运动的一门学科（注意这个定义中不包括电荷在金属中的运动）。这一概念最早起源于 20 世纪早期，它将新兴的电子工程和电气工程加以区分。电气工程主要研究电机、发电机和电缆传输，而当时的电子工程主要研究真空管。目前，电子学一般包括晶体管和晶体管电路。微电子学是指集成电路（IC）技术，它可以在一片半导体材料上制作包含数百万个元件的电路。

一个典型的电气工程师具备多种技能，通常要会使用、设计或构建应用了电子技术的系统。因此，电气工程和电子工程之间的区别不再像最初定义的那么明显。

1. 简要历史

晶体管和集成电路的迅猛发展使得电子技术具有巨大威力。从即时通信的手机到汽车，集成电路的应用已经渗透到日常生活的方方面面。集成电路应用的一个突出例子是笔记本电脑，它比几十年前需要占据一整间屋子的巨大计算机的性能还要好。手机也发生了显著的变化，它不仅提供即时消息，还自带摄像头，可以随时拍摄照片或视频并发送到地球的任何一个角落。

1947 年 12 月，第一只晶体管（由 Willian Shockley、John Bardeen 和 Walter Brattain 研制成功）诞生于贝尔实验室，电子学取得根本性突破。从那时起一直到大约 1959 年，晶体管只作为分立元件使用，所以制作电路时需要把晶体管的引脚直接焊接到其他元件的引脚上。

1958 年 9 月，美国德州仪器（Texas Instruments，TI）公司的 Jack Kilby 用锗半导体设计出第一片集成电路。几乎同时，美国仙童（Fairchild）半导体公司的 Robert Noyce 在硅谷引入了集成电路。60 年代，集成电路技术迅猛发展，当时主要使用双极型晶体管技术。此后，金属-氧化物-半导体场效应晶体管（MOSFET）和 MOS 集成电路技术出现并占据主流，尤其是在数字集成电路中。

从第一片集成电路开始，集成电路越来越复杂，电路的设计也越来越高端。器件的尺寸越来越小，在单个芯片上所集成的器件数目持续迅速增长。目前，一片半导体 IC 上可以包含运算、逻辑和存储功能。这类集成电路的最主要例子是微处理器。

2. 无源和有源器件

在无源电子器件中，无限长时间内传送到电子器件的平均功率总是大于或等于零。电阻、电容和电感都是无源器件。电感和电容可以储存能量，但是它们不能在无限长时间内传送大于零的平均功率。

有源器件如直流电源、电池和交流信号发生器等,可以提供特定类型的功率。晶体管也被认为是有源器件,因为它们给负载提供的信号功率可以比接收到的大。这种现象称为放大。输出信号中的额外功率是该器件内部对直流和交流能量重新分配的结果。

3. 电子电路

在大多数电子电路中,都有两个输入(图 PR1.1)。一个输入来自电源,它提供直流电压和电流,为晶体管建立合适的偏置;另一个输入是信号。来自于特定输入源的时变信号,在成为有用信号之前,往往需要被放大。例如,图 PR1.1 中给出的信号源是一个 CD 系统的输出。从 CD 系统输出的音乐信号包含一个小的时变电压和电流,信号的功率比较小。由于用来驱动扬声器的信号功率大于 CD 系统输出信号的功率,CD 信号在驱动扬声器之前必须先被放大,这样声音才能被听到。

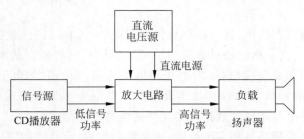

图 PR1.1　包含两个输入信号的电子电路示意图:直流电源输入和信号输入

在驱动负载之前需要被放大的其他信号实例还包括麦克风的输出、地球上接收到的来自载人航天飞机的声音信号、来自气象卫星的视频信号,以及心电图仪的输出。虽然输出信号可以比输入信号大,但输出功率始终不可能超过输入的直流功率。因此,直流电源的幅值限制了输出响应信号的大小。

由此,电子电路的分析分为两部分:一部分分析直流输入和直流电路响应;另一部分分析信号输入和相应的交流响应。用受控电压源和电流源来对有源器件进行建模,同时用于表示放大或信号增益。一般来说,直流和交流分析需要使用不同的等效电路模型。

4. 分立和集成电路

本教材主要分析分立电子电路。分立电子电路是由分立元件组成的电子电路。分立元件包括电阻、电容和晶体管等。本教材把重点放在组成集成电路内部模块的那些电路上,例如,将研究构成运算放大器的各种不同电路。运算放大器是模拟电子学中的一个重要集成电路。同时,本教材也会讨论数字集成电路中用到的各种逻辑电路。

5. 模拟和数字信号

1) 模拟信号

图 PR1.2(a)所示的电压信号是模拟信号。模拟信号的幅值可以是任意值,即幅值随时间连续变化。处理模拟信号的电子电路称为模拟电路。模拟电路的一个例子是线性放大电路。线性放大电路对输入信号进行放大,产生幅值更大的输出信号,输出信号的幅值和输入信号成正比。

现实世界中的大多数信号都是模拟的,说话的声音和音乐是其中的两个例子。这些信号的放大是电子学的一大分支。对这些信号进行放大时,重点考虑减少放大的失真或做到没有失真。因此,在信号放大电路中,输出应该是输入的线性函数。例如立体声系统中的功率放大电路,它提供足够大的功率来驱动扬声器系统,且需要保持线性放大,以便无失真地重现声音。

2) 数字信号

只有两种不同电平的信号称为数字信号,如图 PR1.2(b)所示。因为数字信号的取值离散,因此也称为被量化。处理数字信号的电路称为数字电路。

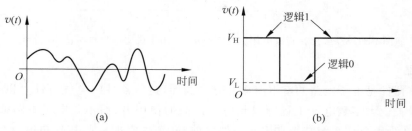

图 PR1.2　模拟和数字信号示意图:(a)随时间变化的模拟信号;(b)随时间变化的数字信号

在很多电子系统中,信号以数字的形式被处理、传输和接收。由于在电路设计和制作方面的突出优点,数字系统及信号处理在目前的电子学应用中占据更重要的地位。数字处理可以实现模拟电路不能实现的许多功能。在很多场合,需要通过模-数转换器和数-模转换器在模拟信号和数字信号之间进行转换。这类转换电路是电子学的重要部分。

3) 符号

本书使用表 PR1.1 所示的符号。小写字母带大写下标,例如 i_B、v_{BE},表示瞬时总量;大写字母带大写下标,例如 I_B、V_{BE},表示直流量。小写字母带小写下标,例如 i_b、v_{be},表示时变信号的交流瞬时值;大写字母带小写下标,例如 I_b、V_{be},表示交流有效值(相量)。

表 PR1.1　符号小结

变　　量	含　　义
i_B、v_{BE}	瞬时总量
I_B、V_{BE}	直流量
i_b、v_{be}	交流瞬时值
I_b、V_{be}	交流有效值(相量)

来看一个例子,图 PR1.3 所示为叠加在直流电压上的正弦电压。用上述符号可以表示为

$$v_{BE} = V_{BE} + v_{be} = V_{BE} + V_M \cos(\omega t + \phi_m)$$

相量的概念源于欧拉恒等式,它把指数函数与三角函数关联起来。正弦电压也可以写为

$$v_{be} = V_M \cos(\omega t + \phi_m) = V_M \mathrm{Re}\{e^{j(\omega t + \phi_m)}\} = \mathrm{Re}\{V_M e^{j\phi_m} e^{j\omega t}\}$$

式中,Re 表示取实部。$e^{j\omega t}$ 的系数是一个复数,它表示正弦电压的幅值和相位。这个复数就是电压相量,即

$$V_{be} = V_M e^{j\phi_m}$$

本书中,在某些情况下,输入和输出信号需要的是数值,此时既可以用包含直流量的瞬

时总量符号,如 i_B 和 v_{BE};也可以用直流量符号,如 I_B 和 V_{BE}。

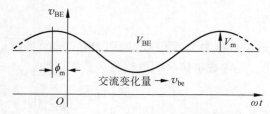

图 PR1.3 叠加在直流电压上的正弦电压,用于说明本教材所使用的符号

6. 小结

半导体器件是电子电路的基本组成部分。例如,这些器件的电气特性可以为信号处理提供可控开关。大多数电气工程师只是电子产品的使用者,而不是电子电路或 IC 的设计者。然而,在理解总体系统特性和限制条件之前,必须先掌握一些基础知识。在电子学中,全面领会集成电路的原理、特性和限制条件之前,首先应当对分立电路进行深入研究和分析。

目录

半导体材料和二极管

本书分析和设计由二极管和晶体管等电子器件组成的电子电路。这些电子器件由半导体材料制作而成,因此第 1 章一开始简要讨论半导体的性质和特征,目的是熟悉半导体材料的一些术语,并理解在半导体中产生电流的机制。

PN 结二极管是一个基本的电子器件。二极管是一个两端器件,但它的电流-电压关系是非线性的。由于二极管是非线性元件,包含二极管的电路分析不像简单的线性电阻电路那样直截了当。本章的目标之一就是熟悉二极管电路的分析。

本章主要内容如下:

(1) 对几种半导体材料的性质有基本了解,包括半导体中存在的两类载流子以及在半导体中产生电流的两种机制。

(2) 分析 PN 结的特性,包括 PN 结二极管的理想电流-电压特性。

(3) 通过使用不同的模型描述二极管的非线性特性,研究二极管电路的直流分析方法。

(4) 当时变小信号作用于二极管电路时,建立二极管的等效电路。

(5) 了解几种专用二极管的性质和特征。

(6) 作为一个应用,利用二极管的温度特性,设计一个简单的电子温度计。

1.1 半导体材料及其特性

目标:介绍几种半导体材料的性质,包括半导体中存在的两类载流子以及在半导体中产生电流的两种机制。

大多数电子器件都由半导体材料和导体及绝缘体制作而成。为了更好地理解电路中电子器件的性质,有必要首先了解半导体材料的几种特性。硅是目前在半导体器件和集成电路中最常使用的半导体材料,其他半导体材料用于专门的应用,例如,砷化镓及有关化合物用于超高速器件和光学器件。表 1.1 给出一些半导体材料列表。

表 1.1　一些半导体材料列表

元素半导体		化合物半导体	
Si	硅	GaAs	砷化镓
Ge	锗	GaP	磷化镓
		AlP	磷化铝
		InP	磷化铟

1.1.1 本征半导体

原子由原子核和核外电子构成,原子核包含带正电荷的质子和中性的中子,带负电荷的电子通常被认为绕着原子核运动。电子分布在距原子核不同距离的"壳",电子的能量随着壳半径的增加而增加。处于最外壳的电子称为价电子,一种材料的化学活性主要取决于这种电子的数量。

元素周期表中的元素可根据价电子的数目进行分类。表1.2给出元素周期表的一部分,这些元素通常用作半导体。硅(Si)和锗(Ge)在四价元素组,为元素半导体。相比之下,砷化镓属于三-四价化合物半导体。将会看到,三价和五价分组中的元素在半导体中也很重要。

表 1.2 元素周期表的一部分

三 价	四 价	五 价
5 B 硼	6 C 碳	
13 Al 铝	14 Si 硅	15 P 磷
31 Ga 镓	32 Ge 锗	33 As 砷
49 In 铟		51 Sb 锑

图1.1(a)所示为互不影响的五个硅原子,从每个原子出发的四条虚线表示四个价电子。随着硅原子之间的相互靠近,价电子相互作用形成晶体。最终的晶体结构是一个四面体结构,其中每个硅原子有四个最近的相邻原子,如图1.1(b)所示。价电子在原子之间共用,形成所谓的共价键。锗、砷化镓和很多其他半导体材料都具有相同的四面体结构。

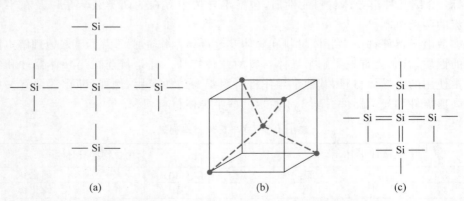

图 1.1 晶格中的硅原子;(a)五个互不影响的硅原子,每个带四个价电子;
(b)四面体结构;(c)共价键的二维表示

图 1.1(c)是图 1.1(a)中的五个硅原子构成的晶格的二维表示。这个晶格的一个重要性质是在硅晶体的外围总是可以获得价电子,这样,可以增加其他硅原子以形成非常大的单晶体结构。

图 1.2 所示为 $T = 0\text{K}$ 时(T 为温度)单晶硅的二维示意图。原子之间的每一条线表示一个价电子。当 $T = 0\text{K}$ 时,每个电子处于它的最低能态上,因此每个共价键的位置是充满的。如果在这块材料上加一个小的电场,电子将不会移动,因为它们仍将被束缚在所属的原子上。因此,在 $T = 0\text{K}$ 时,硅是绝缘体,也即没有电荷流过。

当硅原子聚集形成晶体时,电子位于特定的能带上。当 $T = 0\text{K}$ 时,所有的价电子位于价带。如果温度增加,价电子可能获得热能,所有的电子都可能获得足够的热能而破坏共价键,并脱离它们的初始位置,如图 1.3 所示。为了破坏共价键,价电子必须获得一个最小能量 E_g,称为带隙能量。获得此最小能量的电子处于导带,称为自由电子。在导带中的这些自由电子可以在晶体中自由移动,在导带中的总电子流产生电流。

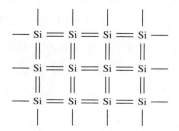

图 1.2 当 $T = 0\text{K}$ 时单晶硅的二维表示,所有的价电子被共价键束缚在硅原子周围

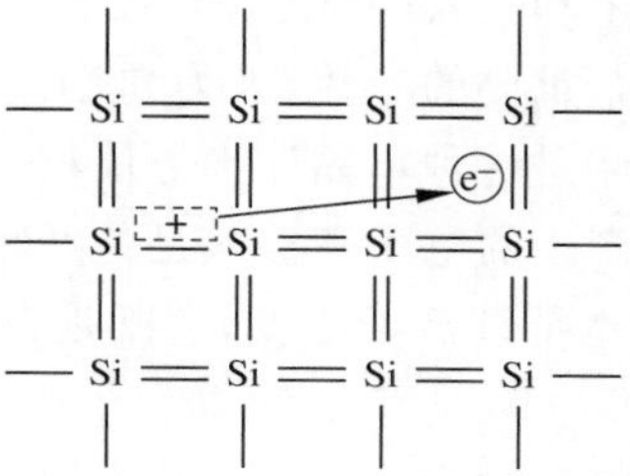

图 1.3 当 $T > 0\text{K}$ 时,共价键被破坏,在导带中产生一个电子和一个带正电的空穴

图 1.4(a)所示为能带图。能量 E_v 为价带的最大能量,能量 E_c 为导带的最小能量,带隙能量 E_g 为 E_c 和 E_v 的差值,这两个能带之间的区域称为禁带隙。电子不可能位于禁带隙中。图 1.4(b)定性地显示了一个电子从价带获得足够能量后运动到导带的情况。这个过程称为激发。

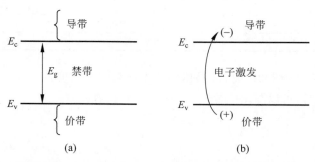

(a)   (b)

图 1.4 (a)能带图。垂直刻度为电子能量,水平刻度为半导体内的距离,虽然这些刻度通常未显式给出; (b)能带图,表示产生导带中的电子和价带中带正电荷的"空穴"的激发过程

如果某种材料的带隙能量比较大,在 3～6 电子伏特(eV)①的范围,则在室温下绝缘,导带中基本上没有自由电子存在。相反,室温下包含很多自由电子的材料为导体。在半导体

---

① 一个电子伏特是指电子通过 1 伏特电位差加速得到的能量。$1\text{eV} = 1.6 \times 10^{-19}\text{J}$。

中,带隙能量在 1eV 的量级。

半导体中的总电荷为 0,也就是半导体是中性的。如果一个带负电荷的电子挣脱了共价键的束缚,并脱离它的初始位置,在那个位置产生一个带正电荷的"空穴"(图 1.3)。随着温度的升高,越来越多的共价键被破坏,产生越来越多的自由电子和带正电荷的空穴。

具有一定热能的价电子靠近一个空穴时,会移动到那个位置,如图 1.5 所示,看起来就像是一个正电荷在半导体中移动。这种带正电荷的粒子称为"空穴"。于是,在半导体中就有两种类型的电荷贡献电流:带负电荷的自由电子和带正电荷的空穴。(关于空穴的描述远过于简单,仅用于表示正电荷移动的概念)可以注意到,一个空穴的电荷和一个电子的电荷数值相同。

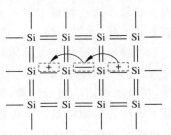

图 1.5　硅晶体的二维表示,给出带正电荷的"空穴"的移动

电子和空穴的浓度(#/cm³)对半导体材料的特性而言是一个重要的参数,因为它们直接影响电流的大小。本征半导体是一种单晶体半导体材料,晶体中不包含其他类型的原子。在本征半导体中,由于热激发产生的电子和空穴是这两种粒子的唯一来源,电子和空穴的浓度相同,因此,用符号 n_i 表示本征载流子浓度,它既是自由电子的浓度,也是空穴的浓度。n_i 的公式如下:

$$n_i = BT^{3/2} e^{\left(\frac{-E_g}{2kT}\right)} \tag{1.1}$$

其中,B 为与特定的半导体材料相关的系数,E_g 为带隙能量(eV),T 为热力学温度(K),k 为玻尔兹曼常数(86×10^{-6} eV/K),e 在本教材中表示指数函数。表 1.3 给出几种半导体材料的 B 和 E_g 的值。带隙能量 E_g 和系数 B 受温度变化的影响不大。本征载流子浓度 n_i 是半导体器件的电流-电压关系式中经常出现的一个参数。

表 1.3　半导体常数

材　　料	E_g/eV	B/cm^{-3}K$^{-2/3}$
硅(Si)	1.1	5.23×10^{15}
砷化镓(GaAs)	1.4	2.10×10^{14}
锗(Ge)	0.66	1.66×10^{15}

例题 1.1　计算 $T = 300$K 时,硅晶体中的本征载流子浓度。

解:$T = 300$K 时,可以写出

$$n_i = BT^{3/2} e^{\left(\frac{-E_g}{2kT}\right)}$$

$$= 5.23 \times 10^{15} \times 300^{3/2} e^{\left(\frac{-1.1}{2 \times 86 \times 10^{-6} \times 300}\right)}$$

即

$$n_i = 1.5 \times 10^{10} \text{ cm}^{-3}$$

点评:本征电子浓度为 1.5×10^{10} cm^{-3},这似乎大了些,但与硅原子的浓度 5×10^{22} cm^{-3} 相比,相对较小。

练习题 1.1　在 $T = 300$K 时,分别计算砷化镓和锗中的本征载流子浓度。

答案:GaAs,$n_i = 1.80 \times 10^6$ cm^{-3};Ge,$n_i = 2.40 \times 10^{13}$ cm^{-3}。

1.1.2 杂质半导体

由于本征半导体中的电子和空穴的浓度相对较小,只能产生非常小的电流。然而,通过定量掺入某种杂质元素,这些载流子浓度可以大大提高。理想的杂质能够进入晶体的晶格并取代(替换)半导体原子,即使这些杂质原子不具有相同的价电子结构。对于硅,适合替换的杂质元素为三价和五价元素(表1.2)。

最常用的五价元素是磷和砷。例如,当一个磷原子取代硅原子时,如图1.6(a)所示,其中四个价电子用来形成共价键,第五个价电子受磷原子的束缚力较小。在室温下,这个电子就有足够的热能来挣脱共价键的束缚,可以在晶体中自由移动,从而在半导体中产生电子电流。当第五个价电子移动至导带后,产生一个带正电荷的磷离子,如图1.6(b)所示。

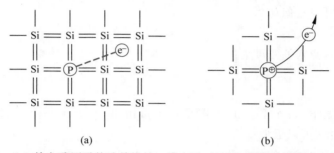

图1.6 (a)掺杂磷原子的硅晶格的二维表示,标示出磷原子的第五个价电子;
　　　　(b)磷原子的第五个价电子运动到导带后,所产生的带正电荷的磷离子

磷原子称为施主杂质,因为它提供了一个可以自由移动的电子。尽管剩下的磷原子总电荷为正,由于它不能在晶体中移动,从而不能产生电流。因此,当一个施主杂质掺入半导体,产生自由电子的同时并未产生空穴。这个工艺称为掺杂,它使得半导体中自由电子浓度的控制成为可能。

包含施主杂质原子的半导体称为 N 型半导体(由于电子带负电),其中电子的浓度远大于空穴的浓度。

在硅掺杂中最常用的三价元素为硼。当硼原子取代硅原子时,它的三个价电子用于和四个相邻硅原子中的三个形成共价键,见图1.7(a),这样,有一个共价键就出现了空缺。在室温下,临近的硅价电子具有足够的热能移动到这个位置,于是产生一个空穴。这种作用如图1.7(b)所示。硼原子的总电荷为负,但它不能移动,而产生的空穴可以贡献空穴电流。

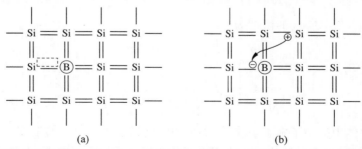

图1.7 (a)掺杂硼原子的硅晶格的二维表示,标示出空的共价键位置;(b)硼原子从共价键接受
　　　　一个电子成为带负电荷的硼离子,产生一个带正电荷的空穴

由于硼原子接受了一个价电子,硼原子称为受主杂质。受主原子引起空穴的产生时并未产生自由电子。这个掺杂工艺可以用于控制半导体中的空穴浓度。

包含受主杂质的半导体称为 P 型半导体(由于空穴带正电),其中空穴的浓度远大于自由电子的浓度。

包含杂质原子的材料称为杂质半导体或掺杂半导体。掺杂工艺使得自由电子和空穴浓度的控制成为可能,决定了材料的导电性和电流。

在热平衡状态下,半导体中电子浓度和空穴浓度的基本关系为

$$n_o p_o = n_i^2 \tag{1.2}$$

其中,n_o 是自由电子的热平衡浓度,p_o 是空穴的热平衡浓度,n_i 是本征载流子浓度。

在室温($T=300\mathrm{K}$)下,每个施主原子给半导体贡献一个自由电子。如果施主浓度 N_d 远大于本征浓度,可以近似认为

$$n_o \approx N_d \tag{1.3}$$

于是,根据式(1.2),空穴的浓度为

$$p_o = \frac{n_i^2}{N_d} \tag{1.4}$$

类似地,在室温下,每个受主原子接受一个自由电子,产生一个空穴。如果受主浓度 N_a 远大于本征浓度,可以近似认为

$$p_o \approx N_a \tag{1.5}$$

于是,根据式(1.2),电子的浓度为

$$n_o = \frac{n_i^2}{N_a} \tag{1.6}$$

例题 1.2 计算热平衡状态下电子和空穴的浓度。

(1) 已知 $T=300\mathrm{K}$ 时,硅中掺杂磷的浓度为 $N_d=10^{16}\mathrm{cm}^{-3}$,回顾例题 1.1 可知 $n_i = 1.5 \times 10^{10}\mathrm{cm}^{-3}$。

(2) 已知 $T=300\mathrm{K}$ 时,硅中掺杂硼的浓度为 $N_a=5 \times 10^{16}\mathrm{cm}^{-3}$。

解: (1) 由于 $N_d > n_i$,电子的浓度为

$$n_o \approx N_d = 10^{16}\mathrm{cm}^{-3}$$

空穴的浓度为

$$p_o = \frac{n_i^2}{N_d} = \frac{(1.5 \times 10^{10})^2}{10^{16}} = 2.25 \times 10^4 \mathrm{cm}^{-3}$$

(2) 由于 $N_a > n_i$,空穴的浓度为

$$p_o \approx N_a = 5 \times 10^{16}\mathrm{cm}^{-3}$$

电子的浓度为

$$n_o = \frac{n_i^2}{N_a} = \frac{(1.5 \times 10^{10})^2}{5 \times 10^{16}} = 4.5 \times 10^3 \mathrm{cm}^{-3}$$

点评: 半导体中掺杂了施主杂质后,电子的浓度远远大于空穴的浓度。相反,半导体中掺杂了受主杂质后,空穴的浓度远远大于电子的浓度。同样重要的是,需要注意在某些特定的半导体中,电子和空穴的浓度相差几个数量级。

练习题 1.2 (1) 计算 $T = 300\text{K}$ 时,硅材料中多子和少子的浓度。① $N_d = 2 \times 10^{16} \text{cm}^{-3}$;② $N_a = 10^{15} \text{cm}^{-3}$。

(2) 对于砷化镓,重复(1)。

答案: (1) ① $n_o = 2 \times 10^{16} \text{cm}^{-3}$, $p_o = 1.125 \times 10^4 \text{cm}^{-3}$;② $p_o = 10^{15} \text{cm}^{-3}$, $n_o = 2.25 \times 10^5 \text{cm}^{-3}$。

(2) ① $n_o = 2 \times 10^{16} \text{cm}^{-3}$, $p_o = 1.62 \times 10^{-4} \text{cm}^{-3}$;② $p_o = 10^{15} \text{cm}^{-3}$, $n_o = 3.24 \times 10^{-3} \text{cm}^{-3}$。

在 N 型半导体中,由于电子的数量远大于空穴的数量,电子称为多子,空穴称为少子。例题 1.2 所得的结果明晰了这种定义。相反,在 P 型半导体中,空穴为多子,电子为少子。

1.1.3 漂移电流和扩散电流

前面描述了半导体中带负电荷的电子和带正电荷的空穴产生的过程。这些带电粒子的移动产生电流。这些带电的电子和空穴统称为载流子。

引起电子和空穴在半导体中运动的两种基本方式是:

(1) 漂移,它是由电场作用引起的运动;

(2) 扩散,它是由于浓度差,也就是浓度梯度引起的运动。

这种浓度梯度可能由不均匀的掺杂分布引起,或者由于在某个区域中注入一定数量的电子或空穴而引起。本章后面将讨论注入的方法。

1. 漂移电流密度

为了理解漂移,假设半导体上加了一个电场。电场产生作用在自由电子和空穴上的力,进而产生总漂移速度和总移动,见图 1.8(a)。由于电子带负电荷,当在一个方向上加电场 E 时,在电子上产生一个相反方向的作用力。电子获得的漂移速度 $v_{dn}(\text{cm/s})$ 可以写为

$$v_{dn} = -\mu_n E \tag{1.7}$$

其中,μ_n 是一个常数,称为电子迁移率,单位为 $\text{cm}^2/(\text{V}_{-s})$。对于低掺杂的硅材料而言,$\mu_n$ 的典型值为 $1350 \text{cm}^2/(\text{V}_{-s})$。迁移率可以认为是表示电子在半导体中运动好坏的参数。式(1.7)中的负号说明,电子的迁移速度和图 1.8(a)所示的电场的方向相反。电子漂移产生的漂移电流密度 $J_n(\text{A/cm}^2)$ 表示为

$$J_n = -en v_{dn} = -en(-\mu_n E) = +en\mu_n E \tag{1.8}$$

其中,n 是电子浓度($\#/\text{cm}^3$),e 在这里表示电荷量。习惯的漂移电流方向与负电荷流动的方向相反,也就是说在 N 型半导体中,漂移电流的方向和所加的电场方向相同。

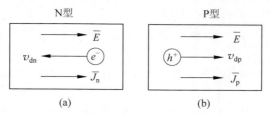

图 1.8 所加电场的方向以及所引起的载流子漂移速度和漂移
电流密度的方向:(a) N 型半导体;(b) P 型半导体

　　下面考察图 1.8(b)所示具有大量空穴的 P 型半导体。由于空穴带正电荷,某个方向上的电场 E 在空穴上产生相同方向的作用力。空穴获得的漂移速度 v_{dp}(cm/s)可以写为

$$v_{dp} = +\mu_p E \tag{1.9}$$

其中,μ_p 是一个常数,称为空穴迁移率,单位同样为 cm^2/V_{-s}。对于低掺杂的硅材料而言,μ_p 的典型值为 $480cm^2/V_{-s}$,比电子迁移率的一半还小。

　　式(1.9)中的正号表明,空穴的迁移速度和图 1.8(b)所示的电场方向相同。空穴漂移产生的漂移电流密度 J_p(A/cm²)表示为

$$J_p = +epv_{dp} = +ep(+\mu_p E) = +ep\mu_p E \tag{1.10}$$

其中,p 是空穴浓度(♯/cm³),e 同样表示电子的电荷量。习惯的漂移电流方向与正电荷流动的方向相同,意味着在 P 型半导体中,漂移电流的方向也和所加电场的方向相同。

　　由于半导体中同时包含电子和空穴,总的漂移电流密度是电子和空穴产生的电流密度之和。于是,总的电流密度可以写为

$$J = en\mu_n E + ep\mu_p E = \sigma E = \frac{1}{p} E \tag{1.11a}$$

其中

$$\sigma = en\mu_n + ep\mu_p \tag{1.11b}$$

这里的 σ 为半导体的电导率,单位为 $(\Omega \cdot cm)^{-1}$;$\rho = 1/\sigma$ 为半导体的电阻率,单位为 $\Omega \cdot cm$。电导率与电子和空穴的浓度有关。如果电场是在半导体上加电压而产生,则式(1.11a)将变成电流和电压之间的线性关系,它是欧姆定律的一种形式。

　　由式(1.11b)可以看出,从掺杂施主杂质的强 N 型($n > p$)半导体到掺杂受主杂质的强 P 型($p > n$)半导体,电导率是可以改变的。通过可选的掺杂来控制半导体的电导率,使得各种电子器件的制作成为可能。

　　例题 1.3　计算给定半导体材料的漂移电流密度。已知 $T = 300K$ 时,硅材料中掺杂的砷原子浓度 $N_d = 8 \times 10^{15} cm^{-3}$。假设迁移率的值 $\mu_n = 1350cm^2/(V_{-s})$,$\mu_p = 480cm^2/(V_{-s})$。假设所加电场为 $100V/cm$。

　　解:电子和空穴的浓度为

$$n \approx N_d = 8 \times 10^{15} cm^{-3}$$

和

$$p = \frac{n_i^2}{N_d} = \frac{(1.5 \times 10^{10})^2}{8 \times 10^{15}} = 2.81 \times 10^4 cm^{-3}$$

由于两个浓度的差值,电导率可以表示为

$$\sigma = e\mu_n n + e\mu_p p \approx e\mu_n n$$

即

$$\sigma = 1.6 \times 10^{-19} \times 1350 \times 8 \times 10^{15} = 1.73(\Omega \cdot cm)^{-1}$$

于是,漂移电流密度为

$$J = \sigma E = 1.73 \times 100 = 173A/cm^2$$

　　点评:由于 $n > p$,电导率基本上只是电子浓度和迁移率的函数。可以注意到,半导体中可以产生几百 A/cm² 的电流密度。

练习题 1.3 已知 $T = 300\text{K}$ 时，N 型砷化镓的掺杂浓度为 $N_\text{d} = 2 \times 10^{16}\text{cm}^{-3}$。假设迁移率的值 $\mu_\text{n} = 6800\text{cm}^2/(\text{V}_{-\text{s}})$，且 $\mu_\text{p} = 300\text{cm}^2/(\text{V}_{-\text{s}})$。①求解这个材料的电阻率；②当产生的漂移电流密度为 175A/cm^2 时，求解所加的电场。

答案： ①$0.0460\Omega \cdot \text{cm}$；②$8.04\text{V/cm}$。

关于漂移速度和迁移率，需要说明两点。

（1）式（1.7）和式（1.9）表明，载流子漂移速度为所加电场的线性函数。对于相对较小的电场，这是对的。当电场增加时，载流子漂移速度将达到接近 10^7cm/s 的一个最大值。电场的进一步增加将不会引起载流子漂移速度的增加，这个现象称为漂移速度饱和。

（2）电子和空穴迁移率的值由例题 1.3 给出。迁移率的值实际上为施主或受主杂质浓度的函数。随着杂质浓度的增加，迁移率的值将减小。于是，这个影响意味着式（1.11b）的电导率不是杂质掺杂的线性函数。

在半导体器件的设计中，这两个因素很重要，但本书不作详细介绍。

2. 扩散电流密度

在扩散过程中，粒子从高浓度向低浓度区域流动，这是一个与分子运动论有关的统计学现象。电子和空穴在半导体中持续运动，其平均速度取决于温度；运动方向是随机的，取决于晶格原子间的相互作用。从统计学的角度，可以假设在任一特定的时刻，高浓度区域中大约半数的粒子正在向低浓度区域运动。同时还可以假设，低浓度区域中大约半数的粒子也正向高浓度区域运动。然而，根据定义，低浓度区域的粒子数目要少于高浓度区域的粒子数目。因此，总的结果是粒子从高浓度区域向低浓度区域流动。这就是基本的扩散过程。

例如，如图 1.9(a)所示，考虑电子的浓度是随距离 x 而变化的函数。电子从高浓度向低浓度区域扩散，在负 x 方向产生电子流。由于电子带负电荷，习惯的电流方向为正 x 方向。

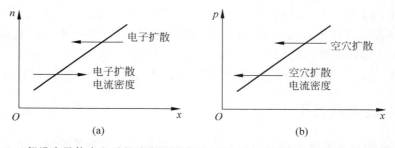

图 1.9 （a）假设半导体中电子的浓度随距离而变化，所产生的电子扩散以及扩散电流密度；
（b）假设半导体中空穴的浓度随距离而变化，所产生的空穴扩散以及扩散电流密度

由电子的扩散引起的扩散电流密度可以表示（一维表示）为

$$J_\text{n} = eD_\text{n} \frac{\text{d}n}{\text{d}x} \tag{1.12}$$

式中，e 为电子的电荷量，$\text{d}n/\text{d}x$ 为电子浓度的梯度，D_n 为电子扩散系数。

在图 1.9(b)中，空穴的浓度是距离的函数。空穴从高浓度向低浓度区域扩散，在负 x 方向产生空穴流（习惯的电流方向为正电荷流动的方向）。

由空穴的扩散引起的扩散电流密度可以表示（一维表示）为

$$J_p = -eD_p \frac{\mathrm{d}p}{\mathrm{d}x} \tag{1.13}$$

其中，e 为电子的电荷量，$\mathrm{d}p/\mathrm{d}x$ 为空穴浓度的梯度，D_p 为空穴扩散系数。注意这两个扩散电流方程的符号变化，这个变化是由带负电荷的电子和带正电荷的空穴所带电荷的符号差异造成的。

例题 1.4 计算给定半导体的扩散电流密度。在 $T=300\mathrm{K}$ 时，假设硅的电子浓度在距离 $x=0$ 到 $x=3\mu\mathrm{m}$ 上从 $n=10^{12}\mathrm{cm}^{-3}$ 到 $n=10^{16}\mathrm{cm}^{-3}$ 线性变化。假设 $D_n=35\mathrm{cm}^2/\mathrm{s}$。

解：根据以上条件可以得到

$$J_n = eD_n \frac{\mathrm{d}n}{\mathrm{d}x} = eD_n \frac{\Delta n}{\Delta x} = 1.6 \times 10^{-19} \times 35 \times \frac{10^{12}-10^{16}}{0-3\times10^{-4}}$$

即

$$J_n = 187\mathrm{A/cm}^2$$

点评：同样，可以在半导体中产生几百 $\mathrm{A/cm}^2$ 的扩散电流密度。

练习题 1.4 在 $T=300\mathrm{K}$ 时，假设空穴浓度为 $p=10^{16}\mathrm{e}^{-x/L_p}(\mathrm{cm}^{-3})$，式中 $L_p=10^{-3}\mathrm{cm}^{-3}$。假设 $D_p=10\mathrm{cm}^2/\mathrm{s}$。分别计算当①$x=0$；②$x=10^{-3}\mathrm{cm}$ 时的空穴扩散电流密度。

答案：①$16\mathrm{A/cm}^2$；②$5.89\mathrm{A/cm}^2$。

漂移电流方程中的迁移率值以及扩散电流方程中的扩散系数值都不是独立量，它们与爱因斯坦关系式有关，即在室温下

$$\frac{D_n}{\mu_n} = \frac{D_p}{\mu_p} = \frac{kT}{e} \approx 0.026\mathrm{V} \tag{1.14}$$

总电流密度为漂移电流和扩散电流这两部分之和。不过在绝大多数情况下，在半导体的特定区域，任何时刻都只有其中一种成分主导着电流的大小。

在前面的两个例子中，计算得到 $200\mathrm{A/cm}^2$ 量级的电流密度。这表明，举例来说，如果要求在一个半导体器件中流过 $1\mathrm{mA}$ 的电流，需要的器件尺寸非常小。总电流由式 $I=JA$ 给出，其中 A 为器件的横截面积。对于 $I=1\mathrm{mA}=1\times10^{-3}\mathrm{A}$ 和 $J=200\mathrm{A/cm}^2$，横截面积为 $A=5\times10^{-6}\mathrm{cm}^2$。这个简单的计算再次表明，器件的尺寸为什么可以制作得很小。

1.1.4 过剩载流子

截至目前，都假设半导体处于热平衡状态。在漂移和扩散电流的讨论中，默认假设这种平衡没有被明显地破坏。而当在半导体器件上加电压或存在电流时，半导体实际上处于不平衡状态。本节中将讨论非平衡电子和空穴浓度的情况。

如果价电子与半导体上产生的高能光子相互作用，价电子将会获得足够的能量来挣脱共价键的束缚而成为自由电子。一旦这种情况发生，就会同时产生一个电子和空穴，于是产生一个电子-空穴对。这些额外增加的电子和空穴分别称为过剩电子和过剩空穴。

当产生这些过剩电子和过剩空穴时，自由电子和空穴的浓度会增加，超过它们在热平衡状态的值。这可以表示为

$$n = n_o + \delta_n \tag{1.15a}$$

和

$$p = p_{\circ} + \delta_p \qquad\qquad (1.15b)$$

其中，$n_{\circ}$ 和 $p_{\circ}$ 分别为电子和空穴在热平衡状态时的浓度，δ_n 和 δ_p 分别为过剩电子和过剩空穴的浓度。

如果半导体处在稳态条件下，则由于自由电子和空穴可能会重组，所以被称为电子-空穴复合的过程，过剩电子和空穴不会引起载流子浓度的无限增加。复合后，电子和空穴同时消失，使过剩载流子浓度达到一个稳态值。一个过剩电子和空穴在复合前存在的平均时间称为过剩载流子寿命。

例如，过剩载流子被包含在电池和光电二极管的电流机制中。这些器件将在 1.5 节进行讨论。

理解测试题

理解测试题 1.1 求解 Si、Ge 和 GaAs 中的本征载流子浓度。①$T=400\text{K}$；②$T=250\text{K}$。

答案：①Si：$n_i = 4.76\times10^{12}\,\text{cm}^{-3}$，Ge：$n_i = 9.06\times10^{14}\,\text{cm}^{-3}$，GaAs：$n_i = 2.44\times10^9\,\text{cm}^{-3}$；②Si：$n_i = 1.61\times10^8\,\text{cm}^{-3}$，Ge：$n_i = 1.42\times10^{12}\,\text{cm}^{-3}$，GaAs：$n_i = 6.02\times10^3\,\text{cm}^{-3}$。

理解测试题 1.2 在 $T=300\text{K}$ 时，假设硅材料的 $\mu_n = 1350\text{cm}^2/(\text{V}_{-s})$，$\mu_p = 480\text{cm}^2/(\text{V}_{-s})$，求解下列情况的电导率和电阻率：①$N_a = 2\times10^{15}\,\text{cm}^{-3}$；②$N_d = 2\times10^{17}\,\text{cm}^{-3}$。

答案：①$\sigma = 0.154\,(\Omega\cdot\text{cm})^{-1}$，$\rho = 6.51\,\Omega\cdot\text{cm}$；②$\sigma = 43.2\,(\Omega\cdot\text{cm})^{-1}$，$\rho = 0.0231\,\Omega\cdot\text{cm}$。

理解测试题 1.3 利用 TYU1.2 的结果，如果在半导体上加 4V/cm 的电场，求解漂移电流密度。

答案：①$0.616\text{A}/\text{cm}^2$；②$172.8\text{A}/\text{cm}^2$。

理解测试题 1.4 在硅材料中，已知电子和空穴的扩散系数分别为 $D_n = 35\text{cm}^2/\text{s}$，$D_p = 12.5\text{cm}^2/\text{s}$。计算下列情况的电子和空穴扩散电流密度：①电子浓度在距离 $x=0$ 到 $x=2.5\mu\text{m}$ 上从 $n=10^{15}\,\text{cm}^{-3}$ 到 $n=10^{16}\,\text{cm}^{-3}$ 线性变化；②空穴浓度在距离 $x=0$ 到 $x=4.0\mu\text{m}$ 上从 $p=10^{14}\,\text{cm}^{-3}$ 到 $p=5\times10^{15}\,\text{cm}^{-3}$ 线性变化。

答案：①$J_n = 202\text{A}/\text{cm}^2$；②$J_p = -24.5\text{A}/\text{cm}^2$。

理解测试题 1.5 在 $T=300\text{K}$ 时，硅样本掺杂浓度 $N_d = 8\times10^{15}\,\text{cm}^{-3}$。①计算 $n_{\circ}$ 和 $p_{\circ}$；②如果产生了过剩空穴和电子，它们的浓度分别为 $\delta_n = \delta_p = 10^{14}\,\text{cm}^{-3}$。计算电子和空穴的总浓度。

答案：①$n_{\circ} = 8\times10^{15}\,\text{cm}^{-3}$，$p_{\circ} = 2.81\times10^4\,\text{cm}^{-3}$；②$n = 8.1\times10^{15}\,\text{cm}^{-3}$，$p \approx 10^{14}\,\text{cm}^{-3}$。

1.2 PN 结

目标：PN 结的特性，包括 PN 结二极管的理想电流-电压特性。

1.1 节考察了半导体材料的特性。当一个 N 区和 P 区直接相互靠近，形成 PN 结时，半导体电子真正发挥作用。需要牢记的一个重要概念是，在大多数集成电路应用中，整个半导体材料是将一个区域掺杂为 P 型而相邻区域掺杂为 N 型的单晶体。

1.2.1 平衡 PN 结

图 1.10(a) 所示为简化的 PN 结框图。图 1.10(b) 给出 P 区和 N 区各自的掺杂浓度，假设每个区域中的少子浓度一致，而且每个区域的掺杂一致，并处于热平衡状态。图 1.10(c)

所示为 PN 结的三维结构示意图,给出器件的剖面。

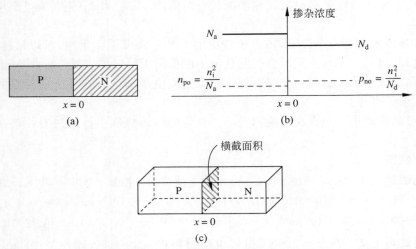

(a)

(b)

(c)

图 1.10 PN 结:(a) 简化的一维几何图;(b) 理想的一致掺杂的 PN 结掺杂情况;
(c) 三维结构图,标示出剖面

在 $x=0$ 处的分界面称为合金结。在这个结的两侧,电子和空穴的浓度都有很大的密度梯度。于是,开始时,空穴从 P 区向 N 区扩散,电子从 N 区向 P 区扩散(图 1.11)。来自 P 区的空穴流复合了带负电荷的受主离子;来自 N 区的电子流复合了带正电荷的施主离子,结果产生电荷分离,建立一个从正电荷指向负电荷方向的电场,见图 1.12(a)。

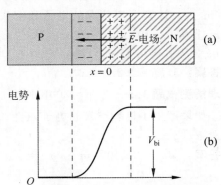

(a)

(b)

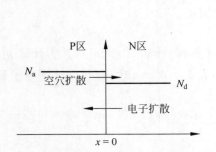

图 1.11 P 区和 N 区被连接在一起的瞬时,电子和空穴穿过合金结的初始扩散

图 1.12 热平衡状态的 PN 结:(a) 空间电荷区,其中 P 区为带负电荷的受主离子,N 区为带正电荷的施主离子,产生的电场方向从 N 区指向 P 区;(b) 结电势以及结内势垒电势 V_{bi}

如果 PN 结上不外加电压,电子和空穴的扩散最终将停止。内电场的方向将阻止来自 P 区的空穴和来自 N 区的电子的扩散运动。当电场产生的力与密度梯度产生的力严格平衡时,PN 结达到热平衡状态。

正电荷区和负电荷区构成 PN 结的空间电荷区或耗尽区,其中几乎不存在运动的电子和空穴。由于空间电荷区的电场,空间电荷区两端存在一个电位差,见图 1.12(b),这个电

位差称为内电场势垒,或内电场电压,由下式给出:

$$V_{bi} = \frac{kT}{e}\ln\left(\frac{N_a N_d}{n_i^2}\right) = V_T\ln\left(\frac{N_a N_d}{n_i^2}\right) \tag{1.16}$$

其中,$V_T = kT/e$,k 为玻尔兹曼常数,T 为绝对温度,e 为电子的电荷量,N_a 和 N_d 分别为 P 区和 N 区的总受主原子和施主原子浓度。参数 V_T 称为热电压,室温($T = 300K$)下约为 $V_T = 0.026V$。

例题 1.5　计算 PN 结的内电场势垒。已知 $T = 300K$ 时,硅 PN 结的掺杂浓度分别为: P 区 $N_a = 10^{16}\,cm^{-3}$,N 区 $N_d = 10^{17}\,cm^{-3}$。

解:根据例题 1.1 的结果,在室温下硅的 $n_i = 1.5 \times 10^{10}\,cm^{-3}$,于是可得

$$V_{bi} = V_T\ln\left(\frac{N_a N_d}{n_i^2}\right) = (0.026)\ln\left[\frac{(10^{16})(10^{17})}{(1.5\times 10^{10})^2}\right] = 0.757V$$

点评:由于是对数函数,V_{bi} 的大小不是掺杂浓度的强函数。因此,对于硅 PN 结来说,V_{bi} 的计算值通常在 0.1~0.2V 之间。

练习题 1.5　①计算 GaAs PN 结在 $T = 300K$ 时的 V_{bi},其中 $N_a = 10^{16}\,cm^{-3}$,$N_d = 10^{17}\,cm^{-3}$;②对于锗 PN 结,在相同的掺杂浓度下,重复①。

答案:①$V_{bi} = 1.23V$;②$V_{bi} = 0.374V$。

空间电荷区两端的电位差,或内电场势垒,不能用电压表来测量,因为在半导体和电压表的表笔之间会产生新的势垒,它将抵消 V_{bi}。实际上,V_{bi} 保持平衡,因此这个电压不会产生电流。然而,如本章后面的讨论,当加一个正向偏置电压时,V_{bi} 的大小将变得很重要。

1.2.2　反向偏置的 PN 结

如图 1.13 所示,假设在 PN 结的 N 区加一个正电压。所加的电压 V_R 在半导体中将感应出一个外加电场 E_A,感应电场的方向与空间电荷区的电场方向相同,空间电荷区的电场大小增加,超过热平衡状态的值。这个增加的电场抑制了 P 区空穴和 N 区电子的扩散,因此没有电流流过 PN 结。这种外加电压的极性定义为反向偏置。

当空间电荷区的电场增加时,正电荷和负电荷的数量必然增加。如果掺杂浓度不变,只有当空间电荷区的宽度 W 增加时,固定电荷的数量才会增加。因此,当反向偏置电压 V_R 增加时,空间电荷区的宽度 W 也增加。这个效果如图 1.14 所示。

外加反向偏置电压时,随着反向偏置电压的增加,由于空间电荷区中感应的附加正负电荷,PN 结会有结电容。这个结电容,或称为耗尽层电容,可以表示为

$$C_j = C_{jo}\left(1 + \frac{V_R}{V_{bi}}\right)^{-1/2} \tag{1.17}$$

其中,C_{jo} 是外加电压为零时的结电容。

在后续章节中将会看到,结电容将影响 PN 结的开关特性。电容两端的电压不能瞬时变化,因此包含 PN 结的电路中,电压的变化无法在瞬时完成。

PN 结的电容-电压特性,使 PN 结可用于可调谐振电路。为此而制作的 PN 结器件称为变容二极管。变容二极管可以用于可调振荡电路,例如用于第 8 章中的调谐放大电路。

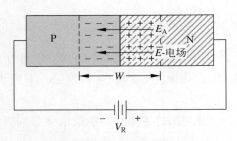

图 1.13 加反向偏置电压的 PN 结,标示出 V_R 感应产生的电场方向以及原始的空间电荷区电场方向。两个电场的方向相同,在 P 区与 N 区之间产生更大的总电场和更大的势垒

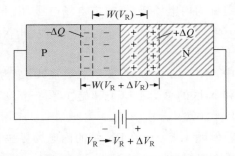

图 1.14 随着反向偏置电压从 V_R 增加到 $V_R + \Delta V_R$,空间电荷区的宽度增加。产生的附加电荷 $+\Delta Q$ 和 $-\Delta Q$ 导致结电容

例题 1.6 计算 PN 结的结电容。在 $T = 300\text{K}$ 下,硅 PN 结的掺杂浓度 $N_a = 10^{16}\,\text{cm}^{-3}$,$N_d = 10^{15}\,\text{cm}^{-3}$。假设 $n_i = 1.5 \times 10^{10}\,\text{cm}^{-3}$,令 $C_{jo} = 0.5\text{pF}$。计算 $V_R = 1\text{V}$ 和 $V_R = 5\text{V}$ 时的结电容。

解:内电场为

$$V_{bi} = V_T \ln\left(\frac{N_a N_d}{n_i^2}\right) = (0.026)\ln\left[\frac{10^{16} \times 10^{15}}{(1.5 \times 10^{10})^2}\right] = 0.637\text{V}$$

于是,当 $V_R = 1\text{V}$ 时的结电容为

$$C_j = C_{jo}\left(1 + \frac{V_R}{V_{bi}}\right)^{-1/2} = 0.5 \times \left(1 + \frac{1}{0.637}\right)^{-1/2} = 0.312\text{pF}$$

当 $V_R = 5\text{V}$ 时,有

$$C_j = 0.5 \times \left(1 + \frac{5}{0.637}\right)^{-1/2} = 0.168\text{pF}$$

点评:结电容的量级通常为 pF 或 pF 以下,并随反向偏置电压的增加而减小。

练习题 1.6 在 $T = 300\text{K}$ 下,硅 PN 结的掺杂浓度为 $N_d = 10^{16}\,\text{cm}^{-3}$,$N_a = 10^{17}\,\text{cm}^{-3}$。当所加反向偏置电压 $V_R = 5\text{V}$ 时,结电容为 $C_j = 0.8\text{pF}$。求解零偏置结电容 C_{jo}。

答案:$C_{jo} = 2.21\text{pF}$。

如前所述,随着反向偏置电压的增加,空间电荷区的电场强度将增加,电场的最大值发生在冶金结上。然而,不管是空间电荷区的电场还是外加的反向偏置电压,都不能无限制地增加,因为在某一点将会发生击穿,而产生很大的反向偏置电流。这个概念将在本章稍后细述。

1.2.3 正向偏置的 PN 结

前面已经看到,N 区比 P 区包含更多的自由电子;同样,P 区比 N 区包含更多的空穴。当外加偏置电压为零时,内电场势垒阻止这些多子跨越空间电荷区进行扩散。由此,PN 结两侧的载流子分布保持平衡。

如果在 P 区加正电压 v_D，则势垒将减小(图 1.15)。由于空间电荷区的电场比 P 区和 N 区要大得多，所有的外加电压基本上都降落在 PN 结上。由外加电压感应产生的外电场 E_A 的方向与热平衡时的空间电荷区电场方向相反。而总电场方向总是从 N 区指向 P 区，结果使空间电荷区的电场低于平衡值，从而破坏了扩散和空间电荷区电场力之间的平衡。多数载流子电子从 N 区扩散到 P 区；多数载流子空穴从 P 区扩散到 N 区。只要外加电压 v_D 存在，这个过程将源源不断地进行，从而在 PN 结内形成电流。这个过程可以形象地比喻为一个在低处的坝墙，只要坝墙的高度降低一点点，就会导致大量的水(电流)从墙上(势垒区)流过。

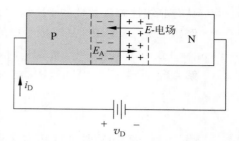

图 1.15 正向偏置的 PN 结，标示出由 v_D 感应产生的电场方向和自身的空间电荷区电场方向。这两个电场方向相反，在 P 区和 N 区产生一个更小的总电场和一个更小的势垒。总电场的方向总是从 N 区指向 P 区

这种外加电压(即偏置电压)的极性称为正向偏置。正向偏置电压 v_D 必须总是小于内电场势垒 V_{bi}。

随着多子扩散到另一区域，它们成为相应区域中的少子，引起少子浓度的升高。图 1.16 给出在空间电荷区边缘产生的过剩少子浓度。这些过剩的少子扩散到呈电中性的 N 区和 P 区，并与这里的多子复合，由此建立起一个稳定的状态，如图 1.16 所示。

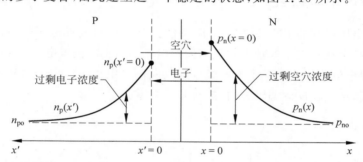

图 1.16 正向偏置时，PN 结中的稳态少子浓度。少子浓度梯度在器件中产生扩散电流

1.2.4 理想的电流-电压关系

如图 1.16 所示，外加电压导致少子浓度梯度，进而产生扩散电流。PN 结中电流和电压之间的理论关系式为

$$i_D = I_S \left[e^{\left(\frac{v_D}{n V_T} \right)} - 1 \right] \tag{1.18}$$

其中，参数 I_S 为反向饱和电流。对于硅 PN 结，I_S 的典型值为 $10^{-18} \sim 10^{-12}$ A，其实际值取决于掺杂浓度，并和 PN 结的截面积成正比。参数 V_T 为式(1.16)所定义的热电压，室温下其近似值为 $V_T = 0.026$ V。参数 n 通常称为发射系数或理想因子，取值范围为 $1 \leqslant n \leqslant 2$。

发射系数 n 考虑了空间电荷区内电子和空穴的复合。当电流较小时，复合将成为一个重要因素，此时 n 的值接近于 2。当电流更大，复合的影响很小，n 的取值为 1。除非另作说明，将假设发射系数 $n = 1$。

具有非线性整流特性的 PN 结称为 PN 结二极管。

例题 1.7 求解 PN 结二极管中的电流。在 $T=300\mathrm{K}$ 时，PN 结的 $I_\mathrm{S}=10^{-14}\mathrm{A}$，$n=1$。当 $v_\mathrm{D}=+0.70\mathrm{V}$ 和 $v_\mathrm{D}=-0.70\mathrm{V}$ 时，求解二极管电流。

解：当 $v_\mathrm{D}=+0.70\mathrm{V}$ 时，PN 结为正向偏置，则

$$i_\mathrm{D}=I_\mathrm{S}\left[\mathrm{e}^{\left(\frac{v_\mathrm{D}}{V_\mathrm{T}}\right)}-1\right]=(10^{-14})\left[\mathrm{e}^{\left(\frac{+0.70}{0.026}\right)}-1\right]\Rightarrow 4.93\mathrm{mA}$$

当 $v_\mathrm{D}=-0.70\mathrm{V}$ 时，PN 结为反向偏置，则

$$i_\mathrm{D}=I_\mathrm{S}\left[\mathrm{e}^{\left(\frac{v_\mathrm{D}}{V_\mathrm{T}}\right)}-1\right]=(10^{-14})\left[\mathrm{e}^{\left(\frac{-0.70}{0.026}\right)}-1\right]\approx -10^{-14}\mathrm{A}$$

点评：虽然 I_S 非常小，即使相对较小的正向偏置电压也能产生一个中等大小的结电流。而在施加反向偏置电压时，结电流的值基本上为零。

练习题 1.7 (1) 在 $T=300\mathrm{K}$ 下，硅 PN 结的反向饱和电流 $I_\mathrm{S}=2\times10^{-14}\mathrm{A}$。求解所需的二极管正向偏置电压，产生以下电流：①$I_\mathrm{D}=50\mu\mathrm{A}$，②$I_\mathrm{D}=1\mathrm{mA}$。

(2) 对于 $I_\mathrm{S}=2\times10^{-12}\mathrm{A}$，重复(1)。

答案：(1) ①0.563V，②0.641V；

(2) ①0.443V，②0.521V。

1.2.5 PN 结二极管

图 1.17 绘出所得到的 PN 结电流-电压特性。对于正向偏置电压，电流是电压的指数函数。图 1.18 给出在对数坐标轴下的正向偏置电流。当正向偏置电压发生很小的变化时，相应的正向偏置电流将会变化几个数量级。当正向偏置电压 $v_\mathrm{D}>+0.1\mathrm{V}$ 时，式(1.18)中的(—1)项可以忽略。在反向偏置方向，电流几乎为零。

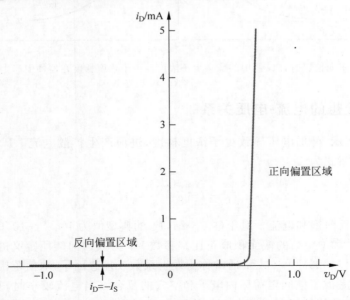

图 1.17 $I_\mathrm{S}=10^{-14}\mathrm{A}$ 时，PN 结二极管的理想 $I\text{-}V$ 特性。正向偏置时，二极管的电流为电压的指数函数；反向偏置时，二极管的电流接近于零。PN 结二极管是一个非线性电子器件

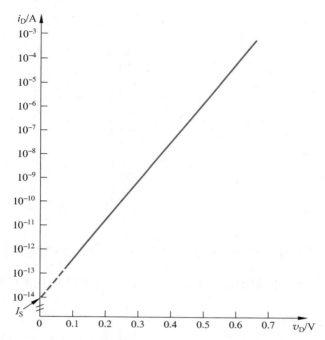

图 1.18 PN 结二极管的理想正向偏置 I-V 特性,给出 $I_S = 10^{-14}$ A 和 $n = 1$ 时对数坐标
系中的电流。二极管电压每增加 60mV,二极管电流大约增加一个数量级

图 1.19 给出二极管的电路符号、传统电流方向和电压极
性。二极管可被视为并用作电压控制的开关:反向偏置时关
断,正向偏置时导通。在正向偏置或"导通"状态时,一个相对
较小的外加电压就会产生一个相对较大的电流;在反向偏置
或"关断"状态时,只产生一个非常小的反向电流。

当二极管的反向偏置电压至少为 0.1V 时,二极管的电流
为 $i_D = -I_S$,反向电流为一个常数,因此被称为反向饱和电流。
而实际二极管的反向偏置电流比 I_S 大得多。这个额外的电流
称为激发电流,其产生的原因是空间电荷区内产生的电子和空
穴。虽然 I_S 的典型值为 10^{-14} A,反向电流的典型值可能为
10^{-9} A 即 1nA。虽然这个电流比 I_S 大很多,但在很多情况下
还是很小的,可以忽略不计。

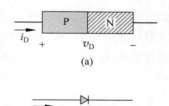

图 1.19 基本的 PN 结二极
管:(a)简化的几
何结构;(b)电路
符号、传统电流方
向和电压极性

1. 温度影响

由于 I_S 和 V_T 都是温度的函数,二极管的特性也随温度而变。图 1.20 给出二极管的
正向偏置特性随温度的变化。在给定电流下,所需的正向偏置电压随温度的增加而减小。
对硅二极管而言,这个变化大约为 -2mV/℃。

参数 I_S 是本征载流子浓度 n_i 的函数,而 n_i 强依赖于温度。由此,温度每增加 5℃时,
I_S 的值大约增加一倍。作为通用规则,实际的二极管反向电流在温度每增加 10℃时加倍。
作为一个说明这种影响的重要性的例子,锗材料的 n_i 相对较大,因此锗二极管具有很大的

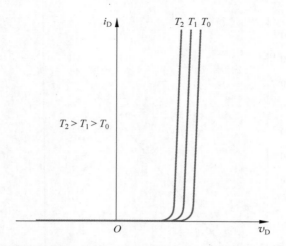

图 1.20　正向偏置 PN 结特性随温度的变化。产生给定电流所需的二极管电压随温度的增加而减小

反向饱和电流；反向饱和电流随温度的增加而增加,使得锗二极管无法在很多实际电路中使用。

2. 击穿电压

在 PN 结上加反向偏置电压时,空间电荷区的电场增强。当电场足够强时,致使共价键被破坏,产生电子-空穴对。在电场的作用下,电子涌向 N 区,空穴涌向 P 区,形成很大的反向电流,这种现象称为击穿。由击穿机制产生的反向电流只受外部电路的限制,如果此电流不能被充分限制,将会在 PN 结上消耗很大的功率,可能破坏甚至烧毁器件。击穿状态下二极管的电流-电压特性曲线如图 1.21 所示。

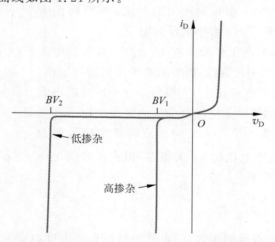

图 1.21　反向偏置二极管的特性,给出低掺杂 PN 结和高掺杂 PN 结
的击穿情况。当击穿发生后,反向电流迅速增大

最常见的击穿机制称为雪崩击穿,它发生在当载流子穿过空间电荷区时,从较大的电场中获得足够的动能,在碰撞过程中破坏共价键。基本的雪崩击穿过程如图 1.22 所示。产生的电子-空穴对又会介入碰撞过程,从而产生更多的电子-空穴对,也就是雪崩过程。击穿电

压是 PN 结的 N 区和 P 区掺杂浓度的函数。掺杂浓度越高,击穿电压越小。

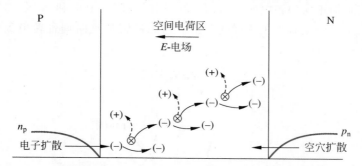

图 1.22　空间电荷区的雪崩击穿过程。图中所示为电子的碰撞产生更多
的电子-空穴对。空穴也介入产生更多电子-空穴对的碰撞过程

第二种击穿机制称为齐纳击穿,它是载流子贯穿结区隧道的结果。在高掺杂浓度下,这种作用的效果非常显著,并致使相应的击穿电压低于 5V。

发生击穿时的电压大小取决于 PN 结的制造参数,但对于分立器件来说,通常在 50V ～ 200V 的范围,尽管在此范围以外的击穿电压,比如超过 1000V 也是可能的。PN 结通常用最大反向电压(PIV)来额定。为了避免反向击穿,在电路工作时不能超过二极管的最大反向电压。

二极管制作时可以设计特殊的击穿电压,并设计为工作在击穿区。这类二极管称为稳压二极管,将在本章稍后及第 2 章进行讨论。

3. 开关瞬态

由于 PN 结二极管可被用作电子开关,它的一个重要参数为瞬态响应,也就是当它从一种状态转换到另一种状态时所表现出来的速度和特性。例如,假设二极管从正向偏置时的"导通"状态转换到反向偏置时的"关断"状态。图 1.23 给出一个简单电路,它在 $t=0$ 时刻切换外加电压。在 $t<0$ 时,正向偏置电流 i_D 为

$$i_D = I_F = \frac{V_F - v_D}{R_F} \tag{1.19}$$

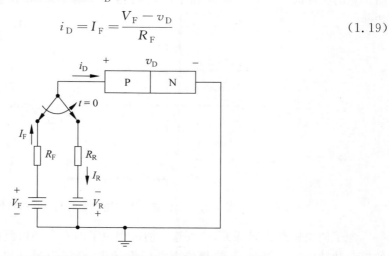

图 1.23　使二极管从正向偏置转换到反向偏置的简单电路

在正向偏置电压和反向偏置电压下的少子浓度如图 1.24 所示,图中忽略了空间电荷区宽度的变化。当施加正向偏置电压时,过剩少子同时存储在 P 区和 N 区。过剩电荷是图示正向偏置和反向偏置电压时少子浓度的差值。当二极管从正向偏置转换到反向偏置时,这些电荷必须消除掉。

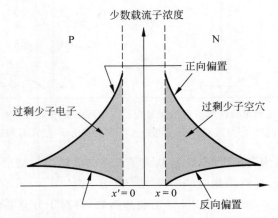

图 1.24　在正向偏置和反向偏置下存储的过剩少子电荷。当二极管从正向
偏置切换到反向偏置时,这些电荷必须消除掉

当去除正向偏置电压时,会在反向偏置方向产生相对较大的扩散电流。这是因为过剩少子电子从结区流回 N 区,同时过剩少子空穴从结区流回 P 区。

开始时,大的反向偏置电流受电阻 R_R 的限制,近似为

$$i_D = -I_R \approx \frac{-V_R}{R_R} \tag{1.20}$$

结电容不允许结电压瞬时变化。当 $0_+ < t < t_s$ 时,反向电流 I_R 近似恒定,其中 t_s 为存储时间,它是空间电荷区边缘的少子浓度达到热平衡值所需的时间。在这个时刻之后,PN结两端的电压开始发生变化。下降时间 t_f 定义为电流下降到其初始值的 10% 所需要的时间。总的关断时间为存储时间和下降时间之和。图 1.25 给出整个过程中二极管的电流特性。

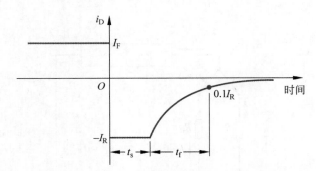

图 1.25　二极管开关时电流随时间变化的特性

为了使二极管快速开关,二极管中的过剩少子的寿命必须要短,同时必须能产生一个大的反向脉冲电流。因此,在二极管电路的设计中,必须为瞬时的反向脉冲电流提供一个通

路。这种瞬态作用同样影响晶体管的开关。例如,数字电路中的晶体管开关速度将影响计算机的速度。

瞬时开通发生在二极管从"关断"状态转换到"开通"状态,可由施加一个正向偏置脉冲电流引起。瞬时开通时间是建立正向偏置少子分布状态所需要的时间。在这段时间内,PN结两端的电压逐渐增大,趋向于它的稳态值。尽管 PN 结二极管的开通时间不为零,但它通常要小于瞬时关断时间。

理解测试题 1.6 ①在 $T=300K$ 下,对于 $N_a=10^{15}\,cm^{-3}$,$N_d=5\times10^{16}\,cm^{-3}$,求解硅PN结的 V_{bi}。②对于砷化镓 PN 结,重复①。③对于锗 PN 结,重复①。

答案:①0.679V;②1.15V;③0.296V。

理解测试题 1.7 当 $T=300K$ 时,硅 PN 结的反向饱和电流 $I_S=10^{-16}$ A。

(1) 当① $V_D=0.55V$,② $V_D=0.65V$,③ $V_D=0.75V$ 时,求解二极管的正向偏置电流。

(2) 当① $V_D=-0.55V$,② $V_D=-2.5V$ 时,求解二极管的反向偏置电流。

答案:(1) ①0.154μA,②7.20μA,③0.337mA;

(2) ① -10^{-16}A,② -10^{-16}A。

理解测试题 1.8 在给定电流下,硅二极管的正向偏置电压随温度大约下降 2mV/℃。如果温度为 25℃,若 $I_D=1mA$ 时,$V_D=0.650V$,求解在 $T=125$℃下,当 $I_D=1mA$ 时的二极管电压。

答案:$V_D=0.450V$。

1.3 二极管电路:直流分析及模型

目标:采用不同的模型描述二极管的特性,研究二极管电路的直流分析方法。

本节开始研究不同电路结构中的二极管。前面已经看到,二极管是一个二端口器件,它与具有线性电流-电压关系的二端口电阻不同,具有非线性的 i-v 特性。非线性电子电路的分析不像线性电子电路那样直接,但是有些电子电路的功能只能通过非线性电路来实现。这样的例子包括由正弦电压产生直流电压、逻辑函数的实现等。

描述电子元件的电流-电压特性的数学关系或模型,使得在实验室制作和测试之前,可以对电路进行分析和设计。其中一个例子是欧姆定律,它描述了电阻的性质。本节将讨论二极管电路的直流分析和建模方法。

本节考虑 PN 结二极管的电流-电压特性,以便构造不同的电路模型。首先建立大信号模型,它描述当电压和电流的变化相对较大时器件的特性。这些模型简化了二极管电路的分析,使相对复杂电路的分析变得更为简单。在下一节,将考虑二极管的小信号模型,它描述电压和电流的变化较小时 PN 结的特性。理解大信号和小信号模型之间的差别以及它们的使用条件很重要。

为了了解二极管电路,先来看一个简单的二极管应用。图 1.17 给出 PN 结二极管的电流-电压特性,而一个理想二极管(指具有理想 I-V 特性的二极管)则具有如图 1.26(a)所示的特性。当加反向偏置电压时,通过二极管的电流为零,如图 1.26(b)所示。当通过二极管的电流大于零时,二极管两端的电压为零,如图 1.26(c)所示。必须设计一个与二极管连接的外部电路,控制流过二极管的正向电流的大小。

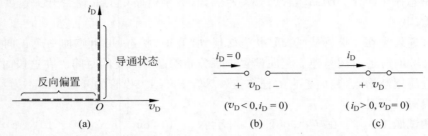

图 1.26　理想二极管：(a) 理想二极管的 I-V 特性；(b) 反向偏置等效电路(开路)；(c) 导通等效电路(电路短路)

图 1.27(a)所示的二极管电路为整流电路。如图 1.27(b)所示，假设输入电压 v_I 为一个正弦信号，且二极管为理想二极管，如图 1.26(a)所示。在正弦输入信号的正半周，二极管中存在一个正向电流，且二极管两端的电压为零。此时的等效电路如图 1.27(c)所示，输出电压 v_O 与输入电压相同。在正弦输入信号的负半周，二极管反向偏置，此时的等效电路如图 1.27(d)所示。在信号周期的这一部分，二极管相当于开路，电流为零，输出电压也为零。电路的输出电压如图 1.27(e)所示。

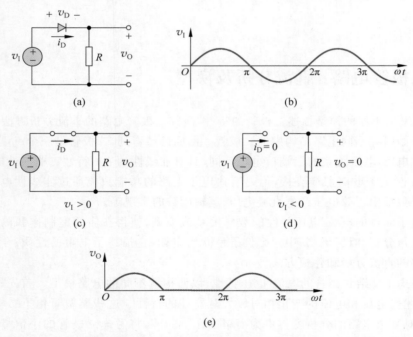

图 1.27　二极管整流电路：(a) 电路；(b) 正弦输入信号；(c) $v_\mathrm{I} > 0$ 时的等效电路；(d) $v_\mathrm{I} < 0$ 时的等效电路；(e) 整流后的输出信号

在整个周期上，输入信号为正弦信号，其平均值为零；而输出信号只包含正半部分，因而其平均值为正。由此，这个电路被称为对输入信号进行了整流，它是从正弦电压(AC)产生直流电压(DC)的第一步。几乎在所有的电子电路中都需要有直流电压。

如前所述，非线性电路的分析不像线性电路那样直接。本节将采用四种方法来进行二极管电路的直流分析：①迭代法；②图解法；③折线化（分段线性）模型法；④计算机分析法。其中①和②两种方法密切相关，因此将它们一起介绍。

1.3.1　迭代法和图解法

迭代法是运用反复试凑的方法来求解问题；图解分析法则包括画出两个联立方程的曲线，并找出它们的交点，即两个方程的解。在求解包含二极管的电路方程时，将使用这两种方法。由于这些方程中同时包含了线性项和指数项，很难用人工方法求解。

例如，考虑图1.28所示的电路，在电阻和二极管的两端加直流电压 V_{PS}。基尔霍夫电压定律对线性和非线性电路同时适用，因此可以写出

$$V_{PS} = I_D R + V_D \tag{1.21a}$$

也可以写为

$$I_D = \frac{V_{PS}}{R} - \frac{V_D}{R} \tag{1.21b}$$

（注：本节余下部分主要强调直流分析，而直流变量采用大写字母和大写下标表示。）

二极管的电压 V_D 和电流 I_D 在理想二极管的电流方程中表示为

$$I_D = I_S\left[e^{\left(\frac{V_D}{V_T}\right)} - 1\right] \tag{1.22}$$

其中，假设 I_S 对特定的二极管来说是已知的。

联合求解式（1.21a）和式（1.22），可得

$$V_{PS} = I_S R\left[e^{\left(\frac{V_D}{V_T}\right)} - 1\right] + V_D \tag{1.23}$$

其中只包含一个未知数 V_D，但它是一个超越方程，不能直接求解。在下面的例子中，将利用迭代法来求解这个方程。

例题 1.8　求解图1.28所示电路中二极管的电压和电流。已经二极管的反向饱和电流 $I_S = 10^{-13}$A。

解：式（1.23）可以写为

$$5 = 10^{-13} \times 2 \times 10^3 \times \left[e^{\left(\frac{v_D}{0.026}\right)} - 1\right] + V_D \quad (1.24)$$

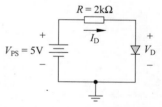

图1.28　简单的二极管电路

如果先用 $V_D = 0.60$V 来尝试，则式（1.24）的右边为 2.7V，所以等式不成立，必须再试。如果接着尝试 $V_D = 0.65$V，式（1.24）的右边为 15.1V，等式同样不成立，但是可以看出，V_D 的解应当在 $0.6\sim0.65$V。如果继续细化这个猜测，将会发现当 $V_D = 0.619$V 时，式（1.24）的右边等于4.99V，基本上和式左边的值相等。

于是，电路中的电流可以用电阻两端的电压除以电阻值来确定，即

$$I_D = \frac{V_{PS} - V_D}{R} = \frac{5 - 0.619}{2} = 2.19\text{mA}$$

点评：一旦知道了二极管的电压，就可以利用理想二极管的电流方程来确定二极管的电流。而用电阻两端的电压除以电阻值通常更简单些，这种方法被广泛地应用在二极管和晶体管电路中。

练习题 1.8 观察图 1.28 所示的电路。令 $V_{PS}=4V, R=4k\Omega, I_S=10^{-12}A$。利用理想二极管的电流方程和迭代法,求解 V_D 和 I_D。

答案: $V_D=0.535V, I_D=0.866mA$。

为了利用图解法来分析电路,回到式(1.21a)所描述的基尔霍夫定律,即 $V_{PS}=I_DR+V_D$。求解电流 I_D,可得

$$I_D = \frac{V_{PS}}{R} - \frac{V_D}{R}$$

也即式(1.21b)。对于给定的电源电压 V_{PS} 和电阻 R,这个等式给出了二极管电流 I_D 和二极管电压 V_D 的线性关系。这个等式称为电路的负载线,它通常被绘制在一个纵轴为 I_D、横轴为 V_D 的坐标图中。

式(1.21b)可以看出,如果 $I_D=0$,则 $V_D=V_{PS}$,即横轴上的截距。同样根据这个等式,如果 $V_D=0$,则 $I_D=V_{PS}/R$,即纵轴上的截距。可以在这两点之间画出负载线。由式(1.21b)可以看出,负载线的斜率为 $-1/R$。

利用例题 1.8 中给出的值,可以画出图 1.29 所示的直线。图中的第二条曲线为方程(1.22),它是描述二极管电流和电压关系的理想二极管方程。负载线和二极管特性曲线的交点表明,流过二极管的直流电流 $I_D \approx 2.2mA$,二极管两端的直流电压 $V_D \approx 0.62V$。这个点称为静态工作点,即 Q 点。

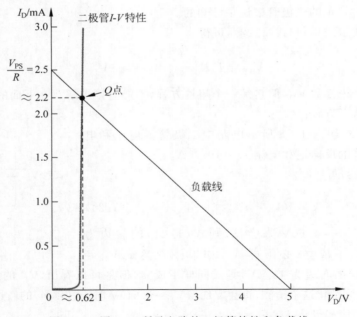

图 1.29 图 1.28 所示电路的二极管特性和负载线

图解分析法虽然可以求得精确的结果,但是使用起来比较麻烦。但负载线的概念和图解法对形象地分析电路响应很有用,负载线也被广泛应用于电子电路的评估。

1.3.2 折线化模型

另一种简单分析二极管电路的方法,是用线性关系即直线来近似二极管的 $I\text{-}V$ 特性。

例如,图 1.30 给出理想的 I-V 特性曲线以及两种线性近似。

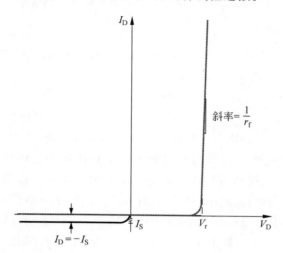

图 1.30　二极管的 I-V 特性及两种线性近似。线性近似构成二极管的折线化模型

当 $V_D \geqslant V_r$ 时,采用一条斜率为 $1/r_f$ 的直线来近似,其中 V_r 为二极管的开启电压,或称为导通电压;r_f 为二极管的正向电阻。这种线性近似的等效电路为一个恒定的电压源和一个电阻串联,如图 1.31(a)所示。[①] 当 $V_D < V_r$ 时,则采用一条与 V_D 轴平行、电流为零的直线来近似,此时的等效电路为开路,如图 1.31(b)所示。

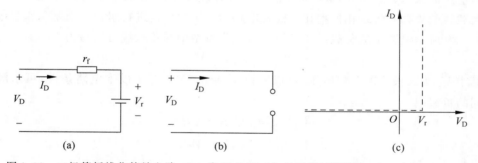

图 1.31　二极管折线化等效电路:(a)当 $V_D \geqslant V_r$ 时,处于"开通"状态;(b)当 $V_D < V_r$ 时,
处于"关断"状态;(c)$r_f = 0$ 时的折线化近似。如果 $r_f = 0$,当二极管导通时,二极
管两端的电压恒为 $V_D = V_r$

这种方法用分段的直线来对二极管特性建模,因此称为折线化模型。如果假设 $r_f = 0$,则二极管特性的折线化模型如图 1.31(c)所示。

例题 1.9　利用折线化模型,求解图 1.28 所示电路中的二极管电压和电流,同时求解二极管中的功率损耗。假设折线化模型参数为 $V_r = 0.6\text{V}, r_f = 10\Omega$。

解:在给定的输入电压极性下,二极管处于正向偏置或"导通"状态,因此 $I_D > 0$。等效电路如图 1.31(a)所示。可求得二极管的电流为

---

① 重要的是要切记一点,图 1.31(a)中的电压源只表示 $V_D \geqslant V_r$ 时的压降。当 $V_D < V_r$ 时,电源 V_r 并不产生负的二极管电流。对于 $V_D < V_r$,必须使用图 1.31(b)所示的等效电路。

$$I_D = \frac{V_{PS} - V_r}{R + r_f} = \frac{5 - 0.6}{2 \times 10^3 + 10} \Rightarrow 2.19\text{mA}$$

二极管的电压为

$$V_D = V_r + I_D r_f = 0.6 + (2.19 \times 10^{-3})(10) = 0.622\text{V}$$

消耗在二极管上的功率为

$$P_D = I_D V_D$$

于是可得

$$P_D = (2.19)(0.622) = 1.36\text{mW}$$

点评： 利用折线化模型求得的解和例题 1.8 中利用理想二极管方程求得的解非常接近。而本例中利用折线化模型的分析远比例题 1.8 中用实际二极管 I-V 特性的分析要简单。通常，为了使分析简单，人们乐意接受由此而产生的微小分析误差。

练习题 1.9 ①在图 1.28 所示的电路中，令 $V_{PS} = 8\text{V}$，$V_r = 0.7\text{V}$。假设 $r_f = 0$，计算 R 的值，使得 $I_D = 1.20\text{mA}$。②如果 V_{PS} 减小到 4V，R 变为 $3.5\text{k}\Omega$，求解二极管中的功率损耗。

答案： ①$6.08\text{k}\Omega$，②$0.66\text{mW}$。

由于例题 1.9 中的二极管正向电阻 r_f 远小于电路中的电阻 R，所以二极管的电流基本上不受 r_f 值的影响。此外，如果开启电压为 0.7V，而不是 0.6V，则计算得到的二极管电流将为 2.15mA，它与前面的值相比并没有非常明显的差别。因此，所计算的二极管电流并不是开启电压的强函数。由此，对于硅 PN 结二极管，通常假设开启电压为 0.7V。

负载线的概念和折线化模型在二极管电路的分析中可以进行组合。由基尔霍夫电压定律，图 1.28 所示电路中的负载线及二极管折线化模型中的负载线可以写为

$$V_{PS} = I_D R + V_r$$

其中 V_r 为二极管的开启电压，可以假设 $V_r = 0.7\text{V}$。对于以下电路条件，可求解并画出不同的负载线

$$\text{A：} V_{PS} = 5\text{V}, R = 2\text{k}\Omega$$
$$\text{B：} V_{PS} = 5\text{V}, R = 4\text{k}\Omega$$
$$\text{C：} V_{PS} = 2.5\text{V}, R = 2\text{k}\Omega$$
$$\text{D：} V_{PS} = 2.5\text{V}, R = 4\text{k}\Omega$$

满足条件 A 的负载线如图 1.32(a) 所示，图中也画出了二极管的折线化特性。这两条曲线的交点就是 Q 点。对于这个例子，二极管的静态电流为 $I_{DQ} \approx 2.15\text{mA}$。

图 1.32(b) 给出相同的二极管折线化特性。此外，符合上述 A、B、C 和 D 条件的四条负载线全部在图中画出。可以看到，二极管的静态工作点是负载线的函数，每条负载线的 Q 点都不相同。

负载线的概念在二极管反向偏置时也很重要。图 1.33(a) 给出与之前相同的二极管电路，但二极管的方向相反。图中所示二极管的电流 I_D 和电压 V_D 为常用的正向偏置参数。应用基尔霍夫电压定律，可以写出

$$V_{PS} = I_{PS} R - V_D = -I_D R - V_D \tag{1.25a}$$

即

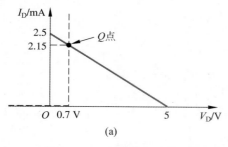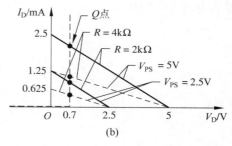

图 1.32　二极管的折线化近似,叠加:(a) 满足 $V_{PS}=5V$,$R=2k\Omega$ 的负载线;
(b) 几条负载线。负载线变化时,二极管的 Q 点发生变化

$$I_D = -\frac{V_{PS}}{R} - \frac{V_D}{R} \tag{1.25b}$$

其中 $I_D = -I_{PS}$。式(1.25b)为负载线方程。分别令 $I_D=0$ 和 $V_D=0$,得到负载线的两个端点。当 $I_D=0$ 时,得出 $V_D=-V_{PS}=-5V$;当 $V_D=0$ 时,得出 $I_D=-V_{PS}/R=-5/2=-2.5mA$。二极管的特性及负载线在图 1.33(b) 中画出。可以看出,负载线位于第三象限,它与二极管的特性曲线相交于 $V_D=-5V$ 和 $I_D=0$,表明二极管反向偏置。

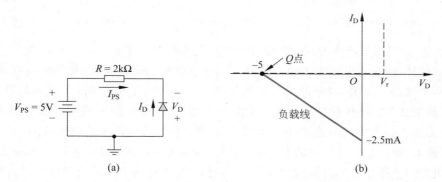

图 1.33　反向偏置的二极管:(a) 电路;(b) 折线化近似和负载线

虽然用折线化模型得出的结果不如用理想二极管方程得出的结果精确,但这种方法要简单得多。

1.3.3　计算机仿真和分析

如今的计算机能够使用不同元器件的具体仿真模型,轻而易举地快速完成复杂电路的分析。这些模型可以包含很多变化的条件,比如各种参数对温度的依赖性。出现最早且目前应用最广的电路分析程序之一为侧重于集成电路的仿真程序 SPICE(Simulation Program with Integrated Circuit Emphasis)。这个程序由美国加州大学伯克利分校开发,于 1973 年首次发布,在此之后持续改进。PSpice 由 SPICE 发展而来,针对个人计算机使用设计的。

例题 1.10　利用 PSpice 分析,求解图 1.28 所示电路中二极管的电流和电压特性。

解: 图 1.34(a) 所示为 PSpice 电路原理图。在分析中,使用 PSpice 库中的标准二极管 1N4002。

输入电压 V_1 在 0~5V 之间变化(直流扫描)。图 1.34(b) 和(c) 给出二极管的电压和电流随输入电压变化的特性。

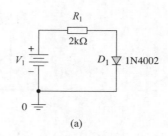

(a)

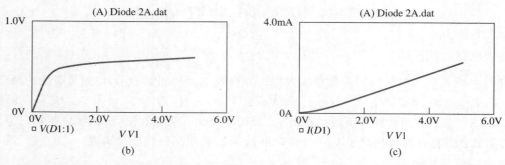

图 1.34　(a) PSpice 电路原理图；(b) 例题 1.10 的二极管电压；(c) 例题 1.10 的二极管电流

讨论：由上述结果可以发现：二极管的电压几乎线性增长到约 400mV，此时几乎不存在明显的电流。当输入电压大于约 500mV 后，在最大输入电压下，二极管的电压逐渐增长到 610mV 左右的一个值，电流也增长到约为 2.2mA 的最大值。在最大输入电压时，折线化模型预测得到非常准确的结果。而这些结果表明，在二极管的电流和电压之间无疑存在着非线性关系。必须牢记的是，折线化模型是适用于很多应用的一种近似方法。

练习题 1.10　图 1.28 所示的电路中，电阻的参数变为 $R=20\text{k}\Omega$。利用 PSpice 分析，画出二极管的电流 I_D 和电压 V_D 随电源电压 V_{PS} 变化的曲线，电源电压的范围为 $0 \leqslant V_{PS} \leqslant 10\text{V}$。

1.3.4　二极管模型小结

二极管电路人工分析中用到的两种二极管直流模型为理想二极管方程和折线化近似。对于理想二极管方程，必须给定反向饱和电流 I_S；对于折线化模型，则必须给定开启电压 V_r 和二极管正向电阻 r_f。不过在大多数情况下，如果不特殊说明，均假设 r_f 的值为零。

在某些特殊应用场合，应使用特殊的模型，对计算精度和计算难度进行折中考虑。往往根据经验来确定使用哪种模型。比如，在设计之初，为了容易起见，通常使用简单的模型；而在最终设计时，为了得到更加精确的结果，可能需要使用计算机仿真。而在计算机仿真中用到的二极管模型和参数，必须和电路中的实际二极管参数相符，以确保得出的结果有意义，理解这一点非常重要。

理解测试题 1.9　观察练习题 1.8 中的二极管和电路，利用图解法求解 V_D 和 I_D。

答案：$V_D \approx 0.54\text{V}, I_D \approx 0.87\text{mA}$。

理解测试题 1.10　在图 1.28 所示的电路中，令 $R=4\text{k}\Omega, V_r=0.7\text{V}$。求解 I_D：①$V_{PS}=0.5\text{V}$；②$V_{PS}=2\text{V}$；③$V_{PS}=5\text{V}$；④$V_{PS}=-1\text{V}$；⑤$V_{PS}=-5\text{V}$。

答案：①0；②0.325mA；③1.075mA；④0；⑤0。

理解测试题 1.11　在图 1.28 所示的电路中，电源电压 $V_{PS}=10V$，二极管的开启电压 $V_r=0.7V$（假设 $r_f=0$）。要使消耗在二极管上的功率不大于 1.05mW，求解二极管的最大电流和 R 的最小值，以满足功率指标。

答案：$I_D=1.5mA$，$R=6.2k\Omega$。

1.4　二极管电路：交流等效电路

目标：建立二极管的等效电路，用于输入为时变小信号的二极管电路。

到目前为止，只考虑了 PN 结二极管的直流特性。当带有 PN 结的半导体器件用于线性放大电路时，PN 结的时变（或交流）特性将变得很重要，这是因为在直流电流和电压上叠加了正弦信号。下面各节将分析这些交流特性。

1.4.1　正弦分析

在图 1.35(a) 所示的电路中，假设电压源 v_i 为正弦信号，或时变信号。总输入电压 v_I 由直流分量 V_{PS} 和叠加在直流值上的交流分量构成。为了研究这个电路，将考虑两种类型的分析：只包含直流电压和电流的直流分析；只包含交流电压和电流的交流分析。

1. 电流-电压关系

由于输入电压是叠加了交流信号的直流量，二极管的电流也将是叠加了交流信号的直流量，如图 1.35(b) 所示。其中 I_{DQ} 为二极管的静态直流电流。此外，二极管的电压也是叠加了交流信号的直流量，如图 1.35(c) 所示。在这个分析中，假设交流信号与直流信号相比非常小，所以可以给非线性二极管建立一个线性交流模型。

二极管电流和电压的关系可以写为

$$i_D \approx I_S e^{\left(\frac{v_D}{V_T}\right)} = I_S e^{\left(\frac{V_{DQ}+v_d}{V_T}\right)} \tag{1.26}$$

其中，V_{DQ} 为静态直流电压，v_d 为交流分量。在式(1.22)给出的二极管方程中，忽略了(−1)项。式(1.26)可以写为

$$i_D = I_S \left[e^{\left(\frac{V_{DQ}}{V_T}\right)} \right] \cdot \left[e^{\left(\frac{v_d}{V_T}\right)} \right] \tag{1.27}$$

如果交流信号很小，则 $v_d < V_T$，可以将指数函数展开为一个线性级数，如下

$$e^{\left(\frac{v_d}{V_T}\right)} \approx 1 + \frac{v_d}{V_T} \tag{1.28}$$

还可以将二极管的静态电流写为

$$I_{DQ} = I_S e^{\left(\frac{V_{DQ}}{V_T}\right)} \tag{1.29}$$

于是，式(1.27)中的二极管电流-电压关系可以写为

$$i_D = I_{DQ}\left(1 + \frac{v_d}{V_T}\right) = I_{DQ} + \frac{I_{DQ}}{V_T} \cdot v_d = I_{DQ} + i_d \tag{1.30}$$

其中，i_d 为二极管电流的交流分量。二极管的交流电压和电流的关系为

$$i_d = \left(\frac{I_{DQ}}{V_T}\right) \cdot v_d = g_d \cdot v_d \tag{1.31a}$$

即

$$v_d = \left(\frac{V_T}{I_{DQ}}\right) \cdot i_d = r_d \cdot i_d \tag{1.31b}$$

参数 g_d 和 r_d 分别为二极管的小信号动态电导和电阻，也称为扩散电导和扩散电阻。从这两个方程可以看出

$$r_d = \frac{1}{g_d} = \frac{V_T}{I_{DQ}} \tag{1.32}$$

这个等式表明，动态电阻是直流偏置电流 I_{DQ} 的函数，并且与 $I\text{-}V$ 特性曲线的斜率成反比，如图 1.35(d) 所示。

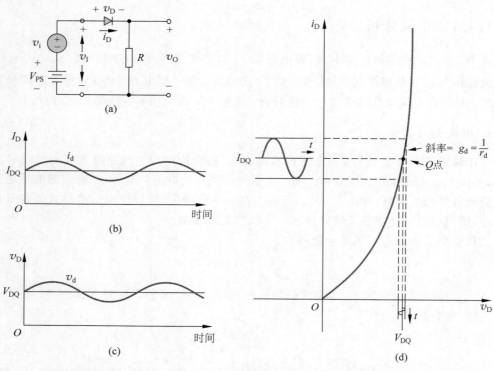

图 1.35　交流电路分析：(a) 输入电压为直流信号叠加正弦信号的电路；(b) 叠加在静态电流上的二极管正弦电流；(c) 叠加在静态电压上的二极管正弦电压；(d) 正向偏置二极管的 $I\text{-}V$ 特性，静态值上叠加了正弦电流和电压

2. 电路分析

为了分析图 1.35(a) 所示的电路，首先进行直流分析，然后进行交流分析。这两种类型的分析使用两种等效电路。图 1.36(a) 所示为之前已经见过的直流等效电路。如果二极管正向偏置，则二极管两端的电压为折线化模型中的开启电压。

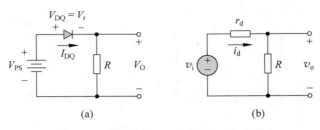

图 1.36　等效电路：(a) 直流；(b) 交流

图 1.36(b)所示为交流等效电路。二极管用它的等效电阻 r_d 代替。这个电路中的所有参数均为小信号时变参数。

例题 1.11　分析图 1.35(a)所示的电路。假设电路和二极管的参数为 $V_{PS} = 5V$，$R = 5k\Omega$，$V_r = 0.6V$ 以及 $v_i = 0.1\sin\omega t$ (V)。

解：将分析过程分为两步：直流分析和交流分析。

在直流分析中，令 $v_i = 0$，然后由图 1.36(a)求解直流静态电流为

$$I_{DQ} = \frac{V_{PS} - V_r}{R} = \frac{5 - 0.6}{5} = 0.88mA$$

输出电压的直流值为

$$V_o = I_{DQ}R = (0.88)(5) = 4.4V$$

在交流分析中，只考虑图 1.36(b)所示的交流信号和参数。换言之，实际上假设 $V_{PS} = 0$。交流基尔霍夫电压定律(KVL)方程变为

$$v_i = i_d r_d + i_d R = i_d(r_d + R)$$

其中，r_d 仍为二极管的小信号扩散电阻。根据式(1.32)可得

$$r_d = \frac{V_T}{I_{DQ}} = \frac{0.026}{0.88} = 0.0295k\Omega$$

二极管的交流电流为

$$i_d = \frac{v_i}{r_d + R} = \frac{0.1\sin\omega t}{0.0295 + 5} \Rightarrow 19.9\sin\omega t\ (\mu A)$$

输出电压的交流分量为

$$v_o = i_d R = 0.0995\sin\omega t\ (V)$$

点评：在本书中，电路的分析分为交流分析和直流分析，为此，将在每种分析中采用独立的等效电路模型。

练习题 1.11　①图 1.35(a)所示电路的参数及二极管的参数为 $V_{PS} = 8V$，$R = 20k\Omega$，$V_r = 0.7V$ 以及 $v_i = 0.25\sin\omega t$ (V)。求解二极管的静态电流和时变小信号电流。②如果电阻变为 $R = 10k\Omega$，重复①。

答案：①$I_{DQ} = 0.365mA$，$i_d = 12.5\sin\omega t\ (\mu A)$；②$I_{DQ} = 0.730mA$，$i_d = 24.9\sin\omega t\ (\mu A)$。

3. 频率响应

在之前的分析中，默认假设交流信号的频率足够小，以至于电路中电容的影响可以忽略不计。如果交流输入信号的频率增加，则和正向偏置 PN 结相关的扩散电容将变得非常重

要。扩散电容的来源如图1.37所示。

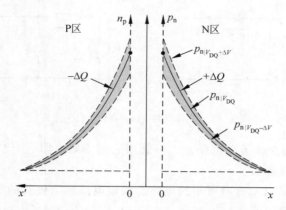

图 1.37　在二极管静态直流电压上叠加时变电压时，少数载流子存储电荷的变化。
存储电荷的变化产生二极管的扩散电容

观察图中右边区域的少数载流子空穴的浓度，在二极管的静态电压 V_{DQ} 处，少数载流子空穴的浓度如图中标注为 $p_{n|V_{DQ}}$ 的实线所示。

如果在静态值之上叠加的正弦信号的正半周，二极管总的电压增加 ΔV，则空穴浓度将增大至如图标注为 $p_{n|V_{DQ}+\Delta V}$ 的虚线。如果在静态值之上叠加的正弦信号的负半周，二极管总的电压减小 ΔV，则空穴浓度将减小至如图标注为 $p_{n|V_{DQ}-\Delta V}$ 的虚线。当 PN 结两端的电压变化时，$+\Delta Q$ 电荷将通过 PN 结交替地充电和放电。

P 区的少数载流子电子也会发生同样的过程。

电压的变化导致存储的少数载流子电荷发生变化，于是产生了扩散电容，即

$$C_d = \frac{dQ}{dV_D} \tag{1.33}$$

由于所包含的电荷量多少不同，扩散电容 C_d 通常比结电容 C_j 大很多。

1.4.2　小信号等效电路

正向偏置 PN 结的小信号等效电路如图 1.38 所示，它部分来自于导纳方程，如下：

$$Y = g_d + j\omega C_d \tag{1.34}$$

其中，g_d、C_d 分别为扩散电导和扩散电容。同时必须加上结电容，它和扩散电阻及扩散电容并联。因为中性的 P 区和 N 区存在有限电阻，所以需要加上一个串联电阻。

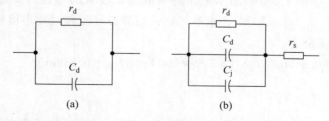

图 1.38　二极管的小信号等效电路：(a) 简化电路；(b) 完整电路

在静态工作点上叠加交流信号时,PN 结的小信号等效电路用于求解二极管电路的交流响应。PN 结的小信号等效电路也用于建立晶体管的小信号模型,这些模型用于晶体管放大电路的分析和设计。

理解测试题 1.12　当 $T=300$K 时,PN 结二极管的偏置电流为 0.8mA,求解二极管的扩散电导。

答案:$g_d=30.8$mS。

理解测试题 1.13　当 $I_D=10\mu$A、100μA 和 1mA 时,求解 PN 结二极管的小信号扩散电阻。

答案:2.6kΩ,260Ω,26Ω。

理解测试题 1.14　当 $T=300$K 时,已知 PN 结二极管的扩散电阻 $r_d=50$Ω。二极管的静态电流为多少?

答案:$I_{DQ}=0.52$mA。

1.5　其他类型的二极管

目标:了解几种专用二极管的性质和特性。

有很多其他类型的二极管,它们具有特有的性质,对某些特殊应用很有用。这里简单介绍几种类型的专用二极管,将考虑光电池、光电二极管、发光二极管、肖特基二极管和稳压二极管。

1.5.1　光电池

光电池是一个 PN 结器件,未直接在结的两端加电压。如图 1.39 所示,这个 PN 结将太阳能转换为电能,它与一个负载相连。当太阳光照在空间电荷区上时,就会产生电子和空穴,它们快速地分离,并被电场推出空间电荷区,于是就产生了光电流。产生的光电流在负载两端产生电压,这意味着光电池提供了能量。光电池通常由硅材料制作,但也可能用砷化镓(GaAs)或其他的三价或四价化合物半导体制作。

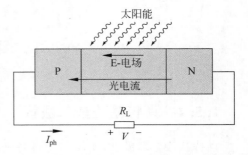

图 1.39　与负载相连的 PN 结光电池

光电池用于人造卫星及太空飞行器的供电由来已久,也常用于计算器的供电。在太阳能汽车大赛中,也利用光电池为赛车提供动力。美国的大学参赛队设计、制造和驾驶这些赛车。典型地,赛车上有 $8m^2$ 的光电池阵列,在阳光充足的中午,可以产生 800W 的功率。光电池阵列产生的能量还可以用来驱动电机或者给电池组充电。

1.5.2　光电二极管

光电探测器是将光信号转化为电信号的器件,其中一个例子是光电二极管。除了 PN

结外加反向偏置电压以外,它和光电池相似。入射的光子或光波在空间电荷区产生过剩的电子和空穴,这些过剩载流子快速地分离,并被电场推出空间电荷区,于是产生了"光电流"。所产生的光电流与入射的光子流量成正比。

1.5.3 发光二极管

发光二极管(LED)将电流转化为光。如前所述,当 PN 结上加正向偏置电压时,电子和空穴流过空间电荷区,成为过剩少数载流子。这些过剩少数载流子扩散到中性的半导体区域时,与多数载流子产生复合。如果半导体是一种直接带隙材料,比如砷化镓(GaAs),则电子和空穴的复合不会使动量发生变化,并且会发出光子或光波。相反,在间接带隙材料中,比如硅,电子和空穴发生复合时,它们的能量和动量都必定是守恒的,因而不可能发射出光子。所以 LED 用砷化镓或别的化合物半导体材料制作而成。在 LED 中,二极管电流与复合率直接成正比,这意味着输出光的强度也与二极管的电流成正比。

单块 LED 阵列一般用于显示数字或字符,比如数字电压表的读数。

把 LED 整合到一个光学的空腔中,可以使光子束以一个很窄的带宽连贯地输出。这种器件称为激光二极管,它用于光通信。

LED 可与光电二极管一起用于如图 1.40 所示的光学系统。由于高质量的光纤具有较低的光吸收率,因此所产生的光信号可以在光纤中传播相当长的距离。

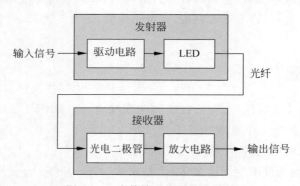

图 1.40　光传输系统的基本单元

1.5.4 肖特基势垒二极管

肖特基势垒二极管,或简称为肖特基二极管,是由金属,比如铝,与掺杂浓度合适的 N 型半导体接触而形成的整流结。图 1.41(a)所示为这种金属-半导体结,图 1.41(b)给出电路符号,并标出电流方向和电压极性。

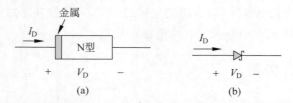

图 1.41　肖特基势垒二极管:(a)简化的几何结构;(b)电路符号

肖特基二极管的电流-电压特性和 PN 结二极管的非常相似。理想二极管的方程同时适用于这两种器件。但这两种二极管存有两个重要的差异,它们直接影响肖特基二极管的响应。

(1) 两种器件产生电流的机制不同。PN 结二极管中的电流受控于少子的扩散;肖特基二极管的电流则由多子流过冶金结的势垒层引起。这意味着在肖特基二极管中没有少子的存储,所以从正向偏置到反向偏置的开关时间比 PN 结二极管短得多。肖特基二极管的存储时间 t_s 基本上为 0。

(2) 对于同等面积的器件,肖特基二极管的反向饱和电流 I_S 比 PN 结二极管的要大。这个性质意味着要产生相同的电流,与 PN 结二极管相比,所需的正向偏置电压更小。在第 17 章中将会看到这一性质的实际应用。

图 1.42 对两种器件的特性进行比较。利用折线化模型可以得出,与 PN 结二极管相比,肖特基二极管的开启电压更小。在后续各章中,将会看到这个更小的开启电压和更短的开关时间如何使得肖特基二极管在集成电路应用中更加有用。

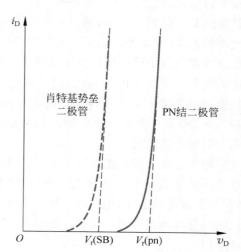

图 1.42　PN 结二极管和肖特基二极管的正向偏置 I-V 特性比较

例题 1.12　求解二极管电压。已知 PN 结二极管和肖特基二极管的反向饱和电流分别为 $I_S = 10^{-12}$ A 和 $I_S = 10^{-8}$ A。求解在每个二极管中产生 1mA 电流所需的正向偏置电压。

解:二极管的电流-电压关系为

$$I_D = I_S e^{V_D/V_T}$$

求解二极管电压,可得

$$V_D = V_T \ln\left(\frac{I_D}{I_S}\right)$$

于是,对于 PN 结二极管

$$V_D = (0.026)\ln\left(\frac{1 \times 10^{-3}}{10^{-12}}\right) = 0.539 \text{V}$$

对于肖特基二极管

$$V_D = (0.026)\ln\left(\frac{1 \times 10^{-3}}{10^{-8}}\right) = 0.299 \text{V}$$

点评:由于肖特基二极管的反向饱和电流相对较大,为了产生一定的电流,与 PN 结二极管相比,二极管两端所需的电压更小。

练习 1.12　PN 结二极管和肖特基二极管的正向偏置电流均为 1.2mA。PN 结二极管的反向饱和电流 $I_S = 4 \times 10^{-15}$ A,正向偏置电压之间的差值为 0.265V。求解肖特基二极管的反向饱和电流。

答案:$I_S = 1.07 \times 10^{-10}$ A。

还可能有另一种类型的金属－半导体结,即将金属作用于高掺杂的半导体。在大多数情况下,形成一个欧姆接触,在这个接触中两个方向传导的电流相等,并且接触点上的压降很小。欧姆接触点用于将一个半导体器件与集成电路上的另一个半导体器件相连接,或将

IC 和它的外部端子相连。

1.5.5 稳压二极管

如本章前面所提及,外加的反向偏置电压不能无限制地增大。在某个点将发生击穿,反向电流迅速增加。这一点的电压称为击穿电压。包含击穿的二极管 I-V 特性如图 1.43 所示。

稳压二极管可以设计和制作成能够提供特定的击穿电压 V_{Zo}。尽管击穿电压位于负电压轴上(反向偏置),它的值用正值给出。发生击穿时可能产生很大的电流,由于器件上的功率消耗大,会引起二极管发热甚至烧毁。然而,通过把电流限制在二极管允许的范围,可以使二极管工作在击穿区。这样的二极管在电路中可以用作稳压基准源。在电流和温度的很大变化范围内,二极管的击穿电压基本上保持恒定。击穿区 I-V 特性曲线的斜率相当大,所以动态电阻 r_Z 非常小。典型地,r_Z 的值在几欧姆或几十欧姆的范围内。

稳压二极管的电路符号如图 1.44 所示。(注意这个符号和肖特基二极管符号的细微差别。)电压 V_Z 是齐纳击穿电压,电流 I_Z 为二极管工作在击穿区时的反向偏置电流。在下一章将看到稳压二极管的应用。

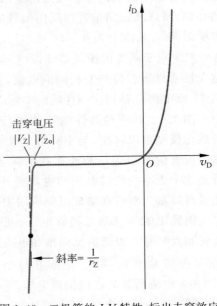

图 1.43 二极管的 I-V 特性,标出击穿效应

例题 1.13 考虑一个简单的稳压基准电路,设计所需的电阻值,限制电路中的电流。观察图 1.45 所示的电路。假设稳压二极管的击穿电压 $V_Z = 5.6\text{V}$,齐纳电阻 $r_Z = 0$。要求二极管中的电流限制在 3mA。

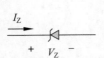

图 1.44 稳压二极管的电路符号

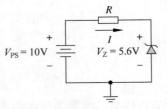

图 1.45 例题 1.13 图包含稳压二极管的简单电路,其中稳压二极管工作在击穿区

解:和前面一样,可以用 R 两端的压差除以电阻来求得电流,即

$$I = \frac{V_{PS} - V_Z}{R}$$

于是,电阻值为

$$R = \frac{V_{PS} - V_Z}{I} = \frac{10 - 5.6}{3} = 1.47\text{k}\Omega$$

消耗在稳压二极管上的功率为

$$P_Z = I_Z V_Z = (3)(5.6) = 16.8 \text{mW}$$

稳压二极管必须能够承受 16.8mW 的功率而不被损坏。

点评：当稳压二极管工作在击穿区时,外部电阻限制电流。在图示电路中,即使电源电压和电阻可能在一个有限的范围内变化,输出电压也能够保持恒定为 5.6V。因此,这个电路提供了一个稳定的输出电压。在下一章将看到稳压二极管的更多应用。

练习题 1.13 观察图 1.45 所示电路,求解所需的电阻 R 的值,要求将稳压二极管上消耗的功率限制在 10mW。

答案：$R = 2.46 \text{k}\Omega$。

理解测试题 1.15 观察图 1.46 所示的电路。二极管可能是 PN 结二极管或肖特基二极管。假设 PN 结二极管和肖特基二极管的开启电压分别为 $V_r = 0.7\text{V}$ 和 $V_r = 0.3\text{V}$。令两个二极管的 $r_f = 0$。当每个二极管用在电路中时,计算电流 I_D。

答案：PN 结二极管:0.825mA;肖特基二极管:0.925mA。

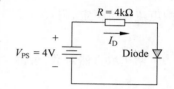

图 1.46 理解测试题 1.15 电路图。二极管可以是 PN 结二极管或肖特基二极管

理解测试题 1.16 某稳压二极管的等效串联电阻为 20Ω。如果 $I_Z = 1\text{mA}$ 时,稳压二极管两端的电压为 5.20V,求解 $I_Z = 10\text{mA}$ 时二极管两端的电压。

答案：$V_Z = 5.38\text{V}$。

理解测试题 1.17 图 1.45 所示的电路中,电阻的值为 $R = 4\text{k}\Omega$,稳压二极管的击穿电压 $V_Z = 3.6\text{V}$,稳压二极管的额定功率 $P = 6.5\text{mW}$。求解使二极管不被损坏而可以施加的最大二极管电流和最大电源电压。

答案：1.81mA,10.8V。

1.6 设计应用：二极管温度计

目标：利用二极管的温度特性,设计一个简单的电子温度计。

1. 设计指标

设计的温度范围为 $0 \sim 100°\text{F}$。

2. 设计方法

利用图 1.20 所示的正向偏置二极管的温度特性。如果二极管的电流保持恒定,二极管电压的变化是温度的函数。

3. 器件选择

假设可提供一个在 $T = 300\text{K}$ 时反向饱和电流 $I_S = 10^{-13}\text{A}$ 的硅 PN 结二极管。

4. 解决方案

在二极管的 $I\text{-}V$ 关系中,忽略(−1)项,可得

$$I_D = I_S e^{V_D/V_T} \propto n_i^2 e^{V_D/V_T} \propto e^{-E_g/kT} \cdot e^{V_D/V_T}$$

反向饱和电流 I_S 与成正比,而又与包含带隙能量 E_g 和温度的指数函数成正比。

取两种温度值下的二极管电流之比,并利用热电压的定义,可得[①]

$$\frac{I_{D1}}{I_{D2}} = \frac{e^{-E_g/kT_1} \cdot e^{eV_{D1}/kT_1}}{e^{-E_g/kT_2} \cdot e^{eV_{D2}/kT_2}} \tag{1.35}$$

其中,V_{D1} 和 V_{D2} 分别为在温度 T_1 和 T_2 下的二极管电压。如果在不同的温度下,二极管的电流保持恒定,则式(1.35)可以写为

$$e^{eV_{D2}/kT_2} = e^{-E_g/kT_1} e^{+E_g/kT_2} e^{eV_{D1}/kT_1} \tag{1.36}$$

两边取自然对数,可得

$$\frac{eV_{D2}}{kT_2} = \frac{-E_g}{kT_1} + \frac{E_g}{kT_2} + \frac{eV_{D1}}{kT_1} \tag{1.37}$$

即

$$V_{D2} = \frac{-E_g}{e}\left(\frac{T_2}{T_1}\right) + \frac{E_g}{e} + V_{D1}\left(\frac{T_2}{T_1}\right) \tag{1.38}$$

对于硅,带隙能量为 $E_g/e = 1.12\text{V}$。于是,当假设带隙能量在温度范围内不变化时,有

$$V_{D2} = 1.12\left(1 - \frac{T_2}{T_1}\right) + V_{D1}\left(\frac{T_2}{T_1}\right) \tag{1.39}$$

观察图 1.47 所示的电路。假设在温度 $T = 300\text{K}$ 时,二极管的反向饱和电流 $I_S = 10^{-13}\text{A}$。由电路可得

$$I_D = \frac{15 - V_D}{R} = I_S e^{V_D/V_T}$$

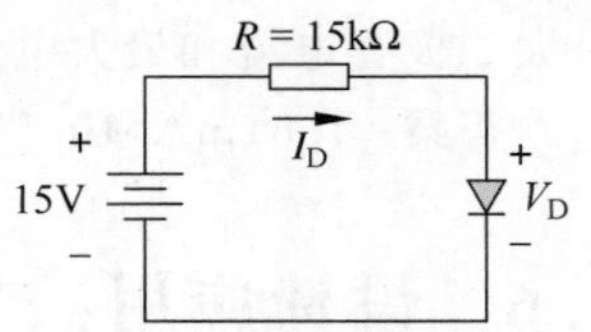

即

$$\frac{15 - V_D}{15 \times 10^3} = 10^{-13} e^{V_D/0.026}$$

图 1.47　二极管温度计电路

通过试凑法,求得

$$V_D = 0.5976\text{V}$$

和

$$I_D = \frac{15 - 0.5976}{15 \times 10^3} \Rightarrow 0.960\text{mA}$$

在式(1.39)中,可以令 $T_1 = 300\text{K}$,且令 $T_2 \equiv T$ 为可变温度,可得

$$V_D = 1.12 - 0.522\left(\frac{T}{300}\right) \tag{1.40}$$

因此,二极管电压是温度的线性函数。例如,如果所需的温度变化范围为 $0 \sim 100\,^\circ\text{F}$,

---

[①]　注意 $e^{(-E_g/kT)}$ 中的 e 表示指数函数,而 eV_{D1}/kT_1 中的 e 指电子的电量。通过上下文,可以确定 e 的含义。

相应的绝对温度变化范围为 $255.2 \sim 310.8 \mathrm{K}$。二极管电压随温度的变化曲线如图 1.48 所示。

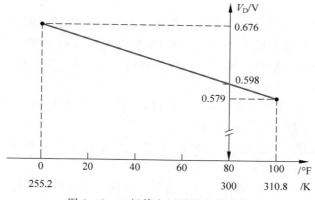

图 1.48 二极管电压随温度的变化

图 1.47 所示为一个可用的简单电路。若采用 15V 的电源电压,在所测温度范围内,大约 0.1V 的二极管电压变化只产生大约 0.67% 的二极管电流变化。因此,前面的分析有效。

点评:这个设计实例表明,将二极管连接在一个简单的电路中,可以用作电子温度计的传感单元。其中假设温度 $T = 300 \mathrm{K}(80℉)$ 时,二极管的反向饱和电流 $I_\mathrm{S} = 10^{-13} \mathrm{A}$。特定二极管的实际反向饱和电流可能有所不同。这个差异仅仅意味着图 1.48 所示的二极管电压随温度变化的曲线将向上或向下移动,以便和室温下的实际二极管电压匹配。

5. 设计关键点

为了完成这个设计,必须在图 1.47 所示的电路中增加两个额外的电路或电子系统。首先,必须增加一个用来测量二极管电压的电路。增加这个电路的同时不能改变二极管的特性,不能对电路产生负载效应。第 9 章将学习的运算放大器电路可以满足此要求。所需的第二个电子系统将二极管的电压转变成温度读数,第 16 章将学习的模-数转换器可以用于数字温度的读出。

1.7　本章小结

本章重点内容包括:

(1)一开始先考察了半导体材料的一些性质和特性,例如半导体中两种独立的电荷载流子电子(带负电荷)和空穴(带正电荷)的概念。掺杂工艺产生 N 型或 P 型半导体材料。N 型和 P 型材料的概念应用于整个课程。

(2)N 型和 P 型掺杂区域彼此直接相邻时,构成一个 PN 结二极管。正向偏置时,二极管的电流是电压的指数函数;反向偏置时,电流基本上为零。

(3)建立了二极管的折线化模型,以便更容易得到近似的人工计算结果。二极管的 I-V 特性被划分成一些线性区,它们在特定的工作区域上有效。介绍了二极管开启电压的概念。

(4) 二极管直流电流和电压上可能叠加时变信号或交流信号。建立了小信号线性等效电路,用于求解交流电流和电压之间的关系。这个等效电路可同时用于晶体管的频率响应研究。

(5) 讨论了几种专用的 PN 结器件。具体来说,PN 结光电池用来把太阳能转化成电能;肖特基势垒二极管是金属-半导体整流结,一般来说它具有比 PN 结二极管更小的开启电压和更快的开关速度;稳压二极管工作在反向击穿区,用于稳压电路。还简要介绍了光电二极管和发光二极管。

(6) 作为一个应用,基于 PN 结的温度特性,设计了一个简单的二极管温度计。

通过本章的学习,读者应该具备以下能力:

(1) 理解本征载流子浓度的概念,理解 N 型和 P 型材料之间的区别,理解漂移电流和扩散电流的概念。

(2) 运用理想二极管电流-电压特性和叠加分析法分析简单的二极管电路。

(3) 运用二极管的折线化近似模型分析二极管电路。

(4) 利用小信号等效电路求解二极管的小信号特性。

(5) 了解光电池、发光二极管、肖特基势垒二极管和稳压二极管的一般特性。

复习题

(1) 描述本征半导体材料。本征载流子浓度的含义是什么?

(2) 描述半导体材料中电子和空穴作为电荷载流子的概念。

(3) 描述杂质半导体材料。电子浓度如何用施主杂质浓度来表示?空穴浓度如何用受主杂质浓度来表示?

(4) 描述半导体材料中漂移电流和扩散电流的概念。

(5) PN 结是怎么形成的?内电场势垒是什么意思?它是怎么形成的?

(6) 反向偏置 PN 结二极管中的结电容是怎么产生的?

(7) 写出理想二极管的电流-电压关系,描述 I_S 和 V_T 的含义。

(8) 描述迭代分析法,什么时候用它来分析二极管电路?

(9) 描述二极管的折线化模型,为什么这种方法很有用?什么是二极管的开启电压?

(10) 定义一个简单二极管电路的负载线。

(11) 在什么条件下应用二极管小信号模型分析二极管电路?

(12) 描述一个简单的光电池电路的工作原理。

(13) 肖特基势垒二极管的 I-V 特性与 PN 结二极管有何不同?

(14) 在稳压二极管电路的设计中应用了稳压二极管的什么特性?

(15) 描述光电二极管和光电二极管电路的特性。

习题

(注:除非特别说明,在下列习题中都假设 $T=300K$,同时假设发射系数为 $n=1$。)

1. 半导体材料及其特性

1.1 计算 $T=250\text{K}(①)$，$T=350\text{K}(②)$时硅中的本征载流子浓度。对砷化镓，重复本题前面问题。

1.2 ①若要使硅中的本征载流子浓度小于 $n_i=10^{12}\,\text{cm}^{-3}$，求解允许的最高温度。②若 $n_i=10^9\,\text{cm}^{-3}$，重复①。

1.3 计算 $T=100\text{K}(①)$，$T=300\text{K}(②)$，$T=500\text{K}(③)$时硅和锗中的本征载流子浓度。

1.4 ①在一个锗样本中杂质原子的浓度为 $10^{15}\,\text{cm}^{-3}$，求解锗中电子和空穴的浓度，这个半导体是 N 型还是 P 型？②对硅，重复①。

1.5 用受主杂质原子对砷化镓材料进行掺杂，掺杂浓度为 $10^{16}\,\text{cm}^{-3}$。①求解电子和空穴的浓度。该材料为 N 型还是 P 型？②对于锗，重复①。

1.6 用砷原子对硅材料进行掺杂，掺杂浓度为 $5\times10^{16}\,\text{cm}^{-3}$。① 这个材料是 N 型还是 P 型？②计算 $T=300\text{K}$ 时电子和空穴的浓度。③$T=350\text{K}$ 时，重复②。

1.7 ①用受主杂质原子对硅材料进行掺杂，掺杂浓度为 $5\times10^{16}\,\text{cm}^{-3}$。计算电子和空穴的浓度。半导体为 N 型还是 P 型？②对于砷化镓，重复①。

1.8 制作一个硅样本，使空穴浓度为 $p_o=2\times10^{17}\,\text{cm}^{-3}$。①应该在本征半导体中加硼原子还是砷原子？②杂质原子的浓度应当为多少？(3)电子的浓度为多少？

1.9 当 $T=300\text{K}$ 时硅中的电子浓度为 $n_o=5\times10^{15}\,\text{cm}^{-3}$。①计算空穴的浓度。②该材料为 N 型还是 P 型？③杂质掺杂浓度为多少？

1.10 ①设计硅半导体材料的多子电子浓度为 $n_o=7\times10^{15}\,\text{cm}^{-3}$。要达到这种电子浓度，需要在本征硅材料中加入施主还是受主杂质原子？需要掺入的杂质原子浓度为多少？②在这种硅材料中，要求少子空穴的浓度不能大于 $p_o=10^6\,\text{cm}^{-3}$。求解可允许的最高温度。

1.11 ①在 P 型硅半导体上所加的电场为 $E=10\text{V/cm}$。半导体的电导率 $\sigma=1.5(\Omega\cdot\text{cm})^{-1}$，横截面积 $A=10^{-5}\,\text{cm}^2$。求解漂移电流。②半导体的横截面积 $A=2\times10^{-4}\,\text{cm}^2$，电阻率 $\rho=0.4(\Omega\cdot\text{cm})$。如果漂移电流为 $I=1.2\text{mA}$，需要加多大电场？

1.12 N 型硅半导体中，外加电场 $E=18\text{V/cm}$ 时，所建立的漂移电流密度为 120A/cm^2。如果电子和空穴的迁移率分别为 $\mu_n=1250\text{cm}^2/(\text{V}_{-s})$和 $\mu_p=450\text{cm}^2/(\text{V}_{-s})$，求解所需的掺杂浓度。

1.13 一种 N 型硅半导体的电阻率 $\rho=0.65\Omega\cdot\text{cm}$。①如果电子的迁移率为 $\mu_n=1250\text{cm}^2/(\text{V}_{-s})$，施主原子的浓度为多少？②建立漂移电流密度 $J=160\text{A/cm}^2$，求解所需的电场。

1.14 ①若要使硅材料的电导率为 $\sigma=1.5(\Omega\cdot\text{cm})^{-1}$。如果 $\mu_n=1000\text{cm}^2/(\text{V}_{-s})$，$\mu_p=375\text{cm}^2/(\text{V}_{-s})$，施主原子的浓度必须为多少？②若要使硅材料的电导率 $\sigma=0.8(\Omega\cdot\text{cm})^{-1}$。如果 $\mu_n=1200\text{cm}^2/(\text{V}_{-s})$，$\mu_p=400\text{cm}^2/(\text{V}_{-s})$，受主原子的浓度必须为多少？

1.15 在 GaAs 中，迁移率为 $\mu_n=8500\text{cm}^2/(\text{V}_{-s})$和 $\mu_p=400\text{cm}^2/(\text{V}_{-s})$。①当杂质浓度范围为 $10^{15}\,\text{cm}^{-3}\leqslant N_d\leqslant10^{19}\,\text{cm}^{-3}$ 时，求解电导率的范围。②如果外加电场为 $E=0.10\text{V/cm}$，利用①的结果，求解漂移电流密度的范围。

1.16 硅样本中电子和空穴的浓度如图 1.49 所示。假设电子和空穴的迁移率和习题 1.12 相同,距离 x 的范围为 $0 \leqslant x \leqslant 0.001 \mathrm{cm}$,求解总扩散电流密度随距离的变化关系。

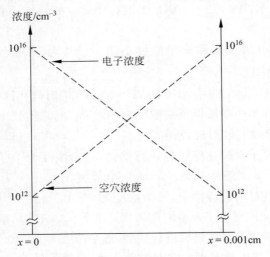

图 1.49 习题 1.16 图

1.17 硅半导体中空穴浓度的表达式为
$$p(x) = 10^4 + 10^{15} \exp(-x/L_p) \quad x \geqslant 0$$
式中,L_p 的值为 $10 \mu\mathrm{m}$,空穴扩散系数 $D_p = 15 \mathrm{cm}^2/\mathrm{s}$。当①$x=0$,②$x=10\mu\mathrm{m}$,③$x=30\mu\mathrm{m}$ 时,求解空穴扩散电流密度。

1.18 GaAs 掺杂浓度为 $N_a = 10^{17} \mathrm{cm}^{-3}$。①计算 n_o 和 p_o。②产生过剩电子和空穴,使得 $\delta_n = \delta_p = 10^{15} \mathrm{cm}^{-3}$。求解电子和空穴的总浓度。

1.19 ①当硅 PN 结满足下列条件时,求解其内电场势垒 V_{bi}:$N_d = N_a = 5 \times 10^{15} \mathrm{cm}^{-3}$;$N_d = 5 \times 10^{17} \mathrm{cm}^{-3}$,$N_a = 10^{15} \mathrm{cm}^{-3}$;$N_a = N_d = 10^{18} \mathrm{cm}^{-3}$。②对于 GaAs,重复①。

2. PN 结

1.20 在一个硅 PN 结中,N 区的掺杂浓度为 $N_d = 10^{16} \mathrm{cm}^{-3}$。要求内建电场势垒为 $V_{bi} = 0.712 \mathrm{V}$,求解所需的 P 区掺杂浓度。

1.21 在一个硅 PN 结中,N 区的施主浓度为 $N_d = 10^{16} \mathrm{cm}^{-3}$。在 $10^{15} \mathrm{cm}^{-3} \leqslant N_a \leqslant 10^{18} \mathrm{cm}^{-3}$ 范围上画出 V_{bi} 相对于 N_a 的变化曲线。其中 N_a 为 P 区的受主浓度。

1.22 考虑均匀掺杂的砷化镓 PN 结,掺杂浓度为 $N_a = 5 \times 10^{18} \mathrm{cm}^{-3}$ 和 $N_d = 5 \times 10^{16} \mathrm{cm}^{-3}$。在 $200 \mathrm{K} \leqslant T \leqslant 500 \mathrm{K}$ 范围上,画出内电场势垒 V_{bi} 随温度的变化曲线。

1.23 硅 PN 结的零偏结电容为 $C_{jo} = 0.4 \mathrm{pF}$。掺杂浓度为 $N_a = 1.5 \times 10^{16} \mathrm{cm}^{-3}$ 和 $N_d = 4 \times 10^{15} \mathrm{cm}^{-3}$。分别求解当 $V_R = 1 \mathrm{V}$(①),$V_R = 3 \mathrm{V}$(②),$V_R = 5 \mathrm{V}$(③)时的结电容。

1.24 硅 PN 结二极管的零偏电容为 $C_{jo} = 0.02 \mathrm{pF}$,内建电势为 $V_{bi} = 0.80 \mathrm{V}$。二极管通过一个 $47 \mathrm{k}\Omega$ 的电阻和一个电压源反向偏置。①当 $t < 0$ 时,外加电压为 $5\mathrm{V}$;$t = 0$ 时,外加电压下降到 $0\mathrm{V}$,估算二极管电压从 $5\mathrm{V}$ 变化到 $1.5\mathrm{V}$ 所需的时间(作为近似,使用两个电

压值之间的平均二极管电容)。②当输入电压从 $0 \sim 5V$ 变化,二极管电压从 $0 \sim 3.5V$ 变化时,重复①(用两个电压值之间的平均二极管电容)。

1.25 硅 PN 结的掺杂浓度为 $N_d = 5 \times 10^{15} cm^{-3}$ 和 $N_a = 10^{17} cm^{-3}$。零偏结电容为 $C_{jo} = 0.60pF$。一个 1.5mH 的电感线圈与 PN 结并联。当反向偏置电压为 $V_R = 1V$(①), $V_R = 3V$(②),$V_R = 5V$(③)时,计算电路的谐振频率 f_o。

1.26 ①在硅 PN 结二极管中,需要多大的反向偏置电压,才能使反向偏置电流达到其饱和值的 90%?②在 0.2V 的正向偏置电压和 0.2V 的反向偏置电压下,电流之比为多少?

1.27 ①硅 PN 结二极管的反向饱和电流 $I_S = 10^{-11}A$,当二极管电压为 0.3、0.5、0.7、-0.02、-0.2 和 $-2V$ 时,求解二极管电流。②若 $I_S = 10^{-13}A$,重复①。

1.28 ①硅 PN 结二极管的反向饱和电流 $I_S = 10^{-11}A$,若产生的电流分别为 $10\mu A$、$100\mu A$、$1mA$ 和 $-5 \times 10^{-12}A$,求解二极管电压。②若 $I_S = 10^{-13}A$,重复①;若 $I_S = -10^{-14}A$,求解电流为 $-5 \times 10^{-12}A$ 时的二极管电压。

1.29 硅 PN 结二极管的发射系数 $n = 1$,当 $V_D = 0.7V$ 时,二极管电流为 $I_D = 1mA$。①反向偏置饱和电流为多少?②当发射系数为 $n = 1$ 和 $n = 2$ 时,在同一个图上分别画出 $0.1V \leqslant V_D \leqslant 0.7V$ 范围内 $\log_{10} I_D$ 随 V_D 的变化曲线。

1.30 当 $I_S = 10^{-12}A$(①)和 $I_S = 10^{-14}A$(②)时,画出在 $0.1V \leqslant V_D \leqslant 0.7V$ 范围内 $\log_{10} I_D$ 随 V_D 的变化曲线。

1.31 ①对于工作在正向偏置区域的硅 PN 结二极管,求解使电流增加 10 倍的正向偏置电压增量。②若电流增加 100 倍,重复①。

1.32 一个 PN 结二极管的 $I_S = 2nA$。①当 I_D 分别为 2A、20A 时,求解二极管电压。②当 V_D 分别为 0.4V、0.65V 时,求解二极管电流。

1.33 一组二极管的反向饱和电流范围为 $5 \times 10^{-14}A \leqslant I_S \leqslant 5 \times 10^{-12}A$。这些二极管都需要偏置在 $I_D = 2mA$,所需施加的正向偏置电压范围是多少?

1.34 ①砷化镓 PN 结的偏置电压为 $V_D = 0.30V$ 时,二极管电流为 $I_D = 1.5mA$。反向偏置饱和电流是多少?②当二极管偏置在 $V_D = 0.35V$ 及 $V_D = 0.25V$ 时,利用①的结果,求解二极管电流。

1.35 ①砷化镓 PN 结二极管的反向饱和电流 $I_S = 10^{-22}A$。当二极管电压为 0.8、1.0、1.2、-0.02、-0.2 和 $-2V$ 时,求解二极管电流。②若 $I_S = 5 \times 10^{-24}A$,重复①。

1.36 硅 PN 结二极管在 $T = 300K$ 时的反向饱和电流 $I_S = 10^{-12}A$,求解 I_S 从 $0.5 \times 10^{-12}A$ 变化到 $50 \times 10^{-12}A$ 时的温度范围。

1.37 硅 PN 结二极管的正向偏置电压为 0.6V。求解在 100℃ 和 -55℃ 时的电流之比。

3. 二极管直流特性分析

1.38 PN 结二极管与 $1M\Omega$ 的电阻和 2.8V 的电源串联。二极管的反向饱和电流 $I_S = 5 \times 10^{-11}A$。①如果二极管正向偏置,求解二极管的电流和电压。②如果二极管反向偏置,重复①。

1.39 观察图 1.50 所示的电路。二极管的反向饱和电流 $I_S = 10^{-12}A$,求解二极管电流 I_D 和二极管电压 V_D。

1.40 图 1.51 所示的电路中,二极管的反向饱和电流 $I_S = 5 \times 10^{-13}$ A。求解二极管的电压和电流。

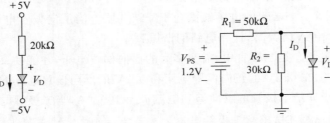

图 1.50 习题 1.39 图   图 1.51 习题 1.40 图

1.41 ①对于图 1.52(a)所示的电路,在 $I_{S1} = I_{S2} = 10^{-13}$ A,$I_{S1} = 5 \times 10^{-14}$ A 和 $I_{S2} = 5 \times 10^{-13}$ A 这两种情况下,求解 I_{D1}、I_{D2}、V_{D1} 和 V_{D2}。②对于图 1.52(b)所示的电路,重复①。

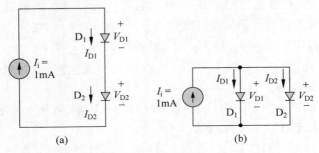

(a)   (b)

图 1.52 习题 1.41 图

1.42 ①在图 1.53 所示的电路中,每个二极管的反向饱和电流 $I_S = 6 \times 10^{-14}$ A。若要产生输出电压 $V_o = 0.635$V,求解所需的输入电压 V_I。②将 1kΩ 的电阻变为 $R = 500$Ω,重复①。

1.43 ①观察图 1.51 所示的电路。R_1 的值减小到 $R_1 = 10$kΩ,二极管的开启电压 $V_r = 0.7$V。求解 I_D 和 V_D。②如果 $R_1 = 50$kΩ,重复①。

1.44 观察图 1.54 所示的电路,当 $V_r = 0.6$V(①)和 $V_r = 0.7$V(②)时,求解二极管电流 I_D 和二极管电压 V_D。

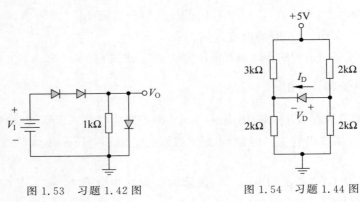

图 1.53 习题 1.42 图   图 1.54 习题 1.44 图

1.45　图 1.55 所示的电路中,二极管的开启电压 $V_r=0.7\text{V}$。画出 V_O 和 I_D 随 I_I 的变化曲线,I_I 的范围为 $0\leqslant I_I\leqslant 2\text{mA}$：①图 1.45(a)；②图 1.45(b)；③图 1.45(c)。

1.46　图 1.56 所示的电路中,二极管的开启电压 $V_r=0.7\text{V}$。在电源电压的范围为 5V $\leqslant V_{PS}\leqslant 10\text{V}$ 时,二极管保持导通。要求二极管的最小电流 $I_D(\min)=2\text{mA}$,消耗在二极管上的最大功率不大于 10mW。求解 R_1 和 R_2 的合适值。

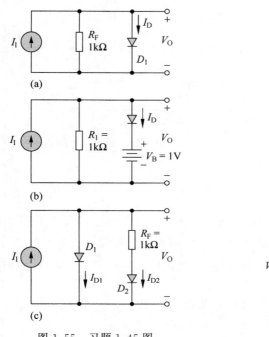

图 1.55　习题 1.45 图

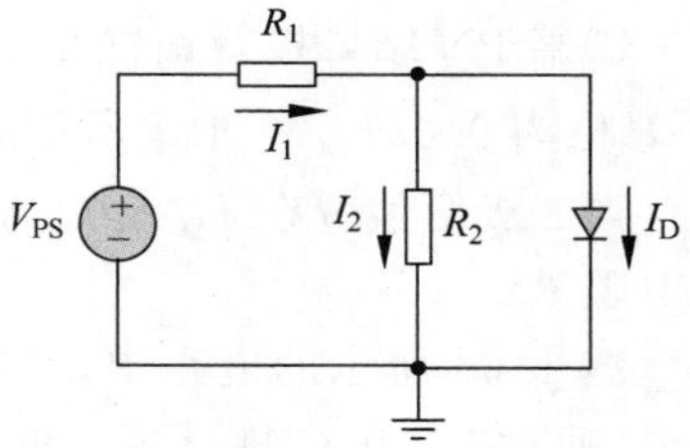

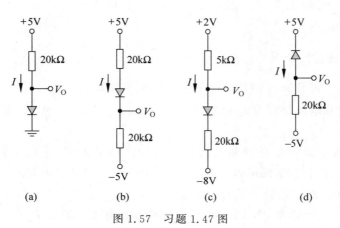

图 1.56　习题 1.46 图

1.47　在图 1.57 所示的每个电路中,如果①$V_r=0.7\text{V}$,②$V_r=0.6\text{V}$,求解每个电路的 I 和 V_O。

図 1.57　习题 1.47 图

1.48　如果每个二极管的反向饱和电流 $I_S=5\times10^{-14}\text{A}$,重复习题 1.47。每个二极管两端的电压为多少？

1.49 ①图1.58所示的电路中,求解二极管电压V_D和电源电压V,使得电流$I_D = 0.4\text{mA}$。假设二极管的开启电压$V_r = 0.7\text{V}$。②利用①的结果,求解消耗在二极管上的功率。

1.50 假设在图1.59所示的电路中,每个二极管的开启电压$V_r = 0.65\text{V}$。①输入电压$V_I = 5\text{V}$,求解所需的R_1的值,使得I_{D1}为I_{D2}的一半。I_{D1}和I_{D2}的值分别是多少? ②如果$V_I = 8\text{V}$和$R_1 = 2\text{k}\Omega$,求解I_{D1}和I_{D2}。

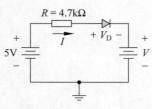

图1.58 习题1.49图

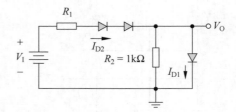

图1.59 习题1.50图

4. 二极管小信号特性分析

1.51 ①某PN结二极管偏置在$I_{DQ} = 1\text{mA}$。在V_{DQ}上叠加一个正弦电压,使得正弦电流的峰-峰值为$0.05I_{DQ}$。求解所加的正弦电压峰-峰值。②如果$I_{DQ} = 0.1\text{mA}$,重复①。

1.52 当二极管偏置在$I_D = 26\mu\text{A}$(①),$I_D = 260\mu\text{A}$(②),$I_D = 2.6\text{mA}$(③)时,求解小信号扩散电阻r_d。

1.53 图1.60所示的电路中,二极管由恒流源I偏置。正弦信号v_S通过R_S和C耦合到二极管上。假设C很大,对信号相当于短路。① 证明二极管电压的正弦分量为

$$v_o = v_s \left(\frac{V_T}{V_T + IR_S} \right)$$

② 如果$R_S = 260\Omega$,当$I = 1\text{mA}$,$I = 0.1\text{mA}$和$I = 0.01\text{mA}$时,求解v_o / v_s。

5. 二极管其他特性分析

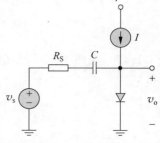

图1.60 习题1.53图

1.54 PN结二极管和肖特基二极管的正向偏置电流为0.72mA。反向饱和电流分别为$I_S = 5 \times 10^{-13}\text{A}$和$I_S = 5 \times 10^{-8}\text{A}$。求解每个二极管两端的正向偏置电压。

1.55 PN结二极管和肖特基二极管具有相同的截面积;正向偏置电流也相同,为0.5mA。肖特基二极管的反向偏置电流$I_S = 5 \times 10^{-7}\text{A}$。两个二极管的正向偏置电压之差为0.30V。求解PN结二极管的反向饱和电流。

1.56 肖特基二极管和PN结二极管的反向饱和电流分别为$I_S = 5 \times 10^{-8}\text{A}$和$I_S = 10^{-12}\text{A}$。①两个二极管并联,并联电路由一个0.5mA的恒流源驱动,求解每个二极管的电流及每个二极管两端的电压。②若两个二极管串联,串联电路两端连接0.90V的电压,重复①。

1.57 观察图 1.61 所示的稳压二极管电路。在 $I_Z=0.1\text{mA}$ 时，齐纳击穿电压 $V_Z=$ 5.6V，齐纳动态电阻 $r_Z=10\Omega$。①求解空载时（$R_L=\infty$）的 V_O。②如果 V_{PS} 变化 ±1V，求解输出电压的变化。③如果 $V_{PS}=10$V，$R_L=2\text{k}\Omega$，求解 V_O。

1.58 ①图 1.61 所示为理想稳压二极管，$V_Z=$ 6.8V。求解二极管的最大电流和最大耗散功率（$R_L=$ ∞）。②求解 R_L 的值，使得 I_Z 减小到最大值的 0.1。

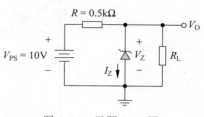

图 1.61　习题 1.57 图

1.59 观察图 1.61 所示的稳压二极管电路。在 $I_Z=0.1\text{mA}$ 时，齐纳击穿电压 $V_Z=6.8$V，齐纳动态电阻 $r_Z=20\Omega$。①求解空载时（$R_L=\infty$）的 V_O。②当连接一个负载电阻 $R_L=1\text{k}\Omega$ 时，求解输出电压的变化。

1.60 当 PN 结二极管用作光电池时，其输出电流为

$$I_D=0.2-5\times10^{-14}\left[\exp\left(\frac{V_D}{V_T}\right)-1\right]\ (\text{A})$$

当 $V_D=0$ 时，电流定义为短路电流 $I_{SC}=I_D$；当 $I_D=0$ 时，电压定义为开路电压 $V_{OC}=$ V_D。求解 I_{SC} 和 V_{OC} 的值。

1.61 利用习题 1.61 中描述的光电池的电流-电压特性，画出 I_D-V_D 关系曲线。

1.62 ①利用习题 1.61 中描述的光电池的电流-电压特性，求解当 $I_D=0.8I_{SC}$ 时的 V_D。②利用①的结果，求解光电池所提供的功率。

6. 计算机仿真

1.63 利用计算机仿真，产生二极管从 5V 的反向偏置电压到 1mA 的正向偏置电流的理想电流-电压特性。参数 I_S 的值为 10^{-15}A（①）和 10^{-13}A（②），其他的参数都采用默认值。

1.64 利用计算机仿真，求解习题 1.38 所描述电路的二极管电流和电压。

1.65 图 1.53 中每个二极管的反向饱和电流 $I_S=10^{-14}$A。利用计算机仿真，画出输出电压 V_O 和输入电压 V_I 之间的关系曲线，输入电压的范围为 $0\text{V}\le V_I\le2.0\text{V}$。

1.66 利用计算机仿真，求解图 1.58 中每个电路的二极管电流、二极管电压和输出电压。假设每个二极管的 $I_S=10^{-13}$A。

7. 设计习题

（注：每个设计都应当用计算机仿真进行验证。）

1.67 设计一个二极管电路，产生如图 1.62 所示的负载线和 Q 点。假设二极管的折线化近似参数为 $V_r=0.7$V，$r_f=0$。

1.68 设计一个电路，产生图 1.63 所示的特性，其中 i_D 为二极管电流，v_I 为输入电压。假设二极管的折线化近似参数为 $V_r=0.7$V，$r_f=0$。

1.69 设计一个电路，产生图 1.64 所示的特性，其中 v_O 为输出电压，v_I 为输入电压。假设二极管的折线化近似参数为 $V_r=0.7$V，$r_f=0$。

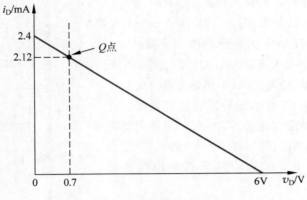

图 1.62　习题 1.67 图

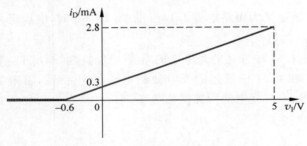

图 1.63　习题 1.68 图

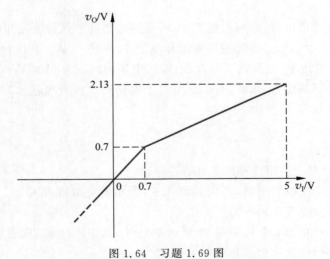

图 1.64　习题 1.69 图

1.70　设计一个电路,产生图 1.65 所示的特性,其中 v_O 为输出电压,v_I 为输入电压。假设二极管的折线化近似参数为 $V_r = 0.7\text{V}$,$r_f = 0$。

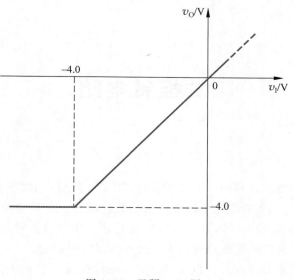

图 1.65　习题 1.70 图

第2章

二极管电路

第 1 章讨论了半导体材料的一些性质,并介绍了二极管,给出理想的二极管电流-电压关系,并讨论可以简化二极管电路直流分析的折线化模型。本章将使用第 1 章中建立的概念和方法,对包含二极管的电子电路进行分析和设计。本章的主要目的是提高利用折线化模型和近似方法对各种二极管电路进行人工分析和设计的能力。

所研究的每个电路都可以看作是从一组输入端口接受一个输入信号,并从一组输出端口产生一个输出信号,这个过程称为信号处理。电路对输入信号进行处理,产生与输入信号有不同形状或功能的输出信号。在本章将会看到,如何使用二极管来实现这些不同的信号处理功能。

虽然二极管是很有用的电子器件,将会看到这些器件的局限性,以及对某些具备放大功能的器件的需求。

本章主要内容如下:

(1) 分析二极管整流电路的工作原理和特性,它通常构成电源电路中将交流信号转化为直流信号的第一级电路;

(2) 在稳压二极管稳压电路中应用稳压二极管的特性;

(3) 运用二极管的非线性特性,建立称为限幅和钳位的波形整形电路;

(4) 研究用于分析包含多个二极管的电路的方法;

(5) 了解专用的光电二极管和发光二极管电路的工作原理和特性;

(6) 设计一个包含滤波整流电路和稳压二极管的基本直流电源。

2.1 整流电路

目标:分析二极管整流电路的工作原理和特性。二极管整流电路构成电源电路中将交流信号转化为直流信号的第一级电路。

二极管的一个应用是设计整流电路。二极管整流电路构成直流电源的第一级电路。基本上所有电子设备都需要一个直流电压来供电,包括个人计算机、电视和立体声系统。比如,电视所连接的电缆,一头插入墙上的插座,另一头与电视内部的整流电路相连。此外,手机和笔记本电脑等便携式电子设备的电池充电器都包含整流电路。

图 2.1 所示为一个直流电源的示意图。输出电压[①] v_O 通常为 3～24V,取决于具体的电子应用。

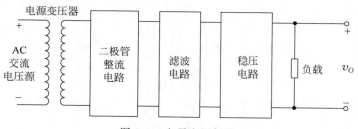

图 2.1　电子电源框图

整流是将交流电压转化为单极性电压的过程。由于二极管的非线性特性,它对实现这个功能很有用,也就是说,在电压的其中一个极性,存在电流;而在相反的另一个极性,电流基本上为零。整流分为半波整流和全波整流,半波整流更为简单,全波整流的效率更高。

2.1.1　半波整流

图 2.2(a)所示为一个电源变压器,其中变压器的次级线圈与一个二极管和电阻相连。将使用折线化的方法来分析这个电路,其中假设二极管导通时的正向电阻 $r_f=0$。

输入信号 v_I 通常为 120V(有效值)、60Hz 的交流信号。回顾理想变压器的次级电压 v_S 和初级电压 v_I 的关系,为

$$\frac{v_I}{v_S}=\frac{N_1}{N_2} \tag{2.1}$$

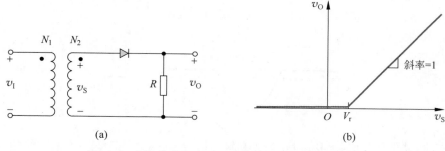

图 2.2　半波整流电路:(a)电路;(b)电压传输特性

其中 N_1 和 N_2 分别为初级和次级线圈的匝数,比值 N_1/N_2 称为变压器的匝数比。通过设计变压器的匝数比,可以提供特定的次级电压 v_S,它进而产生一个特定的输出电压 v_O。

解题技巧:二极管电路

在使用二极管的折线化模型时,首要的目标是确定二极管工作的线性区域(导通或不导通)。为此,可以:

(1)确定使二极管导通的输入电压条件,然后找到这个条件下的输出信号。

[①]　理想情况下,整流电路的输出电压是直流电压。然而,在直流电压上可能会叠加一个交流纹波电压,所以用符号 v_O 表示输出电压的瞬时值。

(2) 确定使二极管不导通(截止)的输入电压条件,然后找到这个条件下的输出信号。(注意:如果需要,第二步可以在第一步之前进行。)

图 2.2(b)给出电路中 v_O 相对于 v_S 的电压传输特性。当 $v_S < 0$ 时,二极管反向偏置,这意味着电流为零,输出电压也为零。只要 $v_S < V_r$,二极管就不导通,所以输出电压将保持为零。当 $v_S > V_r$ 时,二极管变为正向偏置,电路中将产生电流。此时,可以写出

$$i_D = \frac{v_S - V_r}{R} \qquad (2.2a)$$

和

$$v_O = i_D R = v_S - V_r \qquad (2.2b)$$

当 $v_S > V_r$ 时,传输特性曲线的斜率为1。

如果 v_S 为如图 2.3(a)所示的正弦信号,则可以由如图 2.2(b)所示的电压传输特性求出输出电压。当 $v_S \leqslant V_r$ 时,输出电压为零;当 $v_S > V_r$ 时,输出电压由式(2.2b)给出,即

$$v_O = v_S - V_r$$

如图 2.3(b)所示,虽然输入信号 v_S 的极性交替变化,它随时间变化的平均值为零;而输出电压 v_O 为单极性,它的平均值不为零。因此,输入信号被整流了。同时,由于输出电压只出现在输入信号的正半周,这个电路称为半波整流电路。

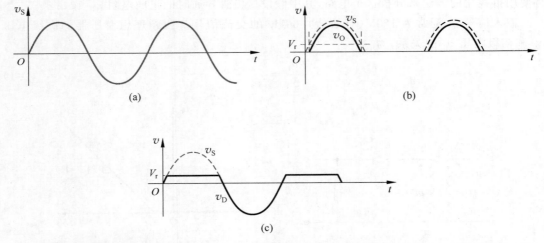

图 2.3 半波整流电路中的信号:(a) 正弦输入电压;(b) 整流输出电压;(c) 二极管电压

当二极管截止而不导通时,电阻 R 上没有压降,从而整个输入信号电压都出现在二极管的两端(图 2.3c)。由此,二极管必须能够承受正向峰值电流,并能承受最大反向峰值电压(PIV)而不被击穿。对于图 2.2(a)所示电路,PIV 的值与 v_S 的峰值相等。

可以利用一个半波整流电路,对图 2.4(a)所示的电池进行充电。如图 2.4(b)所示,只要瞬时交流信号源电压大于电池电压与二极管的开启电压之和,就存在充电电流。电路中的 R 为限流电阻。当交流信号源电压小于 V_B 时,电流为零。于是,只有在给电池充电的方向才存在电流。半波整流电路的一个缺点是"浪费"了负半周。在负半周时电流为零,所以不存在能量消耗,但同时,也没有利用可能获得的能量。

例题 2.1 求解半波整流电路中的电流和电压。观察图 2.4 所示的电路。假设 $V_B =$

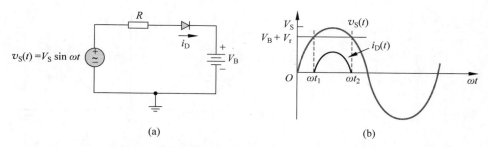

图 2.4 （a）半波整流电路用作电池充电器；（b）输入电压和二极管电流的波形

$12\text{V}, R = 100\Omega, V_r = 0.6\text{V}$，同时假设 $v_S(t) = 24\sin\omega t$。求解二极管的峰值电流、最大反向偏置电压和二极管导通的时间百分比。

解：二极管的峰值电流为

$$i_D(\text{peak}) = \frac{V_S - V_B - V_r}{R} = \frac{24 - 12 - 0.6}{0.10} = 114\text{mA}$$

最大反向偏置电压为

$$v_R(\text{max}) = V_S + V_B = 24 + 12 = 36\text{V}$$

二极管的导通时间百分比为

$$v_I = 24\sin\omega t_1 = 12.6$$

即

$$\omega t_1 = \arcsin\left(\frac{12.6}{24}\right) \Rightarrow 31.7°$$

根据对称性

$$\omega t_2 = 180° - 31.7° = 148.3°$$

于是

$$\text{导通时间百分比} = \frac{148.3 - 31.7}{360} \times 100\% = 32.4\%$$

点评：例 2.1 表明二极管的导通时间仅占整个周期的 1/3，这意味着电池充电器的效率非常低。

练习题 2.1 如果输入电压为 $v_S(t) = 12\sin\omega t$ (V)，$V_B = 4.5\text{V}$，$R = 250\Omega$，重复例题 2.1。

答案：$i_D(\text{peak}) = 27.6\text{mA}$，$v_R(\text{max}) = 16.5\text{V}$，$36.0\%$。

2.1.2 全波整流

全波整流电路将正弦波的负半周反相，在输入正弦波电压的两个半周内产生单极性的输出信号。图 2.5（a）所示为全波整流电路的一个示例。整流电路的输入包含一个电源变压器，它的输入通常是一个 120V（有效值）、60Hz 的交流信号，两个输出来自一个中心抽头的次级线圈，提供大小相同的电压 v_S，极性如图所示。当输入的电源电压为正时，两个输出电压 v_S 也都为正。

连接到 120V 交流电源的初级线圈的匝数为 N_1，次级线圈每一半的匝数为 N_2。输出电压 v_S 的值为 $120(N_2/N_1)\text{V}$（有效值）。变压器的匝数比通常表示为 N_1/N_2，通过对匝

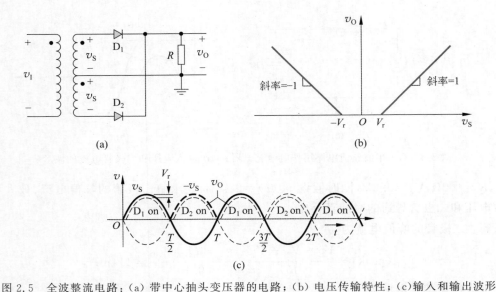

图 2.5　全波整流电路:(a)带中心抽头变压器的电路;(b)电压传输特性;(c)输入和输出波形

数比的设计,可以使输入电源电压"降压"到某一个值,进而通过整流电路产生一个特定的直流输出电压。

　　输入端的电源变压器也提供了输电线电路和通过整流电路偏置的电子电路之间的电气隔离,这种隔离可以降低电击的危险。

　　在输入电压的正半周,两个输出电压 v_S 都为正,因此,二极管 D_1 为正向偏置,处于导通状态;二极管 D_2 为反向偏置,处于截止状态。流经 D_1 和输出电阻的电流产生一个正向的输出电压。在负半周,D_1 截止,D_2 正向偏置即导通,流经输出电阻的电流同样产生一个正向的输出电压。如果假设每个二极管的正向偏置电阻 r_f 很小,可以忽略,则输出电压 v_O 相对于 v_S 的电压传输特性如图 2.5(b)所示。

　　对于正弦输入电压,可以通过图 2.5(b)所示的电压传输特性来确定输出电压随时间的变化。当 $v_S > V_r$ 时,D_1 导通,输出电压 $v_O = v_S - V_r$;当 v_S 为负时,则当 $v_S < -V_r$ 或 $-v_S > V_r$ 时,D_2 导通,输出电压 $v_O = -v_S - V_r$。相应的输入和输出电压信号如图 2.5(c)所示。由于整流后的输出电压在输入信号的正、负半周都出现,这个电路称为全波整流电路。

　　图 2.6(a)所示为全波整流电路的另一个例子,这是一个桥式整流电路。它仍然提供了输入交流输电线和整流电路的输出之间的电气隔离,但不需要中心抽头的次级线圈。然而,相比之前的电路只使用两只二极管,它使用了四只二极管。

　　在输入电压的正半周,v_S 为正,D_1 和 D_2 正向偏置,D_3 和 D_4 反向偏置,电流的方向如图 2.6(a)所示。在输入电压的负半周,v_S 为负,D_3 和 D_4 正向偏置,D_1 和 D_2 反向偏置,电流的方向如图 2.6(b)所示,产生与前面相同的输出电压极性。

　　正弦电压 v_S 和整流输出电压 v_O 的波形如图 2.6(c)所示。因为两个二极管在通路上是串联的,电压 v_O 的幅值比电压 v_S 的幅值小了两个二极管的压降。

　　在图 2.6(a)所示的桥式全波整流电路和图 2.5(a)所示的整流电路之间,需要注意的一个区别是接地端。图 2.5(a)中的电路,次级线圈的中心抽头为地电位;而图 2.6(a)中的桥式电路,次级线圈不直接接地。电阻 R 的一端接地,但变压器的次级线圈不接地。

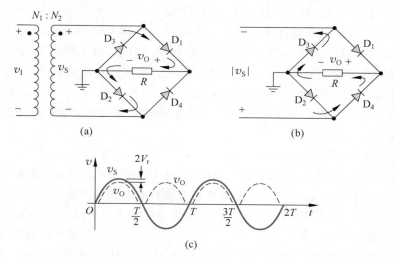

图 2.6　全波桥式整流电路:(a) 给出输入信号正半周电流方向的电路;(b) 给出输
入信号负半周电流方向的电路;(c) 输入和输出电压波形

例题 2.2　比较两个全波整流电路中的电压大小和变压器的匝数比。观察图 2.5(a) 和
图 2.6(a) 所示的整流电路。假设输入电压来自一个 120V(有效值)、60Hz 的交流信号源。
要求输出电压 v_O 的峰值为 9V,并假设二极管的开启电压 $V_r = 0.7V$。

解:对于图 2.5(a) 所示的中心抽头式变压器整流电路,v_O 的峰值电压为 $v_O(\text{max}) =$
9V,说明 v_S 的峰值为

$$v_S(\text{max}) = v_O(\text{max}) + V_r = 9 + 0.7 = 9.7V$$

对于一个正弦信号,得到有效值为

$$v_S(\text{rms}) = \frac{9.7}{\sqrt{2}} = 6.86V$$

于是,变压器初级线圈和每个次级线圈的匝数比为

$$\frac{N_1}{N_2} = \frac{120}{6.86} \approx 17.5$$

对于图 2.6(a) 所示的桥式整流电路,v_O 的峰值电压为 $v_O(\text{max}) = 9V$,说明 v_S 的峰值为

$$v_S(\text{max}) = v_O(\text{max}) + 2V_r = 9 + 2(0.7) = 10.4V$$

对于一个正弦信号,得到有效值为

$$v_S(\text{rms}) = \frac{10.4}{\sqrt{2}} = 7.35V$$

于是,匝数比应为

$$\frac{N_1}{N_2} = \frac{120}{7.35} \approx 16.3$$

对于中心抽头式变压器整流电路,二极管的最大反向电压为

$$\text{PIV} = v_R(\text{max}) = 2v_S(\text{max}) - V_r = 2(9.7) - 0.7 = 18.7V$$

对于桥式整流电路,二极管的最大反向电压为

$$PIV = v_R(max) = v_S(max) - V_r = 10.4 - 0.7 = 9.7V$$

点评：这些计算表明，桥式全波整流电路比中心抽头式变压器全波整流电路更具优势。首先，在桥式整流电路中，次级线圈的匝数只需为全波整流电路的一半，这是由于在任意时刻，仅有一半的中心抽头式变压器的次级线圈被使用。其次，对于桥式整流电路，二极管可以承受而不被击穿的最大反向电压只需为中心抽头式变压器整流电路的一半。

练习题 2.2 观察图 2.6(a)所示的桥式整流电路，输入电压 $v_S = V_M \sin\omega t$。假设二极管的开启电压 $V_r = 0.7V$。求解二极管 D_1 的导通时间百分比，其中正弦电压的峰值为 ①$V_M = 12V$，②$V_M = 4V$。

答案：①46.3%；②38.6%。

由于例题 2.2 所呈现的优势，桥式整流电路比中心抽头式变压器整流电路的应用更为广泛。

前面所讨论的图 2.5 和图 2.6 所示的两种全波整流电路都产生正的输出电压。在下一章讨论晶体管电路时将会看到，某些时候也会需要负的直流电压。可以在两个电路中将二极管反向，产生负的整流。图 2.7(a)给出二极管方向与图 2.6 中相反的桥式整流电路。图中给出 v_S 处于正半周时的电流方向。此时，输出电压相对于地电位为负。在 v_S 的负半周，互补的二极管导通，通过负载的电流方向不变，也产生一个负的输出电压。输入和输出电压如图 2.7(b)所示。

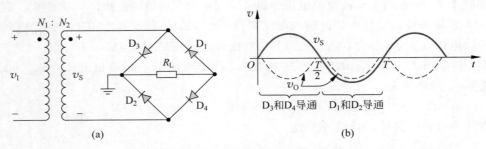

图 2.7 (a)产生负输出电压的全波桥式整流电路；(b)输入和输出波形

2.1.3 滤波电路、纹波电压和二极管电流

在半波整流电路的负载电阻上并联一个电容，就构成一个简单的滤波电路，如图 2.8(a)所示，可以开始将半波正弦输出转换为一个直流电压。图 2.8(b)给出输出正弦波的正半周部分以及电容两端电压的初始部分，其中假设电容初始未充电。如果假设二极管的正向电阻 $r_f = 0$，则意味着时间常数 $r_f C$ 为零，电容两端的电压将跟随信号电压的开始部分。当信号电压到达峰值并开始下降时，电容两端的电压也开始下降，意味着电容开始放电。放电电流的唯一通路是电阻。如果 RC 时间常数很大，电容两端的电压将随时间按指数规律放电，如图 2.8(c)所示。在此期间，二极管截止。

当输入电压接近峰值时，对电路响应的更详细分析表明，实际电路的工作和定性描述之间存在着一些细微差别。如果假设输入电压从峰值开始下降时二极管立即截止，则如前所述，输出电压将随时间指数下降。图 2.8(d)给出了这些电压的夸张示意图。输出电压下降的速率比输入电压要快，这说明在 t_1 时刻，v_1 和 v_0 之差，即二极管两端的电压大于 V_r。然而，这种情况是不可能的。因此，二极管不会立刻截止。如果 RC 时间常数很大，输入电压达到峰值的时刻和二极管截止的时刻相差很短。对于这种情况,计算机分析可以提供比人工近似分析更为精确的结果。

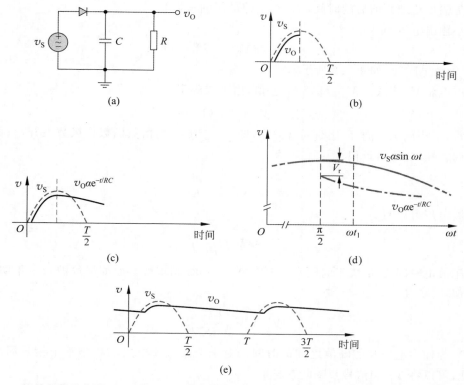

图 2.8 简单的滤波电路:(a)带 RC 滤波电路的半波整流电路;(b)正输入电压和输出电压的开始部分;(c)电容放电引起的输出电压;(d)放大的输入和输出电压,假设电容在 $\omega t = \pi/2$ 时刻开始放电;(e)稳态输入和输出电压

在输入电压的下一个正半周,存在一个输入电压大于电容电压的点,此时二极管重新导通。二极管保持导通,直到输入达到峰值,且电容电压彻底重新充电。

由于电容滤掉了正弦信号的一大部分,称之为滤波电容。RC 滤波电路的稳态输出电压如图 2.8(e)所示。

在图 2.9 所示的输出电压波形中,可以看到全波滤波整流电路输出电压的纹波效应。当输入信号达到峰值时,电容也充电到它的峰值电压。随着输入电压的下降,二极管变成反向偏置,且电容通过输出电阻 R 放电。确定纹波电压的大小对设计一个纹波大小可接受的电路是很必要的。

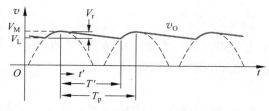

图 2.9 带 RC 滤波电路的全波整流电路的输出电压,标示出纹波电压

为了得到好的近似,输出电压,也即电容或 RC 电路两端的电压可以写为

$$v_{\mathrm{O}}(t) = V_{\mathrm{M}} e^{-t'/\tau} = V_{\mathrm{M}} e^{-t'/RC} \qquad (2.3)$$

其中 t' 是输出达到峰值后的时间,RC 为电路的时间常数。

最小输出电压为

$$V_{\mathrm{L}} = V_{\mathrm{M}} e^{-T'/RC} \qquad (2.4)$$

其中 T' 为放电时间,如图 2.9 所示。

纹波电压 V_{r} 定义为 V_{M} 和 V_{L} 的差值,由下式确定

$$V_{\mathrm{r}} = V_{\mathrm{M}} - V_{\mathrm{L}} = V_{\mathrm{M}} (1 - e^{-T'/RC}) \qquad (2.5)$$

通常,希望放电时间 T' 比时间常数小,即 $T' < RC$。把指数函数作级数展开,只保留展开式中的线性项,可得近似[①]

$$e^{-T'/RC} \approx 1 - \frac{T'}{RC} \qquad (2.6)$$

纹波电压可以写为

$$V_{\mathrm{r}} \approx V_{\mathrm{M}} \left(\frac{T'}{RC} \right) \qquad (2.7)$$

由于放电时间 T' 取决于时间常数 RC,式(2.7)很难求解。而如果纹波效应不明显,则作为近似,可令 $T' = T_{\mathrm{p}}$。于是

$$V_{\mathrm{r}} \approx V_{\mathrm{M}} \left(\frac{T_{\mathrm{p}}}{RC} \right) \qquad (2.8)$$

其中,T_{p} 为输出电压相邻峰值之间的时间。对于全波整流电路,T_{p} 是整个信号周期的一半,因此,可以将 T_{p} 和信号频率联系起来

$$f = \frac{1}{2 T_{\mathrm{p}}}$$

于是,纹波电压为

$$V_{\mathrm{r}} = \frac{V_{\mathrm{M}}}{2 f R C} \qquad (2.9)$$

对于半波整流电路,时间 T_{p} 对应于一个完整的信号周期(不是半个周期),所以在式(2.9)中不出现系数 2。系数 2 表明,全波整流电路的纹波电压是半波整流电路的一半。式(2.9)可以用于求解产生特定纹波电压所需的电容值。

例题 2.3 求解产生特定纹波电压所需的电容值。全波整流电路的输入信号为 60 Hz,输出电压的峰值 $V_{\mathrm{M}} = 10\mathrm{V}$。假设输出负载电阻 $R = 10\mathrm{k}\Omega$,要求纹波电压限制在 $V_{\mathrm{r}} = 0.2\mathrm{V}$。

解:由式(2.9),可以写出

$$C = \frac{V_{\mathrm{M}}}{2 f R V_{\mathrm{r}}} = \frac{10}{2 \times 60 \times 10 \times 10^3 \times 0.2} \Rightarrow 41.7 \mu\mathrm{F}$$

点评:如果要求纹波电压限制在一个很小的值,就必须使用一个较大的滤波电容。注意,纹波的大小和滤波电容的大小都与负载电阻 R 有关。

[①] 当 $RC = 10 T'$ 时,可以证明,指数函数和式(2.6)给出的线性近似的差值小于 0.5%。对于这个应用,需要一个相对较大的 RC 时间常数。

练习题 2.3 假设整流电路输入信号的峰值 $V_M = 12\text{V}$，频率为 60Hz。假设输出负载电阻 $R = 2\text{k}\Omega$，要求纹波电压限制在 $V_r = 0.4\text{V}$。为了得到这个指标，求解以下情况所需的电容：①全波整流电路；②半波整流电路。

答案： ① $C = 125\mu\text{F}$；② $C = 250\mu\text{F}$。

滤波整流电路中的二极管在正弦输入信号接近峰值时的一个短暂时间间隔 Δt 内导通，二极管电流补充电容在放电期间失去的电荷。图 2.10 给出全波整流电路整流以及滤波后的输出，假设整流电路中的二极管为理想二极管（$V_r = 0$）。将利用这个近似模型来估算二极管导通期间的二极管电流。图 2.11 给出全波整流电路在电容充电时的等效电路。可以看出

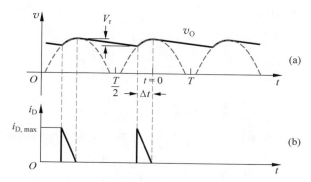

图 2.10 带 RC 滤波电路的全波整流电路的输出：(a) 二极管导通时间；(b) 二极管电流

$$i_D = i_C + i_R = C\frac{\mathrm{d}v_O}{\mathrm{d}t} + \frac{v_O}{R} \qquad (2.10)$$

在 $t=0$ 附近二极管导通时（图 2.10），可以写出

$$v_O = V_M \cos\omega t \qquad (2.11)$$

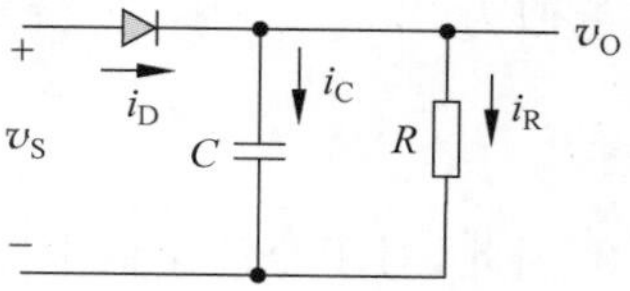

对于较小的纹波电压，二极管的导通时间比较小，因此，输出电压可以近似为

图 2.11 电容充电时的全波整流等效电路

$$v_O = V_M \cos\omega t \approx V_M\left[1 - \frac{1}{2}(\omega t)^2\right] \qquad (2.12)$$

流过电容的充电电流为

$$i_C = C\frac{\mathrm{d}v_O}{\mathrm{d}t} = CV_M\left[-\frac{1}{2}(2)(\omega t)(\omega)\right] = -\omega CV_M\omega t \qquad (2.13)$$

由图 2.10，当 $-\Delta t < t < 0$ 时二极管导通，因此电容电流为正，并且是时间的线性函数。注意到在 $t=0$ 时，电容电流为 $i_C = 0$。在 $t = -\Delta t$ 时，电容的充电电流处于峰值，由下式给出

$$i_C(\text{peak}) = -\omega CV_M[\omega(-\Delta t)] = +\omega CV_M\omega\Delta t \qquad (2.14)$$

电容充电期间的二极管电流近似为三角波，如图 2.10(b)所示。

根据式(2.11)，可以写出 V_L 为

$$V_L = V_M \cos[\omega(-\Delta t)] \approx V_M\left[1 - \frac{1}{2}(\omega\Delta t)^2\right] \qquad (2.15)$$

解得 $\omega\Delta t$ 为

$$\omega \Delta t = \sqrt{\frac{2V_r}{V_M}} \tag{2.16}$$

其中,$V_r = V_M - V_L$。

根据式(2.9),可以写出

$$fC = \frac{V_M}{2RV_r} \tag{2.17a}$$

即

$$2\pi fC = \omega C = \frac{\pi V_M}{RV_r} \tag{2.17b}$$

将式(2.17b)和式(2.16)代入式(2.14),得

$$i_C(\text{peak}) = \left(\frac{\pi V_M}{RV_r}\right) V_M \left(\sqrt{\frac{2V_r}{V_M}}\right) \tag{2.18a}$$

即

$$i_C(\text{peak}) = \pi \frac{V_M}{R} \sqrt{\frac{2V_M}{V_r}} \tag{2.18b}$$

由于流过电容的充电电流是三角波,可得二极管向电容充电期间电容电流的平均值为

$$i_C(\text{avg}) = \frac{\pi}{2} \frac{V_M}{R} \sqrt{\frac{2V_M}{V_r}} \tag{2.19}$$

电容充电期间,仍有电流流过负载,这个电流也由二极管提供。忽略纹波电压,负载电流近似为

$$i_L \approx \frac{V_M}{R} \tag{2.20}$$

因此,对于全波整流电路,二极管导通期间的二极管峰值电流近似为

$$i_D(\text{peak}) \approx \frac{V_M}{R}\left(1 + \pi \sqrt{\frac{2V_M}{V_r}}\right) \tag{2.21}$$

二极管导通期间的二极管平均电流为

$$i_D(\text{avg}) \approx \frac{V_M}{R}\left(1 + \frac{\pi}{2} \sqrt{\frac{2V_M}{V_r}}\right) \tag{2.22}$$

整个输入信号周期内的二极管平均电流为

$$i_D(\text{avg}) = \frac{V_M}{R}\left(1 + \frac{\pi}{2} \sqrt{\frac{2V_M}{V}}\right)\frac{\Delta t}{T} \tag{2.23}$$

对于全波整流电路,有 $1/(2T) = f$,所以

$$\Delta t = \frac{1}{\omega} \sqrt{\frac{2V_r}{V_M}} = \frac{1}{2\pi f} \sqrt{\frac{2V_r}{V_M}} \tag{2.24a}$$

于是

$$\frac{\Delta t}{T} = \frac{1}{2\pi f} \sqrt{\frac{2V_r}{V_M}} 2f = \frac{1}{\pi} \sqrt{\frac{2V_r}{V_M}} \tag{2.24b}$$

因而全波整流电路在整个输入信号周期的二极管平均电流为

$$i_D(\text{avg}) = \frac{1}{\pi}\sqrt{\frac{2V_r}{V_M}}\frac{V_M}{R}\left(1+\frac{\pi}{2}\sqrt{\frac{2V_M}{V_r}}\right) \tag{2.25}$$

例题 2.4 设计一个全波整流电路,满足特定指标。设计一个全波整流电路,产生峰值为 12V 的输出电压,给负载提供 120mA 的电流,产生的输出纹波不大于 5%。可提供 120V(有效值)、60Hz 的输入电源电压。

解:鉴于前面讨论的优点,将采用桥式全波整流电路。有效负载电阻为

$$R = \frac{V_O}{I_L} = \frac{12}{0.12} = 100\Omega$$

假设二极管的开启电压为 0.7V,v_S 的峰值为

$$v_S(\text{max}) = v_O(\text{max}) + 2V_r = 12 + 2(0.7) = 13.4V$$

对于正弦信号,可得电压有效值为

$$v_S(\text{rms}) = \frac{13.4}{\sqrt{2}} = 9.48V$$

于是,变压器的匝数比为

$$\frac{N_1}{N_2} = \frac{120}{9.48} = 12.7$$

对于 5% 的纹波,纹波电压为

$$V_r = (0.05)V_M = 0.05 \times 12 = 0.6V$$

所需的滤波电容为

$$C = \frac{V_M}{2fRV_f} = \frac{12}{2\times 60\times 100\times 0.6} \Rightarrow 1667\mu F$$

由式(2.21),二极管的峰值电流为

$$i_D(\text{peak}) = \frac{12}{100}\left[1+\pi\sqrt{\frac{2(12)}{0.6}}\right] = 2.50A$$

由式(2.25),整个信号周期上的二极管平均电流为

$$i_D(\text{avg}) = \frac{1}{\pi}\sqrt{\frac{2(0.6)}{12}}\times\frac{12}{100}\times\left(1+\frac{\pi}{2}\sqrt{\frac{2(12)}{0.6}}\right) \Rightarrow 132mA$$

最后,每个二极管必须承受的最大反向电压为

$$\text{PIV} = v_R(\text{max}) = v_S(\text{max}) - V_r = 13.4 - 0.7 = 12.7V$$

点评:在这个全波整流电路中,二极管的最低指标要求为:峰值电流为 2.50A,平均电流为 132mA,最大反向电压为 12.7V。由于有效负载电阻很小,为了满足纹波指标要求,所需的滤波电容必须很大。

设计指南:

(1) 为变压器确定了一个特定的匝数比。但是,这个具体的变压器设计可能无法从商业渠道获取。这意味着需要设计一个昂贵的定制变压器,或者使用一个标准变压器,这就需要额外的电路设计来满足输出电压的指标要求。

(2) 假设可提供 120V(有效值)的恒定电压,而实际上这个电压会发生波动,所以输出电压也将会发生波动。

后面将会看到,如何利用更复杂的设计来解决这两个问题。

计算机验证：由于对二极管只是简单地使用了一个假设的开启电压,而且在建立纹波电压方程时使用了近似,可以用 PSpice 来获得对电路的更精确评估。PSpice 电路原理图和稳态输出电压如图 2.12 所示。可以看到,输出电压的峰值为 11.6V,与要求的 12V 很接近。产生这个微小差别的一个原因是,对于输入电压的最大值,二极管的压降略大于 0.8V,而不是假设的 0.7V。纹波电压大约为 0.5V,在规定的 0.6V 内。

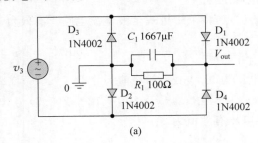

(a)

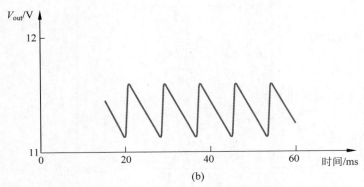

(b)

图 2.12 (a) 带 RC 滤波电路的二极管桥式电路的 PSpice 电路原理图；(b) 输入 60Hz、峰值
为 13.4V 的正弦波时,二极管桥式电路 PSpice 分析的稳态输出电压

讨论：在 PSpice 仿真中,使用一个标准二极管 1N4002。为了得到有效的计算机仿真,仿真中使用的二极管和实际电路中的必须匹配。在这个例子中,为了减小二极管电压,并增大输出电压峰值,应当使用截面积更大的二极管。

练习题 2.4 图 2.8(a)所示半波整流电路的输入电压 $v_S = 75\sin[2\pi(60)t]$V。假设二极管的开启电压 $V_r = 0$,要求纹波电压不高于 $V_r = 4$V。如果滤波电容为 50μF,求解可以连接到输出端的最小负载电阻。

答案：$R = 6.25\text{k}\Omega$。

2.1.4 检波电路

半导体二极管的一个主要应用是作为调幅(AM)无线电信号的检波电路。一个调幅信号包含无线电频率的载波信号,如图 2.13(a)所示,它的幅值随声音频率而变化。检波电路如图 2.13(b)所示,它是一个输出端带 RC 滤波电路的半波整流电路。对于这个应用,RC 时间常数应该约等于载波信号的周期,这样使输出电压可以跟随载波信号的每一个峰值。如果时间常数太大,输出将不能足够快地变化,以至于不能表示音频输出。检波电路的输出如图 2.13(c)所示。

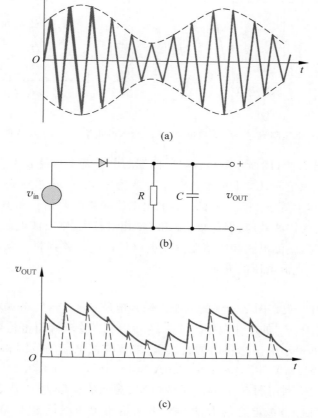

图 2.13 一个调幅信号的解调信号和电路：(a) 调幅输入信号；
(b) 检波电路；(c) 解调的输出信号

检波电路的输出随后通过一个电容耦合到放大电路上，电容用来去除信号中的直流成分。之后将放大电路的输出提供给扬声器。

2.1.5 倍压整流电路

除了用电容代替原来的两只二极管，倍压整流电路与全波整流电路非常相似，它可以产生近似为变压器输出峰值 2 倍的电压，如图 2.14 所示。

图 2.15(a) 给出当变压器上端电压极性为负时的等效电路；图 2.15(b) 则给出了相反极性的等效电路。在图 2.15(a) 所示的电路中，二极管 D_2 的正向电阻很小，因此，电容 C_1 的充电电压几乎能达到 v_S 的峰值。C_1 的端子 2 相对于端子 1 为正。随着 v_S 的幅值从峰值下降，C_1 通过 R_L 和 C_2 放电。假设时间常数 $R_L C_2$ 和输入信号的周期相比很长。

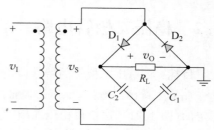

图 2.14 倍压整流电路

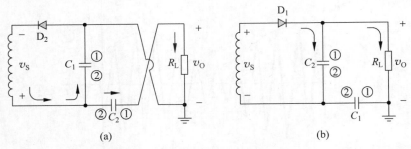

图 2.15　倍压整流电路的等效电路：(a) 输入的负半周；(b) 输入的正半周

随着 v_S 变为图 2.15(b) 所示的极性，C_1 两端的电压基本保持在 V_M 不变，端子 2 仍然为正。当 v_S 达到最大值时，C_2 上的电压基本上变为 V_M。由基尔霍夫电压定律，此时 R_L 两端的峰值电压基本上等于 $2V_M$，即变压器输出电压峰值的两倍。和整流电路的输出电压一样，也会产生相同的纹波效应，但如果 C_1 和 C_2 相对较大，则纹波电压 V_r 很小。

此外，还有三倍压整流电路和四倍压整流电路。这些电路提供了从单个交流信号源和电源变压器产生多个直流电压的方法。

理解测试题

理解测试题 2.1　观察图 2.4 中的电路。输入电压 $v_S(t) = 15\sin\omega t\,(\text{V})$，二极管的开启电压 $V_r = 0.7\text{V}$。电压 V_B 的变化范围为 $4\text{V} \leqslant V_B \leqslant 8\text{V}$。要求峰值电流限制在 $i_D(\text{peak}) = 18\text{mA}$。①求解 R 的最小值。②利用①的结果，求解峰值电流的范围和占空比的范围。答案：①$R = 572\Omega$；②$11\text{mA} \leqslant i_D(\text{peak}) \leqslant 18\text{mA}$，$30.3\% \leqslant$ 占空比 $\leqslant 39.9\%$。

理解测试题 2.2　利用图 2.5(a) 所示的电路，对峰值电压为 120V、频率为 60Hz 的正弦输入信号进行整流。滤波电容与 R 并联。要求输出电压不低于 100V，求解所需的电容 C 的值。变压器的匝数比 $N_1 : N_2 = 1 : 1$，其中 N_2 为每个次级线圈的匝数。假设二极管的开启电压为 0.7V，输出电阻为 $2.5\text{k}\Omega$。答案：$C = 20.6\mu\text{F}$。

理解测试题 2.3　图 2.6(a) 所示整流电路的变压器次级电压 $v_S = 50\sin[2\pi(60)t]\text{V}$。每个二极管的开启电压 $V_r = 0.7\text{V}$，负载电阻 $R = 10\text{k}\Omega$。若要使纹波电压不大于 $V_r = 2\text{V}$，求解必须与 R 并联的滤波电容的值。答案：$C = 20.3\mu\text{F}$。

理解测试题 2.4　在①练习题 Ex 2.4，②理解测试题 TYU 2.2 和(c)理解测试题 TYU 2.3 中，求解每个二极管导通的时间百分比。答案：①5.2%；②18.1%；③9.14%。

2.2　稳压二极管电路

目标：将稳压二极管的特性应用于稳压二极管稳压电路。

在第 1 章已经看到，稳压二极管的击穿电压在一个很宽的反向偏置电流范围内几乎是恒定的(图 1.21)，这使得稳压二极管在稳压电路或恒压基准电路中很有用。本章将讨论一个理想的基准电压电路，并讨论非理想齐纳电阻的影响。

本节中设计的稳压二极管稳压电路将被加入图 2.1 所示的电子电源设计中。应当注意，在实际的电源设计中，稳压电路将是一个比这里将建立的较为简单的稳压二极管电路更复杂的集成电路。原因之一是所需的特定击穿电压标准稳压二极管可能无法获得。不过，本节将给出稳压电路的基本概念。

2.2.1 理想的基准电压电路

图 2.16 给出一个稳压二极管稳压电路。对于这个电路，即使当输出负载电阻在一个很大的范围内变化时，或当输入电压在一个特定的范围内变化时，输出电压都应保持不变。V_{PS} 的变化可能来自整流电路中的纹波电压。

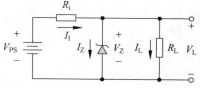

首先，确定合适的输入电阻 R_i。电阻 R_i 限制通过稳压二极管的电流，并承受 V_{PS} 和 V_Z 之间的"多余"电压。可以写出

图 2.16 稳压二极管稳压电路

$$R_i = \frac{V_{PS} - V_Z}{I_I} = \frac{V_{PS} - V_Z}{I_Z + I_L} \tag{2.26}$$

其中假设理想二极管的齐纳电阻为零。由这个方程求解二极管电流 I_Z，得到

$$I_Z = \frac{V_{PS} - V_Z}{R_i} - I_L \tag{2.27}$$

其中，$I_L = V_Z/R_L$，变量为输入电压源 V_{PS} 和负载电流 I_L。

要使电路正常工作，二极管必须保持在击穿区，二极管的耗散功率不能超过它的额定值。换言之：

(1) 当负载电流为最大值 $I_L(max)$，且电源电压为最小值 $V_{PS}(min)$ 时，稳压管中的电流为最小值 $I_Z(min)$。

(2) 当负载电流为最小值 $I_L(min)$，且电源电压为最大值 $V_{PS}(max)$ 时，稳压管中的电流为最大值 $I_Z(max)$。

将这两个条件代入式(2.26)中，可得

$$R_i = \frac{V_{PS}(min) - V_Z}{I_Z(min) + I_L(max)} \tag{2.28a}$$

和

$$R_i = \frac{V_{PS}(max) - V_Z}{I_Z(max) + I_L(min)} \tag{2.28b}$$

令式(2.28a)和式(2.28b)相等，可得

$$[V_{PS}(min) - V_Z] \cdot [I_Z(max) + I_L(min)] = [V_{PS}(max) - V_Z] \cdot [I_Z(min) + I_L(max)] \tag{2.29}$$

一个合理的假设是输入电压、输出电流以及稳压二极管的电压范围是已知的。于是，式(2.29)就包含两个未知量 $I_Z(min)$ 和 $I_Z(max)$。作为一个最低要求，可进一步令稳压电流的最小值为最大值的 1/10，即 $I_Z(min) = 0.1 I_Z(max)$。（更严格的设计条件可能要求稳压电流的最小值为最大值的 20%～30%。）于是，利用式(2.30)，可以求解 $I_Z(max)$。

$$I_Z(max) = \frac{I_L(max) \cdot [V_{PS}(max) - V_Z] - I_L(min) \cdot [V_{PS}(min) - V_Z]}{V_{PS}(min) - 0.9V_Z - 0.1V_{PS}(max)} \tag{2.30}$$

由式(2.30)求得的最大电流值，可以确定稳压二极管所需的最大额定功率。然后，联立

式(2.30)与式(2.28a)或式(2.28b),可以确定所需的输入电阻 R_i 的值。

例题 2.5 目标:利用图 2.16 所示的电路,设计一个稳压电路。待设计的稳压电路将用来为汽车收音机提供 $V_L = 9V$ 的电压,它的电压源是在 11~13.6V 之间变化的汽车电池。收音机中的电流将在 0(关断)~100mA(满音量)之间变化。等效电路如图 2.17 所示。

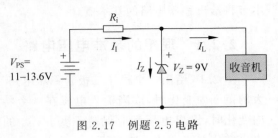

图 2.17 例题 2.5 电路

解: 由式(2.30)可得,稳压二极管的最大电流为

$$I_Z(\max) = \frac{100 \times (13.6 - 9) - 0}{11 - 0.9 \times 9 - 0.1 \times 13.6} \approx 300\text{mA}$$

于是,稳压二极管上消耗的最大功率为

$$P_Z(\max) = I_Z(\max) \cdot V_Z = 300 \times 9 \Rightarrow 2.7\text{W}$$

由式(2.28(b)),限流电阻 R_i 的值为

$$R_i = \frac{13.6 - 9}{0.3 + 0} = 15.3\Omega$$

消耗在这个电阻上的最大功率为

$$P_{Ri}(\max) = \frac{(V_{PS}(\max) - V_Z)^2}{R_i} = \frac{(13.6 - 9)^2}{15.3} \approx 1.4\text{W}$$

于是可得

$$I_Z(\min) = \frac{11 - 9}{15.3} - 0.10 \Rightarrow 30.7\text{mA}$$

点评: 从这个设计可以看出,稳压二极管和输入电阻的最小额定功率分别为 2.7W 和 1.4W。稳压二极管的最小电流发生在 $V_{PS}(\min)$ 和 $I_L(\max)$。求得 $I_Z(\min) = 30.7\text{mA}$,约为设计要求中指定的 $I_Z(\max)$ 的 10%。

设计指南:

(1) 本例中变化的输入由电池电压的变化引起。而再看一下例题 2.4,变化的输入也可能是由于采用了一个给定匝数比的标准变压器,而不是定制设计中具有特定匝数比的变压器,或者是由于 120V(有效值)的输入电压并不严格恒定。

(2) 9V 的输出是使用 9V 稳压二极管的结果。然而,一个击穿电压正好为 9V 的稳压二极管也可能无法获取。后面将再次看到如何用更复杂的设计来解决这个问题。

练习题 2.5 图 2.16 所示的稳压二极管稳压电路,其输入电压在 10~14V 之间变化,负载电阻 R_L 在 20~100Ω 之间变化。假设使用一个 5.6V 的稳压二极管,并假设 $I_Z(\min) = 0.1I_Z(\max)$。求解所需的 R_i 的值和二极管的最小额定功率。

答案: $P_Z = 3.31\text{W}, R_i \approx 13\Omega$。

图 2.17 所示稳压二极管电路的工作原理可用负载线直观地表示。对稳压二极管的电流求和,可得

$$\frac{v_{PS} - V_Z}{R_i} = I_Z + \frac{V_Z}{R_L} \tag{2.31}$$

求解 V_Z，可得

$$V_Z = v_{PS}\left(\frac{R_L}{R_i + R_L}\right) - I_Z\left(\frac{R_i R_L}{R_i + R_L}\right) \tag{2.32}$$

这就是负载线方程。使用例题 2.5 中的参数，负载电阻从 $R_L = \infty$（$I_L = 0$）到 $R_L = 9/0.1 = 90\Omega$（$I_L = 100\text{mA}$）变化。限流电阻 $R_i = 15\Omega$，输入电压的变化范围为 $11\text{V} \leqslant V_{PS} \leqslant 13.6\text{V}$。

对于不同的电路条件，可以写出负载线方程：

A：$V_{PS} = 11\text{V}, R_L = \infty, V_Z = 11 - I_Z(15)$

B：$V_{PS} = 11\text{V}, R_L = 90\Omega, V_Z = 9.43 - I_Z(12.9)$

C：$V_{PS} = 13.6\text{V}, R_L = \infty, V_Z = 13.6 - I_Z(15)$

D：$V_{PS} = 13.6\text{V}, R_L = 90\Omega, V_Z = 11.7 - I_Z(12.9)$

图 2.18 给出稳压二极管的 $I\text{-}V$ 特性。图中叠加了四条负载线，用 A、B、C 和 D 表示。每条负载线与二极管的特性曲线相交于击穿区，这是二极管正常工作的必需条件。对应不同输入电压和负载电阻组合的稳压二极管电流的变化量 ΔI_Z 如图所示。

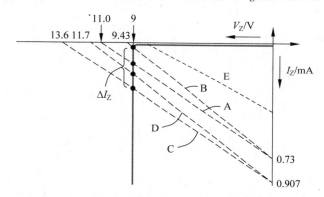

图 2.18 叠加了不同负载线的稳压二极管的 $I\text{-}V$ 特性曲线

如果选择输入限流电阻 $R_i = 25\Omega$，并令 $V_{PS} = 11\text{V}$ 和 $R_L = 90\Omega$，负载线方程（式（2.32））变为

$$V_Z = 8.61 - I_Z(19.6) \tag{2.33}$$

这条负载线为图 2.18 中的曲线 E。可以看到，这条负载线并非和二极管特性曲线相交于击穿区。此时，输出电压将不等于击穿电压 $V_Z = 9\text{V}$，电路不能正常工作。

2.2.2 齐纳电阻和调整率

在理想的稳压二极管中，齐纳电阻为零，而实际的稳压二极管并非如此，其结果是输出电压将随着输入电压的波动而发生轻微的波动，并且将随着输出负载电阻的变化而发生波动。

图 2.19 给出包含齐纳电阻的稳压电路的等效电路。由于齐纳电阻，输出电压将随着稳压二极管电流的变化而变化。

可以为稳压电路定义两个性能指标。第一个是电源调整率，它衡量电源电压变化时输出电压的变化。第二个是负载调整率，它衡量负载电流变化时输

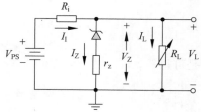

图 2.19 齐纳电阻不为零的稳压二极管稳压电路

出电压的变化。

电源调整率定义为

$$\text{电源调整率} = \frac{\Delta v_L}{\Delta v_{PS}} \times 100\% \tag{2.34}$$

其中，Δv_L 为输入电压变化 Δv_{PS} 时输出电压的变化。

负载调整率定义为

$$\text{负载调整率} = \frac{v_{L,空载} - v_{L,满载}}{v_{L,满载}} \times 100\% \tag{2.35}$$

其中，$v_{L,空载}$ 为负载电流为零时的输出电压，$v_{L,满载}$ 为最大额定输出电流时的输出电压。

当电源调和负载调整率因子接近零时，电路接近于理想稳压电路。

例题 2.6   目标：求解稳压电路的电源调整率和负载调整率。观察例题 2.5 所描述的电路，假设齐纳电阻 $r_Z = 2\Omega$。

解：考虑空载时即 $R_L = \infty$ 时输入电压变化的影响，当 $v_{PS} = 13.6\text{V}$ 时，可得

$$I_Z = \frac{13.6 - 9}{15.3 + 2} = 0.2659\text{A}$$

于是

$$v_{L,\max} = 9 + 2 \times 0.2659 = 9.532\text{V}$$

当 $v_{PS} = 11\text{V}$ 时，可得

$$I_Z = \frac{11 - 9}{15.3 + 2} = 0.1156\text{A}$$

于是

$$v_{L,\min} = 9 + 2 \times 0.1156 = 9.231\text{V}$$

可得电源调整率

$$\frac{\Delta v_L}{\Delta v_{PS}} \times 100\% = \frac{9.532 - 9.231}{13.6 - 11} \times 100\% = 11.6\%$$

现在考虑 $v_{PS} = 13.6\text{V}$ 时负载电流变化的影响，当 $I_L = 0$ 时，可得

$$I_Z = \frac{13.6 - 9}{15.3 + 2} = 0.2659\text{A}$$

和

$$V_{L,空载} = 9 + 2 \times 0.2659 = 9.532\text{V}$$

当负载电流 $I_L = 100\text{mA}$ 时，可得

$$I_Z = \frac{13.6 - [9 + I_Z(2)]}{15.3} - 0.10$$

求得

$$I_Z = 0.1775\text{A}$$

于是

$$V_{L,满载} = 9 + 2 \times 0.1775 \times = 9.355\text{V}$$

于是可得

$$\text{负载调整率} = \frac{v_{L,空载} - v_{L,满载}}{v_{L,满载}} \times 100\%$$

$$= \frac{9.532 - 9.355}{9.355} \times 100\% = 1.89\%$$

点评：输入的 2.6V 纹波电压大约被缩小到 1/10。输出负载变化引起的输出电压变化百分比也很小。

练习题 2.6　对于 $r_z = 4\Omega$，重复例题 2.6。假设所有的参数和例题中所列出的相同。

答案：电源调整率＝20.7％，负载调整率＝3.29％。

理解测试题 2.5　观察图 2.19 所示的电路。令 $V_{PS} = 12V, V_{ZO} = 6.2V, r_z = 3\Omega$。二极管的额定功率为 $P = 1W$。①求解 $I_Z(max)$ 和 R_i；②如果 $I_Z(min) = 0.1 I_Z(max)$，求解 $R_L(min)$ 和负载调整率。

答案：① $I_Z(max) = 150mA, R_i = 35.7\Omega$；② $R_L(min) = 42.7\Omega, 6.09\%$。

理解测试题 2.6　假设例题 2.5 中的限流电阻用阻值为 $R_i = 20\Omega$ 的电阻代替。求解稳压二极管电流的最小值和最大值。电路能正常工作吗？

答案：$I_Z(min) = 0, I_Z(max) = 230mA$。

理解测试题 2.7　假设图 2.17 所示电路的电源电压降到 $V_{PS} = 10V$。令 $R_i = 15.3\Omega$。如果稳压二极管电流的最小值保持在 $I_Z(min) = 30mA$，则收音机的最大负载电流是多少？

答案：$I_L(max) = 35.4mA$。

2.3　限幅和钳位电路

目标：运用二极管的非线性特性，建立称为限幅和钳位的波形整形电路。

本节将继续讨论二极管的非线性电路应用。二极管可以用在整形电路中，限制或"修剪"信号的一部分，或者将直流电位平移。这些电路分别称为限幅电路和钳位电路。

2.3.1　限幅电路

限幅电路，也称为限制电路，用来消除高于或低于特定电平的部分信号。例如，半波整流电路就是一个限幅电路，因为零以下的电压部分都被消除了。限幅电路的一个简单应用是用来限制电子电路的输入电压，以防止电路中的晶体管被击穿。如果幅值不是信号所关注的重点，这种电路可以用来测量信号的频率。

图 2.20 给出一般限幅电路的电压传输特性。当输入信号在 $V_O^-/A_v \leqslant v_I \leqslant V_O^+/A_v$ 的范围时，限幅电路是一个线性电路，其中 A_v 为传输曲线的斜率。如果 $A_v \leqslant 1$，和二极管电路一样，这个电路为无源限幅电路。当 $v_I > V_O^+/A_v$ 时，输出被限制在一个最大值 V_O^+。类似地，当 $v_I < V_O^-/A_v$ 时，输出被限制在一个最小值 V_O^-。图 2.20 给出一般的双向限幅电路的传输曲线，其中输入信号的正向和负向峰值都被限制了。

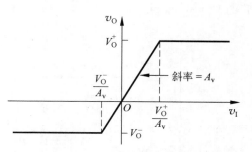

图 2.20　一般限幅电路的传输特性

V_O^+ 和 V_O^- 可以有很多不同的组合：两个参数可以都为正或都为负，或者，如图 2.20 所示，可以一正一负。如果 V_O^- 趋于负无穷大或者 V_O^+ 趋于正无穷大，则电路变回到单向限幅电路。

图 2.21(a) 所示为单二极管限幅电路。只要 $v_I < V_B + V_r$，二极管 D_1 就截止。当 D_1

截止时,电流接近 0,R 两端的电压基本上为 0,于是输出电压跟随输入电压。当 $v_I > V_B + V_r$ 时,二极管导通,输出电压被限制,且 $v_O = V_B + V_r$。输出信号如图 2.21(b)所示。在此电路中,$V_B + V_r$ 以上的输出被限制。

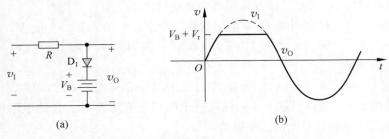

图 2.21　单二极管限幅电路:(a)电路;(b)输出响应

图 2.21 中的电阻 R 要选得足够大,以便使二极管的正向电流限制在一个合理的范围内(通常为毫安级);但也要足够小,以便二极管的反向电流产生的压降可忽略不计。通常,对于一个给定的电路,获得满意性能的电阻值范围较宽。

通过将二极管或电压源的极性反向,或者两者同时反向,可以构建其他限幅电路。

通过使用一个双向限幅电路或并联限幅电路,可同时实现正、负限幅,图 2.22 给出这样的一个电路。图中也给出了输入和输出信号。并联限幅电路由方向相反的两个二极管和两个电压源构成。

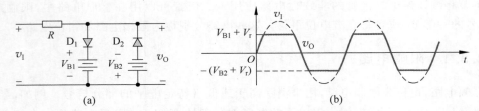

图 2.22　并联二极管限幅电路和它的输出响应

例题 2.7　目标:求解图 2.23(a)所示并联限幅电路的输出。简单起见,假设两个二极管的 $V_r = 0$,$r_f = 0$。

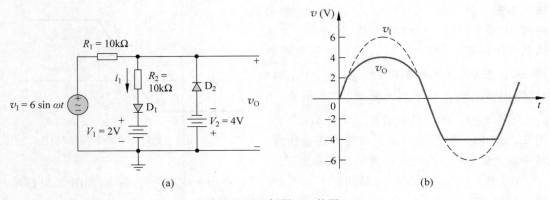

图 2.23　例题 2.7 的图

解：当 $t=0$ 时，可以看出 $v_I=0$，D_1 和 D_2 都反向偏置。当 $0<v_I\leqslant 2V$ 时，D_1 和 D_2 都保持截止，因此 $v_O=v_I$。当 $v_I>2V$ 时，D_1 导通，且

$$i_1=\frac{v_I-2}{10+10}$$

同时

$$v_O=i_1R_2+2=\frac{1}{2}(v_I-2)+2=\frac{1}{2}v_I+1$$

如果 $v_I=6V$，则 $v_O=4V$。

当 $-4V<v_I<0V$ 时，D_1 和 D_2 都截止，有 $v_O=v_I$。当 $v_I\leqslant -4V$ 时，D_2 导通，输出保持为 $v_O=-4V$。输入和输出波形如图 2.23(b)所示。

点评：如果假设 $V_r\neq 0$，输出将和在这里计算的结果很相似。唯一的不同是二极管开始导通的时刻。

练习题 2.7 设计一个并联限幅电路，产生图 2.24 所示的电压传输函数。假设二极管的开启电压 $V_r=0.7V$。

答案：对于图 2.23(b)，$V_2=4.3V$，$V_1=1.8V$，$R_1=2R_2$。

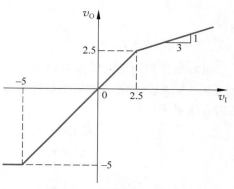

图 2.24 练习题 2.7 的图

二极管限幅电路也可以设计成直流电源和输入信号串联。图 2.25 给出一个例子。和输入信号串联的电池使输入信号叠加在直流电压 V_B 之上。被限幅的输入信号和相应的输出信号也表示在图 2.25 中。

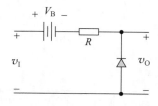
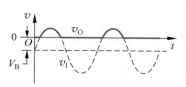

图 2.25 串联二极管限幅电路和相应的输出响应

在所分析的全部限幅电路中，都包含了电池，它基本上设置了输出电压的限制值。而电池需要定期更换，使得这些电路不实用。工作在反向击穿区的稳压二极管能够提供一个基本上稳定的压降，可用稳压二极管来取代电池。

图 2.26(a)给出使用稳压二极管的并联限幅电路，其电压传输特性如图 2.26(b)所示。

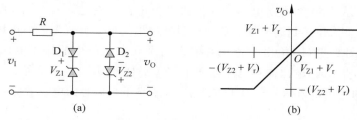

图 2.26 (a)利用稳压二极管的并联限幅电路；(b)电压传输特性

图 2.26(a)所示电路的性能与图 2.22 所示电路的基本相同。

2.3.2　钳位电路

钳位电路使整个信号电压平移一个直流电平。在稳态下,输出波形是输入波形的精确复制,只不过被平移了一个由电路所确定的直流值。钳位电路有别于其他电路的特点是,它不需要知道确切的波形就可以对直流电平进行调整。

图 2.27(a)给出钳位电路的一个示例。正弦输入电压信号如图 2.27(b)所示。假设初始时电容未充电。在输入波形的第一个 $90°$ 期间,电容两端的电压跟随输入信号,$v_C = v_I$(假设 $r_f = 0$ 和 $V_r = 0$)。在 v_I 和 v_C 达到它们的峰值后,v_I 开始下降,二极管变成反向偏置。理想情况下,电容不能放电,因此电容两端的电压保持为 $v_C = V_M$。由基尔霍夫电压定律,有

$$v_O = -v_C + v_I = -V_M + V_M \sin\omega t \tag{2.36a}$$

即

$$v_O = V_M(\sin\omega t - 1) \tag{2.36b}$$

电容电压和输出电压分别如图 2.27(c)和(d)所示。输出电压被"钳位"在 0V,也就是 $v_O \leqslant 0$。在稳态时,输入和输出信号的波形相同,且输出信号相对于输入信号平移了一个特定的直流电平。

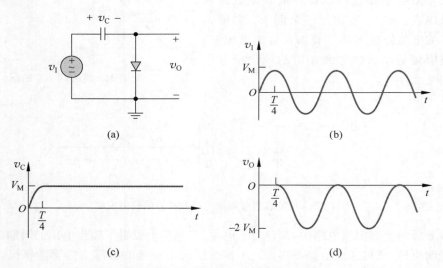

图 2.27　二极管钳位电路的作用:(a)典型的二极管钳位电路;
(b)正弦输入信号;(c)电容电压;(d)输出电压

图 2.28(a)所示为包含独立电压源 V_B 的钳位电路。在这个电路中,假设时间常数 $R_L C$ 很大,其中 R_L 为连接到输出端的负载电阻。如果简单起见假设 $r_f = 0$ 和 $V_r = 0$,则输出被钳位在 V_B。图 2.28(b)给出一个正弦输入信号和由此产生的输出电压信号的例子。当 V_B 的极性如图所示时,输出向负电压方向平移。类似地,图 2.28(c)给出一个方波输入信号和由此产生的输出电压信号。对于方波信号,忽略了二极管的电容效应,并假设电压能瞬时变化。

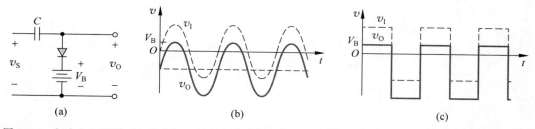

图 2.28　包含电压源的二极管钳位电路的作用，假设为理想二极管($V_r = 0$)：(a) 电路；(b) 稳态正弦输入和输出信号；(c) 稳态方波输入和输出信号

电信号在传输过程中容易丢失它们的直流电平。例如，一个电视(Television, TV)信号的直流电平可能在传输过程中被丢失，由此，TV 接收器必须恢复这个直流电平。下面的例子说明这种作用。

例题 2.8　求解图 2.29(a)所示二极管钳位电路的稳态输出。假设输入电压 v_I 为正弦信号，在传输过程中，相对于接收器的地，它的直流电平被平移了 V_B。假设二极管的 $r_f = 0$ 和 $V_r = 0$。

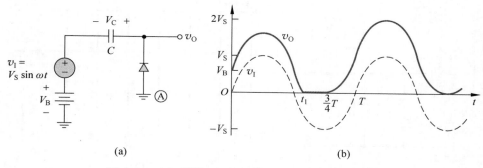

图 2.29　(a) 例题 2.8 的电路；(b) 输入和输出波形

解：图 2.29(b)给出正弦输入信号。如果电容初始未充电，则在 $t = 0$ 时刻，输出电压 $v_O = V_B$(二极管反向偏置)。当 $0 \leqslant t \leqslant t_1$ 时，有效的时间常数 RC 为无穷大，电容两端的电压保持不变，$v_O = v_I + V_B$。

在 $t = t_1$ 时刻，二极管变为正向偏置，输出不能变为负值，所以电容两端的电压发生变化($r_f C$ 时间常数为 0)。

在 $t = (3/4)T$ 时刻，输入信号开始增加，二极管变为反向偏置，所以电容两端的电压保持为 $V_C = V_S - V_B$，极性如图所示。输出电压为

$$v_O = (V_S - V_B) + v_I + V_B = (V_S - V_B) + V_S \sin\omega t + V_B$$

即

$$v_O = V_S(1 + \sin\omega t)$$

点评：当 $t > (3/4)T$ 时，达到稳态。输出信号波形是输入信号波形的精确复制，并且得到相对于参考地 A 的度量。

练习题 2.8　画出图 2.30 所示电路在给定输入信号下的稳态输出电压。假设 $V_r = r_f = 0$。
答案：$-8V \sim +2V$ 方波。

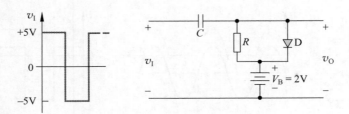

图 2.30　练习题 2.8 的图

理解测试题 2.8　观察图 2.23(a)所示电路。令 $R_1=5\text{k}\Omega$，$R_2=2\text{k}\Omega$，$V_1=1\text{V}$，$V_2=3\text{V}$。令每个二极管的 $V_r=0.7\text{V}$。画出 $-5\text{V}\leqslant v_I\leqslant 5\text{V}$ 上的电压传输特性（v_O-v_I）。

答案：当 $v_I\leqslant -3.7\text{V}$ 时，$v_O=-3.7\text{V}$；当 $-3.7\text{V}\leqslant v_I\leqslant 1.7\text{V}$ 时，$v_O=v_I$；当 $v_I\geqslant 1.7\text{V}$ 时，$v_O=0.286v_I+1.21$。

理解测试题 2.9　求解图 2.31(a)所示电路的稳态输出电压 v_O，输入电压如图 2.31(b)所示。假设二极管的开启电压 $V_r=0$。

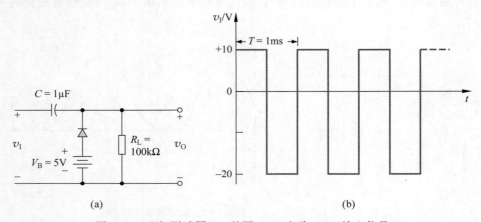

(a)　　　　　　　　　　　　　　(b)

图 2.31　理解测试题 2.9 的图：(a) 电路；(b) 输入信号

答案：输出为 $+5\sim +35\text{V}$ 之间的方波。

理解测试题 2.10　设计一个并联限幅电路，产生如图 2.32 所示的电压传输特性。假设二极管的开启电压 $V_r=0.7\text{V}$。

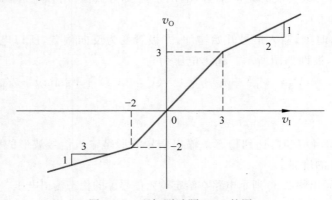

图 2.32　理解测试题 2.10 的图

答案：由图 2.23(a)，$V_1 = 2.3\text{V}$，$V_2 = 1.3\text{V}$，$R_1 = R_2$，R_3 与 D_2 串联，其中 $R_3 = 0.5R_1$。

2.4 多二极管电路

目标：研究用于分析多二极管电路的方法。

由于二极管为非线性器件，二极管电路的分析包含确定二极管是导通还是截止。如果一个电路包含不止一个二极管，则存在多种可能的"导通"和"截止"组合，分析将变得复杂。

本节将分析几个多二极管电路。例如，将考察如何用二极管电路来实现逻辑函数。这部分作为第 16 和 17 章将详细介绍的数字逻辑电路的导论。

2.4.1 二极管电路示例

作为一个简单的介绍，考虑两个单二极管电路。图 2.33(a)给出一个二极管与一个电阻串联的电路，图 2.33(b)给出这个电路的电压传输特性 $v_O - v_I$ 的折线化特性。直到 $v_I = V_r$ 时，二极管才开始导通。由此，当 $v_I \leqslant V_r$ 时，输出电压为零；当 $v_I > V_r$ 时，输出电压为 $v_O = v_I - V_r$。

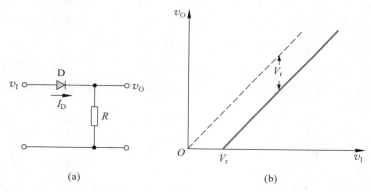

(a) (b)

图 2.33 二极管和电阻串联：(a) 电路；(b) 电压传输特性

图 2.34(a)给出一个与之相似的二极管电路，但是明确包含了一个输入电压源，表示二极管的电流存在通路。电压传输特性如图 2.34(b)所示。在这个电路中，当 $v_I < V_S - V_r$ 时，二极管保持导通，输出电压为 $v_O = v_I + V_r$。当 $v_I > V_S - V_r$ 时，二极管截止，流过电阻的电流为 0，因此，输出电压保持为 V_S 不变。

这两个例子说明了二极管和二极管电路的折线化特性，也表明存在二极管"导通"的区域和二极管"截止"的区域。

在多二极管电路中，每个二极管可能导通或截止。观察图 2.35 所示的双二极管电路。由于每个二极管可能导通或截止，电路有四种可能的状态。然而，由于二极管的方向和电压的极性，其中的某些状态不可行。

如果假设 $V^+ > V$ 且 $V^+ - V > V_r$，那么至少 D_2 有可能是导通的。首先，v' 不能小于 V。于是，对于 $v_I = V$，二极管 D_1 必然截止。此时，D_2 导通，$i_{R1} = i_{D2} = i_{R2}$，且

$$v_O = V^+ - i_{R1}R_1 \tag{2.37}$$

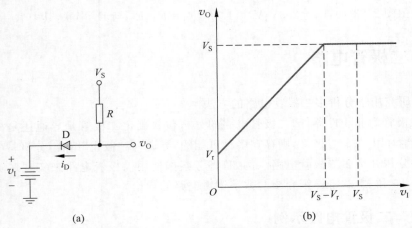

图 2.34　二极管和输入电压源：(a)电路；(b)电压传输特性

其中

$$i_{R1} = \frac{V^+ - V_r - V^-}{R_1 + R_2} \tag{2.38}$$

电压 v' 比 v_O 小一个二极管压降，只要 v_I 小于输出电压，二极管 D_1 就保持截止。当 v_I 增加并变为和 v_O 相等时，D_1 和 D_2 都导通。只要 $v_I < V^+$，这个条件或状态就有效。当 $v_I = V^+$ 时，$i_{R1} = i_{D2} = 0$，此时 D_2 截止，v_O 不能进一步增加。

图 2.36 给出相应的 $v_O - v_I$ 曲线。三个不同的区域 $v_O^{(1)}$、$v_O^{(2)}$ 和 $v_O^{(3)}$ 对应于 D_1 和 D_2 的不同导通状态。在这个电路中，对应于 D_1 和 D_2 同时截止的第四种可能状态是不可能出现的。

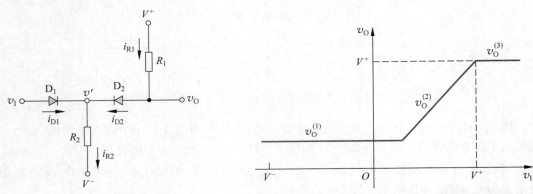

图 2.35　双二极管电路　　　　　图 2.36　图 2.35 所示双二极管电路的电压传输特性

例题 2.9　目标：求解图 2.35 所示电路在两种输入电压取值下的输出电压和二极管电流。假设电路参数为 $R_1 = 5\text{k}\Omega$，$R_2 = 10\text{k}\Omega$，$V_r = 0.7\text{V}$，$V^+ = +5\text{V}$ 以及 $V^- = -5\text{V}$。当 $v_I = 0$ 和 $v_I = 4\text{V}$ 时，求解 v_O、i_{D1} 和 i_{D2}。

解：当 $v_I = 0$ 时，假设初始时 D_1 截止，则电流为

$$i_{R1} = i_{D2} = i_{R2} = \frac{V^+ - V_r - V^-}{R_1 + R_2} = \frac{5 - 0.7 - (-5)}{5 + 10} = 0.62\text{mA}$$

输出电压为

$$v_\mathrm{O} = V^+ - i_\mathrm{R1} R_1 = 5 - 0.62 \times 5 = 1.9\mathrm{V}$$

v' 为

$$v' = v_\mathrm{O} - V_\mathrm{r} = 1.9 - 0.7 = 1.2\mathrm{V}$$

根据这些结果,可以看出二极管 D_1 确实截止, $i_\mathrm{D1} = 0$,上述分析有效。

当 $v_\mathrm{I} = 4\mathrm{V}$ 时,从图 2.36 可以看出 $v_\mathrm{O} = v_\mathrm{I}$,因此 $v_\mathrm{O} = v_\mathrm{I} = 4\mathrm{V}$。在这个区域, D_1 和 D_2 导通,并有

$$i_\mathrm{R1} = i_\mathrm{D2} = \frac{V^+ - v_\mathrm{O}}{R_1} = \frac{5-4}{5} = 0.2\mathrm{mA}$$

注意到 $v' = v_\mathrm{O} - V_\mathrm{r} = 4 - 0.7 = 3.3\mathrm{V}$,因此

$$i_\mathrm{R2} = \frac{v' - V^-}{R_2} = \frac{3.3 - (-5)}{10} = 0.83\mathrm{mA}$$

由 $i_\mathrm{D1} + i_\mathrm{D2} = i_\mathrm{R2}$ 可以得到流过 D_1 的电流,即

$$i_\mathrm{D1} = i_\mathrm{R2} - i_\mathrm{D2} = 0.83 - 0.2 = 0.63\mathrm{mA}$$

点评:当 $v_\mathrm{I} = 0$ 时,有 $v_\mathrm{O} = 1.9\mathrm{V}$ 和 $v' = 1.2\mathrm{V}$,这意味着正如初始假设, D_1 反向偏置即截止。当 $v_\mathrm{I} = 4\mathrm{V}$ 时,有 $i_\mathrm{D1} > 0$ 和 $i_\mathrm{D2} > 0$,表明与假设一致, D_1 和 D_2 都为正向偏置。

计算机分析:对于多二极管电路,PSpice 分析对确定不同二极管的导通或截止状态很有用。这避免了人工分析中对每个二极管导通状态的猜测。图 2.37 给出图 2.35 所示电路的 PSpice 电路原理图。图 2.37 还给出了当输入电压在 $-1\mathrm{V}$ 和 $+7\mathrm{V}$ 之间变化时的输出电压和两个二极管电流。根据这些曲线,可以确定二极管何时导通和截止。

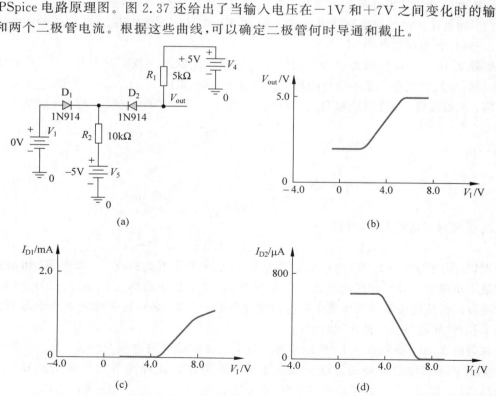

图 2.37 例题 2.9 的二极管电路:(a) PSpice 电路原理图;(b) 输出电压;(c) 二极管 D_1 中的电流;(d) 二极管 D_2 中的电流

基于二极管折线化模型的人工分析结果与计算机仿真结果相当一致。这给了人们应用折线化模型进行快速人工计算的信心。

练习题 2.9 观察图 2.38 所示的电路,其中二极管的开启电压 $V_r = 0.6$V。画出 $0 \leqslant v_I \leqslant 10$V 时的 $v_O - v_I$ 曲线。

答案:当 $0 \leqslant v_I \leqslant 3.5$V 时,$v_O = 4.4$V;当 $v_I \geqslant 3.5$V 时,D_2 截止;当 $v_I \geqslant 9.4$V 时,$v_O = 10$V。

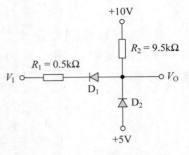

图 2.38 练习题 2.9 的电路

在多二极管电路的分析中,需要确定每个器件是导通还是截止。在很多情况下,选择并不明显,因此需要先猜测每个器件的状态,然后通过分析电路来确定所得的结果是否和初始猜测一致。为此,可以:

(1) 假设一个二极管的状态。如果假设一个二极管导通,则二极管两端的电压为 V_r;如果假设一个二极管截止,则二极管两端的电压为零。

(2) 利用假设的二极管状态分析"线性"电路。

(3) 评估所得到的每个二极管状态。如果开始时假设二极管截止,分析显示 $I_D = 0$ 且 $V_D \leqslant V_r$,则假设是正确的。而如果分析结果显示 $I_D > 0$ 和(或)$V_D > V_r$,则初始假设不成立。类似地,如果开始时假设二极管导通,若分析显示 $I_D \geqslant 0$ 和 $V_D = V_r$,则初始假设是正确的。而如果分析结果显示 $I_D < 0$ 和(或)$V_D < V_r$,则初始假设不成立。

(4) 如果任一初始假设被证明为不正确,则必须再做一个新的假设,并分析新的"线性"电路。然后,必须重复第(3)步。

例题 2.10 演示在求解过程中假设不正确时产生的不一致。对于图 2.35 所示的电路,假设其参数和例题 2.9 中给出的相同。当 $v_I = 0$ 时,求解 v_O,i_{D1},i_{D2} 以及 i_{R2}。

解:初始假设二极管 D_1 和 D_2 都导通。于是,$v' = -0.7$V,$v_O = 0$。两个电流为

$$i_{R1} = i_{D2} = \frac{V^+ - v_O}{R_1} = \frac{5 - 0}{5} = 1.0 \text{mA}$$

和

$$i_{R2} = \frac{v' - V^-}{R_2} = \frac{-0.7 - (-5)}{10} = 0.43 \text{mA}$$

在 v' 节点对电流求和,可得

$$i_{D1} = i_{R2} - i_{D2} = 0.43 - 1.0 = -0.57 \text{mA}$$

点评:由于这个分析表明 D_1 的电流为负,这是一个不可能的或不一致的解,初始假设必然是不正确的。如果回到例题 2.9,将发现当 $v_I = 0$ 时的正确解为 D_1 截止和 D_2 导通。

可以用折线化模型对二极管电路进行线性分析。然而,必须首先确定电路中每个二极管是工作在"导通"还是"截止"线性区。

练习题 2.10 观察图 2.39 所示电路。每个二极管的开启电压 $V_r = 0.7$V。①令 $v_I = 5$V。假设两个二极管都导通。这个假设正确吗?为什么正确或者为什么不正确?求解 I_{R1},I_{D1},I_{D2} 以及 v_O。②当 $v_I = 10$V 时,重复①。

答案:①D_1 截止,$I_{D1} = 0$,$I_{R1} = I_{D2} = 0.754$mA,$v_O = 3.72$V;②$I_{D1} = 0.9$mA,$I_{D2} = 1.9$mA,$I_{R1} = 1.0$mA,$v_O = 8.3$V

例题 2.11 求解图 2.40 所示多二极管电路中每个二极管的电流和电压 V_A、V_B。令每个二极管的 $V_r = 0.7V$。

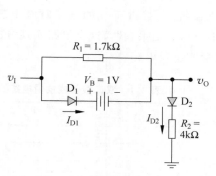

图 2.39 练习题 2.10 的图

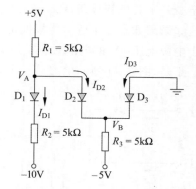

图 2.40 例题 2.11 的二极管电路

解：初始假设每个二极管都处于导通状态。从 D_3 开始，先考虑电压，有

$$V_B = -0.7V, \quad V_A = 0$$

在 V_A 节点对电流求和，可得

$$\frac{5 - V_A}{5} = I_{D2} + \frac{(V_A - 0.7) - (-10)}{5}$$

由于 $V_A = 0$，可得

$$\frac{5}{5} = I_{D2} + \frac{9.3}{5} \Rightarrow I_{D2} = -0.86\text{mA}$$

这和所有二极管都导通的假设不一致(一个导通的二极管应当具有正的二极管电流)。现在假设 D_1 和 D_3 导通，D_2 截止。可以得出

$$I_{D1} = \frac{5 - 0.7 - (-10)}{5 + 5} = 1.43\text{mA}$$

和

$$I_{D3} = \frac{(0 - 0.7) - (-5)}{5} = 0.86\text{mA}$$

求得电压为

$$V_B = -0.7V$$

和

$$V_A = 5 - 1.43 \times 5 = -2.15V$$

根据 V_A 和 V_B 的值，二极管 D_1 确实反向偏置而截止，所以 $I_{D2} = 0$。

点评：随着电路中二极管的增多，二极管导通或截止的组合数量增多，这会增加得出正确的分析结果前电路分析的次数。对于多二极管电路的情况，计算机仿真可以节省时间。

练习题 2.11 当 $R_1 = 8k\Omega$，$R_2 = 4k\Omega$ 和 $R_3 = 2k\Omega$ 时，重复例题 2.11。

答案：$V_B = -0.7V$，$I_{D3} = 2.15\text{mA}$，$I_{D2} = 0$，$I_{D1} = 1.19\text{mA}$，$V_A = -4.53V$。

2.4.2 二极管逻辑电路

二极管与其他电路元件一起可实现特定的逻辑函数，例如"与"和"或"。图 2.41 所示电

路是一个二极管逻辑电路的例子。这个电路的四个工作状态取决于不同的输入电压组合。如果 $V_1 = V_2 = 0$,电路没有激励,两个二极管都截止,$V_O = 0$。如果至少一个输入变为 5V,那么至少一个二极管导通,$V_O = 4.3$V。其中假设 $V_r = 0.7$V。

这些结果如表 2.1 所示。根据定义,在正逻辑系统中,接近于 0 的电压对应于逻辑 0,接近于电源电压 5V 的电压对应于逻辑 1。表 2.1 所示的结果表明,这个电路实现"或"逻辑函数。于是,图 2.41 所示电路是一个两输入二极管或逻辑电路。

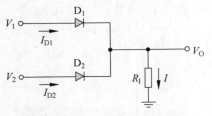

图 2.41　两输入二极管或逻辑电路

表 2.1　双二极管或逻辑电路的响应

V_1(V)	V_2(V)	V_O(V)
0	0	0
5	0	4.3
0	5	4.3
5	5	4.3

下面观察图 2.42 所示的电路。假设二极管的开启电压 $V_r = 0.7$V。同样,电路有四种可能状态,它取决于输入电压的不同组合。如果至少有一个输入为 0V,则至少有一个二极管导通,$V_O = 0.7$V。如果两个输入 $V_1 = V_2 = 5$V,电源电压和输入电压之间不存在电位差,所有电流为零,$V_O = 5$V。

这些结果如表 2.2 所示。这个电路实现"与"逻辑函数。图 2.42 所示的电路是一个两输入二极管与逻辑电路。

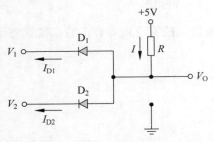

图 2.42　两输入二极管与逻辑电路

表 2.2　双二极管与逻辑电路的响应

V_1(V)	V_2(V)	V_O(V)
0	0	0.7
5	0	0.7
0	5	0.7
5	5	5

由表 2.1 和表 2.2 可以看出,输入的"低"和"高"电压可能和输出的"低"和"高"电压不同。例如,对于"与"电路(表 2.2),输入的"低"为 0V,而输出的"低"为 0.7V。由于一个逻辑门的输出常常是另一个逻辑门的输入,这会产生问题。而当二极管逻辑电路级联时,也就是当一个"或"门的输出连接到第二级"或"门的输入时,又会产生另一个问题。两个"或"门的逻辑 1 电平不相同(见习题 2.61 和习题 2.62)。随着级联的逻辑门增多,逻辑 1 电平将降低或减小。而随着放大器件(晶体管)在数字逻辑系统中的使用,这些问题将得到解决。

理解测试题 2.11　图 2.43 所示的电路中,每个二极管的开启电压 $V_r = 0.7$V。求解 I_{D1}、I_{D2}、I_{D3}、V_A 和 V_B。

答案:$I_{D1} = 1.22$mA,$I_{D2} = I_{D3} = 0$,$V_A = 7.2$V,$V_B = 1.1$V。

理解测试题 2.12　当 $R_1 = 8$kΩ,$R_2 = 12$kΩ 和 $R_3 = 2.5$kΩ 时,重复理解测试题 2.11。

答案：$I_{D1}=0.7\text{mA}$，$I_{D2}=0$，$I_{D3}=1.02\text{mA}$，$V_A=7.7\text{V}$，$V_B=-0.7\text{V}$。

理解测试题 2.13 观察图 2.41 所示的"或"逻辑电路。假设二极管的开启电压 $V_r=0.6\text{V}$。①如果 $V_2=0$，画出 $0\leqslant V_1\leqslant 5\text{V}$ 范围内的 V_O-V_1 曲线。②如果 $V_2=3\text{V}$，重复①。

答案：①当 $V_1\leqslant 0.6\text{V}$ 时，$V_O=0$；当 $0.6\text{V}\leqslant V_1\leqslant 5\text{V}$ 时，$V_O=V_1-0.6$；②当 $0\leqslant V_1\leqslant 3\text{V}$ 时，$V_O=2.4\text{V}$；当 $3\text{V}\leqslant V_1\leqslant 5\text{V}$ 时，$V_O=V_1-0.6$

理解测试题 2.14 观察图 2.42 所示的"与"逻辑电路。假设二极管的开启电压 $V_r=0.6\text{V}$。①如果 $V_2=0$，画出 $0\leqslant V_1\leqslant 5\text{V}$ 范围内的 V_O-V_1 曲线。②如果 $V_2=3\text{V}$，重复①。

答案：①对所有 V_1，$V_O=0.6\text{V}$；②当 $0\leqslant V_1\leqslant 3\text{V}$ 时，$V_O=V_1+0.6$；当 $V_1\geqslant 3\text{V}$ 时，$V_O=3.6\text{V}$。

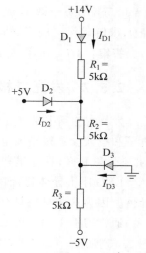

图 2.43 理解测试题 2.11 的图

2.5 光电二极管和发光二极管电路

目标：理解专用的光电二极管和发光二极管电路的工作原理和特性。

光电二极管将光信号转化为电流，而发光二极管（LED）则把电流转化为光信号。

2.5.1 光电二极管电路

图 2.44 给出一个典型的光电二极管电路，其中光电二极管上加反向偏置电压。如果光强为零，二极管中只有反向饱和电流，它非常小。光强不为零时，光子撞击二极管，并在二极管的空间电荷区产生多余的电子和空穴。电场迅速地将这些多余载流子分离，并把它们推出空间电荷区，由此就在反向偏置方向建立了光电流。光电流为

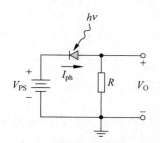

图 2.44 光电二极管电路，其中二极管反向偏置

$$I_{ph}=\eta e\Phi A \qquad (2.39)$$

式中，η 为量子效率，e 为电荷，Φ 为光子流密度（$\sharp/(\text{cm}^2\cdot s)$），$A$ 为结面积。光电流和光子流之间的这种线性关系基于二极管两端的反向偏置电压是恒定的假设。这又进一步意味着由光电流引起的 R 两端的压降很小，或者电阻 R 很小。

例题 2.12 计算光电二极管中产生的光电流。对于图 2.44 所示的光电二极管电路，假设量子效率为 1，结面积为 10^{-2}cm^2，入射的光子流为 $5\times10^{17}\text{cm}^{-2}\cdot s^{-1}$。

解：由式(2.39)得，光电流为

$$I_{ph}=\eta e\Phi A=1\times1.6\times10^{-19}\times5\times10^{17}\times10^{-2}=0.8\text{mA}$$

点评：入射的光子流通常用光强的形式给出，以 lm 或 W/cm^2 为单位。光强包括光子能量，也包括光子流量。

练习题 2.12 ①能量为 $h\nu=2\text{eV}$ 的光子入射在图 2.44 所示的光电二极管上。结面积

$A=0.5\text{cm}^2$,量子效率 $\eta=0.8$。光强为 $6.4\times10^{-2}\text{W/cm}^2$。求解光电流 I_{ph}。②如果 $R=$ 1kΩ,求解确保二极管反向偏置所需的最小电源电压 V_{PS}。

答案：①$I_{\text{ph}}=12.8\text{mA}$；②$V_{\text{PS}}(\text{min})=12.8\text{V}$。

2.5.2 发光二极管电路

发光二极管和光电二极管相反,也就是它把电流转化为光信号。如果二极管正向偏置,电子和空穴会穿过空间电荷区成为多余的少数载流子。这些多余的少数载流子扩散到中性的 N 区和 P 区,在那里和多数载流子复合,复合会引起光子的发射。

LED 用半导体化合物材料制作而成,比如砷化镓或磷砷化镓。这些材料为直接带隙半导体。因为这些材料具有比硅更高的带隙能量,正向偏置的结电压比硅二极管的要大。

通常习惯采用七段 LED 作为数字仪表的数字读出,例如数字电压表。七段显示器如图 2.45 所示。每一段是一个 LED,通常由 IC 逻辑门控制。

图 2.46 给出一种可能的电路连接,称为共阳显示器。在这个电路中,所有 LED 的阳极都连到 5V 电源上,输入由逻辑门控制。例如,如果 V_{I1} 为高电平,D_1 截止,不发光。当 V_{I1} 变为低电平时,D_1 变为正向偏置而发光。

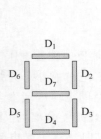

图 2.45 七段 LED 显示器

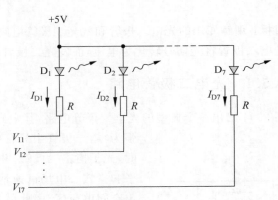

图 2.46 七段 LED 显示器的控制电路

例题 2.13 对于图 2.46 所示的电路,当输入为低时,求解限制电路电流所需的电阻 R 的值。假设 10mA 的二极管电流能产生理想的输出光强,且对应的正向偏置压降为 1.7V。

解：如果 $V_{\text{I}}=0.2\text{V}$,即为"低",则二极管电流为

$$I=\frac{5-V_{\text{r}}-V_{\text{I}}}{R}$$

于是电阻 R 可由下式确定

$$R=\frac{5-V_{\text{r}}-V_{\text{I}}}{I}=\frac{5-1.7-0.2}{10}\Rightarrow310\Omega$$

点评：典型的 LED 限流电阻值为 300～350Ω。

练习题 2.13 对于图 2.46 所示的电路,求解将电路电流限制为 $I=15\text{mA}$ 所需的电阻 R 的值。假设 $V_{\text{r}}=1.7\text{V}$,$r_{\text{f}}=15\Omega$,且 $V_{\text{I}}=0.2\text{V}$,处于"低"状态。

答案：$R=192\Omega$。

LED 和光电二极管的一个应用是光隔离器,它将输入信号和输出端进行电解耦(图 2.47)。在 LED 上加一个输入信号,产生光,随后被光电二极管检测到,并把光转变回电信号。这个电路的输出和输入部分之间不存在电气反馈或交互。

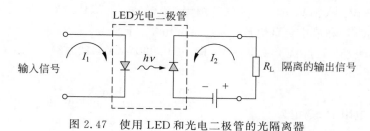

图 2.47 使用 LED 和光电二极管的光隔离器

2.6 设计应用:直流电源

目标:设计一个直流电源,满足一组指标。

1. 设计指标

当输出电压保持在 $12\text{V} \leqslant v_O \leqslant 12.2\text{V}$ 的范围时,输出负载电流在 $25 \sim 50\text{mA}$ 之间变化。

2. 设计方法

待设计的电路结构如图 2.48 所示。将采用带 RC 滤波电路的二极管桥式电路,输出负载上并联一个稳压二极管。

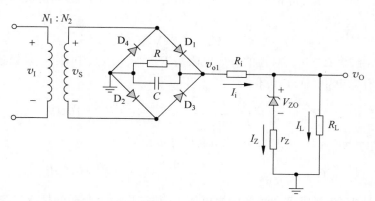

图 2.48 设计应用中的直流电源电路

3. 器件选择

可提供有效值在 $110\text{V} \leqslant v_I \leqslant 120\text{V}$ 的范围、频率为 60Hz 的交流输入电压。可提供稳压值为 $V_{ZO} = 12\text{V}$,齐纳电阻为 2Ω,工作电流范围为 $10\text{mA} \leqslant I_Z \leqslant 100\text{mA}$ 的稳压二极管。还可提供一个匝数比为 8:1 的变压器。

4. 解决方案

使用一个匝数比为 $8:1$ 的变压器，v_S 的峰值在 $19.4\text{V} \leqslant v_S \leqslant 21.2\text{V}$ 的范围。假设二极管的开启电压 $V_r = 0.7\text{V}$，v_{O1} 的峰值范围为 $18.0\text{V} \leqslant v_{O1} \leqslant 19.8\text{V}$。

对于 $v_{O1}(\max)$ 和最小负载电流，令 $I_Z = 90\text{mA}$。于是

$$v_O = V_{ZO} + I_Z r_z = 12 + (0.090)(2) = 12.18\text{V}$$

输入电流为

$$I_i = I_Z + I_L = 90 + 25 = 115\text{mA}$$

于是，输入限流电阻 R_i 必定为

$$R_i = \frac{v_{O1} - v_O}{I_i} = \frac{19.8 - 12.18}{0.115} = 66.3\Omega$$

最小稳压电流发生在 $I_L(\max)$ 和 $v_{O1}(\min)$，电压 $v_{O1}(\min)$ 发生在 $v_S(\min)$，并且必须将纹波电压考虑在内。令 $I_Z(\min) = 20\text{mA}$，则输出电压为

$$v_O = V_{ZO} + I_Z r_Z = 12 + 0.020 \times 2 = 12.04\text{V}$$

这个输出电压位于规定的输出电压范围。

现在可以求得

$$I_i = I_Z + I_L = 20 + 50 = 70\text{mA}$$

和

$$v_{O1}(\min) = I_i R_i + v_O = 0.070 \times 66.3 + 12.04$$

即

$$v_{O1}(\min) = 16.68\text{V}$$

于是，滤波电路的最小纹波电压为

$$V_r = v_S(\min) - 1.4 - v_{O1}(\min) = 19.4 - 1.4 - 16.68$$

即

$$V_f = 1.32\text{V}$$

现在令 $R_1 = 500\Omega$。v_{O1} 对地的有效电阻为 $R_1 \| R_{i,\text{eff}}$，其中 $R_{i,\text{eff}}$ 是经过 R_i 和其他电路元件对地的有效电阻。可以近似为

$$R_{i,\text{eff}} \approx \frac{v_S(\text{avg}) - 1.4}{I_i(\max)} = \frac{20.3 - 1.4}{0.115} = 164\Omega$$

于是 $R_1 \| R_{i,\text{eff}} = 500 \| 164 = 123.5\Omega$。所需的滤波电容为

$$C = \frac{V_M}{2fRV_r} = \frac{19.8}{2 \times 60 \times 123.5 \times 1.32} \Rightarrow 1012\mu\text{F}$$

在这个设计中，为了得到合适的输出电压，必须选用一个合适的稳压二极管。在第 9 章将会看到，如何引入运算放大器来提供更加灵活的设计。

2.7 本章小结

本章重点内容包括：

(1) 本章利用 PN 结的非线性电流-电压特性分析和设计二极管电路。

（2）半波和全波整流电路将正弦信号（也就是交流信号）转化成近似的直流信号，为电子电路和系统提供偏置的直流电源将使用这些类型的电路。可在整流电路的输出端连接一个 RC 滤波电路，以减小纹波效应。

（3）稳压二极管工作在反向击穿区，用于电压基准电路或稳压电路。调整率是稳压电路的性能指标，可针对不同的稳压电路确定。

（4）建立了用于分析多二极管电路的方法。这些方法需要假设二极管处于导通还是截止状态。用这些假设完成分析后，必须返回来验证假设是否正确。

（5）二极管电路可以设计为实现基本的数字逻辑函数，如"与"和"或"函数。但是输入和输出的逻辑值之间会有一些不一致，还会有负载效应，这会严重限制二极管逻辑门作为独立的电路使用。

（6）发光二极管（LED）将电流转化成光，广泛地应用在数字显示器中，例如七段字符和数字显示器。相反，光电二极管检测入射的光信号，并将其转化为电流。

（7）作为一个应用，利用整流电路和稳压二极管设计了一个简单的直流电源。

通过本章的学习，读者应该具备以下能力：

（1）将二极管的折线化模型用于二极管电路的一般分析。

（2）分析二极管整流电路，包括纹波电压的计算。

（3）分析稳压二极管电路，包括齐纳电阻的影响。

（4）对于二极管限幅和钳位电路，在给定输入信号下求解相应的输出信号。

（5）通过做初始假设然后验证这些初始假设的方法来分析多二极管电路。

复习题

（1）在二极管信号处理电路中应用了二极管的什么特性？

（2）描述一个简单的二极管半波整流电路，并画出输出电压随时间变化的曲线。

（3）描述一个简单的二极管全波整流电路，并画出输出电压随时间变化的曲线。

（4）在整流电路的输出端连接一个 RC 滤波电路的优点是什么？

（5）定义纹波电压，怎样减小纹波电压的幅值？

（6）描述一个简单的稳压二极管基准电压电路。

（7）齐纳电阻对基准电压电路有什么影响？定义负载调整率。

（8）二极管限幅电路的一般特性是什么？

（9）描述一个简单的二极管限幅电路，它把正弦输入电压的负值部分限制为一个指定的值。

（10）二极管钳位电路的一般特性是什么？

（11）除了二极管以外，还有什么电子元件出现在所有的二极管钳位电路中？

（12）描述分析双二极管电路的过程。关于电路的状态，有多少种可能的初始假设？

（13）描述一个二极管"或"逻辑电路。比较输出端和输入端的逻辑 1 的值，它们相同吗？

（14）描述一个二极管"与"逻辑电路。比较输出端和输入端的逻辑 0 的值，它们相同吗？

（15）描述一个可通过高或低输入电压来开启或关闭 LED 的简单电路。

习题

（注：除非特别说明，在以下习题中，假设 $r_f = 0$。）

1. 整流电路

2.1　观察图 2.49 所示电路。令 $R = 1\text{k}\Omega, V_r = 0.6\text{V}, r_f = 20\Omega$。①在 $-10\text{V} \leqslant v_1 \leqslant 10\text{V}$ 范围内，画出 $v_O - v_I$ 电压传输特性。②假设 $v_I = 10\sin\omega t(\text{V})$。对于该正弦输入信号，画出 v_O 随时间变化的波形；求解 v_O 的平均值；求解二极管的峰值电流；求二极管的最大反向电压。

2.2　对于图 2.49 所示的电路，证明：当 $v_I \geqslant 0$ 时，输出电压近似为

$$v_O = v_I - V_T \ln\left(\frac{v_O}{I_S R}\right)$$

2.3　图 2.2(a)所示半波整流电路的负载为 $2\text{k}\Omega$。输入为 120V（有效值）、60Hz 的信号，变压器为 $10:1$ 的降压变压器，二极管的开启电压 $V_r = 0.7\text{V}(r_f = 0)$。①输出电压的峰值为多少？②求解二极管的峰值电流。③$v_O > 0$ 的时间百分比。④求解平均输出电压。⑤求解负载中的平均电流。

2.4　观察图 2.4(a)所示的电池充电电路。假设 $V_B = 9\text{V}, V_S = 15\text{V}, \omega = 2\pi(60)$。①求解使得平均电池充电电流 $i_D = 0.8\text{A}$ 的 R 的值。②求解二极管导通的时间百分比。

2.5　图 2.50 给出一个简单的全波电池充电电流。假设 $V_B = 9\text{V}, V_r = 0.7\text{V}, v_S = 15\sin[2\pi(60)t](\text{V})$。①求解使峰值充值电流为 1.2A 的 R。②求解平均电池充电电流。③求解每个二极管导通的时间百分比。

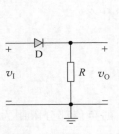

图 2.49　习题 2.1 图

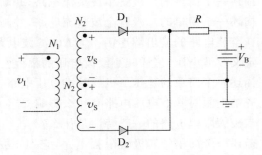

图 2.50　习题 2.5 图

2.6　图 2.5(a)所示的全波整流电路，给负载提供 0.2A 的电流和 12V 的电压（峰值），要求纹波电压限制为 0.25V。输入信号为 120V（有效值）、60Hz。假设二极管的开启电压为 0.7V。①求解所需的变压器匝数比。②求解所需的电容值。③二极管的额定 PIV 是多少？

2.7　图 2.6(a)所示的全波整流电路，输入信号电压为 $v_I = 160\sin[2\pi(60)t]\text{V}$。假设每个二极管的 $V_r = 0.7\text{V}$。求解产生①25V 和②100V 峰值输出电压所需的变压器匝数比。③每种情况下，二极管的额定 PIV 必须为多少？

2.8 图 2.6(a)所示的全波整流电路的输出电阻为 $R=150\Omega$。一个滤波电容与 R 并联。假设 $V_r=0.7V$。要求输出电压的峰值为 12V，纹波电压不超过 0.3V。输入信号的频率为 60Hz。①求解所需的 v_s 有效值。②求解所需的滤波电容容值。③求解每个二极管的峰值电流。

2.9 对于图 2.2(a)所示的半波整流电路，重复习题 2.8。

2.10 观察教图 2.8(a)所示的半波整流电路。假设 $v_S=10\sin[2\pi(60)t]$(V)，$V_r=0.7V$，$R=500\Omega$。①输出电压峰值是多少？②求解使纹波电压不大于 $V_r=0.5V$ 所需的电容值。③二极管的额定 PIV 为多少？

2.11 图 2.8(a)所示的半波整流电路的参数为 $R=1k\Omega$，$C=350\mu F$，$V_r=0.7V$。假设 $v_S(t)=V_S\sin[2\pi(60)t]$(V)，其中 V_S 的范围为 $11V\leqslant V_S\leqslant 13V$。①输出电压的范围是多少？②求解纹波电压的范围。③如果纹波电压要求限制为 $V_r=0.4V$，求解所需电容的最小值。

2.12 图 2.51 所示全波整流电路的输入信号频率为 60Hz，有效值 $v_S=8.5V$。假设每个二极管的开启电压 $V_r=0.7V$。①V_O 的最大值是多少？②如果 $R=10\Omega$，求解使纹波电压不大于 0.25V 的电容 C 的值。③每个二极管的额定 PIV 必须为多少？

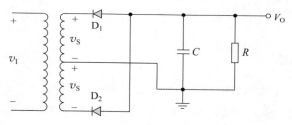

图 2.51 习题 2.12 图

2.13 观察图 2.7 所示的全波整流电路。输出电阻 $R_L=125\Omega$，每个二极管的开启电压 $V_r=0.7V$，输入信号的频率为 60Hz。一个滤波电容和 R_L 并联。要求输出电压的峰值为 15V，且纹波电压不大于 0.35V。①求解 v_S 的有效值。②求解所需的滤波电容值。

2.14 图 2.52 所示为一个互补输出的整流电路。如果 $v_s=26\sin[2\pi(60)t]$V，画出输出波形 v_O^+ 和 v_O^- 随时间变化的波形。假设每个二极管的开启电压 $V_r=0.6V$。

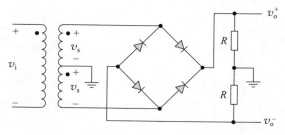

图 2.52 习题 2.14 图

2.15 利用中心抽头变压器，设计一个全波整流电路。要求峰值输出电压为 12V，标称负载电流为 0.5A，纹波电压限制为 3%。假设 $V_r=0.8V$，令 $v_I=120\sqrt{2}\sin[2\pi(60)t]$V。①变压器的匝数比是多少？②所需电容的最小值为多少？③二极管的峰值电流为多少？

④求解二极管的平均电流。⑤二极管的额定 PIV 为多少？

　　2.16　利用桥式电路结构，设计一个全波整流电路。要求峰值电压为9V，额定负载电流为100mA，纹波电压限制为 $V_r=0.2$V。假设 $V_r=0.8$V，令 $v_I=120\sqrt{2}\sin[2\pi(60)t]$V。①变压器的匝数比是多少？②所需电容的最小值为多少？③二极管的峰值电流为多少？④求解二极管的平均电流。⑤二极管的额定 PIV 为多少？

　　2.17　对于图 2.53 中的电路，利用所给的输入信号，画出 v_O 随时间变化的波形。假设 $V_r=0$。

　　2.18　①对于图 2.54 所示的电路，画出 v_O 随时间变化的波形。其中输入为正弦波 $v_i=10\sin\omega t$V。假设 $V_r=0$。②求解输出电压的有效值。

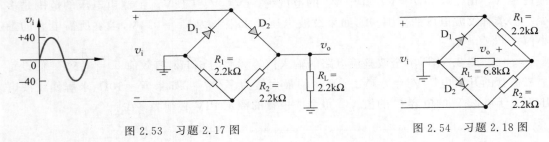

图 2.53　习题 2.17 图　　　　　　　　　图 2.54　习题 2.18 图

2. 稳压二极管电路

　　2.19　观察图 2.55 所示的电路。稳压二极管的电压为 $V_Z=3.9$V，稳压二极管的动态电阻 $r_z=0$。①求解 I_Z 和 I_L 以及消耗在二极管上的功率。②如果将 4kΩ 的负载电阻增加到 10kΩ，重复①。

　　2.20　观察图 2.56 所示的稳压二极管电路。假设 $V_Z=12$V 和 $r_z=0$。①计算当 $R_L=\infty$ 时的稳压二极管电流和消耗在稳压二极管上的功率。②求解 R_L 的值，使稳压二极管的电流为 40V 电压源提供的电流的 1/10。③求解②中稳压二极管上消耗的功率。

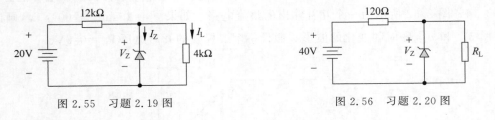

图 2.55　习题 2.19 图　　　　　　　　　图 2.56　习题 2.20 图

　　2.21　观察图 2.57 所示的稳压二极管电路。令 $V_I=60$V，$R_i=150\Omega$，$V_{ZO}=15.4$V。假设 $r_z=0$。二极管的额定功率为 4W，要求二极管的最小电流为 15mA。①求解二极管电流的范围。②求解负载电阻的范围。

　　2.22　在图 2.57 所示的稳压电路中，$V_I=20$V，$V_Z=10$V，$R_i=222\Omega$，$P_Z(\max)=400$mW。①如果 $R_L=380\Omega$，求解 I_Z、I_L 和 I_I。②求解使二极管消耗功率为 $P_Z(\max)$ 的 R_L 值。③如果 $R_i=175\Omega$，重复②。

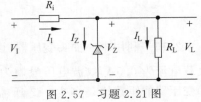

图 2.57　习题 2.21 图

2.23 如图2.57所示,在稳压电路中连接一个稳压二极管。稳压值 $V_Z = 10V$,假设齐纳电阻 $r_z = 0$。①如果输入电流从 $I_L = 50mA$ 变化到 $500mA$,输入电压从 $V_I = 15V$ 变化到 $20V$,稳压二极管保持工作在击穿区,求解 R_i 的值。假设 $I_Z(min) = 0.1I_Z(max)$。②求解稳压二极管和负载电阻所需的额定功率。

2.24 观察图2.19所示的稳压二极管电路。假设参数为 $V_{ZO} = 5.6V$(当 $I_Z \approx 0$ 时的二极管电压), $r_z = 3\Omega$,且 $R_i = 50\Omega$。求解以下情况的 V_L、I_Z、I_L 和二极管中消耗的功率:①$V_{PS} = 10V$, $R_L = \infty$。②$V_{PS} = 10V$, $R_L = 200\Omega$。③$V_{PS} = 12V$, $R_L = \infty$。④$V_{PS} = 12V$, $R_L = 200\Omega$。

2.25 设计一个如图2.57所示的稳压电路,使 $V_L = 7.5V$。当 $I_Z = 10mA$ 时,稳压二极管的电压 $V_Z = 7.5V$。二极管的动态电阻 $r_z = 12\Omega$。标称电源电压 $V_I = 12V$,标称负载电阻为 $R_L = 1k\Omega$。①求解 R_i。②如果 V_I 变化 $\pm 10\%$,计算电源调整率。输出电压的变化为多少?③如果 R_L 在 $1k\Omega \leqslant R_L \leqslant \infty$ 的范围内变化,输出电压的变化为多少?求解负载调整率。

2.26 已知图2.16所示稳压二极管稳压电路的调整率为 5%,稳压值为 $V_{ZO} = 6V$,齐纳电阻为 $r_z = 3\Omega$。同时,负载电阻在 $500 \sim 1000\Omega$ 之间变化,输入电阻为 $R_i = 280\Omega$,电源电压的最小值为 $V_{PS}(min) = 15V$。求解最大允许电源电压。

2.27 要求稳压电路的标称输出电压为10V,指定的稳压二极管的额定功率为1W,当 $I_Z = 25mA$ 时的压降为10V,齐纳电阻为 $r_z = 5\Omega$。输入电源的标称值为 $V_{PS} = 20V$,可能变化范围为 $\pm 25\%$。输出负载电流在 $I_L = 0 \sim 20mA$ 之间变化。①如果要求稳压管的最小电流为 $I_Z = 5mA$,求解所需的 R_i。②求解输出电压的最大变化。③求解调整率。

2.28 观察图2.8所示的电路。令 $V_r = 0$。次级电压为 $v_s = V_S \sin\omega t$,其中 $V_S = 24V$。稳压二极管的参数为,当 $I_Z = 40mA$ 时 $V_Z = 16V$, $r_z = 2\Omega$。求解 R_i,使得 $I_Z(min) = 40mA$ 时负载电流的变化范围为 $40mA \leqslant I_L \leqslant 400mA$。并求解 C,使纹波电压不大于1V。

2.29 图2.58所示电路中的次级电压为 $v_S = 12\sin\omega t \, V$。稳压二极管的参数为,当 $I_Z = 100mA$ 时 $V_Z = 8V$, $r_z = 0.5\Omega$。令 $V_r = 0$ 和 $R_i = 3\Omega$。求解负载电流 $I_L = 0.2 \sim 1A$ 时的调整率。并求解使纹波电压不大于0.8V 的 C。

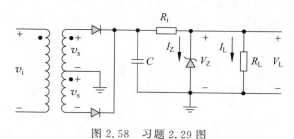

图2.58 习题2.29图

3. 限幅和钳位电路

2.30 图2.59所示电路的参数为 $V_r = 0.7V$, $V_{Z1} = 2.3V$, $V_{Z2} = 5.6V$。画出 $-10V \leqslant v_I \leqslant +10V$ 范围内的 $v_O - v_I$ 关系曲线。

2.31 观察图2.60所示的电路。令 $V_r = 0$。①画出 $-10V \leqslant v_I \leqslant +10V$ 范围内的 $v_O -$

v_I 关系曲线。②在和①相同的输入电压范围内,画出 i_1。

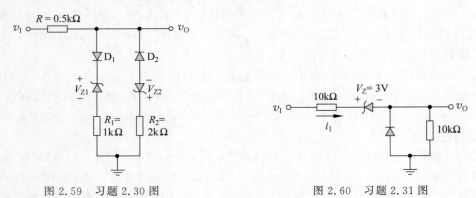

图 2.59 习题 2.30 图

图 2.60 习题 2.31 图

2.32 对于图 2.61 所示的电路:①画出 $0V \leqslant v_I \leqslant 15V$ 时的 $v_O - v_I$ 关系曲线,假设 $V_r = 0.7V$。标出所有的转折点。②画出相同输入电压范围内的 i_D。③将①和②的结果与计算机仿真分析进行比较。

2.33 图 2.62 所示的电路中,每个二极管的开启电压为 0.7V。①画出下列情况图 2.62(a)所示电路在 $-5V \leqslant v_I \leqslant +5V$ 范围内的 $v_O - v_I$ 关系曲线:$V_B = 1.8V$;$V_B = -1.8V$。②对于图 2.62(b)所示的电路,重复①。

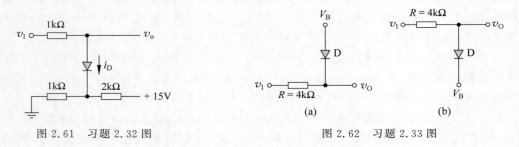

图 2.61 习题 2.32 图

(a)

(b)

图 2.62 习题 2.33 图

2.34 图 2.63(a)所示的电路中,二极管的折线化参数为 $V_r = 0.7V$ 和 $r_f = 10\Omega$。①画出 $-30V \leqslant v_I \leqslant 30V$ 范围内的 $v_O - v_I$ 关系曲线。②如果施加图 2.63(b)所示的三角波,画出输出随时间变化的波形。

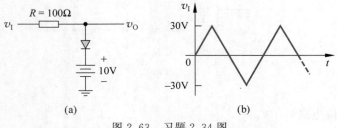

(a)

(b)

图 2.63 习题 2.34 图

2.35 观察图 2.64 所示的电路,每个二极管的开启电压为 $V_r = 0.7V$。①画出下列情况图 2.64(a)所示电路在 $-10V \leqslant v_I \leqslant +10V$ 范围内的 $v_O - v_I$ 关系曲线:$V_B = 5V$;$V_B = -5V$。②对于图 2.64(b)所示的电路,重复①。

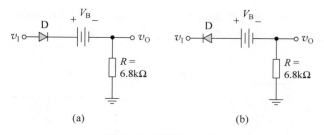

图 2.64 习题 2.35 图

2.36 画出图 2.65 中的每个电路在给定输入下的 v_O。假设：①$V_r = 0$；②$V_r = 0.6V$。

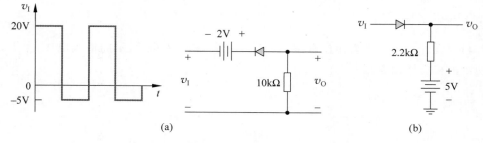

图 2.65 习题 2.36 图

2.37 观察图 2.26 所示的并联限幅电路。假设 $V_{Z1} = 6V$, $V_{Z2} = 4V$, 每个二极管的 $V_r = 0.7V$。对于 $v_I = 10\sin\omega t$, 画出在输入信号的两个周期上 v_O 随时间变化的波形。

2.38 汽车收音机可能会受来自点火系统的尖峰电压的影响。可能存在 $\pm 250V$ 量级，持续时间为 $120\mu s$ 的电压脉冲。用电阻、二极管和稳压二极管设计一个限幅电路，将输入电压限制在 $+14V$ 和 $-0.7V$ 之间。确定各元件的额定功率。

2.39 对于图 2.66 中的每个电路，在图 2.66(a)所给出的输入电压下，画出稳态输出电压 v_O 随时间变化的波形。假设 $V_r = 0$, 并假设时间常数 RC 很大。

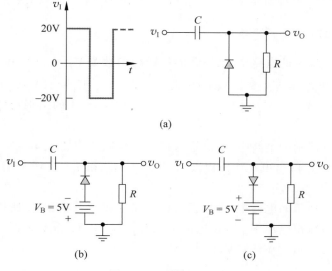

图 2.66 习题 2.39 图

2.40 设计一个二极管钳位电路,在图 2.67 所示的输入电压 v_I 下,产生如图所示的稳态输出电压 v_O。假设:①$V_r=0$;②$V_r=0.7V$。

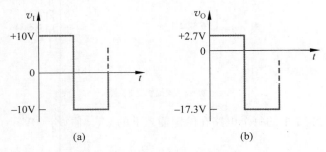

图 2.67 习题 2.40 图

2.41 设计一个二极管钳位电路,当 $V_r=0$ 时,在图 2.68 所示的输入电压 v_I 下,产生如图所示的稳态输出电压 v_O。

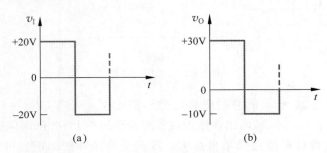

图 2.68 习题 2.41 图

2.42 对于图 2.66(b)所示的电路,令 $V_r=0$ 和 $v_I=10\sin\omega t$(V)。画出 v_O 在输入电压的 3 个周期上随时间变化的波形。假设电容上的初始电压为零,并假设 RC 的时间常数非常大。

2.43 对于图 2.66(c)所示的电路,对于 $V_B=5V$ 及 $V_B=-5V$,重复习题 2.42。

4. 多二极管电路

2.44 图 2.69 所示的电路中,二极管的折线化参数为 $V_r=0.6V$ 和 $r_f=0$。对于下列输入条件,求解输出电压 V_O 和二极管电流 I_{D1}、I_{D2}。①$V_1=10V,V_2=0$。②$V_1=5V$,$V_2=0$。③$V_1=10V,V_2=5V$。④$V_1=V_2=10V$。⑤将①~④的结果和计算机仿真分析进行比较。

2.45 图 2.70 所示的电路中,二极管的折线化参数和习题 2.44 中所描述的相同。对于下列输入条件,计算输出电压 V_O 以及电流 I_{D1}、I_{D2} 和 I。①$V_1=V_2=10V$。②$V_1=10V,V_2=0$。③$V_1=10V,V_2=5V$。④$V_1=V_2=0$。

2.46 图 2.71 所示的电路中,二极管的折线化参数与习题 2.44 所描述的相同。对于下列输入条件,求解输出电压 V_O 以及电流 I_{D1}、I_{D2}、I_{D3} 和 I。①$V_1=V_2=0$。②$V_1=V_2=5V$。③$V_1=5V,V_2=0$。④$V_1=5V,V_2=2V$。

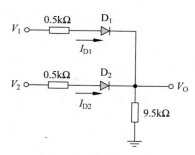

图 2.69 习题 2.44 图

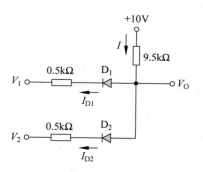

图 2.70 习题 2.45 图

2.47 观察图 2.72 所示的电路。假设每个二极管的开启电压 $V_r=0.6\mathrm{V}$。①求解使 $I_{D1}=0.2\mathrm{mA}$，$I_{D2}=0.3\mathrm{mA}$，$I_{D3}=0.5\mathrm{mA}$ 的 R_1、R_2 和 R_3 的值。②对于 $R_1=10\mathrm{k\Omega}$，$R_2=4\mathrm{k\Omega}$ 和 $R_3=2.2\mathrm{k\Omega}$，求解 V_1、V_2 以及每个二极管的电流。③对于 $R_1=3\mathrm{k\Omega}$，$R_2=6\mathrm{k\Omega}$，$R_3=2.5\mathrm{k\Omega}$，重复②。④对于 $R_1=6\mathrm{k\Omega}$，$R_2=3\mathrm{k\Omega}$，$R_3=6\mathrm{k\Omega}$，重复②。

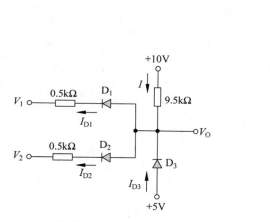

图 2.71 习题 2.46 图

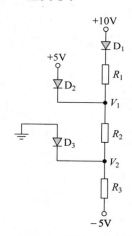

图 2.72 习题 2.47 图

2.48 图 2.73 所示的电路中，每个二极管的开启电压为 0.7V。求解 R 的值，使得：①$I_{D1}=I_{D2}$。②$I_{D1}=0.2I_{D2}$。③$I_{D1}=5I_{D2}$。

2.49 观察图 2.74 所示的电路，每个二极管的开启电压为 0.7V。①对于 $R_2=1.1\mathrm{k\Omega}$，求解 I_{D1}、I_{D2} 和 V_A。②对于 $R_2=2.5\mathrm{k\Omega}$，重复①。③求解使 $V_A=0$ 的 R_2 值，I_{D1}、I_{D2} 的值为多少？

2.50 在图 2.75 所示的每个电路中，二极管的开启电压为 $V_r=0.6\mathrm{V}$。①对于图 2.75(a) 所示的电路，求解 $v_I=+5\mathrm{V}$ 及 $v_I=-5\mathrm{V}$ 情况的 v_O。②对于图 2.75(b) 所示的电路，重复①。③画出每个电路在 $-5\mathrm{V}\leqslant v_I\leqslant+5\mathrm{V}$ 范围内的 v_O-v_I 电压传输特性。

*2.51 假设图 2.76 所示的电路中，每个二极管的 $V_r=0.7\mathrm{V}$。画出在 $-10\mathrm{V}\leqslant v_I\leqslant+10\mathrm{V}$ 范围内的 v_O-v_I 关系曲线。

2.52 图 2.77 所示的电路中，每个二极管的开启电压为 $V_r=0.7\mathrm{V}$。求解 I_{D1}、I_{D2}、I_{D3} 和 V_A：①$R_3=14\mathrm{k\Omega}$，$R_4=24\mathrm{k\Omega}$；②$R_3=3.3\mathrm{k\Omega}$，$R_4=5.2\mathrm{k\Omega}$；③$R_3=3.3\mathrm{k\Omega}$，$R_4=1.32\mathrm{k\Omega}$。

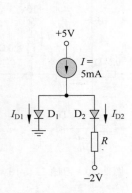

图 2.73 习题 2.48 图

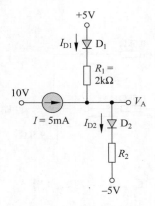

图 2.74 习题 2.49 图

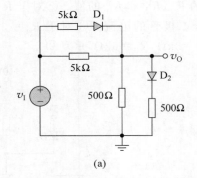

(a)

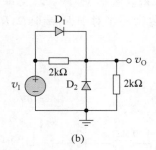

(b)

图 2.75 习题 2.50 图

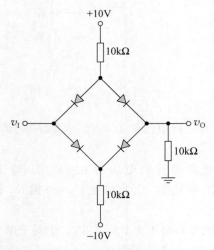

图 2.76 习题 2.51 图

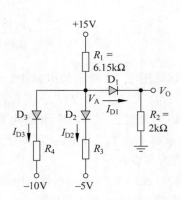

图 2.77 习题 2.52 图

2.53 图 2.78 所示的电路中,令每个二极管的 $V_r=0.7$V。①当 $R_1=5$kΩ 和 $R_2=10$kΩ 时,求解 I_{D1} 和 V_O。②当 $R_1=10$kΩ 和 $R_2=5$kΩ 时,重复①。

2.54 对于图 2.79 所示的电路,令每个二极管的 $V_r=0.7$V。在以下条件下求解 I_{D1} 和 V_O:①$R_1=10$kΩ,$R_2=5$kΩ;②$R_1=5$kΩ,$R_2=10$kΩ。

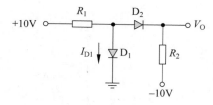

图 2.78 习题 2.53 图

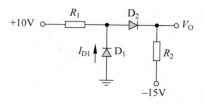

图 2.79 习题 2.54 图

2.55 对于图 2.80 所示的电路,假设每个二极管的 $V_r = 0.7V$。在以下条件下求解 I_{D1} 和 V_O:①$R_1 = 10k\Omega$,$R_2 = 5k\Omega$;②$R_1 = 5k\Omega$,$R_2 = 10k\Omega$。

2.56 对于图 2.81 所示的电路,如果二极管的 $V_r = 0.7V$,求解 I_{D1} 和 V_O。

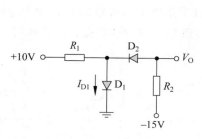

图 2.80 习题 2.55 图

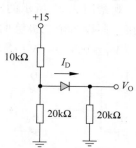

图 2.81 习题 2.56 图

2.57 在图 2.82 所示的电路中,令二极管的 $V_r = 0.7V$。在以下条件下求解 I_D、V_D、V_A 和 V_B:①$V_1 = V_2 = 6V$;②$V_1 = 2V$,$V_2 = 5V$;③$V_1 = 5V$,$V_2 = 4V$;④$V_1 = 2V$,$V_2 = 8V$。

2.58 ①图 2.83 所示的电路中,每个二极管的折线化参数都为 $V_r = 0$ 和 $r_f = 0$。画出在 $0 \leqslant v_I \leqslant 30V$ 范围内的 $v_O - v_I$ 关系曲线,标出转折点,并给出曲线的不同区域中每个二极管的状态。②将①的结果和计算机仿真分析进行比较。

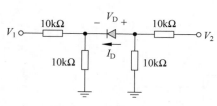

图 2.82 习题 2.57 图

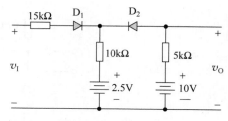

图 2.83 习题 2.58 图

2.59 图 2.84 所示的电路中,每个二极管的开启电压为 0.7V。在以下条件下求解 I_{D1}、I_{D2}、I_{D3} 和 V_O:①$v_I = 0.5V$;②$v_I = 1.5V$;③$v_I = 3.0V$;④$v_I = 5.0V$。

2.60 在图 2.85 所示的电路中,令每个二极管的 $V_r = 0.7V$。画出当 $V_B = 4.5V$①和 $V_B = 9V$②时,在 $0 \leqslant v_I \leqslant 12V$ 范围内的 $I_{D2} - v_I$ 关系曲线。

2.61 观察图 2.86 所示的电路。二极管或逻辑门的输出和第二个二极管或逻辑门的输入相连接。假设每个二极管的 $V_r = 0.6V$。在以下条件下求解输出 V_{O1} 和 V_{O2}:①$V_1 = V_2 = 0$;②$V_1 = 5V$,$V_2 = 0$;③$V_1 = V_2 = 5V$。V_{O1} 和 V_{O2} 的"高"状态相对值如何?

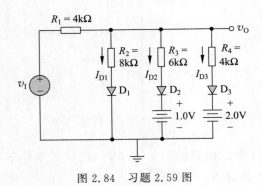

图 2.84 习题 2.59 图

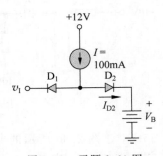

图 2.85 习题 2.60 图

2.62 观察图 2.87 所示的电路。二极管与逻辑门的输出和第二个二极管与逻辑门的输入相连接。假设每个二极管的 $V_r = 0.6V$。在以下条件下求解输出 V_{O1} 和 V_{O2}：①$V_1 = V_2 = 5V$；②$V_1 = 0$，$V_2 = 5V$；③$V_1 = V_2 = 0$。V_{O1} 和 V_{O2} 的"低"状态相对值如何？

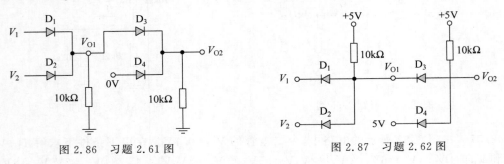

图 2.86 习题 2.61 图   图 2.87 习题 2.62 图

2.63 对于图 2.88 所示的电路，求解 V_O 的布尔表达式，用 4 个输入电压表示。（提示：可以利用真值表）

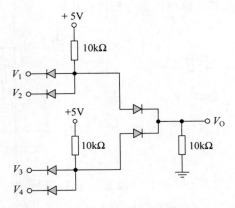

图 2.88 习题 2.63 图

5. 光电二极管和发光二极管电路

2.64 观察图 2.89 所示的电路。二极管的正向偏置开启电压为 1.5V，正向偏置电阻为 $r_f = 10\Omega$。求解当 $V_I = 0.2V$ 时将电流限制为 $I = 12mA$ 所需的 R 的值。

2.65 图 2.89 所示的电路中,发光二极管的参数为 $V_r = 1.7\text{V}$ 和 $r_f = 0$。当电流为 $I = 8\text{mA}$ 时,光线开始能被检测到。如果 $R = 750\Omega$,求解光线开始能被检测到的 V_I 值。

2.66 图 2.90 所示的电路中,D_1 和 D_2 的参数为 $V_r = 1.7\text{V}$ 和 $r_f = 20\Omega$。当 $V_I = \pm 5\text{V}$ 时,要求每个二极管的电流限制为 $I_D = 15\text{mA}$。求解所需的 R 的值。

图 2.89 习题 2.64 图   图 2.90 习题 2.65 图

2.67 如果例题 2.12 中的电阻 $R = 2\text{k}\Omega$,要求二极管的反向偏置电压至少为 1V,求解所需电源电压的最小值。

2.68 观察图 2.44 所示的光电二极管电路。假设量子效率为 1。要求入射的光子流 $\Phi = 10^{17}\text{cm}^{-2} \cdot \text{s}^{-1}$ 时,产生 0.6mA 的光电流。求解所需的二极管横截面积。

6. 计算机仿真题

2.69 观察图 2.14 所示的倍压整流电路。假设在匝数比为 20∶1 的变压器输入端加 60Hz、120V(有效值)的信号。令 $R = 10\text{k}\Omega$,$C_1 = C_2 = 200\mu\text{F}$。利用计算机仿真,画出输出电压在输入电压四个周期上的波形。

2.70 考虑例题 2.2 的参数和结果。利用计算机仿真,画出每个整流电路在输入电压的四个周期上的输出电压,同时求解每个二极管的 PIV。计算机仿真的结果与例题结果相比较如何?

2.71 ①利用计算机仿真,验证理解测试题 2.3 的结果。②如果在负载电阻上并联一个滤波电容 $C = 50\mu\text{F}$,求解纹波电压。

2.72 ①利用计算机仿真,求解图 2.40 所示电路中每个二极管的电流和电压。②利用练习题 2.11 中的电路参数,重复①。

7. 设计习题

2.73 考虑一个全波桥式整流电路。输入信号为 60Hz、120V(有效值),负载电阻 $R_L = 250\Omega$。要求输出电压的峰值为 9V,且纹波电压不大于 5%。求解所需的匝数比和滤波电容的值。

2.74 设计一个简单的直流电压源,利用 120V(有效值)、60Hz 的输入信号产生标称值为 10V 的输出信号。可提供一个参数为 $V_{Z0} = 10\text{V}$ 和 $r_z = 3\Omega$ 的稳压二极管,稳压二极管的额定功率为 5W。要求电源调整率限制为 2%。

2.75 设计一个限幅电路,使得 $v_I \geq 2.5\text{V}$ 时,$v_O = 2.5\text{V}$;$v_I \leq -1.25\text{V}$ 时,$v_o = -1.25\text{V}$。

2.76 设计一个电路,提供图 2.91 所示的电压传输特性。设计中采用二极管和击穿电压合适的稳压二极管,要求电路中的最大电流限制为 1mA。

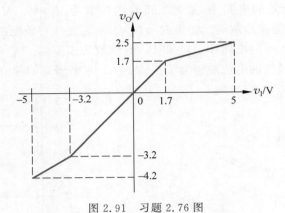

图 2.91 习题 2.76 图

第3章

场效应晶体管

　　本章介绍晶体管的一种重要类型,即金属-氧化物-半导体场效应晶体管(MOSFET)。MOSFET 引起了 20 世纪 70 和 80 年代的电子学革命,在这场革命中,微处理器造就了功能强大的台式计算机、笔记本电脑、高端手持计算器、iPod,还有很多其他电子系统。MOSFET 可以做得非常小,这样就可以利用它开发出高密度的超大规模集成电路(VLSI)和存储器。

　　MOSFET 有两种互补器件,即 N 沟道 MOSFET(NMOS)和 P 沟道 MOSFET(PMOS)。这两种器件同等重要,它们使得电子电路的设计具有高度的灵活性。对这些器件的 $i\text{-}v$ 特性进行介绍,并建立 MOSFET 电路的直流分析和设计方法。

　　场效应晶体管的另外一种类型是结型场效应晶体管。它通常又分为两种类型,即 PN 结型场效应晶体管(PN JFET)和用肖特基势垒结制作的金属-半导体场效应晶体管(MESFET)。虽然 JFET 比 MOSFET 出现得早,但是 MOSFET 的应用已经远远超过了 JFET。本章仍将分析几种 JFET 电路。

　　本章主要内容如下:

　　(1) 学习和理解各种类型 MOSFET 的结构、工作原理和特性;

　　(2) 了解并熟悉 MOSFET 电路的直流分析和设计方法;

　　(3) 研究 MOSFET 电路的三种应用;

　　(4) 研究 MOSFET 电路的电流源偏置,比如那些用在集成电路中的电路;

　　(5) 分析多级或多晶体管电路的直流偏置;

　　(6) 了解结型场效应晶体管的工作原理和特性,并分析 JFET 电路的直流响应;

　　(7) 将 MOS 晶体管应用到电路设计中,改进第 1 章所讨论的简易二极管电子温度计。

3.1　MOS 场效应晶体管

　　目标:理解各类 MOSFET 的工作原理和特性。

　　MOSFET 从 20 世纪 70 年代开始实际使用。与 BJT 相比,MOSFET 可以制作得非常小(即在一个 IC 芯片上占据很小的面积)。由于数字电路可能只使用 MOSFET 来设计,而基本上不使用电阻和二极管,包括微处理器和存储器在内的高密度 VLSI 电路得以制造出来。MOSFET 使得开发手持计算器、功能强大的个人计算机以及笔记本电脑成为可能。在下一章将会看到,MOSFET 也可以用于模拟电路。

在 MOSFET 中,电流由加在半导体上的电场控制,这个电场和半导体表面及电流的方向垂直。这种调整半导体的导电性或者控制半导体内电流的现象称为场效应。MOS 晶体管的基本工作原理就是利用两个端子之间的电压来控制流过第三个端子的电流。

本章后续两节将讨论各类 MOSFET,得出其 i-v 特性,然后考虑各种 MOSFET 电路组态的直流偏置。通过这些章节的学习,读者应当能逐步熟悉 MOSFET 及其电路。

3.1.1 二端 MOS 结构

MOSFET 的核心是图 3.1 所示的金属-氧化物-半导体电容器。其中,金属可以是铝或其他的金属。很多情况下,金属可以用沉积在氧化物上的高导电性的多晶硅层取代。尽管如此,通常在讲到 MOSFET 时仍使用金属这个词。图 3.1 中的参数 t_{ox} 为氧化物的厚度,ε_{ox} 为氧化物的介电常数。

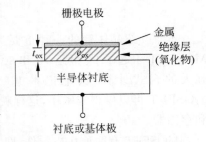

图 3.1 基本 MOS 电容器结构

MOS 结构的物理特性可以借助一个简单的平板电容器来解释[①]。图 3.2(a)所示为一个平板电容器,上极板相对于下极板为负电压,中间用绝缘材料隔开。如图所示,在这种偏置下,上、下极板分别存在负电荷和正电荷,两个极板之间产生电场效应。

图 3.2(b)所示为以 P 型半导体作衬底的 MOS 电容器。上面的金属电极称为栅极,它相对于半导体衬底为负电压。从平板电容器的例子可以看出,在上面的金属板上存在负电荷,并将产生图示方向的电场效应。如果电场穿透半导体,则 P 型半导体中的空穴将受到一个指向氧化物-半导体交界面的作用力。在这种特定的电压状态下,MOS 电容器中电荷的平衡分布状态如图 3.2(c)所示。与 MOS 电容器底板上的正电荷相对应,在氧化物-半导体交界面形成一个带正电荷的空穴聚集层。

图 3.3(a)所示为一个相同的 MOS 电容器,但所加的电压极性相反。如图所示,此时,上端金属板中存在正电荷,形成一个反方向的电场效应。此时,如果电场穿透半导体,则 P 型半导体中的空穴将受到一个使之远离氧化物-半导体交界面的作用力。当空穴受到排斥时,由于受主杂质原子是固定不动的,因此形成一个负的空间电荷区。与 MOS 电容器底板上的负电荷相对应,耗尽区感应产生负电荷。图 3.3(b)给出这种外加电压状态下 MOS 电容器中电荷的平衡分布状态。

当在栅极加更大的正向偏置电压时,感应电场的场强增加。少数载流子电子被吸引到氧化物-半导体交界面,如图 3.3(c)所示。这个少子电荷区称为电子反型层。反型层中的负电荷量是栅极偏置电压的函数。

在以 N 型半导体作衬底的 MOS 电容器中,也可以得到同样的基本电荷分布。图 3.4(a)给出这种 MOS 电容器的结构,其中上端的栅极电极加正电压。栅极上产生正电荷,并形成图示方向的电场。在这种情况下,N 型半导体中感应出一个电子聚集层。

---

① 忽略边缘场时,平板电容器的电容量为 $C = \varepsilon A / d$,其中 A 为极板面积,d 为两个极板之间的距离,ε 为极板间材料的介电常数。

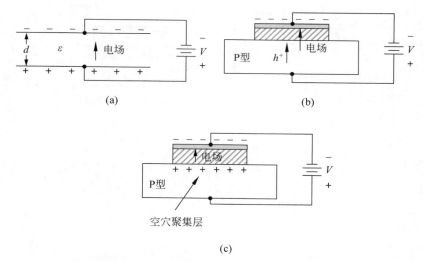

图 3.2 （a）平板电容器及其中的电场和导电电荷；（b）栅极负偏压的 MOS 电容器及
其中的电场和电荷流；（c）带空穴聚集层的 MOS 电容器

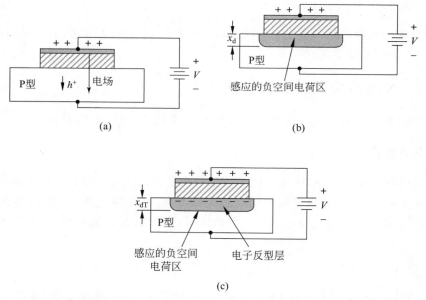

图 3.3 P 型衬底的 MOS 电容器（a）栅极正向偏置效应及其中的电场和电荷流；（b）合适的
栅极正向偏置下形成空间电荷区的 MOS 电容器；（c）更大的栅极正向偏置下形成
空间电荷区和电子反型层的 MOS 电容器

图 3.4(b)所示为栅极电极加负电压的情况,感应电场在 N 型衬底上形成一个正的空间
电荷区。当加更大的负电压时,如图 3.4(c)所示,在氧化物-半导体交界面产生一个正的电
荷区。这个包含少数载流子空穴的区域称为空穴反型层。反型层中的正电荷量是栅极偏置
电压的函数。

术语"增强型"表示必须在栅极加一个电压才能产生反型层。对于 P 型衬底的 MOS 电

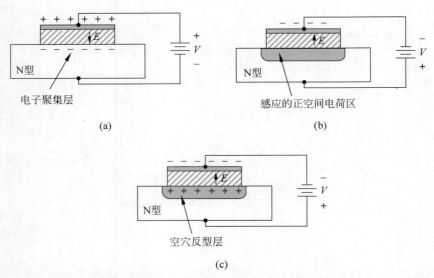

图 3.4 N 型衬底的 MOS 电容器(a)栅极正向偏置效应和电子聚集层的形成;(b)合适的栅极
负偏压下形成空间电荷区的 MOS 电容器;(c)更大的栅极负偏压下形成空间电荷区
和空穴反型层的 MOS 电容器

容器,必须加正的栅极电压来产生电子反型层;对于 N 型衬底的 MOS 电容器,必须加负的
栅极电压来产生空穴反型层。

3.1.2 N 沟道增强型 MOSFET

下面将利用 MOS 电容器中反型层电荷的概念来构造一只 MOS 晶体管。

1. 晶体管结构

图 3.5(a)所示为一个 MOS 场效应晶体管的简易剖面图,其中栅极、氧化物以及 P 型衬
底区域都和前述 MOS 电容器中的相同。除此以外,这里有两个 N 区,分别称为源极和漏
极。MOSFET 中的电流是由反型层中电荷的流动引起的,紧贴氧化物-半导体交界面的反

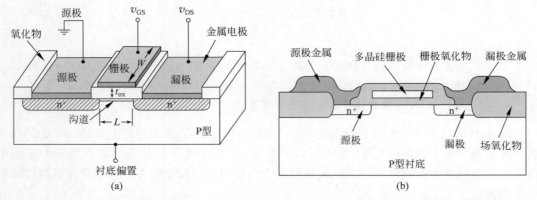

图 3.5 (a) N 沟道增强型 MOSFET 原理图;(b) N 沟道 MOSFET 中的场氧化物和多晶硅栅极

型层也称为沟道区。图中给出沟道长度 L 和沟道宽度 W 的定义。典型的集成电路 MOSFET 的沟道长度小于 $1\mu\mathrm{m}(10^{-6}\mathrm{m})$，这意味着 MOSFET 是很小的器件。氧化物厚度 t_{ox} 的典型值在 $400\mathrm{\AA}(10^{-10}\mathrm{m})$ 左右，或者更小。

图 3.5(a) 是对晶体管基本结构的简单描述，图 3.5(b) 则给出制作在集成电路中的更为详细的 MOSFET 剖面图。一层厚的氧化物，称为场氧化物，分布在形成金属互联线的区域外部。栅极的材料通常采用高掺杂的多晶硅。虽然实际的 MOSFET 的结构相当复杂，这个简单的示意图可以用来研究晶体管的基本特性。

2. 晶体管的基本工作原理

当栅极偏压为零时，源极和漏极被 P 型半导体区域隔开，如图 3.6(a) 所示。这相当于两个背靠背的二极管，如图 3.6(b) 所示。这种情况下，电流基本为零。如果在栅极加一个足够大的正向电压，则在氧化物-半导体交界面产生一个电子反型层，这个反型层把 N 型的源极和 N 型的漏极连接起来，如图 3.6(c) 所示。之后，漏-源之间就产生电流。由于必须在栅极加电压才能产生反型层电荷，这种晶体管称为增强型 MOSFET。同样，因为反型层中的载流子为电子，所以这种器件也称为 N 沟道 MOSFET(NMOS)。

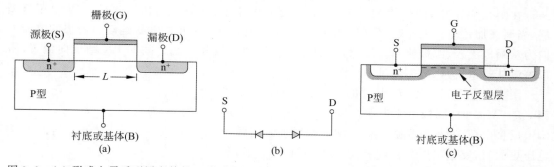

图 3.6　(a) 形成电子反型层之前的 N 沟道 MOSFET 剖面图；(b) MOS 晶体管截止时源极和漏极之间等效的背靠背二极管；(c) 形成电子反型层之后的剖面图

源极提供流过沟道的载流子，漏极允许载流子从沟道流向漏极。对于 N 沟道 MOSFET，当加漏-源电压时，电子从源极流向漏极。这通常意味着电流从漏极流入、源极流出。电流的大小是反型层中电荷量的函数，进而也是外加栅极电压的函数。由于栅极和沟道之间被氧化物或绝缘体隔开，所以不存在栅极电流。同样，由于沟道和衬底之间被空间电荷区隔开，所以基本没有电流流过衬底。

3.1.3　理想的 MOSFET 电流-电压特性——NMOS 器件

N 沟道 MOSFET 的开启电压记为 V_{TN}[①]，它定义为产生与半导体衬底相同多子浓度的反型层所需的外加电压。简言之，开启电压是开启晶体管的栅极电压。

对于 N 沟道增强型 MOSFET，需要一个正的栅极电压来产生反型电荷，所以开启电压为正。如果栅极电压小于开启电压，器件中的电流基本为零；如果栅极电压大于开启电压，

---

① 开启电压的符号通常为 V_{T}，由于前面已经定义了热电压为 $V_{\mathrm{T}}=kT/q$，这里用 V_{TN} 表示 N 沟道器件的开启电压。

则当漏-源之间加电压时,产生从漏极到源极的电流。栅极和漏极的电压都相对于源极而言。

在图 3.7(a)中,将 N 沟道增强型 MOSFET 的源极和衬底接地。栅-源电压小于开启电压,漏源之间的电压也较小。在这样的偏置状态下,没有电子反型层产生,漏极和衬底之间的 PN 结反向偏置,漏极电流为零(忽略 PN 结的漏电流)。

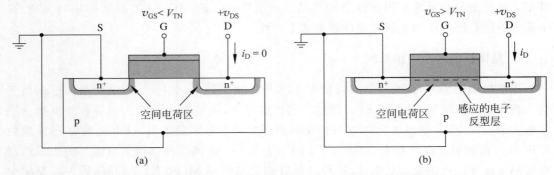

图 3.7 N 沟道增强型 MOSFET:(a)所加栅极电压 $v_{GS}<V_{TN}$;(b)所加栅极电压 $v_{GS}>V_{TN}$

在图 3.7(b)中,同样的 MOSFET 加了大于开启电压的栅极电压。此时,产生电子反型层,当漏极加较小的电压时,反型层中的电子从源极向电压为正的漏极运动。习惯的电流方向为从漏极流入、源极流出。注意,正的漏极电压使漏极和衬底之间的 PN 结反向偏置,所以电流从沟道流过,但不流过 PN 结。

图 3.8 给出当 v_{DS} 较小时的 i_D-v_{DS} 特性曲线[1]。当 $v_{GS}<V_{TN}$ 时,漏极电流为零。当 $v_{GS}>V_{TN}$ 时,形成沟道反型电荷,漏极电流随 v_{DS} 的增加而增加。当栅极电压更大时,反型层电荷密度更大,在给定的 v_{DS} 下,漏极电流也更大。

图 3.9(a)给出当 $v_{GS}>V_{TN}$ 且 v_{DS} 较小时的 MOS 基本结构。图中的反型层沟道厚度定性地反映相对电荷密度,此时在整个沟道长度上电荷密度基本相同。图中也给出相应的 i_D-v_{DS} 曲线。

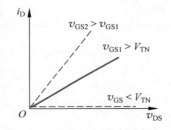

图 3.8 v_{DS} 较小时在三个不同的 v_{GS} 取值下的 i_D-v_{DS} 特性曲线

图 3.9(b)给出当 v_{DS} 增加时的情况。随着漏极电压的增加,靠近漏极的氧化物上的压降减小,这意味着漏极附近感应的反型电荷密度减小。靠近漏极的沟道动态电导减小,导致 i_D-v_{DS} 变化曲线的斜率减小,如图中的 i_D-v_{DS} 曲线所示。

当 v_{DS} 增大到某个点,靠近漏极的氧化物上的压降 $v_{GS}=V_{TN}$ 时,在漏极感应的反型电荷密度为零,如图 3.9(c)所示。此时,漏极的沟道动态电导为零,这意味着 i_D-v_{DS} 变化曲线的斜率为零。记为

$$v_{GS} - v_{DS}(\text{sat}) = V_{TN} \qquad\qquad (3.1a)$$

或

---

① 带双下标的电压符号 v_{DS} 和 v_{GS} 分别表示漏-源和栅-源电压。符号中隐含的意思是下标中的第一个字母相对于第二个字母为正。

$$v_{DS}(\text{sat}) = v_{GS} - V_{TN} \tag{3.1b}$$

其中，$v_{DS}(\text{sat})$ 表示在漏极产生的反型电荷密度为零时的漏-源电压。

当 v_{DS} 大于 $v_{DS}(\text{sat})$ 时，沟道中的反型电荷密度刚好为零的点向源极方向移动。此时，电子从源极进入沟道，通过沟道向漏极方向移动，在电荷密度为零处，电子被注入空间电荷区，在这里它们被电场猛推到漏极。在理想的 MOSFET 中，当 $v_{DS} > v_{DS}(\text{sat})$ 时，漏极电流恒定。曲线中的这个区域称为饱和区，如图 3.9(d)所示。

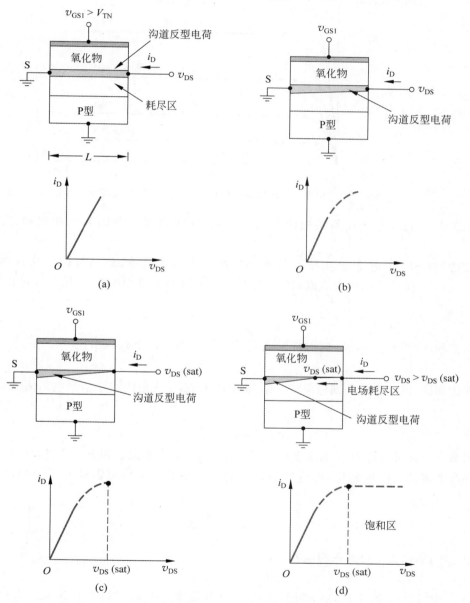

图 3.9 $v_{GS} > V_{TN}$ 时的 N 沟道增强型 MOSFET 剖面图和曲线：(a) v_{DS} 较小时；(b) v_{DS} 更大且 $v_{DS} < v_{DS}(\text{sat})$ 时；(c) $v_{DS} = v_{DS}(\text{sat})$ 时；(d) $v_{DS} > v_{DS}(\text{sat})$ 时

当栅-源电压变化时,i_D-v_{DS} 曲线也发生变化。从图 3.8 已经看到,开始时 i_D-v_{DS} 曲线的斜率随着 v_{GS} 的增加而增加。同时,式(3.1b)表明 v_{DS}(sat)是 v_{GS} 的函数。这样,就可以得出图 3.10 所示的 N 沟道增强型 MOSFET 的特性曲线族。

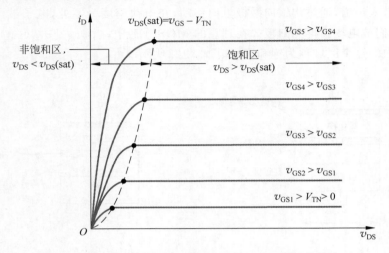

图 3.10 N 沟道增强型 MOSFET 的 i_D-v_{DS} 特性曲线族

注意,v_{DS}(sat)电压在每条曲线上为一个点,这个点表示非饱和区和饱和区之间的转换。

虽然 MOSFET 电流-电压特性的推导超出了本书的范围,仍然可以定义这些关系。$v_{DS}<v_{DS}$(sat)时的区域称为非饱和区或线性区。此区域的理想电流-电压特性可以用下式表示:

$$i_D = K_n\left[2(v_{GS} - V_{TN})v_{DS} - v_{DS}^2\right] \tag{3.2a}$$

在饱和区,当 $v_{GS} > V_{TN}$ 时的理想电流-电压特性可以用下式表示:

$$i_D = K_n(v_{GS} - V_{TN})^2 \tag{3.2b}$$

在饱和区,由于理想的漏极电流与漏-源电压无关,交流电阻或小信号电阻为无穷大,表示为

$$r_0 = \Delta v_{DS}/\Delta i_D\Big|_{v_{GS}=\text{const.}} = \infty$$

参数 K_n 有时被称为 N 沟道器件的跨导参数,但是不要把它和下一章将要介绍的小信号跨导参数混淆。简单起见,把这个参数称为传导参数。N 沟道器件的传导参数由下式给出

$$K_n = \frac{W\mu_n C_{ox}}{2L} \tag{3.3a}$$

其中,C_{ox} 为氧化物单位面积的电容量,由下式给出:

$$C_{ox} = \varepsilon_{ox}/t_{ox}$$

其中,t_{ox} 为氧化物的厚度,ε_{ox} 为氧化物的介电常数。对硅材料器件来说,$\varepsilon_{ox} = (3.9)(8.85\times10^{-14})$F/cm。参数 μ_n 为反型层中电子的迁移率。沟道宽度 W 和沟道长度 L 如图 3.5(a)所示。

由式(3.3a)可见,传导参数同时是电气参数和几何参数的函数。对于特定的制造工艺

来说,氧化物电容和载流子迁移率是基本恒定的。而几何结构,即宽长比 W/L,是 MOSFET 设计中用来产生 MOSFET 电路的特定电流-电压特性的变量。

传导参数也可以写成下面的形式:

$$K_n = \frac{k'_n}{2} \cdot \frac{W}{L} \tag{3.3b}$$

其中 $k'_n = \mu_n C_{ox}$,称为工艺传导参数。通常,对于特定的制造工艺,可以认为 k'_n 为常数。所以式(3.3b)表明,宽长比 W/L 是晶体管设计的可变参数。

例题 3.1 计算 N 沟道 MOSFET 中的电流。N 沟道增强型 MOSFET 的参数为

$$V_{TN} = 0.4\text{V}, \quad W = 20\mu\text{m}, \quad L = 0.8\mu\text{m}, \quad \mu_n = 650\text{cm}^2/\text{V}_{-s}, \quad t_{ox} = 200\text{Å}$$

$$\varepsilon_{ox} = (3.9)(8.85 \times 10^{-14})\text{F/cm}$$

求解当 $v_{GS} = 0.8\text{V}$ 和 $v_{GS} = 1.6\text{V}$ 时,晶体管工作在饱和区的电流。

解:传导参数由式(3.3(a))给出。首先,考虑式中所包含的单位,如下:

$$K_n = \frac{W(\text{cm}) \cdot \mu_n\left(\dfrac{\text{cm}^2}{\text{V}_{-s}}\right)\varepsilon_{ox}\left(\dfrac{\text{F}}{\text{cm}}\right)}{2L(\text{cm}) \cdot t_{ox}(\text{cm})} = \frac{\text{F}}{\text{V}_{-s}} = \frac{(\text{C/V})}{\text{V}_{-s}} = \frac{\text{A}}{\text{V}^2}$$

由此,传导参数的值为 $K_n = \dfrac{W\mu_n\varepsilon_{ox}}{2Lt_{ox}} = \dfrac{20 \times 10^{-4} \times 650 \times 3.9 \times 8.85 \times 10^{-14}}{2 \times 0.8 \times 10^{-4} \times 200 \times 10^{-8}}$

即

$$K_n = 1.40\text{mA/V}^2$$

由式(3.2b)可得:

当 $v_{GS} = 0.8\text{V}$ 时,有

$$i_D = K_n(v_{GS} - V_{TN})^2 = 1.40 \times (0.8 - 0.4)^2 = 0.224\text{mA}$$

当 $v_{GS} = 1.6\text{V}$ 时,有

$$i_D = 1.40 \times (1.6 - 0.4)^2 = 2.02\text{mA}$$

点评:增大传导参数,可以增强晶体管的电流能力。对于特定的制造工艺,可通过改变晶体管的宽度 W 来调整 K_n。

练习题 3.1 某 NMOS 晶体管的 $V_{TN} = 1\text{V}$,当 $v_{GS} = 3\text{V}$ 和 $v_{DS} = 4.5\text{V}$ 时,漏极电流 $i_D = 0.8\text{mA}$。计算以下漏极电流:① $v_{GS} = 2\text{V}, v_{DS} = 4.5\text{V}$;② $v_{GS} = 3\text{V}, v_{DS} = 1\text{V}$。

答案: ① 0.2mA;② 0.6mA。

3.1.4 P 沟道增强型 MOSFET

N 沟道增强型 MOSFET 的互补器件是 P 沟道增强型 MOSFET。

1. 晶体管结构

图 3.11 为 P 沟道增强型晶体管的简易剖面图。这里的衬底为 N 型半导体,源极和漏极区域为 P 型半导体。沟道长度、沟道宽度和氧化物厚度的参数定义与图 3.5(a)中的 NMOS 器件相同。

2. 晶体管的基本工作原理

除了载流子为空穴而不是电子,P 沟道器件的工作原理和 N 沟道器件相同。为了在氧

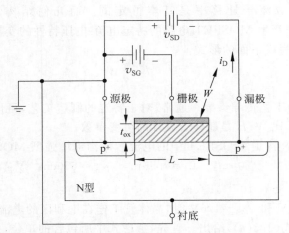

图 3.11 P 沟道增强型 MOSFET 的剖面图。$v_{SG}=0$ 时器件截止。W 的尺寸取垂直页面方向

化物下方的沟道区形成一个空穴反型层,需要在栅极加一个负电压。P 沟道器件的开启电压表示为 V_{TP}[①]。因为开启电压定义为产生反型层所需要的栅极电压,所以对于 P 沟道增强型器件而言,$V_{TP}<0$。

一旦形成反型层,P 型源极区域就成为载流子的来源,空穴从源极向漏极移动。需要一个负的漏极电压在沟道中产生电场,使空穴在电场力的作用下从源极向漏极运动。所以 PMOS 晶体管的电流方向通常为从源极流入、漏极流出。PMOS 器件规定的电流方向和电压极性与 NMOS 器件相反。

注意图 3.11 中反的电压下标顺序。当 $v_{SG}>0$ 时,栅极电压相对于源极电压为负。同样,当 $v_{SD}>0$ 时,漏极电压相对于源极电压为负。

3.1.5 理想 MOSFET 的电流-电压特性——PMOS 器件

P 沟道增强型器件的理想电流-电压特性和图 3.10 所示的基本相同。注意漏极电流的方向为从漏极流出,v_{DS} 变为 v_{SD}。饱和点由 $v_{SD}(\text{sat})=v_{SG}+V_{TP}$ 给出。工作在非饱和区的 P 沟道器件的电流为

$$i_D = K_p \left[2(v_{SG}+V_{TP})v_{SD} - v_{SD}^2 \right] \tag{3.4a}$$

工作在饱和区时的电流为

$$i_D = K_p (v_{SG}+V_{TP})^2 \tag{3.4b}$$

漏极电流从漏极流出。参数 K_p 为 P 沟道器件的传导参数,由下式给出:

$$K_p = \frac{W \mu_p C_{ox}}{2L} \tag{3.5a}$$

其中,W、L 和 C_{ox} 如前面所定义,分别为沟道宽度、沟道长度和氧化物单位面积上的电容量。μ_p 为空穴反型层中空穴的迁移率。通常,空穴反型层迁移率要小于电子反型层迁移率。

还可以把式(3.5a)写成下面的形式:

---

① 清晰起见,PMOS 和 NMOS 器件使用不同的开启电压参数。

$$K_{\mathrm{p}} = \frac{k_{\mathrm{p}}'}{2} \cdot \frac{W}{L} \tag{3.5b}$$

其中,$k_{\mathrm{p}}' = \mu_{\mathrm{p}} C_{\mathrm{ox}}$。

当 P 沟道 MOSFET 工作在饱和区时,有

$$v_{\mathrm{SD}} > v_{\mathrm{SD}}(\mathrm{sat}) = v_{\mathrm{SG}} + V_{\mathrm{TP}} \tag{3.6}$$

例题 3.2 求解使 P 沟道增强型 MOSFET 工作在饱和区的源-漏电压。已知 P 沟道增强型 MOSFET 的 $K_{\mathrm{p}} = 0.2\,\mathrm{mA/V^2}$,$V_{\mathrm{TP}} = -0.50\mathrm{V}$,$i_{\mathrm{D}} = 0.50\mathrm{mA}$。

解:在饱和区,漏极电流由下式给出:

$$i_{\mathrm{D}} = K_{\mathrm{p}}(v_{\mathrm{SG}} + V_{\mathrm{TP}})^2$$

即

$$0.50 = 0.2(v_{\mathrm{SG}} - 0.50)^2$$

可以得出

$$v_{\mathrm{SG}} = 2.08\mathrm{V}$$

为了使此 P 沟道 MOSFET 偏置在饱和区,必须满足

$$v_{\mathrm{SD}} > v_{\mathrm{SD}}(\mathrm{sat}) = v_{\mathrm{SG}} + V_{\mathrm{TP}} = 2.08 - 0.5 = 1.58\mathrm{V}$$

点评:晶体管工作在饱和区还是非饱和区,和栅-源及漏-源电压都有关。

练习题 3.2 某 PMOS 器件的开启电压 $V_{\mathrm{TP}} = -1.2\mathrm{V}$,当 $v_{\mathrm{SG}} = 3\mathrm{V}$ 且 $v_{\mathrm{SD}} = 5\mathrm{V}$ 时,$i_{\mathrm{D}} = 0.5\mathrm{mA}$。计算以下漏极电流:①$v_{\mathrm{SG}} = 2\mathrm{V}$,$v_{\mathrm{SD}} = 3\mathrm{V}$;②$v_{\mathrm{SG}} = 5\mathrm{V}$,$v_{\mathrm{SD}} = 2\mathrm{V}$。

答案:①0.0986mA,②1.72mA。

3.1.6 电路符号和规范

N 沟道增强型 MOSFET 的传统电路符号如图 3.12(a)所示。垂直的实线表示栅极,垂直的虚线表示沟道(虚线表示器件为增强型),栅极线和沟道线分开表明氧化物使栅极和沟道绝缘。衬底和沟道之间的 PN 结极性用位于基体或衬底电极的箭头表示,箭头的方向表明晶体管的类型,如图所示为一个 N 沟道器件。该符号给出了 MOSFET 器件的四端子结构。

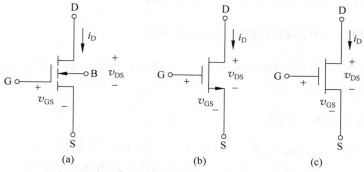

图 3.12 N 沟道增强型 MOSFET(a) 传统电路符号;(b) 本教材中将使用的电路符号;(c) 更高级的教材中使用的简化电路符号

在本书大多数的应用实例中,都隐含假设源极和衬底连接在一起。在电路中给每个晶体管都显式地画一个衬底电极比较多余,而且使电路看起来更加复杂。一般用图 3.12(b)

所示的电路符号来替代。在这个符号中,箭头位于源极,它指出电流的方向,对于 N 沟道器件来说是从源极流出。通过在电路符号中包含箭头,就不再需要明确标出器件的源极和漏极。除了一些特殊的应用,本教材中都将采用这种电路符号。

在更高级的教材和期刊论文中,通常采用图 3.12(c)所示的 N 沟道 MOSFET 电路符号。其中栅极是明显的,隐含表示顶端电极为漏极,底端电极为源极。此时顶端的漏极电压通常要比底端大。为清晰起见,在这种导论性质的课程中,将采用图 3.12(b)所示的电路符号。

P 沟道增强型 MOSFET 的传统电路符号如图 3.13(a)所示。注意衬底上的箭头方向和 N 沟道增强型 MOSFET 相反。该符号再次给出 MOSFET 器件的四端子结构。

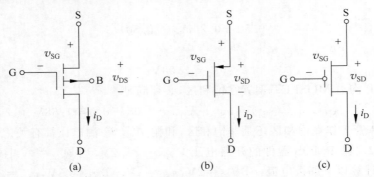

图 3.13　P 沟道增强型 MOSFET(a) 传统电路符号;(b) 本教材中将使用的
电路符号;(c) 更高级的教材中使用的简化电路符号

本教材中将采用图 3.13(b)所示的 P 沟道增强型 MOSFET 电路符号。在这个符号中,箭头位于源极,它指出电流的方向,对于 P 沟道器件来说,电流从源极流入。

在更高级的教材和期刊论文中,通常采用图 3.13(c)所示的 P 沟道 MOSFET 电路符号。同样,栅极是明显的,但是用了一个小圆圈来表明这是一个 PMOS 器件。隐含表示顶端电极为源极,底端电极为漏极。此时顶端的源极电压通常要比底端大。同样,清晰起见,在这种导论性质的课程中,将采用图 3.13(b)所示的电路符号。

3.1.7　其他 MOSFET 结构和电路符号

在开始分析 MOSFET 电路之前,将在 N 沟道和 P 沟道增强型 MOSFET 器件基础上介绍两种其他的 MOSFET 结构。

1. N 沟道耗尽型 MOSFET

图 3.14(a)所示为 N 沟道耗尽型 MOSFET 的剖面图。当栅极电压为 0 时,氧化物下方存在一个 N 沟道区域或反型层,这是由于在器件制作过程中掺入了某种杂质。这个 N 区域将 N 型的源极和漏极连通,所以即使栅极电压为零,也能在沟道中产生漏-源电流。耗尽型这个词意味着即使栅极电压为零,沟道也会存在;而要使 N 沟道耗尽型 MOSFET 截止,必须在其栅极加负电压。

图 3.14(b)所示为加负栅-源电压时的 N 沟道耗尽型 MOSFET。负的栅极电压在氧化

物下方产生空间电荷区,从而使 N 沟道区域的厚度减小,沟道厚度的减小使沟道导电性降低,进而减小了漏极电流。当栅极所加电压和开启电压相等时(对于此器件开启电压为负),感应的空间电荷区扩展到了整个 N 沟道区,电流变为零。而正的栅极电压会产生电子聚集层,如图 3.14(c)所示,它使漏极电流增大。N 沟道耗尽型 MOSFET 的 i_D-v_{DS} 关系曲线族如图 3.15 所示。

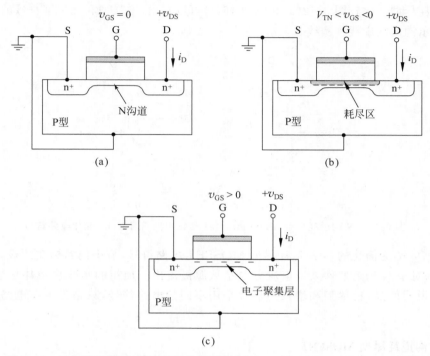

图 3.14 N 沟道耗尽型 MOSFET 的剖面图(a) $v_{GS}=0$;(b) $v_{GS}<0$;(c) $v_{GS}>0$

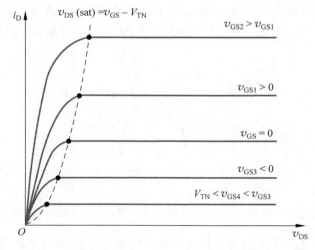

图 3.15 N 沟道耗尽型 MOSFET 的 i_D-v_{DS} 关系曲线族。再次注
意,电压 $v_{DS}(sat)$ 是每条曲线上的一个点

由式(3.2a)和式(3.2b)给出的电流-电压特性同时适用于增强型和耗尽型 N 沟道器件。唯一不同的是,增强型 MOSFET 的开启电压 V_{TN} 为正,而耗尽型 MOSFET 的开启电压为负。虽然采用相同的公式来描述增强型和耗尽型 N 沟道器件的电流-电压特性,清晰起见,使用不同的电路符号。

N 沟道耗尽型 MOSFET 的传统电路符号如图 3.16(a)所示。描述沟道的垂直实线表明器件为耗尽型。比较图 3.12(a)和图 3.16(a)可以看出,增强型和耗尽型符号的唯一差别是用来表示沟道的虚线和实线。

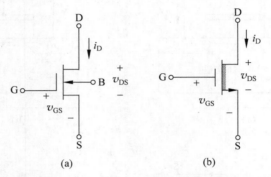

图 3.16　N 沟道耗尽型 MOSFET:(a) 传统电路符号;(b) 简化电路符号

图 3.16(b)为简化的 N 沟道耗尽型 MOSFET 电路符号,箭头仍然标在源极,表示出电流的方向,对于 N 沟道器件来说电流方向是从源极流出。加粗的实线表示耗尽型沟道区。需要再次说明的是,耗尽型和增强型器件采用不同的电路符号,只是为了在电路图中比较清晰。

2. P 沟道耗尽型 MOSFET

图 3.17 所示为 P 沟道耗尽型 MOSFET 的剖面图,同时给出偏置状态和电流方向。在耗尽型器件中,即使栅极电压为零,在氧化物下方也已经存在一个空穴沟道区。要使该器件截止,需要在栅极加正向电压。因此,P 沟道耗尽型 MOSFET 开启电压的数值为正($V_{TP} > 0$)。

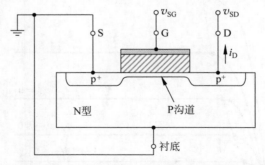

图 3.17　P 沟道耗尽型 MOSFET 的剖面图,给出栅极电压为零时氧化物下方的 P 沟道

P 沟道耗尽型 MOSFET 的常用和简化电路符号如图 3.18 所示。简化电路符号中代表沟道区的加粗实线表明器件为耗尽型。箭头仍然位于源极,它指出电流的方向。

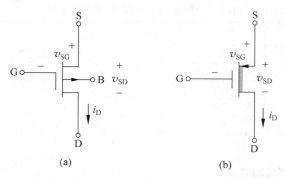

图 3.18 P 沟道耗尽型 MOSFET(a) 传统电路符号；(b) 简化电路符号

3. 互补 MOSFET

互补 MOS(CMOS)工艺在同一个电路中使用 N 沟道和 P 沟道器件。图 3.19 所示为制作在同一芯片上的 N 沟道和 P 沟道器件的剖面图。通常，CMOS 电路制作起来比单纯的 NMOS 或 PMOS 电路复杂得多。而在随后的章节中将会看到，CMOS 电路与单纯的 NMOS 或 PMOS 电路相比，具有很多优势。

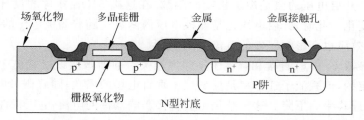

图 3.19 采用 P 阱 CMOS 工艺制作的 N 沟道和 P 沟道晶体管的剖面图

为了制作电气对称的 N 沟道和 P 沟道器件，必须使 N 沟道和 P 沟道器件的开启电压和传导参数都相同。由于通常情况下 μ_n 和 μ_p 并不相等，通过调整晶体管的宽长比来设计对等的晶体管。

3.1.8 晶体管工作原理小结

前面介绍了 MOS 晶体管工作原理的一阶模型。对于 N 沟道增强型 MOSFET，必须加一个大于开启电压 V_{TN} 的正栅-源电压来产生电子反型层。当 $v_{GS} > V_{TN}$ 时，器件导通。对于 N 沟道耗尽型器件，即使 $v_{GS} = 0$，源极和漏极之间的导电沟道也会存在。其开启电压为负值，因此需要加一个负的 v_{GS} 电压来使器件截止。

对于 P 沟道器件，所有的电压极性和电流方向都和 NMOS 器件相反。P 沟道增强型晶体管的 $V_{TP} < 0$，而耗尽型 PMOS 晶体管的 $V_{TP} > 0$。

表 3.1 列出了描述 MOS 器件 i-v 特性的一阶公式。注意 K_n 和 K_p 为正值，对于 NMOS 器件，漏极电流 i_D 以流入漏极的方向为正；而对于 PMOS 器件，漏极电流 i_D 以流出漏极的方向为正。

表 3.1　MOSFET 电流-电压特性小结

	NMOS	PMOS
非饱和区($v_{DS} < v_{DS}(\text{sat})$)	$i_D = K_n[2(v_{GS} - V_{TN})v_{DS} - v_{DS}^2]$	$i_D = K_p[2(v_{SG} + V_{TP})v_{SD} - v_S^2]$
饱和区($v_{DS} > v_{DS}(\text{sat})$)	$i_D = K_n[2(v_{GS} - V_{TN})v_{DS} - v_{DS}^2]$	$i_D = K_p(v_{SG} + V_{TP})^2$
转移点	$v_{DS}(\text{sat}) = v_{GS} - V_{TN}$	$v_{SD}(\text{sat}) = v_{SG} + V_{TP}$
增强型	$V_{TN} > 0$	$V_{TP} < 0$
耗尽型	$V_{TN} < 0$	$V_{TP} > 0$

3.1.9　短沟道效应

由式(3.2a)和式(3.2b)给出的 N 沟道器件的电流-电压特性,以及由式(3.4a)和式(3.4b)给出的 P 沟道器件的电流-电压特性,都是针对长沟道器件的理想特性。长沟道器件的沟道长度通常大于 $2\mu m$。在这种器件中,由漏极电压感应的沟道水平方向电场和由栅极电压感应的垂直方向电场可以独立处理。而目前所用的 MOS 器件沟道长度大约在 $0.2\mu m$ 的量级或者更短。

在短沟道器件中,存在几种会影响或改变长沟道器件电流-电压特性的效应。其一是开启电压的变化。开启电压的值是沟道长度的函数,在这类 MOS 器件的设计和生产过程中必须考虑这个变化。此时,开启电压也是漏极电压的函数。随着漏极电压的增大,有效开启电压下降,这种效应也会影响器件的电流-电压特性。

工艺传导参数 k_n' 和 k_p' 直接和载流子迁移率相关。前面曾假设过载流子迁移率和工艺传导参数是恒定的,但载流子迁移率是反型层中垂直电场的函数,随着栅极电压和垂直电场的增加,载流子迁移率会下降。这种结果也会直接影响器件的电流-电压特性。

发生在短沟道器件中的另一个效应是速度饱和。随着水平电场的增加,载流子的速度到达一个稳定值,不再随着漏极电压的增加而增加。速度饱和将使得饱和电压 $v_{DS}(\text{sat})$ 的值下降。漏极电流将在 v_{DS} 电压较小时就达到饱和值。在饱和区,漏极电流也变成了栅极电压的一个近似线性函数,而不是长沟道特性中所描述的栅极电压的二次函数。

虽然现代 MOSFET 电路分析必须考虑这些短沟道特性,在本书这样的导论性教材中还将使用长沟道电流-电压特性。使用理想的长沟道电流-电压特性,仍可以对这些器件以及 MOSFET 电路的工作原理和特性有一个基本的了解。

3.1.10　其他非理想电流-电压特性

MOS 晶体管的电流-电压特性的 5 个非理想效应为:饱和区的有限输出电阻、衬底效应、亚阈值传导系数、击穿效应和温度效应。本节将依次对这些效应进行分析。

1. 饱和区的有限输出电阻

在理想情况下,当 MOSFET 工作在饱和区时,漏极电流 i_D 独立于漏-源电压 v_{DS}。然而对于实际的 MOSFET,i_D-v_{DS} 关系特性曲线中,在饱和点外并不存在零斜率曲线。当 $v_{DS} > v_{DS}(\text{sat})$ 时,沟道中反型电荷趋于零的实际位置从漏极移开,如图 3.9(d)所示。于是有效的沟道长度减小,产生的这种现象称为沟道长度调制。

一个夸张的电流-电压特性如图 3.20 所示。这些曲线可以反向延长与电压轴交于一点 $v_{DS} = -V_A$。通常定义电压 V_A 为一个正的量。饱和区曲线的斜率可以通过如下 i_D-v_{DS} 关系式来描述。对于 N 沟道器件,有

$$i_D = K_n[(v_{GS} - V_{TN})^2(1 + \lambda v_{DS})] \tag{3.7}$$

其中,λ 为一个正的量,称为沟道长度调制参数。

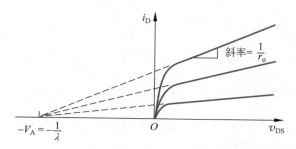

图 3.20 i_D-v_{DS} 关系特性曲线族,标示出在沟道长度调制影响下的有限输出电阻

参数 λ 和 V_A 是相关的。由式(3.7)可得,在延长线上 $i_D = 0$ 处有 $(1 + \lambda v_{DS}) = 0$。在这一点 $v_{DS} = -V_A$,也就意味着 $V_A = 1/\lambda$。

由沟道长度调制引起的输出电阻定义为

$$r_o = \left(\frac{\partial i_D}{\partial v_{DS}}\right)^{-1}\bigg|_{v_{GS} = \text{const.}} \tag{3.8}$$

根据式(3.7),求出 Q 点的输出电阻为

$$r_o = [\lambda K_n(V_{GSQ} - V_{TN})^2]^{-1} \tag{3.9a}$$

或

$$r_o \approx [\lambda I_{DQ}]^{-1} = \frac{1}{\lambda I_{DQ}} = \frac{V_A}{I_{DQ}} \tag{3.9b}$$

输出电阻 r_o 也是 MOSFET 小信号等效电路的一个因子,有关内容将在下一章中讨论。

2. 衬底效应

到目前为止,都假设衬底和源极连接在一起。在这种偏置状态下,开启电压是一个常数。

而在集成电路中,所有 N 沟道 MOSFET 的衬底通常是共用的,且连接在电路中电位最低的电极上。图 3.21 给出两个 N 沟道 MOSFET 相串联的一个例子。两个晶体管共用一个 P 型衬底,M_1 的漏极和 M_2 的源极共用。当两个 MOS 晶体管导通时,在 M_1 上存在非零的漏-源电压,这意味着 M_2 的源极和衬底处于不同的电位。这种偏压状况意味着在源极和衬底之间的 PN 结两端存在零偏压或反向偏压。源极和衬底之间结电压的变化将改变开启电压,这种现象称为衬底效应。P 沟道器件中也存在相同的情况。

以图 3.22 所示的 N 沟道 MOS 器件为例,为了获得零偏置或反向偏置的源-衬 PN 结,必须使 $v_{SB} > 0$,此时的开启电压为

$$V_{TN} = V_{TNO} + \gamma[\sqrt{2\phi_f + v_{SB}} - \sqrt{2\phi_f}] \tag{3.10}$$

其中,V_{TNO} 为 $v_{\text{SB}}=0$ 时的开启电压;γ 称为衬底效应阈值或衬底效应参数,它和器件性质有关,其典型值约为 $0.5\text{V}^{1/2}$。ϕ_{f} 为半导体参数,它的典型值约为 0.35V,是半导体掺杂的函数。由式(3.10)可以看出,衬底效应导致 N 沟道器件的开启电压上升。

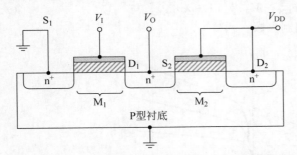

图 3.21　在同一个衬底上制作的两个串联 N 沟道 MOSFET,晶体管 M_2 的源极 S_2 很有可能不处于地电位

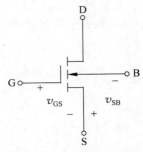

图 3.22　带衬底电压的 N 沟道增强型 MOSFET

衬底效应引起开启电压的变化,进而导致电路性能的下降。但简单起见,在电路分析中通常忽略衬底效应。

3. 亚阈值传导

当考虑工作在饱和区的 N 沟道 MOSFET 的电流-电压特性时,由式(3.2b)可得

$$i_{\text{D}} = K_{\text{n}}(v_{\text{GS}} - V_{\text{TN}})^2$$

将等式两边开方得到

$$\sqrt{i_{\text{D}}} = \sqrt{K_{\text{n}}}(v_{\text{GS}} - V_{\text{TN}}) \tag{3.11}$$

由式(3.11)可以看出,$\sqrt{i_{\text{d}}}$ 是 v_{GS} 的线性函数。图 3.23 给出这种理想关系曲线。

图 3.23 中也画出了实验结果,曲线显示当 v_{GS} 略小于 V_{TN} 时,如前面所假设的,漏极电流并不为零,这种电流称为亚阈值电流。这种影响对单个器件来可能不突出,但是如果集成电路上成千上万的器件的偏置电压都略低于开启电压,那么电源电流将不为零,导致集成电路中有很大的功率损耗。第 16 章将会看到一个动态随机存取存储器(DRAM)的例子。

简单起见,本书将不专门考虑亚阈值电流。而当电路中的 MOSFET 需要关断时,正确的电路设计是把器件偏压设置为开启电压以下零点几伏,以达到真正的截止。

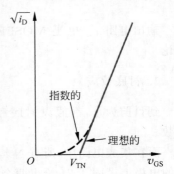

图 3.23　工作在饱和区时 MOSFET 的 $\sqrt{i_{\text{D}}}$-v_{GS} 曲线,图中示出亚阈值传导。实验表明,甚至在 $v_{\text{GS}} < V_{\text{TN}}$ 时也存在亚阈值电流

4. 击穿效应

在 MOSFET 中会发生几种可能的击穿效应。第一种是当所加的漏极电压过高或发生雪崩式倍增时,漏-衬之间的 PN 结发生的击穿。这种击穿和 1.2.5 节所讨论的反向偏置 PN 结的击穿相同。

随着器件的尺寸越来越小,第二种称为穿通的击穿机制变得很严重。当漏极电压足够大,漏极周围的耗尽区贯穿沟道而完全扩展到源极时,发生穿通。这种效应也将导致微小的漏极电压增加引起漏极电流急剧上升。

第三种为近雪崩击穿或突发击穿。这种击穿过程是由 MOSFET 的二阶效应引起的。源-衬-漏的结构等效于一个双极型晶体管。随着器件的尺寸缩小,将会发现随着漏极电压的增加,会产生一个寄生的双极型晶体管效应。这种寄生会加剧击穿效应。

如果氧化物中的电场变得足够大,氧化物层也会发生击穿,这将导致灾难性的损坏。在二氧化硅中发生击穿时的电场约为 $6 \times 10^6 \text{V/cm}$,其一阶近似值由式 $E_{ox} = V_G/t_{ox}$ 给出。大约 30V 的栅极电压将导致厚度为 $t_{ox} = 5\text{Å}$ 的氧化物击穿。而通常取安全裕量系数为 3,这就意味着当 $t_{ox} = 5\text{Å}$ 时的最大栅极安全电压是 10V。因为氧化物中可能存在瑕疵,降低击穿电场,所以安全裕量很有必要。同时必须记住,栅极的输入阻抗非常高,栅极的少量静电荷聚集就可能超过击穿电压。为了防止 MOSFET 栅极电容上静电电荷的聚集,通常在MOS 集成电路的输入端设计一个栅极保护器件,譬如反向偏置的二极管。

5. 温度效应

开启电压 V_{TN} 和传导参数 K_n 都是温度的函数。开启电压的值随着温度的下降而下降,这意味着对于给定的 V_{GS},漏极电流将随着温度的升高而增加。而传导参数是反型载流子迁移率的直接函数,它随着温度的增加而降低。由于迁移率受温度的影响要大于开启电压受温度的影响,所以对于给定的 V_{GS},当温度增加时,总体效应是漏极电流减小。这种特殊的结果在功率 MOSFET 中提供了一种负反馈效应,下降的 K_n 值自然限制了沟道电流,并保证功率 MOSFET 的稳定性。

理解测试题 3.1 (1)某 N 沟道增强型 MOSFET 的开启电压 $V_{TN} = 1.2\text{V}$,所加的栅-源电压 $v_{GS} = 2\text{V}$。当 V_{DS} 分别为 0.4V、1V 和 5V 时,求解器件的工作区域。

(2)将(1)中的器件改为开启电压 $V_{TN} = -1.2\text{V}$ 的 N 沟道耗尽型 MOSFET,再次求解。

答案:(1)①非饱和区;②饱和区;③饱和区。

(2)①非饱和区;②非饱和区;③饱和区。

理解测试题 3.2 理解测试题 3.1 所述的 NMOS 器件的参数为 $W = 20\mu m$,$L = 0.8\mu m$,$t_{ox} = 200\text{Å}$,$\mu_n = 500\text{cm}^2/\text{V}_{-s}$,$\lambda = 0$。①计算每个器件的传导参数 K_n;②计算 TYU 3.1 中列出的每个偏置条件下的漏极电流。

答案:①$K_n = 1.08\text{mA/V}^2$;②$i_D = 0.518\text{mA}$、0.691mA 和 0.691mA,$i_D = 2.59\text{mA}$、5.83mA 和 11.1mA。

理解测试题 3.3 (1)某 P 沟道增强型 MOSFET 的开启电压 $V_{TP} = -1.2\text{V}$,所加的源-栅电压 $v_{SG} = 2\text{V}$。当 $v_{SD} = 0.4\text{V}(①)$,$v_{SD} = 1\text{V}(②)$,$v_{SD} = 5\text{V}(③)$时,求解器件的工作区域;

(2)将(1)中的器件改为开启电压 $V_{TP} = +1.2\text{V}$ 的 P 沟道耗尽型 MOSFET,再次求解。

答案:(1)①非饱和区;②饱和区;③饱和区。(2)①非饱和区;②非饱和区;③饱和区。

理解测试题 3.4 理解测试题 3.3 所述的 PMOS 器件的参数为 $W = 10\mu m$,$L = 0.8\mu m$,$t_{ox} = 200\text{Å}$,$\mu_p = 300\text{cm}^2/\text{V}_{-s}$,$\lambda = 0$。①计算每个器件的传导参数 K_p。②计算

TYU 3.3 中所列出的每个偏置条件下的漏极电流。

答案：① $K_p = 0.324\text{mA/V}^2$。② $i_D = 0.156\text{mA}$、0.207mA 和 0.207mA；$i_D = 0.778\text{mA}$、1.75mA 和 3.32mA。

理解测试题 3.5 增强型 NMOS 器件的参数为 $V_{TN} = 0.25\text{V}$，$K_n = 10\mu\text{A/V}^2$，器件偏置在 $v_{GS} = 0.5\text{V}$。①当 $\lambda = 0$ 时，分别计算 $v_{DS} = 0.5\text{V}$、$v_{DS} = 1.2\text{V}$ 时的漏极电流。②$\lambda = 0.03\text{V}^{-1}$ 时，分别计算 $v_{DS} = 0.5\text{V}$、$v_{DS} = 1.2\text{V}$ 时的漏极电流。③计算①和②中的输出电阻 r_o。

答案：①$i_D = 0.625\mu\text{A}$。②$i_D = 0.6344\mu\text{A}$；$i_D = 0.6475\mu\text{A}$。③在①中，$r_o = \infty$；在②中，$r_o = 53.3\text{M}\Omega$。

理解测试题 3.6 NMOS 晶体管的参数为 $V_{TNO} = 0.4\text{V}$，$\gamma = 0.15\text{V}^{1/2}$ 和 $f = 0.35\text{V}$，在以下条件下分别计算开启电压：①$v_{SB} = 0$；②$v_{SB} = 0.5\text{V}$；③$v_{SB} = 1.5\text{V}$。

答案：①$0.4\text{V}$；②$0.439\text{V}$；③$0.497\text{V}$。

3.2 MOSFET 直流电路分析

目标：理解并熟悉 MOSFET 电路的直流分析和设计方法。

在上一节中，讨论了 MOSFET 的基本性质和特性。本节将开始分析和设计 MOS 晶体管的直流偏置电路。本章余下部分的一个主要目的是继续熟悉并掌握 MOS 晶体管和 MOSFET 电路。作为本章的核心内容，MOSFET 的直流偏置是放大电路设计中重要部分。MOSFET 放大电路设计是下一章的核心内容。

本章将要介绍的大多数电路中，采用电阻来连接 MOS 晶体管。而在实际的 MOSFET 集成电路中，电阻一般用其他的 MOSFET 代替，因此电路全部由 MOS 器件组成。一般而言，MOSFET 器件比电阻占用的面积要小。在本章的学习过程中，将会明白这是如何实现的，本章结束时，将真正分析和设计只含有 MOSFET 的电路。

在 MOSFET 电路的直流分析中，可以利用 3.1 节中表 3.1 所列出的理想电流-电压特性方程。

3.2.1 共源电路

MOSFET 电路的一种基本结构为共源电路。图 3.24 给出这类电路的一个示例，它采用 N 沟道增强型 MOSFET。其中源极接地，并且和电路的输入和输出部分共地。耦合电容 C_C 对直流信号相当于开路，但它允许交流信号电压耦合到 MOSFET 的栅极。

直流等效电路如图 3.25(a) 所示。在下面的直流分析中，再次使用直流电流和电压的符号。由于流入 MOS 晶体管的栅极电流为零，栅极电压可以根据图中所示的分压器求得，即

$$V_G = V_{GS} = \left(\frac{R_2}{R_1 + R_2}\right) V_{DD} \qquad (3.12)$$

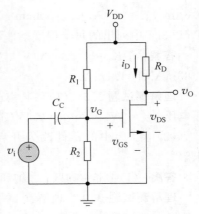

图 3.24 NMOS 共源电路

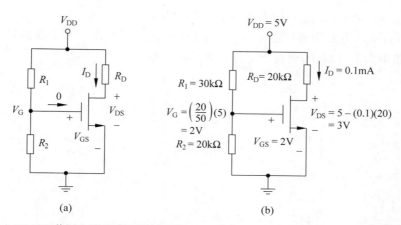

图 3.25 （a）NMOS 共源电路的直流等效电路；（b）例题 3.3 中的 NMOS 电路,给出电流和电压值

假设由式（3.12）求得的栅-源电压大于 V_{TN},并且 MOS 晶体管偏置在饱和区,则漏极电流为

$$I_{\mathrm{D}} = K_{\mathrm{n}}(V_{\mathrm{GS}} - V_{\mathrm{TN}})^2 \tag{3.13}$$

漏-源电压为

$$V_{\mathrm{DS}} = V_{\mathrm{DD}} - I_{\mathrm{D}}R_{\mathrm{D}} \tag{3.14}$$

如果 $V_{\mathrm{DS}} > V_{\mathrm{DS}}(\mathrm{sat}) = V_{\mathrm{GS}} - V_{\mathrm{TN}}$,则如开始时所假设的,MOS 晶体管偏置在饱和区,上述分析是正确的。如果 $V_{\mathrm{DS}} < V_{\mathrm{DS}}(\mathrm{sat})$,则 MOS 晶体管偏置在非饱和区,并且漏极电流由更加复杂的特性方程（3.2a）给出。

由于没有栅极电流,消耗在 MOS 晶体管上的功率可以简单地写为

$$P_{\mathrm{T}} = I_{\mathrm{D}}V_{\mathrm{DS}} \tag{3.15}$$

例题 3.3 计算 N 沟道增强型 MOSFET 构成的共源电路的漏极电流和漏-源电压,并计算消耗在 MOS 晶体管上的功率。对于图 3.25（a）所示的电路,假设 $R_1 = 30\mathrm{k}\Omega$, $R_2 = 20\mathrm{k}\Omega$, $R_{\mathrm{D}} = 20\mathrm{k}\Omega$, $V_{\mathrm{DD}} = 5\mathrm{V}$, $V_{\mathrm{TN}} = 1\mathrm{V}$ 及 $K_{\mathrm{n}} = 0.1\mathrm{mA/V}^2$。

解：由图 3.25（b）所示的电路和式（3.12）可得

$$V_{\mathrm{G}} = V_{\mathrm{GS}} = \left(\frac{R_2}{R_1 + R_2}\right)V_{\mathrm{DD}} = \frac{20}{20 + 30} \times 5 = 2\mathrm{V}$$

假设 MOS 晶体管偏置在饱和区,则漏极电流为

$$I_{\mathrm{D}} = K_{\mathrm{n}}(V_{\mathrm{GS}} - V_{\mathrm{TN}})^2 = 0.1 \times (2-1)^2 = 0.1\mathrm{mA}$$

漏-源电压为

$$V_{\mathrm{DS}} = V_{\mathrm{DD}} - I_{\mathrm{D}}R_{\mathrm{D}} = 5 - 0.1 \times 20 = 3\mathrm{V}$$

消耗在 MOS 晶体管上的功率为

$$P_{\mathrm{T}} = I_{\mathrm{D}}V_{\mathrm{DS}} = 0.1 \times 3 = 0.3\mathrm{mW}$$

点评：由于 $V_{\mathrm{DS}} = 3\mathrm{V} > V_{\mathrm{DS}}(\mathrm{sat}) = V_{\mathrm{GS}} - V_{\mathrm{TN}} = 2 - 1 = 1\mathrm{V}$,MOS 晶体管确实偏置在饱和区,所以上述分析是有效的。直流分析得到的漏极电流和漏-源电压静态值（Q 点）,通常表示为 I_{DQ} 和 V_{DSQ}。

练习题 3.3 图 3.25（a）所示 MOS 晶体管的参数为 $V_{\mathrm{TN}} = 0.35\mathrm{V}$, $K_{\mathrm{n}} = 25\mu\mathrm{A/V}^2$。电路参数为 $V_{\mathrm{DD}} = 2.2\mathrm{V}$, $R_1 = 355\mathrm{k}\Omega$, $R_2 = 245\mathrm{k}\Omega$ 和 $R_{\mathrm{D}} = 100\mathrm{k}\Omega$。计算 I_{D}、V_{GS} 和 V_{DS}。

答案：$I_D = 7.52\mu A$，$V_{GS} = 0.898V$，$V_{DS} = 1.45V$。

图 3.26(a)所示为 P 沟道增强型 MOSFET 组成的共源电路。其中源极接 $+V_{DD}$，它在交流等效电路中为信号地，因此这个电路称为共源电路。

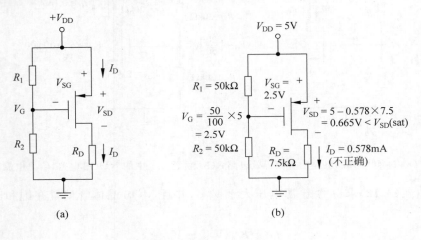

(a)

(b)

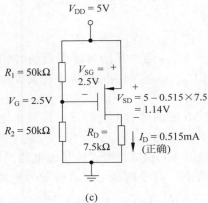

(c)

图 3.26　(a) PMOS 共源电路；(b) 例题 3.4 中的 PMOS 共源电路，给出偏置在饱和区的假设不正确时的电流和电压值；(c) 例题 3.4 中的电路，给出偏置在非饱和区的假设正确时的电流和电压值

直流分析和 N 沟道 MOSFET 电路基本相同。栅极电压为

$$V_G = \left(\frac{R_2}{R_1 + R_2}\right)(V_{DD}) \tag{3.16}$$

源-栅电压为

$$V_{SG} = V_{DD} - V_G \tag{3.17}$$

假设 $V_{GS} < V_{TP}$ 或 $V_{SG} > |V_{TP}|$，而且晶体管偏置在饱和区，则漏极电流为

$$I_D = K_p(V_{SG} + V_{TP})^2 \tag{3.18}$$

源-漏电压为

$$V_{SD} = V_{DD} - I_D R_D \tag{3.19}$$

如果 $V_{SD} > V_{SD}(\text{sat}) = V_{SG} + V_{TP}$，则如前面所假设，MOS 晶体管确实偏置在饱和区。反之，如果 $V_{SD} < V_{SD}(\text{sat})$，则 MOS 晶体管偏置在非饱和区。

例题 3.4 计算 P 沟道增强型 MOSFET 组成的共源电路的漏极电流和源-漏电压。在图 3.26(a)所示的电路中,假设 $R_1 = R_2 = 50\text{k}\Omega$,$V_{DD} = 5\text{V}$,$R_D = 7.5\text{k}\Omega$,$V_{TP} = -0.8\text{V}$,$K_p = 0.2\text{mA/V}^2$。

解:由图 3.26(b)所示的电路和式(3.16)可得

$$V_G = \left(\frac{R_2}{R_1 + R_2}\right)(V_{DD}) = \frac{50}{50 + 50} \times 5 = 2.5\text{V}$$

由此,源-栅电压为

$$V_{SG} = V_{DD} - V_G = 5 - 2.5 = 2.5\text{V}$$

假设 MOS 晶体管偏置在饱和区,则漏极电流为

$$I_D = K_p(V_{SG} + V_{TP})^2 = 0.2 \times (2.5 - 0.8)^2 = 0.578\text{mA}$$

源-漏电压为

$$V_{SD} = V_{DD} - I_D R_D = 5 - 0.578 \times 7.5 = 0.665\text{V}$$

因为 $V_{SD} = 0.665\text{V}$,并不比 $V_{SD}(\text{sat}) = V_{SG} + V_{TP} = 2.5 - 0.8 = 1.7\text{V}$ 大,所以 P 沟道 MOSFET 并非偏置在饱和区,即初始的假设不成立。

在非饱和区的漏极电流应当为

$$I_D = K_p[2(V_{SG} + V_{TP})V_{SD} - V_{SD}^2]$$

源-漏电压为

$$V_{SD} = V_{DD} - I_D R_D$$

联合求解以上两个方程,得出

$$I_D = K_p[2(V_{SG} + V_{TP})(V_{DD} - I_D R_D) - (V_{DD} - I_D R_D)^2]$$

即

$$I_D = (0.2)[2 \times (2.5 - 0.8)(5 - I_D(7.5)) - (5 - I_D(7.5))^2]$$

求解这个二次方程,可以得到 I_D:

$$I_D = 0.515\text{mA}$$

同时也可求得

$$V_{SD} = 1.14\text{V}$$

由此,$V_{SD} < V_{SD}(\text{sat})$,验证了 MOS 晶体管确实偏置在非饱和区。

点评:在二次方程求解 I_D 时得出了另一个解 $V_{SD} = 2.93\text{V}$。这个 V_{SD} 值大于 $V_{SD}(\text{sat})$,而由于开始时假设 MOS 晶体管偏置在非饱和区,所以 $V_{SD} = 2.93\text{V}$ 不是方程的有效解。

练习题 3.4 图 3.26(a)中 MOS 晶体管的参数为 $V_{TP} = -0.6\text{V}$,$K_p = 0.2\text{mA/V}^2$。电路偏置在 $V_{DD} = 3.3\text{V}$。假设 $R_1 /\!/ R_2 = 300\text{k}\Omega$。设计电路,使得 $I_{DQ} = 0.5\text{mA}$,$V_{SDQ} = 2.0\text{V}$。

答案:$R_1 = 885\text{k}\Omega$,$R_2 = 454\text{k}\Omega$,$R_D = 2.6\text{k}\Omega$。

计算机分析题 3.1 通过 PSpice 分析,验证例题 3.4 的结果。

如例题 3.4 所示,开始时可能不知道 MOS 晶体管偏置在饱和区还是非饱和区。求解方法是首先根据经验作一假设,然后再验证假设。如果假设被证明不成立,则必须改变假设,并重新分析电路。在包含 MOSFET 的线性放大电路中,晶体管一般偏置在饱和区。

例题 3.5 设计一个 MOSFET 电路,使其在正负电源下工作,并满足一组设计指标。

(1) 设计指标:待设计的电路结构如图 3.27 所示。设计电路,使得 $I_{DQ} = 0.5\text{mA}$,$V_{SDQ} = 4\text{V}$。

（2）器件选型：在最终的设计中使用标准电阻。可提供一个参数为 $k'_n = 80\mu\mathrm{A/V^2}$，$(W/L) = 6.25$ 和 $V_{TN} = 1.2\mathrm{V}$ 的晶体管。

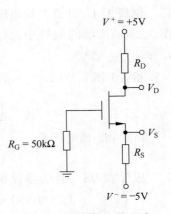

解：假设晶体管偏置在饱和区，则有

$$I_{DQ} = K_n(V_{GS} - V_{TN})^2$$

传导参数为

$$K_n = \frac{k'_n}{2} \cdot \frac{W}{L} = \frac{0.080}{2} \times 6.25 = 0.25\mathrm{mA/V^2}$$

求解栅-源电压，可以发现，为了产生指标中的漏极电流，所需的栅-源电压为

$$V_{GS} = \sqrt{\frac{I_{DQ}}{K_n}} + V_{TN} = \sqrt{\frac{0.5}{0.25}} + 1.2$$

即

$$V_{GS} = 2.614\mathrm{V}$$

图 3.27　例题 3.5 的电路

因为栅极电流为零，所以栅极处于地电位。则源极电压为 $V_S = -V_{GS} = -2.614\mathrm{V}$。源极电阻的值可由下式求得：

$$R_S = \frac{V_S - V^-}{I_{DQ}} = \frac{-2.614 - (-5)}{0.5}$$

即

$$R_S = 4.77\mathrm{k\Omega}$$

漏极电压可以确定为

$$V_D = V_S + V_{DS} = -2.614 + 4 = 1.386\mathrm{V}$$

漏极电阻的值为

$$R_D = \frac{V^+ - V_D}{I_{DQ}} = \frac{5 - 1.386}{0.5}$$

即

$$R_D = 7.23\mathrm{k\Omega}$$

可以注意到

$$V_{DS} = 4\mathrm{V} > V_{DS}(\mathrm{sat}) = V_{GS} - V_{TN} = 2.61 - 1.2 = 1.41\mathrm{V}$$

这意味着晶体管确实偏置在饱和区。

折中考虑：最接近的标准电阻值为 $R_S = 4.7\mathrm{k\Omega}$，$R_D = 7.5\mathrm{k\Omega}$。

可以由下式求得栅-源电压

$$V_{GS} + I_D R_S - 5 = 0$$

其中

$$I_D = K_n(V_{GS} - V_{TN})^2$$

利用标准电阻值，可以 $V_{GS} = 2.622\mathrm{V}$，$I_{DQ} = 0.506\mathrm{mA}$，$V_{DSQ} = 3.83\mathrm{V}$。在这个例子中，漏极电流在设计指标的 1.2% 误差范围内，漏-源电压在设计指标的 4.25% 误差范围内。

点评：记住流入栅极的电流为零这一点非常重要，既然这样，电阻 R_G 上的压降就为零。

设计指南：在一个使用分立元件的实际电路设计中，需要选择和设计值最接近的标准电阻值。同时,还需要考虑分立电阻的容差。在最终的设计中,实际的漏极电流、漏-源电压和设计指标之间有偏差。不过和设计指标之间的这个细微偏差在很多应用中都不是问题。

练习题 3.5 图 3.28 中晶体管的标称参数为 $V_{TN}=0.6V$ 和 $K_n=0.5mA/V^2$。①求解静态值 V_{GSQ}、I_{DQ} 和 V_{DSQ}。②若 V_{TN} 和 K_n 的值变化 $\pm5\%$,求解 I_D 和 V_{DS} 的范围。

答案: ① $V_{GSQ}=1.667V$,$I_{DQ}=0.5689mA$,$V_{DSQ}=2.724V$;② $0.5105\leqslant I_D\leqslant 0.6314mA$,$2.474\leqslant V_{DS}\leqslant 2.958V$。

下面考虑一个偏置在正负电压下的 P 沟道器件的例子。

例题 3.6 设计一个 P 沟道 MOSFET 电路,正负电源供电,带有一个源极电阻 R_S,满足一组设计指标。

(1) 设计指标:待设计的电路结构如图 3.29 所示。设计电路,使得 $I_{DQ}=100\mu A$、$V_{SDQ}=3V$ 和 $V_{RS}=0.8V$。注意,V_{RS} 是电阻 R_S 上的压降。较大的偏置电阻取值为 $200k\Omega$,它可能是 R_1 或 R_2。

(2) 器件选型:可提供一个参数为 $K_p=100\mu A/V^2$ 和 $V_{TP}=-0.4V$ 的晶体管。传导参数可能变化 $\pm5\%$。

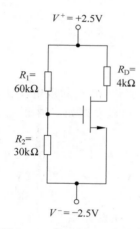

图 3.28 练习题 3.5 的电路

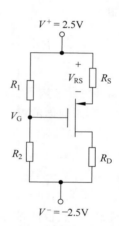

图 3.29 例题 3.6 的电路

解: 假设晶体管偏置在饱和区,则有

$$I_{DQ}=K_p(V_{SG}+V_{TP})^2$$

求解源-栅电压,得到所需的源-栅电压的值为

$$V_{SG}=\sqrt{\frac{I_{DQ}}{K_p}}-V_{TP}=\sqrt{\frac{100}{100}}-(-0.4)$$

即

$$V_{SG}=1.4V$$

可以注意到 V_{SDQ} 的设计值为

$$V_{SDQ}=3V>V_{SDQ}(sat)=V_{SGQ}+V_{TP}=1.4-0.4=1V$$

因此晶体管将偏置在饱和区。栅极对地的电位为

$$V_G=V^+-V_{RS}-V_{SG}=2.5-0.8-1.4=0.3V$$

因为 $V_G>0$,电阻 R_2 将是两个偏置电阻中的较大者,于是令 $R_2=200k\Omega$。那么流过 R_2 的电流为

$$I_{\text{Bias}} = \frac{V_G - V^-}{R_2} = \frac{0.3 - (-2.5)}{200} = 0.014 \text{mA}$$

因为 R_1 中流过的电流与此相同，由此可以求得 R_1 的值为

$$R_1 = \frac{V^+ - V_G}{I_{\text{Bias}}} = \frac{2.5 - 0.3}{0.014}$$

得出

$$R_1 = 157 \text{k}\Omega$$

源极电阻的值可由下式得出

$$R_S = \frac{V_{RS}}{I_{DQ}} = \frac{0.8}{0.1}$$

即

$$R_S = 8 \text{k}\Omega$$

漏极的电压为

$$V_D = V^+ - V_{RS} - V_{SD} = 2.5 - 0.8 - 3 = -1.3 \text{V}$$

则漏极的电阻为

$$R_D = \frac{V_D - V^-}{I_{DQ}} = \frac{-1.3 - (-2.5)}{0.1}$$

即 $R_D = 12 \text{k}\Omega$。

折中考虑：如果传导参数 K_p 在 $\pm 5\%$ 的范围内变化，静态漏极电流 I_{DQ} 和源-漏电压 V_{SDQ} 将发生变化。利用前面的设计中求解的电阻值，可以发现如下结果

K_p	V_{SGQ}	I_{DQ}	V_{SDQ}
$95 \mu\text{A/V}^2$	1.416V	98.0μA	3.04V
$105 \mu\text{A/V}^2$	1.385V	101.9μA	2.962V
$\pm 5\%$	$\pm 1.14\%$	$\pm 2\%$	$\pm 1.33\%$

点评：可以发现，Q 点值的偏移小于 K_p 的变化。在设计中引入 R_S，可以稳定 Q 点。

练习题 3.6 观察图 3.30 所示电路。晶体管的标称参数为 $V_{TP} = -0.30 \text{V}$ 和 $K_p = 120 \mu\text{A/V}^2$。①计算 V_{SG}、I_D 和 V_{SD}。②如果开启电压变化 $\pm 5\%$，求解 I_D 的变化。

答案：①$V_{SG} = 1.631 \text{V}$，$I_D = 0.2126 \text{mA}$，$V_{SD} = 3.295 \text{V}$；②$0.2091 \leqslant I_D \leqslant 0.2160 \text{mA}$。

计算机分析题 3.2 利用 PSpice 仿真，验证设计例题 3.6 中的电路设计。同时研究当电阻值在 $\pm 10\%$ 的范围内变化时，Q 点值的变化情况。

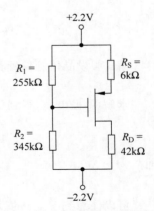

图 3.30　练习题 3.6 的电路

3.2.2　负载线和工作模式

负载线有助于将 MOSFET 偏置在哪个工作区可视化。再次观察图 3.25(b)所示的共源电路。写出漏-源回路的基尔霍夫电压方程，得到式(3.14)，这就是负载线方程，它给出漏极电流和漏-源电压之间的线性关系。

图 3.31 给出例题 3.3 晶体管的 $v_{DS}(sat)$ 特性。负载线由下式给出

$$V_{DS} = V_{DD} - I_D R_D = 5 - I_D(20) \qquad (3.20a)$$

即

$$I_D = \frac{5}{20} - \frac{V_{DS}}{20}\,mA \qquad (3.20b)$$

也在图中画出了负载线。负载线的两个端点由常规的方法确定：如果 $I_D = 0$，则 $V_{DS} = 5V$；如果 $V_{DS} = 0$，则 $I_D = 5/20 = 0.25mA$。如图所示，晶体管的 Q 点由直流漏极电流和漏-源电压给出，它总是在负载线上。图中还画出了几条晶体管的特性曲线。

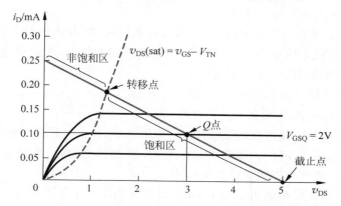

图 3.31　图 3.25(b)所示 NMOS 共源电路的晶体管特性、$v_{DS}(sat)$ 曲线、负载线和 Q 点

如果栅-源电压小于 V_{TN}，则漏极电流为零，晶体管截止。当栅-源电压刚好大于 V_{TN} 时，晶体管导通，并且偏置在饱和区。随着 V_{GS} 的增加，Q 点沿着负载线上移。转移点是饱和区和非饱和区的分界点，它被定义为电压 $V_{DS} = V_{DS}(sat) = V_{GS} - V_{TN}$ 的点。随着 V_{GS} 增大到转移点以上，晶体管偏置在非饱和区。

例题 3.7　确定共源电路的转移点参数。观察图 3.25(b)所示的电路，假设晶体管的参数为 $V_{TN} = 1V$ 和 $K_n = 0.1mA/V^2$。

解：在转移点

$$V_{DS} = V_{DS}(sat) = V_{GS} - V_{TN} = V_{DD} - I_D R_D$$

漏极电流仍为

$$I_D = K_n(V_{GS} - V_{TN})^2$$

联合求解以上两个方程，可得

$$V_{GS} - V_{TN} = V_{DD} - K_n R_D(V_{GS} - V_{TN})^2$$

重新整理这个方程得到

$$K_n R_D(V_{GS} - V_{TN})^2 + (V_{GS} - V_{TN}) - V_{DD} = 0$$

即

$$(0.1)(20)(V_{GS} - V_{TN})^2 + (V_{GS} - V_{TN}) - 5 = 0$$

求解这个二次方程得到

$$V_{GS} - V_{TN} = 1.35V = V_{DS}$$

因此

$$V_{GS} = 2.35V$$

和

$$I_D = 0.1 \times (2.35 - 1)^2 = 0.182mA$$

点评：当 $V_{GS} < 2.35V$ 时,晶体管偏置在饱和区;当 $V_{GS} > 2.35V$ 时,晶体管偏置在非饱和区。

练习题 3.7 观察图 3.30 中的电路。使用练习题 3.6 所描述的晶体管标称参数,画出负载线并求解转移点的参数。

答案：$V_{SG} = 2.272V$,$I_D = 0.4668mA$,$V_{SD} = 1.972V$。

解题技巧：MOSFET 直流分析。

分析 MOSFET 电路的直流响应,需要知道偏置情况(饱和区还是非饱和区)。在某些情况下,偏置情况可能不明显,这意味着不得不先猜测偏置状态,然后通过分析电路来确定求解结果是否和开始的猜测一致。为此,可以：

(1) 假设晶体管偏置在饱和区,这时有 $V_{GS} > V_{TN}$,$I_D > 0$,并且 $V_{DS} > V_{DS}(sat)$。

(2) 用饱和区的电流-电压关系分析电路。

(3) 评估所得结果中晶体管的偏置状态。如果在第(1)步中假设的参数值是有效的,则说明一开始的假设是正确的;如果 $V_{GS} < V_{TN}$,则晶体管很可能截止;而如果 $V_{DS} < V_{DS}(sat)$,则晶体管很有可能偏置在非饱和区。

(4) 如果开始的假设被证明是不正确的,那么需要做一个新的假设,并重新分析电路,然后重复第(3)步。

3.2.3 其他 MOSFET 电路结构：直流分析

除了刚刚考虑的采用四电阻结构偏置的基本共源电路之外,还有其他 MOSFET 电路结构,本节将讨论其中的几个例子。而集成 MOSFET 放大电路一般用恒流源偏置。例题 3.8 给出使用理想恒流源的方法。

例题 3.8 设计一个使用恒流源偏置的 MOSFET 电路,使之满足一组指标要求。

(1) 设计指标：待设计的电路结构如图 3.32(a)所示。设计电路,使得静态工作点的值为 $I_{DQ} = 250\mu A$ 和 $V_D = 2.5V$。

(2) 器件选型：可提供一个标称参数为 $V_{TN} = 0.8V$,$k'_n = 80\mu A/V^2$,$W/L = 3$ 的晶体管。假设 k'_n 的变化范围为 $\pm 5\%$。

解：直流等效电路如图 3.32(b)所示。由于 $v_i = 0$,栅极处于地电位,R_G 中没有电流流过。

已知 $I_D = I_{DQ} = 250\mu A$。假设晶体管偏置在饱和区,则有

$$I_D = \frac{k'_n}{2} \cdot \frac{W}{L} (V_{GS} - V_{TN})^2$$

或

$$250 = \left(\frac{80}{2}\right) \cdot (3)(V_{GS} - 0.8)^2$$

得出

$$V_{GS} = 2.24V$$

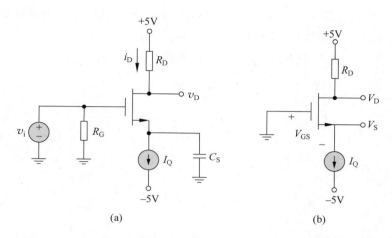

图 3.32 （a）恒流源偏置的 NMOS 共源电路；（b）直流等效电路

源极的电压为

$$V_S = -V_{GS} = -2.24V$$

漏极电流也可以写为

$$I_D = \frac{5 - V_D}{R_D}$$

对于 $V_D = 2.5V$，有

$$R_D = \frac{5 - 2.5}{0.25} = 10k\Omega$$

漏-源电压为

$$V_{DS} = V_D - V_S = 2.5 - (-2.24) = 4.74V$$

由于 $V_{DS} = 4.74V > V_{DS}(\text{sat}) = V_{DS} - V_{TN} = 2.24 - 0.8 = 1.44V$，晶体管偏置在饱和区，和最初的假设一致。

折中考虑：注意，即使 k'_n 变化，漏极电流也保持不变。对于 $76 \leqslant k'_n \leqslant 84\mu A/V^2$，$V_{GSQ}$ 的变化为 $2.209V \leqslant V_{GSQ} \leqslant 2.281V$，$V_{DSQ}$ 的变化为 $4.709V \leqslant V_{DSQ} \leqslant 4.781V$。当 k'_n 变化 $\pm 5\%$ 时，V_{DSQ} 的变化只有 $\pm 0.87\%$。

点评：MOSFET 电路可以用恒流源偏置，将会看到，该恒流源由其他 MOS 电路组成。利用电流源偏置，可以在器件或电路参数变化时保持电路的稳定。

练习题 3.8 ①观察图 3.33 所示电路。晶体管的参数为 $V_{TP} = -0.40V$，$K_p = 30\mu A/V^2$。设计电路，使得 $I_{DQ} = 60\mu A$ 和 $V_{SDQ} = 2.5V$。②当 V_{TP} 和 K_p 参数变化 $\pm 5\%$ 时，求解静态工作点值的变化情况。

答案：① $R_S = 19.77k\Omega$，$R_D = 38.57k\Omega$；② $58.2\mu A \leqslant I_{DQ} \leqslant 61.08\mu A$，$2.437V \leqslant V_{SDQ} \leqslant 2.605V$。

1. N 沟道增强型负载器件

一个增强型 MOSFET，如果按图 3.34 所示的电路结构进行连接，可以用作一个非线性电阻。因为这里的晶体管是增强型器件，$V_{TN} > 0$，这种连接方式的晶体管称为增强型负载器件。同样,在这个电路中,$v_{DS}=v_{GS}>v_{DS}(sat)=v_{GS}-V_{TN}$,这意味着晶体管总是偏置在饱和区。于是 i_D-v_{DS} 特性可以写为

$$i_D=K_n(v_{GS}-V_{TN})^2=K_n(v_{DS}-V_{TN})^2 \tag{3.21}$$

图 3.33　练习题 3.8 的电路　　　　图 3.34　栅极和漏极相连的增强型 NMOS 器件

图 3.35 所示为式(3.21)在 $K_n=1\text{mA/V}^2$ 和 $V_{TN}=1\text{V}$ 时的曲线。

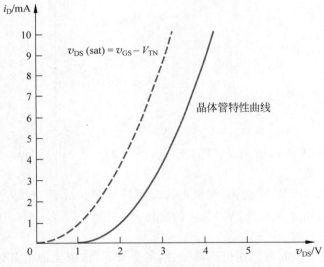

图 3.35　增强型负载器件的电流-电压特性曲线

　　一个增强型负载器件,如果按图 3.36 所示的电路结构和另一个 MOSFET 进行连接,这个电路可以用作放大电路或数字逻辑电路中的反相器。M_L 为负载器件,一直偏置在饱和区。而晶体管 M_D 称为驱动晶体管,根据输入电压的不同,它可以偏置在饱和区或非饱和区。下一个例子将研究这个电路在 M_D 栅极加直流输入电压时的直流分析。

　　例题 3.9　求解包含增强型负载器件的晶体管直流电流和电压。图 3.36 所示电路中的晶体管参数为 $V_{TND}=V_{TNL}=1\text{V}$,$K_{nD}=50\mu\text{A/V}^2$,$K_{nL}=10\mu\text{A/V}^2$。同时假设 $\lambda_{nD}=\lambda_{nL}=0$(下标 D 指驱动晶体管,下标 L 指负载晶体管)。分别求解 $V_I=5\text{V}$ 和 $V_I=1.5\text{V}$ 时的 V_O。

　　解:($V_I=5\text{V}$)对于带电阻负载的反相器电路,当输入电压大时,输出电压将下降到一个很小的值。于是,由于漏-源电压很小,假设驱动晶体管偏置在非饱和区。负载器件中的

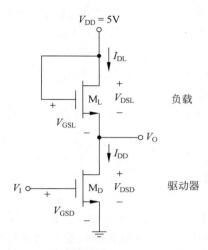

图 3.36 例题 3.9 电路包含增强型负载器件和 NMOS 驱动器的电路

漏极电流和驱动晶体管中的漏极电流相等。把这两个电流用一般形式表示为

$$I_{DD} = I_{DL}$$

即

$$K_{nD}[2(V_{GSD} - V_{TND})V_{DSD} - V_{DSD}^2] = K_{nL}[V_{GSL} - V_{TNL}]^2$$

由于

$$V_{GSD} = V_L, \quad V_{DSD} = V_O, \quad V_{GSL} = V_{DSL} = V_{DD} - V_O$$

于是得到

$$K_{nD}[2(V_I - V_{TND})V_O - V_O^2] = K_{nL}[V_{DD} - V_O - V_{TNL}]^2$$

代入数值,得到

$$(50)[2(5-1)V_O - V_O^2] = (10)[5 - V_O - 1]^2$$

重新整理各项,得到

$$3V_O^2 - 24V_O + 8 = 0$$

利用二次方程求解公式,得到两个可能的解为

$$V_O = 7.65V \text{ 和 } V_O = 0.349V$$

由于输出电压不可能大于电源电压 $V_{DD} = 5V$,所以有效的解应为 $V_O = 0.349V$。同时,由于 $V_{DSD} = V_O = 0.349V < V_{GSD} - V_{TND} = 5 - 1 = 4V$,驱动晶体管 M_D 偏置在非饱和区,与开始时的假设一致。电流可由下式得到

$$I_D = K_{nL}(V_{GSL} - V_{TNL})^2 = K_{nL}(V_{DD} - V_O - V_{TNL})^2$$

即

$$I_D = (10)(5 - 0.349 - 1)^2 = 133\mu A$$

解: ($V_I = 1.5V$)由于驱动晶体管的开启电压 $V_{TN} = 1V$,1.5V 的输入电压意味着晶体管的电流将相对较小,所以输出电压相对较大。由于这个原因,假设驱动晶体管 M_D 偏置在饱和区。两个晶体管中的电流相等,写成一般形式为

$$I_{DD} = I_{DL}$$

即

129

$$K_{nD} \mid V_{GSD} - V_{TND} \mid^2 = K_{nL}[V_{GSL} - V_{TNL}]^2$$

同样,因为 $V_{GSD} = V_I$,　$V_{DSD} = V_O$,　$V_{GSL} = V_{DSL} = V_{DD} - V_O$

于是得到

$$K_{nD}[V_I - V_{TND}]^2 = K_{nL}[V_{DD} - V_O - V_{TNL}]^2$$

代入数值,取平方根,可得

$$\sqrt{50}[1.5 - 1] = \sqrt{10}[5 - V_O - 1]$$

于是得到 $V_O = 2.88V$。

因为 $V_{DSD} = V_O = 2.88V > V_{GSD} - V_{TND} = 1.5 - 1 = 0.5V$,所以驱动晶体管 M_D 偏置在饱和区,与开始时的假设一致。

电流为

$$I_D = K_{nD}(V_{GSD} - V_{TND})^2 = 50 \times (1.5 - 1)^2 = 12.5\mu A$$

在这个例子中,对驱动晶体管偏置在饱和区还是非饱和区做了初始假设。这个例子后面将给出更加详细解析的方法。

对于图 3.36 所示带增强型负载的 NMOS 反相器电路,通过 PSpice 分析可以得到电压传输特性,结果如图 3.37 所示。当输入电压从高电平减小时,输出电压增加,对晶体管中的电容充放电。当驱动晶体管截止时,电路中的电流为 0。这发生在 $V_I = V_{GSD} = V_{TN} = 1V$ 时。在这一点,输出电压为 $V_O = 4V$。由于没有电流,电容停止充放电,所以输出电压不能完全达到 $V_{DD} = 5V$。最大输出电压为 $V_O(\max) = V_{DD} - V_{TNL} = 5 - 1 = 4V$。

当输入电压刚好大于 1V 时,如前面对于 $V_I = 1.5V$ 时的分析,两个晶体管都偏置在饱和区。在式(3.24)中将会看到,输出电压是输入电压的线性函数。

当输入电压差不多大于 2.25V 时,驱动晶体管偏置在非饱和区,输出电压是输入电压的非线性函数。

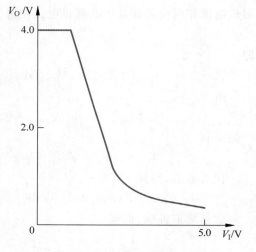

图 3.37　带增强型负载器件的 NMOS 反相器的电压传输特性

练习题 3.9　观察图 3.36 所示的 NMOS 反相器电路,其中晶体管的参数与例题 3.9 中所描述的相同。当输入电压 V_I 分别为 4V 和 2V 时,求解输出电压 V_O。

答案:①0.454V;②1.76V。

计算机分析题 3.3　观察图 3.36 所示的 NMOS 电路,利用 PSpice 仿真,画出电压传输特性曲线。使用与例题 3.9 所描述相同的晶体管参数。当 $V_I = 1.5V$ 和 $V_I = 5V$ 时,输出电压 V_O 为多少?

在图 3.36 所示的电路中,可以确定驱动晶体管区分饱和区和非饱和区的转移点。转移点由下式给出

$$V_{DSD}(sat) = V_{GSD} - V_{TND} \tag{3.22}$$

同样,两个晶体管中的漏极电流相等。对驱动晶体管应用饱和漏极电流的关系,有

$$I_{DD} = I_{DL} \tag{3.23a}$$

即

$$K_{nD}[V_{GSD} - V_{TND}]^2 = K_{nL}[V_{GSL} - V_{TNL}]^2 \tag{3.23b}$$

同样,注意到

$$V_{GSD} = V_I$$
$$V_{GSL} = V_{DSL} = V_{DD} - V_O$$

取平方根,得到

$$\sqrt{\frac{K_{nD}}{K_{nL}}}(V_I - V_{TND}) = (V_{DD} - V_O - V_{TNL}) \tag{3.24}$$

在转移点,定义输入电压为 $V_I = V_{It}$,输出电压为 $V_{Ot} = V_{DSD}(\text{sat}) = V_{It} - V_{TND}$。于是,由式(3.24)可得,转移点的输入电压为

$$V_{It} = \frac{V_{DD} - V_{TNL} + V_{TND}(1 + \sqrt{K_{nD}/K_{nL}})}{1 + \sqrt{K_{nD}/K_{nL}}} \tag{3.25}$$

如果将式(3.25)应用到前面的例题中,则可以看出开始的假设是正确的。

2. N 沟道耗尽型负载器件

N 沟道耗尽型 MOSFET 也可以用作负载器件。观察图 3.38(a)中栅极和源极连接在一起的耗尽型 MOSFET,其电流-电压特性如图 3.38(b)所示。晶体管可能偏置在饱和区或者非饱和区。图中也标出了转移点。N 沟道耗尽型 MOSFET 的开启电压为负,所以 $v_{DS}(\text{sat})$ 为正。

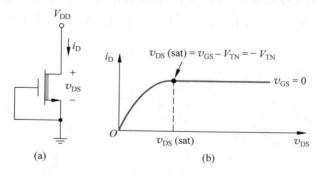

图 3.38 (a) 栅极和源极相连的耗尽型 NMOS 器件;(b) 电流-电压特性

如图 3.39 所示,一个耗尽型负载器件可以和另一个 MOSFET 连接使用,构成一个用作放大电路或数字逻辑电路中的反相器的电路。负载器件 M_L 和驱动晶体管 M_D 都可能偏置在饱和区或非饱和区,这取决于输入电压的值。将对驱动晶体管栅极加了特定输入直流电压的电路进行直流分析。

例题 3.10 求解带耗尽型负载器件的电路中晶体管的直流电流和电压。观察图 3.39 所示的电路,令 $V_{DD} = 5\text{V}$,并假设晶体管的参数为 $V_{TND} = 1\text{V}, V_{TNL} = -2\text{V}, K_{nD} = 50\mu\text{A}/\text{V}^2$ 和 $K_{nL} = 10\mu\text{A}/\text{V}^2$。当 $V_I = 5\text{V}$ 时,求解 V_O。

解: 假设驱动晶体管 M_D 偏置在非饱和区,负载晶体管 M_L 偏置在饱和区。两个晶体管中的漏极电流相等,用一般形式表示为

$$I_{DD} = I_{DL}$$

即

$$K_{nD}\left[2(V_{GSD} - V_{TND})V_{DSD} - V_{DSD}^2\right] = K_{nL}\left[V_{GSL} - V_{TNL}\right]^2$$

因为

$$V_{GSD} = V_L, \quad V_{DSD} = V_O, \quad V_{GSL} = 0$$

于是有

$$K_{nD}\left[2(V_I - V_{TND})V_O - V_O^2\right] = K_{nL}\left[-V_{TNL}\right]^2$$

代入数值,得到

$$50 \times \left[2(5-1)V_O - V_O^2\right] = 10 \times \left[-(-2)\right]^2$$

重新整理各项,得到

$$5V_O^2 - 40V_O + 4 = 0$$

利用二次方程公式,得到两个可能的解为

$$V_O = 7.90V, \quad V_O = 0.10V$$

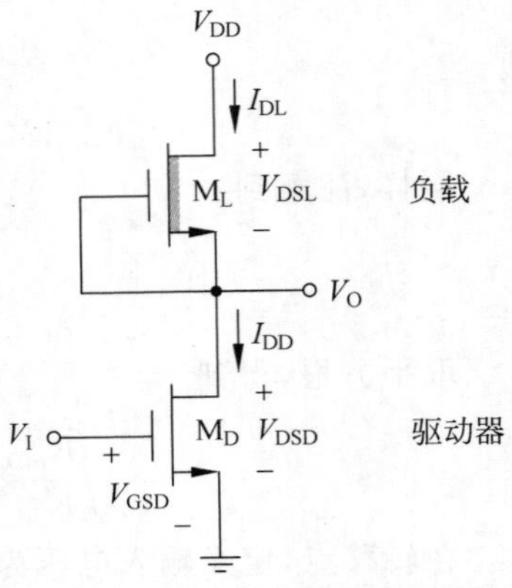

由于输出电压不可能大于电源电压 $V_{DD} = 5V$,所以有效的解应为 $V_O = 0.10V$。

电流为

$$I_D = K_{nL}(-V_{TNL})^2 = 10 \times \left[-(-2)\right]^2 = 40\mu A$$

点评:由于 $V_{DSD} = V_O = 0.10V < V_{GSD} - V_{TND} = 5 - 1 = 4V$,驱动晶体管 M_D 偏置在非饱和区,与开始时的假设一致。同样,由于 $V_{DSL} = V_{DD} - V_O = 4.9V > V_{GSL} - V_{TNL} = 0 - (-2) = 2V$,负载晶体管 M_L 偏置在饱和区,与开始时的假设一致。

对于图 3.39 所示带耗尽型负载的 NMOS 反相器电路,通过 PSpice 分析可以得到电压传输特性,结果如图 3.40 所示。当输入电压小于 1V 时,驱动器截止,输出电压 $V_O = V_{DD} = 5V$。

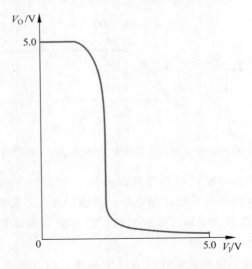

图 3.39 带耗尽型负载器件和
NMOS 驱动器的电路

图 3.40 带耗尽型负载器件的 NMOS 反相器的电压传输特性

当输入电压刚好大于 1V 时,驱动晶体管偏置在饱和区,负载器件偏置在非饱和区。当输入电压约为 1.9V 时,两个晶体管都偏置在饱和区。在这个例子中,如果假设沟道长度调制参数 λ 为 0,那么在这个过渡区中输入电压将保持不变。当输入电压大于 1.9V 时,驱动晶体管将偏置在非饱和区,而负载晶体管则偏置在饱和区。

练习题 3.10 图3.39所示电路中的晶体管参数为 $V_{TND}=1V$,$V_{TNL}=-2V$。①设计 K_{nD}/K_{nL} 比,使得当 $V_I=5V$ 时,输出电压 $V_O=0.25V$。②如果 $V_I=5V$ 时的晶体管电流为 $0.2mA$,求解 K_{nD} 和 K_{nL}。

答案:①$K_{nD}/K_{nL}=2.06$;②$K_{nD}=50\mu A/V^2$,$K_{nL}=103\mu A/V^2$。

计算机分析题 3.4 观察图3.39所示的NMOS电路,利用PSpice仿真,画出电压传输特性。使用和例题3.13相同的晶体管参数。当 $V_I=1.5V$ 和 $V_I=5V$ 时,输出电压 V_O 是多少?

3. P沟道增强型负载器件

P沟道增强型晶体管也可以用作负载器件,构成互补MOS(CMOS)反相器。互补这个词隐含表示在同一个电路中同时使用N沟道和P沟道晶体管。CMOS技术广泛应用于模拟和数字电子电路。

图3.41所示为CMOS反相器的一个例子。NMOS晶体管用作放大器件或驱动器,PMOS器件则用作负载,这里指有源负载。这种结构被典型地应用于模拟电路。在另外一种结构中,两个栅极连接在一起作为输入端,这种结构将在第16章中进行讨论。

和前面讨论过的两个NMOS反相器一样,图3.41所示电路中的两个晶体管也可能偏置在饱和区或非饱和区,具体在哪个区域,取决于输入电压的值。用PSpice仿真最容易得出电压传输特性曲线。

例题 3.11 利用PSpice分析,求解CMOS反相器的电压传输特性曲线。对于图3.41所示的电路,假设晶体管的参数为 $V_{TN}=1V$,$V_{TP}=-1V$,$K_n=K_p$,同时假设 $V_{DD}=5V$ 和 $V_G=3.25V$。

解:电压传输特性如图3.42所示。在这个例子中,和带耗尽型负载的NMOS反相器一样,存在着两个晶体管都偏置在饱和区的过渡区。如果假设沟道长度调制参数 λ 为零,则输入电压在这个过渡区内保持不变。

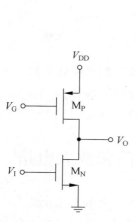

图 3.41 CMOS反相器示例

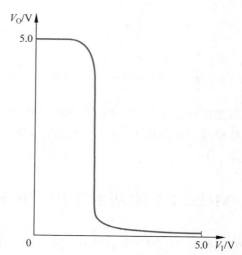

图 3.42 例题3.11图 CMOS反相器的电压传输特性

在这个例子中,PMOS 器件的源-栅电压仅为 $V_{SG} = 1.75V$,于是从 PMOS 器件的漏极看进去的有效电阻就相对较大。在下一章将会看到,这是放大电路比较理想的一个特性。

练习题 3.11 观察图 3.41 所示的电路。假设晶体管参数和电路参数与例题 3.11 中所给出的相同。求解晶体管 M_N 和 M_P 的转移点参数。

答案:对于:M_P,$V_{Ot} = 4.25V$,$V_{It} = 1.75V$;对于 M_N,$V_{Ot} = 0.75V$,$V_{It} = 1.75V$。

理解测试题 3.7 在图 3.25(a) 所示的电路中,晶体管的参数为 $V_{TN} = 0.25V$,$K_n = 30\mu A/V^2$,电路偏置在 $V_{DD} = 2.2V$。令 $R_1 + R_2 = 500k\Omega$。重新设计电路,使得 $I_{DQ} = 70\mu A$ 和 $V_{DSQ} = 1.2V$。

答案:$R_1 = 96k\Omega$,$R_2 = 404k\Omega$,$R_D = 14.3k\Omega$。

理解测试题 3.8 在图 3.43 所示的电路中,晶体管的参数为 $V_{TN} = 0.4V$,$k'_n = 100\mu A/V^2$。设计晶体管的宽长比,使得 $V_{DS} = 1.6V$。

答案:2.36。

理解测试题 3.9 图 3.36 所示的电路,采用例题 3.9 所给出的晶体管参数。①求解驱动晶体管在转移点处的 V_I 和 V_O。②计算转移点处的晶体管电流。

答案:①$V_{It} = 2.236V$,$V_{Ot} = 1.236V$;②$I_D = 76.4\mu A$。

理解测试题 3.10 观察图 3.44 所示的电路。晶体管的参数为 $V_{TN} = -1.2V$,$k'_n = 80\mu A/V^2$。①设计晶体管的宽长比,使得 $V_{DS} = 1.8V$。晶体管偏置在饱和区还是非饱和区?②重复①,使得 $V_{DS} = 0.8V$。

答案:①3.26;②6.10。

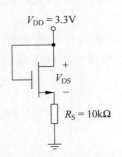

图 3.43 理解测试题 3.8 的电路

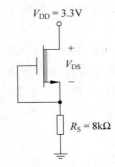

图 3.44 理解测试题 3.10 的电路

理解测试题 3.11 图 3.39 所示电路中,使用例题 3.10 中给出的晶体管参数。①确定负载晶体管在转移点的 V_I 和 V_O。②确定驱动晶体管在转移点的 V_I 和 V_O。

答案:①$V_{It} = 1.89V$,$V_{Ot} = 3V$;②$V_{It} = 1.89V$,$V_{Ot} = 0.89V$。

3.3 MOSFET 的基本应用:开关、数字逻辑门和放大电路

目标:研究 MOSFET 电路的三种应用:开关电路、数字逻辑电路和放大电路。

MOSFET 可以用来开关电流、电压和功率;实现数字逻辑功能;放大时变小信号。在本节,将研究一个 NMOS 晶体管的开关特性,分析一个简单的 NMOS 晶体管数字逻辑电

路,并讨论如何用 MOSFET 来放大小信号。

3.3.1 NMOS 反相器

MOSFET 可以在许多电子应用中用作开关。晶体管开关在速度和可靠性方面都优于机械开关。本节所要讨论的晶体管开关也称为反相器。

图 3.45 给出 N 沟道增强型 MOSFET 反相器电路。如果 $v_I < V_{TN}$,则晶体管截止,$i_D = 0$。电阻 R_D 上没有压降,输出电压 $v_O = V_{DD}$。同样,因为 $i_D = 0$,所以在晶体管上没有功率损耗。

如果 $v_I > V_{TN}$,由于 $v_{DS} > v_{GS} - V_{TN}$,晶体管导通。开始时它偏置在饱和区,随着输入电压的增加,漏-源电压下降,晶体管最终偏置在非饱和区。当 $v_I = V_{DD}$ 时,晶体管偏置在非饱和区,v_O 达到最小值,漏极电流达到最大值。这里的电流和电压由下式给出:

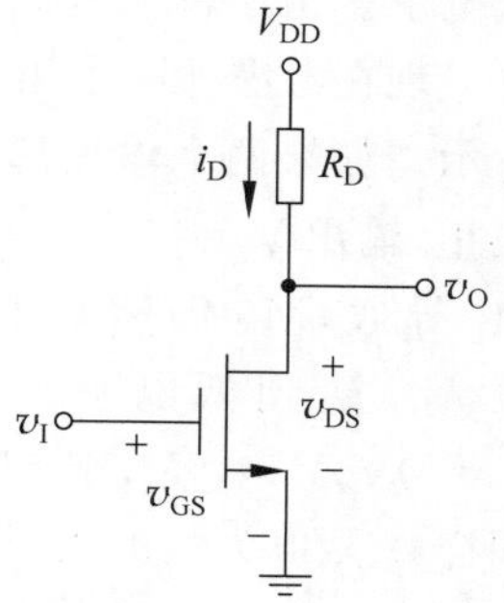

$$i_D = K_n [2(v_I - V_{TN})v_O - v_O^2] \tag{3.26}$$

和

$$v_O = v_{DD} - i_D R_D \tag{3.27}$$

其中 $v_O = v_{DS}$,$v_I = v_{GS}$。

图 3.45 NMOS 反相器电路

例题 3.12 设计功率 MOSFET 的尺寸,使之满足特定开关应用的指标要求。图 3.45 所示反相器电路的负载是一个电磁线圈,要求导通时的电流为 0.5A。有效负载电阻在 8~10Ω 之间变化,具体数值将取决于温度和其他变量。可提供一个 10V 的直流电源。晶体管的参数为 $k_n' = 80\mu A/V^2$,$V_{TN} = 1V$。

解: 一种方案是将晶体管偏置在饱和区,这样电流与负载电阻无关,是一个恒定的值。

V_{DS} 的最小值为 5V。需要 $V_{DS} > V_{DS}(sat) = V_{GS} - V_{TN}$。如果将晶体管偏置在 $V_{GS} = 5V$,则晶体管将一直偏置在饱和区。于是可以写出

$$I_D = \frac{k_n'}{2} \cdot \frac{W}{L} (V_{GS} - V_{TN})^2$$

即

$$0.5 = \frac{80 \times 10^{-6}}{2} \left(\frac{W}{L}\right) \cdot (5-1)^2$$

可以得出 $W/L = 781$。

当负载电阻为 8Ω,$V_{DS} = 6V$ 时,晶体管上消耗的功率最大,为

$$P(max) = V_{DS}(max) \cdot I_D = 6 \times 0.5 = 3W$$

点评: 在没有向晶体管输入电流时,就可以开关相对较大的漏极电流。当然这要求晶体管的尺寸相当大,也就意味着需要一个功率晶体管。如果所提供的晶体管的宽长比和计算值稍微不同,则可以通过改变 V_{GS} 的值来满足设计指标的要求。

练习题 3.12 对于图 3.45 所示的 MOS 反相器电路,假设电路参数为 $V_{DD} = 5V$ 和 $R_D = 500\Omega$。晶体管的开启电压为 $V_{TN} = 1V$。求解传导参数 K_n 的值,使得 $v_I = 5V$ 时的 $v_O = 0.2V$。晶体管的功率损耗是多少?

答案:$K_n = 6.15\text{mA/V}^2, P = 1.92\text{mW}$。

3.3.2 数字逻辑门

对于图 3.45 所示的晶体管反相器电路,当输入为低电平并接近 0V 时,晶体管截止,输出为高电平且等于 V_{DD}。当输入为高电平且等于 V_{DD} 时,晶体管偏置在非饱和区,输出为低电平。由于输入电压要么为高电平要么为低电平,可以在直流参数下分析电路。

现在考虑并联了第二只晶体管的情况,如图 3.46 所示。如果两个输入都为 0V,则晶体管 M_1 和 M_2 都截止,输出 $V_O = 5\text{V}$。当 $V_1 = 5\text{V}, V_2 = 0\text{V}$ 时,晶体管 M_1 导通,M_2 仍然截止。晶体管 M_1 偏置在非饱和区,V_O 达到低电平。如果将输入电压反过来,即 $V_1 = 0\text{V}, V_2 = 5\text{V}$,则 M_1 截止,M_2 偏置在非饱和区,同样,V_O 也为低电平。如果两个输入端都为高电平,即 $V_1 = V_2 = 5\text{V}$,则两个晶体管都偏置在非饱和区,V_O 为低电平。

表 3.2 给出图 3.46 所示电路的上述各种不同状态。在正逻辑系统中,这些结果表明,该电路实现的

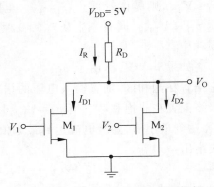

图 3.46 二输入 NMOS 或非逻辑门

是或非逻辑功能,因而称为二输入或非逻辑电路。在实际的 NMOS 逻辑电路中,电阻 R_D 用另外一个 NMOS 晶体管代替。

表 3.2 NMOS 或非逻辑电路响应

V_1/V	V_2/V	V_O/V
0	0	高
5	0	低
0	5	低
5	5	低

例题 3.13 针对各种不同的输入情况,求解数字逻辑门电路的电流和电压。观察图 3.46 所示电路,电路和晶体管的参数为 $R_D = 20\text{k}\Omega, K_n = 0.1\text{mA/V}^2, V_{TN} = 0.8\text{V}$ 和 $\lambda = 0$。

解: 当 $V_1 = V_2 = 0\text{V}$ 时,M_1 和 M_2 都截止,输出 $V_O = V_{DD} = 5\text{V}$。当 $V_1 = 5\text{V}, V_2 = 0\text{V}$ 时,晶体管 M_1 偏置在非饱和区,可以写出

$$I_R = I_{D1} = \frac{5 - V_O}{R_D} = K_n[2(V_1 - V_{TN})V_O - V_O^2]$$

求解输出电压 V_O,得到 $V_O = 0.29\text{V}$。

电流为

$$I_R = I_{D1} = \frac{5 - 0.29}{20} = 0.236\text{mA}$$

当 $V_1 = 0\text{V}, V_2 = 5\text{V}$ 时,则有 $V_O = 0.29\text{V}, I_R = I_{D1} = 0.236\text{mA}$。

当两个输入都达到高电平,即 $V_1 = V_2 = 5\text{V}$ 时,有 $I_R = I_{D1} + I_{D2}$,即

$$\frac{5-V_O}{R_D} = K_n[2(V_1-V_{TN})V_O - V_O^2] + K_n[2(V_2-V_{TN})V_O - V_O^2]$$

求解得到 $V_O = 0.147V$。

电流为 $I_R = \dfrac{5-0.147}{20} = 0.243mA$，则

$$I_{D1} = I_{D2} = \frac{I_R}{2} = 0.121mA$$

当任一晶体管偏置在导通状态时，由于 $V_{DS} < V_{DS}(sat)$，晶体管总是偏置在非饱和区，输出电压为低电平。

练习题 3.13 对于图 3.46 所示电路，假设电路和晶体管的参数为 $R_D = 30k\Omega$，$V_{TN} = 1V$ 和 $K_n = 50\mu A/V^2$。求解以下情况的 V_O、I_R、I_{D1} 和 I_{D2}：①$V_1 = 5V$，$V_2 = 0$；②$V_1 = V_2 = 5V$。

答案： ①$V_O = 0.40V$，$I_R = I_{D1} = 0.153mA$，$I_{D2} = 0$；②$V_O = 0.205V$，$I_R = 0.16mA$，$I_{D1} = I_{D2} = 0.080mA$。

以上例子及讨论表明，MOS 晶体管在电路中用来实现逻辑功能。

3.3.3 MOSFET 小信号放大电路

MOSFET 和其他的电路元件一起，可以放大时变小信号。图 3.47(a) 给出一个 MOSFET 小信号放大电路，它是一个共源电路，其中时变信号通过一个耦合电容耦合到栅极。图 3.47(b) 给出晶体管的特性曲线和负载线，其中负载线是 $v_i = 0$ 时的情况。

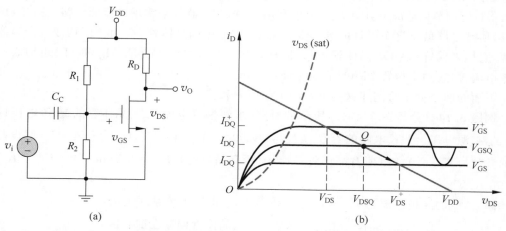

图 3.47 (a) 栅极耦合了时变小信号的 NMOS 共源电路；(b) 晶体管特性曲线、负载线以及叠加的正弦信号

通过设计偏置电阻 R_1 和 R_2 的比值，在负载线上设定一个特定的 Q 点。如果假设 $v_i = V_i \sin\omega t$，则栅-源电压将是在直流静态值上叠加一个正弦信号。因为栅-源电压随时间而变化，如图所示，Q 点将沿着负载线上下移动。

Q 点沿负载线的上下移动形成了漏极电流和漏-源电压的正弦变化。输出电压的变化会比输入电压的变化大，这就意味着输入信号被放大了。实际的信号增益取决于晶体管参数和电路元件的数值。

在下一章，将建立晶体管的一个等效电路，用它来确定时变小信号增益以及电路的其他

特性。

理解测试题 3.12 图 3.45 所示的电路偏置在 $V_{DD}=10V$,晶体管的参数为 $V_{TN}=0.7V$ 和 $K_n=4mA/V^2$。设计 R_D 的值,使得 $v_I=10V$ 时的输出电压 $v_O=0.20V$。

答案:$0.666k\Omega$。

理解测试题 3.13 图 3.48 所示电路中晶体管的参数为 $K_n=4mA/V^2$ 和 $V_{TN}=0.8V$,它用作 LED 开关。LED 的开启电压为 $V_r=1.5V$。当输入电压 $v_I=5V$ 时 LED 导通。①求解电阻 R 的取值,使得二极管电流为 12mA。②根据①的结果,求解 v_{DS}。

答案:① $R=261\Omega$;② $v_{DS}=0.374V$。

理解测试题 3.14 在图 3.46 所示的电路中,令 $R_D=25k\Omega$,$V_{TN}=1V$。①若要使 $V_1=0$,$V_2=5V$ 时的 $V_O=0.10V$,求解传导参数 K_n 的值。②根据①的结果,求解当 $V_1=V_2=5V$ 时的 V_O。

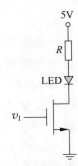

图 3.48 理解测试题 3.13 图

答案:① $K_n=0.248mA/V^2$;② $V_O=0.0502V$。

3.4 恒流源偏置

目标:研究 MOSFET 器件的电流源偏置。

如图 3.32 所示,MOSFET 可以用一个恒流源 I_Q 来偏置。在这个电路中,晶体管的栅-源电压将自行调节以适应恒流源 I_Q。可以利用 MOSFET 器件来实现恒流源电路。图 3.49(a)和(b)所示电路就是这个设计的第一步。图 3.49(a)中的晶体管 M_2 和 M_3 构成一个镜像电流源,它用来偏置 NMOS 晶体管 M_1。同样,图 3.49(b)中的晶体管 M_B 和 M_C 也构成一个镜像电流源,它用来偏置 PMOS 晶体管 M_A。

下面的两个例子将阐述这些电路的工作原理和特性。

例题 3.14 分析图 3.49(a)所示的电路,求解偏置电流 I_{Q1}、晶体管的栅-源电压以及 M_1 的漏-源电压。假设电路的参数为 $I_{REF1}=200\mu A$,$V^+=2.5V$,$V^-=-2.5V$。假设晶体管的参数为 $V_{TN}=0.4V$(所有晶体管),$\lambda=0$(所有晶体管),$K_{n1}=0.25mA/V^2$,$K_{n2}=K_{n3}=0.15mA/V^2$。

解:M_3 的漏极电流为 $I_{D3}=I_{REF1}=200\mu A$,它由以下关系式给出:

$$I_{D3}=K_{n3}(V_{GS3}-V_{TN})^2 \quad \text{(晶体管偏置在饱和区)}$$

求解栅-源电压,可得

$$V_{GS3}=\sqrt{\frac{I_{D3}}{K_{n3}}}+V_{TN}=\sqrt{\frac{0.2}{0.15}}+0.4$$

即

$$V_{GS3}=1.555V$$

注意到 $V_{GS3}=V_{GS2}=1.555V$,可以写出

$$I_{D2}=I_{Q1}=K_{n2}(V_{GS2}-V_{TN})^2=0.15\times(1.555-0.4)^2$$

即

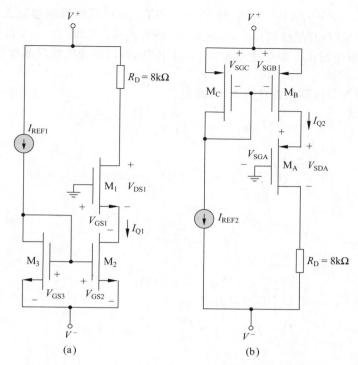

图 3.49 （a）NMOS 镜像电流源；（b）PMOS 镜像电流源

$$I_{Q1} = 200\mu A$$

栅-源电压 V_{GS1} 可以写为（假设 M_1 偏置在饱和区）

$$V_{GS1} = \sqrt{\frac{I_{Q1}}{K_{n1}}} + V_{TN} = \sqrt{\frac{0.2}{0.25}} + 0.4$$

即

$$V_{GS1} = 1.29V$$

漏-源电压可从下式得到：

$$V_{DS1} = V^+ - I_{Q1}R_D - (-V_{GS1})$$
$$= 2.5 - 0.2 \times 8 - (-1.29)$$

即

$$V_{DS1} = 2.19V$$

可以注意到，M_1 确实偏置在饱和区。

点评：由于镜像电流源晶体管 M_2 和 M_3 相匹配（参数相同），又由于这两个晶体管中的栅-源电压相同，所以偏置电流 I_{Q1} 和参考电流 I_{REF1} 相等（也就是镜像）。

练习题 3.14 对于图 3.49（a）所示的电路，假设电路的参数为 $I_{REF1} = 120\mu A$，$V^+ = 3V$，$V^- = -3V$；假设晶体管的参数为 $V_{TN} = 0.4V$，$\lambda = 0$，$K_{n1} = 50\mu A/V^2$，$K_{n2} = 30\mu A/V^2$，$K_{n3} = 60\mu A/V^2$。求解 I_{Q1} 和所有的栅-源电压。

答案：$I_{Q1} = 60\mu A$，$V_{GS1} = 1.495V$，$V_{GS2} = V_{GS3} = 1.814V$。

现在考虑一个偏置电流和参考电流不相等的镜像电流源。

例题 3.15 设计图 3.49（b）所示的电路，使之提供一个偏置电流 $I_{Q2} = 150\mu A$。假设电

路的参数为 $I_{\text{REF2}}=250\mu A$，$V^+=3V$ 和 $V^-=-3V$。假设晶体管的参数为 $V_{\text{TP}}=-0.6V$（所有晶体管），$\lambda=0$（所有晶体管），$k'_p=40\mu A/V^2$（所有晶体管），$W/L_C=15$ 和 $W/L_A=25$。

解：因为偏置电流 I_{Q2} 和参考电流 I_{REF2} 不相等，所以镜像电流源晶体管 M_C 和 M_B 的 W/L 比也应该不相同。

对于 M_C，因为晶体管偏置在饱和区，所以有

$$I_{\text{DC}}=I_{\text{REF2}}=\frac{k'_p}{2}\cdot\left(\frac{W}{L}\right)_C(V_{\text{SGC}}+V_{\text{TP}})^2$$

即

$$250=\frac{40}{2}(15)\left[V_{\text{SGC}}+(-0.6)\right]^2=300(V_{\text{SGC}}-0.6)^2$$

则有

$$V_{\text{SGC}}=\sqrt{\frac{250}{300}}+0.6$$

即

$$V_{\text{SGC}}=1.513V$$

因为 $V_{\text{SGC}}=V_{\text{SGB}}=1.513V$，可以得到

$$I_B=I_{\text{Q2}}=\frac{k'_p}{2}\cdot\left(\frac{W}{L}\right)_B(V_{\text{SGB}}+V_{\text{TP}})^2$$

即

$$150=\frac{40}{2}\cdot\left(\frac{W}{L}\right)_B\left[1.513+(-0.6)\right]^2$$

可以得到

$$\left(\frac{W}{L}\right)_B=9$$

对于 M_A，有

$$I_{\text{DA}}=I_{\text{Q2}}=\frac{k'_p}{2}\cdot\left(\frac{W}{L}\right)_A(V_{\text{SGA}}+V_{\text{TP}})^2$$

即

$$150=\frac{40}{2}(25)(V_{\text{SGA}}+(-0.6))^2=500(V_{\text{SGA}}-0.6)^2$$

于是

$$V_{\text{SGA}}=\sqrt{\frac{150}{500}}+0.6$$

即

$$V_{\text{SGA}}=1.148V$$

M_A 的源-漏电压可以由下式得出：

$$V_{\text{SDA}}=V_{\text{SGA}}-I_{\text{Q2}}R_D-V^-=1.148-0.15\times8-(-3)$$

即

$$V_{\text{SDA}}=2.95V$$

点评：可以注意到，晶体管 M_A 确实偏置在饱和区。通过设计镜像电流源晶体管的 W/L 比，可以得到不同的参考电流和偏置电流的值。

练习题 3.15 观察图 3.49(b)所示的电路。假设电路的参数为 $I_{\text{REF2}}=0.1mA$，$V^+=$

5V 和 $V^- = -5V$。假设晶体管的参数和例题 3.15 所给出的相同。设计电路,使得 $I_{Q2} = 0.2\text{mA}$,同时求解所有的源-栅电压。

答案:$V_{SGC} = V_{SGB} = 1.18\text{V}$,$(W/L)_B = 30$,$V_{SGA} = 1.23\text{V}$。

如图 3.50 所示,可以利用 MOSFET 来实现恒流源。晶体管 M_2、M_3 和 M_4 构成电流源。晶体管 M_3 和 M_4 各自连接成一个二极管类型的结构,并由此确定一个参考电流。在上一节中看到,这种二极管类型的连接意味着晶体管总是偏置在饱和区,因而晶体管 M_3 和 M_4 偏置在饱和区,同时假设 M_2 也偏置在饱和区。M_3 的栅-源电压作用在 M_2 上,并确定了偏置电流 I_Q。

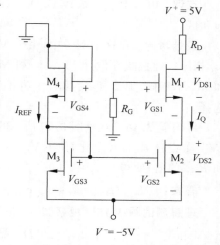

图 3.50　MOSFET 恒流源的实现

由于晶体管 M_3 和 M_4 中的参考电流相同,可以写出

$$K_{n3}(V_{GS3} - V_{TN3})^2 = K_{n4}(V_{GS4} - V_{TN4})^2 \tag{3.28}$$

同时已知

$$V_{GS4} + V_{GS3} = (-V^-) \tag{3.29}$$

求解式(3.29)得到 V_{GS4},并把结果代入式(3.28),可得

$$V_{GS3} = \dfrac{\sqrt{\dfrac{K_{n4}}{K_{n3}}}\left[(-V^-) - V_{TNA}\right] + V_{TN3}}{1 + \sqrt{\dfrac{K_{n4}}{K_{n3}}}} \tag{3.30}$$

由于 $V_{GS3} = V_{GS2}$,所以偏置电流为

$$I_Q = K_{n2}(V_{GS3} - V_{TN2})^2 \tag{3.31}$$

例题 3.16　求解 MOSFET 恒流源中的电流和电压。图 3.50 所示的电路中,晶体管的参数为 $K_{n1} = 0.2\text{mA/V}^2$,$K_{n2} = K_{n3} = K_{n4} = 0.1\text{mA/V}^2$,且 $V_{TN1} = V_{TN2} = V_{TN3} = V_{TN4} = 1\text{V}$。

解:由式(3.30),可以确定 V_{GS3}:

$$V_{GS3} = \dfrac{\sqrt{\dfrac{0.1}{0.1}}[5-1] + 1}{1 + \sqrt{\dfrac{0.1}{0.1}}} = 2.5\text{V}$$

由于 M_3 和 M_4 是相同的晶体管,所以 V_{GS3} 应该是偏置电压的一半。于是偏置电流 I_Q 为

$$I_Q = 0.1 \times (2.5 - 1)^2 = 0.225\text{mA}$$

M_1 的栅-源电压可以由下式得出

$$I_Q = K_{n1}(V_{GS1} - V_{TN1})^2$$

即

$$0.225 = 0.2 \times (V_{GS1} - 1)^2$$

可以求得

$$V_{GS1} = 2.06V$$

M_2 的漏-源电压为

$$V_{DS2} = (-V^-) - V_{GS1} = 5 - 2.06 = 2.94V$$

点评：由于 $V_{DS2} = 2.94V > V_{DS}(sat) = V_{GS2} - V_{TN2} = 2.5 - 1 = 1.5V$，所以 M_2 偏置在饱和区。

设计考虑：在这个例子中，由于 M_2 和 M_3 是相同的晶体管，参考电流 I_{REF} 和偏置电流 I_Q 相等。通过重新设计 M_2、M_3 和 M_4 的宽长比，可以得到特定的偏置电流 I_Q。如果 M_2 和 M_3 不相同，那么 I_{REF} 和 I_Q 将不同。基于这样的电路结构，可以有各种不同的设计选择。

练习题 3.16 观察图 3.50 所示的恒流源电路。假设每个晶体管的开启电压均为 $V_{TN} = 1V$。①设计 K_{n4}/K_{n3} 比，使得 $V_{GS3} = 2V$；②求解 K_{n2} 的值，使得 $I_Q = 100\mu A$；③求解 K_{n3} 和 K_{n4} 的值，使得 $I_{REF} = 200\mu A$。

答案：① $K_{n4}/K_{n3} = 1/4$；② $K_{n2} = 0.1mA/V^2$；③ $K_{n3} = 0.2mA/V^2$，$K_{n4} = 0.05mA/V$。

理解测试题 3.15 观察图 3.49(b)中的电路。假设电路的参数为 $I_{REF2} = 40\mu A$，$V^+ = 2.5V$ 和 $V^- = -2.5V$，$R_D = 20k\Omega$。晶体管的参数为 $V_{TP} = -0.30V$，$K_{pC} = 40\mu A/V^2$，$K_{pB} = 60\mu A/V^2$，$K_{pA} = 75\mu A/V^2$。求解 I_{Q2} 和所有源-栅电压。

答案：$I_{Q2} = 60\mu A$，$V_{SGC} = V_{SGB} = 1.30V$，$V_{SGA} = 1.19V$。

理解测试题 3.16 观察图 3.50 中的电路。假设所有晶体管的开启电压均为 $0.7V$。确定 K_{n1}、K_{n2}、K_{n3} 和 K_{n4} 的值，使得 $I_{REF} = 80\mu A$，$I_Q = 120\mu A$，$V_{GS3} = 2V$，$V_{GS1} = 1.5V$。

答案：$K_{n1} = 187.5\mu A/V^2$，$K_{n2} = 71.0\mu A/V^2$，$K_{n3} = 47.3\mu A/V^2$，$K_{n4} = 15.12\mu A/V^2$。

3.5 多级 MOSFET 电路

目标：研究多级或多晶体管电路的直流偏置。

在大多数应用中，单晶体管放大电路不能满足给定的放大倍数、输入电阻以及输出电阻等综合性能指标要求。例如，需要的电压增益可能超出单个晶体管电路可以获得的放大倍数。

晶体管放大电路可以像图 3.51 所示那样进行串联，即级联。这可以用来增加小信号放大时的总电压增益，或提供一个输出阻抗非常小的大于 1 的总电压增益。总电压增益可能不是简单的单级放大倍数的乘积。通常，需要考虑负载效应。

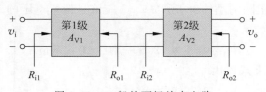

图 3.51　一般的两级放大电路

多级晶体管放大电路的结构形式有很多种，在这里将研究其中的几种，以便理解所需的分析方法。

3.5.1 多晶体管电路：级联结构

图 3.52 所示电路为一个共源放大电路后面级联一个源极跟随器放大电路。在下一章将会看到，共源放大电路可提供一个小信号电压增益，源极跟随器则具有较低的输出阻抗。

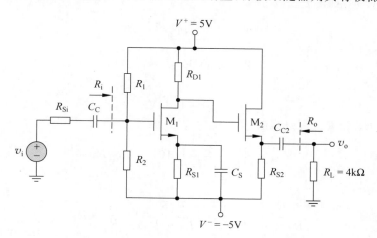

图 3.52 共源放大电路和一个源极跟随器级联

例题 3.17 设计多级 MOSFET 电路的偏置，以满足特定要求。观察图 3.52 所示的电路，晶体管的参数为 $K_{n1}=500\mu A/V^2$，$K_{n2}=200\mu A/V^2$，$V_{TN1}=V_{TN2}=1.2V$ 和 $\lambda_1=\lambda_2=0$。设计电路，使得 $I_{DQ1}=0.2mA$，$I_{DQ2}=0.5mA$，$V_{DSQ1}=V_{DSQ2}=6V$，且 $R_i=100k\Omega$。其中令 $R_{Si}=4k\Omega$。

解： 对输出晶体管 M_2，有

$$V_{DSQ2}=5-(-5)-I_{DQ2}R_{S2}$$

即

$$6=10-(0.5)R_{S2}$$

由此可得 $R_{S2}=8k\Omega$。同时，假设晶体管都偏置在饱和区，则有

$$I_{DQ2}=K_{n2}(K_{GS2}-V_{TN2})^2$$

即

$$0.5=0.2(V_{GS2}-1.2)^2$$

由此可得

$$V_{GS2}=2.78V$$

由于 $V_{DSQ2}=6V$，M_2 的源极电压为 $V_{S2}=-1V$。又由于 $V_{GS2}=2.78V$，M_2 的栅极电压必为

$$V_{G2}=-1+2.78=1.78V$$

电阻 R_{D1} 为

$$D_{R1}=\frac{5-1.78}{0.2}=16.1k\Omega$$

对于 $V_{DSQ1}=6V$，M_1 的源极电压为

$$V_{S1} = 1.78 - 6 = -4.22V$$

于是,电阻 R_{S1} 为

$$R_{S1} = \frac{-4.22 - (-5)}{0.2} = 3.9k\Omega$$

对于晶体管 M_1,有

$$I_{DQ1} = K_{n1}(V_{GS1} - V_{TN1})^2$$

即

$$0.2 = 0.50(V_{GS1} - 1.2)^2$$

由此得到

$$V_{GS1} = 1.83V$$

为了求解 R_1 和 R_2,可以写出

$$V_{GS1} = \left(\frac{R_2}{R_1 + R_2}\right)(10) - I_{DQ1}R_{S1}$$

由于

$$\frac{R_2}{R_1 + R_2} = \frac{1}{R_1} \cdot \left(\frac{R_1 R_2}{R_1 + R_2}\right) = \frac{1}{R_1} \cdot R_i$$

而输入电阻指定为 $100k\Omega$,于是有

$$1.83 = \frac{1}{R_1}100 \times 10 - 0.2 \times 3.9$$

得出 $R_1 = 383k\Omega$。根据 $R_i = 100k\Omega$,又可以得出 $R_2 = 135k\Omega$。

点评:与假设一致,两个晶体管都偏置在饱和区。在下一章将会看到,这正是线性放大电路所需要的。

练习题 3.17 图 3.52 所示电路的晶体管参数和例题 3.17 中所描述的相同。设计电路,使得 $I_{DQ1} = 0.1mA$,$I_{DQ2} = 0.3mA$,$V_{DSQ1} = V_{DSQ2} = 5V$,且 $R_i = 200k\Omega$。

答案:$R_{S2} = 16.7k\Omega$,$R_{D1} = 25.8k\Omega$,$R_{S1} = 24.3k\Omega$,$R_1 = 491k\Omega$,$R_2 = 337k\Omega$。

3.5.2 多晶体管电路:共源-共栅结构

图 3.53 给出一个由 N 沟道 MOSFET 组成的共源-共栅电路。晶体管 M_1 接成共源结构,M_2 为共栅结构。后续章节将会讨论,这种电路的一个突出优点是具有更高的频率响应。

例题 3.18 设计共源-共栅电路的偏置,以满足特定要求。图 3.53 所示的电路中,晶体管的参数为 $V_{TN1} = V_{TN2} = 1.2V$,$K_{n1} = K_{n2} = 0.8mA/V^2$,$\lambda_1 = \lambda_2 = 0$。令 $R_1 + R_2 + R_3 = 300k\Omega$,$R_S = 10k\Omega$。设计电路,使得 $I_{DQ} = 0.4mA$,$V_{DSQ1} = V_{DSQ2} = 2.5V$。

解:M_1 源极的直流电压为

$$V_{S1} = I_{DQ}R_S - 5 = 0.4 \times 10 - 5 = -1V$$

由于 M_1 和 M_2 是相同的晶体管,又由于两个晶体管中的电流相等,于是两个器件的栅-源电压也相等。有

$$I_D = K_n(V_{GS} - V_{TN})^2$$

即
$$0.4 = 0.8(V_{GS} - 1.2)^2$$

由此可得
$$V_{GS} = 1.907V$$

于是
$$V_{G1} = \left(\frac{R_3}{R_1 + R_2 + R_3}\right)(5) = V_{GS} + V_{S1}$$

即
$$\left(\frac{R_3}{300}\right) \times 5 = 1.907 - 1 = 0.907$$

由此可得
$$R_3 = 54.4k\Omega$$

M_2 的源极电压为
$$V_{S2} = V_{DSQ1} + V_{S1} = 2.5 - 1 = 1.5V$$

于是
$$V_{G2} = \left(\frac{R_2 + R_3}{R_1 + R_2 + R_3}\right) \times 5 = V_{GS} + V_{S2}$$

即
$$\left(\frac{R_2 + R_3}{300}\right) \times 5 = 1.907 + 1.5 = 3.407V$$

由此可得
$$R_2 + R_3 = 204.4k\Omega$$

和
$$R_2 = 150k\Omega$$

因此
$$R_1 = 95.6k\Omega$$

M_2 的漏极电压为
$$V_{D2} = V_{DSQ2} + V_{S2} = 2.5 + 1.5 = 4V$$

因此漏极电阻为
$$R_D = \frac{5 - V_{D2}}{I_{DQ}} = \frac{5 - 4}{0.4} = 2.5k\Omega$$

图 3.53 NMOS 共源-共栅放大电路

点评：由于 $V_{DS} = 2.5V > V_{GS} - V_{TN} = 1.91 - 1.2 = 0.71V$，每个晶体管都偏置在饱和区。

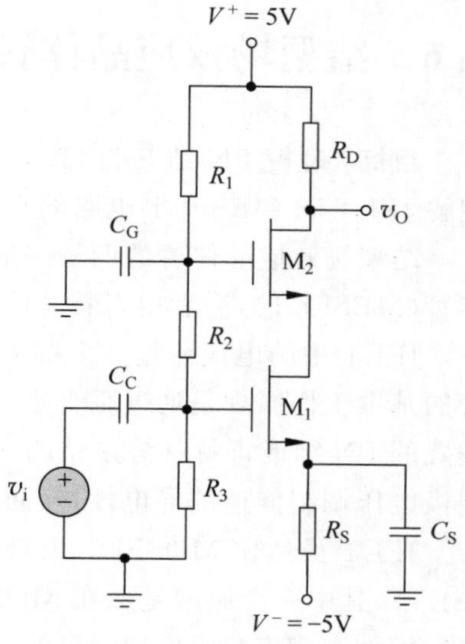

练习题 3.18 图 3.53 所示的电路中，晶体管的参数为 $V_{TN1} = V_{TN2} = 0.8V$，$K_{n1} = K_{n2} = 0.5mA/V^2$，$\lambda_1 = \lambda_2 = 0$。令 $R_1 + R_2 + R_3 = 500k\Omega$，$R_S = 16k\Omega$。设计电路，使得 $I_{DQ} = 0.25mA$，$V_{DSQ1} = V_{DSQ2} = 2.5V$。

答案：$R_3 = 50.7k\Omega$，$R_2 = 250k\Omega$，$R_1 = 199.3k\Omega$，$R_D = 4k\Omega$。

3.6　结型场效应晶体管

　　目标：理解 PN 结 FET(JFET)和肖特基势垒结 FET(MESFET)的工作原理和特性，理解 JFET 和 MESFET 电路的直流分析方法。

　　结型场效应晶体管的两种一般类型是 PN 结 FET(PN JFET)和金属-半导体场效应晶体管(MESFET)，后者由肖特基势垒结制作而成。

　　JFET 中的电流流过一个称为沟道的半导体区域，沟道两端各有一个欧姆触点。晶体管的基本工作原理是通过垂直于沟道的电场来调制沟道的导电性。因为调制的电场在反向偏置的 PN 结或肖特基势垒结的空间电荷区感应产生，所以电场是栅极电压的函数。通过栅极电压调制沟道的导电性，从而调制沟道电流。

　　JFET 虽然比 MOSFET 出现得早，但是 MOSFET 的应用和使用却已经远远超过了JFET。其中一个原因是加在 MOSFET 栅极和漏极的电压具有相同的极性(同为正或同为负)，而加在 JFET 栅极和漏极的电压必须具有相反的极性。由于 JFET 只是在特定的场合中应用，所以只做简单讨论。

3.6.1　PN JFET 和 MESFET 的工作原理

1. PN JFET

　　图 3.54 所示为一个对称 PN JFET 的简易剖面图。在两个 P 区之间的 N 区沟道中，多数载流子电子由源极流向漏极，因此，JFET 称为多子器件。如图 3.54 所示，两个栅极相连，形成单个栅极。

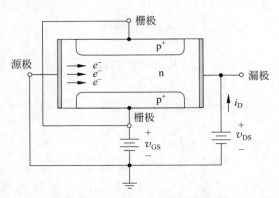

图 3.54　对称 N 沟道 PN 结型场效应晶体管的剖面图

　　在一个 P 沟道 JFET 中，P 区和 N 区与 N 沟道器件相反，空穴通过沟道从源极流向漏极。P 沟道 JFET 中的电流方向和电压极性也都与 N 沟道器件相反。此外，P 沟道 JFET的工作频率通常要低于 N 沟道器件，这是因为空穴的迁移率低于电子的迁移率。

　　图 3.55(a)给出一个栅极零偏置的 N 沟道 JFET。如果源极为地电平，漏极加一个较小的电压，则会在源极和漏极之间产生一个漏极电流 i_D。由于 N 沟道本质上相当于一个电阻，所以对于较小的 v_{DS} 值，i_D-v_{DS} 特性近似为线性，如图 3.55 所示。

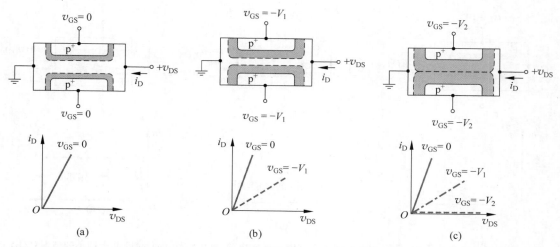

图 3.55 栅极和沟道间的空间电荷区以及漏-源电压较小时的电流-电压特性 （a）栅极电压为零的情况；（b）栅极反偏且电压较小时的情况；（c）栅极电压使沟道夹断时的情况

如果在一个 PN JFET 的栅极加电压，沟道的导电性将发生变化。如果在 N 沟道 PN JFET 的栅极加一个负电压，如图 3.55 所示，则栅极和沟道之间的 PN 结变为反向偏置。空间电荷区加宽，沟道区变窄，N 沟道的电阻增大，当 v_{DS} 较小时，i_D-v_{DS} 特性曲线的斜率下降。这些影响如图 3.55（b）所示。如果加一个更大的负电压，将得到如图 3.55（c）所示的情况。反向偏置的栅极和沟道之间的空间电荷区将填满沟道区，这种情况称为夹断。由于耗尽区将源极和漏极隔开，夹断时的漏极电流基本上为零。i_D-v_{DS} 特性曲线如图 3.55（c）所示，沟道中的电流受栅极电压的控制。器件某部分的电流受器件另一部分电压的控制，这是晶体管的基本工作原理。PN JFET 称为"常开"或耗尽型器件，也就是说，必须在栅极加电压来关断器件。

如图 3.56（a）中所示，考虑栅极电压为零，即 $v_{GS}=0$，而漏极电压变化时的情况。随着漏极电压的增加（正电压），栅极和沟道之间的 PN 结在靠近漏极处变为反向偏置，且空间电荷区变宽，延展到沟道中更远的地方。沟道实质上相当于一个电阻，沟道的有效电阻随空间电荷区的加宽而增加，因此，i_D-v_{DS} 特性曲线的斜率下降，如图 3.56（b）所示。此时有效的沟道电阻沿沟道长度而变化，由于沟道电流必须保持恒定，所以沟道上的压降因位置而变化。

如果漏极电压继续增大，将发生如图 3.56（c）所示的情况，沟道将在漏极处夹断，此时漏极电压的增加将不会导致漏极电流的增加。图中也给出了这种情况下的 i_D-v_{DS} 特性，夹断点的漏极电压为 $v_{DS}(\text{sat})$。因此，当 $v_{DS}>v_{DS}(\text{sat})$ 时，晶体管将偏置在饱和区，在理想情况下漏极电流与 v_{DS} 无关。

2. MESFET

在 MESFET 中，栅极用肖特基势垒结取代了 PN 结。尽管 MESFET 可以用硅材料来制作，但通常采用砷化镓或其他的化合物半导体材料。

图 3.57 给出一个简单的 GaAs MESFET 的剖面图。一层薄薄的 GaAs 外延层用作有源区；衬底为高阻抗的 GaAs 材料，称为半绝缘衬底。这类器件的优点在于：GaAs 中的电

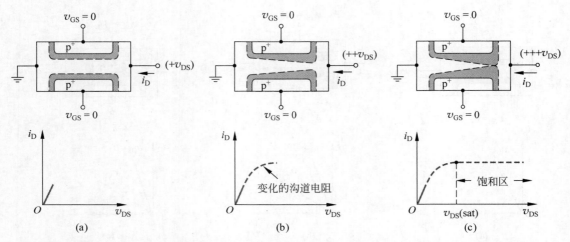

图 3.56　栅极电压为零时,栅极和沟道间的空间电荷区和电流-电压特性 (a) 漏极电压较小的情况;(b) 漏极电压较大时的情况;(c) 漏极电压增大使得漏极夹断时的情况

子迁移率较高,由此具有更小的转换时间和更快的响应;半绝缘的 GaAs 衬底具有较小的寄生电容,而且器件的制作工艺变得简单。

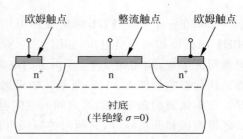

图 3.57　带半绝缘衬底的 N 沟道 MESFET 的剖面图

在图 3.57 所示的 MESFET 中,反向偏置的栅-源电压在金属栅极下方感应出一个空间电荷区,与 PN JFET 类似,它用来调制沟道的导电性。如果加在栅极的负电压足够大,则空间电荷区将最终到达衬底,也将发生沟道夹断。同样,由于必须加一个栅极电压来使沟道夹断,也就是使器件截止,图中所示的器件为耗尽型器件。

在另一种类型的 MESFET 中,沟道甚至会在 $v_{GS}=0$ 时夹断,如图 3.58(a)所示。这种 MESFET 的沟道厚度小于零偏置时的空间电荷区宽度。为了使沟道开启,必须减小耗尽区,也就是说,必须在栅极和半导体结上加一个正向偏置电压。当所加的正向偏置电压较小时,耗尽区正好扩展到沟道的宽度,如图 3.58(b)所示。开启电压为产生夹断所需要的栅-源电压。与 N 沟道耗尽型器件具有负的开启电压相比,这种 N 沟道 MESFET 的开启电压为正。如果在栅极加一个较大的正向偏置电压,则沟道区域被打开,如图 3.58(c)所示。加在栅极的正向偏置电压应限制在十分之几伏,以防止出现很大的栅极电流。

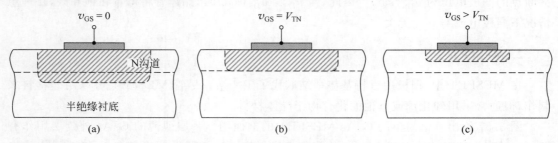

图 3.58　一个增强型 MESFET 的沟道空间电荷区:(a) $v_{GS}=0$;(b) $v_{GS}=V_{TN}$;(c) $v_{GS}>V_{TN}$

这种器件称为 N 沟道增强型 MESFET,此外还有 P 沟道增强型 MESFET 和增强型 PN JFET。增强型 MESFET 的优点是,用这些器件进行电路设计时,器件栅极和源极的电压可以具有相同的极性。不过,这些器件的输出电压幅度非常小。

3.6.2 电流-电压特性

N 沟道和 P 沟道 JFET 的电路符号如图 3.59 所示,同时给出栅-源电压和电流方向。当晶体管偏置在饱和区时,理想的电流-电压特性描述为

$$i_D = I_{DSS}\left(1 - \frac{v_{GS}}{V_P}\right)^2 \qquad (3.32)$$

其中 I_{DSS} 为 $v_{GS}=0$ 时的饱和电流,V_P 为夹断电压。

N 沟道和 P 沟道 JFET 的电流-电压特性分别如图 3.60(a)和(b)所示。注意 N 沟道 JFET 的夹断电压 V_P 为负,栅-源电压 v_{GS} 通常也为负,因此比值 v_{GS}/V_P 为正。同样,P 沟道 JFET 的夹断电压 V_P 为正,且其栅-源电压 v_{GS} 必须为正,因此比值 v_{GS}/V_P 也为正。

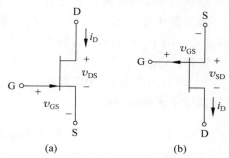

图 3.59 电路符号:(a) N 沟道 JFET; (b) P 沟道 JFET

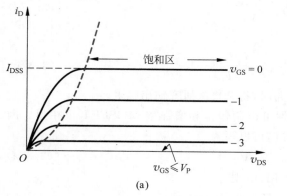

(a)

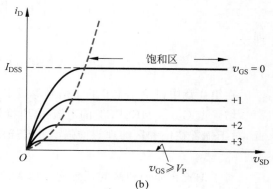

(b)

图 3.60 电流-电压特性:(a) N 沟道 JFET;(b) P 沟道 JFET

对于 N 沟道器件,当 $v_{DS} \geq v_{DS}(\text{sat})$ 时,进入饱和区,其中

$$v_{DS}(\text{sat}) = v_{GS} - V_P \qquad (3.33)$$

对于 P 沟道器件,$v_{SD} \geq v_{SD}(\text{sat})$ 时,进入饱和区,其中

$$v_{SD}(\text{sat}) = V_P - v_{GS} \qquad (3.34)$$

例题 3.19 计算一个 N 沟道 PN JFET 的 i_D 和 $v_{DS}(\text{sat})$。假设饱和电流为 $I_{DSS} = 2\text{mA}$,夹断电压为 $V_P = -3.5\text{V}$。分别计算 $v_{GS}=0$、$V_P/4$ 和 $V_P/2$ 时的 i_D 和 $v_{DS}(\text{sat})$。

解: 由式(3.32)可得

$$i_D = I_{DSS}\left(1 - \frac{v_{GS}}{V_P}\right)^2 = (2)\left(1 - \frac{v_{GS}}{(-3.5)}\right)^2$$

因此,对于 $v_{GS}=0$、$V_P/4$ 和 $V_P/2$,可以得出

$i_D=2$、1.13 和 $0.5mA$。

由式(3.33),可得

$$v_{DS}(sat)=v_{GS}-V_P=v_{GS}-(-3.5)$$

因此,对于 $v_{GS}=0$、$V_P/4$ 和 $V_P/2$,有

$v_{DS}(sat)=3.5$、2.63 和 $1.75V$。

点评:可以通过增加 I_{DSS} 来增大 JFET 的电流,I_{DSS} 是晶体管沟道宽度的函数。

练习题 3.19 N 沟道 JFET 的参数为 $I_{DSS}=12mA$,$V_P=-4.5V$,$\lambda=0$。求解 $V_{GS}=-1.2V$ 时的 $V_{DS}(sat)$,并计算 $V_{DS}>V_{DS}(sat)$ 时的 I_D。

答案:$V_{DS}(sat)=3.3V$,$I_D=6.45mA$。

和 MOSFET 相同,JFET 的 i_D-v_{DS} 曲线在饱和点之后斜率不为零。这个非零的斜率可以通过下式给出,即

$$i_D=I_{DSS}\left(1-\frac{v_{GS}}{V_P}\right)^2(1+\lambda v_{DS}) \tag{3.35}$$

输出电阻 r_o 定义为

$$r_o=\left(\frac{\partial i_D}{\partial v_{DS}}\right)^{-1}\bigg|_{v_{GS}=const} \tag{3.36}$$

利用式(3.35),可得

$$r_o=\left[\lambda I_{DSS}\left(1-\frac{V_{GSQ}}{V_P}\right)^2\right]^{-1} \tag{3.37a}$$

即

$$r_o\approx[\lambda I_{DQ}]^{-1}=\frac{1}{\lambda I_{DQ}} \tag{3.37b}$$

在第 4 章中讨论 JFET 的小信号等效电路时,将会再次研究输出电阻。

增强型 GaAs MESFET 的电流-电压特性可以制作得和增强型 MOSFET 很相似。因此,对于偏置在饱和区的理想增强型 MESFET,可以写为

$$i_D=K_n(v_{GS}-V_{TN})^2 \tag{3.38a}$$

对于偏置在非饱和区的理想增强型 MESFET,则有

$$i_D=K_n[2(v_{GS}-V_{TN})v_{DS}-v_{DS}^2] \tag{3.38b}$$

其中,K_n 为传导参数;V_{TN} 为开启电压,在这里等效于夹断电压。对于 N 沟道增强型 MESFET,开启电压为正。

3.6.3 常见 JFET 电路:直流分析

有几种常见的 JFET 电路结构,这里通过例子,介绍其中几种电路的直流分析和设计方法。

例题 3.20 设计一个带分压式偏置电路的 JFET 电路。图 3.61(a)所示的电路中,晶体管的参数为 $I_{DSS}=12mA$,$V_P=-3.5V$,$\lambda=0$。令 $R_1+R_2=100k\Omega$。设计电路,使得直流漏极电流为 $I_D=5mA$,直流漏-源电压为 $V_{DS}=5V$。

解:假设晶体管偏置在饱和区,直流漏极电流由下式给出

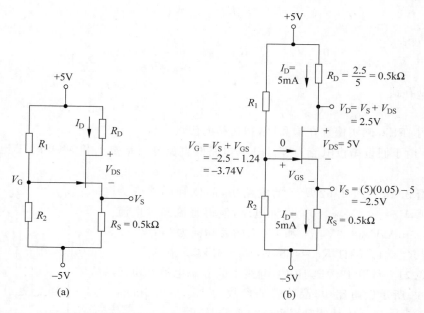

图 3.61 （a）带分压式偏置的 N 沟道 JFET 电路；（b）例题 3.20 的 N 沟道 JFET 电路

$$I_D = I_{DSS} \left(1 - \frac{V_{GS}}{V_P} \right)^2$$

于是有

$$5 = 12 \left(1 - \frac{V_{GS}}{(-3.5)} \right)^2$$

可得

$$V_{GS} = -1.24\,\mathrm{V}$$

由图 3.61(b)可以看出，源极的电压为

$$V_S = I_D R_S - 5 = 5 \times 0.5 - 5 = -2.5\,\mathrm{V}$$

这意味着栅极电压为

$$V_G = V_{GS} + V_S = -1.24 - 2.5 = -3.74\,\mathrm{V}$$

也可以把栅极电压写为

$$V_G = \left(\frac{R_2}{R_1 + R_2} \right) \times 10 - 5$$

即

$$-3.74 = \frac{R_2}{100} \times 10 - 5$$

由此得到

$$R_2 = 12.6\,\mathrm{k\Omega}$$

和

$$R_1 = 87.4\,\mathrm{k\Omega}$$

漏-源电压为

$$V_{DS} = 5 - I_D R_D - I_D R_S - (-5)$$

于是有

$$R_D = \frac{10 - V_{DS} - I_D R_S}{I_D} = \frac{10 - 5 - 5 \times 0.5}{5} = 0.5\text{k}\Omega$$

还可以看到

$$V_{DS} = 5\text{V} > V_{GS} - V_P = -1.24 - (-3.5) = 2.26\text{V}$$

这说明 JFET 确实偏置在饱和区,和最初的假设一致。

点评:由于假设栅极电流为零,JFET 电路的直流分析基本上和 MOSFET 电路的直流分析相同。

练习题 3.20 图 3.62 所示的电路中,晶体管的参数为 $I_{DSS} = 6\text{mA}$,$V_P = -4\text{V}$,$\lambda = 0$。设计电路,使得直流漏极电流为 $I_{DQ} = 2.5\text{mA}$,$V_{DS} = 6\text{V}$,R_1 和 R_2 上的总功耗为 2mW。

答案:$R_D = 1.35\text{k}\Omega$,$R_1 = 158\text{k}\Omega$,$R_2 = 42\text{k}\Omega$。

例题 3.21 计算 P 沟道 JFET 电路中的静态电流和电压值。图 3.63 所示的电路中,晶体管的参数为 $I_{DSS} = 2.5\text{mA}$,$V_P = +2.5\text{V}$,$\lambda = 0$。该晶体管用恒流源来偏置。

解:由图 3.63 可以写出直流漏极电流为

$$I_D = I_Q = 0.8\text{mA} = \frac{V_D - (-9)}{R_D}$$

可得

$$V_D = (0.8)(4) - 9 = -5.8\text{V}$$

现在假设晶体管偏置在饱和区,则有

$$I_D = I_{DSS}\left(1 - \frac{V_{GS}}{V_P}\right)^2$$

即

$$0.8 = 2.5 \times \left(1 - \frac{V_{GS}}{2.5}\right)^2$$

得出 $V_{GS} = 1.086\text{V}$,于是

$$V_S = 1 - V_{GS} = 1 - 1.086 = -0.086\text{V}$$

而且

$$V_{SD} = V_S - V_D = -0.086 - (-5.8) = 5.71\text{V}$$

同样可以看出

$$V_{SD} = 5.71\text{V} > V_P - V_{GS} = 2.5 - 1.086 = 1.41\text{V}$$

这验证了 JFET 确实偏置在饱和区,与假设一致。

点评:和双极型晶体管或 MOS 晶体管的方式相同,结型场效应晶体管也可以用恒流源来偏置。

练习题 3.21 图 3.64 所示电路中的 P 沟道晶体管,其参数为 $I_{DSS} = 6\text{mA}$,$V_P = 4\text{V}$,$\lambda = 0$。计算静态值 I_D、V_{GS} 和 V_{SD}。晶体管偏置在饱和区还是非饱和区?

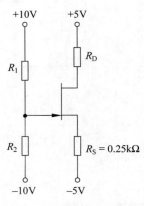

图 3.62 练习题 3.20 的电路

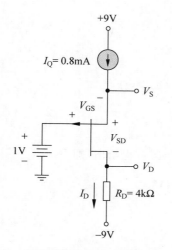

图 3.63 恒流源偏置的 P 沟道 JFET 电路

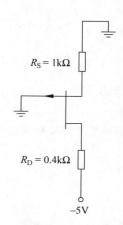

图 3.64 练习题 3.21 的电路

答案: $V_{GS}=1.81\text{V}, I_D=1.81\text{mA}, V_{SD}=2.47\text{V}$, 饱和区。

例题 3.22 设计一个增强型 MESFET 电路。观察图 3.65(a)所示的电路, 晶体管的参数为 $V_{TN}=0.24\text{V}, K_n=1.1\text{mA/V}^2, \lambda=0$。令 $R_1+R_2=50\text{k}\Omega$。设计电路, 使得 $V_{GS}=0.50\text{V}$, $V_{DS}=2.5\text{V}$。

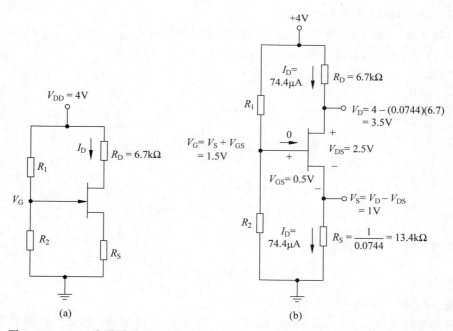

图 3.65 (a) N 沟道增强型 MESFET 电路; (b) 例题 3.22 的 N 沟道 MESFET 电路

解: 由式(3.38a)可得, 漏极电流为

$$I_D = K_n(V_{GS}-V_{TN})^2 = 1.1 \times (0.5-0.24)^2 = 74.4\mu\text{A}$$

由图 3.65(b)得, 漏极电压为

$$V_D = V_{DD} - I_D R_D = 4 - 0.0744 \times 6.7 = 3.5\text{V}$$

因此,源极电压为

$$V_S = V_D - V_{DS} = 3.5 - 2.5 = 1V$$

则源极电阻为

$$R_S = \frac{V_S}{I_D} = \frac{1}{0.0744} = 13.4k\Omega$$

栅极电压为

$$V_G = V_{GS} + V_S = 0.5 + 1 = 1.5V$$

由于栅极电流为零,栅极电压也可由如下的分压器方程给出,即

$$V_G = \left(\frac{R_2}{R_1 + R_2}\right)(V_{DD})$$

即

$$1.5 = \left(\frac{R_2}{50}\right) \times 4$$

由此可得 $R_2 = 18.75k\Omega$ 和 $R_1 = 31.25k\Omega$。

同样可以看到

$$V_{DS} = 2.5V > V_{GS} - V_{TN} = 0.5 - 0.24 = 0.26V$$

这证实了晶体管确实偏置在饱和区,与假设一致。

点评:除了 MESFET 的栅-源电压必须限制在 1V 以下,增强型 MESFET 电路的直流分析与设计和 MOSFET 电路的类似。

练习题 3.22 图 3.66 所示的电路中,晶体管的参数为 $I_{DSS} = 8mA$,$V_P = 4V$,$\lambda = 0$。设计电路,使得 $R_{in} = 100k\Omega$,$I_{DQ} = 5mA$,$V_{SDQ} = 12V$。

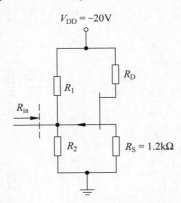

图 3.66　练习题 3.22 的电路

答案:$R_D = 0.4k\Omega$,$R_1 = 387k\Omega$,$R_2 = 135k\Omega$。

理解测试题 3.17 图 3.67 所示电路中的 N 沟道增强型 MESFET 的参数为 $K_n = 50\mu A/V^2$,$V_{TN} = 0.15V$。求解使 $I_{DQ} = 5\mu A$ 的 V_{GG} 值。V_{GS} 和 V_{DS} 的值各为多少?

答案:$V_{GG} = 0.516V$,$V_{GS} = 0.466V$,$V_{DS} = 4.45V$。

理解测试题 3.18 图 3.68 所示的反相器电路中,N 沟道增强型 MESFET 的参数为 $K_n = 100\mu A/V^2$,$V_{TN} = 0.2V$。要求当 $V_I = 0.7V$ 时,$V_O = 0.10V$,求解 R_D 的值。

答案:$R_D = 267k\Omega$。

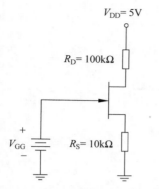

图 3.67 理解测试题 3.17 的电路

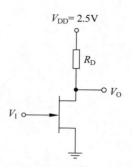

图 3.68 理解测试题 3.18 的电路

3.7 设计应用：带 MOS 晶体管的二极管温度计

目标：将 MOS 晶体管引入到设计应用中，用以改善在第 1 章讨论过的简单二极管温度计的设计。

1. 设计指标

电子温度计的工作温度范围为 0～100℉。

2. 设计方法

将图 1.47 所示二极管温度计的输出二极管电压作用在 NMOS 晶体管的栅极和源极之间，来放大测温范围内的电压。NMOS 晶体管保持在恒定的温度。

3. 器件选型

假设可提供一个 N 沟道耗尽型 MOSFET，它的参数为 $k'_n = 80\mu A/V^2$，$W/L = 10$，$V_{TN} = -1V$。

4. 解决方案

由第 1 章中的设计可知，二极管电压为

$$V_D = 1.12 - 0.522\left(\frac{T}{300}\right)$$

其中，T 为开氏温度。

观察图 3.69 中的电路。假设二极管处于变化的温度环境中，而电路的其余部分则保持在室温下。由图示电路可以看出 $V_{GS} = V_D$，这里 V_D 为二极管电压而不是漏极电压。需要使 MOSFET 偏置在饱和区，因此

$$I_D = K_n(V_{GS} - V_{TN})^2 = \frac{k'_n}{2} \cdot \frac{W}{L}(V_D - V_{TN})^2$$

155

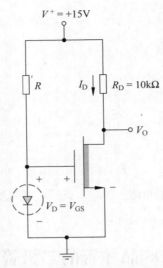

图 3.69   用来测量二极管输出电压随温度变化的设计应用电路

可以求得输出电压为

$$V_O = 15 - I_D R_D$$

$$= 15 - \frac{k'_n}{2} \cdot \frac{W}{L} \cdot R_D (V_D - V_{TN})^2$$

二极管电流和输出电压可以写为

$$I_D = \frac{0.080}{2} \cdot \frac{10}{1}(V_D + 1)^2 = 0.4(V_D + 1)^2 \, (\text{mA})$$

和

$$V_O = 15 - [0.4(V_D + 1)^2](10) = 15 - 4(V_D + 1)^2 \, (\text{V})$$

由第 1 章的设计,可以得到表 3.3 所示的关系

表 3.3   电压随温度变化

$T/°F$	V_D/V
0	0.6760
40	0.6372
80	0.5976
100	0.5790

可以求得电路的响应如表 3.4 所示。

表 3.4   电路响应

$T/°F$	I_D/mA	V_D/V
0	1.124	3.764
40	1.072	4.278
80	1.021	4.791
100	0.9973	5.027

图 3.70(a)给出二极管电压随温度变化的曲线,图 3.70(b)则给出 MOSFET 电路的输出电压随温度变化的曲线。可以看出,晶体管电路提供了一个电压增益。这个电压增益是晶体管电路的一个理想特性。

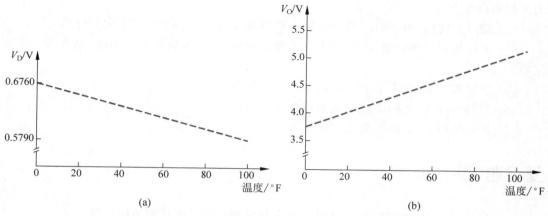

图 3.70　(a)二极管电压和温度的关系；(b)电路的输出电压和温度的关系

从方程式可以看出,二极管电流和输出电压不是二极管电压的线性函数,这也就意味着晶体管的输出电压也不是温度的线性函数。在第 9 章将会看到利用运算放大器的一个更好的电路设计。可以注意到,在所有情况下都有 $V_O = V_{DS} > V_{DS}(\text{sat})$,所以晶体管偏置在饱和区,与设计期望一致。

3.8　本章小结

本章重点内容包括:

(1) 研究了 MOSFET 的物理结构和直流电气特性。

(2) MOSFET 中的电流受栅极电压的控制。在非饱和偏置工作区,漏极电流也是漏极电压的函数；而在饱和偏置工作区,漏极电流基本上与漏极电压无关。漏极电流直接和晶体管的宽长比成比例,所以这个参数成为 MOSFET 电路设计的主要参数。

(3) MOSFET 电路的直流分析和设计方法是本章的重点。研究了用 MOSFET 代替电阻,这带来全 MOSFET 化的电路设计。

(4) MOSFET 的基本应用包括开关电流和电压、实现数字逻辑电路的功能,以及放大时变信号。放大特性和数字应用将分别在下一章和第 16 章中进行研究。

(5) 介绍了给其他 MOSFET 电路提供恒流源偏置的 MOSFET 电路的分析与设计。在集成电路中使用电流源偏置技术。

(6) 研究了多级 MOSFET 电路的直流分析和设计。

(7) 介绍了 JFET 和 MESFET 器件的物理结构和直流电气特性,并讨论了 JFET 和 MESFET 电路的分析和设计。

(8) 作为一个应用,将 MOSFET 晶体管引入到电路设计中,完善了第 1 章中讨论的简单二极管电子温度计。

通过本章的学习,读者应该具备以下能力:

（1）理解和描述 N 沟道和 P 沟道增强型及耗尽型 MOSFET 的结构和一般工作原理。

（2）把理想电流-电压关系应用到使用任一四种基本 MOSFET 的不同 MOSFET 电路的分析和设计中。

（3）理解如何用 MOSFET 代替电阻负载器件,以建立全 MOSFET 化的电路。

（4）定性地理解如何用 MOSFET 开关电流和电压、实现数字逻辑功能,以及放大时变信号。

（5）理解 MOSFET 恒流源电路的基本工作原理。

（6）理解多级 MOSFET 电路的直流分析和设计。

（7）理解结型 FET 的一般工作原理和特性。

复习题

（1）描述一个 MOSFET 的基本结构和工作原理。定义增强型和耗尽型。

（2）概述增强型和耗尽型 MOSFET 的一般电流-电压特性。定义饱和和非饱和偏置区。

（3）描述开启电压、宽长比以及漏-源饱和电压的含义。

（4）阐述沟道长度调制效应并定义参数 λ。描述衬底效应并定义参数 γ。

（5）描述一个 N 沟道增强型器件组成的简单共源 MOSFET 电路,并讨论漏-源电压和栅-源电压之间的关系。

（6）怎么证明 MOSFET 偏置在饱和区?

（7）在一些 MOSFET 电路的直流分析中用到了栅-源电压的二次方程,怎么确定两个解中的哪一个是正确的?

（8）怎么使 Q 点在晶体管参数变化的情况下保持稳定?

（9）描述栅极和漏极相连的 N 沟道增强型 MOSFET 的电流-电压特性。

（10）描述栅极和源极相连的 N 沟道耗尽型 MOSFET 的电流-电压特性。

（11）描述一个 MOSFET 或非逻辑电路。

（12）阐述 MOSFET 如何放大时变信号。

（13）阐述结型 FET 的基本工作原理。

（14）MESFET 和 PN 结 JFET 之间的区别是什么?

习题

（注意：除非另作说明,在所有习题中都假定晶体管的 $\lambda=0$。）

1. MOS 场效应晶体管

3.1 ① NMOS 晶体管的参数为 $V_{TN}=0.4\text{V}$,$k_n'=120\mu\text{A}/\text{V}^2$,$W=10\mu\text{m}$,$L=0.8\mu\text{m}$。当所加的漏-源电压为 $V_{DS}=0.1\text{V}$,所加的栅-源电压 V_{GS} 分别为 0、1V、2V 或 3V 时,计算漏极电流。② 所加的漏-源电压为 $V_{DS}=4\text{V}$,重复①。

3.2 NMOS 晶体管,当 $V_{GS}-V_{TN}=0.6V$ 时,电流为 $0.5mA$;当 $V_{GS}-V_{TN}=1.0V$ 时,电流为 $1.0mA$。器件工作在非饱和区。求解 V_{DS} 和 K_n。

3.3 NMOS 晶体管的 i_D-v_{DS} 特性曲线如图 3.71 所示。①这是一个增强型还是耗尽型器件?②求解 K_n 和 V_{TN} 的值。③求解 $v_{GS}=3.5V$ 和 $v_{GS}=4.5V$ 时的 $i_D(sat)$ 值。

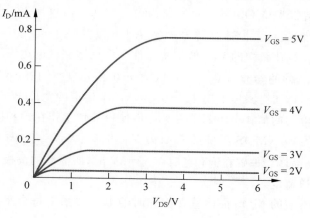

图 3.71 习题 3.3 图

3.4 N 沟道耗尽型 MOSFET 的参数为 $V_{TN}=-2.5V$,$K_n=1.1mA/V^2$。①V_{DS} 分别取 $0.5V$、$2.5V$、$5V$ 时,求解 $V_{GS}=0$ 时的 I_D;②对于 $V_{GS}=2V$,重复①。

3.5 图 3.72 中每个晶体管的开启电压均为 $V_{TN}=0.4V$。求解每个电路中晶体管的工作区域。

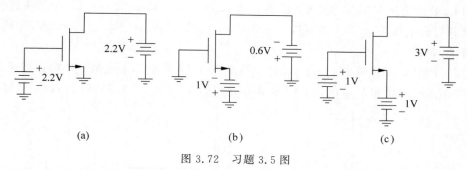

(a)　　　　　　　　(b)　　　　　　　　(c)

图 3.72 习题 3.5 图

3.6 图 3.73 中每个晶体管的开启电压均为 $V_{TP}=-0.4V$。求解每个电路中晶体管的工作区域。

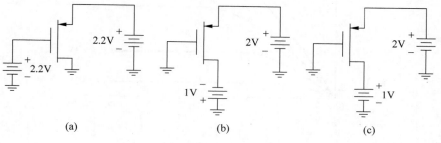

(a)　　　　　　　　(b)　　　　　　　　(c)

图 3.73 习题 3.6 图

3.7　N 沟道耗尽型 MOSFET 的参数为 $V_{TN}=-1.2V$，$k'_n=120\mu A/V^2$。当 $V_{GS}=0$，$V_{DS}=2V$ 时的漏极电流为 $I_D=0.5mA$。求解 W/L 比。

3.8　NMOS 晶体管的 $\mu_n=600cm^2/(V_{-s})$，当氧化物厚度 t_{ox} 分别为 ① 500Å，②250Å，③100Å，④50Å 和 ⑤25Å 时，求解工艺传导参数 k'_n 的值。

3.9　N 沟道增强型 MOSFET 的参数为 $V_{TN}=0.4V$，$W=20\mu m$，$L=0.8\mu m$，$t_{ox}=200Å$，$\mu_n=650cm^2/(V_{-s})$。①计算传导参数 K_n。②当 $V_{GS}=V_{DS}=2V$ 时，求解漏极电流。③当 $V_{GS}=2V$ 时，什么样的 V_{DS} 值使得器件工作在饱和区的边缘？

3.10　NMOS 器件的参数为 $V_{TN}=0.8V$，$L=0.8\mu m$，$k'_n=120\mu A/V^2$。当晶体管偏置在饱和区且 $V_{GS}=1.4V$ 时，漏极电流 $I_D=0.6mA$。①沟道的宽度 W 是多少？②当 $V_{DS}=0.4V$ 时，求解漏极电流的值；③什么样的 V_{DS} 值使得器件工作在饱和区的边缘？

3.11　一个特定的 NMOS 器件的参数为 $V_{TN}=0.6V$，$L=0.8\mu m$，$t_{ox}=200Å$，$\mu_n=600cm^2/(V_{-s})$。当晶体管偏置在饱和区且 $V_{GS}=3V$ 时，所需要的漏极电流为 $I_D=1.2mA$。求解器件所需的沟道宽度。

3.12　沟道非常短的 MOS 晶体管在饱和时的电压关系不符合平方律，漏极电流转而由以下方程给出

$$I_D=WC_{ox}(V_{GS}-V_{TN})v_{sat}$$

其中，v_{sat} 为饱和速度。假设 $v_{sat}=2\times10^7cm/s$，利用习题 3.11 中的参数，求解电流。

3.13　P 沟道增强型 MOSFET 的 $k'_p=50\mu A/V^2$。当 $V_{SG}=V_{SD}=2V$ 时，漏极电流 $I_D=0.225mA$；当 $V_{SG}=V_{SD}=3V$ 时，$I_D=0.65mA$。求解 W/L 比和 V_{TP} 的值。

3.14　P 沟道增强型 MOSFET 的参数为 $K_P=2mA/V^2$，$V_{TP}=-0.5V$。栅极为地电位，源极和衬底电极为 $+5V$。当漏极电压为 ① $V_D=0V$，② $V_D=2V$，③ $V_D=4V$，④ $V_D=5V$ 时，求解 I_D 的值。

3.15　PMOS 晶体管的 i_D-v_{DS} 特性曲线如图 3.74 所示。①这是一个增强型还是耗尽型器件？②求解 K_P 和 V_{TP} 的值。③求解 $v_{GS}=3.5V$ 和 $v_{GS}=4.5V$ 时的 $i_D(sat)$ 值。

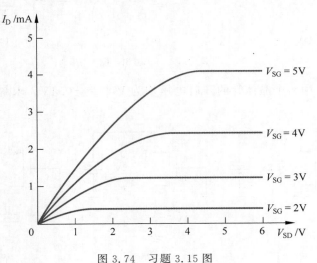

图 3.74　习题 3.15 图

3.16 P沟道耗尽型MOSFET的参数为$V_{TP}=+2V$,$k_p'=40\mu A/V^2$,$W/L=6$。对于①$V_{SG}=-1V$,②$V_{SG}=0$,③$V_{SG}=+1V$,求解$V_{SD}(sat)$的值。如果晶体管偏置在饱和区,计算每个V_{SG}对应的漏极电流值。

3.17 PMOS晶体管的参数为$V_{TP}=-0.5V$,$k_p'=50\mu A/V^2$,$W=12\mu m$,$L=0.8\mu m$。加源-栅电压$V_{SG}=2V$,当①$V_{SD}=0.2V$,②$V_{SD}=0.8V$,③$V_{SD}=1.2V$,④$V_{SD}=2.2V$,⑤$V_{SD}=3.2V$时,求解漏极电流。

3.18 PMOS晶体管的$\mu_p=250cm^2/(V_{-s})$,当氧化物厚度t_{ox}分别为①500Å,②250Å,③100Å,④50Å和⑤25Å时,求解工艺传导参数k_p'的值。

3.19 增强型NMOS和PMOS器件共同的参数为$L=4\mu m$,$t_{ox}=500Å$。NMOS晶体管的$V_{TN}=+0.6V$,$\mu_n=675cm^2/(V_{-s})$,沟道宽度为W_n;PMOS器件的$V_{TP}=-0.6V$,$\mu_p=375cm^2/(V_{-s})$,沟道宽度为W_p。设计两个晶体管的宽度,使它们在电气上等价,且当PMOS偏置在饱和区,$V_{SG}=5V$时的漏极电流$I_D=0.8mA$。K_n、K_p、W_n、W_p的值为多少?

3.20 增强型NMOS晶体管的参数为$V_{TN}=1.2V$,$K_n=0.20mA/V^2$,$\lambda=0.01V^{-1}$。当$V_{GS}=2.0V$和$V_{GS}=4.0V$时,分别计算输出电阻r_o。V_A的值为多少?

3.21 N沟道增强型MOSFET的参数为$V_{TN}=0.5V$,$k_n'=120\mu A/V^2$,$W/L=4$。若要使得$V_{GS}=2V$,$r_o\geqslant200k\Omega$,λ的最大值和V_A的最小值是多少?

3.22 增强型NMOS晶体管的参数为$V_{TNO}=0.8V$,$\gamma=0.8V^{1/2}$,$\phi_f=0.35V$。当V_{SB}为何值时,衬底效应将导致开启电压变化2V?

3.23 NMOS晶体管的参数为$V_{TO}=0.75V$,$k_n'=80\mu A/V^2$,$W/L=15$,$\phi_f=0.37V$,$\gamma=0.6V^{1/2}$。①晶体管偏置在$V_{GS}=2.5V$,$V_{SB}=3V$和$V_{DS}=3V$,求解漏极电流I_D。②对于$V_{DS}=0.25V$,重复①。

3.24 ①MOS晶体管的二氧化硅栅极绝缘层厚度为$t_{ox}=120Å$。(Ⅰ)计算理想的氧化物击穿电压。(Ⅱ)如果要求安全系数为3,求解可以加到栅极的最大安全电压。②氧化物厚度为$t_{ox}=200Å$,重复①。

3.25 在一个功率MOS晶体管中,栅极可加的最大电压为24V,如果指定安全系数为3,求解所需的二氧化硅栅极绝缘层的最小厚度。

2. 晶体管的直流分析

3.26 在图3.75所示电路中,晶体管的参数为$V_{TN}=0.8V$,$K_n=0.5mA/V^2$。计算V_{GS}、I_D和V_{DS}。

3.27 图3.76所示电路中,晶体管的参数为$V_{TN}=0.8V$,$K_n=0.25mA/V^2$。当①$V_{DD}=4V$,$R_D=1k\Omega$;②$V_{DD}=5V$,$R_D=3k\Omega$时,画出负载线并标出Q点。每种情况下的偏置工作区是什么?

3.28 图3.77所示电路中,晶体管的参数为$V_{TN}=0.4V$,$k_n'=120\mu A/V^2$,$W/L=80$。设计电路,使得$I_Q=0.8mA$,$R_{in}=200k\Omega$。

3.29 图3.78所示电路中,晶体管的参数为$V_{TP}=-0.8V$,

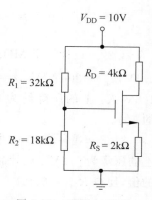

图3.75 习题3.26图

$K_p = 0.20 \text{mA/V}^2$。当①$V_{DD} = 3.5\text{V}$,$R_D = 1.2\text{k}\Omega$②$V_{DD} = 5\text{V}$,$R_D = 4\text{k}\Omega$ 时,画出负载线并标出 Q 点。每种情况下的偏置工作区是什么?

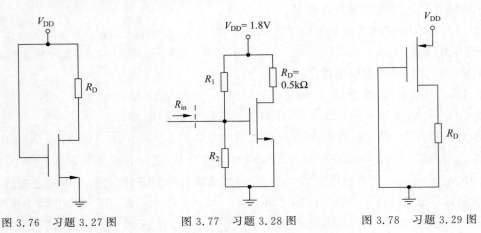

图 3.76　习题 3.27 图　　　　图 3.77　习题 3.28 图　　　　图 3.78　习题 3.29 图

3.30　观察图 3.79 所示的电路,晶体管的参数为 $V_{TP} = -0.8\text{V}$,$K_p = 0.5\text{mA/V}^2$。计算 I_D、V_{SG} 和 V_{SD}。

3.31　图 3.80 所示电路中,晶体管的参数为 $V_{TP} = -0.8\text{V}$,$K_p = 200\mu\text{A/V}^2$,计算 V_S 和 V_{SD}。

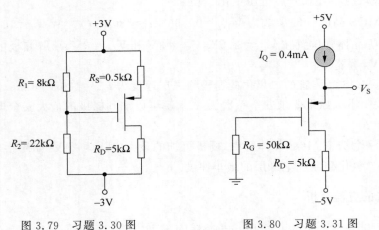

图 3.79　习题 3.30 图　　　　　图 3.80　习题 3.31 图

3.32　设计一个 MOSFET 电路,电路结构如图 3.75 所示。晶体管的参数为 $V_{TN} = 0.4\text{V}$,$k'_n = 120\mu\text{A/V}^2$,$\lambda = 0$。电路的参数为 $V_{DD} = 3.3\text{V}$,$R_D = 5\text{k}\Omega$。设计电路,使得 $V_{DSQ} \approx 1.6\text{V}$,$R_S$ 上的压降约为 0.8V。令 $V_{GS} = 0.8\text{V}$。流过偏置电阻的电流应约为漏极电流的 5%。

3.33　观察图 3.81 所示的电路。晶体管的参数为 $V_{TN} = 0.4\text{V}$,$k'_n = 120\mu\text{A/V}^2$。$R_S$ 上的压降为 0.2V。设计晶体管的 W/L 比,使得 $V_{DS} = V_{DS}(\text{sat}) + 0.4\text{V}$,同时求解 R_1、R_2 的值,使得 $R_{in} = 200\text{k}\Omega$。

3.34　图 3.82 所示的电路中,晶体管的参数为 $V_{TN} = 0.4\text{V}$,$k'_n = 120\mu\text{A/V}^2$,$W/L =$

50。①求解 V_{GS}，使得 $I_D = 0.35\text{mA}$。②求解 V_{DS} 和 $V_{DS}(\text{sat})$。

3.35 图 3.83 所示的电路中，晶体管的参数为 $V_{TN} = 0.4\text{V}$，$k_n' = 120\mu\text{A/V}^2$，$W/L = 25$。计算 V_{GS}、I_D 和 V_{DS}。画出负载线并标出 Q 点。

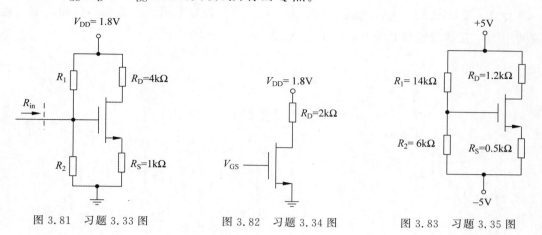

图 3.81 习题 3.33 图   图 3.82 习题 3.34 图   图 3.83 习题 3.35 图

3.36 设计一个 MOSFET 电路，电路结构如图 3.79 所示。晶体管的参数为 $V_{TP} = -0.6\text{V}$，$k_p' = 50\mu\text{A/V}^2$，$\lambda = 0$。电路的偏置电压为 $\pm 3\text{V}$，漏极电流应为 0.2mA，漏-源电压约为 3V，R_S 两端的电压大约和 V_{SG} 相等。此外，流过偏置电阻的电流要求不超过漏极电流的 10%。（提示：为晶体管选择合理的宽长比）

3.37 图 3.84(a) 和 (b) 所示电路的晶体管参数为 $K_n = 0.5\text{mA/V}^2$，$V_{TN} = 1.2\text{V}$，$\lambda = 0$。当 ①$I_Q = 50\mu\text{A}$，②$I_Q = 1\text{mA}$ 时，求解每个晶体管的 v_{GS} 和 v_{DS} 值。

3.38 图 3.85 所示的电路中，晶体管的参数为 $V_{TN} = 0.6\text{V}$ 和 $K_n = 200\mu\text{A/V}^2$，求解 V_S 和 V_D。

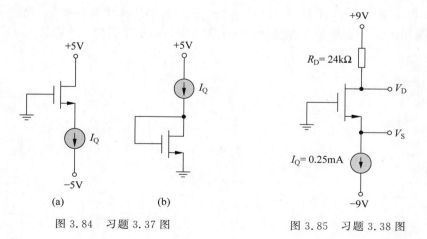

图 3.84 习题 3.37 图   图 3.85 习题 3.38 图

*3.39 ①设计图 3.86 中的电路，使得 $I_{DQ} = 0.50\text{mA}$，$V_D = 1\text{V}$。晶体管的参数为 $K_n = 0.25\text{mA/V}^2$，$V_{TN} = 1.4\text{V}$。画出负载线并标出 Q 点。②选择最接近理想设计值的标准电阻值，所得到的 Q 点值是多少？③如果②中电阻有 $\pm 10\%$ 的容差，确定 I_{DQ} 的最大值和最

小值。

3.40 图 3.87 所示电路中的 PMOS 晶体管的参数为 $V_{TP}=-0.7V$，$k_p'=50\mu A/V^2$，$L=0.8\mu m$，$\lambda=0$。确定 W 和 R 的取值，使得 $I_D=0.1mA$，$V_{SD}=2.5V$。

3.41 设计图 3.88 中的电路，使得 $V_{SD}=2.5V$。偏置电阻中的电流不应超过漏极电流的 10%。晶体管的参数为 $V_{TP}=+1.5V$，$K_p=0.5mA/V^2$。

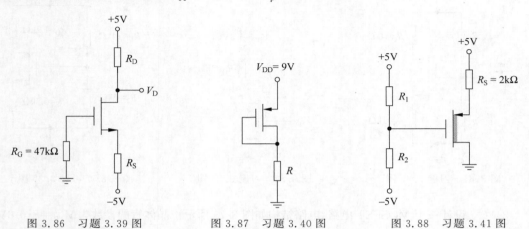

图 3.86 习题 3.39 图   图 3.87 习题 3.40 图   图 3.88 习题 3.41 图

*3.42 ①设计图 3.89 中的电路，使得 $I_{DQ}=0.25mA$，$V_D=-2V$。晶体管的标称参数为 $V_{TP}=-1.2V$，$k_p'=35\mu A/V^2$，$W/L=15$。画出负载线并标出 Q 点。②如果 k_p' 参数的容差为 $\pm 5\%$，求解 Q 点的最大值和最小值。

3.43 图 3.90 所示的电路中，晶体管的参数为 $V_{TP}=-1.75V$，$K_p=3mA/V^2$。设计电路，使得 $I_D=5mA$，$V_{SD}=6V$，且 $R_{in}=80k\Omega$。

3.44 图 3.91 所示的电路中，每个晶体管的 $k_n'=120\mu A/V^2$。同时，对于 M_1，有 $W/L=4$，$V_{TN}=0.4V$；对于 M_2，有 $W/L=1$，$V_{TN}=-0.6V$。①求解输入电压，使得 M_1 和 M_2 都偏置在饱和区。②求解每个晶体管的工作区以及当 v_I 分别为 0.6V 及 1.5V 时的输出电压 v_O。

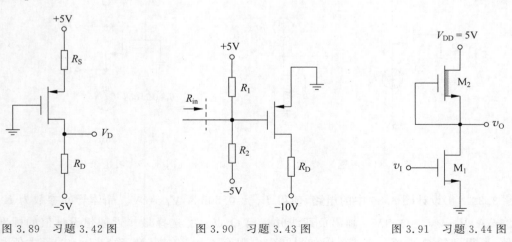

图 3.89 习题 3.42 图   图 3.90 习题 3.43 图   图 3.91 习题 3.44 图

164

3.45　观察图 3.91 所示的电路,晶体管 M_1 的参数为 $V_{TN}=0.4V$,$k_n'=120\mu A/V^2$;晶体管 M_2 的参数为 $V_{TN}=-0.6V$,$k_n'=120\mu A/V^2$,$W/L=1$。求解 M_1 的 W/L 比,使得当 $v_I=3V$ 时,$v_O=0.025V$。

3.46　图 3.92 所示电路中的晶体管具有相同的参数 $V_{TN}=0.4V$,$k_n'=120\mu A/V^2$。①如果 M_1 和 M_2 的宽长比为 $(W/L)_1=(W/L)_2=30$,求解 V_{GS1}、V_{GS2}、V_O 和 I_D。②如果宽长比变为 $(W/L)_1=30$,$(W/L)_2=15$,重复①。③如果宽长比变为 $(W/L)_1=15$,$(W/L)_2=30$,重复①。

3.47　观察图 3.93 所示的电路。①晶体管的标称参数为 $V_{TN}=0.6V$,$k_n'=120\mu A/V^2$,设计每个晶体管所需的宽长比,使得 $I_{DQ}=0.8mA$,$V_1=2.5V$,$V_2=6V$。②如果每个晶体管的 k_n' 参数分别变化 $+5\%$,-5%,求解两种情况下 V_1 和 V_2 值的变化。③如果 M_1 的 k_n' 参数减小 5%,而 M_2 和 M_3 的 k_n' 参数增大 5%,求解 V_1 和 V_2 的值。

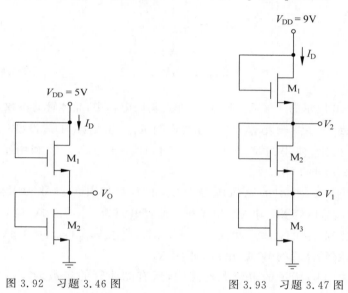

图 3.92　习题 3.46 图　　　　　　　图 3.93　习题 3.47 图

3.48　图 3.36 所示的电路中,所有晶体管的参数为 $V_{TN}=0.6V$,$k_n'=120\mu A/V^2$,$\lambda=0$。M_L 的宽长比为 $(W/L)_L=2$。设计驱动晶体管的宽长比,使得当 $V_I=5V$ 时,$V_O=0.15V$。

3.49　图 3.39 所示电路中,晶体管的参数为 $V_{TND}=0.6V$,$V_{TNL}=-1.2V$,$\lambda=0$,$k_n'=120\mu A/V^2$。令 $V_{DD}=5V$。M_L 的宽长比为 $(W/L)_L=2$。设计驱动晶体管的宽长比,使得当 $V_I=5V$ 时,$V_O=0.10V$。

3. MOSFET 开关和放大电路

3.50　观察图 3.94 所示的电路。电路的参数为 $V_{DD}=3V$,$R_D=30k\Omega$。晶体管的参数为 $V_{TN}=0.4V$,$k_n'=120\mu A/V^2$。①求解晶体管的宽长比,使得当 $V_I=2.6V$ 时,$V_O=0.08V$。②对于 $V_I=3V$,重复①。

3.51　图 3.95 所示电路中的晶体管用来开关 LED。晶体管的参数为 $V_{TN}=0.6V$,

$k'_n = 80\mu A/V^2$, $\lambda = 0$。二极管的开启电压为 $V_r = 1.6V$。设计 R_D 和晶体管的宽长比,使得当 $V_I = 5V$ 和 $V_{DS} = 0.15V$ 时,$I_D = 12mA$。

3.52 图 3.96 所示为用来开关 LED 的另一种电路结构。晶体管的参数为 $V_{TP} = -0.6V$,$k'_p = 40\mu A/V^2$, $\lambda = 0$,二极管的开启电压为 $V_r = 1.6V$。设计 R_D 和晶体管的宽长比,使得当 $V_I = 0V$ 和 $V_{SD} = 0.20V$ 时,$I_D = 15mA$。

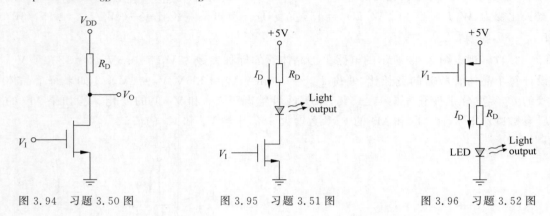

图 3.94 习题 3.50 图   图 3.95 习题 3.51 图   图 3.96 习题 3.52 图

3.53 图 3.46 所示的二输入 NMOS 或非逻辑门电路中,晶体管的参数为 $V_{TN1} = V_{TN2} = 0.6V$, $\lambda_1 = \lambda_2 = 0$, $k'_{n1} = k'_{n2} = 120\mu A/V^2$。漏极电阻 $R_D = 50k\Omega$。①假设 $(W/L)_1 = (W/L)_2$,求解晶体管的宽长比,使得当 $V_1 = V_2 = 5V$ 时,$V_O = 0.15V$。②利用①的结果,求解当 $V_1 = 5V$, $V_2 = 0.2V$ 时的 V_O。

3.54 图 3.49(a) 所示的电流源电路中,所有晶体管的参数为 $V_{TN} = 0.4V$, $k'_n = 120\mu A/V^2$, $\lambda = 0$。晶体管 M_1 和 M_2 相匹配。偏置电源为 $V^+ = 2.5V$ 和 $V^- = -2.5V$。要求电流为 $I_{Q1} = 125\mu A$ 和 $I_{REF1} = 225\mu A$。对于 M_2,要求 $V_{DS2}(sat) = 0.5V$;对于 M_1,要求 $V_{DS1} = 2V$。①求解晶体管的 W/L 比;②求解 R_D。

3.55 图 3.49(b) 所示的电流源电路中,所有晶体管的参数为 $V_{TP} = -0.4V$, $k'_p = 50\mu A/V^2$, $\lambda = 0$。偏置电源为 $V^+ = 5V$ 和 $V^- = -5V$。要求电流为 $I_{Q2} = 200\mu A$ 和 $I_{REF2} = 125\mu A$。对于 M_B,要求 $V_{SDB}(sat) = 0.8V$;对于 M_A,要求 $V_{SDA} = 4V$。晶体管 M_A 和 M_B 相匹配。①求解晶体管的 W/L 比;②求解 R_D。

3.56 观察图 3.50 所示的电路。每个晶体管的开启电压和工艺传导参数均为 $V_{TN} = 0.6V$, $k'_n = 120\mu A/V^2$。令所有晶体管的 $\lambda = 0$。假设 M_1 和 M_2 相匹配。设计宽长比,使得 $I_Q = 0.35mA$, $I_{REF} = 0.15mA$, $V_{DS2}(sat) = 0.5V$。求解 R_D,使得 $V_{DS1} = 3.5V$。

4. 结型场效应晶体管

3.57 N 沟道耗尽型 JFET 的源极和栅极连接在一起。请问什么样的 V_{DS} 值能保证这个两端器件偏置在饱和区?在此偏置状态下的漏极电流是多少?

3.58 某 N 沟道 JFET 的参数为 $I_{DSS} = 6mA$, $V_P = -3V$。计算 $V_{DS}(sat)$。如果 $V_{DS} > V_{DS}(sat)$,在以下条件下求解 I_D:①$V_{GS} = 0$;②$V_{GS} = -1V$;③$V_{GS} = -2V$;④$V_{GS} = -3V$。

3.59 某 P 沟道 JFET 偏置在饱和区,其中 $V_{SD} = 5V$。若当 $V_{GS} = 1V$ 时 $I_D = 2.8mA$;

$V_{GS} = 3V$ 时 $I_D = 0.30mA$，求解 I_{DSS} 和 V_P。

3.60 观察图 3.97 所示的 P 沟道 JFET 电路。求解使晶体管偏置在饱和区的 V_{DD} 的范围。如果 $I_{DSS} = 6mA$，$V_P = 2.5V$，求解 V_S。

3.61 观察一个 GaAs MESFET 电路。当器件偏置在饱和区时，可以发现，当 $V_{GS} = 0.35V$ 时，$I_D = 18.5\mu A$；当 $V_{GS} = 0.50V$ 时，$I_D = 86.2\mu A$。求解传导参数 k 和开启电压 V_{TN}。

3.62 GaAs MESFET 的开启电压 $V_{TN} = 0.24V$。最大允许栅-源电压 $V_{GS} = 0.75V$。当晶体管偏置在饱和区时，最大漏极电流为 $I_D = 250\mu A$。传导参数 k 的值是多少？

3.63 图 3.98 所示的电路中，晶体管的参数为 $I_{DSS} = 10mA$，$V_P = -5V$。求解 I_{DQ}、V_{GSQ} 和 V_{DSQ}。

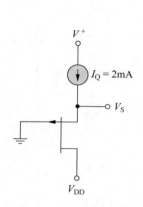

图 3.97 习题 3.60 图

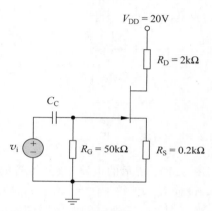

图 3.98 习题 3.63 图

3.64 观察图 3.99 所示的 N 沟道 JFET 源极跟随器电路。要求输入电阻为 $R_{in} = 500k\Omega$，$I_{DQ} = 5mA$，$V_{DSQ} = 8V$，$V_{GSQ} = -1V$，求解 R_S、R_1 和 R_2 以及所需晶体管的 I_{DSS} 和 V_P 的值。

3.65 图 3.100 所示电路中的晶体管参数为 $I_{DSS} = 8mA$，$V_P = 4V$。设计电路，使得 $I_D = 5mA$。假设 $R_{in} = 100k\Omega$，求解 V_{SG} 和 V_{SD}。

3.66 图 3.101 所示的电路中，晶体管的参数为 $I_{DSS} = 7mA$，$V_P = 3V$。令 $R_1 + R_2 = 100k\Omega$。设计电路，使得 $I_{DQ} = 5.0mA$，$V_{SDQ} = 6V$。

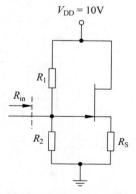

图 3.99 习题 3.64 图

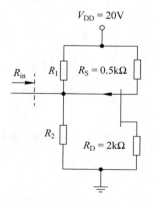

图 3.100 习题 3.65 图

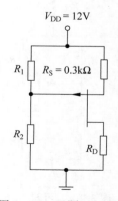

图 3.101 习题 3.66 图

3.67　图 3.102 所示电路中的晶体管参数为 $I_{DSS}=8mA$，$V_P=-4V$。求解 V_G、I_{DQ}、V_{GSQ} 和 V_{DSQ}。

3.68　观察图 3.103 所示的电路，求得 V_{DS} 的静态值为 $V_{DSQ}=5V$。如果 $I_{DSS}=10mA$，求解 I_{DQ}，V_{GSQ} 和 V_P。

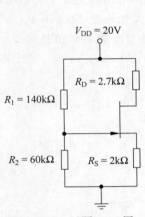

图 3.102　习题 3.67 图

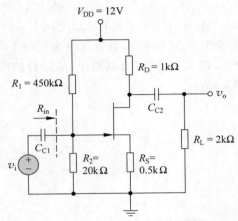

图 3.103　习题 3.68 图

3.69　图 3.104 所示的电路中，晶体管的参数为 $I_{DSS}=4mA$，$V_P=-3V$。设计 R_D，使得 $V_{DS}=|V_P|$，I_D 的值是多少？

3.70　观察图 3.105 所示的源极跟随器电路，晶体管的参数为 $I_{DSS}=2mA$，$V_P=2V$。设计电路，使得 $I_{DQ}=1mA$，$V_{SDQ}=10V$，且流过 R_1 和 R_2 的电流为 $0.1mA$。

3.71　图 3.106 所示的电路中，GaAs MESFET 的参数为 $k=250\mu A/V^2$，$V_{TN}=0.20V$。令 $R_1+R_2=150k\Omega$。设计电路，使得 $I_D=40\mu A$，$V_{DS}=2V$。

3.72　图 3.107 所示的电路中，GaAs MESFET 的开启电压为 $V_{TN}=0.15V$。令 $R_D=50k\Omega$。求解所需的传导参数的值，使得当 $V_I=0.75V$ 时，$V_O=0.70V$。

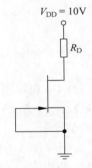

图 3.104　习题 3.69 图

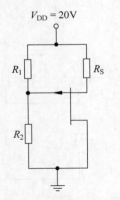

图 3.105　习题 3.70 图

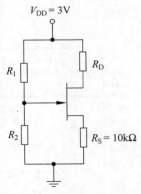

图 3.106　习题 3.71 图

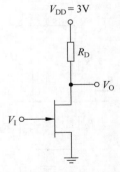

图 3.107　习题 3.72 图

5. 计算机仿真题

3.73 利用计算机仿真,验证练习题3.5的结果。

3.74 ①利用计算机仿真,画出图3.41所示CMOS电路的电压传输特性曲线。其中使用例题3.11中给出的参数。②M_N的宽长比加倍,在此情况下,重复①。

3.75 ①利用计算机仿真,画出当$V_2=0$,$0 \leqslant V_1 \leqslant 5V$时,图3.46所示NMOS电路的电压传输特性曲线。其中使用例题3.13给出的电路和晶体管参数。②当$0 \leqslant V_1 = V_2 \leqslant 5V$时,重复①。

3.76 利用计算机仿真,验证例题3.17中对图3.52所示多晶体管电路的分析结果。

6. 设计习题

(注意:所有的设计都应该和计算机仿真联系起来。)

*3.77 观察图3.30所示的PMOS电路。设计电路,使得$I_{DQ}=100\mu A$,且Q点位于负载线饱和区的中心。假设$R_1+R_2=500k\Omega$,且晶体管的参数与练习题3.6中给出的相同。

*3.78 观察图3.39所示带耗尽型负载的电路。假设电路偏置在$V_{DD}=3.3V$,晶体管的开启电压为$V_{TND}=0.40V$,$V'_{TNL}=-0.75V$。同时假设$k'_n=80\mu A/V^2$。设计电路,使得$V_I=3.3V$时,$V_O=0.05V$,且最大功耗为$150\mu W$。

*3.79 重新设计图3.50中的恒流源电路。偏置电压为$V^+=3.3V$,$V^-=-3.3V$。所有晶体管的参数为$V_{TN}=0.4V$,$k'_n=100\mu A/V^2$。要求电流为$I_{REF}=100\mu A$,$I_Q=60\mu A$。同时指定$V_{DS2}(sat)=0.6V$,$V_{GS1}=V_{GS2}$,$V_{DS1}=2.5V$。求解所有的宽长比和R_D的值(注意:要求最小的宽长比大于1)。

*3.80 观察图3.52所示的多晶体管电路。偏置电压为$V^+=3.3V$,$V^-=-3.3V$。晶体管的参数为$V_{TN}=0.4V$,$k'_n=100\mu A/V^2$。设计电路,使得$I_{DQ1}=100\mu A$,$I_{DQ2}=250\mu A$,$V_{DSQ1}=V_{DSQ2}=3.3V$,且$R_i=200k\Omega$。

第4章

基本场效应管放大电路

第 3 章介绍 FET 特别是 MOSFET 的结构和工作原理,并对包含这些器件的电路的直流响应进行分析和设计。本章将把 FET 在线性放大电路中的应用作为重点。线性放大电路意味着通常所处理的为模拟信号。模拟信号的数值可能是有限值内的任意值,还可能随时间连续变化。虽然 MOSFET 的一个主要应用是在数字电路,它们也在线性放大电路中使用。

将开始考察如何设计不包含电阻的全晶体管电路。由于 MOS 晶体管是小器件,高密度的全晶体管电路可以制作成集成电路。

本章主要内容如下:

(1) 研究用单级晶体管电路放大时变输入小信号的过程。

(2) 建立在线性放大电路分析中使用的晶体管小信号模型。

(3) 讨论三种基本的晶体管放大电路结构。

(4) 分析共源、源极跟随器和共栅放大电路,并熟悉这些电路的一般特性。

(5) 比较三种基本放大电路结构的一般特性。

(6) 分析作为集成电路基础的全 MOS 晶体管电路。

(7) 分析多晶体管或多级放大电路,并理解这些电路与单级晶体管电路相比的优势。

(8) 建立 JFET 器件的小信号模型,并分析基本 JFET 放大电路。

(9) 作为一个应用,将 MOS 晶体管引入到一个两级放大电路的设计中。

4.1 MOSFET 放大电路

目标:研究单级晶体管电路放大时变小输入信号的过程,并建立在线性放大电路分析中使用的晶体管小信号模型。

本章将研究信号、模拟电路和放大电路。信号包含某种信息。例如,一个说话的人产生的声波,它包含着一个人传递给另一个人的信息。声波是一个模拟信号。模拟信号的数值可能是有限值内的任意值,还可能随时间连续变化。处理模拟信号的电路称为模拟电路。模拟电路的一个例子是线性放大电路。一个线性放大电路可以对输入信号进行放大,并产生幅度更大的、直接和输入信号成正比的输出信号。

本章对采用场效应晶体管作为放大电路器件的线性放大电路进行分析和设计。术语

"小信号"意味着可以把交流等效电路线性化。术语"线性放大电路"意味着可以使用叠加定理,于是电路的直流分析和交流分析可以分别进行,而电路的总响应则是这两部分响应之和。

第 3 章介绍了 MOSFET 电路放大时变小信号的原理。本节将利用图解法、直流负载线和交流负载线来进一步讨论。在此过程中,将引出线性电路的各种小信号参数,并形成相应的等效电路。

4.1.1　图解分析、负载线和小信号参数

图 4.1 给出一个 NMOS 共源电路,其中一个时变电压源和直流电压源串联,假设时变输入信号为正弦信号。图 4.2 给出晶体管的特性曲线、直流负载线和 Q 点。其中直流负载线和 Q 点都是 v_{GS}、V_{DD}、R_D以及晶体管参数的函数。为了使输出电压成为输入电压的线性函数,必须使晶体管偏置在饱和区。(注意,虽然在讨论中主要使用 N 沟道增强型 MOSFET,相同的结果可以用于其他的 MOSFET。)

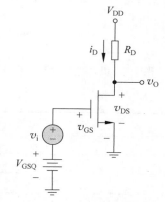

在图 4.2 中还给出了由正弦电压源 v_i 所引起的栅-源电压、漏极电流以及漏-源电压的正弦变化。总的栅-源电压是 V_{GSQ} 和 v_i 之和。随着 v_i 增加,v_{GS} 的瞬时值也增加,且偏置点沿着负载线上移。一个更大的 v_{GS} 意味着更大的漏极电流值和更小的 v_{DS} 值。对于一个负的 v_i(正弦波的负半部分),v_{GS} 的瞬时值下降到静态值以下,且偏置点沿着负载线下移。一个更小的 v_{GS} 意味着更小的漏极电流值和更大的

图 4.1　时变电压源和直流电压源
相串联的 NMOS 共源电路

v_{DS} 值。一旦 Q 点建立起来,就可以给栅-源电压、漏-源电压以及漏极电流的正弦(或小信号)变化量建立一个数学模型。

图 4.1 中所示的时变信号源 v_i 产生栅-源电压的时变部分。此时,$v_{gs} = v_i$,其中 v_{gs} 为栅-源电压的时变分量。为了使 FET 工作为线性放大电路,晶体管必须偏置在饱和区,而且瞬时漏极电流和漏-源电压也必须处于饱和区。

当对称的正弦信号作用在放大电路的输入端时,只要放大电路工作在线性状态,在输出端也将产生对称的正弦输出信号。可以利用负载线来确定最大不失真输出电压。如果超过了这个限制,输出信号的一部分将被截止,产生信号失真。

在 FET 放大电路中,输出信号必须避免截止($i_D = 0$),因此必须要保证 FET 器件工作在饱和区($v_{DS} > v_{DS}(sat)$)。这个输出信号的最大范围可由图 4.2 中的负载线确定。

1. 晶体管参数

本章将同时处理直流以及时变电流和电压。表 4.1 对将要使用的符号进行小结。这些符号曾在序言中讨论,为方便起见,在这里再次重复。小写字母带大写下标,例如 i_D、v_{GS}表示瞬时总量;大写字母带大写下标,例如 I_D、V_{GS} 表示直流量;小写字母带小写下标,例如 i_d、v_{gs} 表示交流信号的瞬时值;大写字母带小写下标,例如 I_d、V_{gs} 表示相量。相量表示也曾在序言中提到,在第 7 章讨论频率响应时显得尤其重要。不过在本章中使用相量表示只是为了和整体的交流分析保持一致。

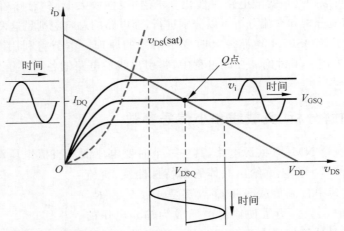

图 4.2　共源电路的晶体管特性曲线、直流负载线和栅-源电压、漏-源电压以及漏极电流的正弦变化

表 4.1　符号小结

变　　量	含　　义
i_D、v_{GS}	瞬时总量
I_D、V_{GS}	直流量
i_d、v_{gs}	交流瞬时值
I_d、V_{gs}	相量

由图 4.1,可以看到栅-源瞬时电压为

$$v_{GS} = V_{GSQ} + V_i = V_{GSQ} + v_{gs} \tag{4.1}$$

其中,V_{GSQ} 为直流分量,v_{gs} 为交流分量。漏极瞬时电流为

$$i_D = K_n (v_{GS} - V_{TN})^2 \tag{4.2}$$

将式(4.1)代入式(4.2),可得

$$i_D = K_n [V_{GSQ} + v_{gs} - V_{TN}]^2 = K_n [(V_{GSQ} - V_{TN}) + v_{gs}]^2 \tag{4.3a}$$

即

$$i_D = K_n (V_{GSQ} - V_{TN})^2 + 2K_n (V_{GSQ} - V_{TN}) v_{gs} + K_n v_{gs}^2 \tag{4.3b}$$

式(4.3b)中的第一项为直流或静态漏极电流 I_{DQ},第二项为与信号 v_{gs} 线性相关的时变漏极电流分量,第三项与信号电压的平方成比例。对于一个正弦输入信号,平方项会在输出电压中产生不理想的谐波,或非线性失真。为了减小这些谐波,需要

$$v_{gs} < 2(V_{GSQ} - V_{TN}) \tag{4.4}$$

这意味着,式(4.3b)中的第三项将比第二项小得多。式(4.4)表示线性放大电路中的小信号必须满足的条件。

忽略 v_{gs}^2 项,式(4.3b)可以写为

$$i_D = I_{DQ} + i_d \tag{4.5}$$

同样,小信号意味着是线性的,所以总电流可以分解为一个直流分量和一个交流分量。漏极电流的交流分量由下式给出

$$i_d = 2K_n(V_{GSQ} - V_{TN})v_{gs} \tag{4.6}$$

小信号漏极电流与小信号栅-源电压的相关系数为跨导 g_m，表示为

$$g_m = \frac{i_d}{v_{gs}} = 2K_n(V_{GSQ} - V_{TN}) \tag{4.7}$$

跨导是联系输出电流和输入电压的一个传输系数，也可以认为它表示晶体管的增益。

跨导也可以通过导数求得，即

$$g_m = \left.\frac{\partial i_D}{\partial v_{GS}}\right|_{v_{GS}=V_{GSQ}=常数} = 2K_n(V_{GSQ} - V_{TN}) \tag{4.8a}$$

可进一步写为

$$g_m = 2\sqrt{K_n I_{DQ}} \tag{4.8b}$$

偏置在饱和区的晶体管的漏极电流和栅-源电压之间的关系由式(4.2)给出，关系曲线如图4.3所示。在图4.3中，跨导 g_m 为曲线的斜率。如果时变信号 v_{gs} 足够小，则跨导 g_m 是一个常数。Q 点在饱和区时，晶体管相当于一个受 v_{gs} 线性控制的电流源。如果 Q 点进入非饱和区，则晶体管不再表现为一个线性受控电流源。

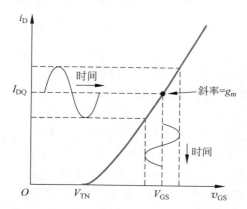

图 4.3 漏极电流和栅-源电压的关系曲线，给出叠加的正弦信号

如式(4.8a)所示，跨导直接和传导参数 K_n 成比例，而 K_n 又是宽长比的函数。因此，可以通过增加晶体管的宽度来增大跨导，即晶体管的增益。

例题 4.1 计算 N 沟道 MOSFET 的跨导。N 沟道 MOSFET 的参数为 $V_{TN}=0.4\text{V}$，$k'_n=100\mu\text{A/V}^2$，$W/L=25$。假设漏极电流 $I_D=0.40\text{mA}$。

解：传导参数为

$$K_n = \frac{k'_n}{2} \cdot \frac{W}{L} = \frac{0.1}{2} \times 25 = 1.25\text{mA/V}^2$$

假设晶体管偏置在饱和区，跨导由式(4.8b)给出，为

$$g_m = 2\sqrt{K_n I_{DQ}} = 2\sqrt{1.25 \times 0.4} = 1.41\text{mA/V}$$

点评：可以通过增加晶体管的 W/L 比或静态漏极电流来增大跨导。

练习题 4.1 对于一个偏置在饱和区的 N 沟道 MOSFET，其参数为 $k'_n=100\mu\text{A/V}^2$，$V_{TN}=0.6\text{V}$，$I_{DQ}=0.8\text{mA}$。求解晶体管的宽长比，使得跨导为 $g_m=1.8\text{mA/V}$。

答案：20.25。

2. 交流等效电路

由图 4.1,可以看到输出电压为

$$v_{DS} = v_O = V_{DD} - i_D R_D \tag{4.9}$$

应用式(4.5),可得

$$v_O = V_{DD} - (I_{DQ} + i_d) R_D = (V_{DD} - I_{DQ} R_D) - i_d R_D \tag{4.10}$$

输出电压也是直流值和交流值的组合。时变输出信号是时变漏-源电压,即

$$v_o = v_{ds} = -i_d R_D \tag{4.11}$$

同样,由式(4.6)和式(4.7)可得

$$i_d = g_m v_{gs} \tag{4.12}$$

总结一下,在图 4.1 所示电路的时变信号之间,存在以下关系。下列等式同时用交流瞬时值和相量的形式给出,即

$$v_{gs} = v_i \quad \text{或} \quad V_{gs} = V_i \tag{4.13}$$

和

$$i_d = g_m v_{gs} \quad \text{或} \quad I_d = g_m V_{gs} \tag{4.14}$$

和

$$v_{ds} = -i_d R_D \quad \text{或} \quad V_{ds} = -I_d R_D \tag{4.15}$$

将图 4.1 所示电路中的直流电源置零,可以得到图 4.4 所示的交流等效电路。小信号之间的关系由式(4.13)、式(4.14) 和式(4.15)给出。如图 4.1 所示,流过电压源 V_{DD} 的漏极电流为静态值上叠加一个交流信号。由于电压源两端的电压为恒定值,正弦电流并没有在这个元件两端产生正弦电压分量,其等效的交流阻抗为零,或者说短路。因此,在交流等效电路中,直流电压源等于零。可以认为连接 R_D 和 V_{DD} 的节点为信号地。

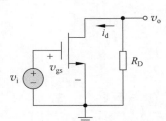

图 4.4　NMOS 晶体管共源放大电路的交流等效电路

4.1.2　小信号等效电路

既然有了图 4.4 所示的 NMOS 放大电路的交流等效电路,就有必要建立晶体管的小信号等效电路。

首先,假设信号频率足够低,栅极的所有电容都可以忽略。这样,栅极的输入端可视为开路,或电阻无穷大。式(4.14)给出小信号漏极电流和小信号输入电压之间的关系,式(4.7) 则表明跨导 g_m 为 Q 点的函数。由此得到简化的 NMOS 器件小信号等效电路,如图 4.5 所示。(圆括号中为相量部分。)

这个小信号等效电路也可以扩展,将偏置在饱和区的 MOSFET 的有限输出电阻考虑在内。这种效应曾在上一章讨论,它是由 i_D-v_{DS} 关系曲线中的非零斜率所引起的。

已知

$$i_D = K_n \big[(v_{GS} - V_{TN})^2 (1 + \lambda v_{DS}) \big] \tag{4.16}$$

其中,λ 为沟道长度调制参数,为正值。如前面所定义,小信号输出电阻为

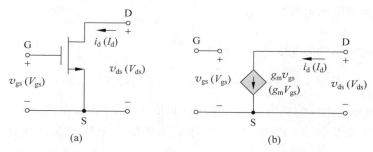

图 4.5 （a）共源 NMOS 晶体管及其小信号参数；（b）简化的 NMOS 晶体管小信号等效电路

$$r_o = \left(\frac{\partial i_D}{\partial v_{DS}} \right)^{-1} \Bigg|_{v_{GS}=V_{GSQ}=\text{常数}} \tag{4.17}$$

即

$$r_o = [\lambda K_n (V_{GSQ} - V_{TN})^2]^{-1} \approx [\lambda I_{DQ}]^{-1} \tag{4.18}$$

这个小信号输出电阻也是 Q 点的函数。

N 沟道 MOSFET 扩展小信号等效电路如图 4.6 所示，用相量符号给出。注意，这个等效电路为一个跨导放大电路，其输入信号为电压，输出信号为电流。现在把这个等效电路插入到图 4.4 所示的放大电路交流等效电路中，可以得到如图 4.7 所示的电路。

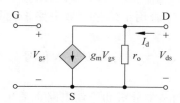

图 4.6 包含输出电阻的 NMOS 晶体管
扩展小信号等效电路

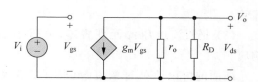

图 4.7 带 NMOS 晶体管模型的共源
电路小信号等效电路

例题 4.2 求解 MOSFET 电路的小信号电压增益。图 4.1 所示的电路中，假设其参数为 $V_{GSQ} = 2.12\text{V}, V_{DD} = 5\text{V}, R_D = 2.5\text{k}\Omega$。晶体管的参数为 $V_{TN} = 1\text{V}, K_n = 0.80\text{mA/V}^2$，$\lambda = 0.02\text{V}^{-1}$。假设晶体管偏置在饱和区。

解：静态值为

$$I_{DQ} \approx K_n (V_{GSQ} - V_{TN})^2 = 0.8 \times (2.12 - 1)^2 = 1.0\text{mA}$$

和

$$V_{DSQ} = V_{DD} - I_{DQ} R_D = 5 - 1 \times 2.5 = 2.5\text{V}$$

因此

$$V_{DSQ} = 2.5\text{V} > V_{DS}(\text{sat}) = V_{GS} - V_{TN} = 1.82 - 1 = 0.82\text{V}$$

这意味着晶体管偏置在饱和区，与开始时的假设一致，这也正是线性放大电路所要求的。

跨导为

$$g_m = 2K_n (V_{GSQ} - V_{TN}) = 2 \times 0.8 \times (2.12 - 1) = 1.79\text{mA/V}$$

输出电阻为

$$r_o = [\lambda I_{DQ}]^{-1} = [0.02 \times 1]^{-1} = 50\text{k}\Omega$$

由图 4.7,可得输出电压为

$$V_o = -g_m V_{gs}(r_o \parallel R_D)$$

由于 $V_{gs} = V_i$,小信号电压增益为

$$A_v = \frac{V_o}{V_i} = -g_m(r_o \parallel R_d) = -1.79 \times (50 \parallel 2.5) = -4.26$$

点评:交流输出电压的幅值比输入电压的幅值大 4.26 倍。由此,有了一个放大电路。注意小信号电压增益包含一个负号,这意味着正弦输出电压和输入正弦信号的相位差了 $180°$。

练习题 4.2 图 4.1 所示电路中,$V_{DD} = 3.3\text{V}$,$R_D = 10\text{k}\Omega$。晶体管的参数为 $V_{TN} = 0.4\text{V}$,$k_n' = 100\mu\text{A/V}^2$,$W/L = 50$,$\lambda = 0.025\text{V}^{-1}$。假设晶体管偏置在 $I_{DQ} = 0.25\text{mA}$。①验证晶体管偏置在饱和区;②求解小信号参数 g_m 和 r_o;③求解小信号电压增益。

答案:①$V_{GSQ} = 0.716\text{V}$,$V_{DSQ} = 0.8\text{V}$,因此 $V_{DS} > V_{DS}(\text{sat})$;②$g_m = 1.58\text{mA/V}$;$r_o = 160\text{k}\Omega$;③$-14.9$。

由于处理的是线性放大电路,叠加定理适用,这意味着可以分别进行直流和交流分析。MOSFET 放大电路的交流分析过程如下:

(1)分析电路中只存在直流电压源的情况,这样得到的是直流或静态解。晶体管必须偏置在饱和区,以保证构成线性放大电路。

(2)把电路中的每个元件用其小信号模型代替,这意味着用小信号等效电路来代替晶体管。

(3)把直流电压源元件置零,分析小信号等效电路,产生只有时变输入信号的电路响应。

前面的讨论针对 N 沟道 MOSFET 放大电路。同样的基本分析和等效电路也适用于 P 沟道晶体管。图 4.8(a)给出一个包含 P 沟道 MOSFET 的电路。注意到电源电压 V_{DD} 和源极相连(下标 DD 常用来表示电源与漏极相连。而在这里,V_{DD} 只是 MOSFET 电路中电源的一个常用符号)。同时注意电流方向和电压极性与 NMOS 晶体管电路的区别。图 4.8(b)给出交流等效电路,其中直流电压源用交流短路代替,并且图中的所有的电流和电压都是时变分量。

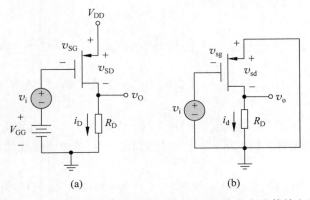

图 4.8 (a) PMOS 晶体管共源电路;(b) 相应的交流等效电路

在图 4.8(b)所示的电路中,晶体管可以用图 4.9 所示的等效电路代替。除了所有的电流方向和电压极性相反外,P 沟道 MOSFET 的等效电路和 N 沟道器件相同。

最终的 P 沟道 MOSFET 放大电路小信号等效电路如图 4.10 所示。输出电压为

$$V_o = g_m V_{sg}(r_o \parallel R_D) \tag{4.19}$$

控制电压 V_{sg},用输入信号电压的形式表示为

$$V_{sg} = -V_i \tag{4.20}$$

小信号电压增益为

$$A_v = \frac{V_o}{V_i} = -g_m(r_o \parallel R_D) \tag{4.21}$$

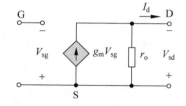

图 4.9　PMOS 晶体管的小信号等效电路

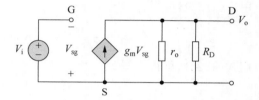

图 4.10　带 PMOS 晶体管模型的共源放大
电路小信号等效电路

P 沟道 MOSFET 放大电路小信号电压增益的表示形式与 N 沟道 MOSFET 放大电路完全相同。负号表示在输出信号和输入信号之间存在 180°的相位反相,PMOS 电路和NMOS 电路都是如此。

可以注意到,如果小信号栅-源电压的极性反过来,则小信号漏极电流的方向也相反。这个极性的变化如图 4.11 所示。图 4.11(a)给出 PMOS 晶体管中常用的电压极性和电流方向。如图 4.11(b)所示,如果控制电压极性相反,则受控的电流方向也相反。于是,图 4.11(b)所示的等效电路就和 NMOS 晶体管相同。然而,笔者更喜欢使用图 4.9 所示的小信号等效电路,以便和 PMOS 晶体管的电压极性和电流方向保持一致。

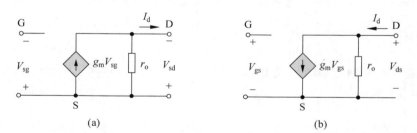

(a)　　　　　　　　　　　　　　　　　(b)

图 4.11　P 沟道 MOSFET 的小信号等效电路:(a)给出传统电压极性和电流
方向;(b)给出电压极性和电流方向相反的情况

4.1.3　衬底效应建模

如第 3 章 3.1.9 小节所述,在一个衬底或基体和源极不直接相连的 MOSFET 中,会发生衬底效应。对于一个 NMOS 器件,衬底和电路中最负的电位相连,它为信号地。图 4.12(a)

给出带直流电压的四端 MOSFET, 而图 4.12(b)给出该器件加交流电压的情况。记住, v_{SB} 必须大于或等于零。简化的电流-电压关系为

$$i_D = K_n(v_{GS} - V_{TN})^2 \qquad (4.22)$$

开启电压为

$$V_{TN} = V_{TNO} + \gamma\left[\sqrt{2\phi_f + v_{SB}} - \sqrt{2\phi_f}\right] \qquad (4.23)$$

如果源极和衬底之间的电压 v_{SB} 存在一个交流分量, 开启电压也将包含一个交流分量, 这将导致在漏极电流上产生交流分量。于是, 一个背栅跨导参数可以定义为

$$g_{mb} = \frac{\partial i_D}{\partial v_{BS}}\bigg|_{Q\text{-}pt} = \frac{-\partial i_D}{\partial v_{SB}}\bigg|_{Q\text{-}pt} = -\left(\frac{\partial i_D}{\partial V_{TN}}\right) \cdot \left(\frac{\partial V_{TN}}{\partial v_{SB}}\right)\bigg|_{Q\text{-}pt} \qquad (4.24)$$

应用式(4.22), 可得

$$\frac{\partial i_D}{\partial V_{TN}} = -2K_n(v_{GS} - V_{TN}) = -g_m \qquad (4.25a)$$

应用式(4.23), 可得

$$\frac{\partial V_{TN}}{\partial v_{SB}} = \frac{\gamma}{2\sqrt{2\phi_f + v_{SB}}} \equiv \eta \qquad (4.25b)$$

于是背栅跨导为

$$g_{mb} = -(-g_m) \cdot (\eta) = g_m \eta \qquad (4.26)$$

包含衬底效应的 MOSFET 小信号等效电路如图 4.13 所示。注意电流方向和源极-衬底小信号电压的极性。如果 $v_{bs} > 0$, 则 v_{SB} 减小, V_{TN} 减小, i_D 增加。由此, 电流方向和电压极性是一致的。

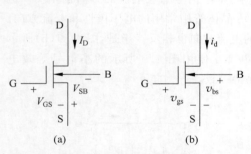
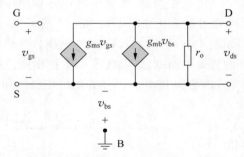

图 4.12 四端 NMOS 器件: (a) 带直流电压;
(b) 带交流电压

图 4.13 考虑衬底效应的 NMOS 器件
小信号等效电路

当 $\phi_f = 0.35V$, $\gamma = 0.35V^{1/2}$ 时, 由式(4.25(b))得出 η 的值为 $\eta \approx 0.23$。因此, η 位于范围 $0 \leqslant \eta \leqslant 0.23$ 内。v_{bs} 的值和具体的电路有关。

通常, 在人工分析和设计中将忽略 g_{mb}, 但是在 PSpice 分析中将考虑衬底效应。

理解测试题 4.1 N 沟道 MOSFET 的参数为 $V_{TN} = 0.6V$, $k'_n = 100\mu A/V^2$, $\lambda = 0.015V^{-1}$。晶体管偏置在饱和区, $I_{DQ} = 1.2mA$。①设计晶体管的宽长比, 使得跨导为 $g_m = 2.5mA/V$。②求解小信号输出电阻 r_o。

答案: ①26.0, ②55.6kΩ。

理解测试题 4.2 图 4.1 所示的电路中,$V_{DD}=3.3V$,$R_D=8k\Omega$。晶体管的参数为 $V_{TN}=0.4V$,$K_n=0.5mA/V^2$,$\lambda=0.02V^{-1}$。①求解 $I_{DQ}=0.15mA$ 时的 V_{GSQ} 和 V_{DSQ}。②计算 g_m、r_o 和小信号电压增益。

答案:①$V_{GSQ}=0.948V$,$V_{DSQ}=2.1V$;②$g_m=0.548mA/V$,$r_o=333k\Omega$,$A_v=-4.28$。

理解测试题 4.3 图 4.1 所示的电路中,电路和晶体管的参数和理解测试题 4.2 所给出的相同。如果 $v_i=25\sin\omega t(mV)$,求解 i_D 和 v_{DS}。

答案:$i_D=(0.15+0.0137\sin\omega t)(mA)$,$v_{DS}=(2.1-0.11\sin\omega t)(V)$。

理解测试题 4.4 图 4.8 所示电路的参数为 $V_{DD}=5V$,$R_D=5k\Omega$。晶体管的参数为 $V_{TP}=-0.4V$,$K_p=0.4mA/V^2$,$\lambda=0$。①求解 V_{SGQ} 和 I_{DQ},使得 $V_{SDQ}=3V$。②计算 g_m 和小信号电压增益。

答案:①$I_{DQ}=0.4mA$,$V_{SGQ}=1.4V$;②$g_m=0.8mA/V$,$A_v=-4$。

理解测试题 4.5 某晶体管的参数和练习题 4.1 所给出的相同。此外,衬底效应参数为 $\gamma=0.40V^{1/2}$,$\phi_f=0.35V$。当①$v_{SB}=1V$ 和②$v_{SB}=3V$ 时,求解 η 和背栅跨导 g_{mb}。

答案:①$\eta=0.153$,②$\eta=0.104$。

4.2 晶体管放大电路的基本组态

目标:讨论晶体管放大电路的三种基本组态。

已经看到,MOSFET 是一个三端器件。根据三个晶体管端子的哪一个用作信号地,可以构成三种基本的单级晶体管放大电路组态。这三种基本组态分别称为共源、共漏(源极跟随器)和共栅。

放大电路的输入和输出电阻特性在求解负载效应时十分重要。在随后的章节中将确定 MOSFET 电路三种基本组态的这些参数,以及电压增益。于是,三种类型放大电路的特性将帮助理解每种放大电路在什么条件下最有用。

一开始,将重点讨论基于分立元件设计的 MOSFET 放大电路,其中采用电阻偏置。这样做的目的是开始熟悉基本的 MOSFET 放大电路的设计方法和它们的特性。在 4.7 节,将开始讨论集成 MOSFET 电路设计,它包含全 MOSFET 电路和电流源偏置。这些初步的设计为学习本书第 2 部分更高级的 MOS 放大电路的设计提供导引。

4.3 共源放大电路

目标:分析共源放大电路,并熟悉这种电路的一般特性。

在本节,考察三种基本电路中的第一种,共源放大电路。将分析几个基本的共源电路,并求解小信号电压增益、输入和输出阻抗。

4.3.1 一个基本的共源电路结构

图 4.14 给出一个带分压式偏置的基本共源电路。可以看出,源极处于地电位,因此称

为共源。来自信号源的输入信号通过耦合电容 C_C 耦合到晶体管的栅极,耦合电容 C_C 在晶体管和信号源之间提供直流隔离。晶体管由电阻 R_1 和 R_2 建立直流偏置,而且当信号源经电容耦合到放大电路时,这种偏置状态不受影响。

如果信号源是频率为 f 的正弦电压,则容抗的大小为 $|Z_C| = [1/(2\pi f C_C)]$。例如,假设 $C_C = 10\mu F, f = 2kHz$,则容抗的大小为

$$|Z_C| = \frac{1}{2\pi f C_C} = \frac{1}{2\pi(2\times 10^3)(10\times 10^{-6})} \approx 8\Omega$$

这个阻抗的值通常比电容两端的戴维南等效电阻值要小得多。因此,可以假设这个电容对于频率大于 2kHz 的信号基本上相当于短路。本章也将忽略晶体管中的所有电容效应。

对于图 4.14 所示的电路,假设晶体管通过电阻 R_1 和 R_2 偏置在饱和区,且信号频率足够大,使耦合电容相当于短路。信号源用戴维南等效电路表示,其中电压信号源 v_i 与一个等效的信号源电阻 R_{Si} 串联。将会看到,为了将负载效应减到最小,R_{Si} 应该远远小于放大电路的输入电阻 $R_i = R_1 \| R_2$。

图 4.15 给出所得到的小信号等效电路。小信号变量,譬如输入信号电压 V_i,用相量的形式给出。由于源极处于地电位,所以不存在衬底效应。输出电压为

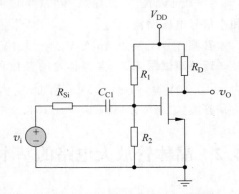

图 4.14 带分压式偏置和耦合电容的共源电路

$$V_o = -g_m V_{gs}(r_o \| R_D) \tag{4.27}$$

输入栅-源电压为

$$V_{gs} = \left(\frac{R_i}{R_i + R_{Si}}\right) \cdot V_i \tag{4.28}$$

因此,小信号电压增益为

$$A_v = \frac{V_o}{V_i} = -g_m(r_o \| R_D) \cdot \left(\frac{R_i}{R_i + R_{Si}}\right) \tag{4.29}$$

也可以将漏极交流电流和漏-源交流电压联系起来,有 $V_{ds} = -I_d(R_D)$。

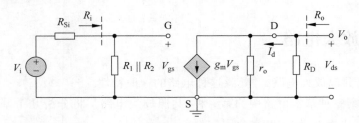

图 4.15 小信号等效电路,假设耦合电容相当于短路

图 4.16 给出直流负载线、转移点(区分饱和区和非饱和区的点)和 Q 点,其中 Q 点位于饱和区。为了提供最大不失真输出电压,并使晶体管保持偏置在饱和区,Q 点必须靠近饱

和区的中点。同时,输入信号必须足够小,使得放大电路工作在线性状态。

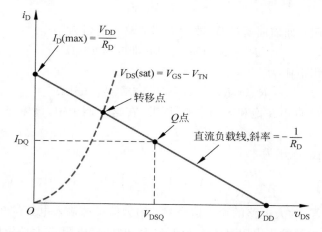

图 4.16　直流负载线以及区分饱和区和非饱和区的转移点

放大电路的输入和输出电阻可由图 4.15 确定。放大电路的输入电阻为 $R_i = R_1 \parallel R_2$。由于从 MOSFET 栅极看进去的低频输入电阻基本上是无穷大,所以输入电阻只是偏置电阻的函数。通过把独立的输入信号源 V_i 置零,即令 $V_{gs} = 0$,可以求得从输出端往回看的输出电阻。由此,输出电阻为 $R_o = R_D \parallel r_o$。

例题 4.3　求解共源放大电路的小信号电压增益和输入、输出电阻。图 4.14 所示电路的参数为 $V_{DD} = 3.3V, R_D = 10k\Omega, R_1 = 140k\Omega, R_2 = 60k\Omega, R_{Si} = 4k\Omega$。晶体管的参数为 $V_{TN} = 0.4V, K_n = 0.5mA/V^2, \lambda = 0.02V^{-1}$。

解:(直流计算)直流或静态栅-源电压为

$$V_{GSQ} = \left(\frac{R_2}{R_1 + R_2}\right) V_{DD} = \left(\frac{60}{140 + 60}\right) \times 3.3 = 0.99V$$

静态漏极电流为

$$I_{DQ} = K_n (V_{GSQ} - V_{TN})^2 = 0.5 \times (0.99 - 0.4)^2 = 0.174mA$$

静态漏-源电压为

$$V_{DSQ} = V_{DD} - I_{DQ} R_D = 3.3 - 0.174 \times 10 = 1.56V$$

由于 $V_{DSQ} > V_{GSQ} - V_{TN}$,所以晶体管偏置在饱和区。

小信号电压增益:小信号跨导 g_m 为

$$g_m = 2\sqrt{K_n I_{DQ}} = 2\sqrt{0.5 \times 0.174} = 0.590mA/V$$

小信号输出电阻 r_O 为

$$r_O = \frac{1}{\lambda I_Q} = \frac{1}{0.02 \times 0.174} = 287k\Omega$$

放大电路的输入电阻为

$$R_i = R_1 \parallel R_2 = 140 \parallel 60 = 42k\Omega$$

由图 4.15 和式(4.29)可得,小信号电压增益为

$$A_v = -g_m (r_o \parallel R_D)\left(\frac{R_i}{R_i + R_{Si}}\right) = -0.59 \times (287 \parallel 10) \times \frac{42}{42 + 4}$$

即
$$A_v = -5.21$$

输入和输出电阻:如前面所计算,放大电路的输入电阻为
$$R_i = R_1 \| R_2 = 140 \| 60 = 42\text{k}\Omega$$

放大电路的输出电阻为
$$R_O = R_D \| r_O = 10 \| 287 = 9.66\text{k}\Omega$$

点评:所得的 Q 点不在饱和区的中心,因此,在这个例子中,该电路不能获得最大不失真输出电压。

小信号栅-源输入电压为
$$V_{gs} = \left(\frac{R_i}{R_i + R_{Si}}\right) \cdot V_i = \left(\frac{42}{42+4}\right) \cdot V_i = (0.913) \cdot V_i$$

由于 R_{Si} 不为零,放大电路的输入信号 V_{gs} 约为信号源输入电压的 91%,这称为负载效应。尽管晶体管栅极的输入电阻基本上为无穷大,但偏置电阻极大地影响了放大电路的输入电阻和负载效应。当采用电流源偏置时,这种负载效应将被消除或削减到最小。

练习题 4.3 图 4.14 所示电路的参数为 $V_{DD} = 5\text{V}, R_1 = 520\text{k}\Omega, R_2 = 320\text{k}\Omega, R_D = 10\text{k}\Omega,$ $R_{Si} = 0$。假设晶体管的参数为 $V_{TN} = 0.8\text{V}, K_n = 0.20\text{mA/V}^2, \lambda = 0$。①求解晶体管小信号参数 g_m 和 r_o。②求解小信号电压增益。③计算输入电阻 R_i 和输出电阻 R_o(如图 4.15 所示)。

答案:①$g_m = 0.442\text{mA/V}, r_o = \infty$;②$A_v = -4.42$;③$R_i = 198\text{k}\Omega, R_o = R_D = 10\text{k}\Omega$

例题 4.4 设计 MOSFET 电路的偏置,使得 Q 点位于饱和区的中心。求解所得电路的小信号电压增益。

(1)设计指标:待设计的电路结构如图 4.17 所示。令 $R_1 \| R_2 = 100\text{k}\Omega$。设计电路,使得 Q 点为 $I_{DQ} = 2\text{mA}$,且 Q 点位于饱和区的中心。

(2)器件选择:可提供一个标称参数为 $V_{TN} = 1\text{V}$, $k'_n = 80\mu\text{A/V}^2, W/L = 25, \lambda = 0.015\text{V}^{-1}$ 的晶体管。

解(直流设计):负载线和所要求的 Q 点如图 4.18 所示。如果要使 Q 点位于饱和区的中心,则转移点的电流必须为 4mA。

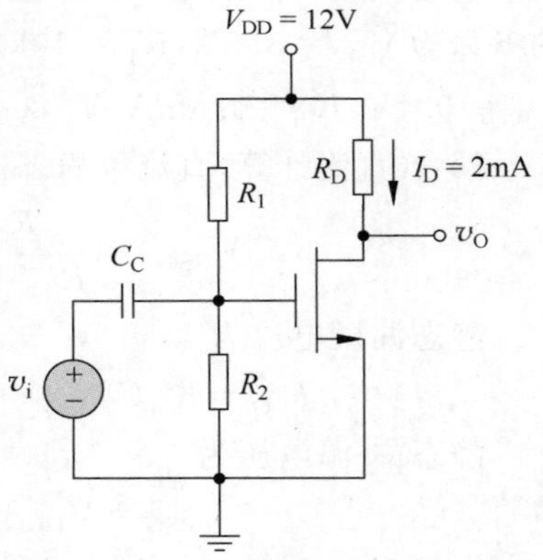

传导参数为

图 4.17 共源 NMOS 晶体管电路

$$K_n = \frac{k'_n}{2} \cdot \frac{W}{L} = \frac{0.080}{2} \times 25 = 1\text{mA/V}^2$$

现在可以计算转移点的 $V_{DS}(\text{sat})$。下标 t 表示转移点的值。为了求解 V_{GSt},可以利用
$$I_{Dt} = 4 = K_n(V_{GSt} - V_{TN})^2 = 1 \times (V_{GSt} - 1)^2$$

求得 $V_{GSt} = 3\text{V}$。因此
$$V_{DSt} = V_{GSt} - V_{TN} = 3 - 1 = 2\text{V}$$

如果 Q 点位于饱和区的中心,则 $V_{DSQ} = 7\text{V}$,将得到峰-峰值为 10V 的对称输出电压。由图 4.17,可以写出
$$V_{DSQ} = V_{DD} - I_{DQ}R_D$$

即

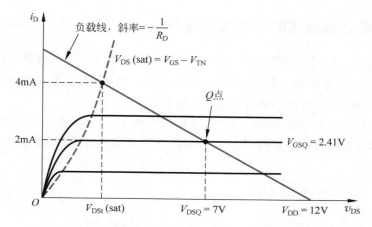

图 4.18　图 4.17 所示 NMOS 电路的直流负载线和转移点

$$R_D = \frac{V_{DD} - V_{DSQ}}{I_{DQ}} = \frac{12 - 7}{2} = 2.5\text{k}\Omega$$

可以从电流方程求解所需要的静态栅-源电压，如下

$$I_{DQ} = 2 = K_n(V_{GSQ} - V_{TN})^2 = (1)(V_{GSQ} - 1)^2$$

即 $V_{GSQ} = 2.41\text{V}$，于是有

$$V_{GSQ} = 2.14 = \left(\frac{R_2}{R_1 + R_2}\right)(V_{DD}) = \left(\frac{1}{R_1}\right)\left(\frac{R_1 R_2}{R_1 + R_2}\right)(V_{DD})$$

$$= \frac{R_i}{R_1} \cdot V_{DD} = \frac{100 \times 12}{R_1}$$

可得 $R_1 = 498\text{k}\Omega$ 和 $R_2 = 125\text{k}\Omega$。

解（交流分析）：晶体管的小信号参数为

$$g_m = 2\sqrt{K_n I_{DQ}} = 2\sqrt{1 \times 2} = 2.83\text{mA/V}$$

和

$$r_O = \frac{1}{\lambda I_{DQ}} = \frac{1}{0.015 \times 2} = 33.3\text{k}\Omega$$

小信号等效电路和图 4.7 所示的相同。小信号电压增益为

$$A_v = \frac{V_o}{V_i} = -g_m(r_O \parallel R_D) = -2.83 \times (33.3 \parallel 2.5)$$

即 $A_v = -6.58$。

点评：将 Q 点设置在饱和区的中心，可以使晶体管一直偏置在饱和区，并获得最大不失真输出电压。

练习题 4.4　观察图 4.14 所示电路。假设晶体管的参数为 $V_{TN} = 0.8\text{V}$，$K_n = 0.20\text{mA/V}^2$，$\lambda = 0$。令 $V_{DD} = 5\text{V}$，$R_i = R_1 \parallel R_2 = 200\text{k}\Omega$，$R_{Si} = 0$。设计电路，使得 $I_{DQ} = 0.5\text{mA}$，且 Q 点位于饱和区的中心。求解小信号电压增益。

答案：$R_D = 2.76\text{k}\Omega$，$R_1 = 420\text{k}\Omega$，$R_2 = 382\text{k}\Omega$，$A_v = -1.75$。

4.3.2 带源极电阻的共源放大电路

源极电阻 R_S 可以在晶体管的参数变化时稳定 Q 点(图 4.19)。例如,当一个晶体管与另一个晶体管的传导参数值不同时,如果电路中包含了源极电阻,则 Q 点的变化将不会那么大。但是如下例所示,源极电阻也会使信号增益减小。

图 4.19 所示的电路是必须考虑衬底效应的一个例子。衬底(未画出)通常接到 -5V 电源,这样基体和衬底电极处于不同的电位。然而,在下面的例题中将忽略这种效应。

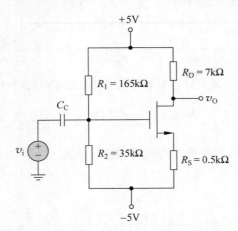

图 4.19 带源极电阻和正负电压源的共源电路

图 4.20(a)所示的电路为一个 PMOS 版本的带源极电阻的共源放大电路。

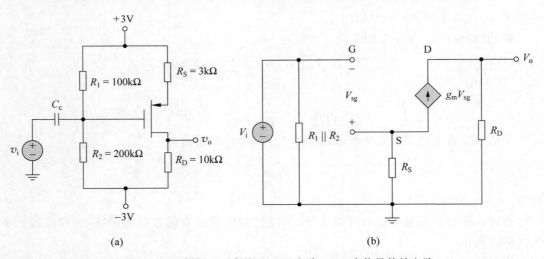

(a)   (b)

图 4.20 (a) 例题 4.5 中的 PMOS 电路;(b) 小信号等效电路

例题 4.5   求解一个 PMOS 晶体管电路的小信号电压增益。观察图 4.20(a)所示的电路。晶体管的参数为 $K_p = 0.80\text{mA/V}^2$,$V_{TP} = -0.5\text{V}$,$\lambda = 0$。已经求得静态漏极电流为 $I_{DQ} = 0.297\text{mA}$。小信号等效电路如图 4.20(b)所示。为了画出小信号等效电路,首先从晶体管的三个端子开始,在三个端子之间画出晶体管等效电路,然后画出晶体管周围的其他元件。

解：小信号输出电压为

$$V_o = +g_m V_{sg} R_D$$

从栅-源回路的输入端写出 KVL 方程，可以发现

$$V_i = -V_{sg} - g_m V_{sg} R_S$$

即

$$V_{sg} = \frac{-V_i}{1 + g_m R_S}$$

将 V_{sg} 的这个表达式代入输出电压方程，可以得到小信号电压增益为

$$A_v = \frac{V_o}{V_i} = \frac{-g_m R_D}{1 + g_m R_S}$$

小信号跨导为

$$g_m = 2\sqrt{K_p I_{DQ}} = 2\sqrt{(0.80)(0.297)} = 0.975 \text{mA/V}$$

于是可以得到小信号电压增益为

$$A_v = \frac{-0.975 \times 10}{1 + 0.975 \times 3}$$

即 $A_v = -2.48$。

点评：PMOS 晶体管电路的分析基本上和 NMOS 相同。带源极电阻的 MOS 晶体管电路的电压增益比不带源极电阻的电路小。不过，Q 点易于得到稳定。

可以注意到，包含源极电阻，可以在晶体管的参数发生任何变化时稳定电路特性。例如，如果传导参数 K_p 变化 $\pm 10\%$，有表 4.2 所示的结果。K_p 变化 $\pm 10\%$ 时，电压增益的变化小于 $\pm 1.8\%$。

表 4.2 K_p 变化影响

$K_p/(\text{mA/V}^2)$	$g_m/(\text{mA/V})$	A_v
0.72	0.9121	-2.441
0.80	0.9749	-2.484
0.88	1.035	-2.521

练习题 4.5 图 4.19 所示的电路中，晶体管的参数为 $V_{TN} = 0.8\text{V}$，$K_n = 1\text{mA/V}^2$，$\lambda = 0$。①从直流分析中，求解 I_{DQ} 和 V_{DSQ}；②求解小信号电压增益。

答案：① $I_{DQ} = 0.494\text{mA}$，$V_{DSQ} = 6.30\text{V}$；② $A_v = -5.78$。

4.3.3 带源极旁路电容的共源电路

在带源极电阻的共源电路中加一个源极旁路电容，可以在保持 Q 点稳定的同时使小信号电压增益的损失最小化。用一个恒流源代替源极电阻，可进一步提高 Q 点的稳定性。所得到的电路如图 4.21 所示，其中假设信号源为理想信号源。如果信号频率足够大，使得旁路电容基本上相当于交流短路，则源极将处于信号地。

例题 4.6 求解用恒流源偏置并使用源极旁路电容的电路的小信号电压增益。图 4.21 所示的电路中，晶体管的参数为 $V_{TN} = 0.8\text{V}$，$K_n = 1\text{mA/V}^2$，$\lambda = 0$。

解：由于直流栅极电流为零，源极的直流电压为 $V_S = -V_{GSQ}$，且栅-源电压可以由下式求得

$$I_{DQ} = I_Q = K_n(V_{GSQ} - V_{TN})^2$$

即

$$0.5 = (1)(V_{GSQ} - 0.8)^2$$

可得 $V_{GSQ} = -V_S = 1.51\text{V}$。

静态漏-源电压为

$$V_{DSQ} = V_{DD} - I_{DQ}R_D - V_S = 5 - (0.5)(7) - (-1.51) = 3.01\text{V}$$

因此，晶体管偏置在饱和区。小信号等效电路如图 4.22 所示。输出电压为

$$V_o = -g_m V_{gs} R_D$$

由于 $V_{gs} = V_i$，小信号电压增益为

$$A_v = \frac{V_o}{v_i} = -g_m R_D = -1.414 \times 7 = -9.9$$

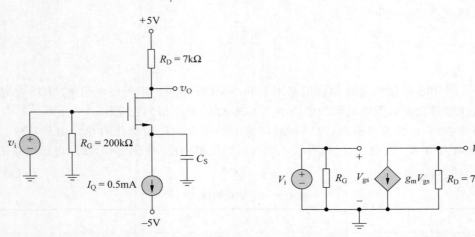

图 4.21 带源极旁路电容的 NMOS 共源电路　图 4.22 小信号等效电路，假设源极旁路电容相当于短路

点评：比较本例题中的小信号电压增益 9.9 和例题 4.5 计算得到的 2.48，可以看到，引入源极旁路电容后，增益的值变大了。

练习题 4.6 图 4.23 所示的共源放大电路中，晶体管的参数为 $k'_n = 40\mu\text{A/V}^2$，$W/L = 40$，$V_{TP} = -0.4\text{V}$，$\lambda = 0.02\text{V}^{-1}$。①求解 I_{DQ} 和 V_{SDQ}。②计算小信号电压增益。

答案：$I_{DQ} = 1.16\text{mA}$，$V_{SDQ} = 2.29\text{V}$；$A_v = -3.68$。

理解测试题 4.6 图 4.24 所示的共源放大电路中，晶体管的参数为 $V_{TN} = 1.8\text{V}$，$K_n = 0.15\text{mA/V}^2$，$\lambda = 0$。①计算 I_{DQ} 和 V_{DSQ}；②求解小信号电压增益；③讨论使用 R_G 的目的及其在放大电路小信号工作中的影响。

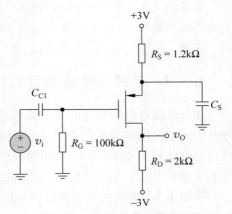

图 4.23 练习题 4.6 的电路

答案：① $I_{DQ}=1.05\mathrm{mA}$，$V_{DSQ}=4.45\mathrm{V}$；② $A_v=-2.65$。

理解测试题 4.7　图 4.25 所示的电路中，晶体管的参数为 $V_{TP}=+0.8\mathrm{V}$，$K_p=0.5\mathrm{mA/V^2}$，$\lambda=0.02\mathrm{V^{-1}}$。①求解 R_S 和 R_D，使得 $I_{DQ}=0.8\mathrm{mA}$，$V_{SDQ}=3\mathrm{V}$；②计算小信号电压增益。

答案：① $R_S=5.67\mathrm{k\Omega}$，$R_D=3.08\mathrm{k\Omega}$；② $A_v=-3.71$。

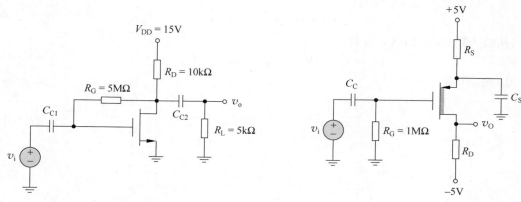

图 4.24　理解测试题 4.6 的电路　　　　　图 4.25　理解测试题 4.7 的电路

4.4　共漏（源极跟随器）放大电路

目标：分析共漏（源极跟随器）放大电路，并熟悉这种电路的一般特性。

MOSFET 放大电路的第二种类型为共漏电路。这种电路结构的一个例子如图 4.26 所示。如图所示，输出信号从源极对地引出，且漏极直接和 V_{DD} 相连。由于在交流等效电路中，V_{DD} 为信号地，所以称之为共漏电路。更为常用的名字是源极跟随器。随着分析的进行，取这个名字的原因将会逐渐清晰。

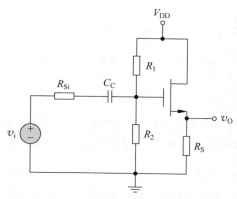

图 4.26　NMOS 源极跟随器或共漏放大电路

4.4.1 小信号电压增益

电路的直流分析和已经看到的完全相同,所以这里将主要讲解小信号分析。假设耦合电容相当于短路,小信号等效电路如图 4.27(a)所示。漏极为信号地,晶体管的小信号电阻 r_o 和受控电流源并联。图 4.27(b)所示则为同一个等效电路,只是所有的信号地连接在了同一个公共点上。仍然忽略衬底效应。输出电压为

$$V_o = (g_m V_{gs})(R_S \parallel r_o) \tag{4.30}$$

写出从输入到输出的 KVL 方程,得到

$$V_{in} = V_{gs} + V_o = V_{gs} + g_m V_{gs}(R_S \parallel r_o) \tag{4.31a}$$

因此,栅-源电压为

$$V_{gs} = \frac{V_{in}}{1 + g_m(R_S \parallel r_o)} = \left[\frac{\dfrac{1}{g_m}}{\dfrac{1}{g_m} + (R_S \parallel r_o)} \right] \cdot V_{in} \tag{4.31b}$$

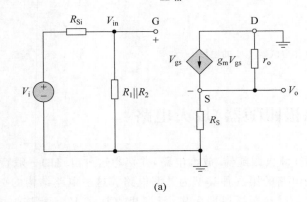

(a)

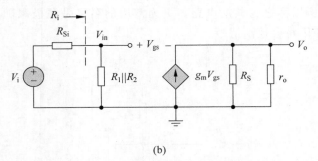

(b)

图 4.27 (a) NMOS 源极跟随器的小信号等效电路;(b) NMOS 源极跟随器的小
信号等效电路,所有的信号地都连接在一个公共点上

式(4.31b)写成了分压方程的形式,其中 NMOS 器件的栅极和源极之间看起来像是一个阻值为 $1/g_m$ 的电阻。更确切地说,从源极看进去的有效电阻(忽略 r_o)为 $1/g_m$。电压 V_{in} 和信号源输入电压 V_i 之间的关系为

$$V_{in} = \left(\frac{R_i}{R_i + R_{Si}} \right) \cdot V_i \tag{4.32}$$

其中，$R_i = R_1 \parallel R_2$ 为放大电路的输入电阻。

将式(4.31b)和式(4.32)代入式(4.30)，可得小信号电压增益为

$$A_v = \frac{V_o}{V_i} = \frac{g_m(R_S \parallel r_o)}{1 + g_m(R_S \parallel r_o)} \cdot \left(\frac{R_i}{R_i + R_{Si}} \right) \quad (4.33a)$$

即

$$A_v = \frac{R_S \parallel r_o}{\dfrac{1}{g_m} + R_S \parallel r_o} \cdot \left(\frac{R_i}{R_i + R_{Si}} \right) \quad (4.33b)$$

再次写成了分压方程的形式。观察式(4.33(b))，可以看出电压增益的值总是小于 1。

例题 4.7　计算图 4.26 所示源极跟随器电路的小信号电压增益。假设电路的参数为 $V_{DD} = 12\text{V}$，$R_1 = 162\text{k}\Omega$，$R_2 = 463\text{k}\Omega$，$R_S = 0.75\text{k}\Omega$。晶体管的参数为 $V_{TN} = 1.5\text{V}$，$K_n = 4\text{mA/V}^2$，$\lambda = 0.01\text{V}^{-1}$。同时假设 $R_{Si} = 4\text{k}\Omega$。

解：直流分析的结果为 $I_{DQ} = 7.97\text{mA}$ 和 $V_{GSQ} = 2.91\text{V}$。因此，小信号跨导为

$$g_m = 2K_n(V_{GSQ} - V_{TN}) = 2 \times 4 \times (2.91 - 1.5) = 11.3\text{mA/V}$$

晶体管的小信号电阻为

$$r_o \approx [\lambda I_{DQ}]^{-1} = [0.01 \times 7.97]^{-1} = 12.5\text{k}\Omega$$

放大电路的输入电阻为

$$R_i = R_1 \parallel R_2 = 162 \parallel 463 = 120\text{k}\Omega$$

则小信号电压增益为

$$\begin{aligned}
A_v &= \frac{g_m(R_S \parallel r_o)}{1 + g_m(R_S \parallel r_o)} \cdot \frac{R_i}{R_i + R_{Si}} \\
&= \frac{11.3 \times (0.75 \parallel 12.5)}{1 + 11.3 \times (0.75 \parallel 12.5)} \times \frac{120}{120 + 4} = +0.860
\end{aligned}$$

点评：小信号电压增益的值小于 1。观察式(4.33b)，这总是正确的。同时，电压增益为正，这意味着输出信号的电压和输入信号的电压同相。由于输出信号基本上等于输入信号，所以这类电路称为源极跟随器。

练习题 4.7　图 4.26 所示的源极跟随器电路中，晶体管的参数为 $V_{TN} = +0.8\text{V}$，$K_n = 1\text{mA/V}^2$，$\lambda = 0.015\text{V}^{-1}$。令 $V_{DD} = 10\text{V}$，$R_{Si} = 200\Omega$，$R_1 + R_2 = 400\text{k}\Omega$。设计电路，使得 $I_{DQ} = 1.5\text{mA}$ 和 $V_{DSQ} = 5\text{V}$。求解小信号电压增益。

答案：$R_S = 3.33\text{k}\Omega$，$R_1 = 119\text{k}\Omega$，$R_2 = 281\text{k}\Omega$，$A_v = 0.884$。

虽然电压增益略小于 1，源极跟随器也是一种非常有用的电路，这是由于它的输出电阻小于共源电路的输出电阻，这将在下一节进行分析。当电路需要用作理想电压源去驱动负载电路而没有任何负载效应时，较小的输出电阻是理想的。

例题 4.8　用 P 沟道增强型 MOSFET 设计一个源极跟随器，满足一组指标要求。

(1) 设计指标：待设计的电路结构如图 4.28 所示。电路的参数为 $V_{DD} = 20\text{V}$，$R_{Si} = 4\text{k}\Omega$。Q 点

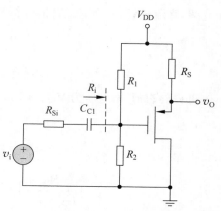

图 4.28　PMOS 源极跟随器

位于负载线的中点，$I_{DQ}=2.5\mathrm{mA}$。要求输入电阻为 $R_i=200\mathrm{k}\Omega$，设计晶体管的 W/L 比，使得小信号电压增益为 $A_v=0.90$。

（2）器件选择：可提供一个标称参数为 $V_{TP}=-2\mathrm{V}$，$k_n'=40\mu\mathrm{A/V^2}$，$\lambda=0$ 的晶体管。

解（直流分析）：由源-漏回路的 KVL 方程，有

$$V_{DD}=V_{SDQ}+I_{DQ}R_S$$

即

$$20=10+(2.5)R_S$$

由此求得所需的源极电阻为 $R_S=4\mathrm{k}\Omega$。

解（交流分析）：这个电路的小信号电压增益和 NMOS 器件源极跟随器相同。由式(4.33(a))可得

$$A_v=\frac{V_o}{V_i}=\frac{g_mR_S}{1+g_mR_S}\cdot\frac{R_i}{R_i+R_{Si}}$$

由此可得

$$0.90=\frac{g_m(4)}{1+g_m(4)}\cdot\frac{200}{200+4}$$

可以看出，所需的跨导必须为 $g_m=2.80\mathrm{mA/V}$。跨导可以写为

$$g_m=2\sqrt{K_pI_{DQ}}$$

则有

$$2.80\times10^{-3}=2\sqrt{K_p(2.5\times10^{-3})}$$

可得

$$K_p=0.784\times10^{-3}\mathrm{A/V^2}$$

传导参数是宽长比的函数，它为

$$K_p=0.784\times10^{-3}=\frac{k_p'}{2}\cdot\frac{W}{L}=\left(\frac{40\times10^{-6}}{2}\right)\cdot\left(\frac{W}{L}\right)$$

这意味着需要的宽长比必须为

$$\frac{W}{L}=39.2$$

解（直流设计）：为完成直流分析和设计，有

$$I_{DQ}=K_p(V_{GSQ}+V_{TP})^2$$

或

$$2.5=0.784(V_{SGQ}-2)^2$$

可得静态源-栅电压为 $V_{SGQ}=3.79\mathrm{V}$。静态源-栅电压也可以写为

$$V_{SGQ}=(V_{DD}-I_{DQ}R_S)-\left(\frac{R_2}{R_1+R_2}\right)(V_{DD})$$

由于

$$\left(\frac{R_2}{R_1+R_2}\right)=\left(\frac{1}{R_1}\right)\left(\frac{R_1R_2}{R_1+R_2}\right)=\left(\frac{1}{R_1}\right)\cdot R_i$$

有

$$3.79 = (20 - 2.5 \times 4) - \left(\frac{1}{R_1}\right) \times 200 \times 20$$

于是求得偏置电阻 $R_1 = 644\text{k}\Omega$。由于 $R_i = R_1 \parallel R_2 = 200\text{k}\Omega$，可得 $R_2 = 290\text{k}\Omega$。

点评：为了获得所要求的设计指标，需要一个相对较大的跨导值，这意味着需要一个相对较大的晶体管。较大的输入电阻 R_i 可将信号源输出电阻 R_{Si} 引起的负载效应最小化。

练习题 4.8 图 4.29 所示的源极跟随器放大电路中，电路和晶体管的参数为 $R_S = 2\text{k}\Omega$，$V_{TP} = -1.2\text{V}$，$k_p' = 40\mu\text{A/V}^2$，$\lambda = 0$。①设计晶体管的宽长比，使得 $I_{DQ} = 1.5\text{mA}$。②求解小信号电压增益。③利用①的结果，求解 R_L，使得电压增益减小 10%。

答案：①$W/L = 117$；②$A_v = 0.882$；③$R_L = 2.12\text{k}\Omega$。

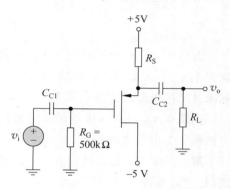

图 4.29 练习题 4.8 的电路

4.4.2 输入和输出电阻

以图 4.27(b) 中定义的小信号输入电阻 R_i 为例，它是偏置电阻的戴维南等效电阻。尽管 MOSFET 栅极的输入电阻基本上为无穷大，输入偏置电阻确实会产生负载效应。在共源电路中也可以看到相同的效应。

为了计算小信号输出电阻，令所有独立的小信号电压源为零，在输出端加一个测试电压，并测量测试电流。图 4.30 给出用来求解图 4.26 所示源极跟随器输出电阻的电路。令 $V_i = 0$，加一个测试电压 V_x。由于电路中没有电容，输出阻抗只是一个输出电阻，定义为

$$R_o = \frac{V_x}{I_x} \tag{4.34}$$

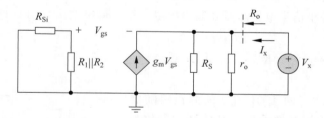

图 4.30 NMOS 源极跟随器的等效电路，用于求解输出电阻

写出输出端源极的 KCL 方程为

$$I_x + g_m V_{gs} = \frac{V_x}{R_S} + \frac{V_x}{r_o} \tag{4.35}$$

由于电路的输入部分没有电流，可以得出 $V_{gs} = -V_x$。因此，式(4.35)变为

$$I_x = V_x \left(g_m + \frac{1}{R_S} + \frac{1}{r_o}\right) \tag{4.36a}$$

即

$$\frac{I_{\mathrm{x}}}{V_{\mathrm{x}}} = \frac{1}{R_{\mathrm{o}}} = g_{\mathrm{m}} + \frac{1}{R_{\mathrm{S}}} + \frac{1}{r_{\mathrm{o}}} \qquad (4.36\mathrm{b})$$

则输出电阻为

$$R_{\mathrm{o}} = \frac{1}{g_{\mathrm{m}}} \parallel R_{\mathrm{S}} \parallel r_{\mathrm{o}} \qquad (4.37)$$

由图 4.30 可以看出,电压 V_{gs} 直接加在电流源 $g_{\mathrm{m}}V_{\mathrm{gs}}$ 的两端。这说明器件的有效电阻为 $1/g_{\mathrm{m}}$。因此,可以直接写出式(4.37)给出的输出电阻。如前面所指出的,这个结果也意味着从源极看进去的电阻为 $1/g_{\mathrm{m}}$(忽略 r_{o})。

例题 4.9 计算源极跟随器电路的输出电阻。图 4.30 所示电路的参数和晶体管参数与例题 4.7 所给出的相同。

解:例题 4.7 的结果为 $R_{\mathrm{S}} = 0.75\mathrm{k\Omega}$,$r_{\mathrm{o}} = 12.5\mathrm{k\Omega}$ 和 $g_{\mathrm{m}} = 11.3\mathrm{mA/V}$。由图 4.30 和式(4.37),可得

$$R_{\mathrm{o}} = \frac{1}{g_{\mathrm{m}}} \parallel R_{\mathrm{S}} \parallel r_{\mathrm{o}} = \frac{1}{11.3} \parallel 0.75 \parallel 12.5$$

即

$$R_{\mathrm{o}} = 0.0787\mathrm{k\Omega} = 78.7\Omega$$

点评:源极跟随器电路的输出电阻主要取决于跨导参数。同样,由于输出电阻很小,源极跟随器可以用作一个理想电压源。这意味着它的输出可以驱动另一个电路,而不会产生严重的负载效应。

练习题 4.9 观察图 4.28 所示的电路,电路的参数为 $V_{\mathrm{DD}} = 5\mathrm{V}$,$R_{\mathrm{S}} = 5\mathrm{k\Omega}$,$R_1 = 70.7\mathrm{k\Omega}$,$R_2 = 9.3\mathrm{k\Omega}$,$R_{\mathrm{Si}} = 500\Omega$。晶体管的参数为 $V_{\mathrm{TP}} = -0.8\mathrm{V}$,$K_{\mathrm{p}} = 0.4\mathrm{mA/V^2}$,$\lambda = 0$。计算小信号电压增益 $A_{\mathrm{v}} = v_{\mathrm{o}}/v_{\mathrm{i}}$ 和从电路往回看的输出电阻 R_{o}。

答案:$A_{\mathrm{v}} = 0.817$,$R_{\mathrm{o}} = 0.915\mathrm{k\Omega}$。

理解测试题 4.8 NMOS 源极跟随器电路的参数为 $g_{\mathrm{m}} = 4\mathrm{mA/V}$,$r_{\mathrm{o}} = 50\mathrm{k\Omega}$。①求解空载($R_{\mathrm{S}} = \infty$)时的小信号电压增益和输出电阻。②当输出端接有 $4\mathrm{k\Omega}$ 的负载时,求解小信号电压增益。

答案:① $A_{\mathrm{v}} = 0.995$,$R_{\mathrm{o}} \approx 0.25\mathrm{k\Omega}$;② $A_{\mathrm{v}} = 0.937$。

理解测试题 4.9 图 4.31 所示的源极跟随器电路中,晶体管采用恒流源偏置。晶体管的参数为 $V_{\mathrm{TN}} = 2\mathrm{V}$,$k_{\mathrm{n}}' = 40\mu\mathrm{A/V^2}$,$\lambda = 0.01\mathrm{V^{-1}}$。负载电阻为 $R_{\mathrm{L}} = 4\mathrm{k\Omega}$。①设计晶体管的宽长比,使 $I = 0.8\mathrm{mA}$ 时的 $g_{\mathrm{m}} = 2\mathrm{mA/V}$。相应的 V_{GS} 值是多少?②求解小信号电压增益和输出电阻 R_{o}。

答案:① $W/L = 62.5$,$V_{\mathrm{GS}} = 2.8\mathrm{V}$;② $A_{\mathrm{v}} = 0.886$,$R_{\mathrm{o}} \approx 0.5\mathrm{k\Omega}$。

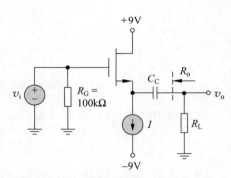

图 4.31 理解测试题 4.9 的电路

4.5 共栅放大电路

目标：分析共栅放大电路,熟悉这种电路的一般特性。

共栅电路是 MOSFET 放大电路的第三种组态。在求解小信号电压和电流增益、输入和输出电阻时,将采用和前面相同的晶体管小信号等效电路。共栅电路的直流分析和前面的 MOSFET 电路相同。

4.5.1 小信号电压和电流增益

在共栅电路组态中,输入信号加在源极,栅极处于信号地。图 4.32 所示的共栅电路采用恒流源 I_Q 进行偏置。栅极电阻 R_G 用于防止静电荷在栅极聚积。电容 C_G 用于确保栅极处于信号地。耦合电容 C_{C1} 用于将信号耦合到源极,耦合电容 C_{C2} 则用来把输出电压耦合到负载电阻 R_L。

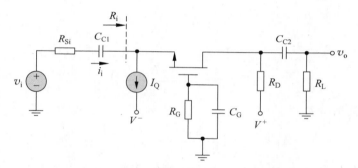

图 4.32　共栅电路

小信号等效电路如图 4.33 所示。其中假设晶体管的小信号电阻 r_o 为无穷大。由于源极为输入端,图 4.33 所示的小信号等效电路可能看起来和前面讨论过的有所不同。但是,画等效电路时,可以采用和前面相同的方法。画出晶体管的三个电极,在这里,把源极画在输入端。然后,在三个电极之间画出晶体管等效电路。最后画出晶体管周围的其他电路元件。

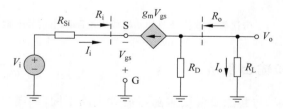

图 4.33　共栅放大电路的小信号等效电路

输出电压为

$$V_o = -(g_m V_{gs})(R_D \parallel R_L) \tag{4.38}$$

写出输入回路的 KVL 方程,可得

$$V_i = I_i R_{Si} - V_{gs} \tag{4.39}$$

其中 $I_i = -g_m V_{gs}$。则栅-源电压可以写为

$$V_{gs} = \frac{-V_i}{1 + g_m R_{Si}} \tag{4.40}$$

求得小信号电压增益为

$$A_v = \frac{V_o}{V_i} = \frac{g_m (R_D \parallel R_L)}{1 + g_m R_{Si}} \tag{4.41}$$

同样,由于电压增益为正,输出信号和输入信号同相。

在很多情况下,共栅电路的输入信号为电流。图 4.34 给出一个用诺顿等效电路作为信号源的共栅放大电路的小信号等效电路。可以进行电流增益的计算。输出电流 I_o 可以写为

$$I_o = \left(\frac{R_D}{R_D + R_L} \right) (-g_m V_{gs}) \tag{4.42}$$

在输入端有

$$I_i + g_m V_{gs} + \frac{V_{gs}}{R_{Si}} = 0 \tag{4.43}$$

即

$$V_{gs} = -I_i \left(\frac{R_{Si}}{1 + g_m R_{Si}} \right) \tag{4.44}$$

于是,小信号电流增益为

$$A_i = \frac{I_o}{I_i} = \left(\frac{R_D}{R_D + R_L} \right) \cdot \left(\frac{g_m R_{Si}}{1 + g_m R_{Si}} \right) \tag{4.45}$$

可以注意到,如果 $R_D > R_L$ 且 $g_m R_{Si} > 1$,则电流增益基本上为1。

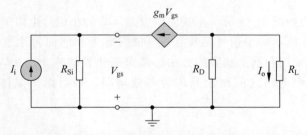

图 4.34 带诺顿等效信号源的共栅放大电路的小信号等效电路

4.5.2 输入和输出阻抗

由于晶体管的原因,与共源及源极跟随器放大电路不同,共栅电路具有较低的输入电阻。而在输入信号为电流信号的情况下,低输入电阻是一个优点。利用图 4.33,输入电阻定义为

$$R_i = \frac{-V_{gs}}{I_i} \tag{4.46}$$

由于 $I_i = -g_m V_{gs}$,输入电阻为

$$R_{i} = \frac{1}{g_{m}} \tag{4.47}$$

之前已经得到这个结果。

可以通过将输入信号电压置零来求得输出电阻。从图 4.33 可以看出，$V_{GS} = -g_{m}V_{gs}R_{Si}$，这意味着 $V_{gs} = 0$。于是，$g_{m}V_{gs} = 0$。因此，从负载电阻往回看的输出电阻为

$$R_{o} = R_{D} \tag{4.48}$$

例题 4.10 对于共栅电路，求解给定输入电流下的输出电压。图 4.32 和 4.34 所示的电路中，电路的参数为 $I_{Q} = 1\text{mA}$，$V^{+} = 5\text{V}$，$V^{-} = -5\text{V}$，$R_{G} = 100\text{k}\Omega$，$R_{D} = 4\text{k}\Omega$，$R_{L} = 10\text{k}\Omega$。晶体管的参数为 $V_{TN} = 1\text{V}$，$K_{n} = 1\text{mA/V}^{2}$，$\lambda = 0$。假设图 4.34 中的输入电流为 $100\sin\omega t\ \mu\text{A}$，并假设 $R_{Si} = 50\text{k}\Omega$。

解： 静态栅-源电压可由下式求得

$$I_{Q} = I_{DQ} = K_{n}(V_{GSQ} - V_{TN})^{2}$$

即

$$1 = 1(V_{GSQ} - 1)^{2}$$

可得 $V_{GSQ} = 2\text{V}$。

小信号跨导为

$$g_{m} = 2K_{n}(V_{GSQ} - V_{TN}) = 2(1)(2 - 1) = 2\text{mA/V}$$

由式（4.45），可以写出输出电流为

$$I_{o} = I_{i}\left(\frac{R_{D}}{R_{D} + R_{L}}\right) \cdot \left(\frac{g_{m}R_{Si}}{1 + g_{m}R_{Si}}\right)$$

由于输出电压为 $V_{o} = I_{o}R_{L}$，可得

$$V_{o} = I_{i}\left(\frac{R_{L}R_{D}}{R_{D} + R_{L}}\right) \cdot \left(\frac{g_{m}R_{Si}}{1 + g_{m}R_{Si}}\right)$$

$$= \left[\frac{10 \times 4}{4 + 10}\right] \cdot \left[\frac{2 \times 50}{1 + 2 \times 50}\right] \cdot (0.1)\sin\omega t$$

即 $V_{o} = 0.283\sin(\omega t)\text{V}$。

点评： 当输入信号为电流时，MOSFET 共栅放大电路很有用。

练习题 4.10 观察图 4.35 所示的电路，电路的参数为 $V^{+} = 5\text{V}$，$V^{-} = -5\text{V}$，$R_{S} = 4\text{k}\Omega$，$R_{D} = 2\text{k}\Omega$，$R_{L} = 4\text{k}\Omega$，$R_{G} = 50\text{k}\Omega$。晶体管的参数为 $K_{p} = 1\text{mA/V}^{2}$，$V_{TP} = -0.8\text{V}$，$\lambda = 0$。画出小信号等效电路，并求解小信号电压增益 $A_{v} = V_{o}/V_{i}$ 和输入电阻 R_{i}。

答案： $A_{v} = 2.41$，$R_{i} = 0.485\text{k}\Omega$。

理解测试题 4.10 图 4.36 所示的电路中，电路的参数为 $V^{+} = 5\text{V}$，$V^{-} = -5\text{V}$，$R_{G} = 100\text{k}\Omega$，$R_{L} = 4\text{k}\Omega$，$I_{Q} = 0.5\text{mA}$。晶体管的参数为 $V_{TN} = 1\text{V}$，$\lambda = 0$。电路由电流源信号源 I_{i} 驱动。重新设计 R_{D} 和 g_{m}，使得传递函数 V_{o}/I_{i} 为 $2.4\text{k}\Omega$，输入电阻为 $R_{i} = 350\Omega$。求解 V_{GSQ}，并证明晶体管偏置在饱和区。

答案： $g_{m} = 2.86\text{mA/V}$，$R_{D} = 6\text{k}\Omega$，$V_{GSQ} = 1.35\text{V}$。

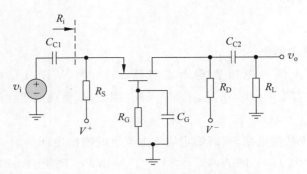

图 4.35　练习题 4.10 的电路

4.6　三种基本的放大电路组态：总结和比较

目标：比较三种基本放大电路组态的一般特性。

表 4.3 是对三种放大电路组态的小信号特性的一个总结。

表 4.3　三种 MOSFET 放大电路组态的特性

电路组态	电压增益	电流增益	输入电阻	输出电阻
共源	$A_v > 1$	—	R_{TH}	中等到大
源极跟随器	$A_v \approx 1$	—	R_{TH}	小
共栅	$A_v > 1$	$A_i \approx 1$	小	中等到大

共源放大电路的电压增益通常大于 1，源极跟随器的电压增益略小于 1，而共栅电路的电压增益通常大于 1。

在信号频率为低到中等时，共源电路和源极跟随器电路直接从栅极看进去的输入电阻基本上为无穷大。而这些分立电路的输入电阻为偏置电阻的戴维南等效电阻 R_{TH}。相反，共栅电路的输入电阻通常在几百欧姆的范围内。

源极跟随器的输出电阻通常在几百欧姆的范围或更小。共源和共栅电路的输出电阻主要取决于电阻 R_D。

这些单级放大电路的特性将在多级放大电路的设计中使用。

4.7　单级集成 MOSFET 放大电路

目标：分析作为集成电路基础的全 MOS 晶体管电路。

第 3 章讨论了三种全 MOSFET 反相器，并画出了它们的电压传输特性。三种反相器都采用了 N 沟道增强型驱动晶体管。负载器件的三种类型分别为 N 沟道增强型、N 沟道耗尽型和 P 沟道增强型器件。用作负载器件的 MOS 晶体管称为有源负载。前面曾提到，这三种电路都可以用作放大电路。

本节将再次回顾这三种电路，并考察它们的放大电路特性。这里将强调小信号等效电路。本节内容相当于本书第 2 部分的导引，第 2 部分将研究更高级的 MOS 集成放大电路的设计。

4.7.1 负载线回顾

在处理全 MOS 晶体管电路时,利用等效负载线是有益的。前面讨论带阻性负载的电路时,曾经分析过。在处理非线性负载线或负载曲线之前,有必要回顾一下带阻性负载的单级晶体管的负载线概念。

图 4.36 给出一个带阻性负载的单 MOSFET 电路。这种阻性负载器件的电流-电压特性由欧姆定律给出,即 $V_R = I_D R_D$,该曲线在图 4.37 的上半部分画出。负载线由漏-源回路的 KVL 方程给出,即 $V_{DS} = V_{DD} - I_D R_D$,它叠加在图 4.37 下半部分所示的晶体管特性曲线上。可以注意到,负载线方程的最后一项为 $I_D R_D$,它是负载器件两端的电压。

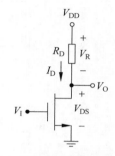

图 4.36 带阻性负载的单 MOSFET 电路

可以将负载器件特性曲线和负载线的两个端点进行比较。负载器件特性曲线上 $I_D = 0$,$V_R = 0$ 的点表示为点 A;负载线上当 $I_D = 0$ 时对应 $V_{DS} = V_{DD}$,表示为点 A'。当 $V_R = V_{DD}$ 时,负载器件特性曲线上的电流达到最大值,表示为点 B。负载线上,最大电流点与 $V_{DS} = 0$ 对应,表示为点 B'。通过取负载器件特性曲线的镜像,并把它叠加在晶体管特性曲线上,可以得到负载线。在下面的章节中将会看到同样的效果。

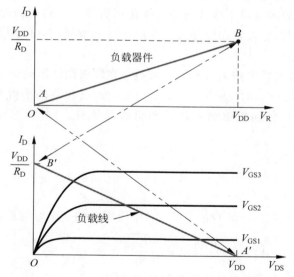

图 4.37 阻性负载器件的 I-V 曲线(上)和叠加在晶体管特性曲线上的负载线(下)

4.7.2 带增强型负载的 NMOS 放大电路

第 3 章已经介绍了 N 沟道增强型负载器件的特性。图 4.38(a)给出一个 NMOS 增强型负载晶体管,图 4.38(b)给出它的电流-电压特性。开启电压为 V_{TNL}。

图 4.39(a)给出一个带增强型负载的 NMOS 放大电路。其中,M_D 为驱动晶体管,

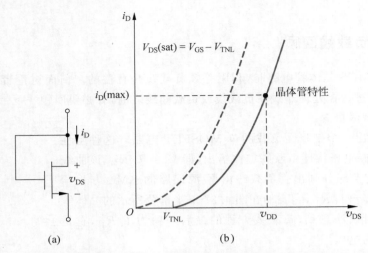

图 4.38　（a）栅极和漏极连接成负载器件结构的 NMOS 增强型晶体管；
（b）NMOS 增强型负载晶体管的电流-电压特性

M_L 为负载晶体管。晶体管 M_D 的特性曲线和负载线如图 4.39(b)所示。如上一节所讨论，负载线基本上是负载器件的 i-v 特性曲线的镜像。由于负载器件的 i-v 特性曲线是非线性的，负载线也是非线性的。负载线与电压轴交于点 V_{DD}-V_{TNL}，在这一点，增强型负载器件中的电流变为零。同时，曲线上标出了转移点。

电压传输特性对放大电路工作状态的可视化很有用。该曲线如图 4.39(c)所示。当增强型驱动器开始导通时，它偏置在饱和区。当用作放大电路时，Q 点应该处于这个区域，如图 4.39(b)和(c)所示。

现在，应用小信号等效电路来求解电压增益。在源极跟随器的讨论中已经发现，从源极看进去的等效电阻($R_S = \infty$ 时)为 $R_o = (1/g_m) \parallel r_o$。反相器的小信号等效电路如图 4.40 所示，其中下标 D 和 L 分别指驱动晶体管和负载晶体管。同样，忽略负载晶体管的衬底效应。

于是小信号电压增益为

$$A_v = \frac{V_o}{V_i} = -g_{mD} \left(r_{oD} \parallel \frac{1}{g_{mL}} \parallel r_{oL} \right) \tag{4.49}$$

由于通常有 $1/g_{mL} < r_{oL}$ 和 $1/g_{mD} < r_{oD}$，电压增益的一个好的近似为

$$A_v = \frac{-g_{mD}}{g_{mL}} = -\sqrt{\frac{K_{nD}}{K_{nL}}} = -\sqrt{\frac{(W/L)_D}{(W/L)_L}} \tag{4.50}$$

于是可以看出，电压增益和两个晶体管的尺寸有关。

例题 4.11　设计一个带增强型负载的 NMOS 放大电路，满足一组设计指标。

(1) 设计指标：待设计的 NMOS 放大电路结构如图 4.39(a)所示。要求提供的小信号电压增益为 $|A_v| = 10$。要求 Q 点位于饱和区的中心。电路偏置在 $V_{DD} = 5\text{V}$。

(2) 器件选择：可提供参数为 $V_{TN} = 1\text{V}$，$k_n' = 60\mu\text{A/V}^2$，$\lambda = 0$ 的晶体管。宽长比的最小值为 $(W/L)_{min} = 1$。必须考虑参数 V_{TN} 和 k_n' 具有 $\pm 5\%$ 的容许误差。

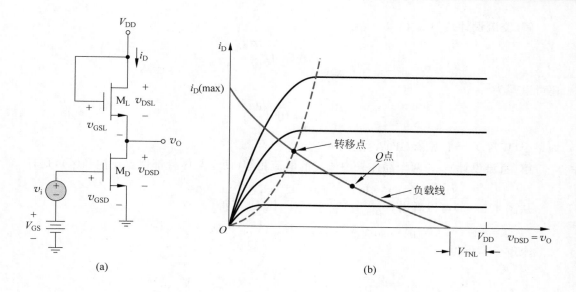

(a)

(b)

(c)

图 4.39 （a）带增强型负载器件的 NMOS 放大电路；（b）驱动晶体管特性曲线和增强型负载线（标出转移点）；（c）带增强型负载器件的 NMOS 放大电路的电压传输特性

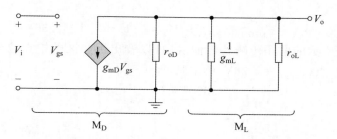

图 4.40 带增强型负载器件的 NMOS 反相器小信号等效电路

解(交流设计)：由式(4.50)，有

$$|A_v| = 10 = \sqrt{\frac{(W/L)_D}{(W/L)_L}}$$

还可以写为

$$\left(\frac{W}{L}\right)_D = 100\left(\frac{W}{L}\right)_L$$

如果令$(W/L)_L = 1$，则有$(W/L)_D = 100$。

解(直流设计)：令两个晶体管中流过的电流相等(两个晶体管都偏置在饱和区)，则有

$$i_{DD} = K_{nD}(v_{GSD} - V_{TND})^2 = i_{DL} = K_{nL}(v_{GSL} - V_{TNL})^2$$

从图 4.39(a)可以看出，$v_{GSL} = V_{DD} - v_O$。代入，可得

$$K_{nD}(v_{GSD} - V_{TND})^2 = K_{nL}(V_{DD} - v_O - V_{TNL})^2$$

求解v_O，可得

$$v_O = (V_{DD} - V_{TNL}) - \sqrt{\frac{K_{nD}}{K_{nL}}}(v_{GSD} - V_{TND})$$

在转移点

$$v_{Ot} = v_{DSD}(\text{sat}) = v_{GSDt} - V_{TND}$$

其中v_{GSDt}为驱动晶体管在转移点的栅-源电压。于是

$$v_{GSDt} - V_{TND} = (V_{DD} - V_{TNL}) - \sqrt{\frac{K_{nD}}{K_{nL}}}(v_{GSDt} - V_{TND})$$

求解v_{GSDt}，得到

$$v_{GSDt} = \frac{(V_{DD} - V_{TNL}) + V_{TND}\left(1 + \sqrt{\frac{K_{nD}}{K_{nL}}}\right)}{1 + \sqrt{\frac{K_{nD}}{K_{nL}}}}$$

注意到

$$\sqrt{\frac{K_{nD}}{K_{nL}}} = \sqrt{\frac{(W/L)_D}{(W/L)_L}} = 10$$

可得

$$v_{GSDt} = \frac{(5-1) + 1 \times (1 + 10)}{1 + 10} = 1.36\text{V}$$

和

$$v_{Ot} = v_{DSDt} = v_{GSDt} - V_{TND} = 1.36 - 1 = 0.36\text{V}$$

观察图 4.41 所示的电压传输特性曲线，可以看出饱和区的中点位于截止点($v_{GSD} = V_{TND} = 1\text{V}$)和转移点($v_{GSDt} = 1.36\text{V}$)的中间，即

$$V_{GSQ} = \frac{1.36 - 1.0}{2} + 1.0 = 1.18\text{V}$$

同时

$$V_{DSDQ} = \frac{4 - 0.36}{2} + 0.36 = 2.18\text{V}$$

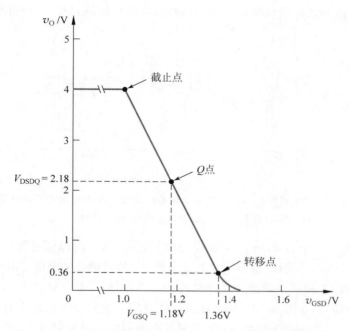

图 4.41 例题 4.11 中带增强型负载的 NMOS 放大电路的电压传输特性和 Q 点

折中考虑：考虑到参数 k'_n 的容许误差，可以求得小信号电压增益的范围为

$$|A_v|_{max} = \sqrt{\frac{k'_{nD}}{k'_{nL}} \cdot \frac{(W/L)_D}{(W/L)_L}} = \sqrt{\frac{1.05}{0.95} \cdot (100)} = 10.5$$

和

$$|A_v|_{min} = \sqrt{\frac{k'_{nD}}{k'_{nL}} \cdot \frac{(W/L)_D}{(W/L)_L}} = \sqrt{\frac{0.95}{1.05} \cdot (100)} = 9.51$$

参数 V_{TN} 和 k'_n 的容许误差也将影响 Q 点，具体分析留作本章后面的一道习题。

点评：以上结果表明，当要产生的增益为 10 时，要求两个晶体管的尺寸相差很大。事实上，10 差不多是实际应用中增强型负载器件可以产生的最大增益了。在下一节将会看到，采用耗尽型 MOSFET 作为负载器件，可以获得更大的小信号增益。

设计指南：在此分析中，忽略了负载晶体管的衬底效应。这个衬底效应实际上将会降低例题中所得到的信号电压增益。

练习题 4.11 图 4.39(a)所示的增强型负载放大电路的偏置电压为 $V_{DD} = 3.3V$。晶体管的参数为 $V_{TND} = V_{TNL} = 0.4V$，$k'_n = 100\mu A/V^2$，$(W/L)_L = 1.2$，$\lambda = 0$。①设计电路，使得小信号电压增益为 $|A_v| = 8$。②求解 V_{GSDQ}，使得 Q 点位于饱和区的中心。

答案：①$(W/L)_D = 76.8$，②$V_{GSDQ} = 0.561V$。

4.7.3 带耗尽型负载的 NMOS 放大电路

图 4.42(a)给出一个连接成负载器件的 NMOS 耗尽型晶体管，图 4.42(b)给出它的电流-电压特性，图中也标出了转移点。这个器件的开启电压 V_{TNL} 为负值，意味着转移点的

v_{DS} 为正。同时,饱和区的曲线斜率不为零,因此,在这个区域存在一个有限电阻 r_o。

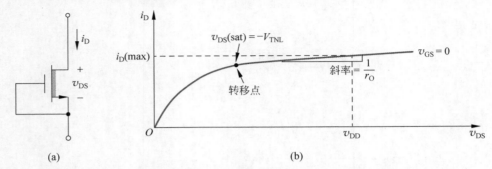

图 4.42 (a) 栅极和源极连接成负载器件结构的 NMOS 耗尽型晶体管;
(b) NMOS 耗尽型负载器件的电流-电压特性

图 4.43(a)给出一个 NMOS 耗尽型负载放大电路。M_D 的晶体管特性曲线和电路的负载线如图 4.43(b)所示。同样,负载线是负载器件 i-v 特性曲线的镜像。由于负载器件的 i-v 特性曲线是非线性的,所以负载线也是非线性的。图中还标出了 M_D 和 M_L 的转移点,其中点 A 为 M_D 的转移点,点 B 为 M_L 的转移点。Q 点应该大致位于这两个转移点的中间。

直流电压 V_{GSDQ} 将晶体管 M_D 的 Q 点偏置在饱和区。信号电压 v_i 在直流值上叠加了一个时变的栅-源电压,且偏置点顺着负载线在 Q 点附近移动。同样,M_D 和 M_L 都必须一直偏置在饱和区。

这个电路的电压传输特性如图 4.43(c)所示。区域 Ⅲ 对应的工作状态为两个晶体管都偏置在饱和区。图中标出了理想的 Q 点位置。

同样,可以应用小信号等效电路来求解小信号电压增益。由于耗尽型器件的栅-源电压保持为零,从源极看进去的等效电阻 $R_o = r_o$。该反相器的小信号等效电路如图 4.44 所示,其中下标 D 和 L 分别表示驱动晶体管和负载晶体管。这里再次忽略负载晶体管的衬底效应。

于是,小信号电压增益为

$$A_v = \frac{V_o}{V_i} = -g_{mD}(r_{oD} \parallel r_{oL}) \tag{4.51}$$

在这个电路中,电压增益直接和两个晶体管的输出电阻成比例。

例题 4.12 求解带耗尽型负载器件的 NMOS 放大电路的小信号电压增益。图 4.43(a)所示的电路中,假设晶体管的参数为 $V_{TND} = +0.8V$,$V_{TNL} = -1.5V$,$K_{nD} = 1mA/V^2$,$K_{nL} = 0.2mA/V^2$,$\lambda_D = \lambda_L = 0.01V^{-1}$。假设晶体管偏置在 $I_{DQ} = 0.2mA$。

解: 驱动晶体管的跨导为

$$g_{mD} = 2\sqrt{K_{nD}I_{DQ}} = 2\sqrt{1 \times 0.2} = 0.894mA/V$$

由于 $\lambda_D = \lambda_L$,输出电阻为

$$r_{oD} = r_{oL} = \frac{1}{\lambda I_{DQ}} = \frac{1}{0.01 \times 0.2} = 500k\Omega$$

则小信号电压增益为

$$A_v = -g_{mD}(r_{oD} \parallel r_{oL}) = -(0.894) \times (500 \parallel 500) = -224$$

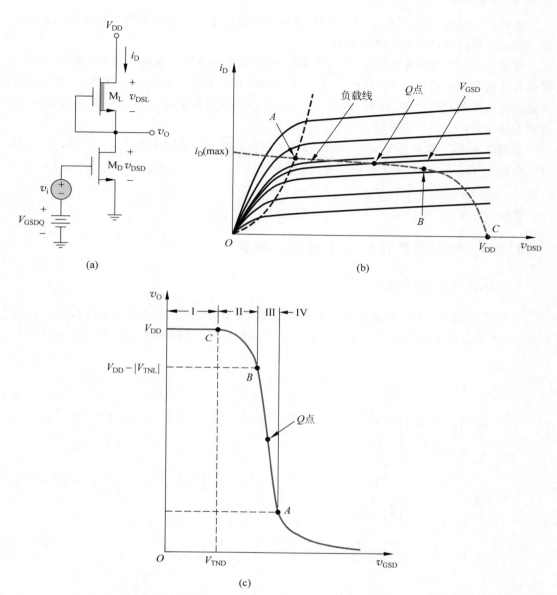

图 4.43 （a）带耗尽型负载器件的 NMOS 放大电路；（b）驱动晶体管特性曲线和耗尽型负载线，转移点位于饱和区和非饱和区之间；（c）电压传输特性

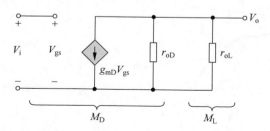

图 4.44 带耗尽型负载器件的 NMOS 反相器的小信号等效电路

点评：一般地，带耗尽型负载的 NMOS 放大电路的电压增益比带增强型负载的要大得多。衬底效应将降低理想的增益系数。

讨论：在这个电路的设计中，没有强调的一点是直流偏置。前面提到两个晶体管都需要偏置在饱和区。由图 4.43(a)可知，这种直流偏置通过直流电源 V_{GSDQ} 实现。然而，由于传输特性曲线的斜率很陡，如图 4.43(c)所示，很难加合适的电压。在下一节将会看到，直流偏置通常采用电流源来实现。

练习题 4.12 假设图 4.43(a)所示的耗尽型负载放大电路偏置在 $I_{DQ}=0.1\text{mA}$。晶体管的参数为 $K_{nD}=250\mu\text{A/V}^2$，$K_{nL}=25\mu\text{A/V}^2$，$V_{TND}=0.4\text{V}$，$V_{TNL}=-0.8\text{V}$，$\lambda_1=\lambda_2=0.02\text{V}^{-1}$。求解小信号电压增益。

答案：$A_v=-79.1$。

4.7.4 带有源负载的 NMOS 放大电路

1. CMOS 共源放大电路

采用了 N 沟道增强型驱动晶体管和 P 沟道增强型有源负载的共源放大电路如图 4.45(a)所示。P 沟道有源负载晶体管 M_2 由 M_3 和 I_{Bias} 来偏置。这个结构和图 3.49 所示的 MOSFET

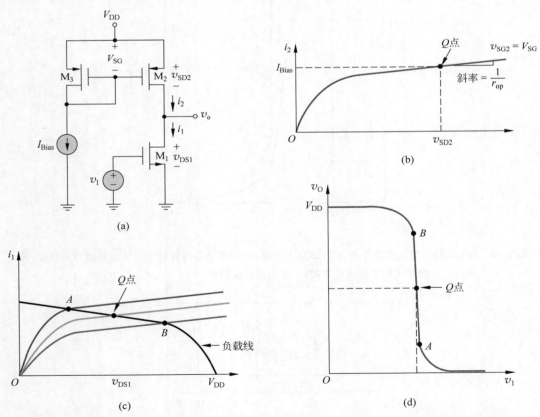

图 4.45 (a) CMOS 共源放大电路；(b) PMOS 有源负载的 i-v 特性；(c) 驱动晶体管特性曲线和负载线；(d) 电压传输特性

电流源类似。在同一个电路中同时包含 N 沟道和 P 沟道晶体管，这种电路称为 CMOS 放大电路。CMOS 电路结构的应用几乎完全取代了 NMOS 增强型或耗尽型负载器件的应用。

图 4.45(b)给出 M_2 的 i-v 特性曲线。源-栅电压为常量，通过 M_3 建立。驱动晶体管的特性曲线和负载线如图 4.45(c)所示。图中标出了 M_1 和 M_2 的转移点，其中点 A 为 M_1 的转移点，点 B 为 M_2 的转移点。为了建立一个放大电路，Q 点应该差不多位于点 A 和点 B 的中间，这样两个晶体管都偏置在各自的饱和区。电压传输特性如图 4.45(d)所示，图中同样标出了点 A、点 B 以及理想的 Q 点位置。

再次应用小信号等效电路来求解小信号电压增益。由于 v_{SG2} 保持恒定，从 M_2 漏极看进去的等效电阻刚好为 $R_o = r_{op}$。该反相器的小信号等效电路如图 4.46 所示。下标 n 和 p 分别指 N 沟道和 P 沟道晶体管。可以注意到，M_1 的衬底电极连接到地电位，和 M_1 的源极相同；M_2 的衬底电极连接到 V_{DD}，也和 M_2 的源极相同。因此，电路中不存在衬底效应。

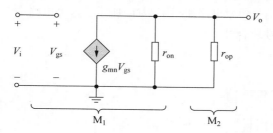

图 4.46 CMOS 共源放大电路的小信号等效电路

小信号电压增益为

$$A_v = \frac{V_o}{V_i} = -g_{mn}(r_{on} \parallel r_{op}) \tag{4.52}$$

同样，对于这个电路，小信号电压增益直接和两个晶体管的输出电阻成比例。

例题 4.13 求解 CMOS 放大电路的小信号电压增益。图 4.45(a)所示的电路中，假设晶体管的参数为 $V_{TN} = +0.8\text{V}$，$V_{TP} = -0.8\text{V}$，$k_n' = 80\mu\text{A/V}^2$，$k_p' = 40\mu\text{A/V}^2$，$(W/L)_n = 15$，$(W/L)_p = 30$，$\lambda_n = \lambda_p = 0.01\text{V}^{-1}$，假设 $I_{Bias} = 0.2\text{mA}$。

解：NMOS 驱动器的跨导为

$$g_{mn} = 2\sqrt{K_n I_{DQ}} = 2\sqrt{\left(\frac{k_n'}{2}\right)\left(\frac{W}{L}\right)_n I_{Bias}}$$

$$= 2\sqrt{\left(\frac{0.08}{2}\right)(15)(0.2)} = 0.693\text{mA/V}$$

由于 $\lambda_n = \lambda_p$，输出电阻为

$$r_{on} = r_{op} = \frac{1}{\lambda I_{DQ}} = \frac{1}{(0.01)(0.2)} = 500\text{k}\Omega$$

于是小信号电压增益为

$$A_v = -g_m(r_{on} \parallel r_{op}) = -(0.693)(500 \parallel 500) = -173$$

点评：CMOS 放大电路的电压增益和带耗尽型负载的 NMOS 放大电路具有相同的数量级。而在 CMOS 放大电路中，不存在衬底效应。

讨论：在图 4.45(a)所示的电路结构中，同样，也必须在 M_1 的栅极加一个直流电压以达到合适的 Q 点。在后面各章中，将通过更加复杂的电路来说明，如何使用恒流源来更容易地建立 Q 点，而这里所介绍的电路则阐明了 CMOS 共源放大电路的基本原理。

练习题 4.13　图 4.45(a)所示的电路中，假设晶体管的参数为 $V_{TN} = +0.5V$，$V_{TP} = -0.5V$，$k_n' = 80\mu A/V^2$，$k_p' = 40\mu A/V^2$，$\lambda_n = \lambda_p = 0.015V^{-1}$。假设 $I_{Bias} = 0.1mA$，并假设晶体管 M_2 和 M_3 匹配。求解晶体管 M_1 的宽长比，使得小信号电压增益为 $A_v = -250$。

答案：$(W/L)_1 = 35.2$。

2. CMOS 源极跟随器放大电路

可以使用相同的基本 CMOS 电路来构成源极跟随器放大电路。图 4.47(a)给出一个源极跟随器电路。可以看出，在这个源极跟随器电路中，有源负载为 M_2，它是一个 N 沟道器件，而不是 P 沟道器件。输入信号加在 M_1 的栅极，输出信号从 M_1 的源极引出。

该源极跟随器的小信号等效电路如图 4.47(b)所示。这个电路中有两个信号地，图 4.47(c)重画该电路，将两个信号地合并。

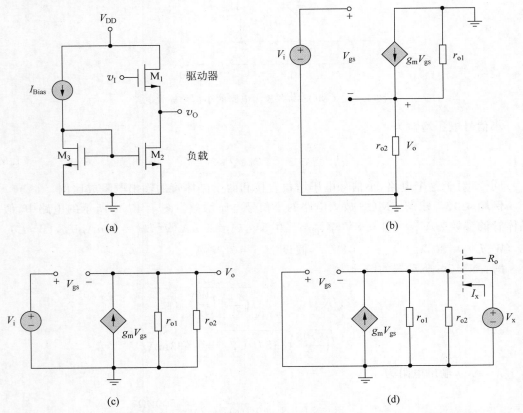

图 4.47　(a) 全 NMOS 源极跟随器电路；(b) 小信号等效电路；(c) 调整后的小信号等效电路；
　　　　(d) 用于求解输出电阻的小信号等效电路

例题 4.14　求解图 4.47(a)所示源极跟随器放大电路的小信号电压增益和输出电阻。假设基准偏置电流为 $I_{Bias} = 0.20mA$，偏置电压为 $V_{DD} = 3.3V$。假设所有的晶体管均匹配

（都相同），其参数为 $V_{TN}=0.4V,K_n=0.20mA/V^2,\lambda=0.01V^{-1}$。可以注意到，由于 M_3 和 M_2 为匹配晶体管，具有相同的栅-源电压，所以 M_1 中的漏极电流为 $I_{D1}=I_{Bias}=0.2mA$。

解（电压增益）：由图 4.47(c)，可以求得小信号输出电压为

$$V_o=g_{m1}V_{gs}(r_{o1}\parallel r_{o2})$$

外部回路的 KVL 方程为

$$V_i=V_{gs}+V_o=V_{gs}+g_{m1}V_{gs}(r_{o1}\parallel r_{o2})$$

即

$$V_{gs}=\frac{V_i}{1+g_{m1}(r_{o1}\parallel r_{o2})}$$

将 V_{gs} 的等式代入到输出电压表达式中，可得小信号电压增益为

$$A_v=\frac{V_o}{V_i}=\frac{g_{m1}(r_{o1}\parallel r_{o2})}{1+g_{m1}(r_{o1}\parallel r_{o2})}$$

求得小信号等效电路参数为

$$g_{m1}=2\sqrt{K_nI_{D1}}=2\sqrt{0.20\times0.20}=0.40mA/V$$

和

$$r_{o1}=r_{o2}=\frac{1}{\lambda I_D}=\frac{1}{0.01\times0.20}=500k\Omega$$

于是小信号电压增益为

$$A_v=\frac{0.40\times(500\parallel500)}{1+0.40\times(500\parallel500)}$$

即 $A_v=0.990$。

解（输出电阻）：输出电阻可由图 4.47(d)所示的等效电路求得。将独立电压源 V_i 置为零，并且在输出端加测试电压 V_x。

将输出节点的电流求和，可得

$$I_x+g_{m1}V_{gs}=\frac{V_x}{r_{o2}}+\frac{V_x}{r_{o1}}$$

从电路中可以看到，$V_{GS}=-V_x$，于是有

$$I_x=V_x\left(g_{m1}+\frac{1}{r_{o2}}+\frac{1}{r_{o1}}\right)$$

因此输出电阻为

$$R_o=\frac{V_x}{I_x}=\frac{1}{g_{m1}}\parallel r_{o2}\parallel r_{o1}$$

可得

$$R_o=\frac{1}{0.40}\parallel500\parallel500$$

即 $R_o=2.48k\Omega$。

点评：电压增益 $A_v=0.99$ 是源极跟随器电路的典型值。输出电阻 $R_o=2.48k\Omega$ 对于 MOSFET 电路来说是相对较小的，这也是源极跟随器电路的一个特性。

练习题 4.14　图 4.47 所示的电路中，要求改变晶体管的跨导 g_m 来改变偏置电流，使得电路的输出电阻为 $R_o=2k\Omega$。假设所有其他参数都和例题 4.14 所给出的相同。①求解

所需要的 g_m 和 I_{Bias} 的值。②利用①的结果,求解小信号电压增益。

答案:①$I_D = 0.3125\text{mA}$;②$A_v = 0.988$。

计算机分析题 4.1 利用 PSpice 分析,研究图 4.47 所示的源极跟随器电路的小信号电压增益和输出电阻,其中需要考虑衬底效应。

3. CMOS 共栅放大电路

图 4.48(a)给出一个共栅电路。可以看到,在这个共栅电路中,有源负载为 PMOS 器件 M_2。输入信号加到 M_1 的源极,而输出信号从 M_1 的漏极引出。共栅电路的小信号等效电路如图 4.48(b)所示。

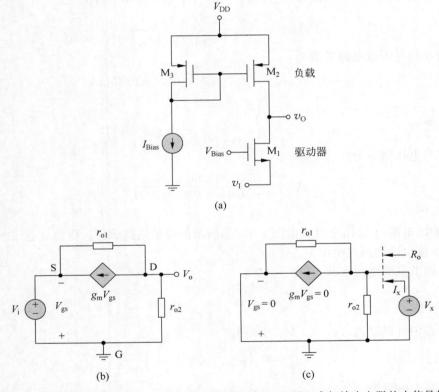

图 4.48 (a) CMOS 共栅放大电路;(b) 小信号等效电路;(c) 用于求解输出电阻的小信号等效电路

例题 4.15 求解图 4.48(a)所示共栅电路的小信号电压增益和输出电阻。假设基准偏置电流为 $I_{Bias} = 0.20\text{mA}$,偏置电压为 $V_{DD} = 3.3\text{V}$。假设晶体管的参数为 $V_{TN} = +0.4\text{V}$,$V_{TP} = -0.4\text{V}$,$K_n = 0.20\text{mA/V}^2$,$K_p = 0.20\text{mA/V}^2$,$\lambda_n = \lambda_p = 0.01\text{V}^{-1}$。可以注意到,由于 M_2 和 M_3 是匹配的晶体管,具有相同的源-栅电压,所以 M_1 中的偏置电流为 $I_{D1} = I_{Bias} = 0.20\text{mA}$。

解(电压增益): 由图 4.48(b),将输出端的节点电流求和,可得

$$\frac{V_o}{r_{o2}} + g_{m1}V_{gs} + \frac{V_o - (-V_{gs})}{r_{o1}} = 0$$

即

$$V_o\left(\frac{1}{r_{o2}}+\frac{1}{r_{o1}}\right)+V_{gs}\left(g_{m1}+\frac{1}{r_{o1}}\right)=0$$

从电路中可以看出，$V_{GS}=-V_i$。则可得小信号电压增益为

$$A_v=\frac{\left(g_{m1}+\dfrac{1}{r_{o1}}\right)}{\left(\dfrac{1}{r_{o2}}+\dfrac{1}{r_{o1}}\right)}$$

求得小信号等效电路的参数为

$$g_{m1}=2\sqrt{K_n I_{D1}}=2\sqrt{0.20\times0.20}=0.40\text{mA/V}$$

和

$$r_{o1}=r_{o2}=\frac{1}{\lambda I_{D1}}=\frac{1}{0.01\times0.20}=500\text{k}\Omega$$

于是得到

$$A_v=\frac{\left(0.40+\dfrac{1}{500}\right)}{\left(\dfrac{1}{500}+\dfrac{1}{500}\right)}$$

即 $A_v=101$。

解（输出电阻）：输出电阻可由图 4.48(c)求解。

将输出节点的电流求和，可得

$$I_x=\frac{V_x}{r_{o2}}+g_{m1}V_{gs}+\frac{V_x-(-V_{gs})}{r_{o1}}$$

而由于 $V_{gs}=0$，所以 $g_{m1}V_{gs}=0$。于是可得

$$R_o=\frac{V_x}{I_x}=r_{o1}\parallel r_{o2}=500\parallel500$$

即 $R_o=250\text{k}\Omega$。

点评：电压增益 $A_v=+101$ 是共栅放大电路的典型值。输出信号和输入信号同相，且增益相对较大。同样，较大的输出电阻 $R_o=250\text{k}\Omega$ 也是共栅放大电路的典型特性，共栅放大电路的作用就像是一个电流源。

练习题 4.15　通过改变偏置电流，改变图 4.48 所示电路中的晶体管跨导参数 g_m，使得电路的小信号电压增益为 $A_v=120$。假设所有其他的参数都和例题 4.15 所给出的相同。①求解所需要的 g_m 和 I_{Bias} 值。②利用①的结果，求解输出电阻。

答案：①$I_D=0.14\text{mA}$，$g_m=0.335\text{mA/V}$；②$R_o=357\text{k}\Omega$。

计算机分析题 4.2　利用 PSpice 分析，研究图 4.48 所示共栅放大电路的小信号电压增益和输出电阻，其中需要考虑衬底效应。

理解测试题 4.11　图 4.39(a)所示的增强型负载放大电路的参数为 $V_{TND}=V_{TNL}=0.8\text{V}$，$k'_n=40\mu\text{A/V}^2$，$(W/L)_D=80$，$(W/L)_L=1$，$V_{DD}=5\text{V}$。求解小信号电压增益。求解 V_{GS}，使得 Q 点位于饱和区的中心。

答案：$A_v=-8.94$，$V_{GS}=1.01\text{V}$。

4.8 多级放大电路

目标：分析多晶体管或多级放大电路，并了解这些电路与单级晶体管放大电路相比的优势。

在大多数应用中，单级晶体管放大电路不能满足指定的放大倍数、输入电阻和输出电阻等组合指标的要求。例如，所要求的电压增益可能超过单级晶体管电路可以获得的增益值。这里，将考察曾在第 3 章中研究过的两个多晶体管电路的交流分析。

4.8.1 多级放大电路：级联电路

图 4.49 所示电路是一个共源放大电路和源极跟随器放大电路的级联。如前所述，共源放大电路提供小信号电压增益，而源极跟随器具有较低的输出阻抗，提供所需的输出电流。电阻的值是上一章 3.5.1 节中求出的那些值。

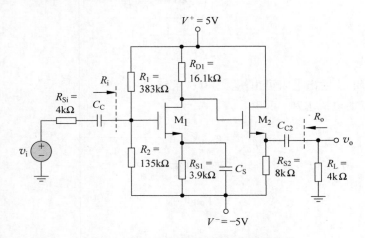

图 4.49 共源放大电路和源极跟随器级联

通过假设所有外部的耦合电容相当于短路，并用小信号等效电路代替晶体管，就可以求出多级放大电路的中频小信号电压增益。

例题 4.16 求解多级级联电路的小信号电压增益。图 4.49 所示的电路中，晶体管的参数为 $K_{n1}=0.5\,\mathrm{mA/V^2}$，$K_{n2}=0.2\,\mathrm{mA/V^2}$，$V_{TN1}=V_{TN2}=1.2\,\mathrm{V}$，$\lambda_1=\lambda_2=0$。静态漏极电流为 $I_{D1}=0.2\,\mathrm{mA}$ 和 $I_{D2}=0.5\,\mathrm{mA}$。

解：小信号等效电路如图 4.50 所示。小信号跨导参数为

$$g_{m1}=2\sqrt{K_{n1}I_{D1}}=2\sqrt{0.5\times0.2}=0.632\,\mathrm{mA/V}$$

和

$$g_{m2}=2\sqrt{K_{n2}I_{D2}}=2\sqrt{0.2\times0.5}=0.632\,\mathrm{mA/V}$$

输出电压为

$$V_o=g_{m2}V_{gs2}(R_{S2}\parallel R_L)$$

同时

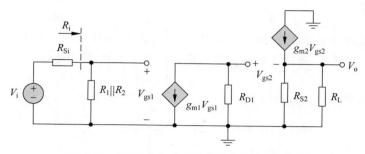

图 4.50 NMOS 级联电路的小信号等效电路

$$V_{gs2} + V_o = -g_{m1}V_{gs1}R_{D1}$$

其中

$$V_{gs1} = \left(\frac{R_i}{R_i + R_{Si}}\right) \cdot V_i$$

于是

$$V_{gs2} = -g_{m1}R_{D1}\left(\frac{R_i}{R_i + R_{Si}}\right) \cdot V_i - V_o$$

因此

$$V_o = g_{m2}\left[-g_{m1}R_{D1}\left(\frac{R_i}{R_i + R_{Si}}\right) \cdot V_i - V_o\right](R_{S2} \parallel R_L)$$

于是小信号电压增益为

$$A_v = \frac{V_o}{V_i} = \frac{-g_{m1}g_{m2}R_{D1}(R_{S2} \parallel R_L)}{1 + g_{m2}(R_{S2} \parallel R_L)} \cdot \left(\frac{R_i}{R_i + R_{Si}}\right)$$

即

$$A_v = \frac{-0.632 \times 0.632 \times 16.1 \times (8 \parallel 4)}{1 + 0.632 \times (8 \parallel 4)} \times \frac{100}{100 + 4} = -6.14$$

点评：由于源极跟随器的小信号电压增益略小于1,总电压增益基本上取决于输入级的共源放大电路。同样,如前所述,源极跟随器的输出电阻很小,对很多应用而言比较理想。

练习题 4.16 对于图 4.49 所示的级联电路,晶体管和电路的参数与例题 4.16 中所给出的相同。计算小信号输出电阻 R_o。(小信号等效电路如图 4.50 所示。)

答案：$R_o = 1.32\text{k}\Omega$。

4.8.2 多级放大电路：共源-共栅电路

图 4.51 给出一个 N 沟道 MOSFET 组成的共源-共栅电路。晶体管 M_1 连接成共源组态,M_2 连接成共栅组态。这类电路的优点是具有更高的频率响应,这将在第 7 章进行讨论。电阻的值是上一章 3.5.2 节中求出的那些值。将在第 11 和 13 章讨论其他的多级和多晶体管电路。

例题 4.17 求解共源-共栅电路的小信号电压增益。观察图 4.51 所示的共源-共栅电路。晶体管的参数为 $K_{n1} = K_{n2} = 0.8\text{mA/V}^2$,$V_{TN1} = V_{TN2} = 1.2\text{V}$,$\lambda_1 = \lambda_2 = 0$。每个晶体管中的静态漏极电流均为 $I_D = 0.4\text{mA}$。假设电路的输入信号为理想电压源。

解：由于两个晶体管相同,且晶体管中的电流也相等,小信号跨导参数为

$$g_{m1} = g_{m2} = 2\sqrt{K_n I_D} = 2\sqrt{0.8 \times 0.4} = 1.13\text{mA/V}$$

小信号等效电路如图 4.52 所示。晶体管 M_1 给 M_2 提供源极信号电流($g_{m1}V_i$)。晶体管 M_2 作为电流跟随器,将这个电流传递到它的漏极。因此,输出电压为

$$V_o = -g_{m1} V_{gs1} R_D$$

由于 $V_{gs1} = V_i$,小信号电压增益为

$$A_v = \frac{V_o}{V_i} = -g_{m1} R_D$$

即 $A_v = -1.13 \times 2.5 = -2.83$。

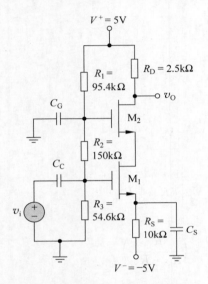

图 4.51　NMOS 共源-共栅电路

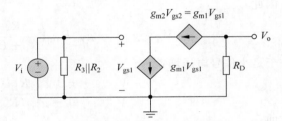

图 4.52　NMOS 共源-共栅电路的小信号等效电路

点评:小信号电压增益基本上和单级共源放大电路相同。在后续章节中将会看到,增加的共栅晶体管可以提高频率带宽。

练习题 4.17　图 4.51 所示的共源-共栅电路中,晶体管的参数为 $V_{TN1} = V_{TN2} = 0.8\text{V}$, $K_{n1} = K_{n2} = 3\text{mA/V}^2$,$\lambda_1 = \lambda_2 = 0$。①求解 I_{DQ},V_{DSQ1} 和 V_{DSQ2}。②求解小信号电压增益。

答案:①$I_{DQ} = 0.471\text{mA}$,$V_{DSQ1} = 2.5\text{V}$,$V_{DSQ2} = 1.61\text{V}$;②$A_v = -5.94$。

理解测试题 4.12　图 4.49 所示的共源-共栅电路中,晶体管的参数为 $V_{TN1} = V_{TN2} = 0.6\text{V}$,$K_{n1} = 1.5\text{mA/V}^2$,$K_{n2} = 2\text{mA/V}^2$,$\lambda_1 = \lambda_2 = 0$。①求解 I_{DQ1}、I_{DQ2}、V_{DSQ1} 和 V_{DSQ2}; ②求解小信号电压增益;③求解输出电阻 R_o。

答案:①$I_{DQ1} = 0.3845\text{mA}$,$I_{DQ2} = 0.349\text{mA}$,$V_{DSQ1} = 2.31\text{V}$ 和 $V_{DSQ2} = 7.21\text{V}$;②$A_v = -20.3$;③$R_o = 402\Omega$。

4.9　基本 JFET 放大电路

目标:建立 JFET 器件的小信号模型,并分析基本 JFET 放大电路。

和 MOSFET 一样,JFET 也可以用来放大时变小信号。首先建立 JFET 的小信号模型

和等效电路,然后用这些模型来分析 JFET 放大电路。

4.9.1 小信号等效电路

图 4.53 给出一个栅极加时变信号的 JFET 电路。栅-源瞬时电压为

$$v_{GS} = V_{GS} + v_i = V_{GS} + v_{gs} \qquad (4.53)$$

其中 v_{gs} 为小信号栅-源电压。假设晶体管偏置在饱和区,漏极瞬时电流为

$$i_D = I_{DSS}\left(1 - \frac{v_{GS}}{V_P}\right)^2 \qquad (4.54)$$

其中 I_{DSS} 为饱和电流,V_P 为夹断电压。将式(4.53)代入式(4.54),可得

$$i_D = I_{DSS}\left[\left(1 - \frac{V_{GS}}{V_P}\right) - \left(\frac{v_{gs}}{V_P}\right)\right]^2 \qquad (4.55)$$

将平方项展开,得到

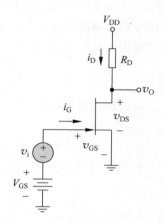

图 4.53 时变信号源与栅极直流源串联的 JFET 共源电路

$$i_D = I_{DSS}\left(1 - \frac{V_{GS}}{V_P}\right)^2 - 2I_{DSS}\left(1 - \frac{V_{GS}}{V_P}\right)\left(\frac{v_{gs}}{V_P}\right) + I_{DSS}\left(\frac{v_{gs}}{V_P}\right)^2 \qquad (4.56)$$

式(4.56)中的第一项为直流或静态漏极电流 I_{DQ}。第二项为时变漏极电流分量,该项和信号电压 v_{gs} 呈线性关系。第三项和信号电压的平方成比例。和 MOSFET 中的情况一样,第三项在输出电流中产生非线性失真。为了使这个失真最小化,通常加入以下的条件

$$\left|\frac{v_{gs}}{V_P}\right| < 2\left(1 - \frac{V_{GS}}{V_P}\right) \qquad (4.57)$$

式(4.57)表示为了使 JFET 放大电路是线性的,小信号必须满足的条件。忽略式(4.56)中的 v_{gs}^2 项,可以写出

$$i_D = I_{DQ} + i_d \qquad (4.58)$$

其中时变信号电流为

$$i_d = +\frac{2I_{DSS}}{(-V_P)}\left(1 - \frac{V_{GS}}{V_P}\right)v_{gs} \qquad (4.59)$$

将小信号漏极电流和小信号栅-源电压联系起来的常量为跨导 g_m。可以写出

$$i_d = g_m v_{gs} \qquad (4.60)$$

其中

$$g_m = +\frac{2I_{DSS}}{(-V_P)}\left(1 - \frac{V_{GS}}{V_P}\right) \qquad (4.61)$$

由于对 N 沟道 JFET 而言,V_P 为负,跨导为正。同时对 N 沟道和 P 沟道 JFET 适用的一个关系式为

$$g_m = \frac{2I_{DSS}}{|V_P|}\left(1 - \frac{V_{GS}}{V_P}\right) \qquad (4.62)$$

还可以由下式求得跨导,即

$$g_m = \frac{\partial i_D}{\partial v_{GS}}\bigg|_{v_{GS}=V_{GSQ}} \tag{4.63}$$

由于跨导直接和饱和电流 I_{DSS} 成比例,所以跨导也是晶体管宽长比的函数。

由于是从一个反向偏置的 PN 结往里看,所以假设栅极输入电流 i_g 为零,也就意味着小信号输入电阻为无穷大。式(4.54)可以扩展,将偏置在饱和区的 JFET 的有限输出电阻考虑在内。此时等式变为

$$i_D = I_{DSS}\left(1 - \frac{v_{GS}}{V_P}\right)^2 (1 + \lambda v_{DS}) \tag{4.64}$$

小信号输出电阻为

$$r_o = \left(\frac{\partial i_D}{\partial v_{DS}}\right)^{-1}\bigg|_{v_{GS}=\text{常数}} \tag{4.65}$$

利用式(4.64),可得

$$r_o = \left[\lambda I_{DSS}\left(1 - \frac{V_{GS}}{V_P}\right)^2\right]^{-1} \tag{4.66a}$$

即

$$r_o \approx [\lambda I_{DQ}]^{-1} = \frac{1}{\lambda I_{DQ}} \tag{4.66b}$$

N 沟道 JFET 的小信号等效电路如图 4.54 所示,它和 N 沟道 MOSFET 的完全相同。P 沟道 JFET 的小信号等效电路也和 P 沟道 MOSFET 的相同,但其栅-源控制电压的极性以及受控电流源的方向都和 N 沟道器件的相反。

4.9.2　小信号分析

由于 JFET 的小信号等效电路和 MOSFET 的相同,所以这两类电路的小信号分析是完全一样的。为了举例说明,下面将分析图 4.54 和图 4.55 给出的两个 JFET 电路。

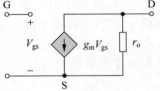

图 4.54　N 沟道 JFET 的小信号等效电路

例题 4.18　求解 JFET 放大电路的小信号电压增益。观察图 4.55 所示的电路,晶体管的参数为 $I_{DSS} = 12\text{mA}$, $V_P = -4\text{V}$, $\lambda = 0.008\text{V}^{-1}$。求解小信号电压增益 $A_v = v_o/v_i$。

解:静态直流栅-源电压可以由下式求得,即

$$V_{GSQ} = \left(\frac{R_2}{R_1 + R_2}\right)V_{DD} - I_{DQ}R_S$$

其中

$$I_{DQ} = I_{DSS}\left(1 - \frac{V_{GSQ}}{V_P}\right)^2$$

联合求解以上两个方程,可以得到

$$V_{GSQ} = \left(\frac{180}{180 + 420}\right)(20) - (12)(2.7)\left(1 - \frac{V_{GSQ}}{(-4)}\right)^2$$

化简得

$$2.025V_{GSQ}^2 + 17.25V_{GSQ} + 26.4 = 0$$

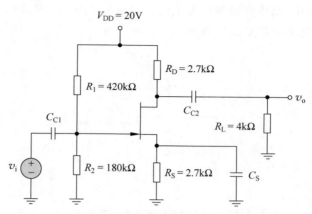

图 4.55 带源极电阻和源极旁路电容的共源 JFET 电路

合适的解为 $V_{\mathrm{GSQ}} = -2.0\mathrm{V}$。

静态漏极电流为

$$I_{\mathrm{DQ}} = I_{\mathrm{DSS}}\left(1 - \frac{V_{\mathrm{GSQ}}}{V_{\mathrm{P}}}\right)^2 = (12)\left[1 - \frac{-2.0}{-4}\right]^2 = 3.00\mathrm{mA}$$

于是小信号参数为

$$g_{\mathrm{m}} = \frac{2I_{\mathrm{DSS}}}{(-V_{\mathrm{P}})}\left(1 - \frac{V_{\mathrm{GS}}}{V_{\mathrm{P}}}\right) = \frac{2(12)}{4}\left[1 - \frac{-2.0}{-4}\right] = 3.00\mathrm{mA/V}$$

和

$$r_{\mathrm{o}} = \frac{1}{\lambda I_{\mathrm{DQ}}} = \frac{1}{0.008 \times 3.00} = 41.7\mathrm{k\Omega}$$

小信号等效电路如图 4.56 所示。由于 $V_{\mathrm{gs}} = V_{\mathrm{i}}$,小信号电压增益为

$$A_{\mathrm{v}} = \frac{V_{\mathrm{o}}}{V_{\mathrm{i}}} = -g_{\mathrm{m}}(r_{\mathrm{o}} \parallel R_{\mathrm{D}} \parallel R_{\mathrm{L}})$$

即 $A_{\mathrm{v}} = -3.0 \times (41.7 \parallel 2.7 \parallel 4) = -4.66$。

点评:JFET 放大电路的电压增益和 MOSFET 放大电路的电压增益具有相同的数量级。

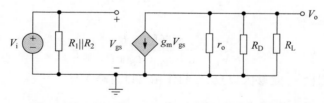

图 4.56 假设源极旁路电容相当于短路的共源 JFET 小信号等效电路

练习题 4.18 图 4.55 所示的 JFET 放大电路中,晶体管的参数为 $I_{\mathrm{DSS}} = 4\mathrm{mA}$,$V_{\mathrm{P}} = -3\mathrm{V}$,$\lambda = 0.005\mathrm{V}^{-1}$。令 $R_{\mathrm{L}} = 4\mathrm{k\Omega}$,$R_{\mathrm{S}} = 2.7\mathrm{k\Omega}$,$R_1 + R_2 = 500\mathrm{k\Omega}$。重新设计电路,使得 $I_{\mathrm{DQ}} = 1.2\mathrm{mA}$,$V_{\mathrm{DSQ}} = 12\mathrm{V}$。计算小信号电压增益。答案:$R_{\mathrm{D}} = 3.97\mathrm{k\Omega}$,$R_1 = 453\mathrm{k\Omega}$,$R_2 = 47\mathrm{k\Omega}$,$A_{\mathrm{v}} = -2.87$

例题 4.19 设计一个 JFET 源极跟随器电路,满足给定的小信号电压增益。图 4.57 所

示的源极跟随器电路中,晶体管的参数为 $I_{DSS}=12\text{mA}$, $V_P=-4\text{V}$, $\lambda=0.01\text{V}^{-1}$。求解 R_S 和 I_{DQ},使得小信号电压增益至少为 $A_v=v_o/v_i=0.90$。

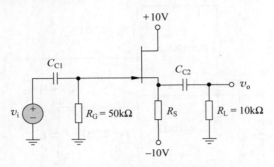

图 4.57 JFET 源极跟随器电路

解:小信号等效电路如图 4.58 所示,输出电压为

$$V_o = g_m V_{gs}(R_S \parallel R_L \parallel r_o)$$

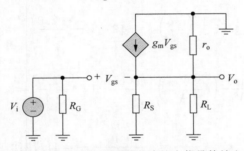

图 4.58 JFET 源极跟随器电路的小信号等效电路

同时

$$V_i = V_{gs} + V_o$$

即

$$V_{gs} = V_i - V_o$$

因此,输出电压为

$$V_o = g_m(V_i - V_o)(R_S \parallel R_L \parallel r_o)$$

小信号电压增益为

$$A_v = \frac{V_o}{V_i} = \frac{g_m(R_S \parallel R_L \parallel r_o)}{1 + g_m(R_S \parallel R_L \parallel r_o)}$$

作为第一次近似,假设 r_o 足够大以致 r_o 的作用可以忽略不计。

跨导为

$$g_m = \frac{2I_{DSS}}{(-V_P)}\left(1 - \frac{V_{GS}}{V_P}\right) = \frac{2 \times 12}{4} \times \left(1 - \frac{V_{GS}}{-4}\right)$$

如果选择跨导的标称值为 $g_m=2\text{mA/V}$,则 $V_{GS}=-2.67\text{V}$,静态漏极电流为

$$I_{DQ} = I_{DSS}\left(1 - \frac{V_{GS}}{V_P}\right)^2 = 12 \times \left[1 - \frac{-2.67}{-4}\right]^2 = 1.335\text{mA}$$

于是 R_S 的值由下式确定,即

$$R_S = \frac{-V_{GS} - (-10)}{I_{DQ}} = \frac{2.67 + 10}{1.335} = 9.49\text{k}\Omega$$

同时,r_o 的值为

$$r_o = \frac{1}{\lambda I_{DQ}} = \frac{1}{0.01 \times 1.335} = 74.9\text{k}\Omega$$

考虑了 r_o 作用的小信号电压增益为

$$A_v = \frac{g_m(R_S \parallel R_L \parallel r_o)}{1 + g_m(R_S \parallel R_L \parallel r_o)} = \frac{2 \times (9.49 \parallel 10 \parallel 74.9)}{1 + 2 \times (9.49 \parallel 10 \parallel 74.9)} = 0.902$$

点评：这个具体的设计满足了设计指标,但解并不唯一。

练习题 4.19 重新考察图 4.57 所示的源极跟随器电路,晶体管的参数为 $I_{DSS} = 8\text{mA}$, $V_P = -3.5\text{V}$,$\lambda = 0.01\text{V}^{-1}$。①设计电路,使得 $I_{DQ} = 2\text{mA}$。②如果 R_L 接近无穷大,计算小信号电压增益。③如果小信号电压增益减小 20%,求解此时的 R_L 值。

答案：①$R_S = 5.88\text{k}\Omega$；②$A_v = 0.923$；③$R_L = 1.61\text{k}\Omega$。

在例题 4.19 中,选择了一个跨导值,并在整个设计中使用。更为详细的分析表明,g_m 和 R_S 的值都依赖于漏极电流 I_{DQ},乘积项 $g_m R_S$ 近似为一个常数。这意味着小信号电压增益对跨导的初始值不敏感。

理解测试题 4.13 重新考察图 4.55 所示的 JFET 放大电路,其中晶体管的参数与例题 4.18 所给出的相同。如果在信号源 v_i 上串联一个 $20\text{k}\Omega$ 的电阻,求解小信号电压增益。

答案：$A_v = -3.98$。

理解测试题 4.14 图 4.59 所示的电路中,晶体管的参数为 $I_{DSS} = 6\text{mA}$,$|V_P| = 2\text{V}$, $\lambda = 0$。①计算每个晶体管的静态漏极电流和漏-源电压。②求解总的小信号电压增益 $A_v = v_o/v_i$。

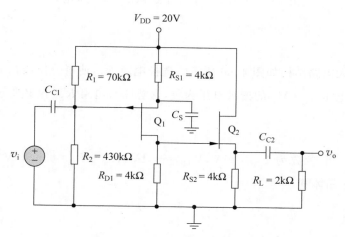

图 4.59　理解测试题 4.14 的电路

答案：①$I_{DQ1} = 1\text{mA}$,$V_{SDQ1} = 12\text{V}$,$I_{DQ2} = 1.27\text{mA}$,$V_{SDQ2} = 14.9\text{V}$；②$A_v = -2.05$。

4.10   设计应用：一个两级放大电路

目标：设计一个两级 MOSFET 电路，对传感器的输出信号进行放大。

1. 设计指标

假设图 4.60 所示的分压器电路中，电阻 R_2 是温度、压力或某个其他变量的线性函数。当 $\delta = 0$ 时，放大电路的输出为零。

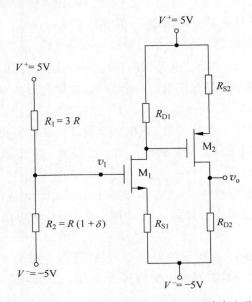

图 4.60   设计应用中的两级 MOSFET 放大电路

2. 设计方法

待设计的放大电路结构如图 4.60 所示。选择电阻 R_1，使得分压器在 R_1 和 R_2 之间产生一个负的直流电压 v_I。M_1 的栅极电压为负，这意味着电阻 R_{S1} 没必要这么大。

3. 器件选择

假设可提供一个参数为 $V_{TN} = 1\text{V}$，$V_{TP} = -1\text{V}$，$K_n = K_p = 2\text{mA/V}^2$，$\lambda_n = \lambda_p \approx 0$ 的 NMOS 和 PMOS 晶体管。

4. 解决方案

(1) 分压电路分析：电压 v_I 可以写为

$$v_I = \left[\frac{R(1+\delta)}{R(1+\delta)+3R}\right] \times 10 - 5 = \frac{(1+\delta) \times 10}{4+\delta} - 5$$

即

$$v_{\mathrm{I}} = \frac{(1+\delta)(10) - 5(4+\delta)}{4+\delta} = \frac{-10+5\delta}{4+\delta}$$

假设 $\delta < 4$，则有

$$v_{\mathrm{I}} = -2.5 + 1.25\delta$$

（2）直流设计：取 $I_{\mathrm{D1}} = 0.5\mathrm{mA}$，$I_{\mathrm{D2}} = 1\mathrm{mA}$。栅-源电压可由下式求得，即

$$0.5 = 2(V_{\mathrm{GS1}} - 1)^2 \Rightarrow V_{\mathrm{GS1}} = 1.5\mathrm{V}$$

和

$$1 = 2(V_{\mathrm{SG2}} - 1)^2 \Rightarrow V_{\mathrm{SG2}} = 1.707\mathrm{V}$$

可以求得 $V_{\mathrm{S1}} = V_{\mathrm{I}} - V_{\mathrm{GS1}} = -2.5 - 1.5 = -4\mathrm{V}$。于是电阻 R_{S1} 为

$$R_{\mathrm{S1}} = \frac{V_{\mathrm{S1}} - V^-}{I_{\mathrm{D1}}} = \frac{-4 - (-5)}{0.5} = 2\mathrm{k\Omega}$$

令 $V_{\mathrm{D1}} = 1.5\mathrm{V}$，可以求得 R_{D1} 为

$$R_{\mathrm{D1}} = \frac{V^+ - V_{\mathrm{D1}}}{I_{\mathrm{D1}}} = \frac{5 - 1.5}{0.5} = 7\mathrm{k\Omega}$$

有 $V_{\mathrm{S2}} = V_{\mathrm{D1}} + V_{\mathrm{SG2}} = 1.5 + 1.707 = 3.207\mathrm{V}$。于是

$$R_{\mathrm{S2}} = \frac{V^+ - V_{\mathrm{S2}}}{I_{\mathrm{D2}}} = \frac{5 - 3.207}{1} = 1.79\mathrm{k\Omega}$$

对于 $V_{\mathrm{O}} = 0$，可得

$$R_{\mathrm{D2}} = \frac{V_{\mathrm{O}} - V^-}{I_{\mathrm{D2}}} = \frac{0 - (-5)}{1} = 5\mathrm{k\Omega}$$

（3）交流分析：小信号等效电路如图 4.61 所示。可以发现 $V_2 = -g_{\mathrm{m1}}V_{\mathrm{gs1}}R_{\mathrm{D1}}$ 和 $V_{\mathrm{gs1}} = V_{\mathrm{i}}/(1+g_{\mathrm{m1}}R_{\mathrm{S1}})$。同时，可以发现 $V_{\mathrm{o}} = g_{\mathrm{m2}}V_{\mathrm{sg2}}R_{\mathrm{D2}}$ 和 $V_{\mathrm{sg2}} = -V_2/(1+g_{\mathrm{m2}}R_{\mathrm{S2}})$。合并各项，可得

$$V_{\mathrm{o}} = \frac{g_{\mathrm{m1}}g_{\mathrm{m2}}R_{\mathrm{D1}}R_{\mathrm{D2}}}{(1+g_{\mathrm{m1}}R_{\mathrm{S1}})(1+g_{\mathrm{m2}}R_{\mathrm{S2}})}V_{\mathrm{i}}$$

交流输入信号为 $V_{\mathrm{i}} = 1.25\delta$，因此有

$$V_{\mathrm{o}} = \frac{(1.25)g_{\mathrm{m1}}g_{\mathrm{m2}}R_{\mathrm{D1}}R_{\mathrm{D2}}}{(1+g_{\mathrm{m1}}R_{\mathrm{S1}})(1+g_{\mathrm{m2}}R_{\mathrm{S2}})}\delta$$

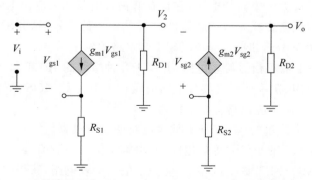

图 4.61　设计应用中两级 MOSFET 放大电路的小信号等效电路

可得

$$g_{m1} = 2\sqrt{K_n I_{D1}} = 2\sqrt{(2)(0.5)} = 2\text{mA/V}$$

和

$$g_{m2} = 2\sqrt{K_p I_{D2}} = 2\sqrt{(2)(1)} = 2.828\text{mA/V}$$

于是有

$$V_o = \frac{1.25 \times 2 \times 2.828 \times 7 \times 5}{[1 + 2 \times 2][1 + 2.828 \times 1.79]}\delta$$

即 $V_o = 8.16\delta$。

点评：由于 NMOS 栅极的低频输入阻抗基本上为无穷大，分压电路上不存在负载效应。

5. 设计指南

如前所述，通过选择，使 R_1 的值大于 R_2，可以使 M_1 栅极的直流电压为负值。一个负的栅极电压意味着所需要的 R_{S1} 值减小，且仍能建立所需的电流。由于 M_1 的漏极电压为正，通过在第二级采用 PMOS 晶体管，源极电阻 R_{S2} 的值也可以减小。更小的源极电阻可以产生更大的电压增益。

4.11 本章小结

本章主要内容包括：

(1) 本章强调 MOSFET 晶体管在线性放大电路中的应用。讨论了晶体管电路放大一个时变小信号的基本过程。

(2) 建立了 MOSFET 的小信号等效电路，它可以用于线性放大电路的分析和设计。

(3) 研究了三种基本的放大电路组态：共源、源极跟随器和共栅。这三种电路可以构成更复杂的集成电路的基本模块。

(4) 共源电路可以放大一个时变电压。

(5) 源极跟随器电路的小信号电压增益接近 1，但是它具有低输出电阻。

(6) 共栅电路可放大一个时变电压，它具有低输入电阻和大输出电阻。、

(7) 分析了带增强型或耗尽型负载器件的 N 沟道电路。同时，分析了 CMOS 电路。这些电路是本教材后面部分将研究的全 MOSFET 电路的例子。

(8) 建立了 JFET 的小信号等效电路，并用于几种组态的 JFET 放大电路的分析。

(9) 作为一个应用，在一个两级放大电路的设计中引入了 MOS 晶体管。

通过本章的学习，读者应该具备以下能力：

(1) 画图说明一个简单的 MOSFET 放大电路的放大过程。

(2) 描述 MOSFET 的小信号等效电路，并求解小信号参数值。

(3) 在不同的 MOSFET 放大电路中，应用小信号等效电路，获得时变电路特性。

(4) 概括共源、源极跟随器和共栅放大电路的小信号电压增益和输出电阻的特性。

(5) 描述带增强型、耗尽型或 PMOS 负载的 NMOS 放大电路的工作原理。

（6）在多级放大电路的分析中应用 MOSFET 小信号等效电路。

（7）描述基本 JFET 放大电路的工作原理并分析。

复习题

（1）利用负载线的概念,讨论一个简单的共源电路是如何放大时变信号的。

（2）晶体管的宽长比是如何影响一个共源放大电路的小信号电压增益的?

（3）讨论小信号电路参数 r_o 的物理意义。

（4）衬底效应是如何改变 MOSFET 的小信号等效电路的?

（5）画出一个简单的共源放大电路,并讨论一般的交流电路特性(电压增益和输出电阻)。

（6）讨论使用共源放大电路的一般条件。

（7）为什么一般来说,共源放大电路电压增益的值相对较小?

（8）当在共源放大电路设计中引入源极电阻和源极旁路电容时,电路的直流和交流特性将发生什么变化?

（9）画出一个简单的源极跟随器放大电路,并讨论一般的交流电路特性(电压增益和输出电阻)。

（10）画出一个简单的共栅放大电路,并讨论一般的交流电路特性(电压增益和输出电阻)。

（11）讨论使用共栅放大电路的一般条件。

（12）比较共源、源极跟随器以及共栅电路的交流电路特性。

（13）陈述在 MOSFET 集成电路中用晶体管代替电阻的优势。

（14）与单级放大电路相比,为什么在设计中需要多级放大电路? 至少陈述两条理由。

习题

1. MOSFET 放大电路

4.1 某 NMOS 晶体管的参数为 $V_{TN}=0.4\text{V}, k_n'=100\mu\text{A/V}^2, \lambda=0.02\text{V}^{-1}$。①求解宽长比 W/L,使得当晶体管偏置在饱和区时,当 $I_{DQ}=0.5\text{mA}$ 时,$g_m=0.5\text{mA/V}$。计算所需的 V_{GSQ}。②对于 $I_D=0.15\text{mA}$,重复①。

4.2 某 PMOS 晶体管的参数为 $V_{TP}=-0.6\text{V}, k_p'=40\mu\text{A/V}^2, \lambda=0.015\text{V}^{-1}$。①求解宽长比 W/L,使得当晶体管偏置在饱和区时,当 $I_{DQ}=0.15\text{mA}$ 时,$g_m=1.2\text{mA/V}$。计算所需的 V_{SGQ}。②对于 $I_D=0.50\text{mA}$,重复①。

4.3 某 NMOS 晶体管在一个固定的 V_{GS} 下偏置在饱和区。当 $V_{DS}=5\text{V}$ 时,漏极电流 $I_D=3\text{mA}$;而当 $V_{DS}=10\text{V}$ 时,$I_D=3.4\text{mA}$。求解 λ 和 r_o。

4.4 某 PMOS 晶体管的小信号电阻的最小值为 $r_o=100\text{k}\Omega$。如果 $\lambda=0.012\text{V}^{-1}$,计算 I_D 的最大允许值。

4.5 某 N 沟道 MOSFET 在一个固定的 V_{GS} 下偏置在饱和区。①当 $V_{DS}=1.5\text{V}$ 时,

漏极电流 $I_D = 0.250 \text{mA}$，而当 $V_{DS} = 3.3 \text{V}$ 时，$I_D = 0.258 \text{mA}$。求解 λ 和 r_o。②利用①的结果，求解当 $V_{DS} = 5 \text{V}$ 时的 I_D。

4.6　某 MOSFET 的 λ 值为 0.02V^{-1}。①当 $I_D = 50 \mu\text{A}$ 和 $I_D = 500 \mu\text{A}$ 时，求解 r_o 的值。②如果 V_{DS} 增加 1V，在①中给出的条件下，求解 I_D 增加的百分比。

4.7　某 MOSFET 的 $\lambda = 0.01 \text{V}^{-1}$，在 $I_D = 0.5 \text{mA}$ 时偏置在饱和区。如果 V_{GS} 和 V_{DS} 保持恒定，当沟道长度 L 加倍时，求解新的 I_D 和 r_o 的值。

4.8　图 4.1 所示电路的参数为 $V_{DD} = 3.3 \text{V}$，$R_D = 5 \text{k}\Omega$。晶体管的参数为 $k_n' = 100 \mu\text{A}/\text{V}^2$，$W/L = 40$，$V_{TN} = 0.4 \text{V}$，$\lambda = 0.025 \text{V}^{-1}$。①求解 I_{DQ} 和 V_{GSQ}，使得 $V_{DSQ} = 1.5 \text{V}$。②求解小信号电压增益。

4.9　图 4.1 所示电路的参数为 $V_{DD} = 2.5 \text{V}$，$R_D = 10 \text{k}\Omega$。晶体管偏置在 $I_{DQ} = 0.12 \text{mA}$。晶体管的参数为 $V_{TN} = 0.3 \text{V}$，$k_n' = 100 \mu\text{A}/\text{V}^2$，$\lambda = 0$。①设计晶体管的 W/L 比，使得小信号电压增益为 $A_v = -3.8$。②重复①，使得 $A_v = -5.0$。

4.10　图 4.1 所示的电路中，晶体管的参数为 $V_{TN} = 0.6 \text{V}$，$k_n' = 80 \mu\text{A}/\text{V}^2$，$\lambda = 0.015 \text{V}^{-1}$。令 $V_{DD} = 5 \text{V}$。①设计晶体管的宽长比 W/L 和电阻 R_D，使得 $I_{DQ} = 0.5 \text{mA}$，$V_{GSQ} = 1.2 \text{V}$，$V_{DSQ} = 3 \text{V}$。②求解 g_m 和 r_o。③求解小信号电压增益 $A_v = v_o / v_i$。

*4.11　在前面的分析中，假设小信号条件由式(4.4)给出。现在考虑式(4.3(b))，且令 $v_{gs} = V_{gs} \sin \omega t$。试证明频率为 2ω 的信号和频率为 ω 的信号的比值为 $V_{gs} / [4(V_{GS} - V_{TN})]$。这个比值用百分数表示，称为二次谐波失真。[提示：可利用三角函数恒等式 $\sin^2 \theta = 1/2 - (1/2)\cos 2\theta$。]

4.12　利用习题 4.11 的结果，当 $V_{GS} = 3 \text{V}$ 和 $V_{TN} = 1 \text{V}$ 时，求解产生 1% 的二次谐波失真的 V_{gs} 峰值。

2. 共源放大电路

4.13　观察图 4.14 所示的电路。电路的参数为 $V_{DD} = 3.3 \text{V}$，$R_D = 8 \text{k}\Omega$，$R_1 = 240 \text{k}\Omega$，$R_2 = 60 \text{k}\Omega$，$R_{Si} = 2 \text{k}\Omega$。晶体管的参数为 $V_{TN} = 0.4 \text{V}$，$k_n' = 100 \mu\text{A}/\text{V}^2$，$W/L = 80$，$\lambda = 0.02 \text{V}^{-1}$。①求解静态值 I_{DQ} 和 V_{DSQ}。②求解小信号参数 g_m 和 r_o。③求解小信号电压增益。

4.14　本图 4.14 所示共源放大电路的参数为 $r_o = 100 \text{k}\Omega$ 和 $R_D = 5 \text{k}\Omega$。如果晶体管的小信号电压增益为 $A_v = -10$，求解晶体管的跨导。假设 $R_{Si} = 0$。

4.15　图 4.62 所示的 NMOS 共源放大电路中，晶体管的参数为 $V_{TN} = 0.8 \text{V}$，$K_n = 1 \text{mA}/\text{V}^2$，$\lambda = 0$。电路的参数为 $V_{DD} = 5 \text{V}$，$R_S = 1 \text{k}\Omega$，$R_D = 4 \text{k}\Omega$，$R_1 = 225 \text{k}\Omega$ 和 $R_2 = 175 \text{k}\Omega$。①计算静态值 I_{DQ} 和 V_{DSQ}。②求解当 $R_L = \infty$ 时的小信号电压增益。③求解使②中的小信号电压增益减小到 75% 的 R_L 值。

4.16　图 4.62 所示电路的参数为 $V_{DD} = 12 \text{V}$，$R_S = 0.5 \text{k}\Omega$，$R_{in} = 250 \text{k}\Omega$，$R_L = 10 \text{k}\Omega$。晶体管的参数为 $V_{TN} = 1.2 \text{V}$，$K_n = 1.5 \text{mA}/\text{V}^2$，$\lambda = 0$。①设计电路，使得 $I_{DQ} = 2 \text{mA}$，$V_{DSQ} = 5 \text{V}$。②求解小信号电压增益。

4.17　如果源极电阻由源极电容 C_S 旁路，重复习题 4.15。

4.18　一个共源放大电路的交流等效电路如图 4.63 所示。晶体管的小信号参数为 $g_m =$

$2\text{mA/V},r_\text{o}=\infty$。①当 $R_\text{S}=0$ 时,电压增益为 $A_\text{v}=V_\text{o}/V_\text{i}=-15$,求解 R_D 的值。②如果在源极接入电阻 R_S,假设晶体管的参数不变,若电压增益减小为 $A_\text{v}=-5$,求解电阻 R_S 的值。

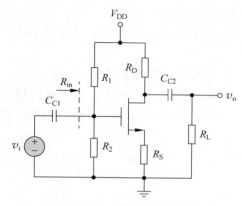

图 4.62 习题 4.15 图

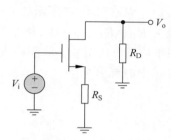

图 4.63 习题 4.18 图

4.19 观察图 4.63 所示的交流等效电路,假设晶体管的 $r_\text{o}=\infty$。当 $R_\text{S}=1\text{k}\Omega$ 时,小信号电压增益为 $A_\text{v}=-8$。①当 R_S 短路($R_\text{S}=0$)时,电压增益的值加倍。假设晶体管的小信号参数不变,求解 g_m 和 R_D 的值。②如果电路中接入一个新的 R_S,而电压增益变为 $A_\text{v}=-10$。利用①的结果,求解电阻 R_S 的值。

4.20 图 4.64 所示的共源放大电路中,晶体管的参数为 $V_\text{TN}=0.8\text{V}$,$k'_\text{n}=100\mu\text{A/V}^2$,$W/L=50$,$\lambda=0.02\text{V}^{-1}$。电路的参数为 $V^+=5\text{V}$ 和 $V^-=-5\text{V}$,$I_\text{Q}=0.5\text{mA}$,$R_\text{D}=6\text{k}\Omega$。①求解 V_GSQ 和 V_DSQ。②求解当 $R_\text{L}=\infty$ 时的小信号电压增益。③当 $R_\text{L}=20\text{k}\Omega$ 时,重复②。④当 $R_\text{L}=6\text{k}\Omega$ 时,重复②。

4.21 图 4.65 所示的电路中,晶体管的参数为 $V_\text{TN}=0.8\text{V}$,$K_\text{n}=0.85\text{mA/V}^2$,$\lambda=0.02\text{V}^{-1}$。①求解 R_S 和 R_D,使得 $I_\text{DQ}=0.1\text{mA}$,$V_\text{DSQ}=5.5\text{V}$。②求解晶体管的小信号参数。③求解小信号电压增益。

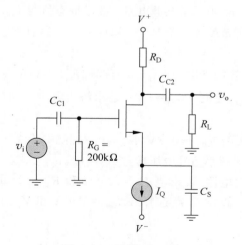

图 4.64 习题 4.20 图

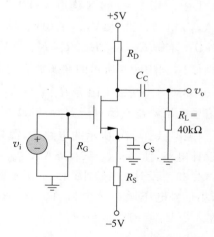

图 4.65 习题 4.21 图

4.22 图 4.66 所示的共源放大电路中,晶体管的参数为 $V_{TN}=-0.8\text{V}$,$K_n=2\text{mA/V}^2$,$\lambda=0$。电路的参数为 $V_{DD}=3.3\text{V}$,$R_L=10\text{k}\Omega$。①设计电路,使得 $I_{DQ}=0.5\text{mA}$,$V_{DSQ}=2\text{V}$。②求解小信号电压增益。

4.23 图 4.66 所示的共源放大电路中,晶体管的参数和习题 4.22 所给出的相同。电路的参数为 $V_{DD}=5\text{V}$,$R_D=R_L=2\text{k}\Omega$。①对于 $V_{DSQ}=2.5\text{V}$,求解 R_S。②求解小信号电压增益。

4.24 观察图 4.67 所示的 PMOS 共源电路,晶体管的参数为 $V_{TP}=-2\text{V}$,$\lambda=0$。电路的参数为 $R_D=R_L=10\text{k}\Omega$。①求解 K_p 和 R_S 的值,使得 $V_{SDQ}=6\text{V}$。②求解所得电路的 I_{DQ} 和小信号电压增益。③能否改变①中的 K_p 和 R_S 值,以达到更大的电压增益,同时依然满足①中的要求?

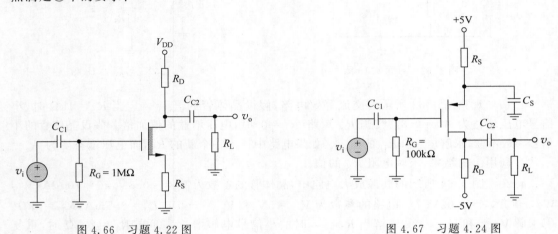

图 4.66 习题 4.22 图   图 4.67 习题 4.24 图

4.25 对于图 4.67 所示的共源电路,偏置电压变为 $V^+=3\text{V}$ 和 $V^-=-3\text{V}$。PMOS 晶体管的参数为 $V_{TP}=-0.5\text{V}$,$K_p=0.8\text{mA/V}^2$,$\lambda=0$。负载电阻 $R_L=2\text{k}\Omega$。①设计电路,使得 $I_{DQ}=0.25\text{mA}$,$V_{SDQ}=1.5\text{V}$。②求解小信号电压增益 $A_v=v_o/v_i$。

4.26 用 $\lambda=0$ 的 N 沟道 MOSFET 设计图 4.68 所示的共源电路。要求静态值为 $I_{DQ}=6\text{mA}$,$V_{GSQ}=2.8\text{V}$ 和 $V_{DSQ}=10\text{V}$。跨导 $g_m=2.2\text{mA/V}$。令 $R_L=1\text{k}\Omega$,$A_v=-1$,且 $R_{in}=100\text{k}\Omega$。求解 R_1、R_2、R_S、R_D、K_n 和 V_{TN}。

4.27 图 4.69 所示的共源放大电路中,晶体管的参数为 $V_{TP}=-1.2\text{V}$,$K_p=2\text{mA/V}^2$,$\lambda=0.03\text{V}^{-1}$。漏极电阻为 $R_D=4\text{k}\Omega$。①求解 I_Q,使得 $V_{SDQ}=5\text{V}$。②求解当 $R_L=\infty$ 时的小信号电压增益。③对于 $R_L=8\text{k}\Omega$,重复②。

4.28 图 4.70 所示的电路中,晶体管的参数为 $V_{TP}=0.8\text{V}$,$K_p=0.25\text{mA/V}^2$,$\lambda=0$。①设计电路,使得 $I_{DQ}=0.5\text{mA}$,$V_{SDQ}=3\text{V}$。②求解小信号电压增益 $A_v=v_o/v_i$。

*4.29 设计一个如图 4.71 所示的共源放大电路,要求当 $R_L=20\text{k}\Omega$ 和 $R_{in}=200\text{k}\Omega$ 时,小信号电压增益至少为 $A_v=v_o/v_i=-10$。假设 Q 点选择在 $I_{DQ}=1\text{mA}$ 和 $V_{DSQ}=10\text{V}$。令 $V_{TN}=2\text{V}$,$\lambda=0$。

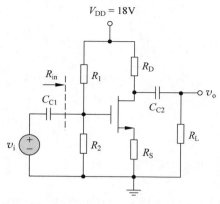

图 4.68　习题 4.26 图

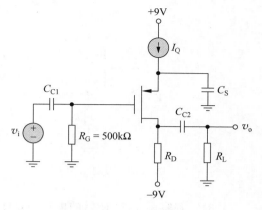

图 4.69　习题 4.27 图

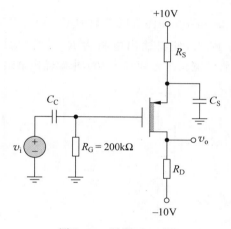

图 4.70　习题 4.28 图

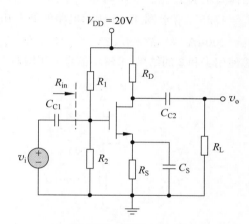

图 4.71　习题 4.29 图

3. 源极跟随器放大电路

4.30　增强型 MOSFET 源极跟随器电路中,晶体管的小信号参数为 $g_m = 5\mathrm{mA/V}$, $r_o = 100\mathrm{k\Omega}$。①求解空载小信号电压增益和输出电阻。②当连接的负载电阻为 $R_S = 5\mathrm{k\Omega}$ 时,求解小信号电压增益。

4.31　图 4.72 所示的源极跟随器交流等效电路中,开路($R_L = \infty$)电压增益为 A_v 为 0.98。当 R_L 设定为 $1\mathrm{k\Omega}$ 时,电压增益减小到 $A_v = 0.49$。求解 g_m 和 r_o 的值。

4.32　观察图 4.72 所示的源极跟随器电路。晶体管的小信号参数为 $g_m = 2\mathrm{mA/V}$, $r_o = 25\mathrm{k\Omega}$。①求解开路($R_L = \infty$)电压增益和输出电阻。②如果 $R_L = 2\mathrm{k\Omega}$,晶体管的小信号参数保持不变,求解电压增益。

4.33　图 4.73 所示的源极跟随器放大电路偏置在 $V^+ = 1.5\mathrm{V}$ 和 $V^- = -1.5\mathrm{V}$。晶体管的参数为 $V_{TN} = 0.4\mathrm{V}$,$k_n' = 100\mu\mathrm{A/V^2}$,$W/L = 80$,$\lambda = 0.02\mathrm{V^{-1}}$。①为了使 v_O 的直流值为 $0\mathrm{V}$,求解所需的 I_{DQ} 和 V_{GSQ}。②求解小信号电压增益。③求解输出电阻 R_O。

225

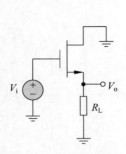

图 4.72 习题 4.31 图

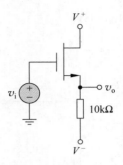

图 4.73 习题 4.33 图

4.34 观察图 4.74 所示的电路。晶体管的参数为 $V_{TN}=0.6\text{V},k'_n=100\mu\text{A/V}^2,\lambda=0$。要求设计电路,使得 $V_{DSQ}=1.25\text{V}$,且小信号电压增益为 $A_v=0.85$。①求解 I_{DQ}。②求解晶体管的宽长比。③所需输入电压的直流值为多少?

4.35 要求图 4.75 所示电路的静态功耗限制在 2.5mW。晶体管的参数为 $V_{TN}=0.6\text{V}$,$k'_n=100\mu\text{A/V}^2,\lambda=0.02\text{V}^{-1}$。①求解 I_Q。②求解 W/L,使得输出电阻为 $R_o=0.5\text{k}\Omega$。③使用①和②的结果,求解小信号电压增益。④若晶体管的宽长比为 $W/L=100$,求解输出电阻。

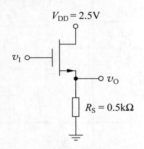

图 4.74 习题 4.34 图

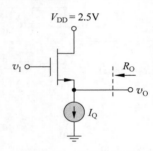

图 4.75 习题 4.35 图

4.36 图 4.76 所示电路的参数为 $R_S=4\text{k}\Omega,R_1=850\text{k}\Omega,R_2=350\text{k}\Omega,R_L=4\text{k}\Omega$。晶体管的参数为 $V_{TP}=-1.2\text{V},k'_p=40\mu\text{A/V}^2,W/L=80,\lambda=0.05\text{V}^{-1}$。①求解 I_{DQ} 和 V_{SDQ}。②求解小信号电压增益 $A_v=v_o/v_i$。③求解小信号电路的跨导增益 $A_g=i_o/v_i$。④求解小信号输出电阻 R_o。

4.37 图 4.77 所示的源极跟随器电路中,晶体管的参数为 $V_{TN}=0.8\text{V},k'_n=100\mu\text{A/V}^2$,$W/L=20,\lambda=0.02\text{V}^{-1}$。①令 $I_Q=5\text{mA}$,求解小信号电压增益及输出电阻 R_o。②对于 $I_Q=2\text{mA}$,重复①。

4.38 图 4.77 所示的源极跟随器电路中,晶体管的参数为 $V_{TN}=1\text{V},k'_n=60\mu\text{A/V}^2$,$\lambda=0$。要求小信号电压增益为 $A_v=v_o/v_i=0.95$。①对于 $I_Q=4\text{mA}$,求解所需的宽长比 (W/L)。②若宽长比 $(W/L)=60$,求解所需的 I_Q。

*4.39 在图 4.78 所示的耗尽型 NMOS 晶体管源极跟随器电路中,器件的参数为 $V_{TN}=-2\text{V},K_n=5\text{mA/V}^2,\lambda=0.01\text{V}^{-1}$。设计电路,使得 $I_{DQ}=5\text{mA}$。求解小信号电压增益 $A_v=v_o/v_i$ 和输出电阻 R_o。

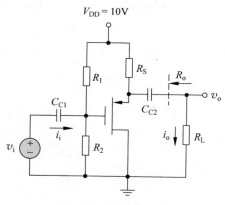

图 4.76 习题 4.36 图

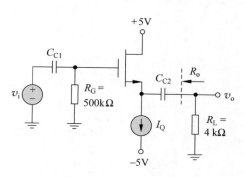

图 4.77 习题 4.37 图

4.40 图 4.78 所示的电路中，$R_S = 1\text{k}\Omega$，静态漏极电流为 $I_{DQ} = 5\text{mA}$。晶体管的参数为 $V_{TN} = -2\text{V}$，$k'_n = 100\mu\text{A/V}^2$，$\lambda = 0.01\text{V}^{-1}$。①求解晶体管的宽长比。②利用①的结果，求解当 $R_L = \infty$ 时的小信号电压增益。③求解小信号输出电阻 R_o。④利用①的结果，求解当 $R_L = 2\text{k}\Omega$ 时的 A_v。

4.41 图 4.78 所示的源极跟随器电路中，晶体管的参数为 $V_{TN} = -2\text{V}$，$K_n = 4\text{mA/V}^2$，$\lambda = 0$。设计电路，使得 $R_o \leqslant 200\Omega$。求解所得电路的小信号电压增益。

4.42 图 4.79 所示源极跟随器电路中的电流源为 $I_Q = 10\text{mA}$，晶体管的参数为 $V_{TP} = -2\text{V}$，$K_p = 5\text{mA/V}^2$，$\lambda = 0.01\text{V}^{-1}$。①求解开路（$R_L = \infty$）小信号电压增益。②求解小信号输出电阻 R_o。③什么样的 R_L 值将使小信号电压增益减小到 $A_v = 0.90$？

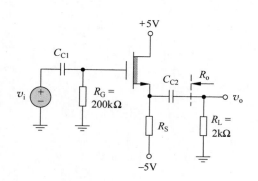

图 4.78 习题 4.38 图

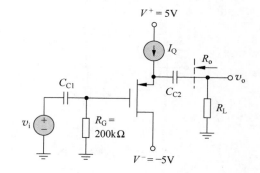

图 4.79 习题 4.42 图

4.43 观察图 4.80 所示的源极跟随器电路。最负的输出信号电压发生在当晶体管正好截止时。证明这个输出电压由 $v_o(\min) = \dfrac{-I_{DQ}R_S}{1 + \dfrac{R_C}{R_L}}$ 给出。证明相应的输入电压由

$$v_i(\min) = -\frac{I_{DQ}}{g_m}[1 + g_m(R_S \parallel R_L)]$$ 给出。

4.44 图 4.81 所示电路的晶体管参数为 $V_{TN} = 0.4\text{V}$，$K_n = 0.5\text{mA/V}^2$，$\lambda = 0$。电路的

参数为 $V_{DD}=3V$，$R_i=300k\Omega$。①设计电路，使得 $I_{DQ}=0.25mA$，$V_{DSQ}=1.5V$。②求解小信号电压增益和输出电阻 R_o。

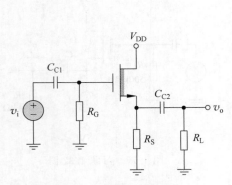

图 4.80 习题 4.43 图

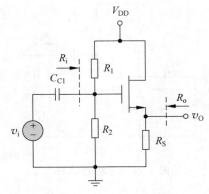

图 4.81 习题 4.44 图

4. 共栅放大电路

4.45 图 4.82 是一个共栅放大电路的交流等效电路。晶体管的参数为 $V_{TN}=0.4V$，$k_n'=100\mu A/V^2$，$\lambda=0$。静态漏极电流为 $I_{DQ}=0.25mA$。求解晶体管的 W/L 比和 R_D 的值，使得小信号电压增益为 $A_v=V_o/V_i=20$，且输入电阻为 $R_i=500\Omega$。

4.46 图 4.83 所示的共栅电路中，晶体管的参数和习题 4.45 中所给出的相同。要求输出电阻 R_o 为 500Ω，漏-源静态电压为 $V_{DSQ}=V_{DS}(sat)+0.3V$。①R_D 的值为多少？②静态漏极电流 I_{DQ} 为多少？③求解输入电阻 R_i。④求解小信号电压增益 $A_v=V_o/V_i$。

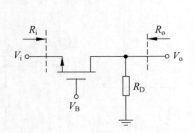

图 4.82 习题 4.45 图

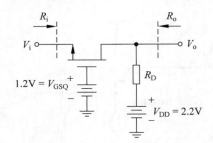

图 4.83 习题 4.46 图

4.47 图 4.84 所示共栅电路的交流等效电路中，NMOS 晶体管的小信号参数为 $V_{TN}=0.4V$，$k_n'=100\mu A/V^2$，$W/L=80$，$\lambda=0$。静态漏极电流为 $I_{DQ}=0.5mA$。求解小信号电压增益和输入电阻。

4.48 图 4.85 所示的共栅电路中，NMOS 晶体管的参数为 $V_{TN}=1V$，$K_n=3mA/V^2$，$\lambda=0$。①求解 I_{DQ} 和 V_{DSQ}。②计算 g_m 和 r_o。③求解小信号电压增益 $A_v=v_o/v_i$。

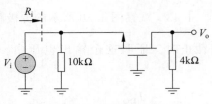

图 4.84 习题 4.47 图

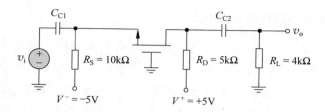

图 4.85 习题 4.48 图

4.49 观察图 4.86 所示的 PMOS 共栅电路。晶体管的参数为 $V_{TP}=-1\text{V}$，$K_p=0.5\text{mA/V}^2$，$\lambda=0$。①求解 R_S 和 R_D，使得 $I_{DQ}=0.75\text{mA}$，$V_{SDQ}=6\text{V}$。②求解输入阻抗 R_i 和输出阻抗 R_o。③如果 $i_i=5\sin\omega t\,\mu\text{A}$，求解负载电流 i_o 和输出电压 v_o。

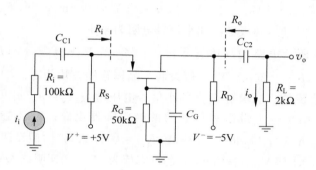

图 4.86 习题 4.49 图

4.50 图 4.87 所示的共栅放大电路中，NMOS 器件的晶体管参数为 $V_{TN}=0.4\text{V}$，$k'_n=100\mu\text{A/V}^2$，$\lambda=0$。①求解 R_D，使得 $V_{DSQ}=V_{DS}(\text{sat})+0.25\text{V}$。②求解晶体管的 W/L 比，使得小信号电压增益为 $A_v=6$。③V_{GSQ} 的值为多少？

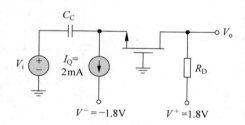

图 4.87 习题 4.50 图

4.51 图 4.32 所示电路的参数为 $V^+=3.3\text{V}$，$V^-=-3.3\text{V}$，$R_G=50\text{k}\Omega$，$R_L=4\text{k}\Omega$，$R_{Si}=0$，$I_Q=2\text{mA}$。晶体管的参数为 $V_{TN}=0.6\text{V}$，$K_n=4\text{mA/V}^2$，$\lambda=0$。①求解 R_D，使得 $V_{DSQ}=3.5\text{V}$。②求解小信号参数 g_m 和 R_i。③求解小信号电压增益 A_v。

4.52 图 4.35 所示的共栅放大电路中，PMOS 晶体管的参数为 $V_{TP}=-0.8\text{V}$，$K_p=2.5\text{mA/V}^2$，$\lambda=0$。电路的参数为 $V^+=3.3\text{V}$，$V^-=-3.3\text{V}$，$R_G=100\text{k}\Omega$，$R_L=4\text{k}\Omega$。①求解 R_S 和 R_D，使得 $I_{DQ}=1.2\text{mA}$ 和 $V_{SDQ}=3\text{V}$。②求解小信号电压增益 $A_v=v_o/v_i$。

5. 带 MOSFET 负载器件的放大电路

4.53　观察图 4.39(a)所示带饱和负载的 NMOS 放大电路。晶体管的参数为 $V_{\text{TND}} = V_{\text{TNL}} = 0.6\text{V}, k'_n = 100\mu\text{A/V}^2, \lambda = 0, (W/L)_L = 1$。令 $V_{\text{DD}} = 3.3\text{V}$。①设计电路，使得小信号电压增益为 $|A_v| = 5$，且 Q 点位于饱和区的中心。②求解 I_{DQ} 和 V_{DSDQ}。

4.54　图 4.43(a)所示带耗尽型负载的 NMOS 放大电路中，晶体管的参数为 $V_{\text{TND}} = 0.6\text{V}, V_{\text{TNL}} = -0.8\text{V}, K_{\text{nD}} = 1.2\text{mA/V}^2, K_{\text{nL}} = 0.2\text{mA/V}^2, \lambda_D = \lambda_L = 0.02\text{V}^{-1}$。令 $V_{\text{DD}} = 5\text{V}$。①求解在转移点 A 和 B 的晶体管电压。②求解 V_{GSDQ} 和 V_{DSDQ}，使得 Q 点位于饱和区的中心。③求解 I_{DQ}。④求解小信号电压增益。

4.55　观察栅极和漏极相连的增强型 MOSFET 饱和负载器件。当 $V_{\text{DS}} = 0.6\text{V}$ 时，晶体管漏极电流变为零。①当 $V_{\text{DS}} = 1.5\text{V}$ 时，漏极电流为 0.5mA。求解在该工作点的小信号电阻。②当 $V_{\text{DS}} = 3\text{V}$ 时，漏极电流和小信号电阻为多少？

4.56　图 4.88 所示电路的晶体管参数为：M_D 的 $V_{\text{TND}} = -1\text{V}, K_{\text{nD}} = 0.5\text{mA/V}^2$；$M_L$ 的 $V_{\text{TNL}} = +1\text{V}, K_{\text{nL}} = 30\mu\text{A/V}^2$。假设两个晶体管的 λ 均为零。①计算静态漏极电流 I_{DQ} 和输出电压的直流值。②求解 Q 点的小信号电压增益 $A_v = v_o/v_i$。

4.57　图 4.89 给出一个带饱和负载的源极跟随器电路。晶体管的参数为：M_D 的 $V_{\text{TND}} = 1\text{V}, K_{\text{nD}} = 1\text{mA/V}^2$；$M_L$ 的 $V_{\text{TNL}} = 1\text{V}, K_{\text{nL}} = 0.1\text{mA/V}^2$。假设两个晶体管的 λ 均为零。令 $V_{\text{DD}} = 9\text{V}$。①求解 V_{GG}，使得 v_{DSL} 的静态值为 4V。②证明该 Q 点的开路($R_L = \infty$)小信号电压增益为 $A_v = 1/[1 + \sqrt{K_{\text{nL}}/K_{\text{nD}}}]$。③计算 $R_L = 4\text{k}\Omega$ 时的小信号电压增益。

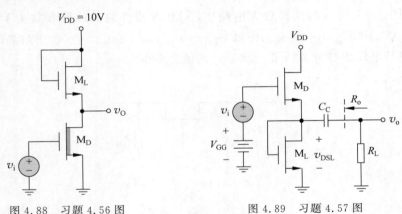

图 4.88　习题 4.56 图　　　　　图 4.89　习题 4.57 图

4.58　图 4.89 所示带饱和负载的源极跟随器电路中，假设晶体管的参数和习题 4.57 所给出的相同。①求解当 $R_L = 10\text{k}\Omega$ 时的小信号电压增益。②求解小信号输出电阻 R_o。

4.59　图 4.90 所示的共源放大电路中，晶体管的参数为 $V_{\text{TND}} = 0.4\text{V}, V_{\text{TPL}} = -0.4\text{V}, (W/L)_L = 50, \lambda_D = 0.02\text{V}^{-1}, \lambda_L = 0.04\text{V}^{-1}, k'_n = 100\mu\text{A/V}^2, k'_p = 40\mu\text{A/V}^2$。在 Q 点，$I_{\text{DQ}} = 0.5\text{mA}$。①求解 $(W/L)_D$，使得小信号电压增益为 $A_v = V_o/V_i = -40$。②所需的 V_B 值是多少？③V_{GSDQ} 的值是多少？

4.60　图 4.91 所示的电路中，晶体管的参数为 $V_{\text{TPD}} = -0.6\text{V}, V_{\text{TNL}} = 0.4\text{V}, k'_n =$

$100\mu\text{A/V}^2, k'_p = 40\mu\text{A/V}^2, \lambda_L = 0.02\text{V}^{-1}, \lambda_D = 0.04\text{V}^{-1}, (W/L)_L = 10$。①在 Q 点，静态漏极电流为 $I_{DQ} = 0.25\text{mA}$。求解 $(W/L)_D$，使得小信号电压增益为 $A_v = V_o/V_i = -25$。所需的 V_B 值是多少？V_{SGDQ} 的值是多少？②对于 $I_{DQ} = 0.1\text{mA}$，重复①。

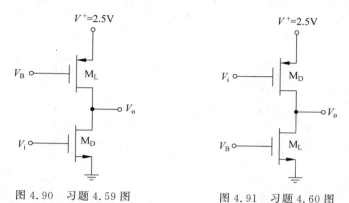

图 4.90　习题 4.59 图　　　　　　　图 4.91　习题 4.60 图

4.61　CMOS 共源放大电路的交流等效电路如图 4.92 所示。晶体管 M_1 的参数为 $V_{TN} = 0.5\text{V}, k'_n = 85\mu\text{A/V}^2, (W/L)_1 = 50, \lambda = 0.05\text{V}^{-1}$；晶体管 M_2 和 M_3 的参数为 $V_{TP} = -0.5\text{V}, k'_p = 40\mu\text{A/V}^2, (W/L)_{2,3} = 50, \lambda = 0.075\text{V}^{-1}$。求解小信号电压增益。

4.62　观察图 4.93 所示 CMOS 共源放大电路的交流等效电路。NMOS 和 PMOS 晶体管的参数和习题 4.61 所给出的相同。求解小信号电压增益。

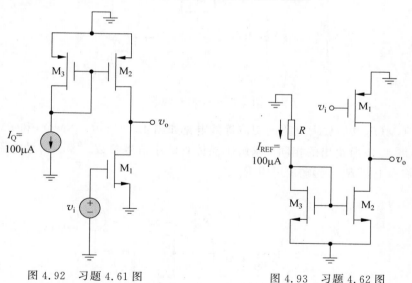

图 4.92　习题 4.61 图　　　　　　　图 4.93　习题 4.62 图

4.63　图 4.94 所示的电路中，晶体管的参数为 $V_{TND} = V_{TNL} = 0.4\text{V}, K_{nD} = 2\text{mA/V}^2, K_{nL} = 0.5\text{mA/V}^2, \lambda_D = \lambda_L = 0$。①画出 V_O-V_I 曲线，V_I 的范围为 $0.8\text{V} \leqslant V_I \leqslant 2.5\text{V}$。②画出 I_D-V_I 曲线，电压范围同①。③当 $I_{DQ} = 0.20\text{mA}$ 时，求解小信号电压增益 $A_v = V_o/V_i = \text{d}V_O/\text{d}V_I$。

4.64　观察图 4.95 所示的源极跟随器电路。晶体管的参数为 $V_{TP} = -0.4\text{V}, k'_p = $

$40\mu\mathrm{A/V^2}$,$(W/L)_\mathrm{L}=5$,$(W/L)_\mathrm{D}=50$,$\lambda_\mathrm{D}=\lambda_\mathrm{L}=0.025\mathrm{V^{-1}}$。假设$V_\mathrm{B}=1\mathrm{V}$。①使得 $\mathrm{M_L}$ 保持偏置在饱和区的 V_o 的最大值是多少?②当 $\mathrm{M_L}$ 偏置在饱和区时,求解 I_D;③利用①和②的结果,求解 V_SGD。④求解当直流值 $V_\mathrm{I}=0.2\mathrm{V}$ 时的小信号电压增益。

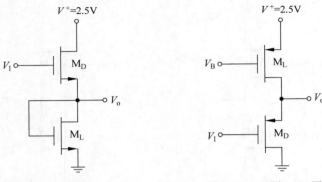

图 4.94　习题 4.63 图　　　　　图 4.95　习题 4.64 图

4.65　图 4.96 给出一个共栅放大电路。晶体管的参数为 $V_\mathrm{TN}=0.6\mathrm{V}$,$V_\mathrm{TP}=-0.6\mathrm{V}$,$K_\mathrm{n}=2\mathrm{mA/V^2}$,$K_\mathrm{p}=0.5\mathrm{mA/V^2}$,$\lambda_\mathrm{n}=\lambda_\mathrm{p}=0$。①求解 V_SGLQ、V_GSDQ、V_DSDQ 的值。②推导小信号电压增益的表达式,用 K_n 和 K_p 表示。③计算小信号电压增益 $A_\mathrm{v}=V_\mathrm{o}/V_\mathrm{i}$。

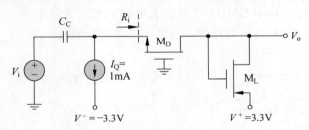

图 4.96　习题 4.65 图

4.66　CMOS 共源放大电路的交流等效电路如图 4.97 所示。NMOS 和 PMOS 晶体管的参数与习题 4.61 所给出的相同。求解①晶体管的小信号参数。②小信号电压增益 $A_\mathrm{v}=v_\mathrm{o}/v_\mathrm{i}$。③输入电阻 R_i。④输出电阻 R_o。

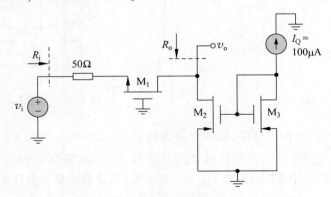

图 4.97　习题 4.66 图

4.67 图 4.98 所示电路为一个折叠式共源-共栅放大电路的简化交流等效电路。晶体管的参数为 $|V_{\mathrm{TN}}| = |V_{\mathrm{TP}}| = 0.5\mathrm{V}$，$K_n = K_p = 2\mathrm{mA/V^2}$，$\lambda_n = \lambda_p = 0.1\mathrm{V^{-1}}$。假设电流源 $2I_\mathrm{Q} = 200\mu\mathrm{A}$ 为理想电流源，从电流源 $I_\mathrm{Q} = 100\mu\mathrm{A}$ 看进去的电阻为 $50\mathrm{k\Omega}$。求解①每个晶体管的小信号参数；②小信号电压增益；③输出电阻 R_o。

6. 多级放大电路

4.68 图 4.99 所示电路的晶体管参数为 $V_{\mathrm{TN1}} = 0.6\mathrm{V}$，$V_{\mathrm{TP2}} = -0.6\mathrm{V}$，$K_{n1} = 0.2\mathrm{mA/V^2}$，$K_{p2} = 1.0\mathrm{mA/V^2}$，$\lambda_1 = \lambda_2 = 0$。电路的参数为 $V_{\mathrm{DD}} = 5\mathrm{V}$，$R_{\mathrm{in}} = 400\mathrm{k\Omega}$。①设计电路，使得 $I_{\mathrm{DQ1}} = 0.2\mathrm{mA}$，$I_{\mathrm{DQ2}} = 0.5\mathrm{mA}$，$V_{\mathrm{DSQ1}} = 2\mathrm{V}$，$V_{\mathrm{SDQ2}} = 3\mathrm{V}$。$R_{\mathrm{S1}}$ 上的压降为 $0.6\mathrm{V}$。②求解小信号电压增益 $A_\mathrm{v} = v_\mathrm{o}/v_\mathrm{i}$。

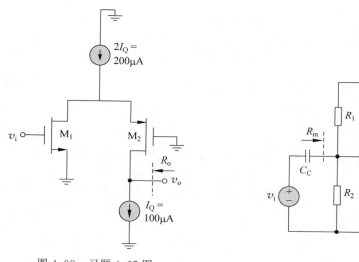

图 4.98 习题 4.67 图   图 4.99 习题 4.68 图

4.69 图 4.99 所示电路的晶体管参数和习题 4.68 所给出的相同。电路的参数为 $V_{\mathrm{DD}} = 3.3\mathrm{V}$，$R_{\mathrm{S1}} = 1\mathrm{k\Omega}$，$R_{\mathrm{in}} = 250\mathrm{k\Omega}$。①设计电路，使得 $I_{\mathrm{DQ1}} = 0.1\mathrm{mA}$，$I_{\mathrm{DQ2}} = 0.25\mathrm{mA}$，$V_{\mathrm{DSQ1}} = 1.2\mathrm{V}$，$V_{\mathrm{SDQ2}} = 1.8\mathrm{V}$。②求解小信号电压增益 $A_\mathrm{v} = v_\mathrm{o}/v_\mathrm{i}$。

4.70 观察图 4.100 所示的电路。晶体管的参数为 $V_{\mathrm{TP1}} = -0.4\mathrm{V}$，$V_{\mathrm{TN2}} = 0.4\mathrm{V}$，$(W/L)_1 = 20$，$(W/L)_2 = 80$，$k_p' = 40\mu\mathrm{A/V^2}$，$k_n' = 100\mu\mathrm{A/V^2}$，$\lambda_1 = \lambda_2 = 0$。令 $R_{\mathrm{in}} = 200\mathrm{k\Omega}$。①设计电路，使得 $I_{\mathrm{DQ1}} = 0.1\mathrm{mA}$，$I_{\mathrm{DQ2}} = 0.3\mathrm{mA}$，$V_{\mathrm{SDQ1}} = 1.0\mathrm{V}$，$V_{\mathrm{DSQ2}} = 2.0\mathrm{V}$。$R_{\mathrm{S1}}$ 上的压降为 $0.6\mathrm{V}$。②求解小信号电压增益 $A_\mathrm{v} = v_\mathrm{o}/v_\mathrm{i}$。③求解输出电阻 R_o。

4.71 图 4.101 所示的电路中，晶体管的参数为 $K_{n1} = K_{n2} = 4\mathrm{mA/V^2}$，$V_{\mathrm{TN1}} = V_{\mathrm{TN2}} = 2\mathrm{V}$，$\lambda_1 = \lambda_2 = 0$。①求解 I_{DQ1}、I_{DQ2}、V_{DSQ1} 和 V_{DSQ2}。②求解 g_{m1} 和 g_{m2}。③求解总的小信号电压增益 $A_\mathrm{v} = v_\mathrm{o}/v_\mathrm{i}$。

4.72 图 4.51 所示的共源-共栅放大电路中，晶体管的参数为 $V_{\mathrm{TN1}} = V_{\mathrm{TN2}} = 1\mathrm{V}$，$K_{n1} = K_{n2} = 2\mathrm{mA/V^2}$，$\lambda_1 = \lambda_2 = 0$。①令 $R_\mathrm{S} = 1.2\mathrm{k\Omega}$，且 $R_1 + R_2 + R_3 = 500\mathrm{k\Omega}$。设计电路，使得 $I_{\mathrm{DQ}} = 3\mathrm{mA}$，$V_{\mathrm{DSQ1}} = V_{\mathrm{DSQ2}} = 2.5\mathrm{V}$。②求解小信号电压增益 $A_\mathrm{v} = v_\mathrm{o}/v_\mathrm{i}$。

4.73 图 4.51 所示的共源-共栅放大电路中，电源电压变为 $V^+ = 10\mathrm{V}$ 和 $V^- = -10\mathrm{V}$。

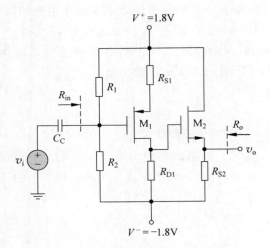

图 4.100 习题 4.70 图

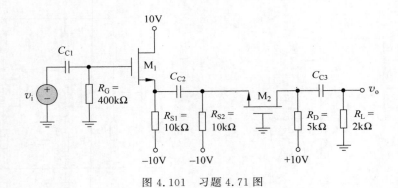

图 4.101 习题 4.71 图

晶体管的参数为 $K_{n1}=K_{n2}=4\text{mA/V}^2$，$V_{TN1}=V_{TN2}=1.5\text{V}$，$\lambda_1=\lambda_2=0$。①令 $R_S=2\text{k}\Omega$，并假设偏置电阻中流过的电流为 0.1mA。设计电路，使得 $I_{DQ}=5\text{mA}$，$V_{DSQ1}=V_{DSQ2}=3.5\text{V}$。②求解所得到的小信号电压增益。

7. 基本 JFET 放大电路

4.74 观察图 4.53 所示的 JFET 放大电路，晶体管的参数为 $I_{DSS}=6\text{mA}$，$V_P=-3\text{V}$，$\lambda=0.01\text{V}^{-1}$。令 $V_{DD}=10\text{V}$。①求解 R_D 和 V_{GS}，使得 $I_{DQ}=4\text{mA}$ 和 $V_{DSQ}=6\text{V}$。②求解 Q 点的 g_m 和 r_o。③求解小信号电压增益 $A_v=v_o/v_i$，其中 v_o 为输出电压 v_O 的时变部分。

4.75 图 4.102 所示的 JFET 放大电路中，晶体管的参数为 $I_{DSS}=2\text{mA}$，$V_P=-2\text{V}$，$\lambda=0$。求解 g_m，$A_v=v_o/v_i$ 和 $A_i=i_o/i_i$。

4.76 图 4.103 所示的 JFET 共源放大电路中，晶体管的参数为 $I_{DSS}=8\text{mA}$，$V_P=-4.2\text{V}$，$\lambda=0$。令 $V_{DD}=20\text{V}$，$R_L=16\text{k}\Omega$。设计电路，使得 $V_S=2\text{V}$，$R_1+R_2=100\text{k}\Omega$，且 Q 点位于 $I_{DQ}=I_{DSS}/2$ 和 $V_{DSQ}=V_{DD}/2$。

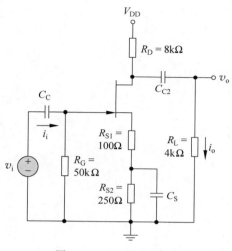

图 4.102 习题 4.75 图

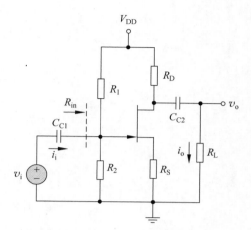

图 4.103 习题 4.76 图

*4.77 观察图 4.104 所示的 JFET 源极跟随器放大电路。晶体管的参数为 $I_{DSS} = 10\text{mA}, V_P = -5\text{V}, \lambda = 0.01\text{V}^{-1}$。令 $V_{DD} = 12\text{V}, R_L = 0.5\text{k}\Omega$。①设计电路,使得 $R_{in} = 100\text{k}\Omega$,且 Q 点为 $I_{DQ} = I_{DSS}/2$ 和 $V_{DSQ} = V_{DD}/2$。②求解所得到的小信号电压增益 $A_v = v_o/v_i$ 和输出电阻 R_o。

4.78 图 4.105 所示的 P 沟道 JFET 源极跟随器电路中,晶体管的参数为 $I_{DSS} = 2\text{mA}, V_P = +1.75\text{V}, \lambda = 0$。①求解 I_{DQ} 和 V_{SDQ}。②求解小信号电压增益 $A_v = v_o/v_i$ 和 $A_i = i_o/i_i$。③求解最大不失真输出电压。

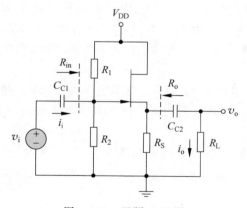

图 4.104 习题 4.77 图

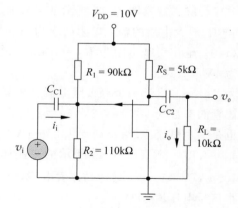

图 4.105 习题 4.78 图

4.79 图 4.106 所示的 P 沟道 JFET 共源放大电路中,晶体管的参数为 $I_{DSS} = 8\text{mA}, V_P = 4\text{V}, \lambda = 0$。设计电路,使得 $I_{DQ} = 4\text{mA}, V_{SDQ} = 7.5\text{V}, A_v = v_o/v_i = -3$,且 $R_1 + R_2 = 400\text{k}\Omega$。

8. 计算机仿真题

4.80 观察例题 4.5 给出的共源电路。①利用计算机仿真,验证例题 4.5 中得到的结果。②当考虑衬底效应时,求解结果的变化。

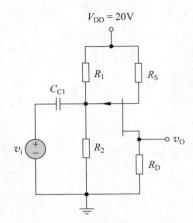

图 4.106 习题 4.79 图

4.81 利用计算机仿真,验证例题 4.7 关于源极跟随器的结果。

4.82 利用计算机仿真,验证例题 4.10 关于共栅放大电路的结果。

4.83 利用计算机仿真,验证例题 4.17 关于共源-共栅放大电路的结果。

9. 设计习题

(注:所有的设计都应该和计算机仿真联系起来。)

*4.84 设计一个分立共源电路,其结构如图 4.17 所示,可提供电压增益为 18 的最大不失真输出电压。偏置电压为 $V_{DD}=3.3V$,信号源的输出电阻为 500Ω,晶体管的参数为 $V_{TN}=0.4V$,$k_n'=100\mu A/V^2$,$\lambda=0.01V^{-1}$。假设静态漏极电流为 $I_{DQ}=100\mu A$。

*4.85 观察图 4.35 所示的共栅放大电路。电源电压为 $\pm 5V$,信号源的输出电阻为 500Ω,放大电路的输入电阻要求为 200Ω。晶体管的参数为 $k_p'=40\mu A/V^2$,$V_{TP}=-0.6V$,$\lambda=0$。输出负载电阻为 $R_L=10k\Omega$。设计电路,使得最大不失真输出电压的峰-峰值至少为 4V。

*4.86 设计一个源极跟随器放大电路,其结构如图 4.31 所示。电源电压为 $\pm 12V$。晶体管的参数为 $V_{TN}=1.2V$,$k_n'=100\mu A/V^2$,$\lambda=0$。负载电阻为 $R_L=200\Omega$。设计电路,它也是一个恒流源,给负载提供 250mW 的信号功率。

*4.87 观察图 4.49 所示的多晶体管电路。假设晶体管的参数为 $V_{TN}=0.6V$,$k_n'=100\mu A/V^2$,$\lambda=0$。设计晶体管电路,使得第一级的小信号电压增益为 $A_{v1}=-10$,第二级的小信号电压增益为 $A_{v2}=0.9$。

第5章

双极型晶体管

在第 2 章看到,二极管的整流电流-电压特性在电子开关和波形整形电路中很有用。然而,二极管不能放大电流或电压。如第 4 章所述,能和其他电路元件一起,实现电流和电压的放大或增益的电子器件是晶体管。20 世纪 40 年代后期由贝尔实验室的 Bardeen、Brattain 和 Schockley 研制的晶体管引发了 20 世纪 50 和 60 年代的第一次电子学革命。这项发明使得在 1958 年诞生了第一块集成电路,并产生了晶体管运算放大器(op-amp),它是应用最为广泛的电子电路之一。

本章将介绍双极型晶体管,它是晶体管的两种主要类型之一。第二类晶体管是场效应晶体管(FET),已在第 3 章中介绍。这两类器件是现代电子学的基础。每种器件类型都同等重要,它们都在特定的应用中具有特殊的优势。

本章主要内容如下:

(1) 讨论双极型晶体管的物理结构和工作原理;

(2) 理解和熟悉双极型晶体管电路的直流分析和设计方法;

(3) 分析双极型晶体管电路的三种基本应用;

(4) 研究双极型晶体管电路的各种直流偏置电路,包括集成电路的偏置;

(5) 分析多级或多晶体管电路的直流偏置;

(6) 作为一个应用,在电路设计中引入双极型晶体管,对第 1 章所讨论的简单二极管电子温度计进行改善。

5.1　基本双极型晶体管

目标:了解包括 NPN 和 PNP 器件的双极型晶体管(BJT)的物理结构、工作原理和特性。

双极型晶体管具有三个独立的掺杂区域和两个 PN 结。单个 PN 结有正向偏置和反向偏置两种工作模式,而双极型晶体管具有两个 PN 结,根据每个 PN 结的偏置状态,它有四种可能的工作模式,这也是该器件用途广泛的一个原因。双极型晶体管具有三个独立的掺杂区,它是一个三端器件。晶体管的基本工作原理是:用两个端子之间的电压来控制流过第三个端子的电流。

双极型晶体管的讨论从晶体管基本结构及其工作原理的定性描述开始。为了阐述其工作原理,使用第 1 章所给出的 PN 结的概念。然而,两个 PN 结足够接近,称为相互作用的 PN 结,因此,晶体管的工作原理完全不同于两个背靠背的二极管。

晶体管中的电流同时由电子和空穴的流动产生,因此称为双极型晶体管。下面将讨论晶体管三个端子电流之间的关系。此外,还将介绍双极型电路使用的电路符号和习惯、双极型晶体管的电流-电压特性。最后,还将介绍一些非理想的电流-电压特性。

5.1.1　晶体管的结构

图 5.1 给出 NPN 和 PNP 这两种双极型晶体管的基本结构的简化框图。NPN 型双极型晶体管包含位于两个 N 区之间的一个较薄的 P 区;相反,PNP 型双极型晶体管则包含位于两个 P 区之间的一个薄的 N 区。这三个区域以及与它们相连接的端子称为发射极、基极和集电极[①]。因为器件的工作与两个紧密相邻的 PN 结有关,基极的宽度必须非常窄,通常在零点几微米(10^{-6} m)的范围。

图 5.1　双极型晶体管的简化几何结构:(a) NPN;(b) PNP

双极型晶体管的实际结构要比图 5.1 给出的简化框图复杂得多。例如,图 5.2 所示为集成电路中典型的 NPN 型双极型晶体管的剖面图。重要的一点是,这个器件并不是电气对称的,产生不对称的原因是发射区和集电区的几何结构不同,而且三个区域的杂质掺杂浓度也有实质差异。例如,发射区、基区和集电区的杂质掺杂浓度可能分别在 10^{19} cm^{-3}、10^{17} cm^{-3} 和 10^{15} cm^{-3} 左右。因此,即使一个给定的晶体管两端都是 P 型或 N 型,将这两端交换将会使器件完全工作在不同方式。

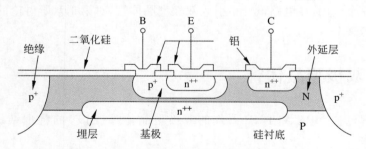

图 5.2　传统集成电路 NPN 型双极型晶体管的剖面图

虽然图 5.1 给出的框图高度简化,它们对介绍晶体管的基本特性仍然很有帮助。

---

①　随着后面讲解晶体管的工作原理,将端子称为发射极和集电极的原因将会变得清晰。基极指原始晶体管的结构。

5.1.2　NPN 型晶体管：正向放大工作模式

由于晶体管有两个 PN 结，就可能有四种偏置组合方式，具体取决于每个 PN 结是正向偏置还是反向偏置。例如，如果晶体管用作放大器件，则发射结（B-E）正向偏置，而集电结（B-C）反向偏置，这种结构称为正向放大工作模式，或简称为放大区。采用这种偏置的原因将在分析晶体管的工作原理和应用电路的特性时进行阐述。

1. 晶体管电流

图 5.3 给出偏置在正向放大模式下的理想 NPN 型双极型晶体管。由于发射结正向偏置，来自发射区的电子穿过发射结，注入基区，在基区产生过剩少数载流子浓度。由于集电结反向偏置，位于结边缘的电子浓度接近为零。

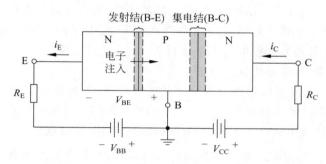

图 5.3　偏置在正向放大模式的 NPN 型双极型晶体管；发射结正向偏置，集电结反向偏置

由于基区非常窄，在理想情况下，注入的电子将不会和基区的多子空穴发生复合。此时，基区中的电子随距离的分布是一条直线，如图 5.4 所示。由于这个较大的浓度梯度，由发射区注入或发射的电子通过基区扩散，在电场力的作用下穿过集电结空间电荷区，被集电区收集而形成集电极电流。而如果在基区有一些载流子产生了复合，如图所示，电子的浓度

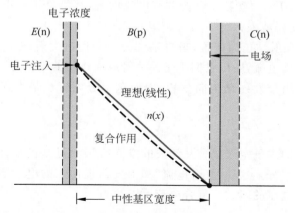

图 5.4　偏置在正向放大模式的 NPN 型双极型晶体管穿越基区的少子电子浓度。对于理想晶体管（没有载流子复合），少数载流子浓度是距离的线性函数；对于实际器件（有载流子复合），少数载流子浓度是距离的非线性函数

将偏离理想的线性曲线。为了尽量减小复合的影响,中性基区的宽度与少子的扩散长度相比,必须较小。

发射极电流:由于发射结为正向偏置,通过这个 PN 结的电流预期为发射结电压的指数函数,就像之前通过 PN 结的电流是二极管正向偏置电压的指数函数。于是发射极的电流可以写为

$$i_E = I_{EO}\left[e^{v_{BE}/V_T} - 1\right] \approx I_{EO} e^{v_{BE}/V_T} \tag{5.1}$$

由于在大多数情况下 $v_{BE} > V_T$[①],其中忽略了(−1)项的近似是合理的,参数 V_T 为通常意义下的热电压。如第 1 章分析理想二极管方程时所讨论,假设发射系数 n 和 V_T 相乘的值为 1。带负电荷的电子流动方向为从发射极到基极,它与传统的电流方向相反。因此,传统的发射极电流方向为从发射极流出。

将假设二极管方程中的理想系数 n 为 1。(见第 1 章)

乘积因子 I_{EO} 包含了 PN 结的电气参数,除此之外,它还直接与发射结的有效截面积成正比。因此,如果两个晶体管相同,而其中一个的面积是另一个的两倍,那么加相同的发射结电压时,两个晶体管的发射极电流将相差两倍。I_{EO} 的典型值在 $10^{-12} \sim 10^{-16}$ A 之间,对于某些特殊的晶体管,可能超出这一范围。

集电极电流:由于发射区的掺杂浓度比基区大得多,发射极电流的主体部分由注入到基区的电子引起。到达集电极的这些注入电子的数量是集电极电流的主要组成部分。

单位时间内到达集电极的电子数量和注入基区的电子数量成正比,而注入基区的电子数量又是发射结电压的函数。通过初步的近似可以得到,集电极电流和 e^{v_{BE}/V_T} 成正比,与 B-C 间的反向偏置电压无关。因此,这样的器件看起来像一个恒流源。集电极电流受控于发射结电压;也就是说,一个端子(集电极)的电流受控于另外两个端子之间的电压。这种控制就是晶体管的基本作用。集电极电流可以写为

$$i_C = I_S e^{v_{BE}/V_T} \tag{5.2}$$

下面将会证明集电极电流略小于发射极电流。发射极和集电极电流之间的关系为 $i_C = \alpha i_E$,还可以写为 $I_S = \alpha I_{EO}$。参数 α 称为共基电流增益,其值总是略小于 1。随着本章的学习,名字的由来将会变得清晰。

基极电流:由于发射结正向偏置,来自基区的空穴通过发射结注入发射区。而由于这些空穴并不贡献集电极电流,所以它们不是晶体管放大作用的一部分。相反,空穴流构成了基极电流的一部分。由于发射结正向偏置,因而这部分电流也是发射结电压的指数函数。基极电流可以写为

$$i_{B1} \propto e^{v_{BE}/V_T} \tag{5.3a}$$

少量电子和基区的多子空穴复合。消失的空穴必须通过基极来补充,这些空穴的流动构成基极电流的另一部分。这种"复合电流"和由发射极注入的电子数量直接成正比,而电子的数量也是发射结电压的函数。复合电流可以写为

$$i_{B2} \propto e^{v_{BE}/V_T} \tag{5.3b}$$

---

① 带双下标的电压符号 v_{BE} 表示 B(基极)和 E(发射极)之间的电压。符号中隐含的意思是第一个下标(基极)相对于第二个下标(发射极)为正。

总的基极电流是式(5.3a)和式(5.3b)所表示的两部分电流之和,即

$$i_B \propto e^{v_{BE}/V_T} \tag{5.4}$$

图 5.5 给出 NPN 型双极型晶体管中电子和空穴的流动以及各个端子的电流[1]。(提示:传统的电流方向和带正电荷的空穴流的方向相同,而和带负电荷的电子流的方向相反。)

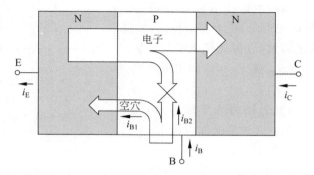

图 5.5　偏置在正向放大模式的 NPN 型双极型晶体管中的电子和空穴流。发射极、基极和集电极电流都和 e^{v_{BE}/V_T} 成比例

如果 N 型发射区中的电子浓度远大于 P 型基区中的空穴浓度,那么注入基区的电子数量将远大于注入发射区的空穴的数量。这意味着基极电流的 i_{B1} 部分将远小于集电极电流。此外,如果基区很窄,那么基区中复合的电子数量将很少,于是基极电流的 i_{B2} 部分也将远小于集电极电流。

2. 共射电流增益

在晶体管中,电子的流动速度以及所产生的集电极电流和基极电流,都是发射结电压的指数函数。这意味着集电极电流和基极电流是线性相关的,可以写为

$$\frac{i_C}{i_B} = \beta \tag{5.5}$$

即

$$i_B = I_{BO} e^{v_{BE}/V_T} = \frac{i_C}{\beta} = \frac{I_S}{\beta} e^{v_{BE}/V_T} \tag{5.6}$$

其中,参数 β 为共射电流增益[2],它是双极型晶体管的一个关键参数。在理想情况下,对于任何给定的晶体管,β 为恒定值。β 值的范围通常为 $50 < \beta < 300$,但对于特殊的器件,它可能更大或更小。

β 值在很大程度上取决于晶体管的制造技术和加工精度。因此,不同种类的晶体管之间或给定类型的不同晶体管之间,比如分立元件 2N2222,β 值都将不同。在所有的例题和

---

[1]　对双极型晶体管的更深入的物理研究表明,除了刚才提及的,还存在其他的电流成分。而这些额外的电流并不改变晶体管的基本性质,可以忽略不计。

[2]　由于考虑晶体管偏置于正向放大模式,常常把共基电流增益和共射电流增益分别表示为 α_F 和 β_F,为了简化符号,将这些参数简单定义为 α 和 β。

习题中,通常假设 β 为常数。然而,认识到 β 值的大小会发生变化是很重要的。

图 5.6 给出位于电路中的一个 NPN 型双极型晶体管。由于发射极是公共连接点,所以这个电路称为共发射极结构。当晶体管偏置在正向放大模式时,发射结正向偏置而集电结反向偏置。利用 PN 结的折线化模型,假设发射结电压为 V_{BE}(on),即 PN 结的开启电压。由于 $V_{CC} = v_{CE} + i_C R_C$,电源电压必须足够大,以保证集电结反向偏置。基极电流由 V_{BB} 和 R_B 建立,相应的集电极电流为 $i_C = \beta i_B$。

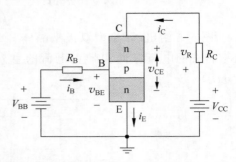

图 5.6 共发射极结构电路中的 NPN 型晶体管。给出晶体管偏置在正向放大模式时的电流方向和电压极性

如果令 $V_{BB} = 0$,则发射结将为零偏置,因而 $i_B = 0$,也就意味着 $i_C = 0$。这种情况称为截止。

3. 电流关系

如果将双极型晶体管看作单个节点,则根据基尔霍夫电流定律,有

$$i_E = i_C + i_B \tag{5.7}$$

如果晶体管偏置在正向放大模式,则

$$i_C = \beta i_B \tag{5.8}$$

将式(5.8)代入式(5.7),可得发射极电流和基极电流之间的关系为

$$i_E = (1 + \beta) i_B \tag{5.9}$$

由式(5.8)求解 i_B,代入式(5.9),可得集电极电流和发射极电流之间的关系为

$$i_C = \left(\frac{\beta}{1 + \beta}\right) i_E \tag{5.10}$$

可以写成 $i_C = \alpha i_E$,于是

$$\alpha = \frac{\beta}{1 + \beta} \tag{5.11}$$

参数 α 称为共基电流增益,它通常略小于 1。可以看到,如果 $\beta = 100$,则 $\alpha = 0.99$,所以 α 确实很接近于 1。根据式(5.11),可以用共基电流增益来表示共射电流增益

$$\beta = \frac{\alpha}{1 - \alpha} \tag{5.12}$$

4. 晶体管工作原理小结

前面介绍了偏置在正向放大区的 NPN 型双极型晶体管的一阶工作模型。B-E 间的正向偏置电压 v_{BE} 产生了和它指数相关的由发射极流向基极的电子流,这些电子流扩散穿过基区并在集电区被收集。只要集电结反向偏置,集电极电流 i_C 就和 B-C 间电压无关,于是此时集电极表现为理想的电流源。集电极电流是发射极电流的 α 倍,基极电流是集电极电流的 $1/\beta$ 倍。如果 $\beta \gg 1$,则 $\alpha \approx 1$,且 $i_C \approx i_E$。

例题 5.1 给定基极电流和电流增益,计算集电极和发射极电流。假设共射电流增益 $\beta = 150$,基极电流 $i_B = 15\mu A$。同时,假设晶体管偏置在正向放大模式。

解：集电极和基极电流之间的关系为

$$i_C = \beta i_B = (150)(15\mu A) \Rightarrow 2.25mA$$

由发射极和基极电流之间的关系可得

$$i_E = (1+\beta)i_B = (151)(15\mu A) \Rightarrow 2.27mA$$

由式(5.11)，共基电流增益为

$$\alpha = \frac{\beta}{1+\beta} = \frac{150}{151} = 0.9934$$

点评：对于合理的 β 值，集电极和发射极电流几乎相等，且共基电流增益接近为 1。

练习题 5.1 一个 NPN 型晶体管偏置在正向放大区。基极电流 $I_B = 8.50\mu A$，发射极电流 $I_E = 1.20mA$。求解 β、α 和 I_C。

答案：$\beta = 140.2, \alpha = 0.9929, I_C = 1.1915mA$。

5.1.3 PNP型晶体管：正向放大工作模式

前面已经讨论了 NPN 型双极型晶体管的基本工作原理。与它互补的器件是 PNP 型晶体管。图 5.7 给出偏置在正向放大模式的 PNP 型晶体管中的空穴和电子流。由于发射结正向偏置，P 型的发射区相对于 N 型的基区为正，空穴从发射区流入基区，然后通过基区扩散到集电区。空穴的流动产生集电极电流。

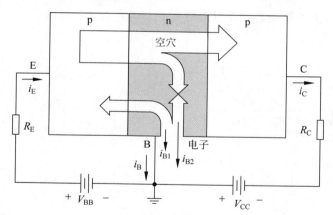

图 5.7 偏置在正向放大模式的 PNP 型双极型晶体管中的空穴和电子流。

发射极、基极以及集电极电流都和 e^{v_{EB}/V_T} 成正比

同样，由于发射结正向偏置，发射极电流是发射结电压的指数函数。注意发射极电流的方向和 B-E 间正向偏置电压的极性，可以写出

$$i_E = I_{EO} e^{v_{EB}/V_T} \tag{5.13}$$

其中，v_{EB} 为发射极和基极之间的电压，默认为发射极相对于基极为正。再次假设理想二极管方程中的 -1 项可以忽略。

集电极电流是 E-B 间电压的指数函数，其方向为流出集电极，它和 NPN 器件相反。可以写为

$$i_C = \alpha i_E = I_S e^{v_{EB}/V_T} \tag{5.14}$$

其中,α 为共基电流增益。

PNP 器件中的基极电流也是两部分之和:第一部分为 i_{B1},它来自于正向偏置发射结中从基区流向发射区的电子流,于是可以写为 $i_{B1} \propto \exp(v_{BE}/V_T)$。第二部分为 i_{B2},它来自于由基区提供的电子流,它们用来替代从发射区注入基区后与少子空穴复合掉的电子。这部分电流和注入基区的空穴数量成比例,有 $i_{B2} \propto \exp(v_{BE}/V_T)$。因此,总的基极电流为 $i_B = i_{B1}+i_{B2} \propto \exp(v_{BE}/V_T)$。基极电流的方向为从基极流出。由于 PNP 型晶体管中总的基极电流是 E-B 间电压的指数函数,可以写出

$$i_B = I_{BO} e^{v_{EB}/V_T} = \frac{i_C}{\beta} = \frac{I_S}{\beta} e^{v_{EB}/V_T} \tag{5.15}$$

其中,参数 β 同样是 PNP 型双极型晶体管的共射电流增益。

PNP 型晶体管的各端子电流之间的关系和 NPN 型晶体管的情况完全相同,下一节的表 5.1 将进行小结。同时,β 和 α 之间的关系也与式(5.11)及式(5.12)所给出的相同。

5.1.4 电路符号及规范

NPN 型双极型晶体管的框图和传统电路符号如图 5.8(a)和图 5.8(b)所示。电路符号中的箭头始终位于发射极,它表示发射极电流的方向。对于 NPN 器件,这个电流的方向为从发射极流出。PNP 型双极型晶体管的简化框图和传统电路符号如图 5.9(a)和图 5.9(b)所示。其中,发射极上的箭头表示发射极电流的方向为从发射极流入。

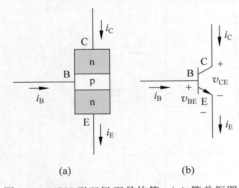

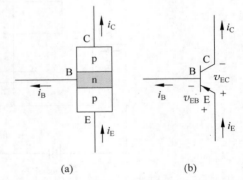

图 5.8 NPN 型双极型晶体管:(a) 简单框图;(b) 电路符号。箭头位于发射极,表示发射极电流的方向(对于 NPN 器件,电流方向为从发射极流出)

图 5.9 PNP 型双极型晶体管:(a) 简单框图;(b) 电路符号。箭头位于发射极,表示发射极电流的方向(对于 PNP 器件,电流方向为从发射极流入)

参考图 5.8(b)和图 5.9(b)中的 NPN 和 PNP 型晶体管的电路符号以及所给出的电流方向和电压极性,可以总结出表 5.1 所示的电流-电压关系。

图 5.10(a)给出由 NPN 型晶体管组成的一个共射电路。图中包含晶体管电流、发射结(B-E)和集电极-发射极(C-E)电压。图 5.10(b)给出由 PNP 型双极型晶体管组成的共射电路。注意两个电路中电流方向和电压极性的不同。图 5.10(c)则给出 PNP 型晶体管构成的一种更为常用的电路,这个电路允许使用正电源。

表 5.1　工作在放大区的双极型电流-电压关系小结

NPN	PNP
$i_C = I_S e^{v_{BE}/V_T}$	$i_C = I_S e^{v_{EB}/V_T}$
$i_E = \dfrac{i_C}{\alpha} = \dfrac{I_S}{\alpha} e^{v_{BE}/V_T}$	$i_E = \dfrac{i_C}{\alpha} = \dfrac{I_S}{\alpha} e^{v_{EB}/V_T}$
$i_B = \dfrac{i_C}{\beta} = \dfrac{I_S}{\beta} e^{v_{BE}/V_T}$	$i_B = \dfrac{i_C}{\beta} = \dfrac{I_S}{\beta} e^{v_{EB}/V_T}$
适用于两种晶体管	
$i_E = i_C + i_B$	$i_C = \beta i_B$
$i_E = (1+\beta) i_B$	$i_C = \alpha i_E = \left(\dfrac{\beta}{1+\beta}\right) i_E$
$\alpha = \dfrac{\beta}{1+\beta}$	$\beta = \dfrac{\alpha}{1-\alpha}$

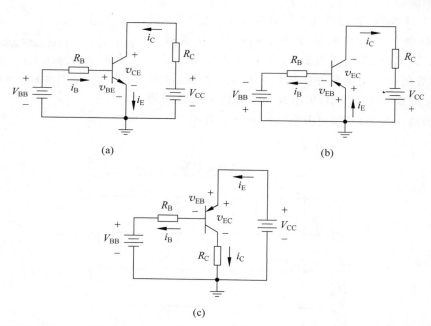

图 5.10　共射电路：(a) NPN 型晶体管；(b) PNP 型晶体管；(c) 带正电压源偏置的 PNP 型晶体管

理解测试题 5.1　①两个晶体管的共射电流增益为 $\beta = 60$ 和 $\beta = 150$，求解相应的共基电流增益。②两个晶体管的共基电流增益为 $\alpha = 0.9820$ 和 $\alpha = 0.9925$，求解相应的共射电流增益。

答案：①$\alpha = 0.9836$，$\alpha = 0.9934$；②$\beta = 54.6$，$\beta = 132.3$。

理解测试题 5.2　NPN 型晶体管偏置在正向放大模式，基极电流 $I_B = 5.0\mu A$，集电极电流 $I_C = 0.62mA$。求解 I_E、β 和 α。

答案：$I_E = 0.625mA$，$\beta = 124$，$\alpha = 0.992$。

理解测试题 5.3　PNP 型晶体管偏置在正向放大模式，发射极电流 $I_E = 1.20mA$。晶体管的共基电流增益 $\alpha = 0.9915$。求解 β、I_B 和 I_C。

答案：$\beta=117,I_B=10.2\mu A,I_C=1.19mA$。

5.1.5 电流-电压特性

图 5.11(a)和图 5.11(b)分别为 NPN 和 PNP 型双极型晶体管的共基电路结构。电流源提供发射极电流。如前所述,当集电结反向偏置时,集电极电流 i_C 几乎和 C-B 间电压无关。当集电结为正向偏置时,晶体管不再处于正向放大模式,集电极和发射极电流不再满足 $i_C=\alpha i_E$。

图 5.12 给出典型的共基电流-电压特性。当集电极-基极 PN 结反向偏置时,对于恒定的发射极电流,集电极电流的值几乎等于 i_E。这些特性表明共基器件近似为一个理想的恒流源。

如图 5.11 所示,通过改变 V^+ 电压或 V^- 电压,可以改变 C-B 间电压。当集电结变为正向偏置,且偏置在 $0.2\sim0.3V$ 之间时,集电极电流 i_C 仍然基本上等于 i_E。此时,晶体管仍基本上偏置在正向放大模式。然而,随着 C-B 间正向偏置电压的增加,集电极和发射极电流之间的关系不再为线性关系,且集电极电流迅速下降为零。

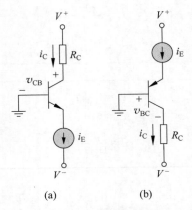

图 5.11 带恒流源偏置的共基电路结构:(a) NPN 型晶体管;(b) PNP 型晶体管

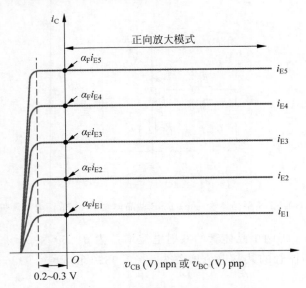

图 5.12 共基电路的晶体管电流-电压特性

共射电路结构给出一组略有不同的电流-电压特性,如图 5.13 所示。在这些曲线中,针对不同的基极电流,画出了集电极电流随集电极-发射极间电压的变化关系。这些曲线由图 5.10 所示的共射电路产生。在该电路中,V_{BB} 电压源给发射结提供正向偏置,并控制基极电流 i_B。通过改变 V_{CC},可以改变 C-E 间电压。

在 NPN 器件中,为了使晶体管偏置在正向放大模式,集电结必须为零偏或反偏,这意

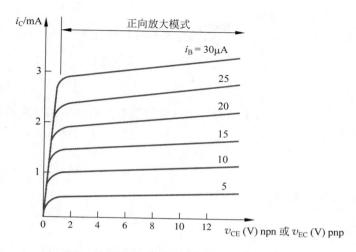

图 5.13　共射电路的晶体管电流-电压特性

味着 V_{CE} 必须大于约 $V_{BE}(on)$[①]。当 $V_{CE} > V_{BE}(on)$ 时,曲线存在有限斜率。而如果 $V_{CE} < V_{BE}(on)$,则集电结变为正向偏置,晶体管不再处于正向放大模式,集电极电流将迅速下降为零。

图 5.14 给出在一组恒定的发射结电压下,电流-电压特性的夸张视图。在正向放大模式下,图中的曲线相对于 C-E 间电压在理论上是线性的。这些特性曲线中的斜率是由于一种称为基区宽度调制的效应。这种效应由 J. M. Early 首先进行分析,通常将这种现象称为厄尔利效应。当曲线被反相延长到零电流点时,它们交于负电压轴上的一点 $v_{CE} = -V_A$。电压 V_A 是一个正值,称为厄尔利电压。V_A 的典型值在 $50V < V_A < 300V$ 的范围。对于 PNP 型晶体管,除了电压轴为 v_{EC},也存在相同的效应。

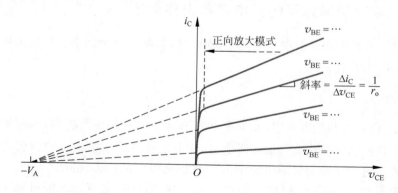

图 5.14　共射电路的电流-电压特性,标示出厄尔利电压和晶体管的有限输出电阻 r_o

在 NPN 型晶体管中,对于给定的 v_{BE} 值,当 v_{CE} 增加时,集电结上的反向偏置电压增加,这意味着 B-C 空间电荷区的宽度也会增加。进而,中性基区的宽度 W(见图 5.4)减小。基区宽度的减小导致少子浓度梯度变大,它使得通过基区的扩散电流增大。于是,集电极电

---

①　如图 5.12 所示,即使当集电结处于正向偏置时,集电极电流基本上等于发射极电流,当集电结为零偏或反偏时,称晶体管偏置在正向放大模式。

流随着 C-E 间电压的增加而增加。

在正向放大模式下，i_C 相对于 v_{CE} 的线性关系可以描述为

$$i_C = I_S (e^{v_{BE}/V_T}) \cdot \left(1 + \frac{v_{CE}}{V_A}\right) \tag{5.16}$$

其中假设 I_S 恒定。

在图 5.14 中，曲线的非零斜率表明从集电极往里看的输出电阻是有限值。这个输出电阻可由下式求得，即

$$\frac{1}{r_o} = \frac{\partial i_C}{\partial v_{CE}}\bigg|_{v_{BE}=常数} \tag{5.17}$$

应用式(5.16)，可以证明

$$r_o \approx \frac{V_A}{I_C} \tag{5.18}$$

其中，I_C 是当 v_{BE} 为常数且 v_{CE} 与 V_A 相比较小时的静态集电极电流。

大多数情况下，i_C 与 v_{CE} 的相关性并不是晶体管电路的直流分析和设计的关键。然而，有限输出电阻 r_o 可能会大大影响这类电路的放大特性，这种影响将在本教材第 6 章进行更为严密的分析。

理解测试题 5.4 在 $I_C=0.8\text{mA}$ 时，双极型晶体管的输出电阻 $r_o=225\text{k}\Omega$。①求解厄尔利电压。②利用①的结果，求解 $I_C=0.08\text{mA}$ 及 $I_C=8\text{mA}$ 时的 r_o。

答案：①$V_A=180\text{V}$；②$r_o=2.25\text{M}\Omega$；$r_o=22.5\text{k}\Omega$。

理解测试题 5.5 假设在 $V_{CE}=1\text{V}$ 时 $I_C=1\text{mA}$，且 V_{BE} 保持恒定。对于①$V_A=75\text{V}$ 和②$V_A=150\text{V}$，求解 $V_{CE}=10\text{V}$ 时的 I_C。

答案：①$I_C=1.12\text{mA}$，②$I_C=1.06\text{mA}$。

5.1.6 非理想晶体管的漏电流和击穿电压

在前面讨论双极型晶体管的电流-电压特性时，忽略了两个问题：反向偏置 PN 结中的漏电流和击穿电压效应。

1. 漏电流

在图 5.11 所示的共基电路中，如果令电流源 $i_E=0$，则晶体管将截止，但是集电结仍为反向偏置。在这些结中存在反向偏置漏电流，这个电流对应于第 1 章中所讲的二极管反向偏置饱和电流。这些反向偏置漏电流的方向和集电极电流的方向相同。I_{CBO} 表示共基结构中的集电极漏电流，它是发射极开路时的集电极-基极漏电流。该漏电流如图 5.15(a)所示。

当基极开路时，在发射极和集电极之间可能存在另一个漏电流。图 5.15(b)所示为基极开路($i_B=0$)的 NPN 型晶体管框图。电流 I_{CBO} 为通常情况下反向偏置集电结中的漏电流。这个电流分量导致基极电位增加，进而使发射结正向偏置，并产生 B-E 电流 I_{CEO}。电流 αI_{CEO} 为常规的由发射极电流 I_{CEO} 引起的集电极电流。可以写为

$$I_{CEO} = \alpha I_{CEO} + I_{CBO} \tag{5.19a}$$

即

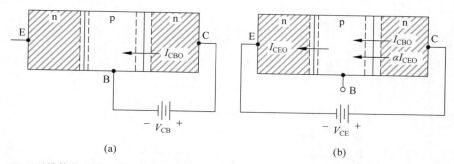

图 5.15　NPN 型晶体管框图：(a) 发射极开路，标示出结漏电流 I_{CBO}；(b) 基极开路，标示出漏电流 I_{CEO}

$$I_{CEO} = \frac{I_{CBO}}{1-\alpha} \approx \beta I_{CBO} \tag{5.19b}$$

上述关系表明基极开路时将产生和射极开路不同的特性。

当晶体管偏置在正向放大模式时，仍然存在各种漏电流。共射电路的电流-电压特性如图 5.16 所示，其中包含了漏电流。例如，可以定义直流 β 即直流共射电流增益为

$$\beta_{dc} = \frac{I_{C2}}{I_{B2}} \tag{5.20}$$

其中，集电极电流 I_{C2} 包含如图所示的漏电流。交流 β 定义为

$$\beta_{ac} = \frac{\Delta I_C}{\Delta I_{B}|_{V_{CE}=常数}} \tag{5.21}$$

β 的这个定义不包含如图所示的漏电流。

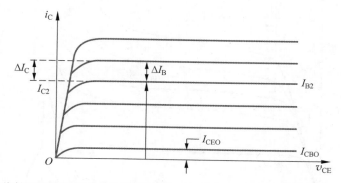

图 5.16　共射电路的晶体管电流-电压特性，包含漏电流。根据这些特性可以求得晶体管的直流 β 和交流 β。假设这一组曲线的厄尔利电压 $V_A = \infty$

如果忽略漏电流，这两个 β 值相等。在本教材余下部分，将假设漏电流可以忽略，且如前面所定义，简单用 β 来表示。

2. 击穿电压：共基特性

图 5.12 所示的共基电流-电压特性是理想特性，未给出击穿情况。图 5.17 给出考虑击穿电压的 i_C-v_{CB} 特性。

考虑 $i_E = 0$（发射极开路）时的曲线。集电结击穿电压表示为 BV_{CBO}。这是一个简化

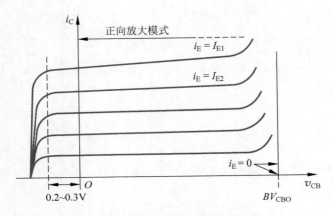

图 5.17 共基 i_C-v_{CB} 特性,标示出集电结击穿

图,图中标示出在 BV_{CBO} 处突然发生击穿的情况。对于 $i_E > 0$ 时的曲线,击穿实际上发生得更早一些,流过 PN 结的载流子在更低的电压时引发雪崩击穿过程。

3. 击穿电压:共射特性

图 5.18 给出 NPN 型晶体管在不同的基极电流下的 i_C-v_{CE} 特性,以及理想的击穿电压 BV_{CEO}。BV_{CEO} 的值比 BV_{CBO} 小,这是因为 BV_{CEO} 包含了晶体管放大作用的影响,而 BV_{CBO} 则没有。在漏电流 I_{CEO} 中也可观察到同样的影响。

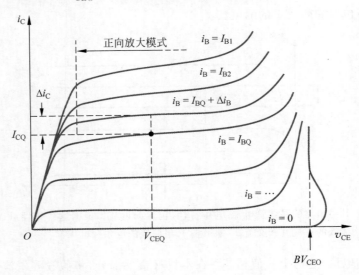

图 5.18 共射电路的特性,标示出击穿效应

两种电路的击穿电压特性也不相同。基极开路的击穿电压由下式给出,

$$BV_{CEO} = \frac{BV_{CBO}}{\sqrt[n]{\beta}} \tag{5.22}$$

其中,n 为经验常数,通常取 3~6。

例题 5.2 计算基极开路连接下的晶体管击穿电压。假设晶体管的电流增益 $\beta = 100$,

集电结的击穿电压 $BV_{CBO}=120V$。

解：如果假设经验常数 $n=3$，则有

$$BV_{CEO}=\frac{BV_{CBO}}{\sqrt[n]{\beta}}=\frac{120}{\sqrt[3]{100}}=25.9V$$

点评：基极开路时的击穿电压远小于集电结的击穿电压。这代表在所有电路设计中都必须考虑的最坏情况。

设计指南：设计者必须清楚电路中使用的具体晶体管的击穿电压，因为它将作为电路中可以使用的直流偏置电压大小的限制因素。

练习题5.2　发射极开路的击穿电压 $BV_{CBO}=200V$，电流增益 $\beta=120$，取经验常数 $n=3$。求解 BV_{CEO}。

答案：40.5V。

如果在发射结上加反向偏置电压，发射结也会产生击穿。结击穿电压随着掺杂浓度的增加而减小。由于发射区的掺杂浓度通常比集电区大得多，发射结的击穿电压通常比集电结的击穿电压小得多。典型的发射结击穿电压值为6～8V。

理解测试题5.6　某晶体管电路所需的最小基极开路击穿电压为 $BV_{CEO}=30V$。如果 $\beta=100$，$n=3$，求解所需的最小 BV_{CBO} 值。

答案：139V。

5.2　晶体管电路的直流分析

目标：理解并熟悉双极型晶体管电路的直流分析和设计方法。

前面已经分析了双极型晶体管的基本特性和性质，现在开始分析和设计双极型晶体管电路的直流偏置。这一章余下部分的主要目的是逐步熟悉和掌握双极型晶体管和晶体管电路。晶体管的直流偏置是本章的核心内容，它是下一章的核心内容双极型放大电路设计的重要部分。

PN结的折线化模型可以用于双极型晶体管电路的直流分析。首先分析共射电路，并介绍该电路的负载线，然后再研究其他双极型晶体管电路的直流分析。由于线性放大电路中的晶体管必须偏置在正向放大模式，本节主要强调晶体管偏置在该模式时的电路分析和设计。

5.2.1　共射电路

一种基本的晶体管电路称为共射电路。图 5.19(a)给出共射电路的一个例子。显然，发射极处于地电位。这种电路结构将会出现在第6章将要讨论的很多放大电路中。

图 5.19(a)给出 NPN 型晶体管共射电路，图 5.19(b)给出其直流等效电路。这里假设发射结正向偏置，所以结压降为开启电压 $V_{BE}(on)$。当晶体管偏置在正向放大模式时，集电极电流表现为受控电流源，它是基极电流的函数。此时忽略反偏结的漏电流和厄尔利电压效应。在以下电路中，将考虑直流电流和电压，所以将使用这些参数的直流符号。

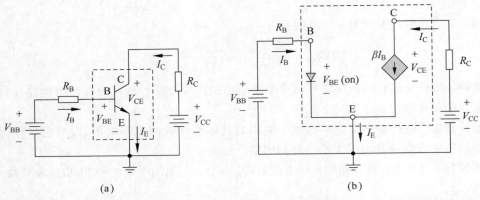

图 5.19　（a）NPN 型晶体管共射电路；（b）直流等效电路。虚线框内为晶体管的折线化参数等效电路

基极电流为

$$I_B = \frac{V_{BB} - V_{BE(on)}}{R_B} \qquad (5.23)$$

式(5.23)隐含表示 $V_{BB} > V_{BE}(on)$，这意味着 $I_B > 0$。当 $V_{BB} < V_{BE}(on)$ 时，晶体管截止，$I_B = 0$。

在电路的集电极-发射极部分，可以写出

$$I_C = \beta I_B \qquad (5.24)$$

和

$$V_{CC} = I_C R_C + V_{CE} \qquad (5.25a)$$

即

$$V_{CE} = V_{CC} - I_C R_C \qquad (5.25b)$$

在式(5.25(b))中，也隐含假设 $V_{CE} > V_{BE}(on)$，这意味着集电结反偏，且晶体管偏置在正向放大模式。

观察图 5.19(b)，可以看出，晶体管上的耗散功率为

$$P_T = I_B V_{BE}(on) + I_C V_{CE} \qquad (5.26a)$$

在大多数情况下，$I_C > I_B$ 且 $V_{CE} > V_{BE}(on)$，因此晶体管的耗散功率可以初步近似为

$$P_T \approx I_C V_{CE} \qquad (5.26b)$$

如果晶体管偏置在饱和模式，则此近似不再成立(稍后讨论)。

例题 5.3　计算共射电路的基极、集电极和发射极电流以及 C-E 间电压。计算晶体管的功率损耗。图 5.19(a)所示的电路参数为 $V_{BB} = 4V$，$R_B = 220k\Omega$，$R_C = 2k\Omega$，$V_{CC} = 10V$，$V_{BE}(on) = 0.7V$ 和 $\beta = 200$。图 5.20(a)的电路中，没有明确标出电压源。

解：由图 5.20(b)，可得基极电流为

$$I_B = \frac{V_{BB} - V_{BE}(on)}{R_B} = \frac{4 - 0.7}{220} \Rightarrow 15\mu A$$

集电极电流为

$$I_C = \beta I_B = 200 \times 15\mu A \Rightarrow 3mA$$

发射极电流为

$$I_E = (1 + \beta) \cdot I_B = 201 \times 15\mu A \Rightarrow 3.02mA$$

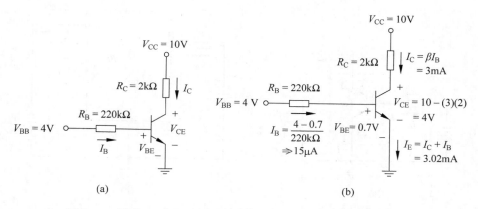

图 5.20　例题 5.3 的电路：(a)电路；(b)标出电流和电压值的电路

由式(5.25(b))，集电极-发射极间电压为

$$V_{CE} = V_{CC} - I_C R_C = 10 - 3 \times 2 = 4V$$

晶体管上的功耗为

$$P_T = I_B V_{BE}(on) + I_C V_{CE} = 0.015 \times 0.7 + 3 \times 4 \approx I_C V_{CE}$$

即

$$P_T \approx 12mW$$

点评：由于 $V_{BB} > V_{BE}(on)$ 且 $V_{CE} > V_{BE}(on)$，晶体管确实偏置在正向放大模式。需要注意的是，在实际电路中，发射结上的电压可能和折线化近似中的假设不同，并不是准确的 0.7V。这可能导致电流和电压的计算值与测量值之间存在微小误差。还需要注意的是，如果求出 I_E 和 I_C 之间的差值，也就是基极电流，可得 $I_B = 20\mu A$ 而不是 $15\mu A$。这个差异是由发射极电流的舍入误差引起的。

练习题 5.3　图 5.20(a)中的电路元件改为 $V_{CC} = 3.3V, V_{BB} = 2V, R_C = 3.2k\Omega, R_B = 430k\Omega$。晶体管的参数为 $\beta = 150$ 和 $V_{BE} = 0.7V$。计算 I_B、I_C、V_{CE} 以及晶体管中的功率损耗。

答案：$I_B = 3.02\mu A, I_C = 0.453mA, V_{CE} = 1.85V, P = 0.838mW$。

图 5.21(a)给出 PNP 型双极型晶体管共射电路，图 5.21(b)给出直流等效电路。在这个电路中，发射极处于地电位，这意味着电源电压 V_{BB} 和 V_{CC} 的极性必须和 NPN 电路的相反。分析过程与前面的完全相同，可以写出

$$I_B = \frac{V_{BB} - V_{EB}(on)}{R_B} \tag{5.27}$$

$$I_C = \beta I_B \tag{5.28}$$

和

$$V_{EC} = V_{CC} - I_C R_C \tag{5.29}$$

可以看出，如果正确定义电流方向和电压极性，则共射电路中 PNP 型双极型晶体管的式(5.27)、式(5.28)以及式(5.29)，和 NPN 型双极型晶体管的式(5.23)、式(5.24)以及式(5.25b)完全相同。

在很多情况下，电路中的 PNP 型双极型晶体管将被重新放置，以便可以使用正电源而

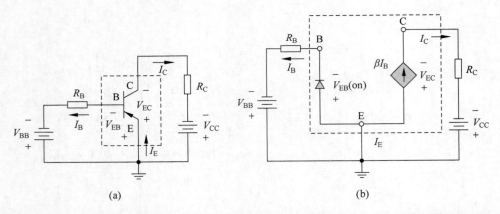

图 5.21　（a）PNP 型晶体管共射电路；（b）直流等效电路。图中虚线框内为晶体管的折线化参数等效电路

不是负电源。在下面的例题中将会看到这一点。

例题 5.4　分析 PNP 型晶体管共射电路。图 5.22(a)所示电路的参数为 $V_{BB}=1.5\text{V}$，$R_B=580\text{k}\Omega$，$V^+=5\text{V}$，$V_{EB}(\text{on})=0.6\text{V}$ 和 $\beta=100$。求解 I_B、I_C、I_E 和 R_C，使得 $V_{EC}=\left(\dfrac{1}{2}\right)\text{V}^+$。

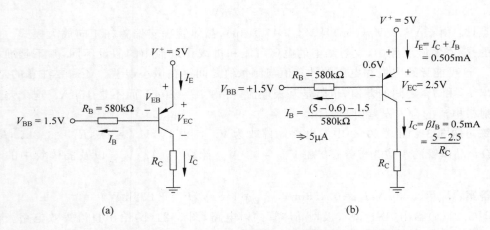

图 5.22　例题 5.4 的电路：(a)电路；(b)出电流和电压值的电路

解：写出 E-B 回路的基尔霍夫电压方程，可以求得基极电流为

$$I_B=\frac{V^+-V_{EB}(\text{on})-V_{BB}}{R_B}=\frac{5-0.6-1.5}{580}\Rightarrow 5\mu\text{A}$$

集电极电流为

$$I_C=\beta I_B=100\times 5\mu\text{A}\Rightarrow 0.5\text{mA}$$

发射极电流为

$$I_E=(1+\beta)I_B=101\times 5\mu\text{A}\Rightarrow 0.505\text{mA}$$

C-E 间电压为 $V_{EC}=\dfrac{1}{2}V^+=2.5\text{V}$ 时，R_C 为

$$R_C = \frac{V^+ - V_{EC}}{I_C} = \frac{5 - 2.5}{0.5} = 5\text{k}\Omega$$

点评：在这个例子中，电压 V^+ 和 V_{BB} 之差大于晶体管的开启电压，即 $(V^+ - V_{BB}) > V_{EB}(\text{on})$。同时，由于 $V_{EC} > V_{EB}(\text{on})$，PNP 型双极型晶体管偏置在正向放大模式。

讨论：在这个例子中，发射结开启电压取 $V_{EB}(\text{on}) = 0.6\text{V}$，而之前使用的开启电压值为 0.7V。必须牢记，开启电压只是一个近似值，实际的发射结电压将取决于所使用的晶体管类型和电流的大小。在大多数情况下，选择 0.6V 或者 0.7V 的差异很小。然而，大多数人习惯使用 0.7V 这个值。

练习题 5.4　图 5.22(a)所示电路的参数为 $V^+ = 3.3\text{V}$，$V_{BB} = 1.2\text{V}$ 和 $R_B = 400\text{k}\Omega$，$R_C = 5.25\text{k}\Omega$。晶体管的参数为 $\beta = 80$，$V_{EB}(\text{on}) = 0.7\text{V}$。求解 I_B、I_C 和 V_{EC}。

答案：$I_B = 3.5\mu\text{A}$，$I_C = 0.28\text{mA}$，$V_{EC} = 1.83\text{V}$。

如图 5.19(b)和图 5.21(b)给出的直流等效电路，在晶体管电路的初始分析中很有用。而从现在开始，将不再明确地画出这个等效电路，而只是简单利用图 5.20 和图 5.22 中的晶体管电路符号来分析直流电路。

计算机分析题 5.1　①利用 PSpice 分析，验证例题 5.3 的结果。使用标准晶体管。②对于 $R_B = 180\text{k}\Omega$，重复以上的分析过程。③对于 $R_B = 260\text{k}\Omega$，重复以上的分析过程。对于电阻 R_B 限制基极电流，有什么结论？

5.2.2　负载线和工作模式

负载线有助于使晶体管电路的特性可视化。对于图 5.20(a)所示的共射电路，可以对电路的 B-E 和 C-E 两部分应用图解法。图 5.23(a)给出发射结的折线化特性和输入负载线。输入负载线可由 B-E 回路的基尔霍夫电压方程求得，写为

$$I_B = \frac{V_{BB}}{R_B} - \frac{V_{BE}}{R_B} \tag{5.30}$$

当 V_{BB} 和 R_B 中的一个或两个都发生变化时，负载线和静态基极电流发生变化。图 5.23(a)给出的负载线和第 1 章中所给出的二极管电路的负载线基本上相同。

对于图 5.20(a)所示电路的 C-E 部分，通过写出 C-E 回路的基尔霍夫电压方程可以求得电路负载线。可得

$$V_{CE} = V_{CC} - I_C R_C \tag{5.31a}$$

还可以写为下面的形式，即

$$I_C = \frac{V_{CC}}{R_C} - \frac{V_{CE}}{R_C} = 5 - \frac{V_{CE}}{2}\text{mA} \tag{5.31b}$$

式(5.31b)为负载线方程，给出集电极电流和集电极-发射极间电压之间的线性关系。由于考虑的是晶体管电路的直流分析，这个关系表示直流负载线。交流负载线将在下一章进行介绍。

图 5.23(b)给出例题 5.3 的晶体管特性，在晶体管特性上叠加了负载线。通过令 $I_C = 0$，得出 $V_{CE} = V_{CC} = 10\text{V}$；令 $V_{CE} = 0$，得出 $I_C = V_{CC}/R_C = 5\text{mA}$，即可得到负载线的两个端点。

晶体管的静态工作点，或 Q 点，由集电极直流电流和集电极-发射极间电压给出。Q 点

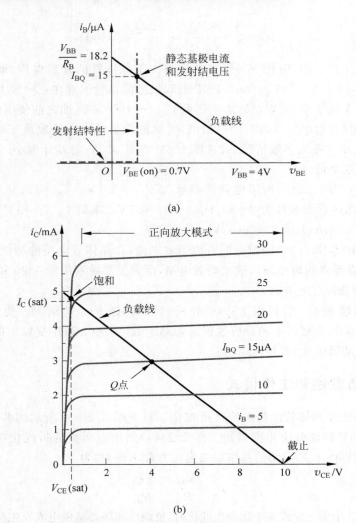

图 5.23 （a）发射结折线化 i-v 特性和输入负载线；（b）例题 5.3(图 5.20)所示电路的
共射晶体管特性和集电极-发射极负载线，标出 Q 点

是负载线和合适基极电流下的 I_C-V_{CE} 曲线的交点。Q 点也是两个表达式的公共解。负载线有助于晶体管偏置点的可视化。图中所示为例题 5.3 晶体管的 Q 点。

如前所述，如果基极电路的电源电压小于开启电压，则 $V_{BB} < V_{BE}(on)$，$I_B = I_C = 0$，晶体管处于截止模式。在此模式下，若忽略漏电流，晶体管所有的电流均为零。对于图 5.20(a)所示的电路，$V_{CE} = V_{CC} = 10V$。

随着 V_{BB} 的增加($V_{BB} > V_{BE}(on)$)，基极电流 I_B 增加，且 Q 点沿着负载线上移。当 I_B 继续增加时，达到一点，此时集电极电流 I_C 不再增加。在该点，晶体管偏置于饱和模式；也即晶体管处于饱和区。集电结变为正向偏置，集电极和基极电流之间的关系不再为线性。饱和区的晶体管 C-E 间电压 $V_{CE}(sat)$ 小于发射结的开启电压。正向偏置的集电结电压总是小于正向偏置的发射结电压，因此处于饱和区的 C-E 间电压是一个较小的正值。$V_{CE}(sat)$ 的典型值为 $0.1 \sim 0.3V$。

例题 5.5 计算晶体管进入饱和区时电路中的电流和电压。图 5.24 所示的电路中，晶

体管的参数为 $\beta=100$ 和 $V_{BE}(\text{on})=0.7\text{V}$。当晶体管偏置在饱和区时，假设 $V_{CE}(\text{sat})=0.2\text{V}$。

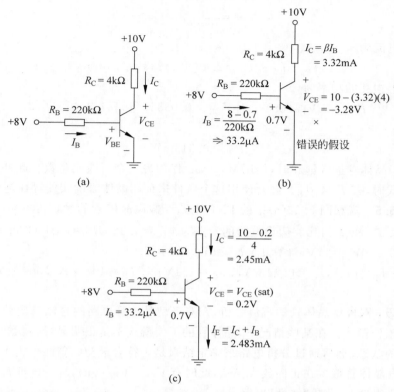

图 5.24　例题 5.5 的电路：（a）电路；（b）标出电流和电压值的电路，假设晶体管偏置
　　　　在正向放大模式（错误的假设）；（c）标出电流和电压值的电路，假设晶体管偏
　　　　置在饱和模式（正确的假设）

解：由于 R_B 的输入端加了 $+8\text{V}$ 的电压，发射结必然正向偏置，所以晶体管开启。基极电流为

$$I_B=\frac{V_{BB}-V_{BE}(\text{on})}{R_B}=\frac{8-0.7}{220}\Rightarrow33.2\mu\text{A}$$

如果先假设晶体管偏置在放大区，那么集电极电流为

$$I_C=\beta I_B=100\times33.2\mu\text{A}\Rightarrow3.32\text{mA}$$

于是，集电极-发射极间电压为

$$V_{CE}=V_{CC}-I_CR_C=10-3.32\times4=-3.28\text{V}$$

然而，图 5.24(a)所示的共射电路中，NPN 型晶体管的集电极-发射极间电压不可能为负值。因此，前面关于晶体管偏置在正向放大模式的假设是不正确的。相反，晶体管必定偏置在饱和模式。

根据"目标"中的陈述，令 $V_{CE}(\text{sat})=0.2\text{V}$。则集电极电流为

$$I_C=I_C(\text{sat})=\frac{V_{CC}-V_{CE}(\text{sat})}{R_C}=\frac{10-0.2}{4}=2.45\text{mA}$$

假设发射结电压仍为 $V_{BE}(\text{on})=0.7\text{V}$，如前所得，基极电流 $I_B=33.2\mu\text{A}$。如果取集电

极电流和基极电流之比,则有

$$\frac{I_C}{I_B} = \frac{2.45}{0.0332} = 74 < \beta$$

发射极电流为

$$I_E = I_C + I_B = 2.45 + 0.033 = 2.48 \text{mA}$$

晶体管上损耗的功率为

$$P_T = I_B V_{BE}(\text{on}) + I_C V_{CE} = 0.0332 \times 0.7 + 2.45 \times 0.2$$

即

$$P_T = 0.513 \text{mW}$$

点评:当晶体管进入饱和时,使用 $V_{CE}(\text{sat})$ 作为另一个折线化参数。此外,当晶体管偏置在饱和模式时,有 $I_C < \beta I_B$。经常使用这个条件来证明晶体管确实偏置在饱和模式。

练习题 5.5 观察图 5.22(a)中的 PNP 电路。假设晶体管的参数为 $V_{EB}(\text{on}) = 0.7\text{V}$,$V_{EC}(\text{sat}) = 0.2\text{V}$ 和 $\beta = 110$。假设电路的参数为 $V^+ = 3.3\text{V}$,$R_C = 5\text{k}\Omega$ 和 $R_B = 150\text{k}\Omega$。对于①$V_{BB} = 2\text{V}$;②$V_{BB} = 1\text{V}$,计算 I_B、I_C 和 V_{EC}。

答案:①$I_B = 4\mu\text{A}$,$I_C = 0.44\text{mA}$,$V_{EC} = 1.1\text{V}$;②$I_B = 10.7\mu\text{A}$,$I_C = 0.62\text{mA}$,$V_{EC} = 0.2\text{V}$。

解题技巧:双极型晶体管的直流分析,在双极型晶体管电路的直流响应分析中,需要知道晶体管的工作模式。在某些情况下,晶体管的工作模式不是很明显,这就意味着不得不先猜测晶体管的状态,然后通过分析电路来确定结果是否符合最初的猜测。为了这么做,可以

(1) 假设晶体管偏置在正向放大模式,此时有 $V_{BE} = V_{BE}(\text{on})$,$I_B > 0$ 和 $I_C = \beta I_B$。

(2) 在此假设下,分析"线性"电路。

(3) 确定相应的晶体管状态。如果最初假设的参数值和 $V_{CE} > V_{CE}(\text{sat})$ 都成立,则最初的假设是正确的。而如果计算结果表明 $I_B < 0$,则晶体管可能截止;如果计算结果表明 $V_{CE} < 0$,则晶体管可能偏置在饱和模式。

(4) 如果最初的假设被证明不正确,则必须再作新的假设,并再次分析新的"线性"电路。于是必须重复第 3 步。

由于晶体管是偏置在正向放大模式还是饱和模式并不总是很明显,这就需要首先根据经验对晶体管的工作状态作有根据的假设,然后验证之前的假设。这和多二极管电路的分析过程类似。例如,在例题 5.5 中,假设为正向放大模式,然后进行分析,结果表明 $V_{CE} < 0$。但是对于共射结构中的 NPN 型晶体管,V_{CE} 的值不可能为负。因此之前的假设不成立,晶体管偏置在饱和模式。利用例题 5.5 的结果,还可以看出,当晶体管偏置在饱和模式时,I_C 和 I_B 的比值总是小于 β,即

$$I_C / I_B < \beta$$

这个条件对于偏置在饱和模式的 NPN 和 PNP 型晶体管都成立。当双极型晶体管偏置在饱和模式时,还可以定义

$$\frac{I_C}{I_B} \equiv \beta_{\text{Forced}} \tag{5.32}$$

其中,β_{Forced} 称为"强制 β"。于是有 $\beta_{\text{Forced}} < \beta$。

双极型晶体管的另一种工作模式为反向放大模式。在这种模式下,发射结反向偏置,集

电结正向偏置。事实上,此时晶体管工作在倒置状态;也就是说发射极用作集电极,而集电极用作发射极。这种工作模式的讨论将推迟到本教材后续对数字电子电路进行讨论时。

总结一下,NPN 型晶体管的四种工作模式如图 5.25 所示。发射结和集电结电压的四种可能组合确定了晶体管的不同工作模式。如果 $v_{BE}>0$(发射结正向偏置)且 $v_{BC}<0$(集电结反向偏置),则晶体管偏置在正向放大模式;如果两个结都为零偏或反偏,则晶体管截止;如果两个结都为正向偏置,则晶体管偏置在饱和模式;如果发射结反向偏置而集电结正向偏置,则晶体管偏置在反向放大模式。

在晶体管电路的直流分析中使用晶体管折线化参数模型,它对许多应用都管用。另一种晶体管模型称为埃伯斯-莫尔模型(Ebers-Moll model)。这种模型可以用来描述处于各种可能工作模式下的晶体管,并用于 SPICE 计算机仿真程序中。但这里不考虑埃伯斯-莫尔模型。

在下面的理解测试题中,假设 $V_{BE}(on)=0.7V$ 和 $V_{CE}(sat)=0.2V$。

理解测试题 5.7 图 5.26 所示的电路中,假设 $\beta=50$。对于①$V_I=0.2V$ 和②$V_I=3.6V$,求解 V_O、I_B 以及 I_C,并计算这两种情况下晶体管上的功率损耗。

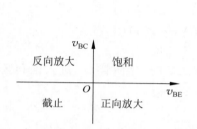

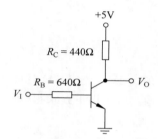

图 5.25　NPN 型晶体管的四种工作
模式的偏置情况

图 5.26　理解测试题 5.7 和理解
测试题 5.8 的电路图

答案:①$I_B=I_C=0$,$V_O=5V$,$P=0$; ②$I_B=4.53mA$,$I_C=10.9mA$,$P=5.35mW$。

理解测试题 5.8 在图 5.26 所示的电路中,令 $\beta=50$,求解使 $V_{BC}=0$ 的 V_I,并计算晶体管上的功率损耗。

答案:$V_I=0.825V$,$P=6.98mW$。

5.2.3　电压传输特性

电压传输特性曲线(输出电压相对于输入电压的变化曲线)也可以使电路的工作状态或晶体管的状态更直观。下面的例题将同时考虑 NPN 和 PNP 型晶体管电路。

例题 5.6 建立图 5.27(a)和图 5.27(b)所示电路的电压传输特性曲线。假设 NPN 型晶体管的参数为 $V_{BE}(on)=0.7V$,$\beta=120$,$V_{CE}(sat)=0.2V$ 和 $V_A=\infty$;PNP 型晶体管的参数为 $V_{EB}(on)=0.7V$,$\beta=80$,$V_{EC}(sat)=0.2V$ 和 $V_A=\infty$。

解(NPN 型晶体管电路):当 $V_I\leqslant0.7V$ 时,晶体管 Q_n 截止,所以 $I_B=I_C=0$。于是,输出电压 $V_O=V^+=5V$。当 $V_I>0.7V$ 时,晶体管 Q_n 开启,且开始工作在正向放大模式。于是有

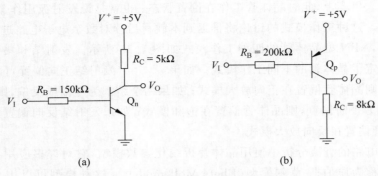

图 5.27　例题 5.6 的电路：(a) NPN 电路；(b) PNP 电路

$$I_B = \frac{V_I - 0.7}{R_B}$$

和

$$I_C = \beta I_B = \frac{\beta(V_I - 0.7)}{R_B}$$

由此

$$V_O = 5 - I_C R_C = 5 - \frac{\beta(V_I - 0.7)R_C}{R_B}$$

该等式在 $0.2\text{V} \leqslant V_O \leqslant 5\text{V}$ 时成立。当 $V_O = 0.2\text{V}$ 时，晶体管 Q_n 进入饱和区。当 $V_O = 0.2\text{V}$ 时，输入电压由下式求得，即

$$0.2 = 5 - \frac{120 \times V_I - 0.7 \times 5}{150}$$

可求得 $V_I = 1.9\text{V}$。当 $V_I \geqslant 1.9\text{V}$ 时，晶体管 Q_n 保持偏置在饱和区。电压传输特性曲线如图 5.28(a)所示。

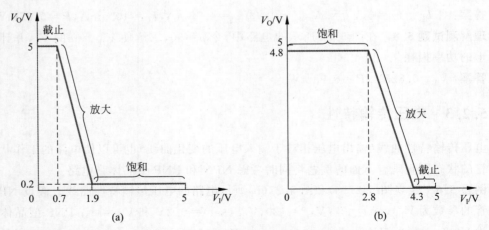

图 5.28　电压传输特性：(a) 图 5.27(a)所示的 NPN 电路；(b) 图 5.27(b)所示的 PNP 电路

　　解(PNP 型晶体管电路)：当 $4.3\text{V} \leqslant V_I \leqslant 5\text{V}$ 时，晶体管 Q_p 截止，所以 $I_B = I_C = 0$。于是，输出电压 $V_O = 0$。当 $V_I < 4.3\text{V}$ 时，晶体管 Q_p 开启并偏置在正向放大模式。可得

$$I_B = \frac{(5-0.7)-V_I}{R_B}$$

和

$$I_C = \beta I_B = \beta \left[\frac{(5-0.7)-V_I}{R_B} \right]$$

于是,输出电压为

$$V_O = I_C R_C = \beta R_C \left[\frac{(5-0.7)-V_I}{R_B} \right]$$

该等式在 $0 \leqslant V_O \leqslant 4.8\text{V}$ 时成立。当 $V_O = 4.8\text{V}$ 时,晶体管 Q_p 进入饱和区。当 $V_O = 4.8\text{V}$ 时,输入电压由下式求得,即

$$4.8 = 80 \times 8 \left[\frac{(5-0.7)-V_I}{200} \right]$$

可求得 $V_I = 2.8\text{V}$。当 $V_I \leqslant 2.8\text{V}$ 时,晶体管 Q_p 保持偏置在饱和模式。电压传输特性曲线如图 5.28(b)所示。

计算机仿真：图 5.29 给出 PSpice 仿真得到的标准晶体管 2N3904 的电压传输特性。从计算机仿真可以观察到的一个结果是,正向放大模式下的输出电压并不完全和人工分析那样是输入电压的线性函数。此外,在计算机分析结果中,当 $V_I = 1.3\text{V}$ 时,发射结电压 $v_{BE} = 0.649\text{V}$,而不是人工分析中所假设的 0.7V。但人工分析给出了一个较好的初步近似。

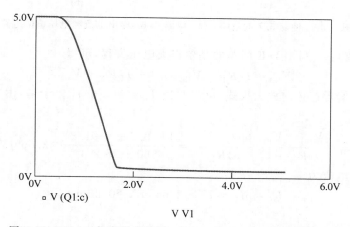

图 5.29 PSpice 仿真得出的图 5.27(a)所示电路的电压传输特性

点评：如这个例题所示,通过求解使晶体管偏置在截止区、正向放大模式或饱和模式的输入电压值范围,就可以得到电压传输特性。

练习题 5.6 图 5.27(a)所示电路的参数改为 $R_B = 200\text{k}\Omega$, $R_C = 4\text{k}\Omega$ 和 $V^+ = 9\text{V}$。晶体管的参数为 $\beta = 100$, $V_{BE}(\text{on}) = 0.7\text{V}$, $V_{CE}(\text{sat}) = 0.2\text{V}$。画出 $0 \leqslant V_I \leqslant 9\text{V}$ 时的电压传输特性曲线。

答案：当 $0 \leqslant V_I \leqslant 0.7\text{V}$ 时,Q_n 截止,$V_O = 9\text{V}$；当 $V_I \geqslant 5.1\text{V}$ 时,Q_n 饱和,$V_O = 0.2\text{V}$。

计算机分析题 5.2 利用 PSpice 仿真,画出图 5.27(b)所示电路的电压传输特性。采用标准晶体管。当晶体管偏置在正向放大区时,v_{EB} 的值是多少?

5.2.4　常用的双极型电路：直流分析

除了图 5.20 和图 5.22 所示的共射电路之外,还有很多其他常用的双极型晶体管电路。本节介绍这些电路的几个例子。BJT 电路在直流分析过程上非常相似,所以不管这些电路的外观如何,都可以使用相同的分析方法。将继续对双极型晶体管电路进行直流分析和设计,以增强熟练程度,可以更自如地处理此类电路。

例题 5.7　计算带发射极电阻的电路特性。在图 5.30(a)所示的电路中,令 $V_{BE}(on) = 0.7V$ 和 $\beta = 75$。注意,该电路同时用正负电源供电。

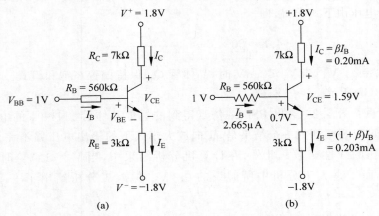

图 5.30　例题 5.7 的电路:(a) 电路;(b) 标出电流和电压值的电路

解(Q 点的值):　写出 B-E 回路的基尔霍夫电压方程,可得

$$V_{BB} = I_B R_B + V_{BE}(on) + I_E R_E + V^- \tag{5.33}$$

假设晶体管偏置在正向放大模式,可以写出 $I_E = (1+\beta)I_B$。于是,由式(5.33)可以求出基极电流为

$$I_B = \frac{V_{BB} - V_{BE}(on) - V^-}{R_B + (1+\beta)R_E} = \frac{1 - 0.7 - (-1.8)}{560 + 76 \times 3} \Rightarrow 2.665\mu A$$

集电极和发射极电流为

$$I_C = \beta I_B = 75 \times 2.665\mu A \Rightarrow 0.20mA$$

和

$$I_E = (1+\beta)I_B = 76 \times 2.665\mu A = 0.203mA$$

由图 5.30(b),集电极-发射极间电压为

$$V_{CE} = V^+ - I_C R_C - I_E R_E - V^- = 1.8 - 0.20 \times 7 - 0.203 \times 3 - (-1.8)$$

即 $V_{CE} = 1.59V$。

解(负载线):　沿着 C-E 回路,再次应用基尔霍夫电压定律。由集电极和发射极电流之间的关系,可以求得

$$V_{CE} = (V^+ - V^-) - I_C \left[R_C + \left(\frac{1+\beta}{\beta} \right) R_E \right]$$

$$= [1.8 - (-1.8)] - I_C \left[7 + \left(\frac{76}{75} \right) (3) \right]$$

即 $V_{CE} = 3.6 - I_C(10.04)$。

负载线和计算得到的 Q 点如图 5.31 所示,图中叠加了几条 $I_C\text{-}V_{CE}$ 晶体管特性曲线。

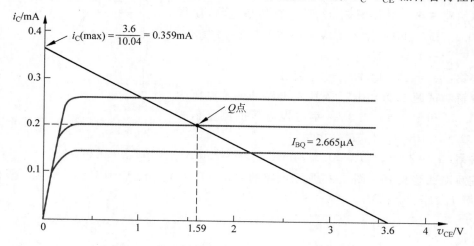

图 5.31　图 5.30 所示例题 5.7 电路的负载线和 Q 点

点评: 由于 C-E 间电压为 1.59V,$V_{CE} > V_{BE}(\text{on})$,正如开始时所假设的,晶体管偏置在正向放大模式。在本章稍后将会看到在电路中包含发射极电阻的好处。

练习题 5.7　图 5.30(a) 所示电路的参数改为 $V^+ = 3.3\text{V}, V^- = -3.3\text{V}, V_{BB} = 0\text{V}$,
$R_B = 640\text{k}\Omega, R_E = 2.4\text{k}\Omega$ 和 $R_C = 10\text{k}\Omega$。晶体管的参数为 $\beta = 80$ 和 $V_{BE}(\text{on}) = 0.7\text{V}$,计算所有晶体管的电流和 V_{CE}。

答案: $I_B = 3.116\mu\text{A}, I_C = 0.249\text{mA}, I_E = 0.252\text{mA}, V_{CE} = 3.51\text{V}$。

例题 5.8　设计图 5.32 所示电路的共基电路,使得 $I_{EQ} = 0.50\text{mA}$ 和 $V_{ECQ} = 4.0\text{V}$。假设晶体管的参数为 $V_{BE}(\text{on}) = 0.7\text{V}$ 和 $\beta = 120$。

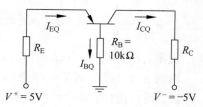

图 5.32　例题 5.8 的共基电路

解: 写出发射结回路的基尔霍夫电压定律方程(假设晶体管偏置在正向放大模式)。有

$$V^+ = I_{EQ}R_E + V_{EB}(\text{on}) + \left(\frac{I_{EQ}}{1+\beta}\right)R_B$$

即

$$5 = (0.5)R_E + 0.7 + \frac{0.5}{121} \times 10$$

可得 $R_E = 8.52\text{k}\Omega$。

可以求出

$$I_{CQ} = \left(\frac{\beta}{1+\beta}\right)I_{EQ} = \frac{120}{121} \times 0.5 = 0.496\text{mA}$$

现在沿着发射极-集电极回路写出基尔霍夫电压定律方程,有
$$V^+ = I_{EQ}R_E + V_{ECQ} + I_{CQ}R_C + V^-$$

即

$$5 = 0.5 \times 8.52 + 4 + (0.496)R_C + (-5)$$

可得 $R_C = 3.51\text{k}\Omega$。

点评：共基电路的电路分析可以按照和之前所有电路一样的方法进行分析。

练习题 5.8 设计图 5.33 所示的共基电路，使得 $I_{EQ} = 0.125\text{mA}$ 和 $V_{ECQ} = 2.2\text{V}$。晶体管的参数为 $\beta = 110$ 和 $V_{EB}(\text{on}) = 0.7\text{V}$。

答案：$R_E = 18.4\text{k}\Omega, R_C = 12.1\text{k}\Omega$。

理解测试题 5.9 图 5.34 所示电路的偏置电压为 $V^+ = 3.3\text{V}$ 和 $V^- = -3.3\text{V}$。集电极电压的测量值为 $V_C = 2.27\text{V}$。求解 I_B、I_C、I_E、β 和 α。

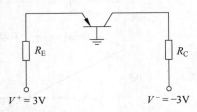

图 5.33 练习题 5.8 的共基电路

答案：$I_B = 2.50\mu\text{A}, I_C = 0.2575\text{mA}, I_E = 0.26\text{mA}, \beta = 103, \alpha = 0.990\,38$。

理解测试题 5.10 图 5.35 所示电路的偏置电压为 $V^+ = 5\text{V}$ 和 $V^- = -5\text{V}$。假设 $\beta = 85$，求解 I_B、I_C、I_E 和 V_{EC}。

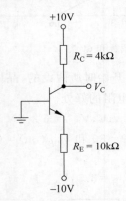

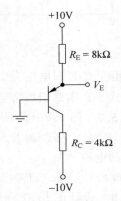

图 5.34 理解测试题 5.9 的电路

图 5.35 理解测试题 5.10 的电路

答案：$I_B = 6.25\mu\text{A}, I_C = 0.531\text{mA}, I_E = 0.5375\text{mA}, V_{EC} = 3.575\text{V}$。

例题 5.9 设计满足一组指标要求的 PNP 型双极型晶体管电路。

(1) 设计指标：待设计的电路结构如图 5.36(a)所示。静态发射极-集电极电压为 $V_{ECQ} = 2.5\text{V}$。

(2) 器件选择：使用容许误差为 $\pm 10\%$ 的分立电阻，射极电阻的标称值为 $R_E = 2\text{k}\Omega$。并可提供参数为 $\beta = 60$ 和 $V_{EB}(\text{on}) = 0.7\text{V}$ 的晶体管。

解(理想的 Q 点值)：写出 C-E 回路的基尔霍夫电压定律方程，可得

$$V^+ = I_{EQ}R_E + V_{ECQ}$$

即

$$5 = I_{EQ}(2) + 2.5$$

可得 $I_{EQ} = 1.25\text{mA}$。集电极电流为

$$I_{CQ} = \left(\frac{\beta}{1+\beta}\right) \cdot I_{EQ} = \frac{60}{61} \times 1.25 = 1.23\text{mA}$$

基极电流为

$$I_{BQ} = \frac{I_{EQ}}{1+\beta} = \frac{1.25}{61} = 0.0205\text{mA}$$

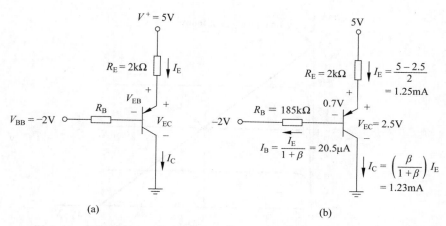

图 5.36　设计例题 5.9 的电路：(a) 电路；(b) 标出电流和电压值的电路

写出 E-B 回路的基尔霍夫电压定律方程，可得

$$V^+ = I_{EQ}R_E + V_{EB}(\text{on}) + I_{BQ}R_B + V_{BB}$$

于是

$$5 = 1.25 \times 2 + 0.7 + (0.0205)R_B + (-2)$$

可得 $R_B = 185\text{k}\Omega$。

解（理想负载线）：负载线方程为

$$V_{EC} = V^+ - I_E R_E = V^+ - I_C\left(\frac{1+\beta}{\beta}\right)R_E$$

即

$$V_{EC} = 5 - I_C\left(\frac{61}{60}\right) \times 2 = 5 - I_C(2.03)$$

图 5.37(a) 给出了 R_E 使用标称值时的负载线以及计算得到的 Q 点。

折中考虑：如附录 C 所示，185kΩ 的标准电阻值实际上是没有的。这里将取阻值为 180kΩ 的电阻，并将考虑电阻 R_B 和 R_E 有 $\pm 10\%$ 的容许误差。

静态集电极电流由下式给出，即

$$I_{CQ} = \beta\left[\frac{V^+ - V_{EB}(\text{on}) - V_{BB}}{R_B + (1+\beta)R_E}\right] = 60 \times \left[\frac{6.3}{R_B + 61R_E}\right]$$

负载线

$$V_{EC} = V^+ - I_C\left(\frac{1+\beta}{\beta}\right)R_E = 5 - \left(\frac{61}{60}\right)I_C R_E$$

R_E 的极限值为

$$2\text{k}\Omega - 10\% = 1.8\text{k}\Omega \quad 2\text{k}\Omega + 10\% = 2.2\text{k}\Omega$$

R_B 的极限值为

$$180\text{k}\Omega - 10\% = 162\text{k}\Omega \quad 180\text{k}\Omega + 10\% = 198\text{k}\Omega$$

表 5.2 给出了不同的 R_B 和 R_E 极限值所对应的 Q 点的值。

图 5.37(b) 给出射极电阻和基极电阻取各种可能极限值时所对应的 Q 点。图中阴影部分表示在给定电阻范围内所可能发生的 Q 点区域。

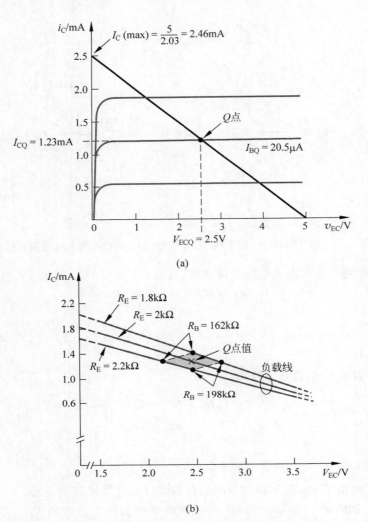

(a)

(b)

图 5.37　(a) 图 5.36 所示例题 5.9 的理想设计电路所对应的负载线和 Q 点
值；(b) 电阻的极限容许误差值所对应的负载线和 Q 点值

表 5.2　不同的 R_B 和 R_E 极限值所对应的 Q 点的值

R_B	R_E	
	1.8kΩ	2.2kΩ
162kΩ	$I_{CQ}=1.39\text{mA}$	$I_{CQ}=1.28\text{mA}$
	$V_{ECQ}=2.46\text{V}$	$V_{ECQ}=2.14\text{V}$
198kΩ	$I_{CQ}=1.23\text{mA}$	$I_{CQ}=1.14\text{mA}$
	$V_{ECQ}=2.75\text{V}$	$V_{ECQ}=2.45\text{V}$

　　点评：以上例题说明，一个理想的 Q 点是可以根据一组指标来确定的，但由于电阻值
存在容许误差，所以实际的 Q 点将在一个取值范围内变化。其他的例题都将考虑晶体管参
数的容许误差。

练习题 5.9　图 5.36(a)所示电路的参数为 $V^+=5\text{V}, V_{BB}=-2\text{V}, R_E=2\text{k}\Omega$ 和 $R_B=180\text{k}\Omega$。假设 $V_{EB}(\text{on})=0.7\text{V}$，对于① $\beta=40$，② $\beta=60$，③ $\beta=100$ 和 ④ $\beta=150$，在负载线上画出 Q 点。

答案： ① $I_{CQ}=0.962\text{mA}$；② $I_{CQ}=1.25\text{mA}$；③ $I_{CQ}=1.65\text{mA}$；④ $I_{CQ}=1.96\text{mA}$。

例题 5.10　计算带负载电阻的 NPN 型双极型晶体管电路的特性，负载电阻可以等效为在电路输出端连接的第二级晶体管。图 5.38(a)所示的电路中，晶体管的参数为 $V_{BE}(\text{on})=0.7\text{V}$ 和 $\beta=100$。

解（Q 点值）： B-E 回路的基尔霍夫电压定律方程为

$$I_B R_B + V_{BE}(\text{on}) + I_E R_E + V^+ = 0$$

再次假设 $I_E=(1+\beta)I_B$，可得

$$I_B = \frac{-(V^-+V_{BE}(\text{on}))}{R_B+(1+\beta)R_E} = \frac{-(-5+0.7)}{10+101\times5} \Rightarrow 8.35\mu\text{A}$$

集电极电流和发射极电流为

$$I_C = \beta I_B = 100\times8.35\mu\text{A} \Rightarrow 0.835\text{mA}$$

和

$$I_E = (1+\beta)I_B = 101\times8.35\mu\text{A} \Rightarrow 0.843\text{mA}$$

在集电极节点可以写出

$$I_C = I_1 - I_L = \frac{V^+-V_O}{R_C} - \frac{V_O}{R_L}$$

即

$$0.835 = \frac{12-V_O}{5} - \frac{V_O}{5}$$

求解 V_O，可得 $V_O=3.91\text{V}$。于是电流为 $I_1=1.62\text{mA}$ 和 $I_L=0.782\text{mA}$。根据图 5.38(b)可得集电极-发射极间电压为

$$V_{CE} = V_Q - I_E R_E - (-5) = 3.91 - (0.843\times5) - (-5) = 4.70\text{V}$$

解（负载线）： 这个电路的负载线方程不像前述电路那么简单。求解负载线的最简单的方法是画出关于 R_L、R_C 以及 V^+ 的戴维南等效电路，如图 5.38(b)所示。（有关戴维南电路的内容将在本章后面讲到，详见 5.4 节）戴维南等效电阻为

$$R_{TH} = R_L \parallel R_C = 5 \parallel 5 = 2.5\text{k}\Omega$$

戴维南等效电压为

$$V_{TH} = \left(\frac{R_L}{R_L+R_C}\right)\cdot V^+ = \frac{5}{5+5}\times12 = 6\text{V}$$

等效电路如图 5.38(c)所示。C-E 回路的基尔霍夫电压定律方程为

$$V_{CE} = 6-(-5) - I_C R_{TH} - I_E R_E = 11 - I_C(2.5) - I_C\left(\frac{101}{100}\right)\times5$$

即

$$V_{CE} = 11 - I_C(7.55)$$

负载线和计算得到的 Q 点值如图 5.39 所示。

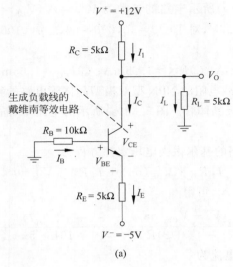

(a)

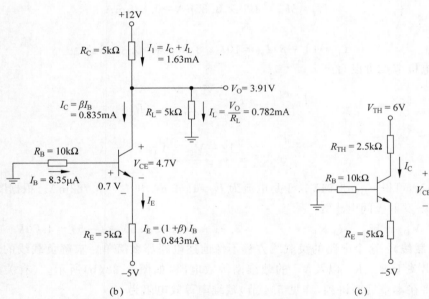

(b)   (c)

图 5.38   例题 5.10 的电路：(a) 电路；(b) 标出电流和电压值的电路；(c) 戴维南等效电路

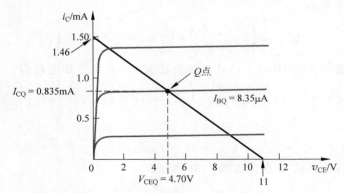

图 5.39   图 5.38(a)所示例题 5.10 电路的负载线和 Q 点

点评：要记住的是，由 $I_C = \beta I_B$ 求得的集电极电流为流进晶体管集电极的电流；它不一定是集电极电阻 R_C 上的电流。

练习题 5.10 图 5.40 所示的电路中，晶体管的共基极电流增益 $\alpha = 0.9920$。求解使发射极电流限制为 $I_E = 1.0\text{mA}$ 的 R_E 的值，并求解 I_B、I_C 以及 V_{BC}。

答案：$R_E = 3.3\text{k}\Omega$，$I_C = 0.992\text{mA}$，$I_B = 8.0\mu\text{A}$，$V_{BC} = 4.01\text{V}$。

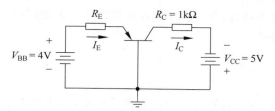

图 5.40　练习题 5.10 的电路

理解测试题 5.11 图 5.41 所示的电路中，如果 $\beta = 75$，求解 I_E、I_B、I_C 以及 V_{CE}。

答案：$I_B = 15.1\mu\text{A}$，$I_C = 1.13\text{mA}$，$I_E = 1.15\text{mA}$，$V_{CE} = 6.03\text{V}$。

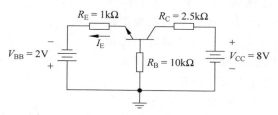

图 5.41　理解测试题 5.11 的电路

理解测试题 5.12 假设图 5.42 所示电路的 $\beta = 120$。求解使 $V_{CE} = 2.2\text{V}$ 的 R_E 值。

答案：$R_E = 154\Omega$。

理解测试题 5.13 图 5.43 所示的电路中，假设 $\beta = 90$。①求解使 $I_E = 1.2\text{mA}$ 的 V_{BB}。②求解 I_C 和 V_{EC}。

答案：①$V_{BB} = 2.56\text{V}$；②$I_C = 1.19\text{mA}$，$V_{EC} = 3.8\text{V}$。

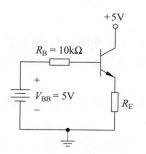

图 5.42　理解测试题 5.12 的电路

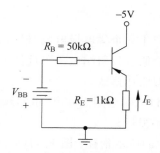

图 5.43　理解测试题 5.13 的电路

计算机分析题 5.3 利用 PSpice 仿真，验证理解测试题 5.11 中的共基电路分析。采用标准晶体管。

5.3 晶体管的基本应用

目标：分析双极型晶体管电路的三种基本应用：开关电路、数字逻辑电路和放大电路。

晶体管可用于开关电流、电压和功率，实现数字逻辑函数，以及放大时变信号。本节将研究双极型晶体管的开关特性，分析简单的晶体管数字逻辑电路，然后说明双极型晶体管是如何用来放大时变信号的。

5.3.1 开关

图 5.44 给出一个称为反相器的双极型晶体管电路，电路中的晶体管在截止和饱和两个状态间切换。电路的负载可以是一个电机、发光二极管或者其他电子元件。如果 $v_I < V_{BE}(on)$，则 $i_B = i_C = 0$，晶体管截止。由于 $i_C = 0$，负载两端的电压降为零，所以输出电压为 $v_O = V_{CC}$。同样，由于晶体管中的电流为零，所以晶体管上的功率损耗也为零。如果负载是一个电机，那么电机将因电流为零而停止转动。同样地，如果负载是一个发光二极管，那么二极管将因为电流为零而不发光。

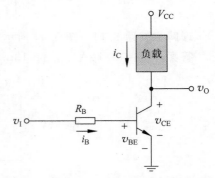

图 5.44 用作开关的 NPN 双极型反相器电路

如果令 $v_I = V_{CC}$，且 R_B 和 R_C 的比值小于 β，其中 R_C 为负载的有效电阻，那么晶体管通常将进入饱和区。这意味着

$$i_B \approx \frac{v_L - V_{EB}(on)}{R_B} \qquad (5.34)$$

$$i_C = I_C(sat) = \frac{V_{CC} - V_{CE}(sat)}{R_C} \qquad (5.35)$$

和

$$v_O = V_{CE}(sat) \qquad (5.36)$$

此时会产生一个集电极电流，根据负载的类型，它会开启电机或 LED 灯。

式(5.34)假设发射结电压可近似为开启电压。在第 17 章讨论双极型数字逻辑电路时，会对这个近似略作修改。

例题 5.11 对于图 5.45 所示的双极型反相器开关电路，计算合适的电阻值 R_B 以及晶体管上的功率损耗。

图 5.45(a)所示指标：图 5.45(a)所示反相器电路中的晶体管用于将发光二极管 LED 开启或关闭。为产生指定的输出光，所需的 LED 电流为 $I_{C1} = 12mA$。假设晶体管的参数为 $\beta = 80$，$V_{BE}(on) = 0.7V$ 和 $V_{CE}(sat) = 0.2V$，同时假设发光二极管的开启电压 $V_r = 1.5V$。（注：LED 用化合物半导体材料制作而成，与硅二极管相比，具有较大的开启电压。）

图 5.45(b)所示指标：图 5.45(b)所示的反相器采用 PNP 型晶体管。此时，负载(比如一个电机)的一端可以连到地电位。所需的负载电流为 $I_{C2} = 5A$。假设晶体管的参数为

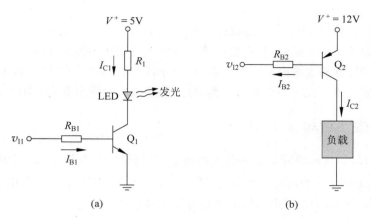

图 5.45 例题 5.11 的电路

$\beta=40, V_{BE}(on)=0.7V$ 和 $V_{CE}(sat)=0.2V$。

解 [**图 5.45(a)**]：对于 $V_{I1}=0$，晶体管 Q_1 截止，因此 $I_{B1}=I_{C2}=0$，同时 LED 关闭。

对于 $V_{I1}=5V$，要求 $I_{C1}=12mA$ 且晶体管进入饱和区。于是

$$R_1=\frac{V^+-(V_r+V_{CE}(sat))}{I_{C1}}=\frac{5-(1.5+0.2)}{12}\Rightarrow R_1=275\Omega$$

可以令 $I_{C1}/I_{B1}=40$。则 $I_{B1}=12/40=0.3mA$。现在有

$$R_{B1}=\frac{v_{I1}-V_{BE}(on)}{I_{B1}}=\frac{5-0.7}{0.3}=14.3k\Omega$$

Q_1 的功耗为

$$P_1=I_{B1}V_{BE}(on)+I_{C1}V_{CE}(sat)=(0.3)(0.7)+(12)(0.2)=2.61mW$$

解 [**图 5.45(b)**]：对于 $v_{I2}=12V$，晶体管 Q_2 截止，于是 $I_{B2}=I_{C2}=0$ 且负载上的电压为零。

对于 $v_{I2}=0$，要使晶体管 Q_2 进入饱和区，因此 $V_{EC2}=V_{EC(sat)}=0.2V$。负载两端的电压为 11.8V，电流为 5A，这意味着等效负载电阻为 2.36Ω。

如果令 $I_{C2}/I_{B2}=20$，那么 $I_{B2}=5/20=0.25A$。于是

$$R_{B2}=\frac{V^+-V_{EB}(on)-v_{I2}}{I_{B2}}=\frac{12-0.7-0}{0.25}=45.2\Omega$$

晶体管 Q_2 的功耗为

$$P_2=I_{B2}V_{EB}(on)+I_{C2}V_{EC}(sat)=(0.25)(0.7)+(5)(0.2)=1.175W$$

点评：如同大多数电子电路设计，需要适当地做一些假设。在每种情况中令 $I_C/I_B=(1/2)\beta$ 是为了确保即使电路参数发生变化时，每个晶体管也都工作在饱和区。同时，基极电流也可限制在合理的取值范围。在图 5.45(a)的电路中，一个仅有 0.3mA 的基极电流产生了 12A 的负载电流。而在图 5.45(b)的电路中，一个 0.25A 的基极电流产生了 5A 的负载电流。因此，晶体管开关的优点是可以用相对较小的基极电流来开关大的负载电流。

练习题 5.11 ①重新设计图 5.45(a)所示的 LED 电路，使得当 $v_I=5V$ 时，$I_{C1}=15mA$ 且 $I_{C1}/I_{B1}=50$。使用与例题 5.11 相同的 Q_1 晶体管参数。②重新设计图 5.45(b)所示的 LED 电路，使得当 $v_I=0V$ 时，$I_{C2}=2A$ 且 $I_{C2}/I_{B2}=25$。使用与例题 5.11 相同的 Q_2 晶体

管参数。

答案：①$R_1 = 220\Omega$，$R_{B1} = 14.3k\Omega$；②$R_{B2} = 141\Omega$。

当晶体管偏置在饱和区时，集电极电流和基极电流之间不再是线性关系。因此，这种工作模式不能用于线性放大电路。另一方面，在截止区和饱和区之间开关晶体管将会使输出电压产生很大的变化。在下一节将会看到，这在数字逻辑电路中非常有用。

5.3.2　数字逻辑

观察图 5.46(a) 所示的简单晶体管反相器电路，如果输入电压 V_1 近似为 0V，则晶体管截止，于是输出电压 V_O 为高电平且等于 V_{CC}。另一方面，如果输入为高电平且等于 V_{CC}，则晶体管进入饱和区，于是输出为低电平且等于 $V_{CE}(\text{sat})$。

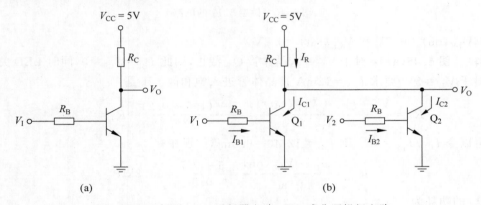

图 5.46　双极型：(a) 反相器电路；(b) 或非逻辑门电路

现在考虑再并联一个晶体管的情况，如图 5.46(b) 所示。当两个输入端均为零，则晶体管 Q_1 和 Q_2 都处于截止状态，$V_O = 5V$。当 $V_1 = 5V$，$V_2 = 0$，晶体管 Q_1 进入饱和区，而 Q_2 保持截止。因为 Q_1 处于饱和区，输出电压为 $V_O = V_{CE}(\text{sat}) \approx 0.2V$。如果交换一下输入电压，变为 $V_1 = 0$ 和 $V_2 = 5V$，则 Q_1 处于截止状态，Q_2 进入饱和区，于是 $V_O = V_{CE}(\text{sat}) \approx 0.2V$。如果两个输入均为高电平，即 $V_1 = V_2 = 5V$，则两个晶体管都进入饱和区，于是 $V_O = V_{CE}(\text{sat}) \approx 0.2V$。

表 5.3 列出了图 5.46(b) 所示电路的各种状态。在正逻辑系统中，高电压为逻辑 1，低电压为逻辑 0，这个电路实现了或非逻辑功能。所以，图 5.46(b) 所示电路是一个两输入端的双极型或非逻辑电路。

表 5.3　双极型或非逻辑电路响应

V_1/V	V_2/V	V_O/V
0	0	5
5	0	0.2
0	5	0.2
5	5	0.2

例题 5.12　求解图 5.46(b) 所示电路的电流和电压。假设晶体管的参数为 $\beta = 50$，$V_{BE}(\text{on}) = 0.7V$ 和 $V_{CE}(\text{sat}) = 0.2V$。令 $R_C = 1k\Omega$，$R_B = 20k\Omega$，求各种输入条件下的电流

和输出电压。

解：表 5.4 列出了例题 5.12 中相应的方程和所得结果。

表 5.4　例题 5.12 中相应的方程和所得结果

条件	V_O/V	I_R/mA	Q_1	Q_2
$V_1=0$, $V_2=0$	5	0	$I_{B1}=I_{C1}=0$	$I_{B2}=I_{C2}=0$
$V_1=5V$, $V_2=0$	0.2	$\dfrac{5-0.2}{1}=4.8$	$I_{B1}=\dfrac{5-0.7}{20}$ $=0.215mA$	$I_{B2}=I_{C2}=0$
$V_1=0$, $V_2=5V$	0.2	4.8	$I_{C1}=I_R=4.8mA$ $I_{B1}=I_{C1}=0$	$I_{B2}=0.215mA$ $I_{C2}=I_R=4.8mA$
$V_1=5V$, $V_2=5V$	0.2	4.8	$I_{B1}=0.215mA$ $I_{C1}=\dfrac{I_B}{2}=2.4mA$	$I_{B2}=0.215mA$ $I_{C2}=\dfrac{I_R}{2}=2.4mA$

点评：在这个例子中可以看到，一旦晶体管导通，集电极电流和基极电流的比值总是小于 β，这说明晶体管处于饱和状态，它出现在 V_1 或 V_2 为 5V 时。

练习题 5.12　图 5.46(b) 所示的电路中，晶体管的参数为 $\beta=40$，$V_{BE}(on)=0.7V$，$V_{CE}(sat)=0.2V$。令 $R_C=600\Omega$，$R_B=950\Omega$。当 ① $V_1=V_2=0$；② $V_1=5V$，$V_2=0$；③ $V_1=V_2=5V$ 时，求解电流和输出电压。

答案：①电流为 0，$V_O=5V$；②$I_{B2}=I_{C2}=0$，$I_{B1}=4.53mA$，$I_{C1}=I_R=8mA$，$V_O=0.2V$；③$I_{B1}=I_{B2}=4.53mA$，$I_{C1}=I_{C2}=4mA=I_R/2$，$V_O=0.2V$。

上述例题和相应的讨论表明，通过设计，双极型晶体管电路可以实现逻辑函数。在第 17 章还将看到，当电路输出端连接有负载或其他数字逻辑电路时，这种电路会产生负载效应。因此，在设计逻辑电路时，必须要减弱或消除这种负载效应。

5.3.3　放大电路

双极型反相器电路也可以用来放大时变信号。图 5.47(a) 给出一个反相器电路，在基极电路部分包含了一个时变电压信号源 Δv_I。电压传输特性如图 5.47(b) 所示。利用直流电压源 V_{BB} 将晶体管偏置在正向放大区。在传输特性曲线上标出了 Q 点。

电压源 Δv_I 在输入端引入了一个时变信号，于是输入电压的变化引起输出电压的变化。这些时变的输入和输出信号如图 5.47(b) 所示。如果传输特性曲线斜率的绝对值大于 1，那么时变输出信号将大于时变输入信号——因此它是一个放大电路。

例题 5.13　求解图 5.48(a) 所示电路的放大倍数。已知晶体管的参数为 $\beta=120$，$V_{BE}(on)=0.7V$ 和 $V_A=\infty$。

解（直流）：例题 5.6 中已经得到相同电路的电压传输特性，方便起见，再次给出电压传输特性曲线，如图 5.48(b) 所示。

当 $0.7V\leqslant v_I\leqslant 1.9V$ 时，晶体管偏置在正向放大模式，且输出电压为

$$v_O=7.8-4v_I$$

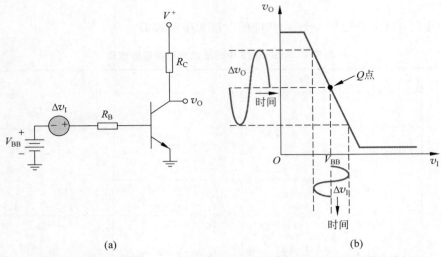

(a)   (b)

图 5.47 （a）用作时变放大电路的双极型反相器电路；（b）电压传输特性

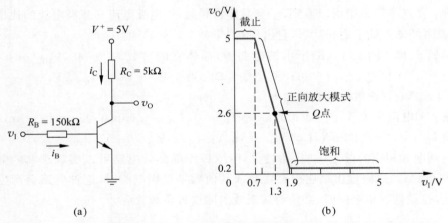

(a)   (b)

图 5.48 （a）用作放大器的双极型反相器电路；（b）反相器的电压传输特性

现在用一个 $v_I = V_{BB} = 1.3$V 的输入电压将晶体管偏置在正向放大区的中点。直流输出电压为 $v_O = 2.6$V。在传输特性上标出了 Q 点。

解（交流）：由 $v_O = 7.8 - 4v_I$ 可以求得输出电压相对于输入电压的变化。可得

$$\Delta v_O = -4\Delta v_I$$

于是，电压增益为

$$A_v = \frac{\Delta v_O}{\Delta v_I} = -4$$

计算机仿真：在图 5.48(a) 所示电路的基极加一个 2kHz 的正弦电压源。时变输入信号的幅度为 0.2V。图 5.49 给出电路的输出响应。正如所预期的，在直流值上叠加了一个正弦信号。输出信号的峰-峰值近似为 1.75V。于是，时变放大倍数为 $|A_v| = 1.75/2 \times 0.2 = 4.37$，这个值和人工分析的结果非常一致。

点评：随着输入电压的变化，电路状态将沿电压传输特性曲线移动，如图 5.50(b) 所示。由于电路的反相特性，放大倍数为负。

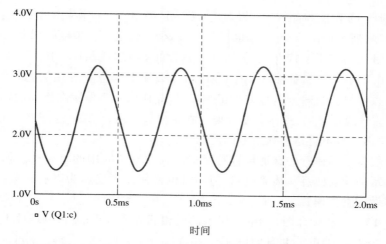

图 5.49　对于 $V_{BB}=1.3\text{V}$ 和 $\Delta v_I=0.2\sin\omega t(\text{V})$ 的输入信号,图 5.48 所示电路的输出信号

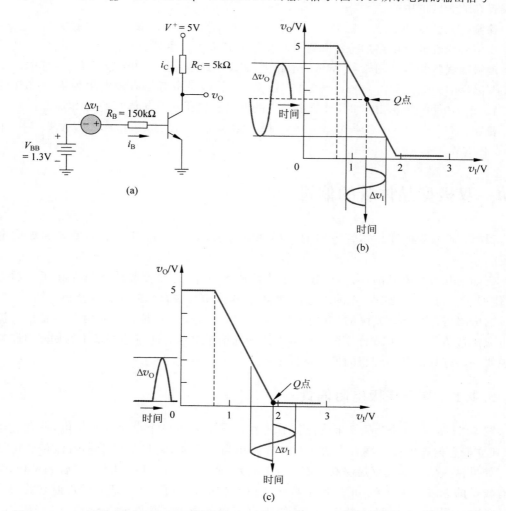

图 5.50　(a) 带直流电压和交流输入信号的反相器电路;(b) 直流电压传输特性、Q 点以及
正弦输入和输出信号;(c) 直流偏置不正确时的电压传输特性曲线

讨论：在这个例子中，将晶体管偏置在正向放大区的中心。如果输入信号 Δv_I 为图 5.50(b) 所示的正弦函数，那么输出信号 Δv_O 也将为一正弦函数，这是模拟电路想要的响应（这里假设正弦输入信号的幅值不是特别大）。如果晶体管的 Q 点，或晶体管的直流偏置点在 $v_I = 1.9\text{V}$ 和 $v_O = 0.2\text{V}$ 这一点，如图 5.50(c)所示，那么输出响应将发生变化。图中所示为一对称的正弦输入信号。当输入信号处于正半周时，晶体管一直偏置在饱和区，故输出电压不变；而在输入信号的负半周，晶体管变为偏置在正向放大区，所以产生了半个正弦波的输出响应。显然，输出信号不再是输入信号的复制。

上述讨论强调了晶体管的合适偏置对模拟或放大电路应用的重要性。如前所述，本章的基本目标是帮助读者熟悉晶体管电路，但同时也要使读者能够为以后在模拟应用中使用的晶体管电路设计直流偏置。

练习题 5.13 重新设计图 5.48(a)所示的反相器放大电路，使得电压放大倍数为 $\Delta v_O / \Delta v_I = -6.5$。令 $R_B = 80\text{k}\Omega$，并且假设 $\beta = 120$，$V_{BE}(\text{on}) = 0.7\text{V}$。求解 Q 点的值，使得晶体管偏置在放大区的中心。

答案：对于 Q 点：$v_O = 2.6\text{V}$，$v_I = 1.069\text{V}$，$I_{BQ} = 4.61\mu\text{A}$；$R_C = 4.34\text{k}\Omega$。

小信号线性放大电路的分析和设计将是第 6 章学习的主要目标。

理解测试题 5.14 图 5.44 所示的电路中，假设电路和晶体管的参数为 $R_B = 240\Omega$，$V_{CC} = 12\text{V}$，$V_{BE}(\text{on}) = 0.7\text{V}$，$V_{CE}(\text{sat}) = 0.1\text{V}$ 和 $\beta = 75$。假设负载是有效电阻为 $R_C = 5\Omega$ 的电机，当①$v_I = 0$ 和②$v_I = 12\text{V}$ 时，计算电路中的电流和电压以及晶体管的功率损耗。

答案：①$i_B = i_C = 0$，$v_O = V_{CC} = 12\text{V}$，$P = 0$；②$i_B = 47.1\text{mA}$，$i_C = 2.38\text{A}$，$v_O = 0.1\text{V}$，$P = 0.271\text{W}$。

5.4 双极型晶体管的偏置

目标：研究双极型晶体管电路的各种偏置方法，包括工作点稳定的偏置和集成电路偏置。

正如前几节所提到的，为了构建一个线性放大电路，必须使晶体管偏置在正向放大模式，使 Q 点位于负载线中心点的附近，并把时变输入信号耦合到晶体管的基极。图 5.47(a) 所示的电路可能是不切实际的，有两个原因：①信号源没有接地。②有时并不希望直流偏置电流流过信号源。本节将分析几种可供选择的偏置电路。通过这些基本的偏置电路来举例说明一些理想的和不理想的偏置特性。

5.4.1 单个基极电阻偏置

图 5.51(a)给出一个最简单的晶体管电路。图中采用单个直流电源供电，并通过电阻 R_B 建立静态偏置电流。耦合电容 C_C 对直流相当于开路，它将信号源和直流偏置电流隔开。如果输入信号的频率足够高且 C_C 也足够大，那么信号可以通过 C_C 耦合到基极，并且只有较小的衰减。尽管 C_C 的实际值取决于感兴趣的频率范围（见第 7 章），但它的典型取值通常在 1 到 $10\mu\text{F}$ 之间。图 5.51(b)给出直流等效电路；额外的下标 Q 表示这是 Q 点的值。

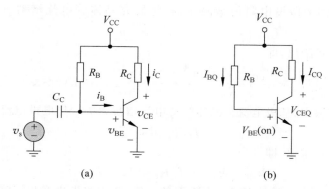

图 5.51 (a) 单个基极电阻偏置的共射电路；(b) 直流等效电路

例题 5.14 设计单个基极电阻的电路，满足一组指标要求。

(1) 设计指标：待设计的电路结构如图 5.51(b)所示。电路使用 $V_{CC} = +12V$ 来偏置。要求晶体管的静态值为 $I_{CQ} = 1mA$ 和 $V_{CEQ} = 6V$。

(2) 器件选择：设计中所用晶体管的标称值为 $\beta = 100$ 和 $V_{BE}(on) = 0.7V$，但由于相当宽的制造容差，假设这类晶体管的电流增益在 $50 \leqslant \beta \leqslant 150$ 范围之内。本例中假设可提供所设计的电阻值。

解：由下式可得集电极电阻为

$$R_C = \frac{V_{CC} - V_{CEQ}}{I_{CQ}} = \frac{12 - 6}{1} = 6k\Omega$$

基极电流为

$$I_{BQ} = \frac{I_{CQ}}{\beta} = \frac{1mA}{100} \Rightarrow 10\mu A$$

可求得基极电阻为

$$R_B = \frac{V_{CC} - V_{BE}(on)}{I_{BQ}} = \frac{12 - 0.7}{10\mu A} = 1.13M\Omega$$

这一组条件下的晶体管特性、负载线以及 Q 点如图 5.52(a)所示。

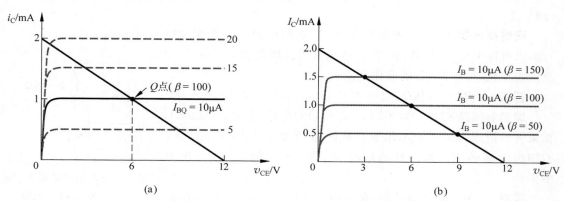

图 5.52 (a) 设计例题 5.14 中图 5.51 所示电路的晶体管特性和负载线；(b) 负载线和 $\beta = 50$、100 和 150 时 Q 点的变化(注意基极电流和集电极电流的刻度大小不同)

折中考虑：本例中假设电阻值是固定的,将研究晶体管电流增益 β 的变化所产生的影响。

基极电流由下式给出,即

$$I_{BQ} = \frac{V_{CC} - V_{BE}(on)}{R_B} = \frac{12 - 0.7}{1.13M\Omega} = 10\mu A(不变)$$

在这种电路结构中,基极电流与晶体管的电流增益无关。集电极电流为

$$I_{CQ} = \beta I_{BQ}$$

负载线可由下式求得,即

$$V_{CE} = V_{CC} - I_C R_C = 12 - I_C \quad (6)$$

该负载线是固定的。而对应于三个不同的 β 值,Q 点将发生变化,其值如表 5.5 所示。

表5.5　Q 点值的变化

β	50	100	150
Q-point values	$I_{CQ} = 0.50mA$	$I_{CQ} = 1mA$	$I_{CQ} = 1.5mA$
Q 点	$V_{CEQ} = 9V$	$V_{CEQ} = 6V$	$V_{CEQ} = 3V$

在图 5.52(b)所示的负载曲线上画出了不同的 Q 点。集电极电流的刻度大小和负载线是固定的,而基极电流的刻度大小则随着 β 的变化而变化。

点评：在这个采用单个基极电阻的电路结构中,β 变化时,Q 点不稳定;随着 β 的变化,Q 点发生较大的变化。在例题 5.13 对放大电路的讨论中(见图 5.50),就注意到 Q 点位置设置的重要性。在下面的两个例题中,将分析和设计工作点稳定的偏置电路。

虽然 $1.13M\Omega$ 的 R_B 可以产生所需的基极电流,但是该电阻值太大,不方便用在集成电路中。随后的两个例题将展示如果规避这个问题。

练习题 5.14　观察图 5.51(b)所示的电路。假设 $V_{CC} = 2.8V$,$\beta = 150$ 和 $V_{BE}(on) = 0.7V$。设计电路,使得 $I_{CQ} = 0.12mA$ 和 $V_{CEQ} = 1.4V$。

答案：$R_C = 11.7k\Omega$,$R_B = 2.625M\Omega$

(注：在下面的测试题中,假设 B-E 间开启电压为 0.7V,同时假设 C-E 间饱和电压为 0.2V。)

理解测试题 5.15　观察图 5.53 所示的电路。①如果 $\beta = 120$,求解使 $V_{CEQ} = 2.5V$ 的 R_B。②如果电流增益在 $80 \leqslant \beta \leqslant 160$ 范围内变化,求解 V_{CEQ} 的变化范围。

答案：①$R_B = 413k\Omega$；②$1.67V \leqslant V_{CEQ} \leqslant 3.33V$。

理解测试题 5.16　对于图 5.53 所示的电路,令 $R_B = 800k\Omega$,如果 β 的范围为 $75 \sim 150$,求解总是使 Q 点处于 $1V \leqslant V_{CEQ} \leqslant 4V$ 范围内的新的 R_C 值。对于新的 R_C 值,实际的 V_{CEQ} 范围是多少?

答案：①$V_{CEQ} = 2.5V$ 时,$R_C = 4.14k\Omega$；②$1.66V \leqslant V_{CEQ} \leqslant 3.33V$。

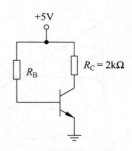

图 5.53　理解测试题 5.15 和 5.16 的电路

5.4.2　分压偏置和偏置的稳定

图 5.54(a)给出一个分立晶体管偏置的经典例子。(集成电路的偏置是不同的,将在第 10 章讨论。)前述电路中的单偏置电阻被一对电阻 R_1 和 R_2 代替,并增加了一个发射极电阻 R_E。交流信号仍然可通过耦合电容 C_C 耦合到晶体管的基极。

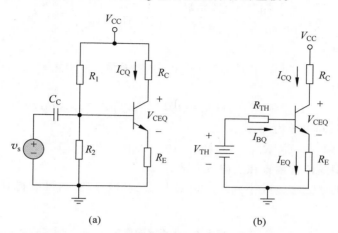

(a)　　　　　　　　　　　(b)

图 5.54 　(a)带基极分压偏置电路和发射极电阻的共射电路;(b)基极回路采用戴维南等效后的直流通路

通过画出基极回路的戴维南等效电路,可使电路的分析变得容易。耦合电容对直流相当于开路。戴维南等效电压为

$$V_{TH} = [R_2/(R_1 + R_2)]V_{CC}$$

戴维南等效电阻为

$$R_{TH} = R_1 \parallel R_2$$

其中,符号 $\parallel$ 表示电阻的并联。图 5.54(b)给出了直流等效通路。可以看到,这个电路和之前所分析的很相似。

对 B-E 回路应用基尔霍夫电压定律,可得

$$V_{TH} = I_{BQ}R_{TH} + V_{BE}(on) + I_{EQ}R_E \tag{5.37}$$

如果晶体管偏置在正向放大模式,则

$$I_{EQ} = (1+\beta)I_{BQ}$$

由式(5.37)可得基极电流为

$$I_{BQ} = \frac{V_{TH} - V_{BE}(on)}{R_{TH} + (1+\beta)R_E} \tag{5.38}$$

于是集电极电流为

$$I_{CQ} = \beta I_{BQ} = \frac{\beta(V_{TH} - V_{BE}(on))}{R_{TH} + (1+\beta)R_E} \tag{5.39}$$

例题 5.15　分析分压偏置电路,确定当电路含有发射极电阻时,Q 点随 β 的变化。图 5.54(a)所示的电路中,令 $R_1 = 56\text{k}\Omega$,$R_2 = 12.2\text{k}\Omega$,$R_C = 2\text{k}\Omega$,$R_E = 0.4\text{k}\Omega$,$V_{CC} = 10\text{V}$,$V_{BE}(on) = 0.7\text{V}$ 和 $\beta = 100$。

解:应用图 5.54(b)所示的戴维南等效电路,可得

$$R_{\mathrm{TH}} = R_1 \parallel R_2 = 56 \parallel 12.2 = 10.0\mathrm{k\Omega}$$

和

$$V_{\mathrm{TH}} = \left(\frac{R_2}{R_1 + R_2}\right) \cdot V_{\mathrm{CC}} = \left(\frac{12.2}{56 + 12.2}\right)(10) = 1.79\mathrm{V}$$

写出 B-E 回路的基尔霍夫电压方程,可得

$$I_{\mathrm{BQ}} = \frac{V_{\mathrm{TH}} - V_{\mathrm{BE}}(\mathrm{on})}{R_{\mathrm{TH}} + (1 + \beta)R_{\mathrm{E}}} = \frac{1.79 - 0.7}{10 + 101 \times 0.4} \Rightarrow 21.6\mu\mathrm{A}$$

集电极电流为

$$I_{\mathrm{CQ}} = \beta I_{\mathrm{BQ}} = 100 \times 21.6\mu\mathrm{A} \Rightarrow 2.16\mathrm{mA}$$

发射极电流为

$$I_{\mathrm{EQ}} = (1 + \beta)I_{\mathrm{BQ}} = 101 \times 21.6\mu\mathrm{A} \Rightarrow 2.18\mathrm{mA}$$

于是静态 C-E 间电压为

$$V_{\mathrm{CEQ}} = V_{\mathrm{CC}} - I_{\mathrm{CQ}}R_{\mathrm{C}} - I_{\mathrm{EQ}}R_{\mathrm{E}} = 10 - 2.16 \times 2 - 2.18 \times 0.4 = 4.81\mathrm{V}$$

这些结果表明晶体管偏置在正向放大区。

如果晶体管的电流增益减小到 $\beta = 50$ 或增大到 $\beta = 150$,则可以得到如表 5.6 所示的结果。

表 5.6 Q 点值的变化

β	50	100	150
Q 点值 Q-point values	$I_{\mathrm{BQ}} = 35.9\mu\mathrm{A}$ $I_{\mathrm{CQ}} = 1.80\mathrm{mA}$ $V_{\mathrm{CEQ}} = 5.67\mathrm{V}$	$I_{\mathrm{BQ}} = 21.6\mu\mathrm{A}$ $I_{\mathrm{CQ}} = 2.16\mathrm{mA}$ $V_{\mathrm{CEQ}} = 4.81\mathrm{V}$	$I_{\mathrm{BQ}} = 15.5\mu\mathrm{A}$ $I_{\mathrm{CQ}} = 2.32\mathrm{mA}$ $V_{\mathrm{CEQ}} = 4.40\mathrm{V}$

电路的负载线和 Q 点如图 5.55 所示。可以将该电路 Q 点的变化和前面图 5.52(b)所示电路的 Q 点变化情况进行比较。

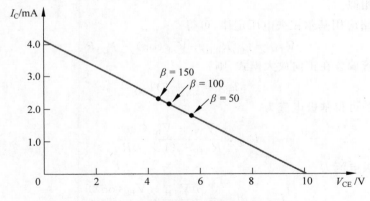

图 5.55 例题 5.15 的负载线和 Q 点值

当 β 变化的比值为 3∶1 时,集电极电流和集电极-发射极间电压的变化仅为 1.29∶1。

点评: 由 R_1 和 R_2 组成的分压电路可以使用几千欧的电阻,将晶体管偏置在放大区。相比之下,单电阻偏置则需要兆欧级别的电阻。此外,与图 5.52(b)所示的变化相比,I_{CQ}

和 V_{CEQ} 随 β 的变化减小了很多。增加射极电阻 R_E 可以使 Q 点趋于稳定,这意味着相对于 β 值的变化,增加射极电阻有助于稳定 Q 点。在第 12 章中将会看到,增加射极电阻 R_E 引入了负反馈,而负反馈使电路趋于稳定。

练习题 5.15 图 5.54(a)所示的电路中,令 $V_{CC}=3.3V$,$R_E=500\Omega$,$R_C=4k\Omega$,$R_1=85k\Omega$,$R_2=35k\Omega$ 和 $\beta=150$。①求解 R_{TH} 和 V_{TH}。②求解 I_{BQ}、I_{CQ} 和 V_{CEQ}。③如果 β 值变为 $\beta=75$,重复②。

答案: ①$R_{TH}=24.8k\Omega$,$V_{TH}=0.9625V$;②$I_{BQ}=2.62\mu A$,$I_{CQ}=0.393mA$,$V_{CEQ}=1.53V$;③$I_{BQ}=4.18\mu A$,$I_{CQ}=0.314mA$,$V_{CEQ}=1.89V$。

观察式(5.39),偏置稳定的设计要求为 R_{TH} 远小于 $(1+\beta)R_E$。因此集电极的电流近似为

$$I_{CQ} \approx \frac{\beta(V_{TH}-V_{BE}(on))}{(1+\beta)R_E} \tag{5.40}$$

通常,$\beta \gg 1$;因此,$\beta/(1+\beta) \approx 1$,且

$$I_{CQ} \approx \frac{(V_{TH}-V_{BE}(on))}{R_E} \tag{5.41}$$

现在,静态集电极电流基本上仅仅是直流电压和射极电阻的函数,因而 Q 点在 β 变化时是稳定的。而如果 R_{TH} 太小,则 R_1 和 R_2 都很小,在这些电阻上将消耗额外功率。一般的规则是,如果

$$R_{TH} \approx 0.1(1+\beta)R_E \tag{5.42}$$

则认为是偏置稳定电路。

例题 5.16 设计满足一组指标要求的偏置稳定电路。

(1) 设计指标:待设计的电路结构如图 5.54(a)所示。令 $V_{CC}=5V$ 和 $R_C=1k\Omega$。选择 R_E 并求解偏置电阻 R_1 和 R_2,使电路稳定偏置并有 $V_{CEQ}=3V$。

(2) 器件选择:假设晶体管的标称值为 $\beta=120$ 和 $V_{BE}(on)=0.7V$。将选择标准电阻值,并假设晶体管的电流增益在 $60 \leqslant \beta \leqslant 180$ 范围内变化。

(3) 设计指南:通常,R_E 两端的电压应该和 $V_{BE}(on)$ 具有相同的数量级。更大的压降则意味着为了获得所需的集电极-发射极间电压和 R_C 两端的电压,将不得不增大电源电压。

解: 由于 $\beta=120$,$I_{CQ} \approx I_{EQ}$,将 R_E 选为标准值 $0.51k\Omega$,可得

$$I_{CQ} \approx \frac{V_{CC}-V_{CEQ}}{R_C+R_E} = \frac{5-3}{1+0.51} = 1.32mA$$

于是 R_E 两端的压降为 $(1.32)(0.51)=0.673V$,这接近于要求的值。求得基极电流为

$$I_{BQ} = \frac{I_{CQ}}{\beta} = \frac{1.32}{120} \Rightarrow 11.0\mu A$$

利用图 5.58(b)给出的戴维南等效电路,可得

$$I_{BQ} = \frac{V_{TH}-V_{BE}(on)}{R_{TH}+(1+\beta)R_E}$$

对于偏置稳定电路,$R_{TH}=0.1(1+\beta)R_E$,即

$$R_{TH} = 0.1 \times 121 \times 0.51 = 6.17k\Omega$$

于是

$$I_{BQ} = 11.0\mu A \Rightarrow \frac{V_{TH} - 0.7}{6.17 + 121 \times 0.51}$$

可得

$$V_{TH} = 0.747 + 0.70 = 1.447V$$

现在有

$$V_{TH} = \left(\frac{R_2}{R_1 + R_2}\right)V_{CC} = \left(\frac{R_2}{R_1 + R_2}\right) \times 5 = 1.447V$$

即

$$\left(\frac{R_2}{R_1 + R_2}\right) = \frac{1.447}{5} = 0.2894$$

同时有

$$R_{TH} = \frac{R_1 R_2}{R_1 + R_2} = 6.17k\Omega = R_1\left(\frac{R_2}{R_1 + R_2}\right) = R_1(0.2894)$$

可得

$$R_1 = 21.3k\Omega$$

和

$$R_2 = 8.69k\Omega$$

由附录 C,可以选择标准电阻值为 $R_1 = 20k\Omega$ 和 $R_2 = 8.2k\Omega$。

折中考虑:本例题中忽略了电阻误差的影响(习题 5.18 和习题 5.40 则包含了误差的影响)。下面将讨论共射电流增益的变化对 Q 点的影响。

用标准电阻值,可得

$$R_{TH} = R_1 \parallel R_2 = 20 \parallel 8.2 = 5.82k\Omega$$

和

$$V_{TH} = \left(\frac{R_2}{R_1 + R_2}\right)(V_{CC}) = \left(\frac{8.2}{20 + 8.2}\right) \times 5 = 1.454V$$

基极电流为

$$I_{BQ} = \left[\frac{V_{TH} - V_{BE}(on)}{R_{TH} + (1+\beta)R_E}\right]$$

集电极电流为 $I_{CQ} = \beta I_{BQ}$,且集电极-发射极间电压由下式给出,即

$$V_{CEQ} = V_{CC} - I_{CQ}\left[R_C + \left(\frac{1+\beta}{\beta}\right)R_E\right]$$

三个 β 值所对应的 Q 点值如表 5.7 所示。

表 5.7 三个 β 值所对应的 Q 点值

β	60	120	180
Q 点值 Q-point values	$I_{BQ} = 20.4\mu A$ $I_{CQ} = 1.23mA$ $V_{CEQ} = 3.13V$	$I_{BQ} = 11.2\mu A$ $I_{CQ} = 1.34mA$ $V_{CEQ} = 2.97V$	$I_{BQ} = 7.68\mu A$ $I_{CQ} = 1.38mA$ $V_{CEQ} = 2.91V$

点评：例题 5.16 中的 Q 点相对于 β 值的变化可以认为是稳定的，且分压电阻 R_1 和 R_2 为几千欧范围内的合理取值。可以看出当 β 变化 2 倍（从 120 到 60）时，集电极电流仅变化 -8.2%；而当 β 值变化 50%（从 $120\sim180$）时，集电极电流仅变化 3%。可以将这些变化与例题 5.14 单个偏置电阻设计中的变化作比较。

计算机仿真：基于标准电阻值和 PSpice 库中的标准晶体管 2N2222，图 5.56 给出本例题中所示所设计电路的 PSpice 原理图。进行了直流分析，给出所得到的晶体管 Q 点值。集电极-发射极间电压为 $V_{CE}=2.80\text{V}$，接近设计值 3V。两者之间存在差异的一个原因是标准电阻值并不完全和设计值相等，另一个原因是 2N2222 的有效 β 值为 157 而不是假设的 120。

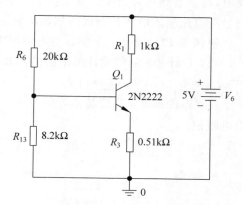

图 5.56 PSpice 电路原理图

```
**** BIPOLAR JUNCTION TRANSISTORS
NAME        Q_Q1
MODEL       Q2N2222
IB          9.25E-06
IC          1.45E-03
VBE         6.55E-01
VBC         -2.15E+00
VCE         2.80E+00
BETADC      1.57E+02
```

练习题 5.16 在图 5.54(a)所示的电路中，令 $V_{CC}=5\text{V}$，$R_E=0.2\text{k}\Omega$，$R_C=1\text{k}\Omega$，$\beta=150$ 和 $V_{BE}(\text{on})=0.7\text{V}$。设计偏置稳定电路，使得 Q 点位于负载线的中点。

答案：$R_1=13\text{k}\Omega$，$R_2=3.93\text{k}\Omega$。

包含一个发射极电阻的另一个优点是，在温度变化时，电路的 Q 点可以稳定。为了说明这一点，曾在图 1.20 中指出，对于恒定的结电压，PN 结中的电流将随着温度的增加而增加。于是可以预期，晶体管的电流也会随着温度的增加而增加。如果结上的电流增加，结的温度就会升高（由于 I^2R 加热），进而又会使电流增加，于是进一步增加了结的温度，这种现象将会导致热击穿和器件的损坏。而由图 5.54(b)可以看出，随着电流的增加，R_E 两端的压降也会上升。假设戴维南等效电压和电阻基本都和温度无关，那么温度变化引起的 R_{TH} 两端的压降变化就会很小。最终的结果是，R_E 上增加的压降减小了发射结电压，这将使晶体管的电流下降，从而使得晶体管电流在温度变化时趋于稳定。

理解测试题 5.17 图 5.54(a)所示电路的参数为 $V_{CC}=5\text{V}$，$R_E=1\text{k}\Omega$，$R_C=4\text{k}\Omega$，$R_1=440\text{k}\Omega$ 和 $R_2=230\text{k}\Omega$。晶体管的参数为 $\beta=150$ 和 $V_{BE}(\text{on})=0.7\text{V}$。①求解 V_{TH} 和 R_{TH}。②求解 I_{CQ} 和 V_{CEQ}。③当 $\beta=90$ 时，重复①和②。

答案：①$V_{TH}=1.716\text{V}$，$R_{TH}=151\text{k}\Omega$；②$I_{CQ}=0.505\text{mA}$，$V_{CEQ}=2.47\text{V}$；③$I_{CQ}=0.378\text{mA}$，$V_{CEQ}=3.11\text{V}$。

理解测试题 5.18 图 5.54(a)所示的电路中，电路的参数为 $V_{CC}=5\text{V}$，$R_E=1\text{k}\Omega$。晶体管的参数为 $\beta=150$ 和 $V_{BE}(\text{on})=0.7\text{V}$。①设计一个偏置稳定电路，使得 $I_{CQ}=0.40\text{mA}$，$V_{CEQ}=2.7\text{V}$。②当 $\beta=90$ 时，利用①的结果，求解 I_{CQ} 和 V_{CEQ}。

答案：①$R_1=66\text{k}\Omega$，$R_2=19.6\text{k}\Omega$，$R_C=4.74\text{k}\Omega$；②$I_{CQ}=0.376\text{mA}$，$V_{CEQ}=2.84\text{V}$。

5.4.3 正负电源偏置

在某些应用中,同时用正负直流电压偏置比较理想。尤其是在第 11 章讨论差分放大电路时,将会看到这种情况。在某些应用中,采用双电源偏置可以去掉耦合电容,并允许输入信号为直流输入电压。下面的例题将讨论这种偏置方法。

例题 5.17 设计一个偏置稳定的 PNP 型晶体管电路,满足一组指标要求。

(1) 设计指标:待设计的电路结构如图 5.57(a)所示。要求晶体管的 Q 点值为 $V_{\mathrm{ECQ}} = 7\mathrm{V}, I_{\mathrm{CQ}} \approx 0.5\mathrm{mA}$ 且 $V_{\mathrm{RE}} \approx 1\mathrm{V}$。

(2) 器件选择:假设晶体管的参数为 $\beta = 80$ 和 $V_{\mathrm{EB}}(\mathrm{on}) = 0.7\mathrm{V}$。最终的设计将采用标准电阻值。

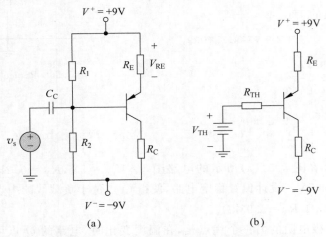

图 5.57 (a) 例题 5.17 的电路;(b) 戴维南等效电路

解:戴维南等效电路如图 5.57(b)所示,戴维南等效电阻为 $R_{\mathrm{TH}} = R_1 \parallel R_2$,戴维南等效电压(相对于地)由下式给出,即

$$V_{\mathrm{TH}} = \left(\frac{R_2}{R_1 + R_2}\right)(V^+ - V^-) + V^- = \frac{1}{R_1}\left(\frac{R_1 R_2}{R_1 + R_2}\right)(V^+ - V^-) + V^-$$

当 $V_{\mathrm{RE}} \approx 1\mathrm{V}$ 和 $I_{\mathrm{CQ}} \approx 0.5\mathrm{mA}$ 时,可设置

$$R_{\mathrm{E}} = \frac{1}{0.5} = 2\mathrm{k}\Omega$$

对于偏置稳定电路,需要

$$R_{\mathrm{TH}} = \frac{R_1 R_2}{R_1 + R_2} = 0.1 \times (1 + \beta)R_{\mathrm{E}}$$
$$= 0.1 \times 81 \times 2 = 16.2\mathrm{k}\Omega$$

于是戴维南电压可以写为

$$V_{\mathrm{TH}} = \frac{1}{R_1} \times 16.2 \times [9 - (-9)] + (-9) = \frac{1}{R_1} \times 291.6 - 9$$

E-B 回路的 KVL 方程为

$$V^+ = I_{EQ}R_E + V_{EB}(\text{on}) + I_{BQ}R_{TH} + V_{TH}$$

晶体管偏置在正向放大模式,由此 $I_{EQ} = (1+\beta)I_{BQ}$。于是有

$$V^+ = (1+\beta)I_{BQ}R_E + V_{EB}(\text{on}) + I_{BQ}R_{TH} + V_{TH}$$

当 $I_{CQ} = 0.5\text{mA}$ 时,$I_{BQ} = 0.006\,25\text{mA}$,因此可以写出

$$9 = 81 \times 0.006\,25 \times 2 + 0.7 + 0.006\,25 \times 16.2 + \frac{1}{R_1} \times 291.6 - 9$$

求得 $R_1 = 18.0\text{k}\Omega$。于是由 $R_{TH} = R_1 \parallel R_2 = 16.2\text{k}\Omega$,可以求得 $R_2 = 162\text{k}\Omega$。

当 $I_{CQ} = 0.5\text{mA}$ 时,则有 $I_{EO} = 0.506\text{mA}$。E-C 回路的 KVL 方程为

$$V^+ = I_{EQ}R_E + V_{ECQ} + I_{CQ}R_C + V^-$$

即

$$9 = 0.506 \times 2 + 7 + 0.50R_C + (-9)$$

可得 $R_C \approx 20\text{k}\Omega$。

折中考虑:除了 $R_2 = 162\text{k}\Omega$ 之外,所有的电阻值都是标准值。160kΩ 这样的标准分立电阻值是可以提供的。而由于所设计的是偏置稳定电路,即使电阻值有变化,Q 点也不会发生较大的变化。晶体管电流增益 β 的变化所引起的 Q 点的变化将在本章课后习题 5.31 和习题 5.34 中进行分析。

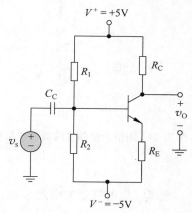

图 5.58　练习题 5.17 的电路

点评:在很多情况下,有些指标比如集电极电流值或发射极-集电极间电压都不是绝对的,而是用近似值给出。由于这个原因,发射极电阻确定为标准电阻值 2kΩ。最终的偏置电阻值也选为标准电阻值。而这些电阻值和计算值之间的差异将不会使 Q 点发生较大的变化。

练习题 5.17　观察图 5.58 所示的电路,晶体管的参数为 $\beta = 150$ 和 $V_{BE}(\text{on}) = 0.7\text{V}$。电路参数为 $R_E = 2\text{k}\Omega$ 和 $R_C = 10\text{k}\Omega$。设计一个偏置稳定电路,使得静态输出电压为零。I_{CQ} 和 V_{CEQ} 的值是多少?

答案:$I_{CQ} = 0.5\text{mA}$,$V_{CEQ} = 3.99\text{V}$,$R_1 = 167\text{k}\Omega$,$R_2 = 36.9\text{k}\Omega$。

5.4.4　集成电路偏置

到目前为止,晶体管电路的电阻偏置主要应用于分立电路。对于集成电路,则要尽可能减少电阻的数量,因为与晶体管相比,电阻通常需要较大的芯片表面积。

双极型晶体管可以采用恒流源 I_Q 来偏置,如图 5.59 所示。这种电路的优点是发射极电流与 β 和 R_B 无关,而且对于合理的 β 值,集电极电流和 C-E 间电压也基本上与晶体管的电流增益无关。可以增大 R_B 的值,来增大基极的输入电阻,而不影响偏置的稳定性。

如图 5.60 所示,恒流源可以由晶体管来实现。晶体管 Q_1 为二极管接法的晶体管,但它仍然工作在正向放大模式。晶体管 Q_2 也必须工作在正向放大模式($V_{CE} \geqslant v_{BE}(\text{on})$)。

电流 I_1 称为基准电流,通过写出 R_1-Q_1 回路的基尔霍夫电压方程求出。有

$$O = I_1R_1 + V_{BE}(\text{on}) + V^- \tag{5.43a}$$

可得

$$I_1 = \frac{-(V^- + V_{BE}(\text{on}))}{R_1} \tag{5.43b}$$

由于 $V_{BE1} = V_{BE2}$，电路把左边支路的基准电流镜像到右边支路，于是把 R_1、Q_1 和 Q_2 组成的电路称为镜像电流源。

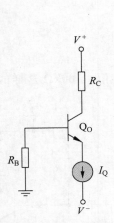

图 5.59　用恒流源偏置的双极型晶体管

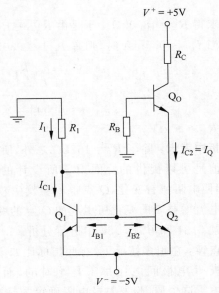

图 5.60　用恒流源偏置的晶体管 Q_O，晶体管 Q_1 和 Q_2 构成镜像电流源

将 Q_1 集电极处的电流求和，可得

$$I_1 = I_{C1} + I_{B1} + I_{B2} \tag{5.44}$$

由于 Q_1 和 Q_2 的发射结电压相等，如果 Q_1 和 Q_2 是完全相同的晶体管，并且都处于相同的温度之下，则有 $I_{B1} = I_{B2}$ 且 $I_{C1} = I_{C2}$。于是式(5.44)可以写为

$$I_1 = I_{C1} + 2I_{B2} = I_{C2} + \frac{2I_{C2}}{\beta} = I_{C2}\left(1 + \frac{2}{\beta}\right) \tag{5.45}$$

求解 I_{C2} 可得

$$I_{C2} = I_O = \frac{I_1}{\left(1 + \dfrac{2}{\beta}\right)} \tag{5.46}$$

这个电流将晶体管 Q_O 偏置在放大区。由 Q_1、Q_2 和 R_1 构成的电路称为双晶体管电流源。

例题 5.18　求解双晶体管电流源的电流。图 5.60 所示的电路中，电路和晶体管的参数为 $R_1 = 10\text{k}\Omega$，$\beta = 50$ 和 $V_{BE}(\text{on}) = 0.7\text{V}$。

解：基准电流为

$$I_1 = \frac{-(V^- + V_{BE}(\text{on}))}{R_1} = \frac{-[(-5) + 0.7]}{10} = 0.43\text{mA}$$

由式(5.46)可得偏置电流 I_Q 为

$$I_{C2} = I_Q = \frac{I_1}{\left(1 + \frac{2}{\beta}\right)} = \frac{0.43}{\left(1 + \frac{2}{50}\right)} = 0.413\text{mA}$$

于是,基极电流为

$$I_{B1} = I_{B2} = \frac{I_{C2}}{\beta} = \frac{0.413}{50} \Rightarrow 8.27\mu A$$

点评:对于相对较大的电流增益 β 值,偏置电流 I_Q 基本上和基准电流 I_1 相等。

练习题5.18 在图 5.60 所示的电路中,电路参数为 $V^+ = 3.3\text{V}$, $V^- = -3.3\text{V}$, $R_B = 0$。晶体管的参数为 $\beta = 60$, $V_{BE}(\text{on}) = 0.7\text{V}$。设计该电路,使得 $I_{CQ}(Q_O) = 0.12\text{mA}$ 且 $V_{CEQ}(Q_O) = 1.6\text{V}$。 I_Q 和 I_1 的值是多少?

答案: $I_Q = 0.122\text{mA}$ 和 $I_1 = 0.126\text{mA}$, $R_1 = 20.6\text{k}\Omega$, $R_C = 20\text{k}\Omega$。

如前所述,集成电路中几乎只使用恒流源偏置。在本教材的第 2 部分将会看到,集成电路中使用最少数量的电阻,而且这些电阻通常用晶体管来代替。在集成电路芯片上,晶体管占据的面积远小于电阻,所以将电阻的数量减到最少是比较有利的。

理解测试题5.19 图 5.57(a)所示电路的参数为 $V^+ = 5\text{V}$, $V^- = -5\text{V}$, $R_E = 0.5\text{k}\Omega$ 和 $R_C = 4.5\text{k}\Omega$。晶体管的参数为 $\beta = 120$, $V_{BE}(\text{on}) = 0.7\text{V}$。设计一个偏置稳定电路,使得 Q 点位于负载线的中心。 I_{CQ} 和 V_{ECQ} 的值是多少?

答案: $I_{CQ} = 1\text{mA}$, $V_{ECQ} = 5\text{V}$, $R_1 = 6.92\text{k}\Omega$, $R_2 = 48.1\text{k}\Omega$。

理解测试题5.20 对于图 5.59,电路参数为 $I_Q = 0.25\text{mA}$, $V^+ = 2.5\text{V}$, $V^- = -2.5\text{V}$, $R_B = 75\text{k}\Omega$ 和 $R_C = 4\text{k}\Omega$。晶体管的参数为 $I_S = 3 \times 10^{-14}\text{A}$ 和 $\beta = 120$。①求解晶体管基极的直流电压和 V_{CEQ}。②如果 $\beta = 60$,重复①。

答案: ① $V_B = -0.155\text{V}$, $V_{CEQ} = 2.26\text{V}$;② $V_B = -0.307\text{V}$, $V_{CEQ} = 2.42\text{V}$。

5.5 多级电路

目标:分析多级或多晶体管电路的直流偏置。

大多数晶体管电路都含有多个晶体管。在分析和设计这些多级电路时,可以采用与研究单个晶体管电路时相同的方法。作为例子,图 5.61 在同一个电路中给出了一个 NPN 型晶体管 Q_1 和一个 PNP 型晶体管 Q_2。

例题5.19 计算多级电路中每个节点的直流电压和通过元件的直流电流。在图 5.61 所示的电路中,假设所有晶体管的 B-E 间开启电压为 0.7V, $\beta = 100$。

解:晶体管 Q_1 基极的戴维南等效电路如图 5.62 所示。图中定义了各支路电流和各节点的

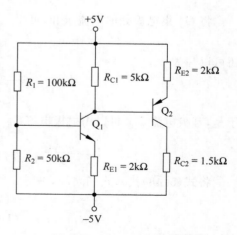

图 5.61 多级晶体管电路

电压。戴维南等效电阻和等效电压为

$$R_{TH} = R_1 \| R_2 = 100 \| 50 = 33.3 \text{k}\Omega$$

和

$$V_{TH} = \left(\frac{R_2}{R_1 + R_2}\right)(10) - 5 = \left(\frac{50}{150}\right) \times 10 - 5 = -1.67 \text{V}$$

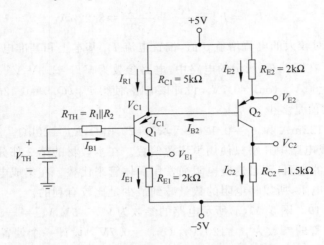

图 5.62 Q_1 基极处为戴维南等效电路的多级晶体管电路

Q_1 的 B-E 回路的基尔霍夫电压方程为

$$V_{TH} = I_{B1} R_{TH} + V_{BE}(\text{on}) + I_{E1} R_{E1} - 5$$

注意到 $I_{E1} = (1+\beta) I_{B1}$，可得

$$I_{B1} = \frac{-1.67 + 5 - 0.7}{33.3 + 101 \times 2} = 11.2 \mu\text{A}$$

因此有

$$I_{C1} = 1.12 \text{mA}$$

和

$$I_{E1} = 1.13 \text{mA}$$

将 Q_1 集电极处的电流求和,可得

$$I_{R1} + I_{B2} = I_{C1}$$

还可以写为

$$\frac{5 - V_{C1}}{R_{C1}} + I_{B2} = I_{C1} \tag{5.47}$$

于是,基极电流 I_{B2} 可以用射极电流 I_{E2} 表示为

$$I_{B2} = \frac{I_{E2}}{1+\beta} = \frac{5 - V_{E2}}{(1+\beta) R_{E2}} = \frac{5 - (V_{C1} + 0.7)}{(1+\beta) R_{E2}} \tag{5.48}$$

将式(5.48)代入式(5.47),可得

$$\frac{5 - V_{C1}}{R_{C1}} + \frac{5 - (V_{C1} + 0.7)}{(1+\beta) R_{E2}} = I_{C1} = 1.12 \text{mA}$$

可以解得 V_{C1} 为

$$V_{C1} = -0.482V$$

于是

$$I_{R1} = \frac{5-(-0.482)}{5} = 1.10mA$$

为了求解 V_{E2}，有

$$V_{E2} = V_{C1} + V_{EB}(on) = -0.482 + 0.7 = 0.218V$$

射极电流 I_{E2} 为

$$I_{E2} = \frac{5-0.218}{2} = 2.39mA$$

于是可得

$$I_{C2} = \left(\frac{\beta}{1+\beta}\right)I_{E2} = \left(\frac{100}{101}\right) \times 2.39 = 2.37mA$$

和

$$I_{B2} = \frac{I_{E2}}{1+\beta} = \frac{2.39}{101} = 23.7\mu A$$

其他的节点电压为

$$V_{E1} = I_{E1}R_{E1} - 5 = (1.13)(2) - 5 \Rightarrow V_{E1} = -2.74V$$

和

$$V_{C2} = I_{C2}R_{C2} - 5 = (2.37)(1.5) - 5 = -1.45V$$

于是，可以求得

$$V_{CE1} = V_{C1} - V_{E1} = -0.482 - (-2.74) = 2.26V$$

且

$$V_{EC2} = V_{E2} - V_{C2} = 0.218 - (-1.45) = 1.67V$$

点评：以上的结果表明，正如起初假设的那样，Q_1 和 Q_2 都偏置在正向放大模式。而下一章研究该电路作为放大电路的交流工作原理时，将会看到一个更好的设计，它会增加 V_{EC2} 的值。

练习题 5.19 在图 5.61 所示的电路中，求解 R_{C1} 和 R_{C2} 新的值，使得 $V_{CEQ1} = 3.25V$ 和 $V_{ECQ2} = 2.5V$。

答案：$R_{C1} = 4.08k\Omega, R_{C2} = 1.97k\Omega$。

例题 5.20 设计图 5.63 所示的共射-共基放大电路，满足以下指标：$V_{CE1} = V_{CE2} = 2.5V, V_{RE} = 0.7V, I_{C1} \approx I_{C2} \approx 1mA$ 和 $I_{R1} \approx I_{R2} \approx I_{R3} \approx 0.10mA$。

解：初始设计将忽略基极电流，认为 $I_{Bias} = I_{R1} = I_{R2} = I_{R3} = 0.10mA$。于是

$$R_1 + R_2 + R_3 = \frac{V^+}{I_{Bias}} = \frac{9}{0.10} = 90k\Omega$$

Q_1 的基极电压为

$$V_{B1} = V_{RE} + V_{BE}(on) = 0.7 + 0.7 = 1.4V$$

于是

$$R_3 = \frac{V_{B1}}{I_{Bias}} = \frac{1.4}{0.10} = 14k\Omega$$

Q_2 的基极电压为

$$V_{B2} = V_{RE} + V_{CE1} + V_{BE}(on) = 0.7 + 2.5 + 0.7 = 3.9V$$

于是

$$R_2 = \frac{V_{B2} - V_{B1}}{I_{Bias}} = \frac{3.9 - 1.4}{0.10} = 25k\Omega$$

因而可得

$$R_1 = 90 - 25 - 14 = 51k\Omega$$

可以求得发射极电阻 R_E 为

$$R_E = \frac{V_{RE}}{I_{C1}} = \frac{0.7}{1} = 0.7k\Omega$$

Q_2 的集电极电压为

$$V_{C2} = V_{RE} + V_{CE1} + V_{CE2} = 0.7 + 2.5 + 2.5 = 5.7V$$

于是

$$R_C = \frac{V^+ - V_{C2}}{I_{C2}} = \frac{9 - 5.7}{1} = 3.3k\Omega$$

点评：通过忽略基极电流,使该电路的设计变得很简单。例如,利用 PSpice 的计算机分析可以验证这个设计,或者可以给出为了满足设计指标而需要做的一些小改动。

在 6.9.3 节将再次看到共射-共基电路。共射-共基电路的一个优点将在第 7 章进行分析。这种共射-共基电路的带宽比简单的共射放大电路要宽。

练习题 5.20 图 5.63 所示的电路参数为 $V^+ = 12V$, $R_E = 2k\Omega$, 晶体管的参数为 $\beta = 120$ 和 $V_{BE}(on) = 0.7V$。重新设计电路,使得 $I_{C1} \approx I_{C2} \approx 0.5mA$, $I_{R1} \approx I_{R2} \approx I_{R3} \approx 0.05mA$ 以及 $V_{CE1} \approx V_{CE2} \approx 4V$。

答案：$R_1 = 126k\Omega$, $R_2 = 80k\Omega$, $R_3 = 34k\Omega$, 且 $R_C = 6k\Omega$。

计算机分析题 5.4 ①利用 PSpice 仿真,验证例题 5.20 中的共射-共基电路。要求采用标准晶体管。②采用标准电阻值,重复①部分。

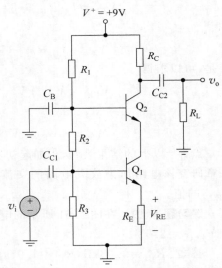

图 5.63 例题 5.20 的双极型共射-共基电路

5.6 设计应用：带双极型晶体管的二极管温度计

目标：在设计应用中引入双极型晶体管,改善第 1 章中讨论的简单二极管温度计的设计。

1. 设计指标

电子温度计测量的温度范围为 $0 \sim 100°F$。

2. 设计方法

将图 1.48 中二极管温度计产生的输出电压加到 NPN 型双极型晶体管的发射结上,以增强测量温度范围内的电压。假设双极型晶体管处在恒温环境中。

3. 器件选择

假设可提供 $I_S = 10^{-12}$ A 的双极型晶体管。

4. 解决方案

根据第 1 章的设计,二极管的电压为

$$V_D = 1.12 - 0.522\left(\frac{T}{300}\right)$$

其中,T 为开尔文温度。

观察图 5.64 所示的电路,假设二极管处于变化的温度环境中,而电路的其余部分保持在室温下。忽略双极型晶体管的基极电流,可得

$$V_D = V_{BE} + I_C R_E \tag{5.49}$$

可以写出

$$I_C = I_S e^{V_{BE}/V_T} \tag{5.50}$$

所以式(5.49)变为

$$\frac{V_D - V_{BE}}{R_E} = I_S e^{V_{BE}/V_T} \tag{5.51}$$

且

$$V_O = 15 - I_C R_C \tag{5.52}$$

根据第 1 章可得表 5.8。

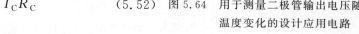

图 5.64 用于测量二极管输出电压随温度变化的设计应用电路

表 5.8 输出电压随温度变化

$T/℉$	V_D/V
0	0.6760
40	0.6372
80	0.5976
100	0.5790

如果假设晶体管的 $I_S = 10^{-12}$ A,则由式(5.50)～式(5.52)可得表 5.9。

表 5.9 其他

$T/℉$	V_{BE}/V	I_C/mA	V_O/V
0	0.5151	0.402	4.95
40	0.5092	0.320	7.00
80	0.5017	0.240	9.00
100	0.4974	0.204	9.90

点评：图 5.65(a)给出了二极管电压随温度变化的曲线,图 5.65(b)则给出了双极型晶体管电路的输出电压随温度变化的曲线。可以看出,晶体管电路提供了一个电压增益,这个电压增益正是晶体管电路的理想特性。

讨论：由以上方程可以看出,集电极电流不是发射结电压或二极管电压的线性函数。这种影响意味着晶体管的输出电压也不完全是温度的线性函数。图 5.65(b)中的直线是一种较好的线性近似。

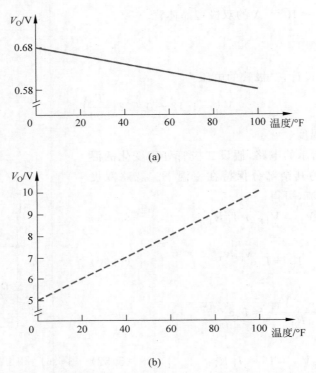

(a)

(b)

图 5.65   (a) 二极管电压随温度的变化；(b) 电路输出电压随温度的变化

5.7   本章小结

本章重点内容包括：

(1) 分析了双极型晶体管的结构、特征和性质。可以构成两种互补的双极型晶体管 NPN 和 PNP 型。典型的晶体管作用就是两个电极之间的电压(基极和射极)控制第三个电极的电流(集电极)。

(2) 4 种工作模式分别为：正向放大模式、截止模式、饱和模式以及反向放大模式。晶体管工作在正向放大模式时,发射结正向偏置,而集电结反向偏置,这时的集电极电流和基极电流通过共射极电流增益 β 联系起来。当晶体管截止时,所有的电流都为零。而在饱和模式,集电极电流不再是基极电流的函数。

(3) 双极型晶体管直流偏置的分析和设计是本章的重要内容。在这些分析和设计中,继续采用 PN 结的折线化模型。详细阐述了具有稳定 Q 点功能的晶体管电路的设计方法。

（4）介绍了集成电路中采用恒流源进行直流偏置的设计。

（5）讨论了晶体管的基本应用。这些应用包括开关电流和电压、实现数字逻辑函数以及放大时变信号。在下一章中将详细地分析晶体管的放大特性。

（6）介绍了多级电路中的直流偏置。

（7）作为一个应用,电路中采用双极型晶体管来改善第一章讨论的简单二极管温度计。

通过本章的学习,读者应该能够做到:

（1）了解和描述 NPN 和 PNP 型双极型晶体管的一般电流-电压特性。

（2）用折线化模型进行各种双极型晶体管电路的直流分析和设计,包括对负载线的了解。

（3）定义双极型晶体管的四种工作模式。

（4）定性地理解晶体管电路如何用来开关电流和电压,从而实现数字逻辑函数以及放大时变信号。

（5）设计晶体管电路的直流偏置,使其满足规定的直流电流和电压要求,并在晶体管参数变化的情况下使 Q 点稳定。

（6）把直流分析和设计技巧应用到多级晶体管电路中。

复习题

（1）描述 NPN 和 PNP 型晶体管的基本结构和工作原理。

（2）若将 NPN 型双极型晶体管偏置在正向放大模式,在晶体管上应该加多大的偏置电压?

（3）定义 PNP 型双极型晶体管处于截止模式、正向放大模式和饱和模式下的条件。

（4）定义共基电流增益和共射电流增益。

（5）讨论交流和直流共射电流增益之间的区别。

（6）说明偏置在正向放大模式的双极型晶体管的集电极、发射极以及基极电流之间的关系。

（7）定义厄尔利电压和集电极输出电阻。

（8）描述一个简单的 NPN 型双极型晶体管共射电路,并讨论集电极-发射极间电压和基极输入电流之间的关系。

（9）描述定义负载线的参数,并定义 Q 点。

（10）分析双极型晶体管电路直流响应的一般步骤是什么?

（11）描述 NPN 型晶体管是如何用于开关 LED 二极管的?

（12）描述双极型晶体管或非逻辑电路。

（13）描述 NPN 型晶体管是如何用来放大时变电压信号的?

（14）讨论电阻电压偏置相比于单电阻偏置的优势。

（15）在晶体管参数变化的情况下如何稳定 Q 点?

（16）分立晶体管电路和集成电路所用的偏置方法之间主要的区别是什么?

习题

(注：除非另作说明,在下列习题中都假定 NPN 型晶体管的 $V_{BE}(\text{on})=0.7\text{V}$,$V_{CE}(\text{sat})=0.2\text{V}$;PNP 型晶体管的 $V_{EB}(\text{on})=0.7\text{V}$,$V_{EC}(\text{sat})=0.2\text{V}$。)

1. 基本双极型晶体管

5.1　①偏置在正向放大模式的双极型晶体管,基极电流 $i_B=2.8\mu\text{A}$,发射极电流 $i_E=325\mu\text{A}$。求解 β、α 以及 i_C。②如果 $i_B=20\mu\text{A}$,$i_E=1.80\text{mA}$,重复①。

5.2　①某双极型晶体管偏置在正向放大模式。集电极电流 $i_C=726\mu\text{A}$,发射极电流 $i_E=732\mu\text{A}$,求解 β、α 以及 i_B。②如果 $i_C=2.902\text{mA}$,$i_E=2.961\text{mA}$,重复①。

5.3　①某特定类型晶体管的 β 值范围为 $110\leqslant\beta\leqslant180$。求解相应的 α 范围。②如果基极电流为 $50\mu\text{A}$,求解集电极电流的范围。

5.4　①某双极型晶体管偏置在正向放大模式,测得的参数值为 $i_E=1.25\text{mA}$ 和 $\beta=150$,求解 i_B、i_C 和 α。②如果 $i_E=4.52\text{mA}$ 和 $\beta=80$,重复①。

5.5　①对于表 5.10 所示的共基电流增益 α 值,求解相应的共射电流增益 β 的值。②对于表 5.11 所示的共射电流增益 β 值,求解相应的共基电流增益 α 的值。

表 5.10　共基电流增益 α 值

α	0.90	0.950	0.980	0.990	0.995	0.9990
β						

表 5.11　共射电流增益 β 值

β	20	50	100	150	220	400
α						

5.6　某 NPN 型晶体管的 $\beta=80$,它连接成图 5.66 所示的共基结构。①发射极由恒流源 $I_E=1.2\text{mA}$ 驱动。求解 I_B、I_C、α 和 V_C。②对于 $I_E=0.80\text{mA}$,重复①。③若 $\beta=120$,重复①和②。

5.7　图 5.66 中电路的发射极电流为 $I_E=0.80\text{mA}$。晶体管的参数为 $\alpha=0.9910$ 和 $I_{EO}=5\times10^{-14}\text{A}$ 求解 I_B、I_C、V_{BE} 和 V_C。

5.8　图 5.67 所示为共基结构的 PNP 型晶体管,其 $\beta=60$。①发射极由恒流源 $I_E=0.75\text{mA}$ 驱动。求解 I_B、I_C、α 和 V_C。②如果 $I_E=1.5\text{mA}$,重复①。③①和②中的晶体管是否都偏置在正向放大模式,为什么是或为什么不是?

5.9　①图 5.67 所示的 PNP 型晶体管的共基电流增益 $\alpha=0.9860$,求解使 $V_C=-1.2\text{V}$ 的发射极电流。基极电流是多少?②利用①的结果,且假设 $I_{EO}=2\times10^{-15}\text{A}$,求解 V_{EB}。

5.10　某 NPN 型晶体管的反向饱和电流 $I_S=5\times10^{-15}\text{A}$ 且电流增益 $\beta=125$。晶体管偏置在 $v_{BE}=0.615\text{V}$,求解 i_B、i_C 和 i_E。

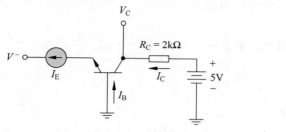

图 5.66 习题 5.6 图

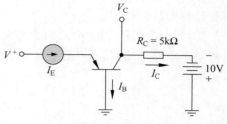

图 5.67 习题 5.8 图

5.11 两个 PNP 型晶体管具有相同的制造工艺,但结面积不同。两晶体管都采用 $v_{BE} = 0.650V$ 的发射极-基极电压偏置,且发射极电流分别为 0.50mA 和 12.2mA。求解每个晶体管的 I_{EO}。相应的结面积是多少?

5.12 两个晶体管 A 和 B 中的集电极电流均为 $i_C = 275\mu A$。对于晶体管 A,$I_{SA} = 8 \times 10^{-16}A$。晶体管 B 的发射结面积是晶体管 A 的 4 倍。求解 I_{SB} 和每个晶体管发射结的电压。

5.13 某 BJT 的厄尔利电压为 80V。当集电极-发射极间电压 $V_{CE} = 2V$ 时,集电极电流为 $I_C = 0.60mA$。①求解 $V_{CE} = 5V$ 时的集电极电流。②输出电阻是多少?

5.14 发射极开路时的集电结击穿电压 $BV_{CBO} = 60V$。如果 $\beta = 100$,且经验常数 $n = 3$,求解基极开路时的 C-E 击穿电压。

5.15 在一个具体的电路应用中,所需的最小击穿电压为 $BV_{CBO} = 220V$ 和 $BV_{CEO} = 56V$。如果 $n = 3$,求解 β 的最大允许值。

5.16 某特定晶体管电路设计所需的最小基极开路电压为 $BV_{CEO} = 50V$。如果 $\beta = 50$ 且 $n = 3$,求解所需的 BV_{CBO} 的最小值。

2. 晶体管电路的直流分析

5.17 对于图 5.68 中的所有晶体管,均有 $\beta = 75$。图中给出了一些测量结果,求解图中标出的其余电流、电压和/或电阻值。

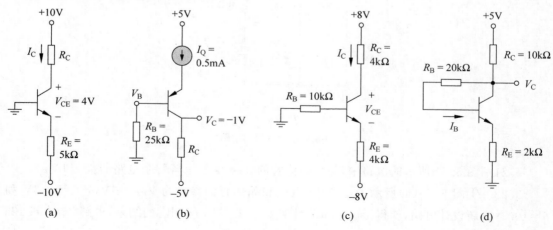

(a)   (b)   (c)   (d)

图 5.68 习题 5.17 图

5.18 图 5.68(a)和(c)所示的电路中,射极电阻值可能在给定值附近变化±5%。求解所计算参数的范围。

5.19 观察图 5.69 中的两个电路。每个晶体管的参数为 $I_S = 5 \times 10^{-16}$A 和 $\beta = 90$。求解每个电路中的 V_{BB},使得 $V_{CE} = 1.10$V。

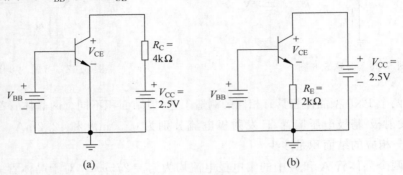

图 5.69 习题 5.19 图

5.20 图 5.70 所示的电路中,每个晶体管的电流增益为 $\beta = 120$。求解每个电路的 I_C 和 V_{CE}。

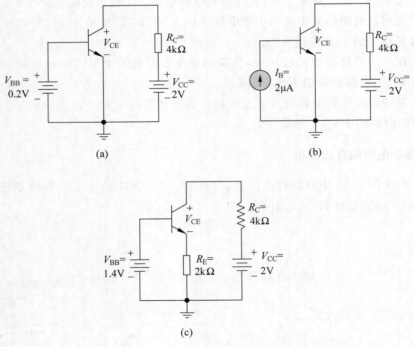

图 5.70 习题 5.20 图

5.21 图 5.71 所示的电路中,每个晶体管的 $\beta = 120$。求解每个电路的 I_C 和 V_{EC}。

5.22 ①图 5.20(a)所示的电路中,电路和晶体管的参数为 $V_{CC} = 3$V,$V_{BB} = 1.3$V 和 $\beta = 100$。重新设计电路,使得 $I_{BQ} = 5\mu$A 且 $V_{CEQ} = 1.5$V。②用①的结果,求解 $75 \leqslant \beta \leqslant 125$ 范围内 V_{CEQ} 的变化情况。

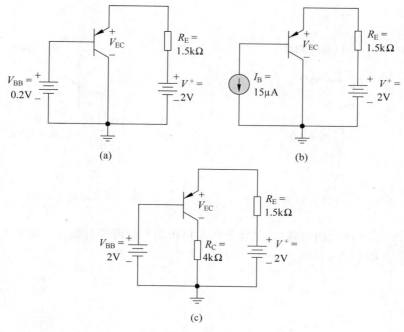

图 5.71 习题 5.21 图

5.23 图 5.72 所示的电路中,所测的参数值如图所示。求解 β、α 以及图中标出的其他电流和电压。画出直流负载线并标出 Q 点。

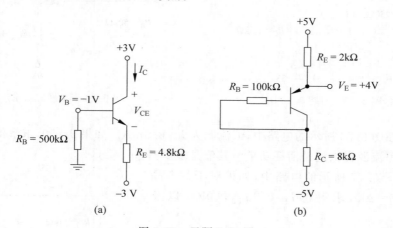

图 5.72 习题 5.23 图

5.24 ①对于图 5.73 所示的电路,求解使得 $V_B = V_C$ 的 V_B 和 I_E。假设 $\beta = 90$。②什么样的 V_B 值可使 $V_{CE} = 2V$?

5.25 ①图 5.74 所示电路的偏置电压改为 $V^+ = 3.3V$ 和 $V^- = -3.3V$。发射极电压的测量值 $V_E = 0.85V$。求解 I_E、I_C、β、α 以及 V_{EC}。②如果 β 增大 10%,利用①的结果,求解 V_E 和 V_{EC}。

5.26 图 5.75 所示的电路中,晶体管的 $\beta = 120$。求解 I_C 和 V_{EC},画出负载线并标出 Q 点。

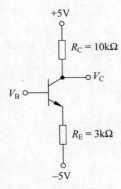

图 5.73　习题 5.24 图

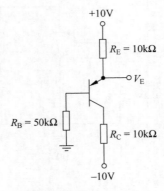

图 5.74　习题 5.25 图

5.27　图 5.76 所示的电路中,晶体管由发射极的恒流源进行偏置。如果 $I_Q = 1\text{mA}$,求解 V_C 和 V_E,其中假设 $\beta = 50$。

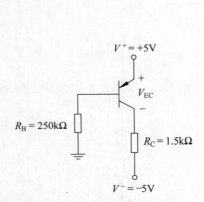

图 5.75　习题 5.26 图

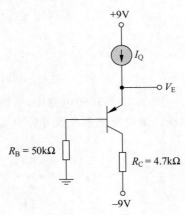

图 5.76　习题 5.27 图

5.28　在图 5.76 所示的电路中,恒流源为 $I = 0.5\text{mA}$。如果 $\beta = 50$,求解消耗在晶体管上的功率。恒流源提供还是消耗功率? 其值是多少?

5.29　图 5.77 所示的电路中,如果对于每个晶体管均有 $\beta = 200$,求解① I_{E1},② I_{E2},③V_{C1} 以及 ④V_{C2}。

5.30　对图 5.78 所示的电路进行设计,使得① $R_E = 0$ 和②$R_E = 1\text{k}\Omega$ 时,$I_{CQ} = 0.8\text{mA}$ 和 $V_{CEQ} = 2\text{V}$。假设 $\beta = 80$。③将图 5.78 中的晶体管用 $\beta = 120$ 的晶体管代替,利用①和②的结果,求解 Q 点的值 I_{CQ} 和 V_{CEQ}。哪种设计使 Q 点的变化最小?

5.31　①图 5.79 所示的电路中,偏置电压改为 $V_{CC} = 9\text{V}$。晶体管电流增益 $\beta = 80$。设计电路,使得 $I_{CQ} = 0.25\text{mA}$ 和 $V_{CEQ} = 4.5\text{V}$。②如果图中的晶体

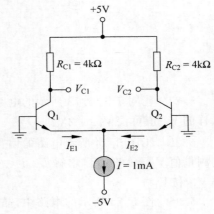

图 5.77　习题 5.29 图

管用 $\beta=120$ 的新晶体管代替,求解新的 I_{CQ} 和 V_{CEQ} 的值。③画出①和②中的负载线和 Q 点。

5.32　图 5.80 所示的电路中,晶体管的电流增益为 $\beta=150$。当① $V_{B}=0.2V$,② $V_{B}=0.9V$,③ $V_{B}=1.5V$ 和④ $V_{B}=2.2V$ 时,求解 I_{C}、I_{E} 和 V_{C}。

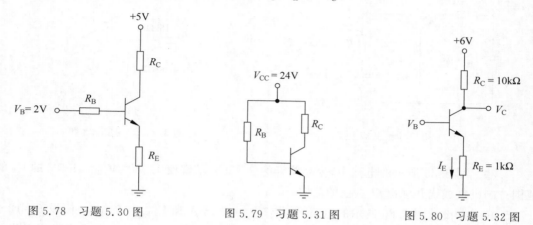

图 5.78　习题 5.30 图　　　　图 5.79　习题 5.31 图　　　　图 5.80　习题 5.32 图

5.33　①图 5.81 所示的电路中,晶体管的电流增益 $\beta=75$。对于 V_{BB} 分别取 0V、1V 以及 2V,求解 V_{O}。②利用计算机仿真验证①中的结果。

5.34　(1)图 5.82 所示的电路中,晶体管的 $\beta=100$。当① $I_{Q}=0.1mA$,② $I_{Q}=0.5mA$ 以及③ $I_{Q}=2mA$,求解 V_{O}。(2)如果电流增益增加到 $\beta=150$,对于(1)中给出的条件,求解 V_{O} 的变化百分比。

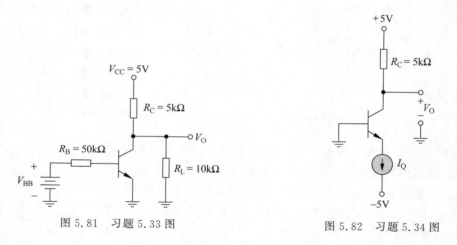

图 5.81　习题 5.33 图　　　　　　图 5.82　习题 5.34 图

5.35　假设图 5.82 所示的电路中,晶体管的 $\beta=120$。求解 I_{Q},使得① $V_{O}=4V$,② $V_{O}=2V$,③ $V_{O}=0$。

5.36　图 5.76 所示的电路中,当 $I_{Q}=0$、0.5、1.0、1.5、2.0、2.5 和 3.0mA 时,计算并画出晶体管的功耗。假设 $\beta=50$。

5.37　观察图 5.83 所示的共基电路。假设晶体管的 $\alpha=0.9920$。求解 I_{E}、I_{C} 和 V_{BC}。

5.38　①图 5.84 中的晶体管,$\beta=80$。求解使 $V_{CEQ}=6V$ 的 V_{1}。②求解使 $3\leqslant V_{CEQ}\leqslant$

9V 的 V_1 的范围。

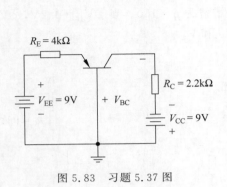

图 5.83　习题 5.37 图

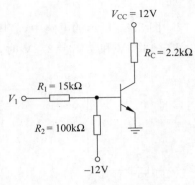

图 5.84　习题 5.38 图

　　5.39　图 5.85 所示的电路中,令晶体管的 $\beta=25$。求解使 $1.0\text{V}\leqslant V_{\text{CE}}\leqslant 4.5\text{V}$ 的 V_1 的范围。画出负载线并标出 Q 点值的范围。

　　5.40　①设计图 5.86 所示的电路,使得 $I_{\text{CQ}}=0.5\text{mA}$ 和 $V_{\text{CEQ}}=2.5\text{V}$。假设 $\beta=120$。画出负载线并标出 Q 点。②选取接近于设计值的标准电阻值,假设标准电阻值阻值变化范围 $\pm 10\%$。对于 R_{B} 和 R_{C} 的最大值和最小值,画出负载线和 Q 点的值(四个 Q 点值)。

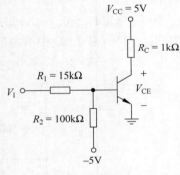

图 5.85　习题 5.39 图

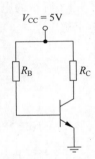

图 5.86　习题 5.40 图

　　5.41　图 5.87 所示的电路有时用作温度计。假设电路中的 Q_1 和 Q_2 是相同的晶体管。将发射极电流写为 $I_{\text{E}}=I_{\text{EO}}\exp(V_{\text{BE}}/V_{\text{T}})$ 的形式,推导输出电压 V_{O} 作为温度 T 的函数的表达式。

　　5.42　图 5.88 所示晶体管的 $\beta=120$。(1)对于① $R_{\text{E}}=0$ 和② $R_{\text{E}}=1\text{k}\Omega$,求解使得 $V_{\text{O}}=4\text{V}$ 时的 V_1 值。(2)当 $V_{\text{O}}=2.5\text{V}$ 时,重复(1)。(3)当 $V_1=3.5\text{V}$ 且 $R_{\text{E}}=1\text{k}\Omega$ 时,求解 V_{O}。

　　5.43　图 5.89 所示的电路中,晶体管的共射电流增益 $\beta=80$。画出 $0\leqslant V_1\leqslant 5\text{V}$ 范围内的电压传输特性。

　　5.44　对于图 5.90 所示的电路,画出 $0\leqslant V_1\leqslant 5\text{V}$ 范围内的电压传输特性。假设 $\beta=100$。

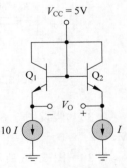

图 5.87　习题 5.41 图

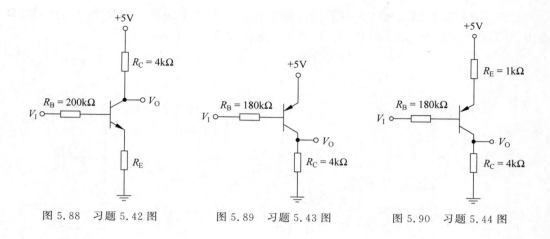

图 5.88　习题 5.42 图　　　　图 5.89　习题 5.43 图　　　　图 5.90　习题 5.44 图

3. 晶体管的基本应用

5.45　图 5.91 所示的电路中,晶体管的电流增益 $\beta=40$。当 $V_I=5V$ 时,求解使得 $V_O=0.2V$ 且 $I_C/I_B=20$ 的 R_B 值。

5.46　观察图 5.92 所示的电路。晶体管的 $\beta=50$,求解当①$V_I=0V$②$V_I=2.5V$③$V_I=5V$ 时 I_B、I_C、I_E 和 V_O 的值。

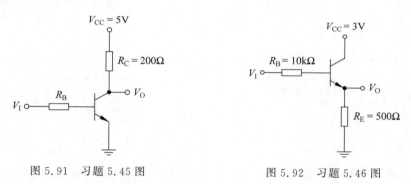

图 5.91　习题 5.45 图　　　　图 5.92　习题 5.46 图

5.47　图 5.93 所示的电路中,晶体管的电流增益 $\beta=60$。当 $V_I=5V$ 和 $I_C/I_B=25$ 时,求解使得 $V_O=8.8V$ 的 R_B 值。

5.48　观察图 5.94 所示的放大电路。假设晶体管的电流增益 $\beta=120$。电源 V_{BB} 设置 Q 点,电压 v_i 是时变信号,它使基极电流发生变化,进而产生集电极电流的变化,最终使输出电压 v_O 发生变化。①求解使得 $V_{CEQ}=1.6V$ 的 R_B 值。②求解使得晶体管不进入截止或饱和状态的输出电压的最大变化值。③放大电路的电压增益 $\Delta v_o/\Delta v_i$ 是多少?④使晶体管不进入截止或饱和状态的输入电压 v_i 的最大变化范围是多少?

4. 双极型晶体管的偏置

5.49　在图 5.95 所示的电路中,假设晶体管的 $\beta=120$。设计电路,使得 $I_{CQ}=0.15mA$ 且 $R_{TH}=200k\Omega$,V_{CEQ} 的值是多少?

5.50 重新观察图 5.95。晶体管的电流增益 $\beta=150$。电路的参数改为 $R_{TH}=120\text{k}\Omega$ 和 $R_E=1\text{k}\Omega$。求解 R_C、R_1 和 R_2 的值,使得 $V_{CEQ}=1.5\text{V}$ 且 $I_{CQ}=0.20\text{mA}$。

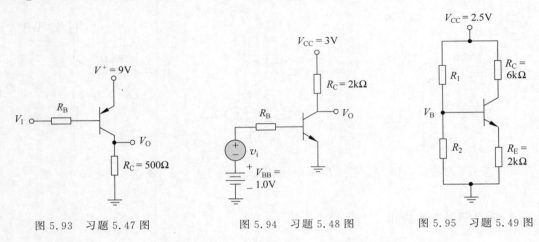

图 5.93 习题 5.47 图　　　图 5.94 习题 5.48 图　　　图 5.95 习题 5.49 图

5.51 图 5.96 所示的电路中,晶体管的电流增益 $\beta=100$。求解 V_B 和 I_{EQ}。

5.52 图 5.97 所示的电路中,令 $\beta=125$。①求解 I_{CQ} 和 V_{CEQ},画出负载线并标出 Q 点。②如果电阻 R_1 和 R_2 变化 $\pm5\%$,求解 I_{CQ} 和 V_{CEQ} 的范围。在负载线上标出不同的 Q 点。

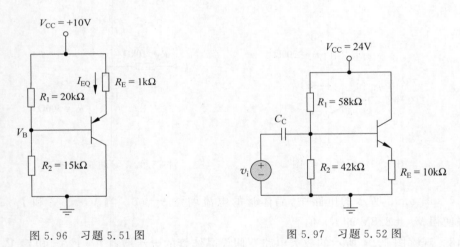

图 5.96 习题 5.51 图　　　　图 5.97 习题 5.52 图

5.53 观察图 5.98 所示的电路。①求解 $\beta=80$ 时的 I_{BQ}、I_{CQ} 和 V_{CEQ}。②如果 β 值变为 $\beta=120$,求解 I_{CQ} 和 V_{CEQ} 的变化百分比。

5.54 ①重新设计图 5.95 所示的电路,电源 $V_{CC}=9\text{V}$,使 R_C 和 R_E 上的压降均为 $(1/3)V_{CC}$。假设 $\beta=100$。静态集电极电流为 $I_{CQ}=0.4\text{mA}$,流过 R_1 和 R_2 的电流应该近似为 $0.2I_{CQ}$。②用最接近的标准值电阻(附录 C)取代①中的电阻。I_{CQ} 的值以及 R_C 和 R_E 上的压降分别为多少?

5.55 在图 5.99 所示的电路中,令 $\beta=100$。①求解基极电路的 R_{TH} 和 V_{TH}。②求解 I_{CQ} 和 V_{CEQ}。③画出负载线并标出 Q 点。④如果电阻 R_C 和 R_E 变化 $\pm5\%$,求解 I_{CQ} 和

V_{CEQ} 的范围。画出电阻为最大值和最小值时所对应的负载线和 Q 点。

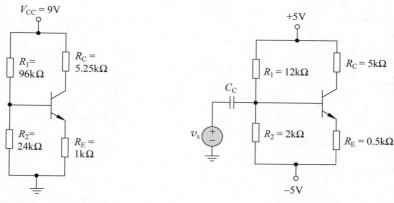

图 5.98　习题 5.53 图　　　　　　图 5.99　习题 5.55 图

5.56　观察图 5.100 所示的电路。①求解 $\beta=90$ 时的 R_{TH}、V_{TH}、I_{BQ}、I_{CQ} 和 V_{ECQ}。②如果 β 值改为 $\beta=150$，求解 I_{CQ} 和 V_{ECQ} 的变化百分比。

5.57　①求解图 5.101 所示电路 Q 点的值。假设 $\beta=50$。②如果所有的电阻值都减小到原来的三分之一，重复①。③画出①和②中的负载线并标出 Q 点。

5.58　①求解图 5.102 所示电路的 Q 点。假设 $\beta=50$。②如果所有的电阻值都减小到原来的三分之一，重复①。③画出①和②中的负载线并标出 Q 点。

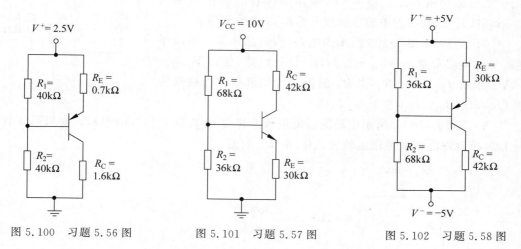

图 5.100　习题 5.56 图　　　图 5.101　习题 5.57 图　　　图 5.102　习题 5.58 图

5.59　①对于图 5.103 所示的电路，设计偏置稳定电路，使得 $I_{\text{CQ}}=0.8\text{mA}$ 和 $V_{\text{CEQ}}=5\text{V}$。令 $\beta=100$。②如果 β 的范围为 $75\leqslant\beta\leqslant150$，利用①的结果，求解 I_{CQ} 的变化百分比。③如果 $R_{\text{E}}=1\text{k}\Omega$，重复①和②。

5.60　设计形式如图 5.103 所示的偏置稳定电路，其中 $\beta=120$，使得 $I_{\text{CQ}}=0.8\text{mA}$，$V_{\text{CEQ}}=5\text{V}$ 且 R_{E} 两端的电压约为 0.7V。

5.61　利用图 5.104 所示的电路，设计偏置稳定的放大电路，使得 Q 点位于负载线的中点。令 $\beta=125$。求解 I_{CQ}、V_{CEQ}、R_1 和 R_2。

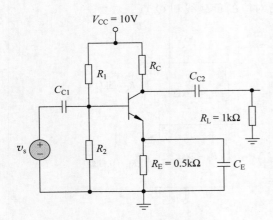

图 5.103　习题 5.59 图

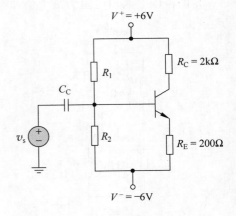

图 5.104　习题 5.61 图

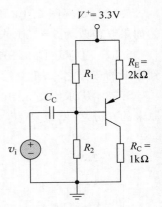

图 5.105　习题 5.64 图

5.62　对于图 5.104 所示的电路,偏置电压改为 $V^+ = 3\text{V}$ 和 $V^- = -3\text{V}$。①当 $\beta = 120$ 时,设计一个偏置稳定电路,使得 $V_{CEQ} = 2.8\text{V}$。求解 I_{CQ}、R_1 和 R_2。②如果电阻 R_1 和 R_2 变化 $\pm 5\%$,求解 I_{CQ} 和 V_{CEQ} 的范围,并在负载线上标出所有的 Q 点。

5.63　①设计形式如图 5.104 所示的偏置稳定电路,使得 $I_{CQ} = (3 \pm 0.1)\text{mA}$ 和 $V_{CEQ} \approx 5\text{V}$,所用晶体管的 β 值范围为 $75 \leqslant \beta \leqslant 150$。②画出①中的负载线并标出 Q 点的范围。

5.64　①对于图 5.105 所示的电路,假设晶体管的电流增益 $\beta = 90$,电路参数为 $R_{TH} = 2.4\text{k}\Omega$。设计电路,使得 $V_{ECQ} = 1.5\text{V}$。求解 I_{BQ}、I_{CQ}、R_1 和 R_2 的值。②如果电流增益改为 $\beta = 130$,求解 I_{BQ}、I_{CQ} 和 V_{ECQ} 的值。

5.65　图 5.106(a) 所示电路的直流负载线和 Q 点如图 5.106(b) 所示。如果晶体管的 $\beta = 120$,求解使电路偏置稳定的 R_E、R_1 和 R_2 的值。

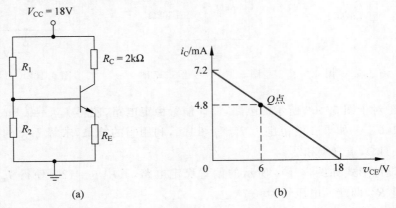

图 5.106　习题 5.65 图

5.66 图 5.107 所示的电路中,晶体管的 β 值范围为 $80 \leqslant \beta \leqslant 120$。设计一个偏置稳定电路,使得 Q 点的标称值为 $I_{CQ} = 0.2\mathrm{mA}$ 和 $V_{CEQ} = 1.6\mathrm{V}$,I_{CQ} 的值必须在 $0.19 \leqslant I_{CQ} \leqslant 0.21\mathrm{mA}$ 范围之内。求解 R_E、R_1 和 R_2。

5.67 图 5.108 所示的电路,在 $\beta = 60$ 时 Q 点的标称值为 $I_{CQ} = 1\mathrm{mA}$ 和 $V_{CEQ} = 5\mathrm{V}$。晶体管的电流增益范围是 $45 \leqslant \beta \leqslant 75$。设计一个偏置稳定电路,使得 I_{CQ} 的变化不超过其标称值的 5%。

5.68 ①图 5.108 所示的电路中,V_{CC} 的值变为 $3\mathrm{V}$。令 $R_C = 5R_E$ 和 $\beta = 120$。重新设计偏置稳定电路,使得 $I_{CQ} = 100\mu\mathrm{A}$ 和 $V_{CEQ} = 1.4\mathrm{V}$。②利用①的结果,求解电路中的直流功耗。

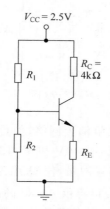

图 5.107 习题 5.66 图

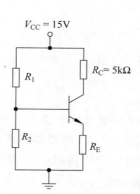

图 5.108 习题 5.67 图

5.69 图 5.109 所示的电路中,令 $\beta = 100$,$R_E = 3\mathrm{k}\Omega$。设计偏置稳定电路,使得 $V_E = 0$。

5.70 图 5.110 所示的电路中,令 $R_C = 2.2\mathrm{k}\Omega$,$R_E = 2\mathrm{k}\Omega$,$R_1 = 10\mathrm{k}\Omega$,$R_2 = 20\mathrm{k}\Omega$ 和 $\beta = 60$。①求解基极电路的 R_{TH} 和 V_{TH}。②求解 I_{BQ}、I_{CQ}、V_E 和 V_C。

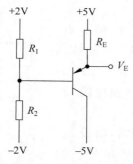

图 5.109 习题 5.69 图

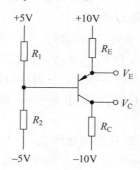

图 5.110 习题 5.70 图

5.71 设计图 5.110 所示的电路并使其偏置稳定,Q 点的标称值为 $I_{CQ} = 0.5\mathrm{mA}$ 和 $V_{ECQ} = 8\mathrm{V}$。令 $\beta = 60$。R_1 和 R_2 中的最大电流限制为 $40\mu\mathrm{A}$。

5.72 观察图 5.111 所示的电路。①晶体管的标称电流增益为 $\beta = 80$。设计一个偏置稳定电路,使得 $I_{CQ} = 0.15\mathrm{mA}$ 且 $V_{ECQ} = 2.7\mathrm{V}$。②利用①的结果,求解当晶体管电流增益在 $60 \leqslant \beta \leqslant 100$ 范围内变化时 I_{CQ} 和 V_{ECQ} 的变化百分比。

5.73 对于图 5.112 所示的电路,令 $\beta = 100$。①求解基极电路的 R_{TH} 和 V_{TH}。②求解 I_{CQ} 和 V_{CEQ}。

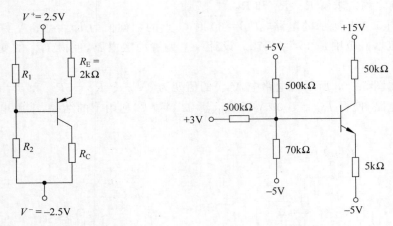

图 5.111 习题 5.72 图   图 5.112 习题 5.73 图

5.74 为 NPN 型晶体管设计一个偏置稳定的四电阻偏置网络,使得 $I_{CQ} = 0.8\text{mA}$, $V_{CEQ} = 4\text{V}$ 和 $V_E = 1.5\text{V}$。电路和晶体管的参数分别为 $V_{CC} = 10\text{V}$ 和 $\beta = 120$。

5.75 ①设计一个结构如图 5.104 所示的四电阻偏置网络,使 Q 点为 $I_{CQ} = 50\mu\text{A}$ 和 $V_{CEQ} = 5\text{V}$。偏置电压为 $V^+ = +5\text{V}$ 和 $V^- = -5\text{V}$。假设可提供 $\beta = 80$ 的晶体管。发射极电阻两端的电压应接近 1V。②如果①中的晶体管用 $\beta = 120$ 的晶体管代替,求解相应的 Q 点值。

5.76 ①设计一个结构如图 5.104 所示的四电阻偏置网络,使 Q 点为 $I_{CQ} = 0.50\text{mA}$ 和 $V_{CEQ} = 2.5\text{V}$。偏置电压为 $V^+ = 3\text{V}$ 和 $V^- = -3\text{V}$。晶体管的电流增益 $\beta = 120$。发射极电阻两端的电压应接近 0.7V。②如果①中的设计电阻用最接近设计值的标准值电阻取代,求解相应的 Q 点值。

5.77 ①设计结构如图 5.113 所示的四电阻偏置网络,使 Q 点为 $I_{CQ} = 100\mu\text{A}$ 和 $V_{ECQ} = 3\text{V}$。偏置电压为 $V^+ = 3\text{V}$ 和 $V^- = -3\text{V}$。可提供 $\beta = 110$ 的晶体管。发射极电阻两端的电压应近似为 0.7V。②如果①中的晶体管用 $\beta = 150$ 的晶体管代替,求解相应的 Q 点值。

5.78 ①设计结构如图 5.77 所示的四电阻偏置网络,使 Q 点为 $I_{CQ} = 1.2\text{mA}$ 和 $V_{CEQ} = 6\text{V}$。偏置电压为 $V^+ = 9\text{V}$ 和 $V^- = -9\text{V}$。可提供 $\beta = 75$ 的晶体管。发射极电阻两端的电压应接近 1.5V。②如果①中的设计电阻用最接近设计值的标准值电阻取代,求解相应的 Q 点值。

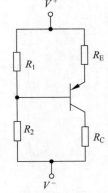

图 5.113 习题 5.77 图

5. 多级电路

5.79 对于图 5.114 所示电路中的每个晶体管,都有 $\beta = 120$,B-E 间开启电压为 0.7V,求解 Q_1 和 Q_2 的基极、集电极以及发射极静态电流。并求解 V_{CEQ1} 和 V_{CEQ2}。

5.80 图 5.115 所示的电路中,每个晶体管的参数均为 $\beta = 80$ 和 $V_{BE}(on) = 0.7V$。求解 Q_1 和 Q_2 的基极、集电极以及发射极静态电流。

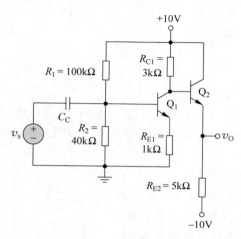

图 5.114 习题 5.79 图

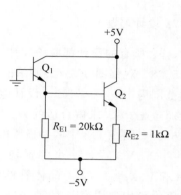

图 5.115 习题 5.80 图

5.81 图 5.104 所示电路的偏置电压改为 $V^+ = 5V$。设计一个电路,满足以下指标: $V_{CE1} = V_{CE2} = 1.2V, V_{RE} = 0.5V, I_{C1} \approx I_{C2} \approx 0.2mA, I_{R1} \approx I_{R2} \approx I_{R3} \approx 20\mu A$。

5.82 观察图 5.116 所示的电路。NPN 型晶体管的电流增益为 $\beta_n = 120$,PNP 型晶体管的电流增益为 $\beta_p = 80$,求解 I_{B1}、I_{C1}、I_{B2}、I_{C2}、V_{CE1} 和 V_{EC2}。

5.83 ①图 5.117 所示的电路中,晶体管的参数为 $\beta = 100$ 和 $V_{BE}(on) = V_{EB}(on) = 0.7V$,求解 R_{C1}、R_{E1}、R_{C2} 和 R_{E2},使得 $I_{C1} = I_{C2} = 0.8mA, V_{ECQ1} = 3.5V$ 且 $V_{CEQ2} = 4.0V$。 ②将①中的结果和计算机仿真联系起来。

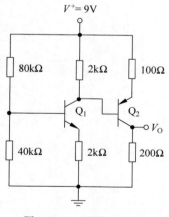

图 5.116 习题 5.82 图

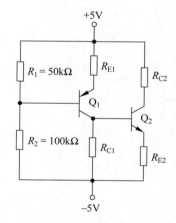

图 5.117 习题 5.83 图

6. 计算机仿真题

5.84 利用计算机仿真,画出图 5.24(a)所示电路在 $0V \leqslant V_I \leqslant 8V$ 范围内的 V_{CE}-V_I 变化曲线。V_I 分别为什么电压时晶体管导通和饱和?

5.85 利用计算机仿真,验证例题 5.7 的结果。

5.86 观察例题 5.15 中的电路和参数。如果所有的电阻值都变化±5%,利用计算机仿真,求解 Q 点值的变化。

5.87 利用计算机仿真,验证例题 5.19 的结果。

7. 设计习题

(注:所有的设计都应该和计算机仿真联系起来。)

*5.88 观察图 5.54(a)所示的共射电路。假设偏置电压 $V_{CC}=3.3V$ 且晶体管的电流增益范围为 $100 \leqslant \beta \leqslant 160$。设计电路,使得标称 Q 点位于负载线的中点,且 Q 点值的变化不会超过±3%。求解合适的 R_1 和 R_2 值。

*5.89 图 5.118 中的射极跟随器电路被偏置在 $V^+=2.5V$ 和 $V^-=-2.5V$。设计一个偏置稳定电路,使得标称 Q 点为 $I_{CQ} \approx 5mA$ 和 $V_{CEQ} \approx 2.5V$。晶体管的电流增益范围为 $100 \leqslant \beta \leqslant 160$。在最终设计中选用容差为 5% 的标准电阻。$Q$ 点值的范围是多少?

*5.90 图 5.57(a)中电路的偏置电压为 $V^+=3.3V$ 和 $V^-=-3.3V$。晶体管的电流增益 $\beta=100$。设计一个偏置稳定电路,使得 $I_{CQ} \approx 120\mu A$,$V_{RE} \approx 0.7V$ 且 $V_{ECQ} \approx 3V$,在最终设计中使用标准电阻值。

*5.91 重新设计图 5.61 所示的多晶体管电路。偏置电压为 ±3.3V,晶体管的标称电流增益为 $\beta=120$。设计一个偏置稳定电路,使得 $I_{CQ1}=100\mu A$,$I_{CQ2}=200\mu A$,且 $V_{CEQ1} \approx V_{CEQ2} \approx 3V$。

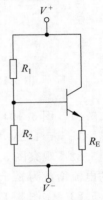

图 5.118 习题 5.89 图

第6章

基本双极型晶体管放大电路

第 5 章讲述了双极型晶体管的结构和工作原理,并分析和设计了包含这些器件的电路的直流响应。本章的重点是双极型晶体管用于线性放大电路应用。线性放大电路意味着要处理的信号大部分都是模拟信号。模拟信号的幅值可在一定范围内任意取值,这些值可以随时间连续变化。线性放大电路还意味着输出信号等于输入信号乘上一个常数,而这个比例常数的大小通常大于1。

本章主要内容如下:

(1)研究晶体管电路放大时变输入小信号的过程,并描述线性放大电路中所使用的晶体管小信号模型;

(2)讨论三种基本的晶体管放大电路结构;

(3)分析共射放大电路,并熟悉这种电路的一般特性;

(4)理解交流负载线的概念,并求解输出信号的最大不失真电压;

(5)分析射极跟随器放大电路,并熟悉这种电路的一般特性;

(6)分析共基放大电路,并熟悉这种电路的一般特性;

(7)比较三种基本放大电路结构的一般特性;

(8)分析多晶体管或多级放大电路,并理解这些电路相比于单晶体管电路的优点;

(9)理解放大电路中信号功率增益的概念;

(10)作为一个应用,在多晶体管放大电路结构中引入双极型晶体管,产生指定的输出信号功率。

6.1 模拟信号和线性放大电路

目标:理解模拟信号的概念和线性放大电路的原理。

本章将研究信号、模拟电路和放大电路。信号包含某种信息。例如,一个说话的人产生的声波,它包含着一个人传递给另一个人的信息。声波是一个模拟信号。模拟信号的数值可能是有限值内的任意值,还可能随时间连续变化。处理模拟信号的电路称为模拟电路。模拟电路的一个例子是线性放大电路。一个线性放大电路可以对输入信号进行放大,并产生幅度更大的、直接和输入信号成正比的输出信号。

来自某信号源的时变信号常常需要经过放大后才可以使用。例如,图 6.1 给出的信号源可以是麦克风的输出,而麦克风的输出需要经过放大才能驱动输出端的扬声器。放大电路就是完成这种功能的电路。直流电压源也是放大电路的输入。放大电路包含晶体管,它们必须被偏置,这样才能用作放大器件。

本章将分析和设计采用双极性晶体管作为放大器件的线性放大电路。术语"小信号"意味着可以把交流等效电路线性化。将定义在 BJT 电路中小信号意味着什么。术语"线性放大电路"意味着可以使用叠加定理,于是电路的直流分析和交流分析可以分别进行,而电路的总响应则是这两部分响应之和。

第 5 章介绍了 BJT 电路放大时变小信号的原理。本节将利用图解法、直流负载线和交流负载线来进一步讨论。在此过程中,将引出线性电路的各种小信号参数,并形成相应的等效电路。

图 6.1 表明在放大电路的分析中必须考虑两种类型的分析。第一种是直流分析,因为加了直流电压源。第二种是时变或交流分析,因为有时变信号源。线性放大电路意味着可以应用叠加定理。叠加定理表述为:由多个独立输入信号激励的线性电路的响应是电路对每个输入信号响应之和。

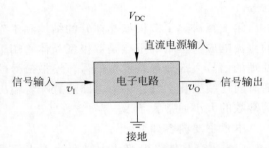

图 6.1　电子电路框图,具有两个输入信号:直流电源输入和信号输入

于是,对于线性放大电路,可以通过将交流信号源置零来进行直流分析。这种分析称为大信号分析,用于建立放大电路中晶体管的 Q 点。这类分析和设计是上一章的主要目标。交流分析称为小信号分析,可以通过将直流源置零来进行。放大电路总的响应是这两部分独立响应之和。

6.2　双极型线性放大电路

目标:研究单晶体管电路放大时变输入小信号的过程,并描述线性放大电路分析中所采用的晶体管小信号模型。

晶体管是放大电路的核心。本章将分析双极型晶体管放大电路。由于双极型晶体管具有相对较高的增益,所以习惯将它用于线性放大电路。

首先通过研究与上一章相同的双极型电路来开始本章的讨论。在图 6.2(a)所示的电路中,输入信号 v_1 同时包含直流信号和交流信号。图 6.2(b)给出相同的电路,其中 V_{BB} 为直流电源,用来将晶体管偏置在特定的 Q 点,v_s 为待放大的交流信号。图 6.2(c)给出第 5 章中得到的电压传输特性。为了将电路用作放大电路,晶体管需要用一个直流电源将其偏置在图中所示的静态工作点(Q 点),这样晶体管就被偏置在正向放大区。电路的直流分析或设计是第 5 章的关注焦点。如果在直流输入电压 V_{BB} 上叠加一个时变(例如正弦)信号,那么输出电压将沿着传输特性曲线变化,产生时变的输出电压。如果时变输出电压直接与输入电压成正比,并大于时变输入电压,则电路为线性放大电路。由图可见,如果晶体管未偏置在正向放大区(偏置在截止区或饱和区),则输出电压将不随输入电压而变化,因此,就不再是放大电路了。

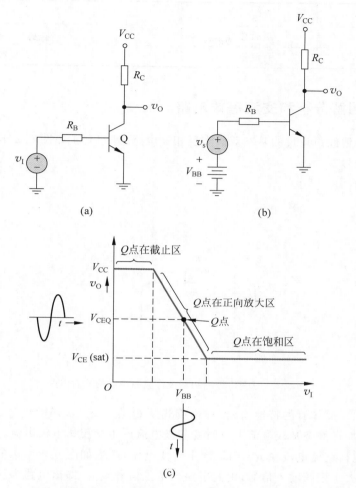

(a)

(b)

(c)

图 6.2 （a）双极型晶体管反相器电路；（b）反相器电路，在基极电路中给出直流
偏置和交流信号源；（c）晶体管反相器的电压传输特性，标出理想 Q 点

　　本章将着眼于双极型晶体管放大电路的交流分析与设计，这就意味着必须要确定时变输出信号和输入信号之间的关系。一开始将考虑图解法，它可以提供对电路基本工作原理的直观认识，然后建立用于交流信号数学分析的小信号等效电路。通常，将研究电路的稳态正弦分析。将假设任何时变信号都可以写成不同频率和幅值的正弦信号之和（傅里叶级数），因此，正弦分析是合适的。

　　本章将处理时变和直流电流及电压信号。表 6.1 给出将要使用的符号汇总。这些符号已经在序言里讨论过了，但为了方便起见，在这里再次给出。小写字母带大写下标，例如 i_B 或 v_{BE}，表示瞬时总量。大写字母带大写下标，例如 I_B 或 V_{BE}，表示直流量。小写字母带小写下标，例如 i_b 或 v_{be}，表示交流信号的瞬时值。最后，大写字母带小写下标，如 I_b 或 V_{be}，表示相量。相量表示也曾在序言中提到，在第 7 章讨论频率响应时显得尤其重要。不过在本章中使用相量表示只是为了和整体的交流分析保持一致。

311

表 6.1 符号小结

变 量	含 义	变 量	含 义
i_B、v_{BE}	瞬时总量	i_b、v_{be}	交流瞬时值
I_B、V_{BE}	直流量	I_b、V_{be}	相量

6.2.1 图解分析和交流等效电路

图 6.3 给出曾经讨论过的基本双极型反相器电路,并包含了如图 6.2(b)所示的与直流源串联的正弦信号。

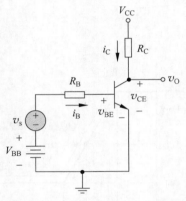

图 6.3 时变信号源和基极直流源串联的共射电路

图 6.4 给出了晶体管的特性曲线、直流负载及 Q 点。正弦信号源 V_s 产生时变或交流的基极电流,叠加在静态基极电流上。时变基极电流产生交流集电极电流,叠加在静态集电极电流上。集电极交流电流在 R_C 两端产生时变电压,产生如图 6.4 所示的集电极-发射极电压,此电压会大于正弦输入信号,由此电路产生了信号放大,即该电路为放大电路。

为了确定电路中电流和电压的正弦变化之间的关系,需要建立一种数学方法或模型。如前所述,线性放大电路意味着可以应用叠加定理,因此直流分析和交流分析可以单独进行。为了获得线性放大电路,线性时变或交流电流和电压必须足够小,以确保交流信号之间为线性关系。为了满足这个要求,假设时变信号均为小信号。这意味着交流信号的幅值够小,可以产生线性关系。随着小信号等效电路的建立,"足够小"或小信号的概念将会进一步讨论。

在图 6.3 所示的电路中,基极的时变信号源 v_s 产生基极电流的时变分量,这意味着发射结电压也包含一个时变分量。图 6.5 给出基极电流和发射结电压之间的指数函数关系。如果叠加在直流静态工作点上的时变信号的幅值很小,则可以得到交流发射结电压与基极电流之间的线性关系。这个关系对应 Q 点的曲线斜率。

1. 小信号

利用图 6.5,可以确定小信号的量化定义。根据第 5 章的讨论,特别是式(5.6),发射结电压和基极电流之间的关系可以写为

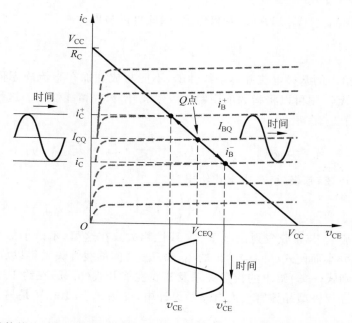

图 6.4 共射晶体管特性、直流负载线和基极、集电极电流以及集电极-发射极间电压中的正弦变化

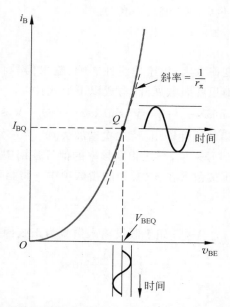

图 6.5 叠加了正弦信号的基极电流-发射结电压特性。Q 点的斜率与小信号参数 r_π 成反比

$$i_S = \frac{I_B}{\beta} \exp\left(\frac{v_{BE}}{V_T}\right) \tag{6.1}$$

如果 v_{BE} 由一个直流分量和叠加在其上的正弦分量组成，也就是，$v_{BE} = V_{BEQ} + v_{be}$，那么

$$i_B = \frac{I_S}{\beta} \cdot \exp\left(\frac{V_{BEQ} + v_{be}}{V_T}\right) = \frac{I_S}{\beta} \cdot \exp\left(\frac{V_{BEO}}{V_T}\right) \cdot \exp\left(\frac{v_{be}}{V_T}\right) \tag{6.2}$$

其中，V_{BEQ} 通常指发射结开启电压 $V_{BE}(\text{on})$。

$[I_S/\beta] \cdot \exp(V_{BEQ}/V_T)$ 为静态基极电流,因此可以写出

$$i_B = I_{BQ} \cdot \exp\left(\frac{v_{be}}{V_T}\right) \tag{6.3}$$

以这种形式给出的基极电流并不是线性的,不能写成叠加在直流静态值之上的交流电流。而如果 $v_{be} < V_T$,则可以将指数项用泰勒级数展开,只保留线性项。这种近似就是小信号的意义所在。于是有

$$i_B \approx I_{BQ}\left(1 + \frac{v_{be}}{V_T}\right) = I_{BQ} + \frac{I_{BQ}}{V_T} \cdot v_{be} = I_{BQ} + i_b \tag{6.4a}$$

其中,i_b 为时变(正弦)基极电流,由下式给出:

$$i_b = \left(\frac{I_{BQ}}{V_T}\right) v_{be} \tag{6.4b}$$

正弦基极电流 i_b 与正弦发射结电压 v_{be} 线性相关。在这里,术语小信号指的是这样一种条件,即 v_b 充分小而使式(6.4b)给出的 i_b 和 v_{be} 之间的线性关系得以成立。通常,如果 v_{be} 小于 $10\mathrm{mV}$,则式(6.3)给出的指数关系及其线性展开式(6.4a)在约 10% 的误差范围内是一致的。在线性双极型晶体管放大电路的设计中,确保 $v_{be} < 10\mathrm{mV}$ 是另一个有用的经验法则。

如果假设 v_{be} 为正弦信号,而它的幅值太大,那么输出信号将不再是纯粹的正弦电压,而会发生失真,包含谐波分量(详见"谐波失真")。

2. 谐波失真

如果输入的正弦信号变得太大,由于非线性影响,输出信号将不再是纯粹的正弦信号。非正弦的输出信号可以用傅里叶级数展开,写成以下形式:

$$v_O(t) = V_O + V_1\sin(\omega t + \phi_1) + V_2\sin(2\omega t + \phi_2) + V_3\sin(3\omega t + \phi_3) + \cdots$$
$$\text{直流项 \quad 期望的线性输出 \quad 二次谐波失真 \quad 三次谐波失真} \tag{6.5}$$

对于频率为 ω 的输入信号来说,与之相同频率的信号是期望的线性输出信号。

时变输入的发射结电压被包含在式(6.3)的指数项中。将指数函数泰勒级数展开,有

$$e^x = 1 + x + \frac{x^2}{2} + \frac{x^3}{6} + \cdots \tag{6.6}$$

这里,根据式(6.3),有 $x = v_{be}/V_T$。如果假设输入信号为正弦函数,则可以写出

$$x = \frac{v_{be}}{V_T} = \frac{V_\pi}{V_T}\sin\omega t \tag{6.7}$$

于是指数函数可以写为

$$e^x = 1 + \frac{V_\pi}{V_T}\sin\omega t + \frac{1}{2} \cdot \left(\frac{V_\pi}{V_T}\right)^2\sin^2\omega t + \frac{1}{6} \cdot \left(\frac{V_\pi}{V_T}\right)^3\sin^3\omega t + \cdots \tag{6.8}$$

由三角恒等式,可以写出

$$\sin^2\omega t = \frac{1}{2}[1 - \cos(2\omega t)] = \frac{1}{2}[1 - \sin(2\omega t + 90°)] \tag{6.9a}$$

和

$$\sin^3\omega t = \frac{1}{4}[3\sin\omega t - \sin(3\omega t)] \tag{6.9b}$$

将式(6.9a)和式(6.9b)代入式(6.8),可得

$$e^x = \left[1 + \frac{1}{4}\left(\frac{V_\pi}{V_T}\right)^2\right] + \frac{V_\pi}{V_T}\left[1 + \frac{1}{8}\left(\frac{V_\pi}{V_T}\right)^2\right]\sin\omega t -$$

$$\frac{1}{4}\left(\frac{V_\pi}{V_T}\right)^2\sin(2\omega t + 90°) - \frac{1}{24}\left(\frac{V_\pi}{V_T}\right)^3\sin(3\omega t) + \cdots \tag{6.10}$$

比较式(6.10)和式(6.8),可得系数为

$$V_O = \left[1 + \frac{1}{4}\left(\frac{V_\pi}{V_T}\right)^2\right] \quad V_1 = \frac{V_\pi}{V_T}\left[1 + \frac{1}{8}\left(\frac{V_\pi}{V_T}\right)^2\right]$$

$$V_2 = -\frac{1}{4}\left(\frac{V_\pi}{V_T}\right)^2 \quad V_3 = -\frac{1}{24}\left(\frac{V_\pi}{V_T}\right)^3 \tag{6.11}$$

可以看出,随着(V_π/V_T)增加,二次与三次谐波项变为非零。此外,直流与一次谐波项的系数也变为非线性。一个称为总谐波失真(THD)的指标定义为:

$$\text{THD}(\%) = \frac{\sqrt{\sum_2^\infty V_n^2}}{V_1} \times 100\% \tag{6.12}$$

仅考虑二次和三次谐波项的 THD 曲线如图 6.6 所示。可以看出,当 $V_\pi \leqslant 10\text{mV}$ 时,THD 小于 10%。这个总谐波失真值可能看起来过大。

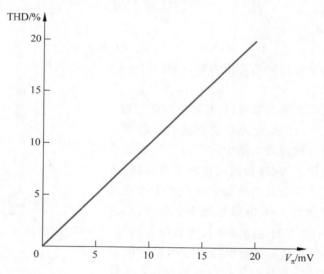

图 6.6 函数 e^{v_{BE}/V_T} 的总谐波失真随 V_π 变化的函数关系,其中 $v_{BE} = V_\pi\sin\omega t$

3. 交流等效电路

根据小信号的概念,图 6.4 给出的所有时变信号都线性相关,并叠加在直流值上。可以写出(参考表 6.1 给出的符号)

$$i_B = I_{BQ} + i_b \tag{6.13a}$$

$$i_C = i_{CQ} + i_c \tag{6.13b}$$

$$v_{CE} = V_{CEQ} + v_{ce} \qquad\qquad (6.13c)$$

和

$$v_{BE} = V_{BEQ} + v_{be} \qquad\qquad (6.13d)$$

发射结回路：如果信号源 v_s 为零，那么发射结回路方程为

$$V_{BB} = I_{BQ}R_B + V_{BEQ} \qquad\qquad (6.14)$$

考虑时变信号，得到发射结回路方程为

$$V_{BB} + v_s = i_B R_B + v_{BE} \qquad\qquad (6.15a)$$

即

$$V_{BB} + v_s = (I_{BQ} + i_b)R_B + (V_{BEQ} + v_{be}) \qquad\qquad (6.15b)$$

重新整理各项可得

$$V_{BB} - I_{BQ}R_B - V_{BEQ} = i_b R_B + v_{be} - v_s \qquad\qquad (6.15c)$$

由式(6.14)可知，式(6.15c)的左边为零，则式(6.15c)可以写为

$$v_s = i_b R_B + v_{be} \qquad\qquad (6.16)$$

这就是将全部直流项置零的发射结回路方程。

集电极-发射极回路：同样，如果输入信号 v_s 为零，则集电极-发射极回路方程为

$$V_{CC} = I_{CQ}R_C + V_{CEQ} \qquad\qquad (6.17)$$

考虑时变信号，得到集电极-发射极回路方程为

$$V_{CC} = i_C R_C + v_{CE} = (I_{CQ} + i_c)R_C + (V_{CEQ} + v_{ce}) \qquad\qquad (6.18a)$$

重新整理各项，可得

$$V_{CC} - I_{CQ}R_C - V_{CEQ} = i_c R_C + v_{ce} \qquad\qquad (6.18b)$$

由式(6.17)可知，式(6.18b)的左边为零，于是式(6.18(b))可以写为

$$i_c R_C + v_{ce} = 0 \qquad\qquad (6.19)$$

这就是将全部直流项置零的集电极-发射极回路方程。

式(6.16)和式(6.19)将电路中的交流参数联系在一起。这些等式可以通过将电路中的直流电流和电压全部置为零而直接得到，这样直流电压源变为短路，直流电流源变为开路。这就是将叠加定理应用于线性电路的结果。由此得到的 BJT 电路如图 6.7 所示，称为交流等效电路，其中所有的电流和电压都是时变信号。需要强调的是，这个电路是等效电路。这里隐含假设晶体管仍然通过合适的直流电压和电流偏置在正向放大区。

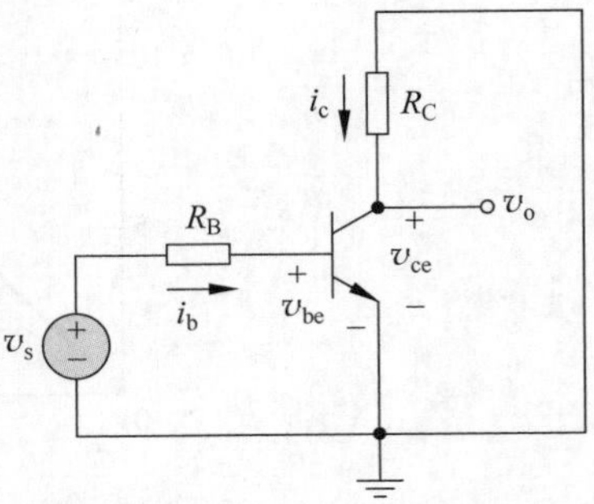

图 6.7　图 6.3 所示共射电路的交流等效电路。直流源已经置为零

另外一种看交流等效电路的方式如下：在图 6.3 所示的电路中，基极和集电极电流由叠加在直流信号上的交流信号构成。这些电流分别流过电压源 V_{BB} 和 V_{CC}。因为假设这些电压源两端的电压保持恒定，所以正弦电流不会在这些元件两端产生任何正弦电压。既然直流电压源两端的正弦电压为零，那么等效的交流阻抗为零，或者说是短路。换句话说，在交流等效电路中，直流电压源为交流短路。所以说连接 R_C 和 V_{CC} 的节点处于信号地。

6.2.2 双极型晶体管的小信号混合 π 等效电路

前面已经建立了图 6.7 所示的交流等效电路。现在需要建立晶体管的小信号等效电路。混合 π 模型就是这样一种电路,它与晶体管的物理特性密切相关。第 7 章将建立更详细的混合 π 模型,将晶体管的频率响应考虑在内,到时候这些影响会更明显。

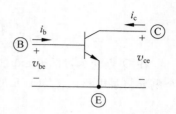

图 6.8 看作小信号二端口网络的 BJT

可以将双极型晶体管看作一个如图 6.8 所示的二端口网络。输入端口位于基极和发射极之间,输出端口则位于集电极和发射极之间。

1. 输入的基极-发射极端口

前面已经描述了混合 π 模型的一个组成部分。图 6.5 给出当时变小信号叠加在 Q 点上时的基极电流-发射结电压特性。由于正弦信号很小,可以认为 Q 点的斜率是一个常数,并具有电导的单位。这个电导的倒数就是小信号电阻,定义为 r_π。然后可以通过下式,将基极的小信号输入电流和小信号输入电压联系起来,即

$$v_{be} = i_b r_\pi \tag{6.20}$$

其中,$1/r_\pi$ 等于图 6.5 所示的 i_B-v_{BE} 曲线的斜率。由式(6.2)可以求得 r_π 为

$$\frac{1}{r_\pi} = \frac{\partial i_B}{\partial v_{BE}}\bigg|_{Q-pt} = \frac{\partial}{\partial v_{BE}}\left[\frac{I_S}{\beta}\cdot\exp\left(\frac{v_{BE}}{V_T}\right)\right]\bigg|_{Q-pt} \tag{6.21a}$$

即

$$\frac{1}{r_\pi} = \frac{1}{V_T}\cdot\left[\frac{I_S}{\beta}\cdot\exp\left(\frac{v_{BE}}{V_T}\right)\right]\bigg|_{Q-pt} = \frac{I_{BQ}}{V_T} \tag{6.21b}$$

于是

$$\frac{v_{be}}{i_b} = r_\pi = \frac{V_T}{I_{BQ}} = \frac{\beta V_T}{I_{CQ}} \tag{6.22}$$

电阻 r_π 称为扩散电阻或发射结输入电阻,可以看出,r_π 是 Q 点参数的函数。注意这与式(6.4(b))得到的表达式相同。

2. 输出的集电极-发射极端口

下面考虑双极型晶体管的输出端特性。如果首先考虑集电极输出电流与集电极-发射极间电压无关时的情况,如第 5 章所讨论,集电极电流仅仅是发射结电压的函数。于是可以写出

$$\Delta i_C = \frac{\partial i_C}{\partial v_{BE}}\bigg|_{Q-pt}\cdot\Delta v_{BE} \tag{6.23a}$$

即

$$i_C = \frac{\partial i_C}{\partial v_{BE}}\bigg|_{Q-pt}\cdot v_{be} \tag{6.23b}$$

由第 5 章的式(5.2),可以写出

$$i_C = I_S \exp\left(\frac{v_{BE}}{V_T}\right) \qquad (6.24)$$

于是

$$\frac{\partial i_C}{\partial v_{BE}}\bigg|_{Q-pt} = \frac{1}{V_T} \cdot I_S \exp\left(\frac{v_{BE}}{V_T}\right)\bigg|_{Q-pt} = \frac{I_{CQ}}{V_T} \qquad (6.25)$$

在 Q 点处求得的 $I_S \exp(v_{BE}/V_T)$ 正好是静态集电极电流。I_{CQ}/V_T 项为电导,由于这个电导将集电极电流和 B-E 回路的电压联系起来,所以称该参数为跨导,写为

$$g_m = \frac{I_{CQ}}{V_T} \qquad (6.26)$$

于是可以将小信号集电极电流写为

$$i_c = g_m v_{be} \qquad (6.27)$$

小信号跨导也是 Q 点参数的函数,并和直流偏置电流直接成正比。后面会证明,跨导随集电极静态电流的变化在放大电路的设计中是非常有用的。

3. 混合π等效电路

采用这些新的参数,就可以得到如图 6.9 所示的 NPN 型双极型晶体管的简单小信号混合 π 等效电路。括号中给出相量分量。可以将这个电路插入到图 6.7 所示的交流等效电路中。

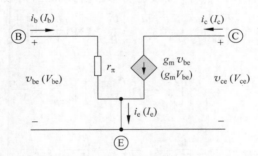

图 6.9　一个简化的 NPN 型晶体管小信号混合 π 等效电路。标出交流信号的电流和电压,括号中给出相量信号

4. 等效电路的另一种形式

可以将等效电路的输出端稍微改变一下形式,即将小信号集电极电流和小信号基极电流通过下式关联

$$\Delta i_C = \frac{\partial i_C}{\partial i_B}\bigg|_{Q-pt} \cdot \Delta i_B \qquad (6.28a)$$

即

$$i_c = \frac{\partial i_C}{\partial i_B}\bigg|_{Q-pt} \cdot i_b \qquad (6.28b)$$

这里

$$\left. \frac{\partial i_{\rm C}}{\partial i_{\rm B}} \right|_{Q-pt} \equiv \beta \tag{6.28c}$$

即

$$i_{\rm c} = \beta i_{\rm b} \tag{6.29}$$

图 6.10 所示双极型晶体管的小信号等效电路采用这个参数,图中也给出了参数的相量形式。该电路也可以代入图 6.7 所示的交流等效电路中。可以使用图 6.9 或图 6.10 所示的电路。本章后面的习题将同时使用这两种电路。

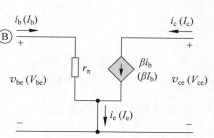

图 6.10 采用共射电流增益的 BJT 小信号等效电路,标出交流信号电流和电压,括号内为相量信号

5. 共射电流增益

式(6.28(c))所定义的共射电流增益实际上为交流 β,它不包括直流漏电流。在第 5 章中讨论了共射电路的电流增益,并将直流 β 定义为直流集电极电流和相应的直流基极电流的比值,此时是包含漏电流的。而在这里将将假设漏电流可以忽略,因此 β 的两种定义等价。

小信号混合 π 参数 r_π 和 $g_{\rm m}$ 分别在式(6.22)和式(6.26)中作了定义。如果将 r_π 和 $g_{\rm m}$ 相乘,可得

$$r_\pi g_{\rm m} = \left(\frac{\beta V_{\rm T}}{I_{\rm CQ}} \right) \cdot \left(\frac{I_{\rm CQ}}{V_{\rm T}} \right) = \beta \tag{6.30}$$

通常,对于给定的晶体管,将假设共射电流增益 β 是一个常数。但是,必须记住,一个器件和另一个器件的 β 可能不同,而且 β 会随着集电极电流的变化而变化。对于特定的分立晶体管,β 随 $I_{\rm C}$ 的变化情况将在数据手册中详细说明。

6.2.3 小信号电压增益

继续讨论等效电路,现在可以将图 6.9 所示的双极型晶体管等效电路代入,例如,代入到图 6.7 所示的交流等效电路,结果如图 6.11 所示,注意图中采用相量表示。当将图 6.9 所示的双极型晶体管等效电路引入到图 6.7 所示的交流等效电路中时,通常比较有用的方法是,先从图 6.11 所示的晶体管的三个电极开始,然后再画出三个电极之间的混合 π 等效电路,最后将剩下的电路元件,如 $R_{\rm B}$ 和 $R_{\rm C}$,连接到晶体管的各电极上。当电路变得更复杂时,这种方法在建立小信号等效电路时可以少犯错误。

该电路的小信号电压增益 $A_{\rm v} = V_{\rm o}/V_{\rm S}$,定义为输出信号电压和输入信号电压的比值。可能注意到图 6.11 中有一个新的变量 V_π,它是小信号发射结电压的传统相量表示,称为控制电压。于是,受控电流源由 $g_{\rm m} V_\pi$ 给出。受控电流 $g_{\rm m} V_\pi$ 流过 $R_{\rm C}$,产生负的集电极-发射极间电压,即

$$V_{\rm o} = V_{\rm ce} = -(g_{\rm m} V_\pi) R_{\rm C} \tag{6.31}$$

由电路的输入部分,可以求得

$$V_\pi = \left(\frac{r_\pi}{r_\pi + R_{\rm B}} \right) \cdot V_{\rm s} \tag{6.32}$$

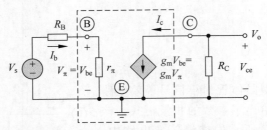

图 6.11 图 6.3 所示共射电路的小信号等效电路。虚线框内给出 NPN
型双极型晶体管的小信号混合 π 模型

于是小信号电压增益为

$$A_v = \frac{V_o}{V_s} = -(g_m R_C) \cdot \left(\frac{r_\pi}{r_\pi + R_B} \right) \tag{6.33}$$

例题 6.1 计算图 6.3 所示电路中双极型晶体管的小信号电压增益。假设晶体管参数和电路参数为 $\beta = 100$，$V_{CC} = 12V$，$V_{BE} = 0.7V$，$R_C = 6k\Omega$，$R_B = 50k\Omega$ 和 $V_{BB} = 1.2V$。

解(直流)：首先进行直流分析来求出 Q 点的值。可得 $I_{CQ} = 1mA$ 和 $V_{CEQ} = 6V$。晶体管偏置在正向放大模式。

解(交流)：小信号混合 π 模型参数为

$$r_\pi = \frac{\beta V_T}{I_{CQ}} = \frac{100 \times 0.026}{1} = 2.6k\Omega$$

和

$$g_m = \frac{I_{CQ}}{V_T} = \frac{1}{0.026} = 38.5mA/V$$

利用图 6.11 所示的小信号等效电路，可以求得小信号电压增益。由式(6.33)可得

$$A_v = \frac{V_o}{V_s} = -(g_m R_C) \cdot \left(\frac{r_\pi}{r_\pi + R_B} \right)$$

即

$$= -38.5 \times 6 \times \frac{2.6}{2.6 + 50} = -11.4$$

点评：可以看出，正弦输出电压的幅值为正弦输入电压幅值的 11.4 倍。后面将会看到，其他电路结构可以产生甚至更大的小信号电压增益。

讨论：可以考虑一个具体的正弦输入电压。令

$$v_s = 0.25 \sin \omega t \, V$$

正弦基极电流由下式给出，即

$$i_b = \frac{v_s}{R_B + r_\pi} = \frac{0.25 \sin \omega t}{50 + 2.6} \Rightarrow 4.75 \sin \omega t \, \mu A$$

正弦集电极电流为

$$i_c = \beta i_b = 100 \times (4.75 \sin \omega t) \rightarrow 0.475 \sin \omega t \, mA$$

正弦集电极-发射极间电压为

$$v_{ce} = -i_c R_C = -0.475 \times 6 \sin \omega t = -2.85 \sin \omega t \, V$$

图 6.12 给出电路中的各电流和电压,它们包括叠加在直流值上的正弦信号。图 6.12(a)给出正弦输入电压,图 6.12(b)给出叠加在静态值上的正弦基极电流。叠加在直流静态值上的正弦集电极电流如图 6.12(c)所示。注意,随着基极电流的增大,集电极电流也在增大。

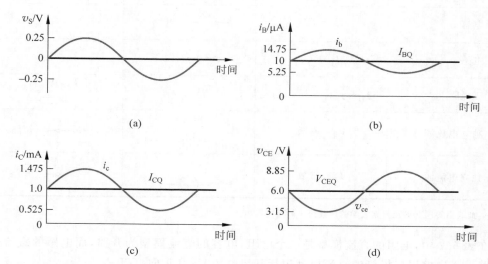

图 6.12　共射电路中的直流和交流信号:(a) 输入电压信号;(b) 输入基极电流;(c) 输出集电极
电流;(d) 集电极-发射极间输出电压。交流输出电压相对于输入电压信号有 180°的相移

图 6.12(d)是叠加在静态值上的 C-E 间电压的正弦分量。随着集电极电流的增加,R_C 两端的压降增加,所以 C-E 间电压下降。因此,输出电压的正弦分量相对于输入信号电压的相移为 180°,电压增益表达式上的负号就代表这个 180°的相移。总之,信号被放大,同时被反相。

分析方法:总结起来,BJT 放大电路的分析过程见"解题技巧:双极型交流分析"。

练习题 6.1　图 6.3 所示电路的参数为 $V_{CC}=3.3V$,$V_{BB}=0.850V$,$R_B=180k\Omega$ 和 $R_C=15k\Omega$。晶体管的参数为 $\beta=120$,$V_{BE}(on)=0.7V$。①求解 Q 点的值 I_{CQ} 和 V_{CEQ}。(b)求解小信号混合 π 参数 g_m 和 r_π。(c)计算小信号电压增益。

答案:①$I_{CQ}=0.1mA$,$V_{CEQ}=1.8V$;②$g_m=3.846mA/V$,$r_\pi=31.2k\Omega$;③$A_v=-8.52$。

解题技巧:双极型交流分析。由于处理的是线性放大电路,叠加定理适用,这意味着可以分别进行直流分析和交流分析。BJT 放大电路的具体分析过程如下:

(1)分析只存在直流源的电路。这个解称为直流或静态解,其中使用表 6.2 所列的元件直流信号模型。为了得到线性放大电路,晶体管必须偏置在正向放大区。

(2)用表 6.2 所示的小信号模型取代电路中的元件。虽然在表中没有特别列出,晶体管采用小信号混合 π 模型。

(3)分析小信号等效电路,将电路中的直流源置零,产生只有时变输入信号的电路响应。

表 6.2   各种元件在直流和小信号分析中的变换

元 件	I-V 关系	直流模型	交流模型
电阻	$I_R = \dfrac{V}{R}$	R	R
电容	$I_C = sCV$	○——○　开路	C
电感	$I_L = \dfrac{V}{sL}$	○——○　短路	L
二极管	$I_D = I_S(e^{v_D/V_T}-1)$	$+V_r - r_f$	$r_d = V_T/I_D$
独立电压源	$V_S =$ 常数	$+V_S-$	○——○　短路
独立电流源	$I_S =$ 常数	I_S	○——○　开路

* 此表由美国艾奥瓦州立大学的理查德·赫斯特提出。

在表 6.2 中,电阻的直流模型是一个电阻,电容的直流模型为开路,而电感的直流模型为短路。正向偏置二极管的直流模型包括开启电压 V_r 和正向电阻 r_f。

R、L 和 C 的小信号模型保持不变。而如果信号频率足够高,电容的阻抗可近似为短路。二极管的小信号低频模型变为二极管扩散电阻 r_d。同样,对于小信号模型,独立直流电压源变为短路,独立直流电流源变为开路。

6.2.4   考虑厄尔利效应的混合 π 等效电路

到目前为止,在小信号等效电路中,假设集电极电流不受集电极-发射极间电压的影响。第 5 章讨论了厄尔利效应,其中集电极电流确实会随集电极-发射极间电压的变化而变化。第 5 章的式(5.16)给出这种关系

$$i_C = I_S\left[\exp\left(\frac{v_{BE}}{V_T}\right)\right]\cdot\left(1+\frac{v_{CE}}{V_A}\right) \tag{6.34}$$

其中,V_A 为厄尔利电压,且为正值。可以对图 6.9 和图 6.10 所示的等效电路进行扩展,将厄尔利电压考虑在内。

输出电阻 r_o 定义为

$$r_o = \left.\frac{\partial v_{CE}}{\partial i_C}\right|_{Q-pt} \tag{6.35}$$

利用式(6.34)和式(6.35),可以写出

$$\frac{1}{r_o} = \left.\frac{\partial i_C}{\partial v_{CE}}\right|_{Q-pt} = \left.\frac{\partial}{\partial v_{CE}}\left\{I_S\left[\exp\left(\frac{v_{BE}}{V_T}\right)\left(1+\frac{v_{CE}}{V_A}\right)\right]\right\}\right|_{Q-pt} \tag{6.36a}$$

即

$$\frac{1}{r_o} = \left.I_S\left[\exp\left(\frac{v_{BE}}{V_T}\right)\right]\cdot\frac{1}{V_A}\right|_{Q-pt} \approx \frac{I_{CQ}}{V_A} \tag{6.36b}$$

于是

$$r_{\mathrm{o}} = \frac{V_{\mathrm{A}}}{I_{\mathrm{CQ}}} \tag{6.37}$$

电阻 r_{o} 称为晶体管的小信号输出电阻。

该电阻可以认为是一个等效的诺顿电阻,这意味着 r_{o} 与受控电流源并联。图 6.13(a) 和(b)给出了修改后的双极型晶体管的等效电路,其中包含输出电阻 r_{o}。

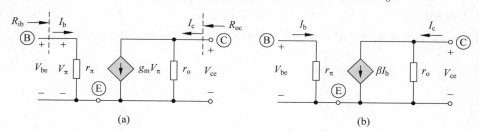

图 6.13 扩展的 BJT 小信号模型,包含了由厄尔利效应引起的输出电阻:
(a)电路包含跨导参数;(b)电路包含电流增益参数

例题 6.2 求解小信号电压增益,要求考虑晶体管输出电阻的影响。重新观察图 6.3 所示的电路,参数同例题 6.1。此外,假设厄尔利电压 $V_{\mathrm{A}} = 50\mathrm{V}$。

解:小信号输出电阻为

$$r_{\mathrm{o}} = \frac{V_{\mathrm{A}}}{I_{\mathrm{CQ}}} = \frac{50\mathrm{V}}{1\mathrm{mA}} = 50\mathrm{k}\Omega$$

将图 6.13 所示的小信号等效电路应用到图 6.7 所示的交流等效电路中,可以看到,输出电阻 r_{o} 和 R_{C} 并联。因此,小信号电压增益为

$$A_{\mathrm{v}} = \frac{V_{\mathrm{o}}}{V_{\mathrm{s}}} = -g_{\mathrm{m}}(R_{\mathrm{C}} \parallel r_{\mathrm{o}})\left(\frac{r_{\pi}}{r_{\pi} + R_{\mathrm{B}}}\right) = -(38.5)(6 \parallel 50)\left(\frac{2.6}{2.6 + 50}\right) = -10.2$$

点评:将这个结果和例题 6.1 的比较,可以看出,r_{o} 使小信号电压增益的值减小了。多数情况下,r_{o} 的值要远大于 R_{C},这意味着 r_{o} 的影响是可以忽略的。

练习题 6.2 如图 6.3 所示的电路中,假设晶体管的参数为 $\beta = 150$,$V_{\mathrm{BE}}(\mathrm{on}) = 0.7\mathrm{V}$ 和 $V_{\mathrm{A}} = 150\mathrm{V}$。电路的参数为 $V_{\mathrm{CC}} = 5\mathrm{V}$,$V_{\mathrm{BB}} = 1.025\mathrm{V}$,$R_{\mathrm{B}} = 100\mathrm{k}\Omega$ 和 $R_{\mathrm{C}} = 6\mathrm{k}\Omega$。①求解小信号混合 π 参数 g_{m}、r_{π} 和 r_{o}。②计算小信号电压增益 $A_{\mathrm{v}} = V_{\mathrm{o}}/V_{\mathrm{s}}$。

答案:①$g_{\mathrm{m}} = 18.75\mathrm{mA/V}$,$r_{\pi} = 8\mathrm{k}\Omega$,$r_{\mathrm{o}} = 308\mathrm{k}\Omega$;②$A_{\mathrm{v}} = -8.17$。

混合 π 模型的名字部分源于其参数单位的混合特性。等效电路的四个参数如图 6.13(a) 和(b)所示,分别为:输入电阻 r_{π}(欧姆)、电流增益 β(无量纲)、输出电阻 r_{o}(欧姆)和跨导 g_{m}(西门子)。

1. 输入和输出电阻

影响放大电路性能的其他两个参数是小信号输入电阻和输出电阻。对于目前所考虑的简单电路而言,这些参数的求解比较容易。

在图 6.13(a)所示的混合 π 等效电路中,从晶体管基极往里看的输入电阻用 R_{ib} 表示,$R_{\mathrm{ib}} = r_{\pi}$。为了求解输出电阻,将所有的独立源置 0。因此,在图 6.13(a)中,令 $V_{\pi} = 0$,这意

味着 $g_m V_\pi = 0$。零值电流源意味着开路。从晶体管集电极往里看的输出电阻用 R_{oc} 表示，$R_{oc} = r_o$。这两个参数影响放大电路的负载特性。

2. PNP 型晶体管的等效电路

到目前为止，只考虑了 NPN 型晶体管电路。而这些基本分析方法和等效电路同样也适用于 PNP 型晶体管。图 6.14(a)给出一个包含 PNP 型晶体管的电路。在这里，再次看到电流方向和电压极性与 NPN 型晶体管电路的不同。图 6.14(b)所示为交流等效电路，其中直流电压源用交流短路代替，而且图中所有的电流和电压均仅为正弦分量。

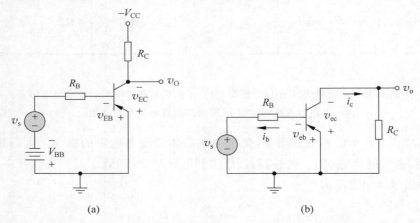

(a)   (b)

图 6.14　(a) PNP 型晶体管共射电路；(b)相应的交流等效电路

图 6.14(b)中的晶体管可以用图 6.15 所示的任何一种混合 π 等效电路代替。除了所有的电流方向和电压极性相反以外，PNP 型晶体管的混合 π 等效电路与 NPN 型晶体管的完全相同。混合 π 参数可以用和 NPN 型器件几乎相同的等式求得；也就是说，用式(6.22)求 r_π，用式(6.26)求 g_m 以及用式(6.37)求 r_o。

可以看到，在图 6.15 所示的小信号等效电路中，如果将电流方向和电压极性定义成相反的情况，则等效电路模型几乎和 NPN 型双极型晶体管的完全相同。图 6.16(a)是图 6.15(a)的重复，它给出了 PNP 型双极型晶体管混合 π 等效电路的传统电压极性和电流方向。需要记住，这些电压和电流都是小信号参数。如果输入控制电压 V_π 的极性反向，那么受电流源控制的电流方向也会反向，这种变化如图 6.16(b)所示。可以看到，这种小信号等效电路和NPN 型晶体管混合 π 等效电路相同。

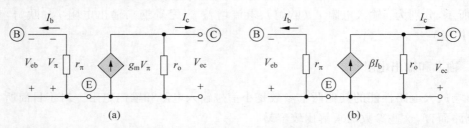

(a)   (b)

图 6.15　PNP 型晶体管的小信号混合 π 等效电路：(a) 带跨导参数；(b) 带电流增益参数。交流电压极性和电流方向与直流参数一致

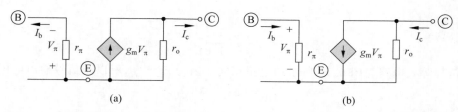

图 6.16 PNP 型晶体管的小信号混合 π 模型:(a) 图 6.15 中的原始电路;(b) 电压极性和电流方向反向后的等效电路

本书更喜欢采用图 6.15 所示的模型,因为其电流方向和电压极性与 PNP 型器件一致。将图 6.15(a) 所示 PNP 型晶体管的混合 π 模型和图 6.14(b) 所示交流等效电路组合在一起,可以得到图 6.17 所示的小信号等效电路。输出电压为

$$V_o = (g_m V_\pi)(r_o \parallel R_C) \tag{6.38}$$

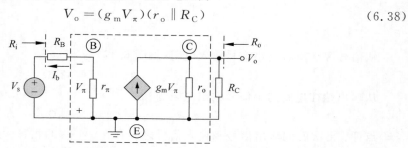

图 6.17 PNP 型晶体管共射电路的小信号等效电路。虚线框内所示为
PNP 型晶体管的小信号混合 π 等效电路模型

控制电压 V_π 可以将输入信号电压 V_s 用分压方程的形式来表示。考虑极性,有

$$V_\pi = -\frac{V_s r_\pi}{R_B + r_\pi} \tag{6.39}$$

合并式(6.38)和式(6.39),可得小信号电压增益为

$$A_v = \frac{V_o}{V_s} = \frac{-g_m r_\pi}{R_B + r_\pi}(r_o \parallel R_C) = \frac{-\beta}{R_B + r_\pi}(r_o \parallel R_C) \tag{6.40}$$

由 PNP 型晶体管组成的电路,其小信号电压增益表达式和 NPN 型晶体管电路的完全相同。考虑相反的电流方向和电压极性,电压增益仍然带有负号,表明输入和输出信号之间存在 $180°$ 的相移。

例题 6.3 分析 PNP 型放大电路。如图 6.18 所示的电路中,假设晶体管的参数为 $\beta = 80, V_{EB}(on) = 0.7V$ 和 $V_A = \infty$。

解(直流分析):求得 Q 点值为 $I_{CQ} = 1.04\text{mA}$ 且 $V_{ECQ} = 1.88V$。晶体管偏置在正向放大模式。

解(交流分析):求得小信号混合 π 参数为

$$g_m = \frac{I_{CQ}}{V_T} = \frac{1.04}{0.026} = 40\text{mA/V}$$

$$r_\pi = \frac{\beta V_T}{I_{CQ}} = \frac{(80)(0.026)}{1.04} = 2\text{k}\Omega$$

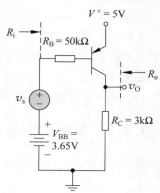

图 6.18 例题 6.3 的 PNP 型共射电路

和

$$r_o = \frac{V_A}{I_{CQ}} = \frac{\infty}{1.04} = \infty$$

小信号等效电路与图 6.17 所示的电路相同。因为 $r_o = \infty$，所以小信号输出电压为

$$V_o = (g_m V_\pi) R_C$$

可得

$$V_\pi = -\left(\frac{r_\pi}{r_\pi + R_B}\right) \cdot V_s$$

注意到 $\beta = g_m r_\pi$，可得小信号电压增益为

$$A_v = \frac{V_o}{V_s} = \frac{-\beta R_C}{r_\pi + R_B} = \frac{-(80)(3)}{2+50}$$

即

$$A_v = -4.62$$

从信号源往里看的小信号输入电阻(见图 6.17)为

$$R_i = R_B + r_\pi = 50 + 2 = 52\text{k}\Omega$$

从输出端往里看的小信号输出电阻为

$$R_o = R_C \parallel r_o = 3 \parallel \infty = 3\text{k}\Omega$$

点评：再次看到输出信号和输入信号之间存在 $-180°$ 的相移。还可以注意到分母中的基极电阻 R_B 会大大减小小信号电压增益的值。同时，电路中的 PNP 型晶体管使得可以使用正电源。

练习题 6.3 图 6.14(a)所示的电路中，令 $\beta = 90$，$V_A = 120\text{V}$，$V_{CC} = 5\text{V}$，$V_{EB}(\text{on}) = 0.7\text{V}$，$R_C = 2.5\text{k}\Omega$，$R_B = 50\text{k}\Omega$ 和 $V_{BB} = 1.145\text{V}$。①求解小信号混合 π 参数 r_π、g_m 和 r_o。②求解小信号电压增益 $A_v = V_o/V_s$。

答案：①$g_m = 30.8\text{mA/V}$，$r_\pi = 2.92\text{k}\Omega$，$r_o = 150\text{k}\Omega$；②$A_v = -4.18$。

理解测试题 6.1 采用练习题 6.1 中的电路和晶体管参数，求解当 $v_s = 0.065\sin\omega t\ \text{V}$ 时的 i_B、v_{BE} 和 v_{CE}。

答案：$i_B = 0.833 + 0.308\sin\omega t\ \mu\text{A}$，$v_{BE} = 0.7 + 0.009\ 60\sin\omega t\ \text{V}$，$V_{CE} = 1.8 - 0.554\sin\omega t\ \text{V}$。

理解测试题 6.2 观察图 6.18 所示的电路。电路的参数为 $V^+ = 3.3\text{V}$，$V_{BB} = 2.455\text{V}$，$R_B = 80\text{k}\Omega$，$R_C = 7\text{k}\Omega$。晶体管的参数为 $\beta = 110$，$V_{EB}(\text{on}) = 0.7\text{V}$ 且 $V_A = 80\text{V}$。①求解 I_{CQ} 和 V_{ECQ}。②求解 g_m、r_π 和 r_o。③求解小信号电压增益 $A_v = v_o/v_s$。④分别求解小信号输入电阻 R_i 和输出电阻 R_o。

答案：①$I_{CQ} = 0.2\text{mA}$，$V_{ECQ} = 1.9\text{V}$；②$g_m = 7.692\text{mA/V}$，$r_\pi = 14.3\text{k}\Omega$，$r_o = 400\text{k}\Omega$；③$A_v = -8.02$；④$R_i = 94.3\text{k}\Omega$，$R_o = 6.88\text{k}\Omega$。

6.2.5 扩展的混合 π 等效电路[*]

图 6.19 给出扩展的混合 π 等效电路，其中包含两个附加电阻 r_b 和 r_μ。

---

[*] 带 * 号的章节可以跳过去，但不会影响连贯性。

参数 r_b 为外部基极端子 B 和内部理想基区 B′ 之间半导体材料的串联电阻。r_b 的典型值为几十欧姆，而且通常远小于 r_π；因此，在较低频率时 r_b 通常可以忽略（视为短路）。而在高频时却不能忽略 r_b，因为此时的输入阻抗变为容性，这将在第 7 章看到。

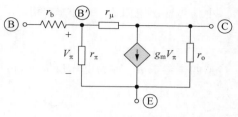

图 6.19 扩展的混合 π 等效电路

参数 r_μ 为集电结的反向偏置扩散电阻。该电阻的典型值为兆欧数量级，通常忽略（视为开路）。然而，该电阻确实能在输出和输入之间提供反馈，这意味着基极电流是集电极-发射极间电压的弱函数。

本书中，除非特别包含，在应用混合 π 等效电路模型时都将忽略 r_b 和 r_μ。

6.2.6 其他小信号参数和等效电路

可建立其他小信号参数，用于后续章节中的双极性晶体管或其他晶体管的建模。

双极型晶体管的一种常用等效电路模型使用 h 参数，它将小信号端子电流和二端口网络的电压联系在一起。这些参数通常在双极型晶体管的数据手册中给出，而且在频率较低时，可通过实验的方法获取。

图 6.20(a) 给出共射晶体管的小信号端子电流和电压相量。如果假设晶体管的 Q 点偏置在正向放大区，那么小信号端子电流和电压之间的线性关系可以写为

$$V_{be} = h_{ie} I_b + h_{re} V_{ce} \tag{6.41a}$$

$$I_c = h_{fe} I_b + h_{oe} V_{ce} \tag{6.41b}$$

这些是共发射极 h 参数的定义式，其中下标的含义为：i 代表输入，r 代表反向，f 代表正向，o 代表输出，而 e 则代表共发射极。

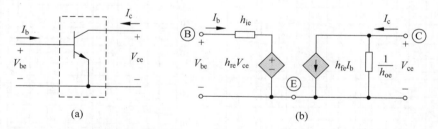

(a)   (b)

图 6.20 (a) 共发射极 NPN 型晶体管；(b) 共发射极双极型晶体管的 h 参数模型

这些等式可用于产生图 6.20(b) 所示的小信号 h 参数等效电路。式(6.41a)表示输入端的基尔霍夫电压方程，阻抗 h_{ie} 和一个数值为 $h_{ie} V_{ce}$ 的受控电压源串联。式(6.41b)表示输出端的基尔霍夫电流方程，电导 h_{oe} 和数值为 $h_{fe} I_b$ 的受控电流源并联。

由于混合 π 参数和 h 参数都可以用于晶体管特性的建模，所以这些参数相互之间不是孤立的。可以用图 6.19 所示的等效电路将混合 π 和 h 参数联系在一起。

可以写出小信号输入阻抗 h_{ie} 为

$$h_{ie} = r_b + r_\pi \parallel r_\mu \approx r_\pi \tag{6.42}$$

参数 h_{fe} 是小信号电流增益，为

$$h_{fe} = g_m r_\pi = \beta \tag{6.43}$$

小信号输出电阻 h_{oe} 由下式给出

$$h_{oe} \approx \frac{1}{r_o} \tag{6.44}$$

第四个参数 h_{ie} 称为电压反馈比,可以写为

$$h_{re} = \frac{r_\pi}{r_\pi + r_\mu} \approx 0 \tag{6.45}$$

PNP 型晶体管的 h 参数定义方法与 NPN 的相同。同样,除了电流方向和电压极性相反以外,采用 h 参数的 NPN 型晶体管的小信号等效电路也与 NPN 的完全相同。

例题 6.4 求解某特定晶体管的 h 参数。晶体管 2N2222A 是常用的分立 NPN 型晶体管。该晶体管的数据如图 6.21 所示。假设晶体管偏置在 $I_C = 1\text{mA}$,并令 $T = 300\text{K}$。

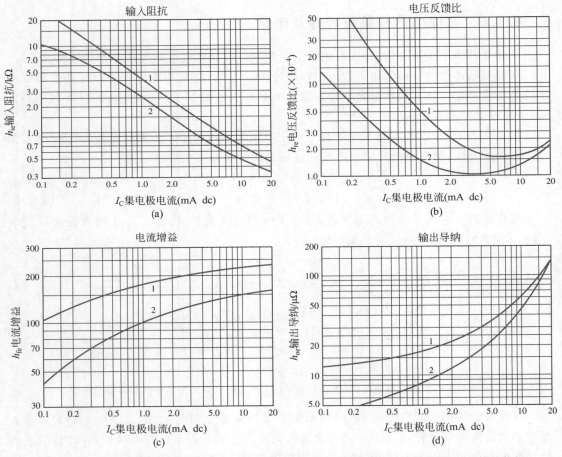

图 6.21 2N2222A 晶体管的 h 参数数据。曲线 1 和 2 分别代表高增益和低增益的晶体管数据

解:由图 6.21 可以看出,对于 $I_C = 1\text{mA}$,小信号电流增益通常在 $100 < h_{fe} < 170$ 的范围,而且相应的 h_{ie} 通常在 $2.5\text{k}\Omega$ 和 $5\text{k}\Omega$ 之间。电压反馈系数 h_{re} 在 1.5×10^{-4} 和 5×10^{-4} 之间变化,且输出导纳 h_{oe} 在 $8\mu\Omega < h_{oe} < 18\mu\Omega$ 范围之内。

点评:本例题旨在说明,对于一个特定的晶体管类型,它的参数会在一个较宽的范围内变化。尤其是电流增益参数,可能会变化两倍。这些变化是由半导体材料初始特性以及制

造工艺中容差造成的。

设计指南：以上例题清晰地表明,晶体管的参数会在较宽范围内变化。通常,电路采用标称值进行设计,但是必须把允许的误差考虑进去。在第 5 章中已经看到 β 值的变化对 Q 点的影响。本章将会看到小信号参数的变化如何影响小信号电压增益和其他线性放大电路的特性。

练习题 6.4　如果静态集电极电流为① $I_{CQ}=0.2\mathrm{mA}$ 和② $I_{CQ}=5\mathrm{mA}$,重做例题 6.4。

答案：① $7.8\mathrm{k\Omega}<h_{ie}<15\mathrm{k\Omega}$, $6.2\times10^{-4}\mathrm{k\Omega}<h_{re}<50\times10^{-4}\mathrm{k\Omega}$, $60\mathrm{k\Omega}<h_{fe}<125\mathrm{k\Omega}$, $5\mathrm{k\Omega}<h_{oe}<13\mathrm{\mu\Omega}$; ② $0.7\mathrm{k\Omega}<h_{ie}<1.1\mathrm{k\Omega}$, $1.05\times10^{-4}\mathrm{k\Omega}<h_{re}<1.6\times10^{-4}\mathrm{k\Omega}$, $140\mathrm{k\Omega}<h_{fe}<210\mathrm{k\Omega}$, $22\mathrm{k\Omega}<h_{oe}<35\mathrm{\mu\Omega}$。

在上述讨论中,曾指出 h 参数 h_{ie} 和 $1/h_{oe}$ 基本上分别与混合 π 参数 r_π 和 r_o 等价,h_{fe} 基本上等于 β。晶体管电路的响应与采用的晶体管模型无关。这就强化了混合 π 参数和 h 参数之间相关度的概念。事实上,对于任何一组小信号参数,这都成立,也就是说,任何一组给定的小信号参数都与另一组参数相关。

数据手册：在上述例题中,给出了 2N2222 分立晶体管的一些数据。图 6.22 给出该晶体管数据手册中的其他数据。数据手册中包含了大量的信息,这里先讨论其中的一部分数据。

第一组参数是关于处在截止状态的晶体管。列出的前两个参数 $V_{(BR)CEO}$ 和 $V_{(BR)CBO}$,分别表示基极开路时的集电极-发射极击穿电压和射极开路时的集电极-基极击穿电压。这些参数已经在上一章中的 5.1.6 节中作了介绍。本节曾讨论过 $V_{(BR)CBO}$ 要大于 $V_{(BR)CEO}$,表中的数据支持这一点。这两个电压值都是在击穿区的特定电流条件下测得的。第三个参数 $V_{(BR)EBO}$ 是发射极-基极击穿电压,它远小于集电极-基极击穿电压或集电极-发射极击穿电压。

电流 I_{CBO} 为发射极开路($I_E=0$)时的集电极-基极反向偏置结电流。该参数也曾在 5.1.6 节讨论过。在数据手册中,该电流在两种温度条件下的两个不同的集电极-基极电压下测得。正如所料,反向偏置电流随着温度的增加而增加。电流 I_{EBO} 为集电极开路($I_C=0$)时的反向偏置发射极-基极结电流。该电流也在特定的反向偏置电压下测得。其他两个参数 I_{CEX} 和 I_{BL} 分别是在特定截止电压下测得的集电极电流和基极电流。

第二组是关于处在开启状态的晶体管。如例题 6.4 所示,数据手册中给出了晶体管的 h 参数。第一个参数 h_{FE} 为直流共射电流增益,它在较宽范围的集电极电流下进行测量。在 5.4.2 节曾讨论过,当电流增益变化时如何稳定 Q 点。数据手册给出的数据表明,特定晶体管的电流增益会发生明显的变化,因此稳定 Q 点确实是一个很重要的问题。

前面曾用 $V_{CE}(\mathrm{sat})$ 作为晶体管进入饱和区时的一个折线化等效参数,在以前的分析和设计中,总是假设 $V_{CE}(\mathrm{sat})$ 为一个具体值。而在数据手册中,该参数并不是一个恒定的值,而是随集电极电流发生变化。如果集电极电流变得相当大,那么集电极-发射极间饱和电压也将变得相当大。在大电流情况下,将需要考虑较大的 $V_{CE}(\mathrm{sat})$ 值。表中还给出了晶体管进入饱和区时的发射结电压 $V_{BE}(\mathrm{sat})$。到目前为止,本书还没有关注过这个参数。而数据手册表明,当晶体管进入饱和区且电流值较大时,$V_{BE}(\mathrm{sat})$ 的值将大大增加。

数据手册中所列出的其他参数,在本书后面讨论晶体管的频率响应时会用到更多。这里作简单介绍,目的是为了说明尽管数据手册中列出的数据非常多,现在可以开始阅读数据手册了。

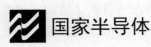 国家半导体

2N2222	PN2222	MMBT2222	MPQ2222
2N2222A	PN2222A	MMBT2222A	

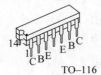

TO-18   TO-92   TO-236 (SOT-23)   TO-116

NPN通用型放大电路

电气特性 如果不另作标注，T_A=25°C

符号	参数		最小值	最大值	单位
截止特性					
$V_{(BR)CEO}$	集电极-发射极击穿电压(注1) (I_C = 10 mA, I_B = 0)	2222 2222A	30 40		V
$V_{(BR)CBO}$	集电极-基极击穿电压 (I_C = 10 μA, I_E = 0)	2222 2222A	60 75		V
$V_{(BR)EBO}$	发射极-基极极击穿电压 (I_E = 10 mA, I_C = 0)	2222 2222A	5.0 6.0		V
I_{CEX}	集电极截止电流 (V_{CE} = 60 V, V_{EB}(off) = 3.0 V)	2222A		10	nA
I_{CBO}	集电极截止电流 (V_{CB} = 50 V, I_E = 0) (V_{CB} = 60 V, I_E = 0) (V_{CB} = 50 V, I_E = 0, T_A = 150 °C) (V_{CB} = 60 V, I_E = 0, T_A = 150 °C)	2222 2222A 2222 2222A		0.01 0.01 10 10	μA
I_{EBO}	发射极截止电流 (V_{EB} = 3.0 V, I_C = 0)	2222A		10	nA
I_{BL}	基极截止电流 (V_{CE} = 60 V, V_{EB}(off) = 3.0)	2222A		20	nA
开启特性					
h_{FE}	直流电流增益 (I_C = 0.1 mA, V_{CE} = 10 V) (I_C = 1.0 mA, V_{CE} = 10 V) (I_C = 10 mA, V_{CE} = 10 V) (I_C = 10 mA, V_{CE} = 10 V, T_A = −55 °C) (I_C = 150 mA, V_{CE} = 10 V) (注1) (I_C = 150 mA, V_{CE} = 1.0 V) (注1) (I_C = 500 mA, V_{CE} = 10 V) (注1)	 2222 2222A	35 50 75 35 100 50 30 40	300	

注1：脉冲测试：脉冲宽度≤300μs 占空比≤2.0%

图6.22 2N2222双极型晶体管的基本数据手册

2222/PN2222/MMBT2222/MPQ2222/2N2222A/PN2222A/MMBT2222A NPN General Purpose Amplifier

NPN通用型放大电路 (续)

电气特性 如果不另作标注，TA=25°C(续)

符号	参数		最小值	最大值	单位
导通特性					
V_{CE} (sat)	集电极-发射极饱和电压(注1) (I_C = 150 mA, I_B = 15 mA) (I_C = 500 mA, I_B = 50 mA)	2222 2222A 2222 2222A		0.4 0.3 1.6 1.0	V
V_{BE} (sat)	基极-发射极饱和电压(注1) (I_C = 150 mA, I_B = 15 mA) (I_C = 500 mA, I_B = 50 mA)	2222 2222A 2222 2222A	0.6 0.6	1.3 1.2 2.6 2.0	V
小信号特性					
f_T	电流增益-带宽积(注3) (I_C = 20 mA, V_{CE} = 20 V, f = 100 MHz)	2222 2222A	250 300		MHz
C_{obo}	输出电容(注3) (V_{CB} = 10 V, I_E = 0, f = 100 kHz)			8.0	pF
C_{ibo}	输入电容(注3) (V_{EB} = 0.5 V, I_C = 0, f = 100 kHz)	2222 2222A		30 25	pF
$rb'C_C$	集电极基极时间常数 (I_E = 20 mA, V_{CB} = 20 V, f = 31.8 MHz)	2222A		150	ps
NF	小信号特性 (I_C = 100 μA, V_{CE} = 10 V, R_S = 1.0 kΩ, f = 1.0 kHz)	2222A		4.0	dB
$Re(h_{ie})$	小信号特性 (I_C = 20 mA, V_{CE} = 20 V, f = 300 MHz)			60	Ω
开关特性					
t_D	延迟时间 (V_{CC} = 30 V, V_{BE}(off) = 0.5 V, I_C = 150 mA, I_{B1} = 15 mA)	除了MPQ2222		10	ns
t_R	上升时间 (V_{CC} = 30 V, V_{BE}(off) = 0.5 V, I_C = 150 mA, I_{B1} = 15 mA)	除了MPQ2222		25	ns
t_S	存储时间 (V_{CC} = 30 V, I_C = 150 mA, I_{B1} = I_{B2} = 15 mA)	除了MPQ2222		225	ns
t_F	下降时间 (V_{CC} = 30 V, I_C = 150 mA, I_{B1} = I_{B2} = 15 mA)	除了MPQ2222		60	ns

注1：脉冲测试：脉冲宽度≤300μs 占空比≤2.0%
注2: 对于特性曲线，见过程19
注3：f_T定义为h_{fe}为1时的频率

图 6.22 (续)

混合 π 模型可以用来分析所有晶体管电路的时变特性。前面已经简要讨论了晶体管的 h 参数模型，这种模型的 h 参数常常在分立晶体管的数据手册中给出。图 6.23 给出了晶体管的另外一种小信号模型，即 T 模型。在某些特定的应用中，这种模型使用起来可能很方便。而为了避免介绍太多造成混淆，本教材将重点讨论混合 π 模型的使用，而将 T 模型留在更高级的课程中进行讲解。

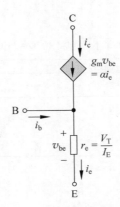

图 6.23   NPN 型双极型晶体管的 T 模型

6.3   晶体管放大电路的基本组态

目标：讨论晶体管放大电路的三种基本组态和四种等效的二端口网络。

如前所述，双极型晶体管是一种三端器件，用它可以组成三种基本的单级放大电路结构，这主要取决于三个电极中哪一个被用作信号接地端。这三种电路结构相应称为共发射极、共集电极(射极跟随器)和共基极。在特定的应用中具体采用何种电路结构或放大电路，某种程度上取决于输入信号是电压还是电流，以及要求的输出信号是电压还是电流。这里将研究三种类型放大电路的特性，以便说明每种放大电路最适用的条件。

输入信号源可以用戴维南或诺顿等效电路来建模。图 6.24(a)给出了戴维南等效源，用它来代表电压信号，例如麦克风的输出。电压源 v_s 表示麦克风产生的电压。电阻 R_S 称为信号源的输出电阻，用它来反映信号源供给电流时输出电压的变化。图 6.24(b)给出代表电流信号的诺顿等效源，如光电二极管的输出。电流源 i_s 表示光电二极管产生的电流，电阻 R_S 代表信号源的输出电阻。

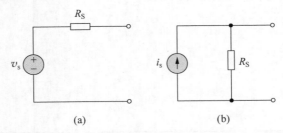

图 6.24   用输入信号源的等效：(a) 戴维南等效；(b) 诺顿等效

3 种基本晶体管放大电路中的每一种都可以用表 6.3 所示的四种二端口网络结构中的一种来建模。对于每一种晶体管放大电路，都需要确定相应的增益参数，如 A_{vo}、A_{io}、G_{mo} 和 R_{mo}。这些参数非常重要，因为它们确定了放大电路的放大性能。而后面将会看到，输入电阻 R_i 和输出电阻 R_o 在这些放大电路的设计中也是非常重要的。虽然表 6.3 所示的结构中只有其中一种适用于某个特定的应用,但4种结构中的任一种都可以用于给定放大电路的建模。这是因为对于给定的放大电路来说,每一种电路结构都会产生相同的端口特性,不同的增益参数之间并不是孤立的,而是相互联系的。

表 6.3　4 种等效二端口网络

类　　型	等　效　电　路	增　益　性　质
电压放大电路		输出电压与输入电压成正比
电流放大电路		输出电流与输入电流成正比
跨导放大电路		输出电流与输入电压成正比
互阻放大电路		输出电压与输入电流成正比

如果想要设计一个电压放大电路(前置放大电路),例如放大麦克风的输出电压,总的等效电路如图 6.25 所示。放大电路的输入电压由下式给出,即

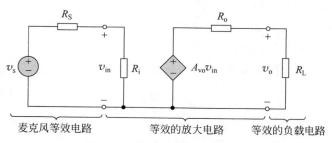

麦克风等效电路　　等效的放大电路　等效的负载电路

图 6.25　等效的前置放大电路

$$v_{\text{in}} = \frac{R_{\text{i}}}{R_{\text{i}} + R_{\text{S}}} \cdot v_{\text{s}} \tag{6.46}$$

通常,希望放大电路的输入电压 v_{in} 尽可能地接近信号源电压 v_{s}。由式(6.46)可知,需要设计放大电路,使其输入电阻 R_{i} 远大于信号源的输出电阻 R_{S}。(理想电压源的输出电阻为零,但对于大多数实际电压源来说并不为零。)为了提供特定的电压增益,放大电路的增益参数 A_{vo} 必须具有特定值。供给负载的输出电压(负载可能为下一级的功率放大电路)由下式给出

$$v_{\text{o}} = \frac{R_{\text{L}}}{R_{\text{L}} + R_{\text{o}}} \cdot A_{\text{vo}} v_{\text{in}} \tag{6.47}$$

通常,希望负载上的输出电压与放大电路产生的戴维南等效电压相等。这就意味着,对于电压放大电路,需要有 $R_{\text{o}} < R_{\text{L}}$。因此,对于电压放大电路,输出电阻同样应该非常小。输入和输出电阻在放大电路的设计中非常重要。

对于电流放大电路来说,则希望有 $R_{\text{i}} < R_{\text{S}}$ 和 $R_{\text{o}} > R_{\text{L}}$。通过本章的学习将会看到,三种基本晶体管放大电路结构中的每一种都具有适用于某种特定应用的特性。

应该注意的是,本章将主要应用表 6.3 所示的二端口等效电路来给单晶体管放大电路建模。而这些等效电路同样也可以用于多级晶体管放大电路的建模。在本教材第 2 部分,将会更清楚这一点。

6.4 共射放大电路

目标:分析共射放大电路,并熟悉这类电路的一般特性。

本节将分析 3 种基本放大电路中的第一种——共射电路。将应用前面所讨论的双极型晶体管等效电路。通常,本教材将一直使用混合 π 模型。

6.4.1 基本共射放大电路

图 6.26 给出采用分压偏置的基本共射电路。可以看到,发射极处于地电位——因此称为共发射极。来自信号源的信号通过耦合电容 C_{C} 耦合到晶体管的基极,耦合电容 C_{C} 在放大电路和信号源之间提供了直流隔离。晶体管的直流偏置通过 R_1 和 R_2 建立,当信号源通过电容耦合到放大电路时,该偏置不会受到干扰。

如果信号源是频率为 f 的正弦电压,那么容抗值为 $|Z_{\text{C}}| = 1/(2\pi f C_{\text{C}})$。例如,假设 $C_{\text{C}} = 10\mu\text{F}$ 和 $f = 2\text{kHz}$。于是,容抗值为

$$|Z_{\text{C}}| = \frac{1}{2\pi f C_{\text{C}}} = \frac{1}{2\pi \times 2 \times 10^3 \times 10 \times 10^{-6}} \approx 8\Omega \tag{6.48}$$

该阻抗值通常远小于电容两端的戴维南电阻,在这个例子中为 $R_1 \parallel R_2 \parallel r_\pi$。因此可以假

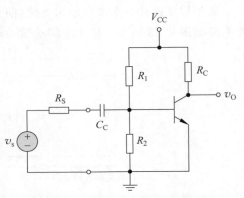

图 6.26 采用分压偏置和电容耦合的共射电路

设,对于频率大于 2kHz 的信号,耦合电容基本上为短路。同时也可忽略晶体管内部的电容效应。利用这些结果,在本章的分析中,假设信号的频率足够高,所有耦合电容都可视为短路,同时假设信号的频率也足够低,可以忽略晶体管的内部电容。这样的频率处于中频范围,或简单地说位于放大电路的中频段。

假设耦合电容短路的小信号等效电路如图 6.27 所示。小信号变量,如输入信号电压和输入基极电流,都用相量的形式给出。控制电压 V_π 也用相量形式给出。

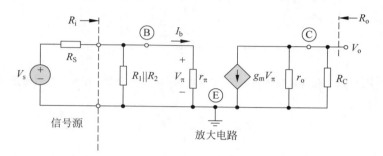

图 6.27　假设耦合电容短路的小信号等效电路

小信号输出电压为

$$V_o = -g_m V_\pi (r_o \parallel R_C) \tag{6.49}$$

求得控制电压 V_π 为

$$V_\pi = \frac{R_1 \parallel R_2 \parallel r_\pi}{R_1 \parallel R_2 \parallel r_\pi + R_S} \cdot V_s \tag{6.50}$$

将式(6.49)和式(6.50)合并,可以看出小信号电压增益为

$$A_v = \frac{V_o}{V_s} = -g_m (r_o \parallel R_C) \left(\frac{R_1 \parallel R_2 \parallel r_\pi}{R_1 \parallel R_2 \parallel r_\pi + R_S} \right) \tag{6.51}$$

图 6.26 中的电路并不实用。R_2 两端的电压提供了发射结间电压,将晶体管偏置在正向放大区。而该电阻值或晶体管特性的微小变化都可能导致晶体管被偏置在截止或饱和区。下一节将讨论一个改进的电路结构。

6.4.2　带射极电阻的电路

上一章发现,如果在图 6.28 所示的电路中包含一个射极电阻,就可以使 Q 点稳定,以抵消 β 的变化。后面将会看到,对交流信号也具有同样的性质,包含 R_E 的电路,它的电压增益将更少受到晶体管电流增益 β 的影响。虽然电路的发射极并不处于地电位,它仍被称为共射电路。

假设 C_C 相当于短路,图 6.29 给出了小信号混合 π 等效电路。如前所述,画小信号等效电路时可以从晶体管的三个电极开始,画出三个电极之间的晶体管混合 π 等效电路,然后再画出三个电极周围的电路元件。这里所使用的电流增益为 β,并假设厄尔利电压为无穷大,这样输出电阻 r_o 就可以忽略(开路)。交流输出电压为

$$V_o = -(\beta I_b) R_C \tag{6.52}$$

为求得小信号电压增益,有必要先求出输入电阻。电阻 R_{ib} 为晶体管基极往里看的输

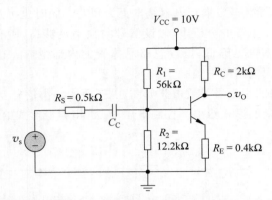

图 6.28　包含射极电阻、分压偏置电路和耦合电容的 NPN 型共射电路

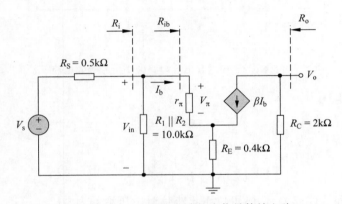

图 6.29　图 6.28 所示电路的小信号等效电路

入电阻。可以写出回路方程为

$$V_{in} = I_b r_\pi + (I_b + \beta I_b) R_E \tag{6.53}$$

可以定义并求解得到输入电阻 R_{ib} 为

$$R_{ib} = \frac{V_{in}}{I_b} = r_\pi + (1 + \beta) R_E \tag{6.54}$$

在包含射极电阻的共射电路结构中,从晶体管的基极往里看的小信号输入电阻为 r_π 加上射极电阻和系数 $(1+\beta)$ 的乘积。这种效应称为电阻折算规则。在本教材中将直接使用这个结果,而不作进一步的推导。

于是,放大电路的输入电阻为

$$R_i = R_1 \parallel R_2 \parallel R_{ib} \tag{6.55}$$

这里,同样可以利用一个分压等式将 V_{in} 和 V_s 联系起来,即

$$V_{in} = \left(\frac{R_i}{R_i + R_S}\right) \cdot V_s \tag{6.56}$$

合并式(6.52)、式(6.54)和式(6.56),可得小信号电压增益为

$$A_v = \frac{V_o}{V_s} = \frac{-(\beta I_b) R_C}{V_s} = -\beta R_C \left(\frac{V_{in}}{R_{ib}}\right) \cdot \left(\frac{1}{V_s}\right) \tag{6.57}$$

即

$$A_v = \frac{-\beta R_C}{r_\pi + (1+\beta)R_E}\left(\frac{R_i}{R_i + R_S}\right) \tag{6.58}$$

由该式可以看出,如果 $R_i > R_S$ 且 $(1+\beta)R_E > r_\pi$,则小信号电压增益约为

$$A_v \approx \frac{-\beta R_C}{(1+\beta)R_E} \approx \frac{-R_C}{R_E} \tag{6.59}$$

式(6.58)和式(6.59)表明,与式(6.51)表示的电路相比,这个电路的电压增益受电流增益 β 的影响较小,这意味着当晶体管的电流增益发生变化时,电路的电压增益变化较小。由此,电路设计者就可以更好地控制电压增益的设计,但代价是电压增益更小了。

在第 5 章曾经讨论过,Q 点会随电阻值的变化或容差而变化。由于电压增益为电阻值的函数,因此它也是那些电阻值的容差的函数。这必须在电路设计中加以考虑。

例题 6.5 求解包含射极电阻的共射电路的小信号电压增益和输入电阻。图 6.28 所示的电路中,晶体管的参数为 $\beta = 100$,$V_{BE}(\text{on}) = 0.7\text{V}$ 和 $V_A = \infty$。

解(直流): 对电路做直流分析,可以求得 $I_{CQ} = 2.16\text{mA}$ 和 $V_{CEQ} = 4.81\text{V}$,这表明晶体管偏置在正向放大模式。

解(交流): 求得小信号混合 π 参数为

$$r_\pi = \frac{V_T \beta}{I_{CQ}} = \frac{0.026 \times 100}{2.16} = 1.20\text{k}\Omega$$

$$g_m = \frac{I_{CQ}}{V_T} = \frac{2.16}{0.026} = 83.1\text{mA/V}$$

和

$$r_o = \frac{V_A}{I_{CQ}} = \infty$$

可求出基极的输入电阻为

$$R_{ib} = r_\pi + (1+\beta)R_E = 1.20 + 101 \times 0.4 = 41.6\text{k}\Omega$$

于是可以求得放大电路的输入电阻为

$$R_i = R_1 \parallel R_2 \parallel R_{ib} = 10 \parallel 41.6 = 8.06\text{k}\Omega$$

用电压增益的精确表达式,可以求得

$$A_v = \frac{-100 \times 2}{1.20 + 101 \times 0.4} \times \frac{8.06}{8.06 + 0.5} = -4.53$$

如果应用式(6.59)给出的近似式,可得

$$A_v = \frac{-R_C}{R_E} = \frac{-2}{0.4} = -5.0$$

点评: 当电路中包括射极电阻时,由于分母中包含 $(1+\beta)R_E$ 项,小信号电压增益值大大减小。同时,式(6.59)给出了电压增益的一个较好的初步近似,这意味着它可以用于包含射极电阻的共射电路的初步设计。

讨论: 放大电路的电压增益几乎与电流增益 β 的变化无关。

图 6.30 给出该例题中分析的共射放大电路的二端口等效电路以及输入信号源。可以确定信号源电阻 R_S 连同放大电路输入电阻 R_i 对电路的影响。利用分压方程,可以求出放大电路的输入电压为

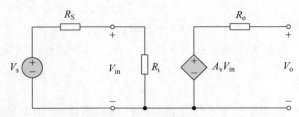

图 6.30　例题 6.5 中放大电路的二端口等效电路

$$V_{in} = \left(\frac{R_i}{R_i + R_S}\right) \cdot V_s = (0.942) \cdot V_s$$

放大电路的实际输入电压 V_{in} 相比输入信号减小了,这称为负载效应。此时输入电压近似为信号电压的 94%。

练习题 6.5　在图 6.31 所示的电路中,令 $R_E = 0.6\text{k}\Omega$,$R_C = 5.6\text{k}\Omega$,$\beta = 120$,$V_{BE}(\text{on}) = 0.7\text{V}$,$R_1 = 250\text{k}\Omega$ 和 $R_2 = 75\text{k}\Omega$。①对于 $V_A = \infty$,求解小信号电压增益 A_v。②求解从晶体管的基极往里看的输入电阻。

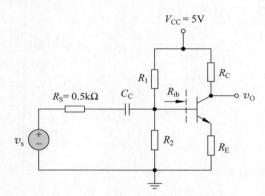

图 6.31　练习题 6.5 的电路

答案:①$A_v = -8.27$;②$R_{ib} = 80.1\text{k}\Omega$。

计算机分析题 6.1　①利用 PSpice 分析,验证例题 6.5 的结果。例如采用标准晶体管 2N2222。②对于 $R_E = 0.3\text{k}\Omega$,重复①。

例题 6.6　分析 PNP 型晶体管电路。观察图 6.32(a)所示的电路,求解静态参数值和小信号电压增益。已知晶体管的参数为 $V_{BE}(\text{on}) = 0.7\text{V}$,$\beta = 80$ 和 $V_A = \infty$。

解(直流分析):基极偏置电路应用了戴维南等效的直流等效电路如图 6.32(b)所示。求得

$$R_{TH} = R_1 \parallel R_2 = 40 \parallel 60 = 24\text{k}\Omega$$

和

$$V_{TH} = \left(\frac{R_2}{R_1 + R_2}\right)(5) - 2.5 = 0.5\text{V}$$

可求得晶体管的静态值为 $I_{CQ} = 0.559\text{mA}$ 和 $V_{ECQ} = 1.63\text{V}$。

解(交流分析):求得小信号混合 π 参数为

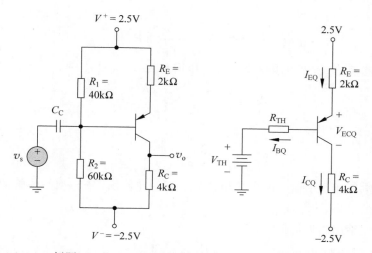

图 6.32 （a）例题 6.6 的 PNP 型晶体管电路；（b）例题 6.6 的戴维南等效电路

$$r_\pi = \frac{\beta V_T}{I_{CQ}} = \frac{80 \times 0.026}{0.559} = 3.72\text{k}\Omega$$

$$g_m = \frac{I_{CQ}}{V_T} = \frac{0.559}{0.026} = 21.5\text{mA/V}$$

和

$$r_o = \frac{V_A}{I_Q} = \infty$$

小信号等效电路如图 6.33 所示。如前所述，从晶体管的三个电极开始，先画出三个电极间的混合 π 等效电路，然后再画出晶体管周围的其他电路元件。

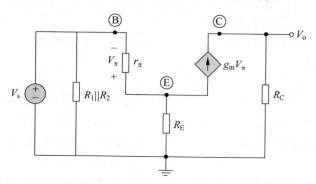

图 6.33 例题 6.6 中图 6.32(a)所示电路的小信号等效电路

输出电压为

$$V_o = g_m V_\pi R_C$$

从 B-E 回路的输入端写出 KVL 方程，可得

$$V_s = -V_\pi - \left(\frac{V_\pi}{r_\pi} + g_m V_\pi\right) R_E$$

其中，括号中的项为流过电阻 R_E 的总电流。求解得到 V_π，由于 $g_m r_\pi = \beta$，可得

$$V_\pi = \frac{-V_\pi}{1 + \left(\frac{1+\beta}{r_\pi}\right)R_E}$$

代入输出电压的表达式,可以求得小信号电压增益为

$$A_v = \frac{V_o}{V_s} = \frac{-\beta R_C}{r_\pi + (1+\beta)R_E}$$

于是

$$A_v = \frac{-(80 \times 4)}{3.72 + 81 \times 2} = -1.93$$

负号表明输出电压相对于输入电压的相移为 $180°$。在使用 NPN 型晶体管的共射电路中也可以得出相同的结果。

用式(6.59)给出的近似值,可得

$$A_v \approx -\frac{R_C}{R_E} = -\frac{4}{2} = -2$$

这个近似值和计算得到的实际增益值非常接近。

点评:在上一章已经发现,电路中包含射极电阻可以增强 Q 点的稳定性。而在这里可以看到,在小信号分析中,电阻 R_E 明显减小了小信号电压增益。因此,在电子设计中,为了兼顾稳定性和增益这两方面的需求,常常采用折中方案。

练习题 6.6 图 6.34 所示电路的参数为 $R_E = 0.3\text{k}\Omega, R_C = 4\text{k}\Omega, R_1 = 14.4\text{k}\Omega, R_2 = 110\text{k}\Omega$ 和 $R_L = 10\text{k}\Omega$,晶体管的参数为 $\beta = 100, V_{BE}(\text{on}) = 0.7\text{V}$ 和 $V_A = \infty$。①求解静态值 I_{CQ} 和 V_{ECQ}。②计算小信号参数 $g_m、r_\pi$ 和 r_o。③求小信号电压增益。

答案:①$I_{CQ} = 1.6\text{mA}, V_{ECQ} = 5.11\text{V}$,②$g_m = 61.54\text{mA/V}、r_\pi = 1.625\text{k}\Omega, r_o = \infty$;③$A_v = -8.95$。

理解测试题 6.3 图 6.28 所示电路的参数为 $V_{CC} = 5\text{V}, R_C = 4\text{k}\Omega, R_E = 0.25\text{k}\Omega, R_S = 0.25\text{k}\Omega, R_1 = 100\text{k}\Omega$ 和 $R_2 = 25\text{k}\Omega$,晶体管的参数为 $\beta = 120, V_{BE}(\text{on}) = 0.7\text{V}$ 和 $V_A = \infty$。求解小信号电压增益

答案:$A_v = -13.6$。

理解测试题 6.4 图 6.31 所示的电路中,令 $\beta = 100, V_{BE}(\text{on}) = 0.7\text{V}$ 和 $V_A = \infty$。设计一个偏置稳定电路,使得 $I_{CQ} = 0.5\text{mA}, V_{CEQ} = 2.5\text{V}$ 以及 $A_v = -8$。

答案:为了得到较好的近似值,取 $R_C = 4.54\text{k}\Omega, R_E = 0.454\text{k}\Omega, R_1 = 24.1\text{k}\Omega$ 和 $R_2 = 5.67\text{k}\Omega$。

理解测试题 6.5 设计图 6.35 所示的电路,使其偏置稳定,且小信号电压增益为 $A_v = -8$。令 $I_{CQ} = 0.6\text{mA}, V_{ECQ} = 3.75\text{V}, \beta = 100, V_{BE}(\text{on}) = 0.7\text{V}$ 和 $V_A = \infty$。

答案:为了得到较好的近似值,取 $R_C = 5.62\text{k}\Omega, R_E = 0.625\text{k}\Omega, R_1 = 7.41\text{k}\Omega$ 和 $R_2 = 42.5\text{k}\Omega$。

理解测试题 6.6 图 6.28 所示的电路中,小信号电压增益近似为 $-R_C/R_E$。对于 $R_C = 2\text{k}\Omega, R_E = 0.4\text{k}\Omega$ 和 $R_S = 0$。若要求近似值与实际值相差 5% 以内,β 值为多少?

答案:$\beta = 76$。

计算机分析题 6.2 利用 PSpice 分析,验证例题 6.6 的结果。要求采用标准晶体管。

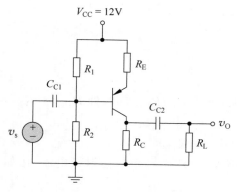

图 6.34　练习题 6.6 的电路

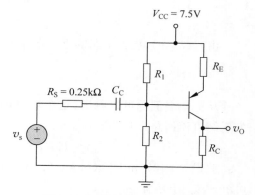

图 6.35　理解测试题 6.5 的电路

6.4.3　带射极旁路电容的电路

有时候,直流设计中需要大的射极电阻,这会使得小信号电压增益大大减小。此时,可以采用一个射极旁路电容,从交流信号的角度来看,有效地将射极电阻部分或全部旁路。观察图 6.36 所示的电路,在电路中采用了正、负电源电压偏置。射极电阻 R_{E1} 和 R_{E2} 都会影响电路的直流设计,但由于电容 C_E 对交流信号提供了对地短路,只有 R_{E1} 是交流等效电路的一部分。总之,交流增益的稳定性仅取决于 R_{E1},而直流稳定性则主要取决于 R_{E2}。

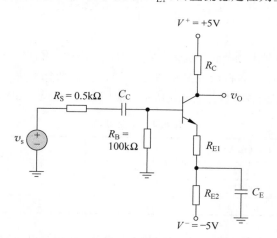

图 6.36　包含射极电阻和射极旁路电容的双极型电路

例题 6.7　设计满足一组指标要求的双极型放大电路。

(1) 设计指标:待设计的电路结构如图 6.36 所示,需要将一个来自麦克风的 12mV 的正弦信号放大为 0.4V 的正弦输出信号。如图所示,假设麦克风的输出电阻为 0.5kΩ。

(2) 器件选择:设计中所用晶体管的标称参数为 $\beta = 100$ 和 $V_{BE}(\text{on}) = 0.7\text{V}$,但是由于容差的影响,假设这类晶体管的电流增益范围为 $75 \leqslant \beta \leqslant 125$。这里假设 $V_A = \infty$。最终设计中要求采用标准电阻值,但在本例题中假设可提供实际的电阻值(没有容差的影响)。

解(初步的设计方法):放大电路所需的电压增益值为

341

$$|A_v| = \frac{0.4V}{12mV} = 33.3$$

由式(6.59),放大电路的近似电压增益为

$$|A_v| \approx \frac{R_C}{R_{E1}}$$

从上一个例题可以看出,这个增益的值可以很大,可令 $R_C/R_{E1}=40$,即 $R_C=40R_{E1}$。发射结直流回路方程为

$$5 = I_B R_B + V_{BE}(on) + I_E(R_{E1} + R_{E2})$$

假设 $\beta=100$ 和 $V_{BE}(on)=0.7V$,可以通过电路设计,产生一个静态射极电流,比如 0.20mA。于是有

$$5 = \frac{0.20}{101} \times 100 + 0.70 + 0.20(R_{E1} + R_{E2})$$

由此可得

$$R_{E1} + R_{E2} = 20.5k\Omega$$

假设 $I_E \approx I_C$,并设计电路使得 $V_{CEQ}=4V$,由集电极-发射极回路方程可得 $5+5=I_C R_C + V_{CEQ} + I_E(R_{E1}+R_{E2})=0.2R_C+4+0.2\times20.5$ 即

$$R_C = 9.5k\Omega$$

于是有

$$R_{E1} = \frac{R_C}{40} = \frac{9.5}{40} = 0.238k\Omega$$

和 $R_{E2}=20.3k\Omega$。

折中考虑:根据附录 C,将选择标准电阻值 $R_{E1}=240\Omega$,$R_{E2}=20k\Omega$ 和 $R_C=10k\Omega$。假设可以提供这些电阻值,下面将研究晶体管电流增益 β 值变化对电路性能的影响。

在三个 β 值下,电路的各参数如表 6.4 所示。输出电压 V_o 是 12mV 输入信号作用的结果。

表 6.4 电路参数

β	$I_{CQ}(mA)$	$r_\pi(k\Omega)$	$|A_v|$	$V_o(V)$
75	0.197	9.90	26.1	0.313
100	0.201	12.9	26.4	0.317
125	0.203	16.0	26.6	0.319

需要注意的重要一点是,对于 12mV 的输入电压,输出电压小于设计目标中的 0.4V。这种影响将在下一节中通过计算机仿真做进一步讨论。

需要注意的第二点是,静态集电极电流、小信号电压增益以及输出电压对于电流增益 β 相对不太敏感。这种稳定性是包含了射极电阻 R_{E1} 的直接效果。

计算机仿真:由于在设计中采用了近似的方法,针对所选择的标准电阻值,可以利用 PSpice 给出更为准确的电路计算值。图 6.37 给出 PSpice 电路原理图。

采用标准电阻值和 2N3904 型晶体管,12mV 的输入信号产生的输出信号为 323mV。仿真中使用的频率为 2kHz,电容值为 $100\mu F$。输出信号的值略小于所要求的值 400mV。产生这种差异的主要原因是设计中忽略了晶体管的参数 r_π。而对于 I_C 约为 0.2mA 的集

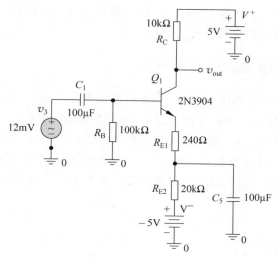

图 6.37 例题 6.7 的 PSpice 电路原理图

电极电流来说，r_π 的影响可能会很明显。

为了提高小信号电压增益，有必要选取较小的 R_{E1} 值。当 $R_{E1}=160\Omega$ 时，输出信号电压为 410mV，非常接近所需要的值。

设计指南：在电子电路的初步设计中，近似的方法非常有用。之后，可以利用计算机仿真软件，比如 PSpice，对设计进行验证。最后，可对设计稍加修改以满足所需的设计指标。

练习题 6.7 图 6.38 所示电路的参数为 $V^+=5V, V^-=-5V, R_E=4k\Omega, R_C=4k\Omega$, $R_B=100k\Omega$ 和 $R_S=0.5k\Omega$，晶体管的参数为 $\beta=120, V_{BE}(on)=0.7V$ 和 $V_A=80V$。①求解由信号源往里看的输入电阻；②求解小信号电压增益。

答案：①$R_i=3.91k\Omega$；②$A_v=-114$。

理解测试题 6.7 图 6.39 所示的电路中，令 $\beta=125, V_{BE}(on)=0.7V$ 和 $V_A=200V$。①求解小信号电压增益 A_v。②求解输出电阻 R_o。

答案：①$A_v=-50.5$；②$R_o=2.28k\Omega$。

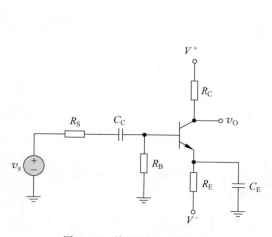

图 6.38 练习题 6.7 的电路

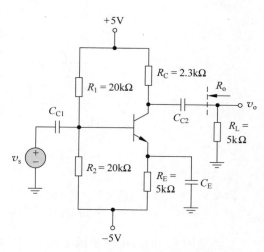

图 6.39 理解测试题 6.7 的电路

计算机分析题 6.3 ①利用 PSpice 仿真,求解图 6.39 所示电路的电压增益。②如果 $R_L=50\text{k}\Omega$,重复①。电路的负载效应如何?

6.4.4　高级共射放大电路的概念

在之前对共射电路的分析中,假设负载或集电极电阻恒定。图 6.40(a)所示的共射电路采用恒流源偏置,并包含一个非线性的而不是恒定的集电极电阻。假设非线性电阻的电流-电压特性由图 6.40(b)所示的曲线描述。图 6.40(b)中的曲线可以用图 6.42(c)所示的 PNP 型晶体管来产生。晶体管偏置为恒定的 V_{EB} 电压,此时这个晶体管作为负载器件,由于晶体管是有源器件,所以该负载称为有源负载。在本教材的第 2 部分,将更详细地介绍有源负载。

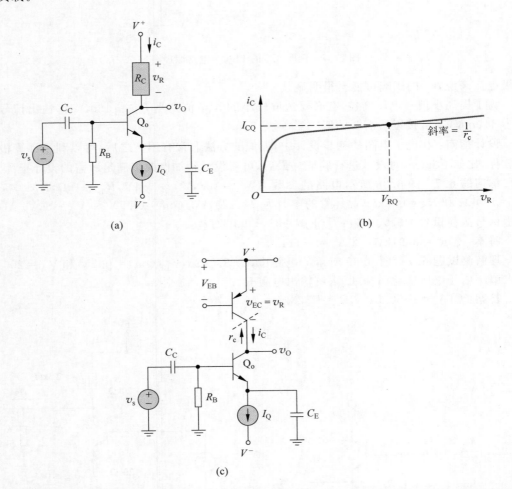

图 6.40　(a)包含电流源偏置和非线性负载电阻的共射电路;(b)非线性负载电阻的电流-电压特性;(c)用来产生非线性负载特性的 PNP 型晶体管

忽略图 6.40(a)中的基极电流,可以假设负载器件的静态电流和电压值为 $I_Q=I_{\text{CQ}}$ 和 V_{RQ},如图 6.40(b)所示。在负载器件的 Q 点处,假设动态电阻 $\Delta v_{\text{R}}/\Delta i_{\text{C}}$ 为 r_{c}。

图 6.41 所示为图 6.40(a)中共射放大电路的小信号等效电路。集电极电阻 R_C 被 Q 点处的小信号等效电阻 r_c 代替。假设信号源为理想电压源,则小信号电压增益为

$$A_v = \frac{V_o}{V_s} = -g_m(r_o \parallel r_c) \tag{6.60}$$

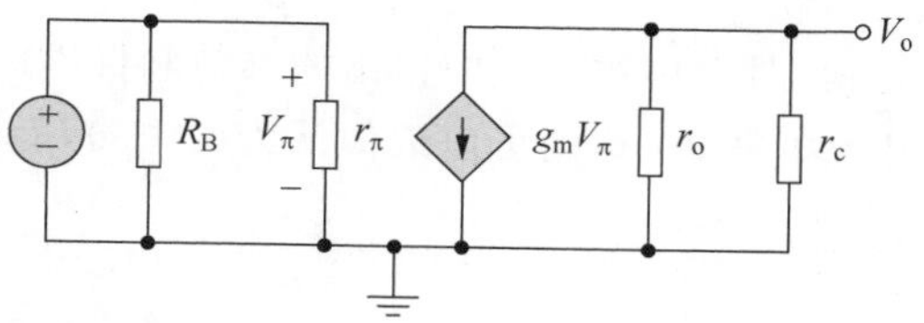

图 6.41 图 6.40(a)所示电路的小信号等效电路

例题 6.8 求解包含非线性负载电阻的共射电路的小信号电压增益。假设图 6.40(a) 所示的电路偏置在 $I_Q = 0.5\text{mA}$,晶体管的参数为 $\beta = 120$ 和 $V_A = 80\text{V}$。同时假设集电极的 非线性小信号电阻为 $r_c = 120\text{k}\Omega$。

解:对于电流增益 $\beta = 120$,$I_{CQ} \approx I_{EQ} = I_Q$,小信号混合 π 参数为

$$g_m = \frac{I_{CQ}}{V_T} = \frac{0.5}{0.026} = 19.2\text{mA/V}$$

和

$$r_o = \frac{V_A}{I_{CQ}} = \frac{80}{0.5} = 160\text{k}\Omega$$

因此,小信号电压增益为

$$A_v = -g_m(r_o \parallel r_c) = -19.2 \times (160 \parallel 120) = -1317$$

点评:在《电子电路分析与设计——模拟电路设计》中将会看到,非线性电阻 r_c 是由另 一个双极型晶体管的 $I\text{-}V$ 特性所产生的。由于相应的有效负载电阻很大,所以产生了非常 大的小信号电压增益。大的有效负载电阻 r_c 意味着不能忽略放大电路晶体管的输出电阻 r_o;因此,必须将负载效应考虑在内。

练习题 6.8 ①假设图 6.40(a)所示的电路偏置在 $I_Q = 0.25\text{mA}$,并假设晶体管的参数 为 $\beta = 100$ 和 $V_A = 100\text{V}$。假设集电极的非线性小信号电阻 $r_c = 100\text{k}\Omega$。求解小信号电压 增益。②若输出端对地接小信号负载电阻 $r_L = 100\text{k}\Omega$,重做①部分。

答案:①$A_v = -769$;②$A_v = -427$。

6.5 交流负载线分析

目标:理解交流负载线的概念,并计算输出信号的最大不失真电压。

直流负载线提供了一种将 Q 点和晶体管特性之间关系可视化的方法。当晶体管电路 中包含电容时,会存在另一种新的有效负载线,称为交流负载线。交流负载线有助于将小信 号响应和晶体管特性之间的关系可视化,电路的交流工作区就位于交流负载线上。

6.5.1 交流负载线

图 6.36 所示的电路具有射极电阻和射极旁路电容。直流负载线可通过写出 C-E 回路

的 KVL 方程而求得,即

$$V^+ = I_C R_C + V_{CE} + I_E (R_{E1} + R_{E2}) + V^- \tag{6.61}$$

注意到 $I_E = [(1+\beta)/\beta] I_C$,式(6.61)可以写为

$$V_{CE} = (V^+ - V^-) - I_C \left[R_C + \left(\frac{1+\beta}{\beta} \right) (R_{E1} + R_{E2}) \right] \tag{6.62}$$

这就是直流负载线方程,对于例题 6.7 中得出的参数和标准电阻值,相应的直流负载线和 Q 点在图 6.42 中画出。如果 $\beta \gg 1$,则可以近似认为 $(1+\beta)/\beta \approx 1$。

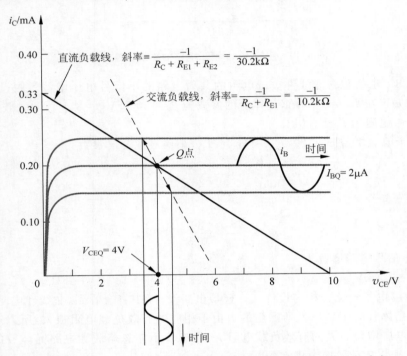

图 6.42 图 6.36 所示电路的直流、交流负载线以及对输入信号的响应

由例题 6.7 中的小信号分析可知,集电极-发射极回路的 KVL 方程为

$$i_c R_C + v_{ce} + i_e R_{E1} = 0 \tag{6.63a}$$

也即,假设 $i_c \approx i_e$,于是

$$v_{ce} = -i_c (R_C + R_{E1}) \tag{6.63b}$$

式(6.63b)即为交流负载线方程。其斜率为

$$斜率 = \frac{-1}{R_C + R_{E1}}$$

交流负载线如图 6.42 所示。当 $v_{ce} = i_c = 0$ 时所对应的点就是 Q 点。而当存在交流信号时,交流负载线上的 Q 点发生偏移。

交流负载线的斜率与直流负载线的不同,这是由于小信号等效电路中并不包含射极电阻 R_{E2}。小信号 C-E 间电压和集电极的电流响应仅仅是电阻 R_C 和 R_{E1} 的函数。

例题 6.9 求解图 6.43 所示电路的直流负载线和交流负载线。假设晶体管的参数为 $V_{EB}(\text{on}) = 0.7\text{V}, \beta = 150$ 和 $V_A = \infty$。

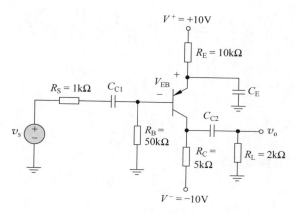

图 6.43　例题 6.9 的电路

解（直流）：通过写出 C-E 回路的 KVL 方程，可以求得直流负载线为

$$V^+ = I_E R_E + V_{EC} + I_C R_C + V^-$$

于是直流负载线方程为

$$V_{EC} = (V^+ - V^-) - I_C \left[R_C + \left(\frac{1+\beta}{\beta} \right) R_E \right]$$

假设 $(1+\beta)/\beta \approx 1$，那么直流负载线如图 6.44 所示。可以求出 Q 点值为 $I_{BQ} = 5.96\mu A$，$I_{CQ} = 0.894mA$，$I_{EQ} = 0.90mA$ 和 $V_{ECQ} = 6.53V$。在图 6.44 中也画出了 Q 点。

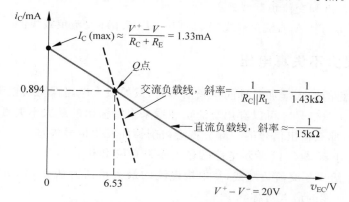

图 6.44　例题 6.9 的直流和交流负载线

解（交流）：假设所有的电容都可视为短路，则小信号等效电路如图 6.45 所示。注意 PNP 型晶体管的混合 π 等效电路的电流方向及电压极性与 NPN 型晶体管的相反。小信号混合 π 参数为

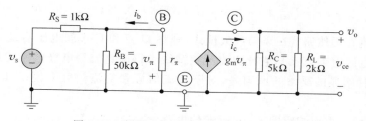

图 6.45　例题 6.9 电路的小信号等效电路

$$r_\pi = \frac{V_T \beta}{I_{CQ}} = \frac{0.026 \times 150}{0.894} = 4.36 \text{k}\Omega$$

$$g_m = \frac{I_{CQ}}{V_T} = \frac{0.894}{0.026} = 34.4 \text{mA/V}$$

和

$$r_o = \frac{V_A}{I_{CQ}} = \frac{\infty}{I_{CQ}} = \infty$$

小信号输出电压,即 C-E 间电压为

$$v_o = v_{ce} = +(g_m v_\pi)(R_C \parallel R_L)$$

其中

$$g_m v_\pi = i_c$$

用 E-C 电压形式写出交流负载线为

$$v_{ec} = -i_c (R_C \parallel R_L)$$

在图 6.44 中也画出了交流负载线。

点评:在小信号等效电路中,较大的 $10 \text{k}\Omega$ 电阻被旁路电容 C_E 有效地短路,同时由于耦合电容 C_{C2} 的作用,使负载电阻 R_L 和 R_C 并联,所以交流负载线的斜率和直流负载线的明显不同。

练习题 6.9 图 6.39 所示的电路中,令 $\beta = 125$,$V_{BE}(\text{on}) = 0.7\text{V}$ 和 $V_A = 200\text{V}$。请在同一个图中画出直流和交流负载线。

答案:$I_{CQ} = 0.840 \text{mA}$,直流负载线:$V_{CE} = 10 - I_C(7.3)$;交流负载线:$V_{ce} = -I_C(1.58)$。

6.5.2 最大不失真电压

当在放大电路的输入端加对称的正弦信号时,只要放大电路保持线性工作,那么输出端就会产生对称的正弦信号。可以利用交流负载线来求解输出的最大不失真电压。如果输出超出这个最大值,那么输出信号的一部分将会被削掉而发生信号失真。

例题 6.10 求解图 6.43 所示电路的最大不失真输出电压。

解:图 6.44 给出了交流负载线,集电极电流的最大负值为从 0.894mA 到 0mA;因而集电极交流电流可能的最大对称峰-峰值为

$$\Delta i_c = 2(0.894) = 1.79 \text{mA}$$

则输出电压的最大对称峰-峰值为

$$|\Delta v_{ec}| = |\Delta i_c|(R_C \parallel R_L) = 1.79 \times (5 \parallel 2) = 2.56 \text{V}$$

因此,最大的瞬时集电极电流为

$$i_C = I_{CQ} + \frac{1}{2}|\Delta i_C| = 0.894 + 0.894 = 1.79 \text{mA}$$

点评:晶体管仍然偏置在正向放大模式,观察 Q 点和 C-E 间电压的最大振幅。注意最大瞬时集电极电流为 1.79mA,它比由直流负载线求得的直流集电极电流的最大值 1.33mA 要大。产生这种明显的反常的原因是,对于直流信号和交流信号来说,C-E 电路中的电阻不同。

练习题 6.10 再次观察图 6.38 所示的电路,令 $\beta = 120$,$V_{BE}(\text{on}) = 0.7\text{V}$ 和 $V_A = \infty$。

电路参数同习题 6.7。①请在同一个图中画出直流负载线和交流负载线。②求出 Q 点值。③对于 $i_c > 0$ 和 $0.5 \leqslant v_{CE} \leqslant 9V$，求解最大不失真输出电压。

答案：②$I_{CQ} = 0.884mA$，$V_{CEQ} = 2.9V$；③$\Delta v_{ce} = 4.8V$，峰-峰值。

在图 6.42 所示的电路中，与直流负载线相比，交流负载线的交流输出信号似乎更小，这对于一个给定的基极正弦输入电流来说是正确的。而对于交流负载线来说，要产生给定的交流基极电流，所需的输入信号电压 v_s 要小得多。这意味着交流负载线的电压增益大于直流负载线。

解题技巧：最大不失真电压。

由于所处理的是线性放大电路，叠加定理适用，可以将交流分析和直流分析的结果叠加。为了将 BJT 放大电路设计成可以获得最大不失真电压，可以采取以下步骤

（1）写出将静态值 I_{CQ} 和 V_{CEQ} 联系起来的直流负载线方程。

（2）写出将交流值 i_c 和 v_{ce} 联系起来的交流负载线方程：$v_{ce} = -i_c R_{eq}$，其中 R_{eq} 为集电极-发射极电路的有效交流电阻。

（3）通常，可以写出 $i_c = I_{CQ} - I_C(min)$，其中 $I_C(min)$ 为零或规定的最小集电极电流。

（4）通常，还可以写出 $v_{ce} = V_{CEQ} - V_{CE}(min)$，其中 $V_{CE}(min)$ 是规定的最小集电极-发射极间电压。

（5）联合求解以上四个式子，得出最合适的 I_{CQ} 和 V_{CEQ} 值，进而得出输出信号的最大不失真电压。

例题 6.11 设计一个电路，实现最大不失真输出电压。

（1）设计指标：待设计的电路结构如图 6.46(a) 所示，要求电路偏置稳定，集电极电流最小值为 $I_C(min) = 0.1mA$，集电极-发射极间电压的最小值为 $V_{CE}(min) = 1V$。

（2）器件选择：假设标称电阻值为 $R_E = 2k\Omega$ 和 $R_C = 7k\Omega$。令 $R_{TH} = R_1 \parallel R_2 = (0.1)(1+\beta)R_E = 24.2k\Omega$。假设晶体管的参数为 $\beta = 120$，$V_{BE}(on) = 0.7V$ 且 $V_A = \infty$。

解(Q 点)：直流等效电路如图 6.46(b) 所示，中频小信号等效电路如图 6.46(c) 所示。

由图 6.46(b)，直流负载线为（假设 $I_C \approx I_E$）。

$$V_{CE} = 10 - I_C(R_C + R_E) = 10 - I_C(9)$$

由图 6.46(c)，交流负载线为

$$V_{ce} = -I_C(R_C \parallel R_L) = -I_c(4.12)$$

这两条负载线在图 6.47 中画出。此时，Q 点未知。图中还给出了 $I_C(min)$ 和 $V_{CE}(min)$ 的值。集电极交流电流的峰值为 ΔI_C，集电极-发射极间交流电压的峰值为 ΔV_{CE}。

可以写出

$$\Delta I_C = I_{CQ} - I_C(min) = I_{CQ} - 0.1$$

和

$$\Delta V_{CE} = V_{CEQ} - V_{CE}(min) = V_{CEQ} - 1$$

其中的 $I_C(min)$ 和 $V_{CE}(min)$ 都在设计指标中给出。于是

$$\Delta V_{CE} = \Delta I_C(R_C \parallel R_L)$$

即

$$V_{CEQ} - 1 = (I_{CQ} - 0.1)(4.12)$$

代入直流负载线的表达式，可得

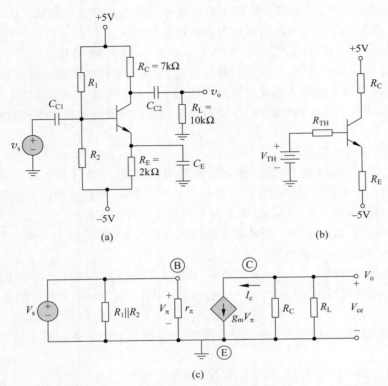

图 6.46 (a) 例题 6.11 的电路；(b) 戴维南等效电路；(c) 小信号等效电路

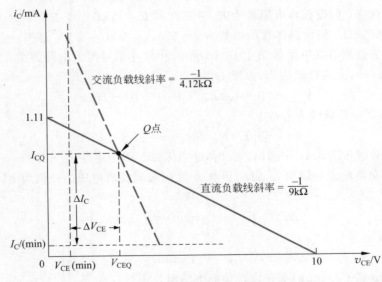

图 6.47 图 6.46(a)所示例题 6.11 的电路中用于求解最大不失真电压的交流和直流负载线

$$10 - I_{CQ}(9) - 1 = (I_{CQ} - 0.1) \times 4.12$$

求得

$$I_{CQ} = 0.717 \text{mA}$$

于是

$$V_{CEQ} = 3.54V$$

解（偏置电阻）：现在可以求解 R_1 和 R_2，以产生所需要的 Q 点。

由直流等效电路可得

$$V_{TH} = \left(\frac{R_2}{R_1 + R_2}\right)\left[5 - (-5)\right] - 5$$

$$= \frac{1}{R_1}(R_{TH})(10) - 5 = \frac{1}{R_1}(24.2)(10) - 5$$

于是，从 B-E 回路的 KVL 方程可得

$$V_{TH} = \left(\frac{I_{CQ}}{\beta}\right)R_{TH} + V_{BE}(on) + \left(\frac{1+\beta}{\beta}\right)I_{CQ}R_E - 5$$

即

$$\frac{1}{R_1}(24.2)(10) - 5 = \left(\frac{0.717}{120}\right) \times 24.2 + 0.7 + \left(\frac{121}{120}\right) \times 0.717 \times 2 - 5$$

可得 $R_1 = 106k\Omega$，于是 $R_2 = 31.4k\Omega$。

不失真电压的计算结果：然后可以求得集电极交流电流的峰值为

$$\Delta I_C = I_{CQ} - I_C(min) = 0.717 - 0.1 = 0.617mA$$

或者说集电极交流电流的峰-峰值为 $1.234mA$。集电极-发射极间交流电压的峰值为

$$\Delta V_{CE} = V_{CEQ} - V_{CE}(min) = 3.54 - 1 = 2.54V$$

或者说集电极-发射极间交流电压的峰-峰值为 $5.08V$。

点评：已经找到产生最大不失真交流输出信号的 Q 点。然而，电阻值或晶体管参数的容差可能会改变 Q 点，使得这个最大交流输出信号可能会失真。利用计算机分析来求解容差的影响是最容易的。

练习题 6.11　图 6.48 所示的电路，令 $\beta = 120$，$V_{EB}(on) = 0.7V$ 且 $r_o = \infty$。①设计一个偏置稳定电路，使得 $I_{CQ} = 1.6mA$，求解 V_{ECQ}。②对于 $i_C \geqslant 0.1mA$ 和 $0.5V \leqslant v_{EC} \leqslant 11.5V$，求解使输出电压和集电极电流产生最大不失真幅度的 R_L 的值。

答案：① $R_1 = 15.24k\Omega$，$R_2 = 58.7k\Omega$，$V_{ECQ} = 3.99V$；② $R_L = 5.56k\Omega$。

理解测试题 6.8　图 6.31 所示的电路中，采用练习题 6.5 所给的参数。如果总瞬时电流必须总是大于 $0.1mA$，且总瞬时 C-E 间电压的范围必须为 $0.5V \leqslant v_{CE} \leqslant 5V$，求解最大不失真输出电压。

答案：峰-峰值为 $3.82V$

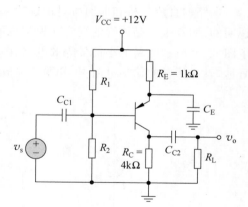

图 6.48　练习题 6.11 的电路

理解测试题 6.9　图 6.38 所示的电路中，假设晶体管和电路的参数与练习题 6.7 给出的相同，除了 R_B 是可变电阻且 $V_A = \infty$。假设 $i_C \geqslant 0.1mA$ 且 $v_{CE} \geqslant 0.7V$。①求解使输出电压达到最大不失真电压的 Q 点值。②集电极电流和输出电压的最大振幅是多少？

答案：①$I_{CQ}=0.808\text{mA},V_{CEQ}=3.53\text{V}$；②峰-峰值：$\Delta I_C=1.42\text{mA},\Delta V_{CE}=5.67\text{V}$。

6.6 共集放大电路(射极跟随器)

目标：分析射极跟随器放大电路，并熟悉这类电路的一般特性。

将研究的第二类晶体管放大电路为共集电极电路。图 6.49 给出了这种电路结构的一个例子。如图 6.49 所示，输出信号从发射极对地引出，集电极直接和 V_{CC} 相连。由于 V_{CC} 在交流等效电路中为信号地，因此称为共集电极电路。这类电路的一个更为常见的名称为射极跟随器。随着分析的深入，将会明白这个名称的由来。

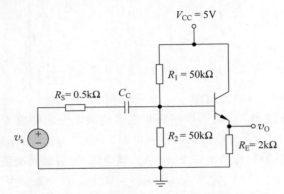

图 6.49 射极跟随器电路。输出信号由发射极对地引出

6.6.1 小信号电压增益

电路的直流分析和前面所讨论过的完全相同，所以在此将集中进行小信号分析。必须说明的是，双极型晶体管的混合 π 模型也可以用在这个电路的小信号分析中。图 6.50 给出了图 6.49 所示电路的小信号等效电路，图中假设耦合电容 C_C 相当于短路。集电极处于信号地，且晶体管的输出电阻 r_o 和受控电流源并联。

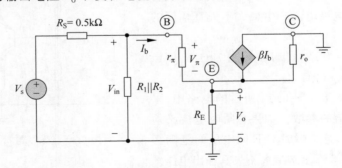

图 6.50 射极跟随器电路的小信号等效电路

图 6.51 给出了重新整理后的等效电路，图中所有的信号地连接于同一点。

可以看出

$$I_o=(1+\beta)I_b \tag{6.64}$$

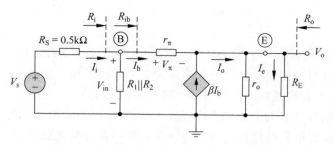

图 6.51　所有信号地连接在一起的射极跟随器的小信号等效电路

所以输出电压可以写为

$$V_o = I_b(1+\beta)(r_o \parallel R_E) \tag{6.65}$$

写出发射结回路的 KVL 方程可得

$$V_{in} = I_b[r_\pi + (1+\beta)(r_o \parallel R_E)] \tag{6.66a}$$

即

$$R_{ib} = \frac{V_{in}}{I_b} = r_\pi + (1+\beta)(r_o \parallel R_E) \tag{6.66b}$$

还可以写为

$$V_{in} = \left(\frac{R_i}{R_i + R_S}\right) \cdot V_S \tag{6.67}$$

其中 $R_i = R_1 \parallel R_2 \parallel R_{ib}$。

联立式(6.65)、式(6.66b)和式(6.67)，可得小信号电压增益为

$$A_v = \frac{V_o}{V_s} = \frac{(1+\beta)(r_o \parallel R_E)}{r_\pi + (1+\beta)(r_o \parallel R_E)} \cdot \left(\frac{R_i}{R_i + R_S}\right) \tag{6.68}$$

例题 6.12　计算射极跟随器电路的小信号电压增益。图 6.49 所示的电路中，假设晶体管的参数为 $\beta = 100$，$V_{BE}(on) = 0.7V$ 和 $V_A = 80V$。

解：直流分析表明 $I_{CQ} = 0.793mA$ 和 $V_{CEQ} = 3.4V$。求得小信号混合 π 参数为

$$r_\pi = \frac{V_T \beta}{I_{CQ}} = \frac{0.026 \times 100}{0.793} = 3.28k\Omega$$

$$g_m = \frac{I_{CQ}}{V_T} = \frac{0.793}{0.026} = 30.5mA/V$$

和

$$r_o = \frac{V_A}{I_{CQ}} = \frac{80}{0.793} \approx 100k\Omega$$

可以注意到

$$R_{ib} = 3.28 + 101 \times (100 \parallel 2) = 201k\Omega$$

和

$$R_i = 50 \parallel 50 \parallel 201 = 22.2k\Omega$$

于是小信号电压增益为

$$A_v = \frac{101 \times (100 \parallel 2)}{3.28 + 101 \times (100 \parallel 2)} \times \frac{22.2}{22.2 + 0.5}$$

即

$$A_{\mathrm{v}} = +0.962$$

点评:电压增益的值略小于1,由式(6.68)可以看出这一点总是成立的。同时,电压增益为正,这意味着发射极的输出信号电压和输入信号电压同相。现在,射极跟随器这一术语的含义就清楚了。发射极的输出电压基本上等于输入电压。

乍一看,电压增益基本上为1的晶体管放大电路似乎没有多大价值。而在下一节将会看到,输入电阻和输出电阻特性使这种电路在很多应用场合非常有用。

练习题6.12 图6.49所示的电路中,令 $V_{\mathrm{CC}}=12\mathrm{V}$,$R_{\mathrm{E}}=30\Omega$,$R_1=1.3\mathrm{k}\Omega$,$R_1=4.2\mathrm{k}\Omega$,$R_{\mathrm{S}}=0$。晶体管的参数为 $\beta=80$,$V_{\mathrm{BE}}(\mathrm{on})=0.7\mathrm{V}$,$V_{\mathrm{A}}=75\mathrm{V}$。①求解静态值 I_{EQ} 和 V_{CEQ}。②求解小信号电压增益 $A_{\mathrm{v}}=V_{\mathrm{o}}/V_{\mathrm{s}}$。③求解从晶体管的基极往里看的输入电阻。

答案:① $I_{\mathrm{EQ}}=0.2\mathrm{A}$,$V_{\mathrm{CEQ}}=6\mathrm{V}$;② $A_{\mathrm{v}}=0.9954$;③ $R_{\mathrm{ib}}=2.27\mathrm{k}\Omega$

计算机分析题6.3 对图6.49所示的电路进行 PSpice 仿真。①求解小信号电压增益。②求解由信号源 v_{s} 往里看的有效电阻。

6.6.2 输入电阻和输出电阻

1. 输入电阻

射极跟随器的输入阻抗,或低频小信号输入电阻可以用与共射电路同样的方法求得。对于图6.49所示的电路,从基极往里看的输入电阻用 R_{ib} 表示,在图6.51所示的小信号等效电路中标出。

输入电阻 R_{ib} 由式(6.66(b))给出为

$$R_{\mathrm{ib}} = r_\pi + (1+\beta)(r_o \parallel R_{\mathrm{E}})$$

由于射极电流为基极电流的 $(1+\beta)$ 倍,所以射极的有效阻抗需要乘上系数 $(1+\beta)$。当共射电路中包含射极电阻时,同样会看到这种影响。这里乘以 $(1+\beta)$ 同样也称为电阻折算规则。基极的输入电阻为 r_π 加上射极有效电阻乘以系数 $(1+\beta)$。在本教材其余部分将大量使用这种电阻折算规则。

2. 输出电阻

首先,为了求解图6.49所示射极跟随器电路的输出电阻,假设输入信号源为理想信号源且 $R_{\mathrm{S}}=0$。图6.52所示的电路可以用来求解从输出端往里看的输出电阻。在图6.51所示的小信号等效电路中,将独立电压源 V_{s} 置零,也就是将 V_{s} 视作短路,可以得到这个电路。在电路输出端加测试电压 V_{x},然后产生的测试电流为 I_{x}。于是输出电阻 R_{o} 为

$$R_{\mathrm{o}} = \frac{V_{\mathrm{x}}}{I_{\mathrm{x}}} \tag{6.69}$$

此时,控制电压 V_π 虽然不为零,但它是所加测试电压的函数。从图6.52可以看出,$V_\pi = -V_{\mathrm{x}}$。将输出端的电流求和,可得

$$I_{\mathrm{x}} + g_{\mathrm{m}}V_\pi = \frac{V_{\mathrm{x}}}{R_{\mathrm{E}}} + \frac{V_{\mathrm{x}}}{r_o} + \frac{V_{\mathrm{x}}}{r_\pi} \tag{6.70}$$

由于 $V_\pi = -V_{\mathrm{x}}$,所以式(6.70)可以写为

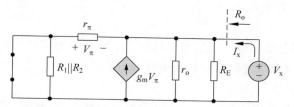

图 6.52 用来求解输出电阻的射极跟随器小信号等效电路。信号源电阻 R_S 假设为零(理想信号源)

$$\frac{I_x}{V_x} = \frac{1}{R_o} = g_m + \frac{1}{R_E} + \frac{1}{r_o} + \frac{1}{r_\pi} \tag{6.71}$$

或者输出电阻由下式给出

$$R_o = \frac{1}{g_m} \parallel R_E \parallel r_o \parallel r_\pi \tag{6.72}$$

输出电阻也可以用一种略有不同的形式写出。式(6.71)可以写作

$$\frac{1}{R_o} = \left(g_m + \frac{1}{r_\pi}\right) + \frac{1}{R_E} + \frac{1}{r_o} = \left(\frac{1+\beta}{r_\pi}\right) + \frac{1}{R_E} + \frac{1}{r_o} \tag{6.73}$$

即输出电阻可以写成下面的形式

$$R_o = \frac{r_\pi}{1+\beta} \parallel R_E \parallel r_o \tag{6.74}$$

式(6.74)表明,从输出端往里看的输出电阻为射极有效电阻 $R_E \parallel r_o$ 与从发射极往里看的电阻并联,而从发射极往里看的电阻为基极电路的总电阻除以 $(1+\beta)$。这是一个很重要的结果,称为反向电阻折算规则,即从基极往里看的电阻折算规则的反。

例题 6.13 计算图 6.49 所示射极跟随器电路的输入和输出电阻。假设 $R_S = 0$。例题 6.12 求出的小信号参数为 $r_\pi = 3.28 \text{k}\Omega, \beta = 100$ 和 $r_o = 100 \text{k}\Omega$。

解(输入电阻): 在例题 6.12 中已经求得,从基极往里看的输入电阻为

$$R_{ib} = r_\pi + (1+\beta)(r_o \parallel R_E) = 3.28 + 101 \times (100 \parallel 2) = 201 \text{k}\Omega$$

从信号源往里看的输入电阻 R_i 为

$$R_i = R_1 \parallel R_2 \parallel R_{ib} = 50 \parallel 50 \parallel 201 = 22.2 \text{k}\Omega$$

点评: 由于系数 $(1+\beta)$ 的存在,射极跟随器从基极往里看的输入电阻比简单共射电路的输入电阻要大得多。这正是射极跟随器电路的一大优点。而即使是这样,从信号源往里看的输入电阻还要受到偏置电阻 R_1 和 R_2 的影响。为了充分利用射极跟随器电路的大输入电阻,电路的偏置电阻必须设计得更大一些。

解(输出电阻): 根据式(6.74),可以求得输出电阻为

$$R_o = \left(\frac{r_\pi}{1+\beta}\right) \parallel R_E \parallel r_o = \left(\frac{3.28}{101}\right) \parallel 2 \parallel 100$$

即

$$R_o = 0.0325 \parallel 2 \parallel 100 = 0.0320 \text{k}\Omega = 32.0\Omega$$

输出电阻主要受分母中含有 $(1+\beta)$ 的第一项控制。

点评: 由于射极跟随器电路的输入阻抗很大而输出阻抗很小,因而这种电路有时也被作阻抗变换器。较低的输出电阻使射极跟随器工作时几乎是一个理想电压源。当它用来驱

动另一个负载时,输出端电压不会因为负荷而被降低。因此,射极跟随器常用作多级放大电路的输出级。

练习题 6.13 观察练习题 6.12 所描述的图 6.49 所示电路的电路参数和晶体管参数。当 $R_S = 0$ 时,求解从输出端往里看的输出电阻。

答案:$R_O = 0.129\Omega$。

可以求解在信号源电阻不为零时射极跟随器电路的输出电阻。图 6.53 所示的电路由图 6.51 所示的小信号等效电路得到,可以用来求解 R_o。将独立信号源 V_s 置零,并在输出端加测试电压 V_x。同样,虽然控制电压 V_π 不为零,但它是测试电压的函数。对输出端的电流求和,可得

$$I_x + g_m V_\pi = \frac{V_x}{R_E} + \frac{V_x}{r_o} + \frac{V_x}{r_\pi + R_1 \parallel R_2 \parallel R_S} \tag{6.75}$$

控制电压可以用测试电压乘以分压方程的形式写出,即

$$V_\pi = -\left(\frac{r_\pi}{r_\pi + R_1 \parallel R_2 \parallel R_S}\right) \cdot V_x \tag{6.76}$$

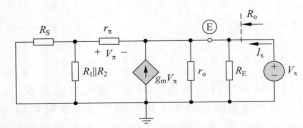

图 6.53 考虑信号源电阻影响的情况下,用于求解输出电阻的射极跟随器电路的小信号等效电路

于是式(6.75)可以写为

$$I_x = \left(\frac{g_m r_\pi}{r_\pi + R_1 \parallel R_2 \parallel R_S}\right) \cdot V_x + \frac{V_x}{R_E} + \frac{V_x}{r_o} + \frac{V_x}{r_\pi + R_1 \parallel R_2 \parallel R_S} \tag{6.77}$$

注意到 $g_m r_\pi = \beta$,可以求得

$$\frac{I_x}{V_x} = \frac{1}{R_o} = \frac{1+\beta}{r_\pi + R_1 \parallel R_2 \parallel R_S} + \frac{1}{R_E} + \frac{1}{r_o} \tag{6.78}$$

即

$$R_o = \left(\frac{r_\pi + R_1 \parallel R_2 \parallel R_S}{1+\beta}\right) \parallel R_E \parallel r_o \tag{6.79}$$

在这里,信号源内阻和偏置电阻成为输出电阻的一部分。

6.6.3 小信号电流增益

用输入电阻和分流器的概念,可以求出射极跟随器电路的小信号电流增益。对于图 6.51 所示的射极跟随器的小信号等效电路,小信号电流增益定义为

$$A_i = \frac{I_e}{I_i} \tag{6.80}$$

其中 I_e 和 I_i 分别为输出电流和输入电流的相量。

应用分流器方程,写出用输入电流表示的基极电流为

$$I_b = \left(\frac{R_1 \parallel R_2}{R_1 \parallel R_2 + R_{ib}} \right) I_i \tag{6.81}$$

由于 $g_m V_\pi = \beta I_b$,于是

$$I_o = (1 + \beta) I_b = (1 + \beta) \left(\frac{R_1 \parallel R_2}{R_1 \parallel R_2 + R_{ib}} \right) I_i \tag{6.82}$$

写出用 I_o 表示的负载电流为

$$I_e = \left(\frac{r_o}{r_o + R_E} \right) I_o \tag{6.83}$$

合并式(6.82)和式(6.83),可得小信号电流增益为

$$A_i = \frac{I_e}{I_i} = (1 + \beta) \left(\frac{R_1 \parallel R_2}{R_1 \parallel R_2 + R_{ib}} \right) \left(\frac{r_o}{r_o + R_E} \right) \tag{6.84}$$

如果假设 $R_1 \parallel R_2 > R_{ib}$,且 $r_o > R_E$,则有

$$A_i \approx (1 + \beta) \tag{6.85}$$

这就是晶体管的电流增益。

虽然射极跟随器的小信号电压增益略小于1,但小信号电流增益通常比 1 要大,因此,射极跟随器电路可以产生小信号功率增益。

尽管前面没有明确计算出共射电路的电流增益,其分析方法与射极跟随器相同,通常,它的电流增益也大于1。

例题 6.14 设计一个射极跟随器放大电路,满足一组输出电阻指标。

设计指标:观察例题 6.7 所设计的放大电路的输出信号。现在需要设计一个图 6.54 所示结构的射极跟随器电路,要求当连接在输出端的负载电阻 R_L 在 4kΩ 和 20kΩ 范围之间变化时,电路的输出信号变化不大于 5%。

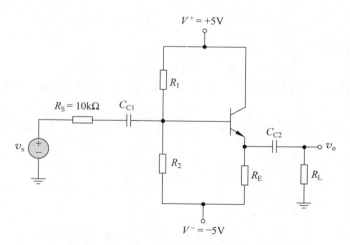

图 6.54 例题 6.14 的电路

器件选择:假设可以选用的晶体管参数标称值为 $\beta = 100$,$V_{BE}(on) = 0.7V$ 和 $V_A = 80V$。

讨论:在例题 6.7 中所设计的共射电路的输出电阻为 $R_o = R_C = 10kΩ$。在 4kΩ 和 20kΩ 之间连接一个负载电阻,将会使电路的载荷下降,所以输出电压将发生显著的变化。

为此,必须设计一个具有较小输出电阻的射极跟随器电路,来使负载效应最小化。图 6.55 给出戴维南等效电路,输出电压可以写为

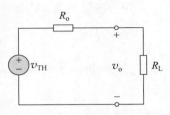

图 6.55　放大电路输出端的戴维南等效

$$v_{\text{o}} = \left(\frac{R_{\text{L}}}{R_{\text{L}} + R_{\text{o}}}\right) \cdot v_{\text{TH}}$$

其中,v_{TH} 为放大电路产生的理想电压。当负载电阻 R_{L} 增加时,为了使 V_{o} 的变化小于 5%,必须使 R_{o} 小于或约等于 R_{L} 最小值的 5%。于是,这里所需的 R_{o} 值约为 200Ω。

初步设计方法:观察图 6.54 所示的射极跟随器电路。注意到信号源电阻为 $R_{\text{S}} = 10\text{k}\Omega$,它对应于例题 6.7 中所设计电路的输出电阻。

式(6.79)所给的输出电阻为

$$R_{\text{o}} = \left(\frac{r_{\pi} + R_1 \parallel R_2 \parallel R_{\text{S}}}{1 + \beta}\right) \parallel R_{\text{E}} \parallel r_{\text{o}}$$

其中,分母中含有 $(1+\beta)$ 的第一项起着决定性的作用,而且如果 $R_1 \parallel R_2 \parallel R_{\text{S}} \approx R_{\text{S}}$,则有

$$R_{\text{o}} \approx \frac{r_{\text{o}} + R_{\text{S}}}{1 + \beta}$$

对于 $R_{\text{o}} = 200\Omega$,可得

$$0.2 = \frac{r_{\pi} + 10}{101}$$

即 $r_{\pi} = 10.2\text{k}\Omega$。由于 $r_{\pi} = (\beta V_{\text{T}})/I_{\text{CQ}}$,所以静态集电极电流必须为

$$I_{\text{CQ}} = \frac{\beta V_{\text{T}}}{r_{\pi}} = \frac{(100)(0.026)}{10.2} = 0.255\text{mA}$$

假设 $I_{\text{CQ}} \approx I_{\text{EQ}}$,且令 $V_{\text{CEQ}} = 5\text{V}$,可以求得

$$R_{\text{E}} = \frac{V^+ - V_{\text{CEQ}} - V^-}{I_{\text{EQ}}} = \frac{5 - 5 - (-5)}{0.255} = 19.6\text{k}\Omega$$

其中,$(1+\beta)R_{\text{E}}$ 项为

$$(1+\beta)R_{\text{E}} = 101 \times 19.6 \Rightarrow 1.98\text{M}\Omega$$

用这个大电阻,可以设计一个在第 5 章中定义过的偏置稳定电路,而且仍然保持偏置电阻具有较大的值。令

$$R_{\text{TH}} = (0.1)(1+\beta)R_{\text{E}} = 0.1 \times 101 \times 19.6 = 198\text{k}\Omega$$

基极电流为

$$I_{\text{B}} = \frac{V_{\text{TH}} - V_{\text{BE}}(\text{on}) - V^-}{R_{\text{TH}} + (1+\beta)R_{\text{E}}}$$

其中

$$V_{\text{TH}} = \left(\frac{R_2}{R_1 + R_2}\right)(10) - 5 = \frac{1}{R_1}(R_{\text{TH}})(10) - 5$$

于是可以写出

$$\frac{0.255}{100} = \frac{\dfrac{1}{R_1} \times 198 \times 10 - 5 - 0.7 - (-5)}{198 + 101 \times 19.6}$$

求得 $R_1 = 317\mathrm{k}\Omega$ 和 $R_2 = 527\mathrm{k}\Omega$。

点评：静态集电极电流 $I_{CQ} = 0.255\mathrm{mA}$，它建立了所需的 r_π 值，进而又确定了所需的输出电阻 R_o。

折中考虑：下面将研究晶体管电流增益变化的影响。本例题，假设可提供所设计的电阻值。

戴维南等效电阻为 $R_{TH} = R_1 \parallel R_2 = 198\mathrm{k}\Omega$，且戴维南等效电压为 $V_{TH} = 1.244\mathrm{V}$。由 B-E 回路的 KVL 方程，可以求得基极电流为

$$I_{BQ} = \frac{1.244 - 0.7 - (-5)}{198 + (1+\beta) \times 19.6}$$

集电极电流为 $I_{CQ} = \beta I_{BQ}$，并可求得 $r_\pi = (\beta V_T)/I_{CQ}$。最后，输出电阻约为

$$R_o \approx \frac{r_\pi + R_{TH} \parallel R_S}{1 + \beta} = \frac{r_\pi + 198 \parallel 10}{1 + \beta}$$

在几个不同的 β 值下，这些参数的值如表 6.5 所示。

表 6.5　不同 β 值下的参数值

β	I_{CQ}/mA	$r_\pi/\mathrm{k}\Omega$	R_o/Ω
50	0.232	5.62	297
75	0.246	7.91	229
100	0.255	10.2	195
125	0.260	12.5	175

从上述结果可以看出，只有当晶体管电流增益至少为 $\beta = 100$ 时，才能满足指定的最大输出电阻值 $R_o \approx 200\Omega$ 的要求。于是，在这个设计中，必须规定晶体管电流增益的最小值为 100。

计算机仿真：在设计中再次使用了近似法，鉴于此，用 PSpice 分析来验证所做的设计是很有用的，因为计算机仿真比人工设计考虑得更为详细。

图 6.56 给出例题 6.14 的 PSpice 电路原理图。1mV 的正弦信号源通过电容耦合到射极跟随器的输出端。输入信号源已被置零。求得输出信号源的电流为 $5.667\mu\mathrm{A}$。于是，射极跟随器的输出电阻为 $R_o = 176\Omega$，这说明输出电阻小于 200Ω 的要求得到满足。

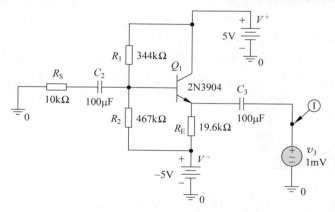

图 6.56　PSpice 电路原理图

讨论：根据计算机仿真，与设计值 $I_{CQ}=0.255\text{mA}$ 相比，静态集电极电流为 $I_{CQ}=0.239\text{mA}$。这两个值之间存在差异的主要原因是，人工分析和计算机仿真中的发射结电压和电流增益值存在差异。

在计算机仿真中，输出电阻的指标要求得到满足。在 PSpice 分析中，交流 β 为 135，输出电阻为 $R_o=176\Omega$。这个值和人工分析的结果 $\beta=125$ 和 $R_o=184\Omega$ 非常接近。

练习题 6.14 图 6.54 所示的电路中，晶体管的参数为 $\beta=100$，$V_{BE}(\text{on})=0.7\text{V}$ 和 $V_A=125\text{V}$，假设 $R_S=0$ 和 $R_L=1\text{k}\Omega$。①设计一个偏置稳定电路，使得 $I_{CQ}=1.25\text{mA}$ 和 $V_{CEQ}=4\text{V}$。②求解小信号电流增益 $A_i=i_o/i_i$。③从输出端往里看的输出电阻是多大？

答案： ①$R_E=4.76\text{k}\Omega$，$R_1=65.8\text{k}\Omega$，$R_2=178.8\text{k}\Omega$；②$A_i=29.9$；③$R_o=20.5\Omega$。

理解测试题 6.10 假设图 6.57 所示的电路采用 2N2222 晶体管，假设标称直流电流增益 $\beta=130$。采用数据手册中给出的 h 参数的平均值（假设 $h_{re}=0$），对于 $R_S=R_L=10\text{k}\Omega$，求解 $A_v=v_o/v_s$，$A_i=i_o/i_s$，R_{ib} 以及 R_o。

答案： $A_v=0.891$，$A_i=8.59$，$R_{ib}=641\text{k}\Omega$，$R_o=96\Omega$。

理解测试题 6.11 图 6.58 所示的电路，$R_E=2\text{k}\Omega$，$R_1=R_2=50\text{k}\Omega$，晶体管的参数为 $\beta=100$，$V_{EB}(\text{on})=0.7\text{V}$ 和 $V_A=125\text{V}$。①求解小信号电压增益 $A_v=v_o/v_s$。②求解电阻 R_{ib} 和 R_o。

答案： ①$A_v=0.925$；②$R_{ib}=4.37\text{k}\Omega$，$R_o=32.0\Omega$。

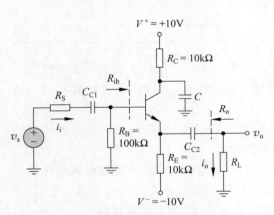

图 6.57 理解测试题 6.10 的电路

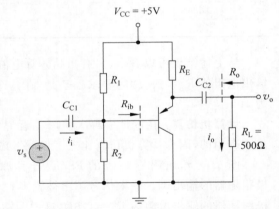

图 6.58 理解测试题 6.11 的电路

理解测试题 6.12 图 6.57 所示电路的参数为 $V^+=3.3\text{V}$，$V^-=-3.3\text{V}$，$R_E=15\text{k}\Omega$，$R_L=2\text{k}\Omega$，$R_S=2\text{k}\Omega$ 和 $R_C=0$。晶体管的参数为 $\beta=120$ 和 $V_A=\infty$。①求解静态值 I_{EQ} 和 V_{CEQ}。②求解小信号电压增益和小信号电流增益。③求解小信号输入电阻 R_{ib} 和输出电阻 R_o。

答案： ①$I_{EQ}=0.163\text{mA}$，$V_{CEQ}=4.14\text{V}$；②$A_v=0.892$，$A_i=32.1$；③$R_{ib}=232.7\text{k}\Omega$，$R_o=172\Omega$。

6.7　共基放大电路

目标： 分析共基极放大电路，并熟悉这类电路的一般特性。

第三类放大电路结构为共基电路。为了求解共基电路的小信号电压、电流增益以及输入和输出电阻,将使用和前面相同的晶体管混合 π 等效电路。共基电路的直流分析和共射电路的直流分析基本相同。

6.7.1 小信号电压和电流增益

图 6.59 给出基本的共基电路,其中基极位于信号地,输入信号加在发射极。假设负载通过耦合电容 C_{C2} 连接到输出端。

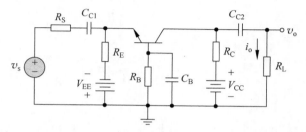

图 6.59 基本共基电路。输入信号加在发射极,在集电极测量输出信号

图 6.60(a)再次给出 NPN 型晶体管的混合 π 模型,假设输出电阻 r_o 为无穷大。图 6.60(b)则给出含有晶体管混合 π 模型的共基电路的小信号等效电路。由于是共基结构,小信号等效电路中的混合 π 模型看起来可能有些奇怪。

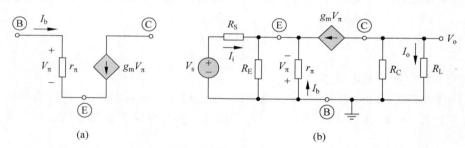

(a)　　　　　　　　　(b)

图 6.60 (a)简化的 NPN 型晶体管混合 π 模型;(b)共基电路的小信号等效电路

小信号输出电压为

$$V_o = -(g_m V_\pi)(R_C \parallel R_L) \tag{6.86}$$

写出发射极节点处的 KCL 方程,可得

$$g_m V_\pi + \frac{V_\pi}{r_\pi} + \frac{V_\pi}{R_E} + \frac{V_s - (-V_\pi)}{R_S} = 0 \tag{6.87}$$

由于 $\beta = g_m r_\pi$,所以式(6.87)可以写为

$$V_\pi \left(\frac{1+\beta}{r_\pi} + \frac{1}{R_E} + \frac{1}{R_S} \right) = -\frac{V_s}{R_S} \tag{6.88}$$

于是

$$V_\pi = -\frac{V_s}{R_S} \left[\left(\frac{r_\pi}{1+\beta} \right) \middle\| R_E \parallel R_S \right] \tag{6.89}$$

将式(6.89)代入式(6.86),可得小信号电压增益为

$$A_v = \frac{V_o}{V_s} = +g_m \left(\frac{R_C \parallel R_L}{R_S} \right) \left[\left(\frac{r_\pi}{1+\beta} \right) \parallel R_E \parallel R_S \right] \tag{6.90}$$

可以看出,当 R_S 趋于零时,小信号电压增益变为

$$A_v = g_m (R_C \parallel R_L) \tag{6.91}$$

图 6.60(b)也可以用来求解小信号电流增益。电流增益定义为 $A_i = I_o / I_i$。写出发射极节点处的 KCL 方程,可得

$$I_i + \frac{V_\pi}{r_\pi} + g_m V_\pi + \frac{V_\pi}{R_E} = 0 \tag{6.92}$$

求解 V_π,可得

$$V_\pi = -I_i \left[\left(\frac{r_\pi}{1+\beta} \right) \parallel R_E \right] \tag{6.93}$$

负载电流为

$$I_o = -(g_m V_\pi) \left(\frac{R_C}{R_C + R_L} \right) \tag{6.94}$$

合并式(6.93)和式(6.94),得到小信号电流增益的表达式为

$$A_i = \frac{I_o}{I_i} = g_m \left(\frac{R_C}{R_C + R_L} \right) \left[\left(\frac{r_\pi}{1+\beta} \right) \parallel R_E \right] \tag{6.95}$$

如果取极限,使 R_E 趋近于无穷大且 R_L 趋近于零,那么电流增益变为短路电流增益,由下式给出,即

$$A_{io} = \frac{g_m r_\pi}{1+\beta} = \frac{\beta}{1+\beta} = \alpha \tag{6.96}$$

其中,α 为晶体管的共基电流增益。

式(6.90)和式(6.96)表明,对于共基电路,小信号电压增益通常大于1,而小信号电流增益稍小于1。而该电路仍然具有小信号功率增益。共基电路的主要应用是利用其输入和输出电阻特性。

6.7.2 输入电阻和输出电阻

图 6.61 给出了从发射极往里看的共基电路结构的小信号等效电路。在此电路中,仅仅是为了方便,将控制电压的极性反向,于是将受控电流源的方向也反向。

从发射极往里看的输入电阻定义为

$$R_{ie} = \frac{V_\pi}{I_i} \tag{6.97}$$

写出输入端的 KCL 方程可得

$$I_i = I_b + g_m V_\pi = \frac{V_\pi}{r_\pi} + g_m V_\pi = V_\pi \left(\frac{1+\beta}{r_\pi} \right) \tag{6.98}$$

因此

$$R_{ie} = \frac{V_\pi}{I_i} = \frac{r_\pi}{1+\beta} \equiv r_e \tag{6.99}$$

在基极接地的情况下,从发射极往里看的电阻通常定义为 r_e,它很小,这一点在分析射

极跟随器电路时已经看到了。当输入信号是一个电流源,那么较小的输入电阻是合适的。

图 6.62 给出了用于计算集电极往里看的输出电阻的电路。电路中包含了小信号电阻 r_o,独立电压源 V_s 已被置为零。由此可以定义等效电阻 $R_{eq}=R_S||R_E||r_\pi$。

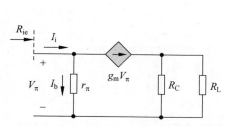

图 6.61　用于计算输入电阻的共基等效电路

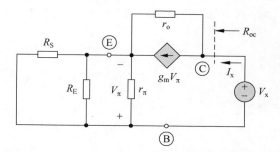

图 6.62　用于计算输出电阻的共基等效电路

写出发射极的 KCL 方程,可得

$$I_x = g_m V_\pi + \frac{V_x - (-V_\pi)}{r_o} \qquad (6.100a)$$

在发射极节点处的 KCL 方程为

$$\frac{V_\pi}{R_{eq}} + g_m V_\pi + \frac{V_x - (-V_\pi)}{r_o} = 0 \qquad (6.100b)$$

合并式(6.100a)和式(6.100b),可得输出电阻为

$$\frac{V_x}{I_x} = R_{oc} = r_o(1 + g_m R_{eq}) + R_{eq} \qquad (6.101)$$

如果输入电阻 $R_S=0$,那么 $R_{eq}=0$ 且输出电阻仅由 $R_{oc}=r_o$ 给出。包含集电极电阻和负载电阻时,输出端往里看的输出电阻为 $R_o=R_{oc}//R_C//R_L$。由于从集电极往里看的输出电阻非常大,所以共基电路看起来几乎像一个理想电流源。这种电路也称为电流缓冲器。

讨论: 当输入信号为电流信号时,共基电路非常有用。在 6.9 节讲解共射-共基放大电路时,将会看到这类电路的实际应用。

理解测试题 6.13　图 6.63 所示的电路中,晶体管的参数为 $\beta=100$, $V_{EB}(on)=0.7V$ 和 $r_o=\infty$。①计算静态值 I_{CQ} 和 V_{ECQ}。②求解小信号电流增益 $A_i=i_o/i_i$。③求解小信号电压增益 $A_v=v_o/v_s$。

答案: ① $I_{CQ}=0.921mA$, $V_{ECQ}=6.1V$; ② $A_i=0.987$; ③ $A_v=177$。

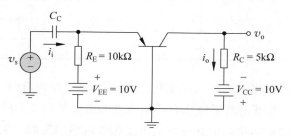

图 6.63　理解测试题 6.13 的电路

理解测试题 6.14 图 6.64 所示的电路中,晶体管的参数为 $\beta=120$,$V_{BE}(on)=0.7V$ 和 $V_A=\infty$。电路的参数为 $V_{CC}=V_{EE}=3.3V$,$R_S=500k\Omega$,$R_L=6k\Omega$,$R_B=100k\Omega$,$R_E=12k\Omega$ 和 $R_C=12k\Omega$。①求解晶体管小信号参数 g_m、r_π 和 r_o。②求解小信号电流增益 $A_i=i_o/i_i$ 和小信号电压增益 $A_v=v_o/v_s$。③求解输入电阻 R_i 和输出电阻 R_o。

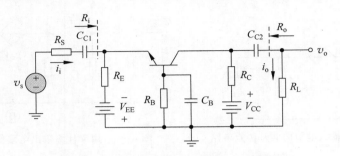

图 6.64　理解测试题 6.14 和 6.15 的电路

答案:① $g_m=7.73mA/V$,$r_\pi=15.5k\Omega$,$r_o=\infty$;② $A_i=0.654$;$A_v=6.26$;③ $R_i=127\Omega$,$R_o=12k\Omega$。

理解测试题 6.15 图 6.64 所示的电路中,令 $R_S=0$,$C_B=0$,$R_C=R_L=2k\Omega$,$V_{EE}=V_{CC}=5V$,$\beta=100$,$V_{BE}(on)=0.7V$ 和 $V_A=\infty$。当集电极静态电流为 1mA 且小信号电压增益为 20 时,求解 R_E 和 R_B。

答案:$R_B=2.4k\Omega$,$R_E=4.23k\Omega$。

6.8　三种基本放大电路:总结和比较

目标:比较三种基本放大电路结构的一般特性。

表 6.6 对三种单级放大电路结构的基本小信号特性作了总结。

共射电路的电压和电流增益通常都大于 1;射极跟随器电路的电压增益通常略小于 1,而电流增益大于 1;共基电路的电压增益大于 1,而电流增益小于 1。

表 6.6　三种 BJT 放大电路的特性

电路结构	电压增益	电流增益	输入电阻	输出电阻
共射	$A_v>1$	$A_i>1$	中等	中到高
射极跟随器	$A_v\approx1$	$A_i>1$	高	低
共基	$A_v>1$	$A_i\approx1$	低	中到高

从共射电路的基极往里看的输入电阻可能处于几千欧姆的范围;在射极跟随器中,它通常在 $50\sim100k\Omega$;从共基电路射极往里看的输入电阻通常在几十欧姆左右。

共射电路和射极跟随器电路的总输入电阻受偏置电路的影响很大。

射极跟随器电路的输出电阻通常在几欧姆到几十欧姆范围内。相比之下,从共射和共基电路集电极往里看的输出电阻非常大。此外,从共射和共基电路输出端往里看的输出电阻为集电极电阻的强函数。对于这些电路,输出电阻很容易降到几千欧。

这些单级放大电路的特性将会在多级放大电路的设计中使用。

6.9 多级放大电路

目标:分析多晶体管或多级放大电路,并了解这些电路相比于单级放大电路的优点。

在大多数应用中,单级晶体管放大电路不能满足给定的放大倍数、输入电阻以及输出电阻的综合指标要求。比如,要求的电压增益可能超过单个晶体管电路可以获得的增益值。在例题 6.14 就曾出现过这种情况,在那个具体的设计中,要求较低的输出电阻。

晶体管放大电路可以串联或级联,如图 6.65 所示。这样是为了提高总的小信号电压增益,或在提供大于 1 的小信号电压总增益的同时,获得较低的输出电阻。通常,总的电压和电流增益并不是简单地将各个放大电路的放大倍数相乘,例如第一级的增益是第二级输入电阻的函数。换句话说,在计算总增益的时候必须要考虑负载效应。

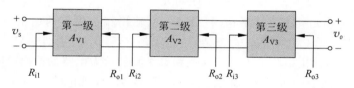

图 6.65 一般三级放大电路

多级放大电路结构的种类很多,这里将分析其中的几种,目的是理解相应的分析类型。

6.9.1 多级放大电路分析:级联结构

图 6.66 所示电路为两个共射电路的级联。例题 5.19 中对该电路进行的直流分析表明,两个晶体管都偏置在正向放大模式。图 6.67 给出其小信号等效电路,假设所有的电容都视为短路,而且每个晶体管的输出电阻 r_o 均为无穷大。

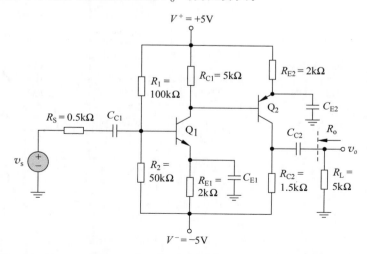

图 6.66 由 NPN 和 PNP 型晶体管组成的两级共射放大电路的级联结构

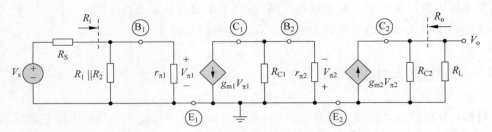

图 6.67　图 6.66 所示级联电路的小信号等效电路

可以从输出端到输入端进行分析,也可以从输入端到输出端进行分析。

小信号电压增益为

$$A_v = \frac{V_o}{V_s} = g_{m1} g_{m2} (R_{C1} \parallel r_{\pi2})(R_{C2} \parallel R_L)\left(\frac{R_i}{R_i + R_S}\right) \qquad (6.102)$$

放大电路的输入电阻为

$$R_i = R_1 \parallel R_2 \parallel r_{\pi1}$$

这与单级共射放大电路的结果相同。同样,从输出端往里看的输出电阻为 $R_o = R_{C2}$。为了求解输出电阻,将独立电压源 V_s 置零,这意味着 $V_{\pi1} = 0$。于是,$g_{m1} V_{\pi1} = 0$,使得 $V_{\pi2} = 0$ 且 $g_{m2} V_{\pi2} = 0$,因此,输出电阻为 R_{C2}。这也和单级共射放大电路的输出电阻相同。

例题 6.15　利用 PSpice 分析,求解图 6.66 所示多晶体管电路的小信号电压增益。

解:与单级晶体管电路相比,多晶体管电路的直流分析和交流分析变得更加复杂。此时,电路的计算机仿真比人工分析更为有用。

图 6.68 所示为 PSpice 电路原理图。所得到的 Q 点值为 $I_{CQ1} = 2.54\text{mA}$,$I_{CQ2} = 1.18\text{mA}$,$V_{ECQ1} = 1.10\text{V}$,$V_{CEQ2} = 1.79\text{V}$。交流共射电流增益为 $\beta_1 = 173$ 和 $\beta_2 = 157$。

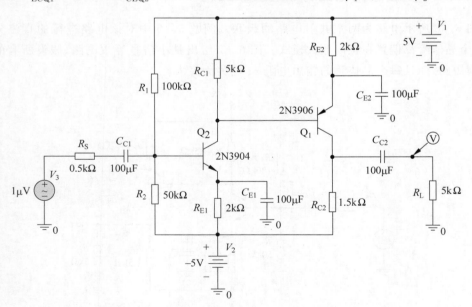

图 6.68　计算机仿真例题 6.15 的 PSpice 电路原理图

加 $1\mu V$ 的正弦信号,Q_2 集电极的正弦电压为 $51\mu V$ 且输出端的正弦电压为 $4.79mV$。于是,总电压增益为 4790。后面的章节将会说明,通过用有源电阻替代分立集电极电阻,甚至可以获得更大的电压增益。

点评:由 Q 点的值可以看出,每个晶体管的发射极-集电极间电压都非常小。这意味着最大不失真输出电压被限制为一个相当小的值。可以对电路的设计略加修改,使这些 Q 点的值增大。

讨论:电路的 PSpice 分析中所使用的晶体管为 PSpice 库中的标准双极型晶体管。必须牢记的是,为了得到正确的计算机仿真结果,仿真中所用的器件模型必须和电路中使用的实际器件相一致。如果实际的晶体管特性与计算机仿真中所使用的差别很大,那么计算机分析的结果将是不正确的。

练习题 6.15 图 6.69 所示的电路中,每个晶体管的参数为 $\beta=125$,$V_{BE}(on)=0.7V$ 和 $r_o=\infty$。①求解每个晶体管的 Q 点。②求解总的小信号电压增益 $A_v=V_o/V_s$。③求解输入电阻 R_i 和输出电阻 R_o。

答案:①$I_{CQ1}=0.364mA$,$V_{CEQ1}=7.92V$,$I_{CQ2}=4.82mA$,$V_{CEQ2}=2.71V$;②$A_v=-17.7$;③$R_i=4.76k\Omega$,$R_o=43.7\Omega$。

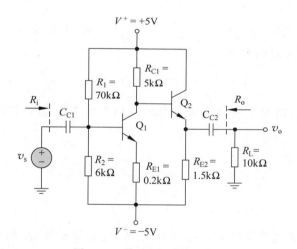

图 6.69 练习题 6.15 的电路

6.9.2 多级电路:复合晶体管结构

在某些应用中,比较理想的是有一个电流增益比通常值大很多的双极型晶体管。图 6.70(a) 给出一种多晶体管结构,称为复合晶体管,或称达林顿结构,这种电路能提供增大的电流增益。

图 6.70(b)所示为其小信号电流等效电路,假设输入信号来自电流源。可以利用输入电流源来求解电路的电流增益。为了求解小信号电流增益 $A_i=I_o/I_i$,可以看到

$$V_{\pi1}=I_i r_{\pi1} \tag{6.103}$$

因此

$$g_{m1}V_{\pi1}=g_{m1}r_{\pi1}I_i=\beta_1 I_i \tag{6.104}$$

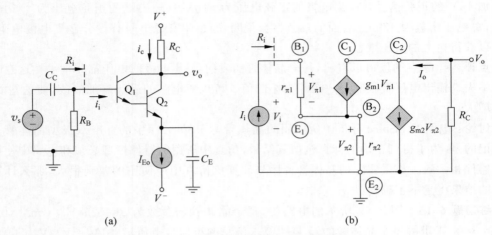

图 6.70 （a）复合管结构；（b）小信号等效电路

于是

$$V_{\pi2} = (I_i + \beta_1 I_i) r_{\pi2} \tag{6.105}$$

输出电流为

$$I_o = g_{m1} V_{\pi1} + g_{m2} V_{\pi2} = \beta_1 I_i + \beta_2 (1 + \beta_1) I_i \tag{6.106}$$

其中，$g_{m2} r_{\pi2} = \beta_2$，于是总的电流增益为

$$A_i = \frac{I_o}{I_i} = \beta_1 + \beta_2 (1 + \beta_1) \approx \beta_1 \beta_2 \tag{6.107}$$

由式（6.107），可以看出复合晶体管总的小信号电流增益基本上是各个电流增益的乘积。

输入电阻为 $R_i = V_i / I_i$，可以写成

$$V_i = V_{\pi1} + V_{\pi2} = I_i r_{\pi1} + I_i (1 + \beta_1) r_{\pi2} \tag{6.108}$$

所以

$$R_i = r_{\pi1} + (1 + \beta_1) r_{\pi2} \tag{6.109}$$

晶体管 Q_2 的基极连接到晶体管 Q_1 的发射极，这表明要将 Q_2 的输入电阻被乘上了系数 $(1+\beta_1)$，这和包含射极电阻的电路类似。可以写为

$$r_{\pi1} = \frac{\beta_1 V_T}{I_{CQ1}} \tag{6.110}$$

和

$$I_{CQ1} \approx \frac{I_{CQ2}}{\beta_2} \tag{6.111}$$

因此

$$r_{\pi1} = \beta_1 \left(\frac{\beta_2 V_T}{I_{CQ2}} \right) = \beta_1 r_{\pi2} \tag{6.112}$$

由式（6.109），输入电阻近似为

$$R_i \approx 2\beta_1 r_{\pi2} \tag{6.113}$$

由以上式子可以看出，复合管的总增益是较大的。同时，由于乘上了 β，输入电阻也

较大。

6.9.3 多级电路：共射-共基结构

图 6.71(a)给出了一种略有不同的多级放大电路结构,称为共射-共基放大电路。输入信号先进入共射放大电路(Q_1),它驱动一个共基放大电路(Q_2)。交流等效电路如图 6.71(b)所示。可以看出,Q_1 的输出信号电流是 Q_2 的输入信号。前面曾提到,通常共基电路的输入信号应该是电流。这个电路的一个优点是,从 Q_2 集电极往里看的输出电阻要比简单的共射电路的输出电阻大得多。这种电路的另一个重要优点是频率响应,这将会在第 7 章中看到。

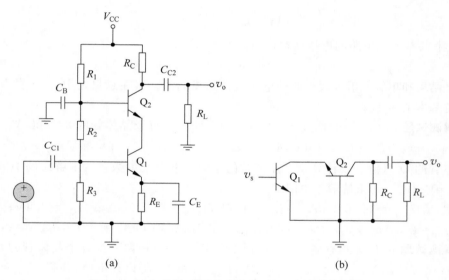

图 6.71 (a) 共射-共基放大电路;(b) 交流等效电路

当电容可视为短路时的小信号等效电路如图 6.72 所示。由于假设是理想信号电压源,可以看出 $V_{\pi 1} = V_s$。写出 E_2 处的 KCL 方程,可得

$$g_{m1}V_{\pi 1} = \frac{V_{\pi 2}}{r_{\pi 2}} + g_{m2}V_{\pi 2} \tag{6.114}$$

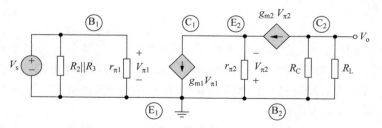

图 6.72 共射-共基电路的小信号等效电路

求解控制电压 $V_{\pi 2}$(注意 $V_{\pi 2} = V_s$),可得

$$V_{\pi 2} = \left(\frac{r_{\pi 2}}{1 + \beta_2} \right) (g_{m1}V_s) \tag{6.115}$$

其中 $\beta_2 = g_{m2} r_{\pi2}$。输出电压为

$$V_o = -(g_{m2} V_{\pi2})(R_C \parallel R_L) \tag{6.116a}$$

即

$$V_o = -g_{m1} g_{m2} \left(\frac{r_{\pi2}}{1+\beta_2} \right)(R_C \parallel R_L) V_s \tag{6.116b}$$

因此,小信号电压增益为

$$A_v = \frac{V_o}{V_s} = -g_{m1} g_{m2} \left(\frac{r_{\pi2}}{1+\beta_2} \right)(R_C \parallel R_L) \tag{6.117}$$

通过研究式(6.117),可得

$$g_{m2} \left(\frac{r_{\pi2}}{1+\beta_2} \right) = \frac{\beta_2}{1+\beta_2} \approx 1 \tag{6.118}$$

于是,共射-共基放大电路的电压增益近似为

$$A_v \approx -g_{m1}(R_C \parallel R_L) \tag{6.119}$$

以上结果和单级共射放大电路的电压增益是相同的。这在意料之中,因为共基电路的电压增益基本上为 1。

理解测试题 6.16 观察图 6.70(a)所示的电路。令每个晶体管的 $\beta = 100$,$V_{BE}(on) = 0.7V$ 和 $V_A = \infty$。假设 $R_B = 10k\Omega$,$R_C = 4k\Omega$,$I_{Eo} = 1mA$,$V^+ = 5V$ 和 $V^- = -5V$。①求解每个晶体管的 Q 点值。②计算每个晶体管的小信号混合 π 参数。③求解总的小信号电压增益 $A_v = V_o/V_s$。④求解输入电阻 R_i。

答案:①$I_{CQ1} = 0.0098mA$,$V_{CEQ1} = 1.7V$,$I_{CQ2} = 0.990mA$,$V_{CEQ2} = 2.4V$;②$r_{\pi1} = 265k\Omega$,$g_{m1} = 0.377mA/V$,$r_{\pi2} = 2.63k\Omega$,$g_{m2} = 38.1mA/V$;③$A_v = -77.0$;④$R_i = 531k\Omega$。

理解测试题 6.17 观察图 6.71(a)所示的共射-共基电路。令每个晶体管的 $\beta = 100$,$V_{BE}(on) = 0.7V$ 和 $V_A = \infty$。令 $V_{CC} = 9V$,$R_L = 10k\Omega$。①设计电路,使得 $V_{CE1} = V_{CE2} = 2.5V$,$V_{RE} = 0.7V$,$I_{C1} \approx I_{C2} \approx 1mA$,且 $I_{R1} \approx I_{R2} \approx I_{R3} \approx 0.1mA$。(提示:忽略基极直流电流)。②计算每个晶体管的小信号混合 π 参数。③求解小信号电压增益 $A_v = V_o/V_s$。

答案:①$R_1 = 51k\Omega$,$R_2 = 25k\Omega$,$R_3 = 14k\Omega$,$R_E = 0.7k\Omega$;$R_C = 3.3k\Omega$;②$g_m = 38.46mA/V$,$r_\pi = 2.6k\Omega$;③$A_v = -94.5$。

6.10 功耗考虑

目标:分析晶体管放大电路的交流和直流功率损耗,并了解信号功率增益的概念。

如前所述,放大电路能产生小信号功率增益。既然能量必须守恒,那么就自然产生了这个"额外"信号功率的来源问题。后面将会看到,传送给负载的"额外"信号功率是功率在负载与晶体管之间重新分配的结果。

观察图 6.73 所示的简单共射电路,其中输入端连接一个理想信号电压源,电压源 V_{CC} 提供的直流功率 P_{CC}、消耗在集电极电阻上的直流功率 P_{RC} 以及在消耗在晶体管上的直流功率 P_Q 分别为

$$P_{CC} = I_{CQ} V_{CC} + P_{Bias} \tag{6.120a}$$

$$P_{RC} = I_{CQ}^2 R_C \qquad (6.120b)$$

和

$$P_Q = I_{CQ}V_{CEQ} + I_{BQ}V_{BEQ} \approx I_{CQ}V_{CEQ}$$
$$(6.120c)$$

其中,P_{Bias} 为消耗在基极电阻 R_1 和 R_2 上的功率。通常,在晶体管中有 $I_{CQ} > I_{BQ}$,所以消耗的功率主要是集电极电流和集电极-发射极间电压的函数。

如果信号电压为

$$v_s = V_p \cos\omega t \qquad (6.121)$$

则总的基极电流为

$$i_B = I_{BQ} + \frac{V_p}{r_\pi}\cos\omega t = I_{BQ} + I_b\cos\omega t \qquad (6.122)$$

总的集电极电流为

$$i_C = I_{CQ} + \beta I_b\cos\omega t = I_{CQ} + I_c\cos\omega t \quad (6.123)$$

总的瞬时集电极-发射极间电压为

$$v_{CE} = V_{CC} - i_C R_C = V_{CC} - (I_{CQ} + I_c\cos\omega t)R_C = V_{CEQ} - I_c R_C\cos\omega t \qquad (6.124)$$

由电压源 V_{CC} 提供的包含交流信号的平均功率为

$$\bar{p}_{cc} = \frac{1}{T}\int_0^T V_{CC} \cdot i_C \mathrm{d}t + P_{Bias}$$

$$= \frac{1}{T}\int_0^T V_{CC} \cdot [I_{CQ} + I_c\cos\omega t]\mathrm{d}t + P_{Bias}$$

$$= V_{CC}I_{CQ} + \frac{V_{CC}I_c}{T}\int_0^T \cos\omega t\,\mathrm{d}t + P_{Bias} \qquad (6.125)$$

因为余弦函数在一个周期上的积分为零,所以电压源提供的平均功率与直流功率相同。即直流电压源并不提供额外的功率。

求得传送到负载 R_C 上的平均功率为

$$\bar{p}_{RC} = \frac{1}{T}\int_0^T i_C^2 R_C\,\mathrm{d}t = \frac{R_C}{T}\int_0^T [I_{CQ} + I_c\cos\omega t]^2\,\mathrm{d}t$$

$$= \frac{I_{CQ}^2 R_C}{T}\int_0^T \mathrm{d}t + \frac{2I_{CQ}I_c}{T}\int_0^T \cos\omega t\,\mathrm{d}t + \frac{I_c^2 R_C}{T}\int_0^T \cos^2\omega t\,\mathrm{d}t \qquad (6.126)$$

最后这个表达式的中间项也为零,所以有

$$\bar{p}_{RC} = I_{CQ}^2 R_C + \frac{1}{2}I_c^2 R_C \qquad (6.127)$$

即传送到负载上的平均功率因为有交流信号输入而增加了。这正是放大电路所希望的。现在,消耗在晶体管上的平均功率为

$$\bar{p}_Q = \frac{1}{T}\int_0^T i_C \cdot v_{CE}\,\mathrm{d}t$$

$$= \frac{1}{T}\int_0^T [I_{CQ} + I_c\cos\omega t] \cdot [V_{CEQ} - I_c R_C\cos\omega t]\mathrm{d}t \qquad (6.128)$$

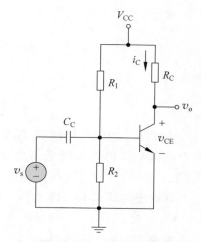

图 6.73 用于功率计算的简单共射放大电路

可得

$$\bar{p}_Q = I_{CQ}V_{CEQ} - \frac{I_c^2 R_C}{T}\int_0^T \cos^2 \omega t \, dt \qquad (6.129a)$$

即

$$\bar{p}_Q = I_{CQ}V_{CEQ} - \frac{1}{2}I_c^2 R_C \qquad (6.129b)$$

由式(6.129b)可以推断,当施加交流信号以后,损耗在晶体管上的平均功率下降了。虽然电源V_{CC}仍然提供全部功率,但是输入信号会改变晶体管和负载之间功率的相对分配。

理解测试题 6.18　图 6.74 所示的电路中,晶体管的参数为 $\beta=80, V_{BE}(on)=0.7V$ 和 $V_A=\infty$。对于①$V_s=0$ 和②$V_s=18\cos\omega t$ mV,求解损耗在 R_C、R_L 和 Q 上的平均功率。

答案：①$\bar{p}_{RC}=8mW, \bar{p}_{RL}=0, \bar{p}_Q=14mW$；②$\bar{p}_Q=13.0mW, \bar{p}_{RL}=0.479mW$, $\bar{p}_{RC}=8.48mW$。

理解测试题 6.19　图 6.75 所示的电路中,晶体管的参数为 $\beta=100, V_{BE}(on)=0.7V$ 和 $V_A=\infty$。①求解使得 Q 点位于负载线中点的 R_C。②对于 $v_s=0$,求解损耗在 R_C 和晶体管 Q 上的平均功率。③考虑输出电压达到最大不失真电压,求解传送到 R_C 上的最大信号功率和消耗在 R_C 和晶体管上的总功率的比值。

答案：①$R_C=2.52k\Omega$；②$\bar{p}_{RC}=\bar{p}_Q=2.48mW$；③$0.25$。

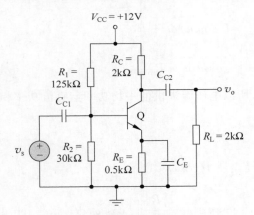

图 6.74　理解测试题 6.18 的电路

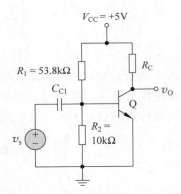

图 6.75　理解测试题 6.19 的电路

6.11　设计应用：音频放大电路

目标：设计一个双极型晶体管音频放大电路,满足一组指标要求。

1. 设计指标

要求音频放大电路将 0.1W 的平均功率由麦克风传送给 8Ω 的扬声器,麦克风上产生的正弦信号峰值为 10mV,并具有 $10k\Omega$ 的信号源电阻。

2. 设计方案

本设计中将采用一种简单但有些粗略的方法。待设计的一般多级放大电路结构如图 6.76 所示。输入缓冲级将是一个射极跟随器电路,用来减小 $10\text{k}\Omega$ 信号源电阻的负载效应。输出级也可以为射极跟随器电路,用来提供必需的输出电流和输出信号功率。增益级实际上可以由一个两级共射放大电路组成,用来提供所需要的电压增益。假设整个放大电路系统都采用 12V 的直流电源进行偏置。

图 6.76 设计应用中的一般多级放大电路

3. 解决方案 1(输入缓冲级)

如图 6.77 所示,输入缓冲级为射极跟随器放大电路。假设晶体管的电流增益 $\beta_1 = 100$。将设计电路,使得静态集电极电流为 $I_{CQ1} = 1\text{mA}$,静态集电极-发射极间电压为 $V_{CEQ1} = 6\text{V}$,且 $R_1 \parallel R_2 = 100\text{k}\Omega$。于是求得

$$R_{E1} \approx \frac{V_{CC} - V_{CEQ1}}{I_{CQ1}} = \frac{12-6}{1} = 6\text{k}\Omega$$

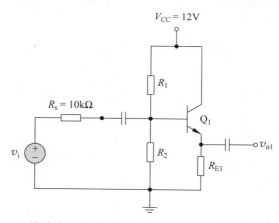

图 6.77 设计应用中的输入信号源和输入缓冲级(射极跟随器)

可得

$$r_{\pi1} = \frac{\beta_1 V_T}{I_{CQ1}} = \frac{100 \times 0.026}{1} = 2.6\text{k}\Omega$$

忽略下一级的负载效应,同样有

$$R_{i1} = R_1 \parallel R_2 \parallel [r_{\pi1} + (1+\beta_1)R_{E1}]$$
$$= 100 \parallel (2.6 + 101 \times 6) = 85.9\text{k}\Omega$$

假设 $r_o = \infty$,由式(6.68)可得小信号电压增益(同样忽略来自下一级的负载效应)为

$$A_{v1} = \frac{v_{o1}}{v_i} = \frac{(1+\beta_1)R_{E1}}{r_{\pi1} + (1+\beta_1)R_{E1}} \cdot \left(\frac{R_{i1}}{R_{i1} + R_S}\right)$$

$$= \frac{101 \times 6}{2.6 + 101 \times 6} \cdot \left(\frac{85.9}{85.9 + 10}\right)$$

即 $A_{v1} = 0.892$。

对于峰值为 10mV 的输入信号电压,缓冲级输出端的峰值电压为 $v_{o1} = 8.92\text{mV}$。

求得偏置电阻为 $R_1 = 155\text{k}\Omega$ 和 $R_2 = 282\text{k}\Omega$。

4. 解决方案 2(输出级)

如图 6.78 所示,输出级为另一个射极跟随器放大电路。8Ω 扬声器经电容耦合到放大电路的输出端。耦合电容确保没有直流电流流过扬声器。

对于传送给负载的 0.1W 的平均功率,负载电流的有效值为 $P_L = i_L^2$(有效值)$\times R_L$ 即 $0.1 = i_L^2$ (有效值)$\times 8$,可得 i_L(有效值)$=0.112\text{A}$。对于正弦信号来说,输出电流的峰值为

$$i_L(\text{peak}) = 0.158\text{A}$$

输出电压的峰值为

$$v_o(\text{peak}) = (0.158)(8) = 1.26\text{V}$$

假设输出功率晶体管的电流增益为 $\beta_4 = 50$。将晶体管的静态参数设置为

$$I_{EQ4} = 0.3\text{A}, \quad V_{CEQ4} = 6\text{V}$$

于是

$$R_{E4} = \frac{V_{CC} - V_{CEQ4}}{I_{EQ4}} = \frac{12-6}{0.3} = 20\Omega$$

求得

$$I_{CQ4} = \left(\frac{\beta_4}{1+\beta_4}\right) \cdot I_{EQ4} = \frac{50}{51} \times 0.3 = 0.294\text{A}$$

于是

$$r_{\pi4} = \frac{\beta_4 V_T}{I_{CQ4}} = \frac{50 \times 0.026}{0.294} = 4.42\Omega$$

输出级的小信号电压增益为

$$A_{v4} = \frac{v_o}{v_{o3}} = \frac{(1+\beta_4)(R_{E4} \parallel R_L)}{r_{\pi4} + (1+\beta_4)(R_{E4} \parallel R_L)}$$

$$= \frac{51 \times (20 \parallel 8)}{4.42 + 51 \times (20 \parallel 8)} = 0.985$$

正如所料,结果非常接近于 1。如果所要求的峰值输出电压 $v_o = 1.26\text{V}$,则需要增益级输出端的峰值电压为 $v_{o3} = 1.28\text{V}$。

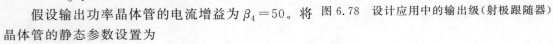

$V_{CC} = 12\text{V}$

图 6.78 设计应用中的输出级(射极跟随器)

5. 解决方案 3（增益级）

如图 6.79 所示，增益级实际上是一个两级共射放大电路。假设缓冲级通过电容耦合到这个放大电路的输入端，而该放大电路的两级之间也通过电容耦合连接，放大电路的输出端直接耦合到输出级。

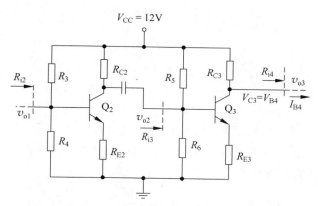

图 6.79　设计应用中的增益级（两级共射放大电路）

这里包含了射极电阻，以稳定放大电路的电压增益。假设每个晶体管的电流增益为 $\beta=100$。

则放大电路总的增益值必须为

$$\left|\frac{v_{o3}}{v_{o1}}\right|=\frac{1.28}{0.008\,92}=144$$

设计两级放大电路，使各级的电压增益值分别为

$$|A_{v3}|=\left|\frac{v_{o3}}{v_{o2}}\right|=5,\quad |A_{v2}|=\left|\frac{v_{o2}}{v_{o1}}\right|=28.8$$

Q_3 集电极的直流电压为 $V_{C3}=V_{B4}=6+0.7=6.7\text{V}(V_{BE4}(\text{on})=0.7\text{V})$。输出晶体管的静态基极电流为 $I_{B4}=0.294/50$ 即 $I_{B4}=5.88\text{mA}$。如果令 Q_3 的集电极电流为 $I_{CQ3}=15\text{mA}$，则 $I_{RC3}=15+5.88=20.88\text{mA}$。于是

$$R_{C3}=\frac{V_{CC}-V_{C3}}{I_{RC3}}=\frac{12-6.7}{20.88}\Rightarrow254\Omega$$

同时

$$r_{\pi3}=\frac{\beta_3 V_T}{I_{CQ3}}=\frac{100\times0.026}{15}\Rightarrow173\Omega$$

还可以求得

$$R_{i4}=r_{\pi4}+(1+\beta_4)(R_{E4}\parallel R_L)$$
$$=4.42+51\times(20\parallel8)=296\Omega$$

对于包含射极电阻的共射放大电路来说，小信号电压增益可以写为

$$|A_{v3}|=\left|\frac{v_{o3}}{v_{o2}}\right|=\frac{\beta_3(R_{C3}\parallel R_{i4})}{r_{\pi3}+(1+\beta_3)R_{E3}}$$

令 $|A_{v3}|=5$，则有

$$5 = \frac{100 \times (254 \parallel 296)}{173 + 101 \times R_{E3}}$$

可得 $R_{E3} = 25.4\Omega$。

如果令 $R_5 \parallel R_6 = 50\text{k}\Omega$，则有 $R_5 = 69.9\text{k}\Omega, R_6 = 176\text{k}\Omega$。

最后，如果令 $V_{C2} = 6\text{V}$ 和 $I_{CQ2} = 5\text{mA}$，则有

$$R_{C2} = \frac{V_{CC} - V_{C2}}{I_{CQ2}} = \frac{12 - 6}{5} = 1.2\text{k}\Omega$$

同时有

$$r_{\pi 2} = \frac{\beta_2 V_T}{I_{CQ2}} = \frac{100 \times 0.026}{5} = 0.52\text{k}\Omega$$

和

$$R_{i3} = R_5 \parallel R_6 \parallel [r_{\pi 3} + (1 + \beta_3) R_{E3}]$$
$$= 50 \parallel (0.173 + 101 \times 0.0254) = 2.60\text{k}\Omega$$

电压增益的表达式可以写为

$$|A_{v2}| = \left| \frac{v_{o2}}{v_{o1}} \right| = \frac{\beta_2 (R_{C2} \parallel R_{i3})}{r_{\pi 2} + (1 + \beta_2) R_{E2}}$$

令 $|A_{v2}| = 28.8$，可以求得

$$28.8 = \frac{100 \times (1.2 \parallel 2.6)}{0.52 + (101) R_{E2}}$$

可得 $R_{E2} = 23.1\Omega$。

如果设 $R_3 \parallel R_4 = 50\text{k}\Omega$，则有 $R_3 = 181\text{k}\Omega, R_4 = 69.1\text{k}\Omega$。

点评：从以上的设计过程可以注意到，设计都没有唯一的解。此外，为了用分立元件来搭建实际电路，将需要采用标准电阻，这意味着静态电流和电压值将会发生变化，于是总的电压增益也可能会发生变化而偏离设计值。同样，实际使用的晶体管的电流增益也可能不会完全等于假设的值。因而，在最终的设计中，需要略作修改。

讨论：之前曾经隐含假设，所设计的是一个音频放大电路，但并没有讨论它的频率响应。比如，设计中的耦合电容必须足够大，以使音频信号顺利通过。放大电路的频率响应将在第 7 章中进行详细的讨论。

在后续章节中，尤其是在第 8 章，将会设计一个更高效的输出级电路。本设计中输出级的效率相对较低；也就是，传送到负载上的平均信号功率与输出级上损耗的平均功率相比较小。然而，本设计是整个设计过程的初步近似。

6.12 本章小结

本章重点内容包括：

(1) 本章重点讲述了双极型晶体管在线性放大电路中的应用。讨论了晶体管电路放大时变输入小信号的基本过程。

(2) 阐述了双极型晶体管的混合 π 小信号等效电路。这种等效电路可以用于晶体管线性放大电路的分析和设计中。

（3）分析了三种基本的电路结构：共射、射极跟随器和共基电路。这三种电路是构成更为复杂的集成电路的基本单元。

（4）共射电路同时放大时变电压和电流。

（5）射极跟随器电路放大时变电流，并具有较大的输入电阻和较小的输出电阻。

（6）共基电路放大时变电压，并具有较小的输入电阻和较大的输出电阻。

（7）分析了三种多晶体管电路：两个共射电路的级联结构、复合管以及由共射和共基电路组成的共射-共基结构。每种结构各具特性，比如较大的总电压增益或较大的总电流增益。

（8）讨论了放大电路中信号功率增益的概念。在放大电路中存在功率的重新分配。

（9）作为一个应用，在多级放大电路的设计中引入双极性晶体管，来提供指定的输出信号功率。

通过本章的学习，应该能够做到：

（1）用图解法阐明简单的双极型放大电路的放大过程。

（2）描述双极型晶体管的小信号混合 π 等效电路，并求解小信号混合 π 参数的值。

（3）在各种双极型放大电路中，应用小信号混合 π 等效电路来求解时变电路的特性。

（4）描述共射、射极跟随和共基放大电路的小信号电压和电流增益以及输入输出电阻。

（5）求解放大电路输出信号的最大不失真电压。

（6）将双极型小信号等效电路用于多级放大电路的分析。

复习题

（1）应用负载线的概念，来阐述简单共射电路是如何放大时变信号的。

（2）说明为什么晶体管电路的分析可以分为将交流源置为零的直流分析和将直流源置为零的交流分析。

（3）"小信号"的含义是什么？

（4）画出 NPN 和 PNP 型双极型晶体管的混合 π 等效电路。

（5）简述小信号混合 π 参数 g_m、r_π 和 r_o 与晶体管直流静态值之间的关系。

（6）混合 π 参数 r_π 和 r_o 的物理意义是什么？

（7）画出一个简单的共射放大电路并讨论它的一般交流特性（电压增益、电流增益以及输入和输出电阻）。

（8）当在共射放大电路中加入射极电阻和射极旁路电容时，电路的交流、直流特性将发生什么样的改变？

（9）讨论直流负载线和交流负载线的概念。

（10）画出一个简单的射极跟随器放大电路，并讨论它的一般交流电路特性（电压增益、电流增益以及输入和输出电阻）。

（11）画出一个简单的共基放大电路，并讨论它的一般交流电路特性（电压增益、电流增益以及输入和输出电阻）。

（12）比较共射电路、射极跟随器电路以及共基电路的交流电路特性。

（13）讨论在电子电路中应用共射放大电路、射极跟随器放大电路和共基放大电路的一般条件。

(14) 陈述为什么在电路设计中多级放大电路比单级放大电路应用得多,至少给出两个原因。

习题

(注:在下面的习题中,除非另作说明,均假设 NPN 和 PNP 型晶体管的 B-E 间开启电压为 $0.7V, V_A = \infty$。并假设所有的电容对信号相当于短路。)

1. 双极型线性放大电路

6.1　①晶体管的参数为 $\beta = 180$ 和 $V_A = 150V$,当其偏置电流为 $I_{CQ} = 0.5mA$ 及 $I_{CQ} = 2mA$ 时,求解小信号参数 g_m、r_π 和 r_o。②当晶体管的参数为 $\beta = 80$ 和 $V_A = 100V$,且偏置在 $I_{CQ} = 0.25mA$ 及 $I_{CQ} = 80\mu A$ 时,重复①。

6.2　①晶体管的参数为 $\beta = 125$ 和 $V_A = 200V$。要求 $g_m = 95mA/V$,求解所需的集电极电流,并求解 r_π 和 r_o。②第二个晶体管的小信号参数为 $g_m = 120mA/V$ 和 $r_\pi = 1.2k\Omega$,静态集电极电流和晶体管电流增益是多少?

6.3　晶体管电流增益的范围为 $90 \leqslant \beta \leqslant 180$,且静态集电极电流范围为 $0.8mA \leqslant I_{CQ} \leqslant 1.2mA$。小信号参数 g_m 和 r_π 的变化范围是多少?

6.4　图 6.3 所示的电路中,晶体管的参数为 $\beta = 120$ 和 $V_A = \infty$,电路的参数为 $V_{CC} = 3.3V, R_C = 15k\Omega$,且 $I_{CQ} = 0.12mA$。加小信号 $v_{be} = 5\sin\omega t \, mV$。①求解 i_C 和 v_{CE};②求解小信号电压增益 $A_v = v_{ce}/v_{be}$。

6.5　图 6.3 所示的电路中,晶体管的参数为 $\beta = 120$ 和 $V_{BE}(on) = 0.7V$ 且 $V_A = 80V$,电路的参数为 $V_{CC} = 3.3V, V_{BB} = 1.10V, R_C = 4k\Omega$,且 $R_B = 110k\Omega$,①求解混合 π 参数。②求解小信号电压增益 $A_v = v_o/v_s$。③如果时变输出信号为 $v_o = 0.5\sin(100t)V, v_s(t)$ 是多少?

6.6　在图 6.3 所示的电路中,$\beta = 120, V_{CC} = 5V, V_A = 100V$ 和 $R_B = 25k\Omega$。①求解使得 $r_\pi = 5.4k\Omega$ 且 Q 点位于负载线中点的 V_{BB} 和 R_C。②求解相应的小信号电压增益 $A_v = v_o/v_s$。

6.7　图 6.80 所示的电路中,每个晶体管的参数为 $\beta = 120$ 和 $I_{CQ} = 0.5mA$。求解出每个电路的输入电阻 R_i。

6.8　图 6.81 所示的电路中,每个晶体管的参数为 $\beta = 130, V_A = 80V$ 和 $I_{CQ} = 0.2mA$。求解每个电路的输出电阻 R_o。

6.9　图 6.3 所示的电路偏置在 $V_{CC} = 10V$,且集电极电阻为 $R_C = 4k\Omega$。调整电压 V_{BB},使得 $V_{CC} = 4V$。晶体管的 $\beta = 100$,基极和发射极之间的信号电压为 $v_{be} = 5\sin\omega t \, (mV)$。求解 $i_B(t)$、$i_C(t)$ 和 $v_C(t)$ 的总瞬时值以及小信号电压增益 $A_v = v_C(t)/v_{be}(t)$。

6.10　图 6.14 所示的电路中,$\beta = 100, V_A = \infty, V_{CC} = 10V$ 且 $R_B = 50k\Omega$。①求解 V_{BB} 和 R_C,使得 $I_{CQ} = 0.5mA$ 且 Q 点位于负载线的中点。②求解小信号参数 g_m、r_π 和 r_o。③求解小信号电压增益 $A_v = v_o/v_s$。

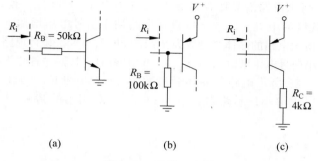

图 6.80 习题 6.7 图

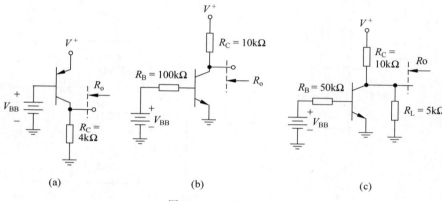

图 6.81 习题 6.8 图

6.11 在图 6.7 所示的交流等效电路中,$R_C = 2\text{k}\Omega$。晶体管的参数为 $g_m = 50\text{mA/V}$ 和 $\beta = 100$。时变输出电压为 $v_o = 1.2\sin\omega t(\text{V})$,求解 $v_{be}(t)$ 和 $i_b(t)$。

6.12 图 6.82 所示的电路中,晶体管的参数为 $\beta = 150$ 和 $V_A = \infty$。①求解 R_1 和 R_2 以获得稳定偏置电路且 Q 点位于负载线的中点。②求解小信号电压增益 $A_v = v_o/v_s$。

6.13 假设图 6.83 的电路参数为 $\beta = 100$,$V_A = \infty$,$R_1 = 33\text{k}\Omega$ 和 $R_2 = 50\text{k}\Omega$。①画出直流负载线上的 Q 点。②求解小信号电压增益。③如果 R_1 和 R_2 变化 $\pm5\%$,求解电压增益的变化范围。

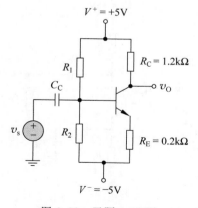

图 6.82 习题 6.12 图

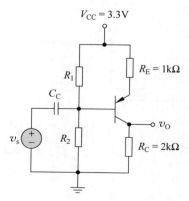

图 6.83 习题 6.13 图

6.14 图 6.83 所示电路的晶体管参数为 $\beta=100$ 和 $V_A=\infty$。①设计电路,使得偏置稳定,且 Q 点位于负载线的中点。②求解所设计电路的小信号电压增益。

6.15 图 6.84 所示电路的晶体管参数为 $\beta=100$ 和 $V_A=\infty$。设计电路,使得 $I_{CQ}=0.25\text{mA}$ 和 $V_{CEQ}=3\text{V}$。求解小信号电压增益 $A_v=v_o/v_s$,并求解由信号源 v_s 往里看的输入电阻。

6.16 假设图 6.85 所示电路的晶体管参数为 $\beta=120$ 和 $V_A=100\text{V}$。①设计电路,使得 $V_{CEQ}=5.20\text{V}$。②求解小信号跨阻 $R_m=v_o/i_s$。③利用①的结果,求解 $100\leqslant\beta\leqslant150$ 时 R_m 的变化范围。

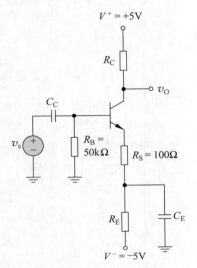

图 6.84 习题 6.15 图

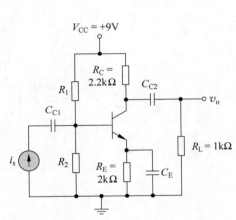

图 6.85 习题 6.16 图

6.17 ①对于晶体管参数 $\beta=80$ 和 $V_A=100\text{V}$。(i)设计图 6.86 所示的电路,使得基极和集电极的直流电压分别为 0.20V 和 -3V。(ii)求解小信号跨导函数 $G_f=i_o/v_s$。②对于参数 $\beta=120$ 和 $V_A=80\text{V}$,重复①。

6.18 图 6.87 中信号源 $v_s=5\sin\omega t(\text{mV})$,晶体管的参数为 $\beta=120$ 且 $V_A=\infty$。①设计电路,使得 $I_{CQ}=0.25\text{mA}$ 且 $V_{CEQ}=3\text{V}$;求解小信号电压增益 $A_v=v_o/v_s$;求解 $v_o(t)$。②对于 $R_S=0$,重复(1)。

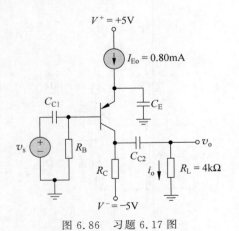

图 6.86 习题 6.17 图

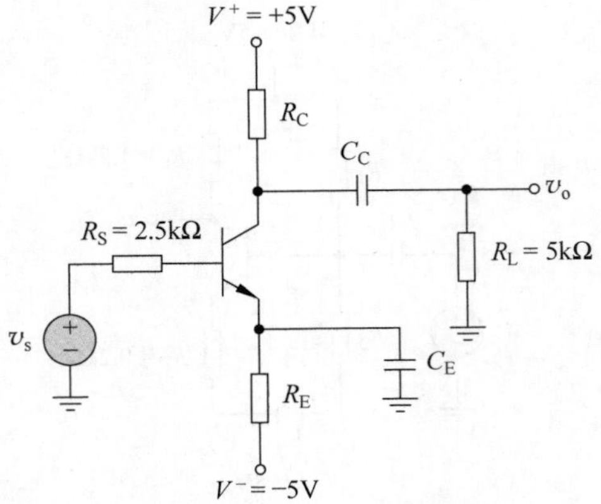

V⁺ = +5V

图 6.87 习题 6.18 图

6.19 观察图 6.88 所示的电路,其中信号源为 $v_s = 4\sin\omega t\,(\mathrm{mV})$。①对于晶体管参数 $\beta = 80$ 和 $V_A = 100\mathrm{V}$。求解小信号电压增益 $A_v = v_o/v_s$ 和跨导函数 $G_f = i_o/v_s$;计算 $v_o(t)$ 和 $i_o(t)$。②当 $\beta = 120$ 时,重复①。

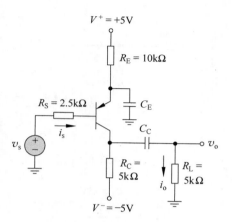

图 6.88 习题 6.19 图

6.20 观察图 6.89 所示的电路,晶体管的参数为 $\beta = 100$ 和 $V_A = 100\mathrm{V}$。求解 R_i、$A_v = v_o/v_s$ 和 $A_i = i_o/i_s$。

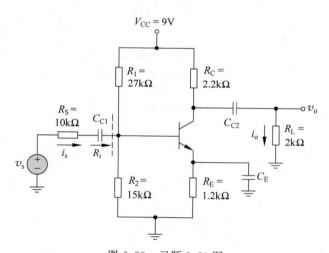

图 6.89 习题 6.20 图

6.21 图 6.90 所示电路的晶体管参数为 $\beta = 100$ 和 $V_A = 100\mathrm{V}$。①求解基极和发射极的直流电压。②求解使 $V_{CEQ} = 3.5\mathrm{V}$ 的 R_C 值。③假设 C_C 和 C_E 相当于短路,求解小信号电压增益 $A_v = v_o/v_s$。④如果信号源 v_s 串联一个 500Ω 的信号源电阻,重复③。

6.22 图 6.91 所示电路的晶体管参数为 $\beta = 180$ 和 $r_o = \infty$。①求解 Q 点的值。②求解小信号混合 π 参数。③求解小信号电压增益 $A_v = v_o/v_s$。

6.23 图 6.92 所示电路的晶体管参数为 $\beta = 80$ 和 $V_A = 80\mathrm{V}$。①求解使 $I_{EQ} = 0.75\mathrm{mA}$ 的 R_E 值。②求解使 $V_{ECQ} = 7\mathrm{V}$ 的 R_C 值。③对于 $R_L = 10\mathrm{k}\Omega$,求解小信号电压增益 $A_v = v_o/v_s$。④求解由信号源 v_s 往里看的阻抗。

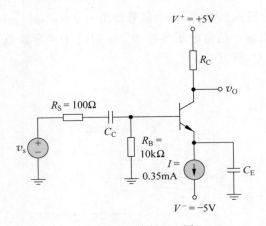

图 6.90 习题 6.21 图

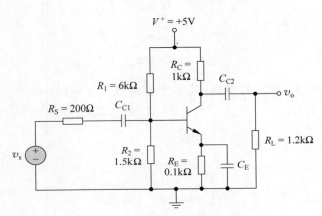

图 6.91 习题 6.22 图

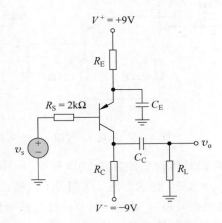

图 6.92 习题 6.23 图

6.24 图 6.93 所示电路中的晶体管参数为 $V_{EB}(on)=0.7V$，$V_A=50V$，电流增益的范围是 $80 \leqslant \beta \leqslant 120$。求解①小信号电压增益 $A_v = v_o/v_s$ 的范围；②输入电阻 R_i 的范围；③输出电阻 R_o 的范围。

6.25 设计一个单晶体管共射前置放大电路，使其能放大 $10mV$(有效值)的麦克风信

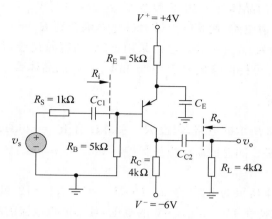

图 6.93 习题 6.24 图

号,并产生 $0.5V$(有效值)的输出信号。麦克风的信号源内阻为 $1k\Omega$。设计中采用标准电阻值,并确定所需的 β 值。

6.26 图 6.94 所示电路的晶体管参数为 $\beta=100$ 和 $V_A=\infty$。①求解 Q 点。②求解小信号参数 g_m、r_π 和 r_o。③求解小信号电压增益 $A_v=v_o/v_s$ 以及小信号电流增益 $A_i=i_o/i_s$。④求解输入电阻 R_{ib} 和 R_{is}。⑤如果 $R_S=0$,重复③。

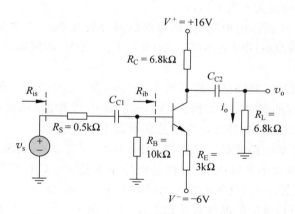

图 6.94 习题 6.26 图

6.27 如果将晶体管的集电极和基极相连,晶体管仍然工作在正向放大区,因为 B-C 结并不反偏。求解该两端器件用 g_m、r_π 和 r_o 表示的小信号电阻 $r_e=v_{ce}/i_e$。

6.28 ①设计一个与图 6.31 所示结构类似的放大电路。信号源内阻为 $R_S=100\Omega$,最小信号电压增益为 $|A_v|=10$,可使用的 NPN 型晶体管的参数为 $\beta=120$ 和 $V_A=\infty$。②利用①的结果,由信号源往里看的输入电阻是多少?以及相应的输出电阻是多少?

6.29 某理想信号源为 $v_s=5\sin(5000t)$ (mV)。该信号源能够提供的峰值电流为 $0.2\mu A$。$10k\Omega$ 负载电阻两端所需的电压为 $v_o=100\sin(5000t)$ (mV)。设计一个单晶体管放大电路,满足以上指标要求。要求采用标准电阻值,并确定所需的 β 值。

6.30 设计一个单晶体管共射放大电路,其小信号电压增益近似为 $A_v=-10$。电路由 $V_{CC}=5V$ 的单电源偏置,该电源提供的最大电流为 $0.8mA$。要求输入电阻大于 $20k\Omega$ 且输出电阻为 5kΩ。可提供的晶体管是 PNP 型器件,其 $\beta=90$ 且 $V_A=\infty$。

6.31 设计一个共射电路,使其输出端通过电容耦合到 $R_L=10$kΩ 的负载电阻上。小信号电压增益的最小值为 $|A_v|=50$。电路采用 ± 5V 的电源偏置,且每个电压源能够提供的最大电流为 0.5mA。可提供参数为 $\beta=120$ 和 $V_A=\infty$ 的晶体管。

2. 交流负载线分析

6.32 观察图 6.83 所示的电路,假设 $R_1=33$kΩ 且 $R_2=50$kΩ。晶体管的参数为 $\beta=100$ 且 $V_A=\infty$。如果 E-C 间总的瞬时电压保持在 0.5V$\leq v_{EC}\leq 3$V 的范围,求解最大不失真输出电压。

6.33 对于图 6.84 所示的电路,令 $\beta=100$,$V_A=\infty$,$R_E=12.9$kΩ 和 $R_C=6$kΩ。如果 C-E 间总的瞬时电压保持在 1V$\leq v_{CE}\leq 9$V 的范围,且集电极电流的瞬时值保持为大于或等于 50μA,求解最大不失真输出电压。

6.34 观察图 6.88 所示的电路。晶体管的参数为 $\beta=80$,$V_A=\infty$。①如果 C-E 间总的瞬时电压保持为 0.7V$\leq v_{CE}\leq 9$V,且瞬时集电极电流 $i_C\geq 0$,求解输出电压的最大不失真振幅。②利用①的结果,求解集电极电流的范围。

6.35 图 6.86 所示的电路参数为 $R_B=20$kΩ 且 $R_C=2.5$kΩ,晶体管的参数为 $\beta=80$,$V_A=\infty$。如果集电极电流总瞬时值 $i_C\geq 0.08$mA,且 E-C 间总的瞬时电压保持为 $1\leq v_{EC}\leq 9$V,求解输出电流 i_o 的最大不失真振幅。

6.36 观察图 6.94 所示的电路,晶体管参数同习题 6.26。如果集电极电流总瞬时值 $i_C\geq 0.1$mA,且 C-E 间总的瞬时电压保持为 1V$\leq v_{CE}\leq 21$V,求解输出电流 i_C 的最大不失真振幅。

6.37 图 6.89 所示电路的晶体管参数为 $\beta=100$ 和 $V_A=100$V。R_C、R_E 和 R_L 的值如图所示。如果 C-E 间总的瞬时电压保持为 1V$\leq v_{CE}\leq 8$V,且集电极电流的最小值 $i_C(\min)=0.1$mA,设计偏置稳定的电路,使输出电压达到最大不失真振幅。

6.38 图 6.91 所示电路的晶体管参数为 $\beta=180$ 和 $V_A=\infty$,重新设计偏置电阻 R_1 和 R_2,使输出电压达到最大不失真电压,并保持电路偏置稳定。C-E 间总的瞬时电压保持为 0.5V$\leq v_{CE}\leq 4.5$V 范围之内,且集电极总的瞬时电流 $i_C\geq 0.25$mA。

6.39 图 6.93 所示电路的晶体管参数为 $\beta=100$ 和 $V_A=\infty$。①如果 E-C 间总的瞬时电压保持为 1V$\leq v_{EC}\leq 9$V,求解最大不失真输出电压。②利用①的结果,求解集电极电流的范围。

3. 共集放大电路(射极跟随器)

6.40 图 6.95 给出了射极跟随电路的交流等效电路。①晶体管的参数为 $\beta=120$ 和 $V_A=\infty$。当 $R_E=500\Omega$ 时,求解 I_{CQ},使得小信号电压增益为 $A_v=0.92$。②如果 $V_A=20$V,利用①的结果,求解电压增益。③求解①和②中的小信号输出电阻 R_o。

6.41 观察图 6.95 所示的电路,晶体管的参数为 $\beta=80$ 和 $V_A=\infty$。设计电路(求解 I_{CQ} 和 R_E),使得 $R_{ib}=50$kΩ 且 $A_v=0.95$。②用①的结果,求解 R_o。

6.42 对于图 6.96 的交流等效电路,$R_S=1$kΩ,且晶体管的参数为 $\beta=80$ 和 $V_A=50$V。①当 $I_{CQ}=2$mA 时,求解 A_v、R_i 和 R_o。②当 $I_{CQ}=0.2$mA 时,重复①。

6.43 图 6.97 所示交流等效电路的电路和晶体管参数为 $R_s = 0.5\text{k}\Omega, \beta = 120$ 和 $V_A = \infty$。①求解使输出电阻 $R_o = 15\Omega$ 所需的 I_Q 值。②如果 $V_A = 50\text{V}$, 利用①的结果, 求解小信号电压增益。

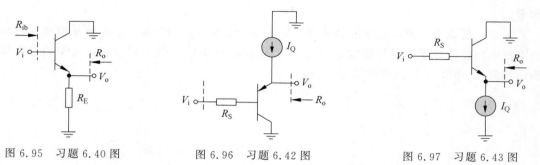

图 6.95 习题 6.40 图   图 6.96 习题 6.42 图   图 6.97 习题 6.43 图

6.44 图 6.98 所示电路的晶体管参数为 $\beta = 180$ 和 $V_A = \infty$。①求解 I_{CQ} 和 V_{CEQ}。②画出直流和交流负载线。③计算小信号电压增益。④求解输入和输出电阻 R_{ib} 和 R_o。

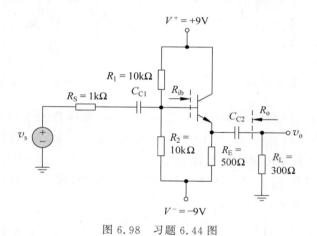

图 6.98 习题 6.44 图

6.45 观察图 6.99 所示的电路。晶体管的参数为 $\beta = 120$ 和 $V_A = \infty$, 重复习题 6.44 的①~④部分。

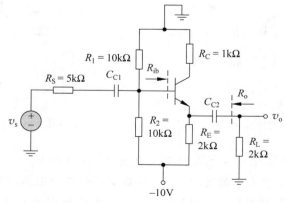

图 6.99 习题 6.45 图

6.46 对于图 6.100 所示的电路,令 $V_{CC}=3.3V$,$R_L=4k\Omega$,$R_1=585k\Omega$,$R_2=135k\Omega$ 和 $R_E=12k\Omega$。晶体管的参数为 $\beta=90$ 和 $V_A=60V$。①求解静态值 I_{CQ} 和 V_{ECQ}。②画出直流负载线和交流负载线。③计算 $A_v=v_o/v_s$ 和 $A_i=i_o/i_s$。④求解输入和输出电阻 R_{ib} 和 R_o。

6.47 图 6.101 所示电路的晶体管参数为 $\beta=80$ 和 $V_A=150V$。①求解基极和发射极的直流电压。②计算小信号参数 g_m、r_π 和 r_o。③求解小信号电压增益和电流增益。④如果信号源 v_s 串联一个 $2k\Omega$ 的信号源电阻,重复③。

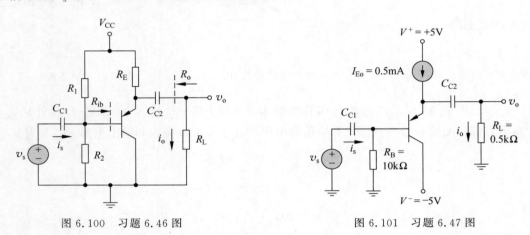

图 6.100 习题 6.46 图   图 6.101 习题 6.47 图

6.48 观察图 6.102 所示的射极跟随器放大电路,晶体管的参数为 $\beta=100$ 和 $V_A=100V$。(1)求解输出电阻 R_o。(2)当① $R_L=500\Omega$ 和② $R_L=5k\Omega$ 时,计算小信号电压增益。

6.49 图 6.103 所示电路中的晶体管参数为 $\beta=110$,$V_A=50V$ 且 $V_{EB}(on)=0.7V$。①求解静态值 I_{CQ} 和 V_{ECQ}。②求解 A_v、R_{ib} 和 R_o。③信号源为 $v_s(t)=2.8\sin\omega t\,(V)$,求解 $i_s(t)$、$i_o(t)$、$v_o(t)$ 和 $v_{eb}(t)$。

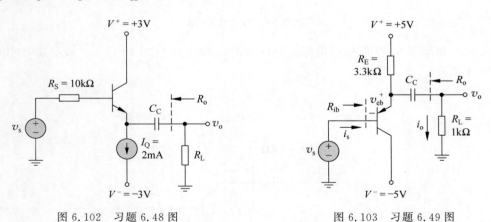

图 6.102 习题 6.48 图   图 6.103 习题 6.49 图

6.50 图 6.104 所示电路中的晶体管参数为 $\beta=100$ 和 $V_A=\infty$。①设计电路,使得 $I_{EQ}=1mA$ 且 Q 点位于直流负载线的中点。②如果正弦输出电压的峰-峰值为 $4V$,求解晶体管基极正弦信号的峰-峰值和 v_s 的峰-峰值。③如果在输出端通过耦合电容连接一个负

载电阻 $R_L=1k\Omega$,求解输出电压的峰-峰值,假设 v_s 和②中求得的值相等。

6.51　在图 6.105 所示的电路中,如果 β 的范围为 $75\leqslant\beta\leqslant150$,求解小信号电压增益 $A_v=v_o/v_s$ 和电流增益 $A_i=i_o/i_s$ 的范围。

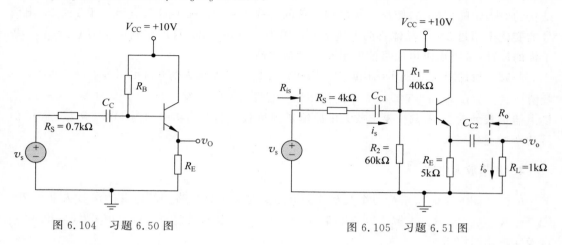

图 6.104　习题 6.50 图　　　　　图 6.105　习题 6.51 图

6.52　在图 6.106 所示的电路中,晶体管电流增益 β 的范围为 $50\leqslant\beta\leqslant200$。①求解直流值 I_E 和 V_E。②求解输入电阻 R_i 和电压增益 $A_v=v_o/v_s$ 的范围。

6.53　观察图 6.101 所示的电路,晶体管电流增益的范围为 $100\leqslant\beta\leqslant180$ 且厄尔利电压 $V_A=150V$。如果负载电阻从 $R_L=0.5k\Omega$ 变化到 $R_L=500k\Omega$,求解小信号电压增益的范围。

6.54　图 6.107 所示电路的参数为 $V_{CC}=5V$ 且 $R_E=500\Omega$。晶体管的参数为 $\beta=120$ 和 $V_A=\infty$。①重新设计电路,使得当 $R_L=500\Omega$ 时小信号电流增益为 $A_i=i_o/i_s=10$。求解 R_1、R_2 和小信号输出电阻 R_o。②利用①的结果,求解 $R_L=2k\Omega$ 时的电流增益。

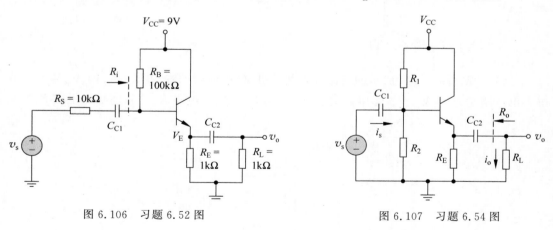

图 6.106　习题 6.52 图　　　　　图 6.107　习题 6.54 图

6.55　设计图 6.49 所示结构的射极跟随器电路,使得输入电阻 R_i 为图 6.51 中所定义的 $120k\Omega$。假设晶体管的参数为 $\beta=120$ 和 $V_A=\infty$。令 $V_{CC}=5V$ 和 $R_E=2k\Omega$。求解 R_1 和 R_2 的新值。Q 点应该近似位于负载线的中点。

6.56 ①对于图 6.107 所示的射极跟随器电路,假设 $V_{CC}=24V$,$\beta=75$ 且 $A_i=i_o/i_s=8$。设计电路,使之驱动一个 8Ω 的负载。②求解最大不失真输出电压。③求解输出电阻 R_o。

*6.57 某放大电路的输出可以表示为 $v_s=4\sin\omega t(V)$ 和 $R_S=4k\Omega$。设计图 6.54 所示结构的射极跟随器电路,使得当输出端连接的负载电阻 R_L 从 $4k\Omega$ 变化到 $10k\Omega$ 时,输出信号的变化不超过 5%。晶体管的电流增益范围为 $90\leqslant\beta\leqslant130$,且厄尔利电压为 $V_A=\infty$。基于你的设计,求解输出电压可能的最小值和最大值。

*6.58 设计图 6.54 所示结构的射极跟随放大电路,用来放大信号源电阻为 $R_S=10k\Omega$ 的音频信号 $v_s=5\sin(3000t)$,驱动一个小的扬声器。假设直流电源为 $V^+=+12V$ 和 $V^-=-12V$。扬声器负载为 $R_L=12\Omega$。要求放大电路输送到负载上的平均功率约为 1W。放大电路的信号功率增益是多大?

4. 共基放大电路

6.59 图 6.108 所示为一个共基放大电路的交流等效电路。晶体管的参数为 $\beta=120$,$V_A=\infty$,$I_{CQ}=1mA$。求解①电压增益 $A_v=v_o/v_s$,②电流增益 $A_i=I_o/I_i$,③输入电阻 R_i 以及④输出电阻 R_o。

6.60 图 6.109 所示交流等效电路中的晶体管参数为 $\beta=80$,$V_A=\infty$。求解①电压增益 $A_v=V_o/V_i$,②电流增益 $A_i=I_o/I_i$,③输入电阻 R_i;④如果 $V_A=80V$,求解(i)输出电阻 R_{OC} 和(ii)输出电阻 R_o。

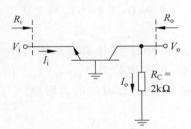 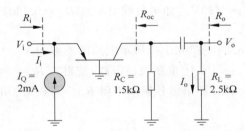

图 6.108 习题 6.59 图   图 6.109 习题 6.60 图

6.61 观察图 6.110 所示的交流等效共基电路,晶体管的参数为 $\beta=110$,$V_A=\infty$。求解①电压增益 $A_v=V_o/V_s$,②电流增益 $A_i=I_o/I_i$,③输入电阻 R_i 以及④输出电阻 R_o。

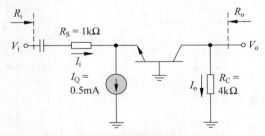

图 6.110 习题 6.61 图

6.62 图 6.111 给出一个共基放大电路的交流等效电路。晶体管的参数为 $\beta=120$,$V_{BE}(on)=0.7V$,$V_A=\infty$。①求解静态值 I_{CQ} 和 V_{CEQ}。②求解小信号电压增益 $A_v=V_o/V_i$,

③求解小信号电流增益 $A_i = I_o / I_i$。

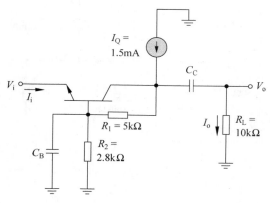

图 6.111　习题 6.62 图

6.63　图 6.112 所示电路的晶体管参数为 $\beta = 100, V_A = \infty$。①求解静态值 I_{CQ} 和 V_{ECQ}。②求解小信号电压增益 $A_v = v_o / v_s$。

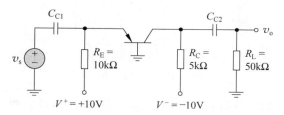

图 6.112　习题 6.63 图

6.64　当 100Ω 电阻与信号源 v_s 串联时,重复习题 6.63。

6.65　观察图 6.113 所示的共基电路。晶体管的参数为 $\beta = 120, V_A = \infty$。①求解静态值 V_{CEQ}。②求解小信号电压增益 $A_v = v_o / v_s$。

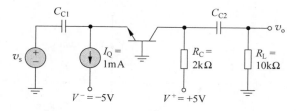

图 6.113　习题 6.65 图

6.66　图 6.114 所示电路的晶体管参数为 $\beta = 100, V_A = \infty$。①求解集电极、基极和发射极上的直流电压。②求解小信号电压增益 $A_v = v_o / v_s$。③求输入电阻 R_i。

6.67　图 6.115 中的电路参数为 $V_{CC} = 9V$ 和 $R_L = 4k\Omega, R_C = 6k\Omega, R_E = 3k\Omega, R_1 = 150k\Omega$ 和 $R_2 = 50k\Omega$。晶体管的参数为 $\beta = 125, V_{BE}(\text{on}) = 0.7$ 且 $V_A = \infty$。输入信号为电流信号。①求解 Q 点的值。②求解跨阻函数 $R_m = v_o / i_s$ 的值。③求解小信号电压增益 $A_v = v_o / v_s$。

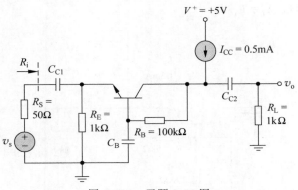

图 6.114 习题 6.66 图

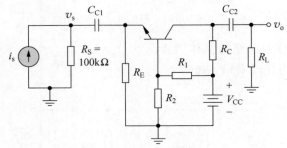

图 6.115 习题 6.67 图

6.68 图 6.115 所示的共基电路中,令 $V_{CC} = 5\text{V}$,$R_L = 12\text{k}\Omega$ 和 $R_E = 500\Omega$。晶体管的参数为 $\beta = 100$ 且 $V_A = \infty$。①设计电路,使得最小小信号电压增益为 $A_v = v_o/v_s = 25$。②Q 点的值是多少？③如果 R_2 被一大电容旁路,求解小信号电压增益。

6.69 观察图 6.116 所示的电路,晶体管的参数为 $\beta = 60$ 和 $V_A = \infty$。①求解静态值 I_{CQ} 和 V_{ECQ}。②求解小信号电压增益 $A_v = v_o/v_s$。

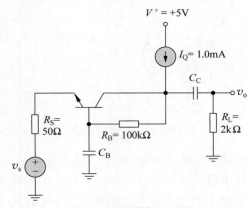

图 6.116 习题 6.69 图

*6.70 如图 1.40 所示,一个光传输系统中的光电二极管,可以建模成 i_s 和 R_S 并联的诺顿等效电路,如图 6.115 所示。假设电流源为 $i_s = 2.5\sin\omega t\,\mu\text{A}$,且 $R_S = 50\text{k}\Omega$。设计图 6.67 所示的共基电路,使得输出电压为 $v_o = 5\sin\omega t\,(\text{mV})$。假设晶体管的参数为 $\beta = 120$ 和 $V_A =$

∞，令 $V_{CC}=5V$。

6.71 在图6.117所示的共基电路中，晶体管为2N2907A，直流电流增益的标称值为 $\beta=80$。①求解 I_{CQ} 和 V_{ECQ}。②使用 h 参数(假设 $h_{re}=0$)，求解小信号电压增益 $A_v=v_o/v_s$ 的范围。③求解输入电阻 R_i 和输出电阻 R_o 的范围。

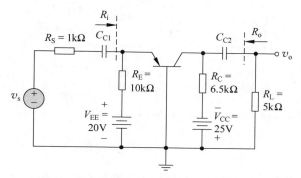

图6.117 习题6.71图

*6.72 在图6.117所示的电路中，令 $V_{EE}=V_{CC}=5V$，$\beta=100$，$V_A=\infty$，$R_L=1k\Omega$ 和 $R_S=0$。①设计电路，使得小信号电压增益 $A_v=v_o/v_s=25$ 和 $V_{ECQ}=3V$。②求解小信号参数 g_m、r_π 和 r_o 的值。

5. 多级放大电路

6.73 观察图6.118所示的交流等效电路。晶体管的参数为 $\beta_1=120$，$\beta_2=80$，$V_{A1}=V_{A2}=\infty$，且 $I_{CQ1}=I_{CQ2}=1mA$。①求解小信号电压增益 $A_{v1}=V_{o1}/V_i$。②求解小信号电压增益 $A_{v2}=V_{o2}/V_{o1}$。③求解总的小信号电压增益 $A_v=V_{o2}/V_i$。

6.74 图6.119所示交流等效电路的晶体管参数为 $\beta_1=\beta_2=100$，$V_{A1}=V_{A2}=\infty$，$I_{CQ1}=0.5mA$ 且 $I_{CQ2}=2mA$。①求解小信号电压增益 $A_{v1}=V_{o1}/V_i$。②求解小信号电压增益 $A_{v2}=V_{o2}/V_{o1}$。③求解总的小信号电压增益 $A_v=V_{o2}/V_i$。

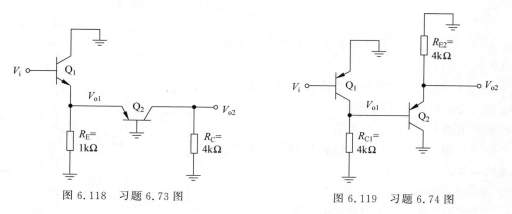

图6.118 习题6.73图   图6.119 习题6.74图

*6.75 图6.120所示的电路中，每个晶体管的参数均为 $\beta=100$ 和 $V_A=\infty$。①求解两个晶体管的小信号参数 g_m、r_π 和 r_o 的值。②求解小信号电压增益 $A_{v1}=v_{o1}/v_s$，假设 v_{o1} 和一个开路电路相连，求解增益 $A_{v2}=v_o/v_{o1}$。③求解总的小信号电压增益 $A_v=v_o/v_s$。

利用②中计算得到的值,将总的电压增益和 $A_{v1} \cdot A_{v2}$ 的结果进行比较。

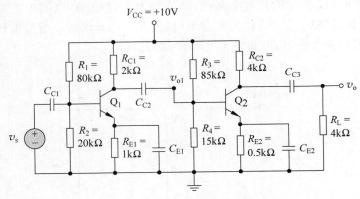

图 6.120 习题 6.75 图

*6.76 观察图 6.121 所示的电路,晶体管的参数为 $\beta = 120$ 和 $V_A = \infty$。①求解两个晶体管的小信号参数 g_m、r_π 和 r_o。②画出两个晶体管的直流和交流负载线。③求解总的小信号电压增益 $A_v = v_o/v_s$。④求解输入电阻 R_{ib} 和输出电阻 R_o。⑤求解最大不失真输出电压。

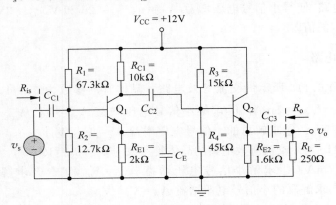

图 6.121 习题 6.76 图

6.77 图 6.122 所示电路的晶体管参数为 $\beta_1 = 120$,$\beta_2 = 80$,$V_{BE1}(\text{on}) = V_{BE2}(\text{on}) = 0.7\text{V}$,且 $V_{A1} = V_{A2} = \infty$。①求解每个晶体管的静态集电极电流。②求解小信号电压增益 $A_v = v_o/v_s$。③求解输入电阻 R_{ib} 和输出电阻 R_o。

*6.78 图 6.123 所示的电路中,每个晶体管的参数均为 $\beta = 100$ 和 $V_A = \infty$。①求解 Q_1 和 Q_2 的 Q 点值。②求解总的小信号电压增益 $A_v = v_o/v_s$。③求解输入电阻 R_{is} 和输出电阻 R_o。

6.79 图 6.124 所示的电路为复合管(达林顿管)的交流等效电路。晶体管的参数为 $\beta_1 = \beta_2 = 80$,$V_{A1} = 80\text{V}$ 和 $V_{A2} = 50\text{V}$。当① $I_{C2} = I_{\text{Bias}} =$

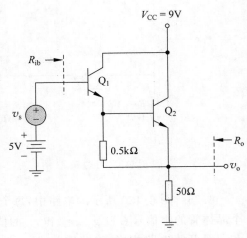

图 6.122 习题 6.77 图

1mA；②$I_{C2}=1$mA，$I_{Bias}=0.2$mA；③$I_{C2}=2$mA，$I_{Bias}=0$mA 时，求解输出电阻 R_o。

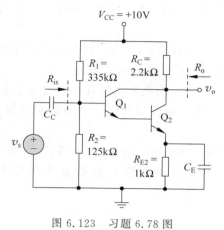

图 6.123　习题 6.78 图

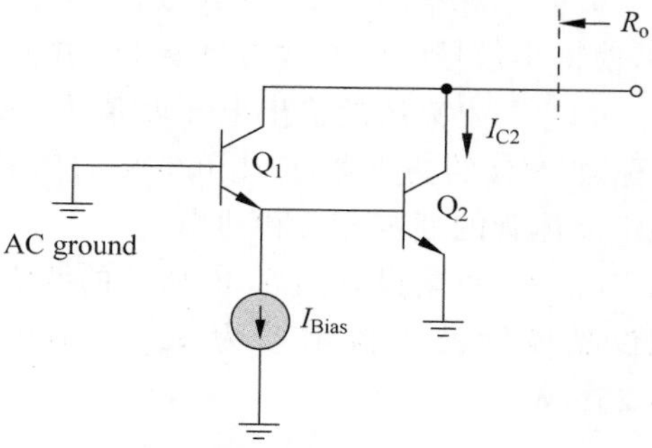

图 6.124　习题 6.79 图

6. 功耗考虑

6.80　观察图 6.31 所示的电路，电路和晶体管的参数同练习题 6.5。①当 $v_s=0$ 时，求解消耗在晶体管 R_C 和 R_E 上的平均功率。②当 $v_s=100\sin\omega t$（mV）时，重复①。

6.81　观察图 6.38 所示的电路，晶体管的参数同练习题 6.7。①当 $v_s=0$ 时，求解消耗在晶体管 R_C 和 R_E 上的平均功率。②当 $i_C \geqslant 0$ 和 $0.5V \leqslant v_{CE} \leqslant 9V$ 时，求解可以传递给 R_C 的最大不失真信号功率。

6.82　观察图 6.43 所示的电路，电路和晶体管的参数同例题 6.9。①当 $v_s=0$ 时，求解消耗在晶体管、R_C 和 R_E 上的平均功率。②求解能传送给 R_L 的最大不失真信号功率。R_E 和 R_C 上消耗的信号功率是多少？此时晶体管消耗的平均功率是多少？

6.83　对于图 6.57 所示的电路，晶体管的参数为 $\beta=100$ 且 $V_A=100$，信号源电阻 $R_S=0$。如果 R_L 分别为 1kΩ 和 10kΩ，求解能传送给 R_L 的最大不失真信号功率。

6.84　观察图 6.64 所示的电路，晶体管的参数同理解测试题 6.14。①对于 $v_s=0$，求解消耗在晶体管和 R_C 上的平均功率。②求解能传送给 R_L 的最大不失真信号功率和消耗在晶体管和 R_C 上的平均功率。

7. 计算机仿真题

6.85　①利用计算机仿真，验证练习题 6.5。②当厄尔利电压为①$V_A=100$V 和②$V_A=50$V 时，重复①。

6.86　①利用计算机，仿真验证理解测试题 6.7 的结果。②当厄尔利电压为 $V_A=50$V 时，重复①。

6.87　利用计算机仿真，验证例题 6.10 的结果。

6.88　利用计算机仿真，验证练习题 6.15 中多晶体管放大电路的结果。

8. 设计习题

（注：每一个设计都应该与计算机仿真联系起来。）

*6.89 设计一个具有图 6.39 所示的一般结构的共射放大电路,除了使用 PNP 型晶体管。当驱动 $R_L = 10\text{k}\Omega$ 的负载时,小信号电压增益的绝对值应当为 $|A_v| = 50$。利用 $\pm 3.3\text{V}$ 电源来偏置电路。

*6.90 观察图 6.20 所示的电路,令 $V_{CC} = 5\text{V}$, $R_L = 10\text{k}\Omega$, $\beta = 120$ 且 $V_A = \infty$。设计电路,使得小信号电流增益为 $A_i = 20$,并使输出电压达到最大不失真电压。

*6.91 麦克风的输出电压峰值为 2mV,且具有 $5\text{k}\Omega$ 的输出电阻。设计一个放大系统来驱动 24Ω 的扬声器,产生 0.5W 的信号功率。假设可提供电流增益为 $\beta = 50$ 的晶体管。确定晶体管的额定电流和功率。

*6.92 重新设计图 6.66 所示的两级放大电路,使得每级电压增益为 $A_{v1} = A_{v2} = -50$,假设晶体管的电流增益为 $\beta_{npn} = 150$ 和 $\beta_{npn} = 110$。要求该电路消耗的总功耗限制为 25mW。

第 7 章

频 率 响 应

到目前为止,在线性放大电路的分析中,假设耦合电容和旁路电容对于信号电压相当于短路,而对直流电压相当于开路。而随着信号频率接近于零,电容并不能立即从短路变为开路。前面也假设晶体管为理想晶体管,输出信号能对立即输入信号作出响应。而在实际的双极型晶体管和场效应晶体管中,都存在内部电容,这些电容会对频率响应产生影响。本章的主要目的是分析由电路电容和晶体管电容所引起的放大电路的频率响应。

本章主要内容如下:

(1) 讨论放大电路频率响应的一般特性。

(2) 推导两种简单的 RC 电路的系统传递函数,建立传递函数的幅值和相位波特图,并熟悉波特图的画法。

(3) 分析带有电容的晶体管电路的频率响应。

(4) 求解双极型晶体管的频率响应,并求解密勒效应和密勒电容。

(5) 求解 MOS 晶体管的频率响应,并求解密勒效应和密勒电容。

(6) 求解包含共源-共栅电路的基本晶体管电路的高频响应。

(7) 作为一个应用,设计一个包含耦合电容的两级 BJT 放大电路,并使每一级的 $-3\mathrm{dB}$ 频率相等。

7.1　放大电路的频率响应

目标:讨论放大电路的一般频率响应特性。

所有放大电路的增益系数都是信号频率的函数。这些增益系数包括电压、电流、跨导以及跨阻。到目前为止,假设信号频率足够高,以至于耦合电容和旁路电容都可视为短路;同时也假设信号频率足够低,使得寄生电容、负载电容以及晶体管的电容都可视为开路。本章将考虑放大电路在整个频率范围内的响应。

通常,放大电路的增益系数随频率的变化情况与图 7.1[①] 所示的曲线类似。图中将增益系数和频率都绘制在对数坐标系中(增益系数用分贝表示)。图中标出了三个频率范围,

---

[①]　在很多参考文献中,增益被绘制成角频率 ω 的函数。但出于一致性的考虑,本章中的所有曲线都将绘制成频率 $f(\mathrm{Hz})$ 的函数。注意到 $\omega = 2\pi f$。放大电路的增益也被绘制成分贝(dB)的形式,其中 $|A|_{\mathrm{dB}} = 20\log_{10}|A|$。

即低频、中频和高频。在低频段，$f < f_L$，由于耦合电容和旁路电容的影响，增益随频率的下降而下降。在高频段，$f > f_H$，由于寄生电容和晶体管电容的影响，增益随频率的增加而减小。中频段指耦合电容和旁路电容可视为短路而寄生电容和晶体管电容可视为开路的区域。在这个区域，增益几乎是恒定值。下面将会证明，在频率 $f = f_L$ 和 $f = f_H$ 处的增益比最大的中频增益小 3dB。放大电路的带宽(单位为 Hz)定义为 $f_{BW} = f_H - f_L$。

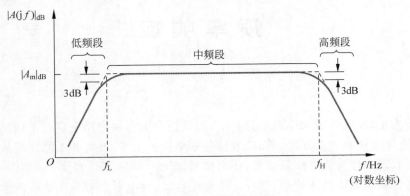

图 7.1   放大电路增益随频率的变化

例如，对于一个音频放大电路，在 20Hz < f < 20kHz 范围内的信号频率需要被同等放大，以尽可能准确地重现原声。在设计一个好的音频放大电路时，必须把频率 f_L 设计成小于 20Hz，把频率 f_H 设计成大于 20kHz。

7.1.1   等效电路

电路中的每个电容都只和频谱的一端对应。由此，可以建立适用于低频、中频以及高频段的具体等效电路。

1. 中频段

中频段计算所使用的等效电路和本书之前所讨论的等效电路相同。如前所述，这个区域的耦合电容和旁路电容都被视为短路，寄生电容和晶体管电容都被视为开路。在这个频段，等效电路中不包含电容。这些电路称为中频等效电路。

2. 低频段

在这个频段，采用低频等效电路。在此区域，等效电路和放大系数方程中必须包含耦合电容和旁路电容。寄生电容和晶体管电容则被视为开路。当 f 逐渐接近中频段时，这个频段的放大系数的数学表达式必然接近中频段的结果，因为在此极限条件下，这些电容接近于短路状态。

3. 高频段

在高频段，采用高频等效电路。在这个区域，耦合电容和旁路电容被视为短路。在这个等效电路中，必须考虑晶体管电容和所有寄生电容或负载电容。当 f 逐渐接近中频段时，这个频段的放大系数的数学表达式必然接近中频段的结果，因为在此极限条件下，这些电容接近于开路状态。

7.1.2 频率响应分析

应用以上三种等效电路,而不是用一个完整的电路来对放大电路进行分析,是一种近似方法,这种方法可以得到有用的人工分析结果,同时避免使用复杂的传递函数。如果 f_L 和 f_H 相差很远,即 $f_H > f_L$,这种方法有效。在将要研究的很多电子电路中,这个条件都得到满足。

计算机仿真,比如 PSpice 仿真,可以将所有的电容考虑进去,并产生比人工分析结果更精确的频率响应曲线。而计算机仿真结果并不能提供任何对特定结果在物理特性上的直观认识,因此也就不能提供任何用于改善特定频率响应的设计修改建议。而人工分析可以更直观地了解具体响应的来龙去脉。这种基本的理解可以引导产生更好的电路设计。

下一节将介绍两个简单的电路,来开始频率分析方面的研究。首先推导将输出电压和输入电压联系在一起的数学表达式(传递函数),它是信号频率的函数。根据该函数,可以得出频率响应曲线。两条频率响应曲线分别给出传递函数的幅值相对于频率的变化(幅频特性曲线)和相位相对于频率的变化(相频特性曲线)。相位响应则将输出信号和输入信号的相位联系在了一起。

然后,将提出一种方法,它不需要借助对传递函数的完整分析,就可以很容易地画出频率响应曲线。这种简化的方法可以对电子电路频率响应有一个一般的理解。当有需要时,还利用计算机仿真来提供更为详细的计算。

7.2 系统传递函数

目标:推导两个电路的系统传递函数,建立传递函数的幅度和相位波特图,并熟悉画波特图的方法。

电路的频率响应通常用复频率 s 来求解。每个电容用复数阻抗 $1/sC$ 来表示,而每个电感都用复数阻抗 sL 来表示,然后用一般形式表示出电路的方程。用复频率求得的电压增益、电流增益、输入阻抗以及输出阻抗的数学表达式都是用 s 表示的多项式的比值。

很多情况下都会用到系统传递函数。系统传递函数都将是比值的形式,比如输出电压比输入电压(电压传递函数)或输出电流比输入电压(跨导函数)。表 7.1 列出了 4 种常用的传递函数。

表 7.1 复频率 s 的传递函数

函 数 名	表 达 式
电压传递函数	$T(s) = V_o(s)/V_i(s)$
电流传递函数	$I_o(s)/I_i(s)$
互阻传递函数	$V_o(s)/I_i(s)$
跨导传递函数	$I_o(s)/V_i(s)$

一旦求出了传递函数,就可以通过令 $s = j\omega = j2\pi f$,求得正弦稳态激励产生的结果。于是,s 多项式的比值可以简化成每个频率 f 的复数。复数又可以简化为幅度和相位。

7.2.1　s 域分析

通常，s 域的传递函数可以表示为以下形式

$$T(s) = K\frac{(s-z_1)(s-z_2)\cdots(s-z_m)}{(s-p_1)(s-p_2)\cdots(s-p_n)} \tag{7.1}$$

其中，K 为常数；$z_1, z_2, \cdots, z_m$ 为传递函数的"零点"；$p_1, p_2, \cdots, p_n$ 为传递函数的"极点"。当复频率等于某个零点，即 $s=z_i$ 时，传递函数为零；当复频率等于某个极点，即 $s=p_i$ 时，传递函数发散，变为无穷大。通过用 $j\omega$ 代替 s，可以计算出物理频率下的传递函数。通常，所得到的传递函数 $T(j\omega)$ 为复函数，也就是说它的幅度和相位都是频率的函数。这些问题通常在基本的电路分析课程中进行讨论。

为了引入晶体管电路的频率响应分析，先来研究一下图 7.2 和图 7.3 所示的电路。图 7.2 中电路的电压传递函数可以写成分压器的形式，即

$$\frac{V_o(s)}{V_i(s)} = \frac{R_P}{R_S + R_P + \dfrac{1}{sC_S}} \tag{7.2}$$

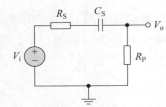

图 7.2　串联耦合电容电路

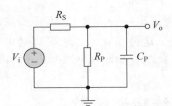

图 7.3　并联负载电容电路

元件 R_S 和 C_S 在输入和输出信号之间是串联的，而元件 R_P 与输出信号并联。式(7.2)可以写成以下形式：

$$\frac{V_o(s)}{V_i(s)} = \frac{sR_PC_S}{1 + s(R_S + R_P)C_S} \tag{7.3}$$

重新整理为

$$\frac{V_o(s)}{V_i(s)} = \left(\frac{R_P}{R_S + R_P}\right)\left(\frac{s(R_S + R_P)C_S}{1 + s(R_S + R_P)C_S}\right) = K\left(\frac{s\tau_S}{1 + s\tau_S}\right) \tag{7.4}$$

其中，τ_S 为时间常数，$\tau_S = (R_S + R_P)C_S$。

写出输出节点的基尔霍夫电流定律(KCL)方程，可以求得图 7.3 所示电路的电压传递函数为

$$\frac{V_o - V_i}{R_S} + \frac{V_o}{R_P} + \frac{V_o}{(1/sC_P)} = 0 \tag{7.5}$$

在这里，元件 R_S 串联在输入信号和输出信号之间，而元件 R_P 和 C_P 与输出信号并联。重新整理式(7.5)中的各项，可得

$$\frac{V_o(s)}{V_i(s)} = \left(\frac{R_P}{R_S + R_P}\right)\left[\frac{1}{1 + s\left(\dfrac{R_SR_P}{R_S + R_P}\right)C_P}\right] \tag{7.6}$$

即

$$\frac{V_o(s)}{V_i(s)} = \left(\frac{R_P}{R_S + R_P}\right)\left[\frac{1}{1 + s(R_S \parallel R_P)C_P}\right] = K\left(\frac{1}{1 + s\tau_P}\right) \tag{7.7}$$

这里，τ_P 也是时间常数，$\tau_P = (R_S \parallel R_P)C_P$。

7.2.2 一阶函数

在本章对晶体管电路的人工分析中，通常每次只考虑一个电容。因此，大多数情况下处理的是一阶传递函数，这些函数的一般形式如式(7.4)或式(7.7)所示。用这种简化的分析，可以描述特定的电容以及晶体管本身的频率响应。之后将利用计算机仿真，将人工分析结果与更精确的解进行比较。

7.2.3 波特图

在给定的极点和零点或等效时间常数下，H. Bode 建立了一种获得传递函数的幅度和相位近似曲线的简化方法，相应的图就称为波特图。

定性讨论：首先考虑电压传递函数的幅值相对于频率的变化。在进行数学推导之前，可以定性地确定曲线的一般特性。图 7.2 中的电容 C_S 串联在输入和输出端之间。该电容的作用是耦合电容。

在零频率这个极限值(输入信号为恒定的直流电压)时，电容的容抗为无穷大(开路)。于是，此时输入信号并不能耦合到输出端，所以输出电压为零，此时电压传递函数的幅值为零。

在非常高的频率极限值时，电容的容抗变得非常小(趋于短路)。此时输出电压的幅值达到一个恒定值，它由分压器给出，即 $V_o = [R_P/(R_P + R_S)]V_i$。

由此可以预期，传递函数的幅值从零频率时的零开始，随频率的增大而增大，并在一个相对较高频率处达到一个恒定值。

1. 图 7.2 的波特图

数学推导：式(7.4)是图 7.2 所示电路的传递函数，如果用 $j\omega$ 代替 s，并定义时间常数 $\tau_S = (R_S + R_P)C_S$，可得

$$T(j\omega) = \frac{V_o(j\omega)}{V_i(j\omega)} = \left(\frac{R_P}{R_S + R_P}\right)\left[\frac{j\omega\tau_S}{1 + j\omega\tau_S}\right] \tag{7.8}$$

式(7.8)的幅度为

$$|T(j\omega)| = \left(\frac{R_P}{R_S + R_P}\right)\left[\frac{\omega\tau_S}{\sqrt{1 + \omega^2\tau_S^2}}\right] \tag{7.9a}$$

即

$$|T(jf)| = \left(\frac{R_P}{R_S + R_P}\right)\left[\frac{2\pi f\tau_S}{\sqrt{1 + (2\pi f\tau_S)^2}}\right] \tag{7.9b}$$

可以画出增益的幅度相对于频率的波特图。注意到 $|T(jf)|_{dB} = 20\log_{10}|T(jf)|$。由式(7.9(b))可以写出

$$|T(\mathrm{j}f)|_{\mathrm{dB}} = 20\log_{10}\left[\left(\frac{R_\mathrm{P}}{R_\mathrm{S}+R_\mathrm{P}}\right) \cdot \frac{2\pi f \tau_\mathrm{S}}{\sqrt{1+(2\pi f \tau_\mathrm{S})^2}}\right] \qquad (7.10\mathrm{a})$$

即

$$|T(\mathrm{j}f)|_{\mathrm{dB}} = 20\log_{10}\left(\frac{R_\mathrm{P}}{R_\mathrm{S}+R_\mathrm{P}}\right) + 20\log_{10}(2\pi f \tau_\mathrm{S}) - 20\log_{10}\sqrt{1+(2\pi f \tau_\mathrm{S})^2}$$

$$(7.10\mathrm{b})$$

可以分别画出式(7.10b)中的每一项,然后将三条曲线叠加,形成最终的增益幅度波特图。

图 7.4(a)是式(7.10b)第一项对应的图,这是一条和频率无关的直线。可以看到,由于 $[R_\mathrm{P}/(R_\mathrm{S}+R_\mathrm{P})]$ 小于 1,所以 dB 值小于零。

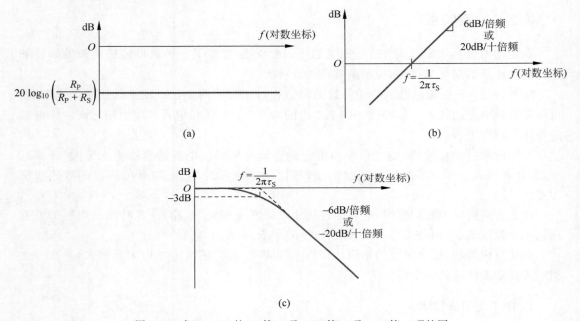

图 7.4 式(7.10b)的(a)第一项;(b)第二项;(c)第三项的图

图 7.4(b)是式(7.10b)第二项对应的图。当 $f = 1/2\pi\tau_\mathrm{S}$ 时,有 $20\log_{10}(1) = 0$。在幅度波特图中,曲线的斜率用"dB/倍频"或"dB/十倍频"单位来描述。"倍频"指频率增加到原来的两倍,"十倍频"指频率增加到原来的 10 倍。当频率每增加两倍时,函数值 $20\log_{10}(2\pi f \tau_\mathrm{S})$ 就增加 $6.02 \approx 6\mathrm{dB}$;而频率每增加 10 倍时,函数值增加 20dB。因此,可以认为曲线的斜率为 6dB/倍频或 20dB/十倍频。

图 7.4(c)是式(7.10b)的第三项对应的图。当 $f < 1/2\pi\tau_\mathrm{S}$ 时,函数值基本为 0dB。当 $f = 1/2\pi\tau_\mathrm{S}$ 时,函数值为 $-3\mathrm{dB}$。当 $f > 1/2\pi\tau_\mathrm{S}$ 时,函数值变为 $-20\log_{10}(2\pi f \tau_\mathrm{S})$,因此斜率变为 $-6\mathrm{dB}$/倍频或 $-20\mathrm{dB}$/十倍频。该斜率的直线投影在 $f = 1/2\pi\tau_\mathrm{S}$ 处穿越过 0dB 线。于是就可以将这一项的波特图近似为两条相交于点 0dB 和 $f = 1/2\pi\tau_\mathrm{S}$ 的渐近直线。这个特定的频率称为截止频率、转折频率或 $-3\mathrm{dB}$ 频率。

图 7.5 给出式(7.10b)的完整波特图。当 $f > 1/2\pi\tau_S$ 时,式(7.10b)的第二项和第三项互相抵消,而当 $f < 1/2\pi\tau_S$ 时,图 7.4(b)中较大的负 dB 值占主导地位。

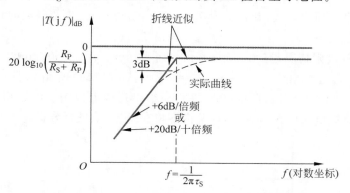

图 7.5　图 7.2 所示电路电压传递函数的幅值波特图

图 7.2 所示电路的传递函数由式(7.9)给出。串联电容 C_S 为输入和输出信号之间的耦合电容。当频率足够高时,电容 C_S 可被视为短路,根据分压电路,输出电压为

$$V_o = [R_P/(R_S + R_P)]V_i$$

当频率非常低时,C_S 的容抗与开路接近,于是输出电压接近于零。由于高频信号能被传送到输出端,这种电路称为高通网络。现在,就可以理解图 7.5 给出的波特图形式了。

回顾复数的直角坐标系和极坐标系之间的关系,可以很容易地建立相位函数的波特图。可以写出 $A + jB = Ke^{j\theta}$,其中 $K = \sqrt{A^2 + B^2}$,而 $\theta = \arctan(B/A)$。这种关系如图 7.6 所示。

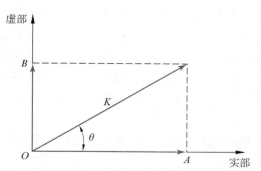

图 7.6　复数的直角坐标系和极坐标系之间的关系

可以将式(7.8)给出的函数写成如下形式,即

$$T(jf) = \left(\frac{R_P}{R_S + R_P}\right) \cdot \left[\frac{j2\pi f\tau_S}{1 + j2\pi f\tau_S}\right]$$

$$= \left[\left|\frac{R_P}{R_S + R_P}\right| e^{j\theta_1}\right] \frac{[|j2\pi f\tau_S| e^{j\theta_2}]}{[|1 + j2\pi f\tau_S| e^{j\theta_3}]} \tag{7.11a}$$

即

$$T(jf) = [K_1 e^{j\theta_1}] \frac{[K_2 e^{j\theta_2}]}{[K_3 e^{j\theta_3}]} = \frac{K_1 K_2}{K_3} e^{j(\theta_1 + \theta_2 - \theta_3)} \tag{7.11b}$$

于是函数 $T(\mathrm{j}f)$ 的总相位为 $\theta = \theta_1 + \theta_2 - \theta_3$。

由于第一项 $[R_\mathrm{P}/(R_\mathrm{S}+R_\mathrm{P})]$ 为正实数,相位为 $\theta_1 = 0$。第二项 $(\mathrm{j}2\pi f\tau_\mathrm{S})$ 为纯虚数,其相位为 $\theta_2 = 90°$。第三项为复数,其相位为 $\theta_3 = \arctan(2\pi f\tau_\mathrm{S})$。于是函数的总相位为

$$\theta = 90 - \arctan(2\pi f\tau_\mathrm{S}) \tag{7.12}$$

对于 $f \to 0$ 的极限情况,有 $\arctan(0) = 0$;而当 $f \to \infty$ 时,有 $\arctan(\infty) = 90°$。在转折频率 $f = 1/(2\pi\tau_\mathrm{S})$ 处的相位为 $\arctan(1) = 45°$。式(7.11a)所给函数的相位波特图如图7.7所示。图中不仅给出了实际的波特图,还给出折线近似图。由于相位会影响电路的稳定性,它在负反馈电路中尤为重要,这些内容将在第12章进行分析。

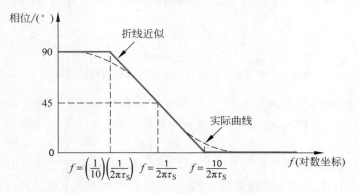

图 7.7　图 7.2 所示电路电压传递函数的相位波特图

2. 图 7.3 的波特图

定性讨论:同样,首先考虑电压传递函数的幅度相对频率的变化。图7.3中的电容 C_P 与输出端并联,作为电路输出端的负载电容,或者代表后级放大电路的输入电容。

在零频率这个极限值(输入信号为恒定的直流电压),电容的阻抗为无穷大(开路)。此时,输出信号由分压电路给出,为一个恒定值,即 $V_\mathrm{o} = [R_\mathrm{P}/(R_\mathrm{P}+R_\mathrm{S})]V_\mathrm{i}$。

在非常高频率的极限值,电容的容抗变得非常小(趋向于短路)。所以输出电压将为零,即电压传递函数的幅度为零。

由此可预期,传递函数的幅度从零频率或者低频时的一个恒定值开始,在较高频率处减小为零。

数学推导:图7.3所示电路的传递函数由式(7.7)给出。如果用 $s = \mathrm{j}\omega = \mathrm{j}2\pi f$ 取代 s,并定义时间常数 $\tau_\mathrm{P} = (R_\mathrm{S}\,\|\,R_\mathrm{P})C_\mathrm{P}$,则传递函数为

$$T(\mathrm{j}f) = \left(\frac{R_\mathrm{P}}{R_\mathrm{S}+R_\mathrm{P}}\right)\left[\frac{1}{1+\mathrm{j}2\pi f\tau_\mathrm{P}}\right] \tag{7.13}$$

式(7.13)的幅度为

$$|T(\mathrm{j}f)| = \left(\frac{R_\mathrm{P}}{R_\mathrm{S}+R_\mathrm{P}}\right)\cdot\left[\frac{1}{\sqrt{1+(2\pi f\tau_\mathrm{P})^2}}\right] \tag{7.14}$$

该幅度表达式的波特图如图7.8所示。低频时的渐近线为水平线,而高频时的渐近线的斜率为 $-20\mathrm{dB}/$十倍频或 $-6\mathrm{dB}/$倍频的直线。这两条渐近线在频率为 $f = 1/2\pi\tau_\mathrm{P}$ 处相交,该点为转折点,即电路的 $3\mathrm{dB}$ 频率。同样,传递函数在转折频率处的实际幅度与渐近线

的最大值差 3dB。

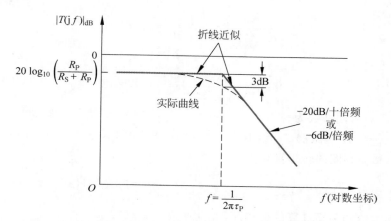

图 7.8　图 7.3 所示电路电压传递函数的幅度波特图

同样,图 7.3 所示电路的传递函数的幅度由式(7.14)给出。并联电容 C_P 是负载电容或寄生电容。在低频时 C_P 相当于开路,根据分压电路,输出电压为

$$V_o = [R_P/(R_S + R_P)]V_i$$

随着频率的增加,C_P 的容抗值下降且趋于短路,使输出电压趋向于零。因为低频信号被输送到了输出端,所以这种电路称为低通网络。

式(7.13)给出的传递函数的相位为

$$\text{Phase} = -\angle\arctan(2\pi f\tau_P) \tag{7.15}$$

相位的波特图如图 7.9 所示。转折频率处的相位为 $-45°$,低频渐近线处的相位为 $0°$,这时 C_P 为从电路中断开。

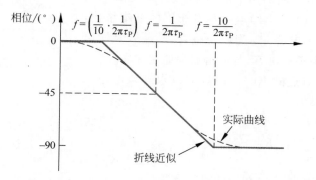

图 7.9　图 7.3 所示电路电压传递函数的相位波特图

例题 7.1　求解给定电路波特图的转折频率和渐近线的最大值。图 7.2 和图 7.3 所示的电路参数为 $R_S = 1\text{k}\Omega$, $R_P = 10\text{k}\Omega$, $C_S = 1\mu\text{F}$ 和 $C_P = 3\text{pF}$。

解:(图 7.2)时间常数为

$$\tau_S = (R_S + R_P)C_S = (10^3 + 10 \times 10^3)(10^{-6}) = 1.1 \times 10^{-2}\text{s} \Rightarrow 11\text{ms}$$

于是,图 7.5 所示波特图的转折频率为

$$f = \frac{1}{2\pi\tau_S} = \frac{1}{2\pi \times 11 \times 10^{-3}} = 14.5\text{Hz}$$

最大值为

$$\frac{R_P}{R_S + R_P} = \frac{10}{1 + 10} = 0.909$$

即

$$20\log_{10}\left(\frac{R_P}{R_S + R_P}\right) = -0.828 \text{dB}$$

解：(图 7.3)时间常数为

$$\tau_P = (R_S \parallel R_P)C_P = [10^3 \parallel (10 \times 10^3)] \times (3 \times 10^{-12}) \Rightarrow 2.73 \text{ns}$$

图 7.8 所示波特图的转折频率为

$$f = \frac{1}{2\pi\tau_P} = \frac{1}{2\pi \times 2.73 \times 10^{-9}} \Rightarrow 58.3 \text{MHz}$$

幅度的最大值和前面计算的值相同：0.909 或 −0.828dB。

点评：由于两个电容值相差很大，所以两个时间常数差几个数量级，这意味着两个转折频率也差几个数量级。本书的后面部分，将在晶体管的电路分析中充分利用这些差异。

练习题 7.1 ①图 7.2 所示的电路参数为 $R_S = 2 \text{k}\Omega$，$R_P = 8 \text{k}\Omega$。如果转折频率为 $f_L = 50 \text{Hz}$，求解 C_S 的值；求解在 $f = 20 \text{Hz}$、50Hz 和 100Hz 时传递函数的幅度。②图 7.3 所示的电路参数为 $R_S = 4.7 \text{k}\Omega$，$R_P = 25 \text{k}\Omega$，$C_P = 120 \text{pF}$。求解转折频率 f_H；求解在 $f = 0.2f_H$，$f = f_H$，$f = 8f_H$ 处的传递函数幅度。

答案：①$C_S = 0.318\mu\text{F}$，0.297、0.566 和 0.716。②$f_H = 335 \text{kHz}$；0.825、0.595、0.104。

7.2.4 短路和开路时间常数

图 7.2 和图 7.3 给出的两个电路中，每个电路都只包含一个电容。图 7.10 给出的电路具有相同的基本结构，但包含了两个电容。电容 C_S 为耦合电容，与输入及输出端串联；电容 C_P 为负载电容，与输出端和地端并联。

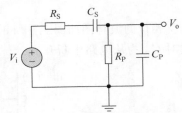

图 7.10 同时包含串联耦合电容和并联负载电容的电路

通过写出输出节点的 KCL 方程，可以求解该电路的电压传递函数，结果为

$$\frac{V_o(s)}{V_i(s)} = \left(\frac{R_P}{R_S + R_P}\right) \times \frac{1}{\left[1 + \left(\frac{R_P}{R_S + R_P}\right)\left(\frac{C_P}{C_S}\right) + \frac{1}{s\tau_S} + s\tau_P\right]} \tag{7.16}$$

其中，τ_S 和 τ_P 为与前面定义相同的时间常数。

尽管式(7.16)是准确的传递函数，但这种形式很难求解。

然而，在前面的分析中已经看到，C_S 影响低频响应，而 C_P 影响高频响应。而且，如果 $C_P < C_S$ 并且 R_S 和 R_P 具有相同的数量级，那么由 C_S 和 C_P 产生的波特图的转折频率将相差几个数量级。(在实际电路中经常会遇到这种情况)因此，当一个电路中既包含耦合电容又包括负载电容，且电容值相差几个数量级时，可以分别求解每个电容的影响。

在低频时，可以将负载电容 C_P 视为开路。为了求解电容上看到的等效电阻，可以将所有的独立源置零。因此，从 C_S 看到的等效电阻为 R_S 和 R_P 的串联。和 C_S 相关的时间常数为

$$\tau_S = (R_S + R_P)C_S \tag{7.17}$$

因为 C_P 视为开路,将 τ_S 称为开路时间常数。下标 S 是指与耦合电容相关,或者与输入、输出信号之间串联的电容相关。

在高频时,可以将耦合电容 C_S 视为短路。从 C_P 看进去的等效电阻为 R_S 和 R_P 的并联。相关的时间常数为

$$\tau_P = (R_S \parallel R_P)C_P \tag{7.18}$$

τ_P 称为短路时间常数。下标 P 是指与负载电容相关,或与输出端和地间并联的电容相关。

现在就可以定义波特图的转折频率了。下限转折频率,或 3dB 频率,位于频率刻度的低端,为开路时间常数的函数,定义为

$$f_L = \frac{1}{2\pi\tau_S} \tag{7.19a}$$

上限转折频率,或 3dB 频率,位于频率刻度的高端,为短路时间常数的函数,定义为

$$f_H = \frac{1}{2\pi\tau_P} \tag{7.19b}$$

得到的图 7.10 所示电路的电压传递函数的幅度波特图如图 7.11 所示。

该波特图针对无源电路,晶体管放大电路的波特图与之类似。放大电路增益在一个较宽的频率范围内为恒定值,该范围称为中频段。在这个频率范围内,所有的电容影响都可以忽略,并可在增益的计算中忽略不计。在频谱的高端,由于负载电容和后面将会看到晶体管的影响,增益会下降。在频谱的低端,由于耦合电容和旁路电容不能视为理想的短路,所以增益也会减小。

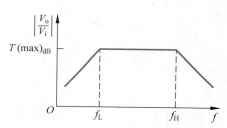

图 7.11 图 7.10 所示电路电压传递函数的幅度波特图

中频范围,即带宽,由转折频率 f_L 和 f_H 定义为

$$f_{BW} = f_H - f_L \tag{7.20a}$$

正如上述例题中所看到的,由于 $f_H \gg f_L$,带宽基本上为

$$f_{BW} \approx f_H \tag{7.20b}$$

例题 7.2 求解包含两个电容的无源电路的转折频率和带宽。图 7.10 所示电路的参数为 $R_S = 1k\Omega$, $R_P = 10k\Omega$, $C_S = 1\mu F$ 和 $C_P = 3pF$。

解:因为 C_P 比 C_S 小了约 6 个数量级,可以独立求解每个电容的影响。开路时间常数为

$$\tau_S = (R_S + R_P)C_S = (10^3 + 10 \times 10^3)(10^{-6}) = 1.1 \times 10^{-2}s$$

短路时间常数为

$$\tau_P = (R_S \parallel R_P)C_P = [10^3 \parallel (10 \times 10^3)](3 \times 10^{-12}) = 2.73 \times 10^{-9}s$$

于是转折频率为

$$f_L = \frac{1}{2\pi\tau_S} = \frac{1}{2\pi(1.1 \times 10^{-2})} = 14.5Hz$$

和

$$f_{\mathrm{H}}=\frac{1}{2\pi\tau_{\mathrm{P}}}=\frac{1}{2\pi(2.73\times10^{-9})}\Rightarrow58.3\mathrm{MHz}$$

最后可得通频带为

$$f_{\mathrm{BW}}=f_{\mathrm{H}}-f_{\mathrm{L}}=58.3\mathrm{MHz}-14.5\mathrm{Hz}\approx58.3\mathrm{MHz}$$

点评：本例中的转折频率与例题 7.1 得出的结果完全相同。这是由于两个转折频率相距很远。同样,电压传递函数的最大值为

$$\frac{R_{\mathrm{P}}}{R_{\mathrm{S}}+R_{\mathrm{P}}}=\frac{10}{1+10}=0.909\Rightarrow-0.828\mathrm{dB}$$

电压传递函数的幅度波特图如图 7.12 所示。

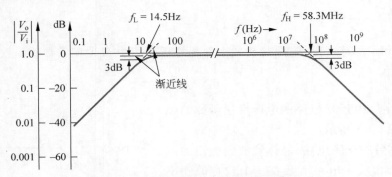

图 7.12 例题 7.2 电路的电压传递函数的幅度波特图

练习题 7.2 图 7.10 所示电路的参数为 $R_{\mathrm{P}}=7.5\mathrm{k\Omega}$ 和 $C_{\mathrm{P}}=80\mathrm{pF}$。中频增益为 $-2\mathrm{dB}$,下限截止频率为 $f_{\mathrm{L}}=200\mathrm{Hz}$。①求解 R_{S}、C_{S} 和上限转折频率 f_{H}。②求解开路和短路时间常数。

答案：①$R_{\mathrm{S}}=1.94\mathrm{k\Omega}$,$C_{\mathrm{S}}=0.0843\mu\mathrm{F}$,$f_{\mathrm{H}}=1.29\mathrm{MHz}$；②$\tau_{\mathrm{S}}=0.796\mathrm{ms}$,$\tau_{\mathrm{P}}=0.123\mu\mathrm{s}$。

在本章后续各节中,将继续利用开路和短路时间常数的概念来求解晶体管电路波特图的转折频率。这种方法隐含假设耦合电容和负载电容的值相差几个数量级。

理解测试题 7.1 图 7.13 所示的等效电路参数为 $R_{\mathrm{S}}=1\mathrm{k\Omega}$,$r_{\pi}=2\mathrm{k\Omega}$,$R_{\mathrm{L}}=4\mathrm{k\Omega}$,$g_{\mathrm{m}}=50\mathrm{mA/V}$ 和 $C_{\mathrm{C}}=1\mu\mathrm{F}$。①求解电路时间常数的表达式。②计算 3dB 频率和最大增益渐近线。③画出传递函数的幅度波特图。

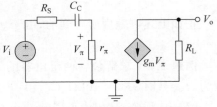

图 7.13 理解测试题 7.1 图

答案：①$\tau=(r_{\pi}+R_{\mathrm{S}})C_{\mathrm{C}}$；②$f_{\mathrm{3dB}}=53.1\mathrm{Hz}$,$|T(\mathrm{j}\omega)|_{\max}=133$。

理解测试题 7.2 图 7.14 所示的等效电路参数为 $R_{\mathrm{S}}=100\Omega$,$r_{\pi}=2.4\mathrm{k\Omega}$,$g_{\mathrm{m}}=50\mathrm{mA/V}$,$R_{\mathrm{L}}=10\mathrm{k\Omega}$ 和 $C_{\mathrm{L}}=2\mathrm{pF}$。①求解电路时间常数的表达式和值。②计算 3dB 频率和最大电压增益。③画出传递函数的幅度波特图。

答案：①$\tau=R_{\mathrm{L}}C_{\mathrm{L}}=0.02\mu\mathrm{s}$；②$f_{\mathrm{3dB}}=7.96\mathrm{MHz}$,$|A_{\mathrm{v}}|=480$。

理解测试题 7.3 图 7.15 所示电路的参数为 $R_{\mathrm{S}}=100\Omega$,$r_{\pi}=2.4\mathrm{k\Omega}$,$g_{\mathrm{m}}=50\mathrm{mA/V}$,$R_{\mathrm{L}}=10\mathrm{k\Omega}$,$C_{\mathrm{C}}=5\mu\mathrm{F}$ 和 $C_{\mathrm{L}}=4\mathrm{pF}$。①求解开路和短路时间常数。②计算中频电压增益。

③求解上下限 3dB 频率。

　　答案：①$\tau_S = 12.5\mathrm{ms}, \tau_P = 0.04\mu\mathrm{s}$；②$A_v = -480$；③$f_L = 12.7\mathrm{Hz}, f_H = 3.98\mathrm{MHz}$。

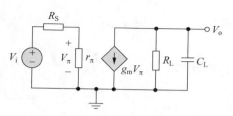 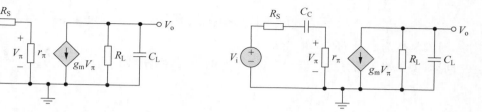

图 7.14　理解测试题 7.2 电路　　　　　　　　图 7.15　理解测试题 7.3 电路

7.2.5　时间响应

　　到目前为止，一直都在分析电路的稳态正弦频率响应。而在某些情况下，需要放大非正弦信号，比如方波。当需要放大数字信号时，可能会出现这种情况。此时，就需要考虑输出信号的时间响应。此外，诸如脉冲信号或方波信号都可能被用来测试电路的频率响应。

　　为了进一步加深理解，观察如图 7.16 所示的电路，它是图 7.2 的重复。如前所述，图中的电容代表耦合电容。式(7.4)给出的传递函数为

$$\frac{V_o(s)}{V_i(s)} = \left(\frac{R_P}{R_S + R_P}\right)\left[\frac{s(R_S + R_P)C_S}{1 + s(R_S + R_P)C_S}\right] = K_2\left(\frac{s\tau_S}{1 + s\tau_S}\right) \quad (7.21)$$

其中，时间常数为 $\tau_S = (R_S + R_P)C_S$。

　　如果输入电压为阶跃函数，即 $V_i(s) = 1/s$。那么输出电压可以写为

$$V_o(s) = K_2\left(\frac{\tau_S}{1 + s\tau_S}\right) = K_2\left(\frac{1}{s + 1/\tau_S}\right) \quad (7.22)$$

　　进行拉普拉斯反变换，可以求得输出时间响应为

$$v_o(t) = K_2 e^{-t/\tau_S} \quad (7.23)$$

　　如果利用耦合电容来放大输入电压脉冲，那么加到放大电路(负载)上的电压将开始下降。此时，就需要确保时间常数 τ_S 比输入脉冲的宽度 T 要大。对于方波输入信号，输出电压相对于时间的变化如图 7.17 所示。较大的时间常数意味着较大的耦合电容。

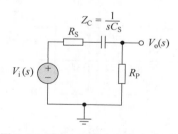 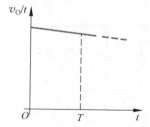

图 7.16　图 7.2(耦合电容电路)的　　　　图 7.17　输入为方波信号且时间常数较大时，
　　　　　重复，但标出复数 s 参数　　　　　　　　　图 7.16 所示电路的输出响应

　　如果传递函数的截止频率为 $f_{3\mathrm{dB}} = 1/2\pi\tau_S = 5\mathrm{kHz}$，那么时间常数为 $\tau_S = 3.18\mu\mathrm{s}$。对于 $T = 0.1\mu\mathrm{s}$ 的脉宽，在脉冲结束时输出电压仅下降 0.314%。

现在观察图 7.18 所示的电路,它是图 7.3 的重复。此时,电容 C_P 可能是某放大电路的输入电容。式(7.7)给出的传递函数为

$$\frac{V_o(s)}{V_i(s)} = \left(\frac{R_P}{R_S + R_P}\right)\left[\frac{1}{1 + s(R_P \parallel R_S)C_P}\right] = K_1\left(\frac{1}{1 + s\tau_P}\right) \tag{7.24}$$

其中,时间常数为 $\tau_P = (R_S \parallel R_P)C_P$。

同样,如果输入信号为阶跃函数,即 $V_i(s) = 1/s$,则输出电压可以写为

$$V_o(s) = \frac{K_1}{s}\left(\frac{1}{1 + s\tau_P}\right) = \frac{K_1}{s}\left(\frac{1/\tau_P}{s + 1/\tau_P}\right) \tag{7.25}$$

进行拉普拉斯反变换,可以求得输出时间响应为

$$v_o(t) = K_1(1 - e^{-t/\tau_P}) \tag{7.26}$$

如果要想放大输入的脉冲电压,则需要确保时间常数 τ_P 比输入脉冲的宽度 T 要小,以使输出信号 $v_O(t)$ 达到稳态值。图 7.19 给出输入为方波信号时的输出电压。较小的时间常数意味着放大电路的输入电容 C_P 很小。

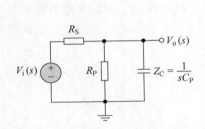

图 7.18　图 7.3(负载电容电路)的重复,
但标出复数 s 参数

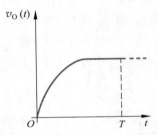

图 7.19　输入为方波信号且时间常数较小时,
图 7.18 所示电路的输出响应

此时,如果传递函数的截止频率为 $f_{3dB} = 1/2\pi\tau_P = 10\text{MHz}$,则时间常数 $\tau_P = 15.9\text{ns}$。

图 7.20 对刚才讨论的两个电路的方波输入信号下的稳态输出响应进行总结。图 7.20(a)给出图 7.16(耦合电容)所示电路在时间常数较大时的稳态输出响应,图 7.20(b)则给出图 7.18(负载电容)所示电路在时间常数较小时的稳态输出响应。

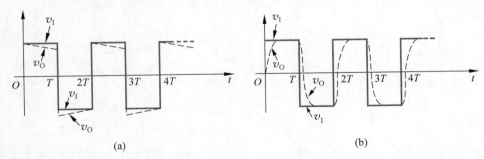

(a)　　　　　　　　　　　　(b)

图 7.20　方波输入信号下的稳态输出响应:(a) 图 7.16 所示的电路(耦合电容),时间常数较大;
(b) 图 7.18 所示的电路(负载电容),时间常数较小

7.3 电容耦合晶体管放大电路的频率响应

目标：分析含有电容的晶体管电路的频率响应。

本节将分析包含电容的基本单级放大电路。将考虑三种类型的电容：耦合电容、负载电容和旁路电容。在人工分析中将单独考虑每种类型的电容，并求解相应的频率响应。在本节的最后部分，将采用 PSpice 仿真来分析多个电容的影响。

7.3.1 耦合电容的影响

1. 输入耦合电容：共射电路

图 7.21(a)给出包含耦合电容的双极型晶体管共射放大电路。图 7.21(b)给出相应的小信号等效电路，其中假设晶体管的小信号输出电阻 r_o 为无穷大。由于绝大多数情况下都有 $r_o > R_C$ 和 $r_o > R_E$，所以假设有效。首先采用电流-电压分析法来求解电路的频率响应，然后再采用等效时间常数法来求解。

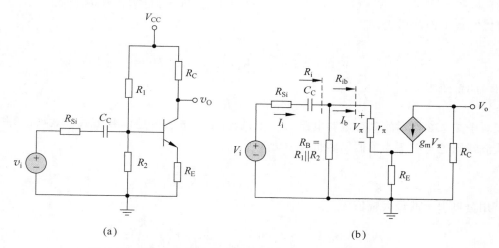

图 7.21 （a）包含耦合电容的共射电路；（b）小信号等效电路

由上一节的分析可知，该电路为高通网络。高频时，电容 C_C 可视为短路，于是输入信号经过晶体管耦合到输出端。而在低频时，C_C 的容抗变得很大，所以输出近似为零。

电流-电压分析：输入电流可以写为

$$I_i = \frac{V_i}{R_{Si} + \dfrac{1}{sC_C} + R_i} \tag{7.27}$$

其中，输入电阻 R_i 为

$$R_i = R_B \| [r_\pi + (1+\beta)R_E] = R_B \| R_{ib} \tag{7.28}$$

在写式(7.28)时，使用了第 6 章中给出的电阻折算规则。为了求解晶体管基极的输入电阻，将射极电阻乘以系数 $(1+\beta)$。

应用分流器的关系式,可以求得基极电流为

$$I_b = \left(\frac{R_B}{R_B + R_{ib}}\right) I_i \tag{7.29}$$

于是

$$V_\pi = I_b r_\pi \tag{7.30}$$

输出电压为

$$V_o = -g_m V_\pi R_C \tag{7.31}$$

合并式(7.27)~式(7.31)可得

$$V_o = -g_m R_C (I_b r_\pi) = -g_m r_\pi R_C \left(\frac{R_B}{R_B + R_{ib}}\right) I_i$$

$$= -g_m r_\pi R_C \left(\frac{R_B}{R_B + R_{ib}}\right) \left(\frac{V_i}{R_{Si} + \dfrac{1}{sC_C} + R_i}\right) \tag{7.32}$$

因此,小信号电压增益为

$$A_v(s) = \frac{V_o(s)}{V_i(s)} = -g_m r_\pi R_C \left(\frac{R_B}{R_B + R_{ib}}\right)\left(\frac{sC_C}{1 + s(R_{Si} + R_i)C_C}\right) \tag{7.33}$$

也可以写成下面的形式,即

$$A_v(s) = \frac{V_o(s)}{V_i(s)} = \frac{-g_m r_\pi R_C}{(R_{Si} + R_i)} \left(\frac{R_B}{R_B + R_{ib}}\right)\left(\frac{s\tau_S}{1 + s\tau_S}\right) \tag{7.34}$$

其中时间常数为

$$\tau_S = (R_{Si} + R_i)C_C \tag{7.35}$$

对于图 7.2 所示的耦合电容电路,式(7.34)给出的电压传递函数形式和式(7.4)相同。因此波特图也与图 7.5 类似。转折频率为

$$f_L = \frac{1}{2\pi\tau_S} = \frac{1}{2\pi(R_{Si} + R_i)C_C} \tag{7.36}$$

用分贝表示的最大幅值为

$$|A_v(\max)|_{dB} = 20\log_{10}\left(\frac{g_m r_\pi R_C}{R_{Si} + R_i}\right)\left(\frac{R_B}{R_B + R_{ib}}\right) \tag{7.37}$$

例题 7.3 计算包含耦合电容的双极型晶体管共射放大电路的转折频率和最大增益值。图 7.21 所示电路的参数为 $R_1 = 51.2\text{k}\Omega$, $R_2 = 9.6\text{k}\Omega$, $R_C = 2\text{k}\Omega$, $R_E = 0.4\text{k}\Omega$, $R_{Si} = 0.1\text{k}\Omega$, $C_C = 1\mu\text{F}$ 和 $V_{CC} = 10\text{V}$。晶体管的参数为 $V_{BE}(\text{on}) = 0.7\text{V}$, $\beta = 100$ 和 $V_A = \infty$。

解:由直流分析可得,静态集电极电流为 $I_{CQ} = 1.81\text{mA}$。小信号参数为 $g_m = 69.6\text{mA/V}$ 和 $r_\pi = 1.44\text{k}\Omega$。

输入电阻为

$$R_i = R_1 \parallel R_2 \parallel [r_\pi + (1+\beta)R_E]$$
$$= 51.2 \parallel 9.6 \parallel [1.44 + (101 \times 0.4)] = 6.77\text{k}\Omega$$

由此,时间常数为

$$\tau_S = (R_{Si} + R_i)C_C = (0.1 \times 10^3 + 6.77 \times 10^3) \times (1 \times 10^{-6}) \Rightarrow 6.87\text{ms}$$

转折频率为

$$f_\mathrm{L} = \frac{1}{2\pi\tau_\mathrm{S}} = \frac{1}{2\pi(6.87\times10^{-3})} = 23.2\mathrm{Hz}$$

点评：耦合电容构成了高通网络。在这个电路中，如果信号频率在转折频率以上约两倍频，则耦合电容相当于短路。

练习题 7.3　图 7.21(a) 所示的电路参数为 $V_\mathrm{CC}=3\mathrm{V}, R_\mathrm{Si}=0, R_1=110\mathrm{k\Omega}, R_2=42\mathrm{k\Omega},$ $R_\mathrm{E}=0.5\mathrm{k\Omega}, R_\mathrm{C}=7\mathrm{k\Omega}, C_\mathrm{C}=0.47\mu\mathrm{F}$。晶体管的参数为 $V_\mathrm{BE}(\mathrm{on})=0.7\mathrm{V}, \beta=150$ 和 $V_\mathrm{A}=\infty$。
①求解时间常数 τ_S 的表达式和值。②求解转折频率和中频电压增益。

答案：①$\tau_\mathrm{S}=R_\mathrm{i}C_\mathrm{C}=10.87\mathrm{ms}$；②$f_\mathrm{L}=14.6\mathrm{Hz}, A_\mathrm{v}=-10.84$。

时间常数法：通常，不需要推导出包含电容影响的完整电路传递函数，就可以画出波特图并求解频率响应。首先，通过观察只含有一个电容的电路，可以确定放大电路是低通还是高通电路。然后，如果知道了时间常数和最大的中频增益，就可以准确地画出波特图。时间常数决定了转折频率。当电路中去除电容时，可以用常规方法来求解中频增益。

当所有的极点都为实数时，时间常数法可以得到较好的结果，本章中就是这种情况。此外，这种方法不需要求解由系统零点所产生的转折频率。使用时间常数法的最大好处是它可以提供哪些电路元件会影响电路 $-3\mathrm{dB}$ 频率的信息。耦合电容产生高通网络，因此波特图的形式与图 7.5 相同。同时，如第 4 章和第 6 章中所假设，当耦合电容相当于短路时，可以求得最大的增益值。

电路的时间常数是从电容上看到的等效电阻的函数。小信号等效电路如图 7.21(b) 所示。如果将独立电压源置零，由耦合电容 C_C 看到的等效电阻为 $(R_\mathrm{si}+R_\mathrm{i})$。于是时间常数为

$$\tau_\mathrm{S} = (R_\mathrm{Si}+R_\mathrm{i})C_\mathrm{C} \tag{7.38}$$

这和通过电流-电压分析法求得的式(7.35)相同。

2. 输出耦合电容：共源电路

图 7.22(a) 给出共源 MOSFET 放大电路。假设信号发生器的内阻远小于 R_G，因此可以忽略不计。此时，输出信号通过耦合电容连接到负载上。

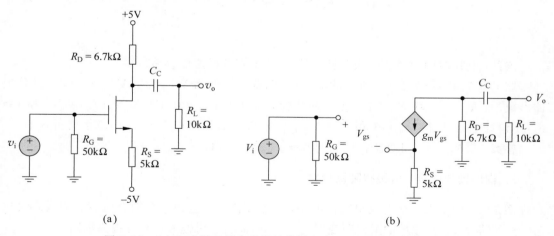

图 7.22　(a) 包含输出耦合电容的共源电路；(b) 小信号等效电路

图 7.22(b)给出小信号等效电路,其中假设 r_o 为无穷大。当假设 C_C 为短路时,最大输出电压为

$$|V_o|_{\max} = g_m V_{gs}(R_D \parallel R_L) \tag{7.39}$$

而输入电压可以写为

$$V_i = V_{gs} + g_m R_S V_{gs} \tag{7.40}$$

于是,最大小信号增益为

$$|A_v|_{\max} = \frac{g_m(R_D \parallel R_L)}{1 + g_m R_S} \tag{7.41}$$

尽管耦合电容位于电路的输出部分,图 7.5 所示的波特图仍然为高通网络。用时间常数法来求解转折频率,可以大大简化电路的分析,因为这样做就不用为了求解频率响应而求出传递函数。

时间常数是由电容 C_C 看进去的有效电阻的函数,它可通过将所有的独立源置零来求得。由于 $V_i=0$,于是 $V_{gs}=0$,$g_m V_{gs}=0$,由 C_C 看进去的有效电阻为 $(R_D + R_L)$。于是时间常数为

$$\tau_S = (R_D + R_L)C_C \tag{7.42}$$

转折频率为 $f_L = 1/2\pi\tau_S$。

例题 7.4 将图 7.22(a)所示电路用作简单的音频放大电路。设计电路,使得下限转折频率为 $f_L = 20\text{Hz}$。

解:以时间常数的形式写出转折频率为

$$f_L = \frac{1}{2\pi\tau_S}$$

于是时间常数为

$$\tau_S = \frac{1}{2\pi f} = \frac{1}{2\pi \times 20} \Rightarrow 7.96\text{ms}$$

因此,由式(7.42)可知,耦合电容为

$$C_C = \frac{\tau_S}{R_D + R_L} = \frac{7.96 \times 10^{-3}}{6.7 \times 10^3 + 10 \times 10^3} = 4.77 \times 10^{-7}\text{F}$$

即

$$C_C = 0.477\mu\text{F}$$

点评:利用时间常数法来求解转折频率,比电路分析法要容易得多。

练习题 7.4 图 7.22(a)所示的电路中,偏置电压改为 $V^+ = 3\text{V}, V^- = -3\text{V}$。其他电路参数为:$R_L = 20\text{k}\Omega, R_G = 100\text{k}\Omega$。晶体管的参数为 $V_{TN} = 0.4\text{V}, K_n = 100\mu\text{A/V}^2$ 和 $\lambda = 0$。①设计电路,使得 $I_{DQ} = 250\mu\text{A}$ 和 $V_{DSQ} = 1.7\text{V}$。②如果 $C_C = 0.7\mu\text{F}$,求解转折频率。

答案:①$R_S = 4.08\text{k}\Omega, R_D = 13.1\text{k}\Omega$;②$f_L = 6.87\text{Hz}$。

3. 输出耦合电容:射极跟随器电路

图 7.23(a)给出一个射极跟随器电路,电路的输出端包含一个耦合电容。假设耦合电容 C_{C1} 非常大,它是原始的射极跟随器的一部分,而且它对输入信号可视为短路。

图 7.23(b)给出小信号等效电路,其中包含小信号晶体管电阻 r_o。从耦合电容 C_{C2} 看

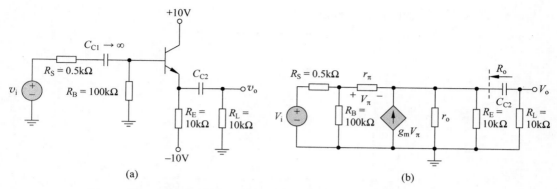

图 7.23 （a）包含输出耦合电容的射极跟随器电路；（b）小信号等效电路

进去的等效电阻为 $(R_o + R_L)$，且时间常数为

$$\tau_S = [R_o + R_L]C_{C2} \tag{7.43}$$

其中，R_o 为图 7.23(b)定义的输出电阻。如第 6 章所示，输出电阻为

$$R_o = R_E \parallel r_o \parallel \left\{ \frac{[r_\pi + (R_S \parallel R_B)]}{1 + \beta} \right\} \tag{7.44}$$

如果将式(7.44)和式(7.43)合并，则时间常数的表达式将变得相当复杂。而该电路含有 C_{C2}，所以它的电流-电压分析将更加复杂。时间常数法再次大大简化了电路的分析。

例题 7.5 求解包含输出耦合电容的射极跟随器放大电路的 3dB 频率。图 7.23(a)所示的电路中，晶体管的参数为 $\beta = 100$，$V_{BE}(\mathrm{on}) = 0.7\mathrm{V}$ 和 $V_A = 120\mathrm{V}$。输出耦合电容为 $C_{C2} = 1\mu\mathrm{F}$。

解：直流分析表明 $I_{CQ} = 0.838\mathrm{mA}$。因此，小信号参数为 $r_\pi = 3.10\mathrm{k}\Omega$，$g_m = 32.2\mathrm{mA/V}$ 和 $r_o = 143\mathrm{k}\Omega$。

由式(7.44)可得，射极跟随器的输出电阻 R_o 为

$$R_o = R_E \parallel r_o \parallel \left\{ \frac{[r_\pi + (R_S \parallel R_B)]}{1 + \beta} \right\}$$

$$= 10 \parallel 143 \parallel \left\{ \frac{[3.10 + (0.5 \parallel 100)]}{101} \right\} = 10 \parallel 143 \parallel 0.0356\mathrm{k}\Omega \approx 35.5\Omega$$

由式(7.43)得时间常数为

$$\tau_S = [R_o + R_L]C_{C2} = (35.5 + 10^4) \times 10^{-6} \approx 1 \times 10^{-2}\mathrm{s}$$

于是 3dB 频率为

$$f_L = \frac{1}{2\pi\tau_S} = \frac{1}{2\pi \times 10^{-2}} = 15.9\mathrm{Hz}$$

点评：用时间常数法求解 3dB 频率或转折频率非常直截了当。

计算机验证：基于 PSpice 分析，图 7.24 为图 7.23(a)所示射极跟随器电路的电压增益幅度波特图。转折频率与用时间常数法得到的结果基本相同。同样，小信号电压增益的渐近值为 $A_v = 0.988$，这与射极跟随器电路的预期一致。

练习题 7.5 对于图 7.23(a)所示的射极跟随器电路，求解产生 10Hz 转折频率所需要的 C_{C2} 值。

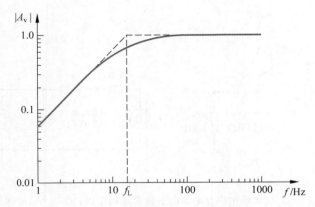

图 7.24　图 7.23(a)所示射极跟随器电路的 PSpice 分析结果

答案：$C_{C2} = 1.59 \mu F$。

解题技巧：增益的幅度波特图。

(1) 对于电路中的某个电容,先确定该电容产生的是低通还是高通电路,由此画出波特图的大体形状。

(2) 利用 $f = 1/(2\pi\tau)$ 求出转折频率,其时间常数为 $\tau = R_{eq}C$。等效电阻 R_{eq} 为电容上看到的等效电阻。

(3) 最大的增益幅度为中频增益。此时耦合电容及旁路电容视为短路,而负载电容视为开路。

7.3.2　负载电容的影响

放大电路的输出端可以与负载相连,也可与另一个放大电路的输入端相连。负载电路输入阻抗的类型通常为电容和电阻并联。此外,放大电路输出端和负载电路之间的连线与地之间还存在一个寄生电容。

图 7.25(a)给出一个 MOSFET 共源放大电路,其输出端连接负载电阻 R_L 和负载电容 C_L,图 7.25(b)给出其小信号等效电路。假设晶体管的小信号输出电阻 r_o 为无穷大。这种电路结构和图 7.3 给出的低通网络基本相同。频率较高时,C_L 的容抗下降,作为输出端和地之间的分流器,输出电压趋于零。其波特图与图 7.8 所示的类似,具有一个上限转折频率和最大增益渐近线。

从负载电容 C_L 看进去的等效电阻为 $R_D \parallel R_L$。由于已令 $V_i = 0$,于是 $g_m V_{sg} = 0$,这说明受控电流源并不会影响等效电阻。

该电路的时间常数为

$$\tau_P = (R_D \parallel R_L)C_L \tag{7.45}$$

假设 C_L 开路,求得最大增益渐近线为

$$|A_v|_{max} = \frac{g_m(R_D \parallel R_L)}{1 + g_m R_S} \tag{7.46}$$

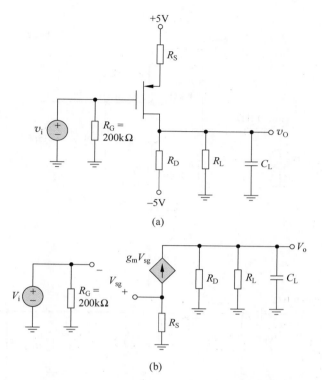

图 7.25 （a）包含负载电容的 MOSFET 共源电路；（b）小信号等效电路

7.3.3 耦合电容和负载电容

图 7.26(a)所示的电路既有耦合电容，又有负载电容。由于耦合电容和负载电容相差好几个数量级，所以转折频率相距很远，于是就可以如同之前所讨论，采用分别处理的方法。图 7.27(b)给出该电路的小信号等效电路，其中假设晶体管的小信号电阻 r_o 为无穷大。

电压增益幅度的波特图与图 7.11 所示的相同，下限转折频率 f_L 由下式给出，即

$$f_L = \frac{1}{2\pi\tau_S} \tag{7.47}$$

其中，τ_S 是与耦合电容 C_C 相关的时间常数。上限转折频率 f_H 为

$$f_H = \frac{1}{2\pi\tau_P} \tag{7.48}$$

其中，τ_P 为和负载电容 C_L 相关的时间常数。需要强调的是，只有在两个转折频率相距非常远时，式(7.47)和式(7.48)才是正确的。

利用图 7.26(b)给出的小信号等效电路，将信号源置零，来求解与耦合电容相关的等效电阻。相应的时间常数为

$$\tau_S = [R_S + (R_1 \parallel R_2 \parallel R_i)C_C] \tag{7.49}$$

其中

$$R_i = r_\pi + (1 + \beta)R_E \tag{7.50}$$

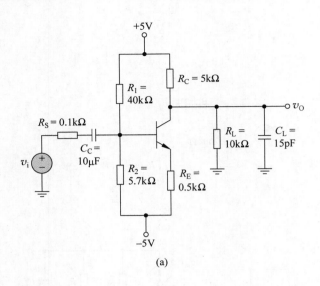

(a)

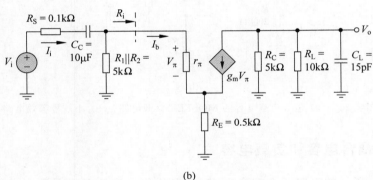

(b)

图 7.26　(a) 包含耦合电容和负载电容的电路；(b) 小信号等效电路

类似地，与 C_L 相关的时间常数为

$$\tau_P = (R_C \parallel R_L)C_L \tag{7.51}$$

因为两个转折频率相距较远，所以在 f_L 与 f_H 的频率范围内，增益将达到最大值。通过假设耦合电容为短路，负载电容为开路，就可以计算中频增益。

利用上一章的分析方法，可以求得中频增益的幅度为

$$
|A_v| = \left| \frac{V_o}{V_i} \right|
$$
$$
= g_m r_\pi (R_C \parallel R_L) \left[\frac{R_1 \parallel R_2}{(R_1 \parallel R_2) + R_i} \right] \left[\frac{1}{R_S + (R_1 \parallel R_2 \parallel R_i)} \right] \tag{7.52}
$$

例题 7.6　求解同时包含耦合电容和负载电容电路的中频增益、转折频率以及电路带宽。图 7.26(a)所示的电路中，晶体管的参数为 $V_{BE}(\text{on}) = 0.7\text{V}$，$\beta = 100$ 和 $V_A = \infty$。

解：由电路的直流分析得到静态集电极电流为 $I_{CQ} = 0.99\text{mA}$。小信号参数为 $g_m = 38.08\text{mA/V}$，$r_\pi = 2.626\text{k}\Omega$ 和 $r_o = \infty$。

因此，输入电阻 R_i 为

$$R_i = r_\pi + (1+\beta)R_E = 2.63 + 101 \times 0.5 = 53.1 \text{k}\Omega$$

由式(7.52)可得中频增益为

$$|A_v|_{max} = \left| \frac{V_o}{V_i} \right|_{max} = g_m r_\pi (R_C \parallel R_L) \left[\frac{R_1 \parallel R_2}{(R_1 \parallel R_2) + R_i} \right] \left[\frac{1}{R_S + (R_1 \parallel R_2 \parallel R_i)} \right]$$

$$= (38.08)(2.626)(5 \parallel 10) \left[\frac{40 \parallel 5.7}{(40 \parallel 5.7) + 53.1} \right] \left[\frac{1}{0.1 + (40 \parallel 5.7 \parallel 53.1)} \right]$$

即 $|A_v|_{max} = 6.14$。

时间常数 τ_S 为

$$\tau_S = (R_S + R_1 \parallel R_2 \parallel R_i)C_C$$

$$= [0.1 \times 10^3 + (5.7 \times 10^3) \parallel (40 \times 10^3) \parallel (53.1 \times 10^3)] \times (10 \times 10^{-6})$$

$$= 4.67 \times 10^{-2} \text{s} \Rightarrow 46.6 \text{ms}$$

时间常数 τ_P 为

$$\tau_P = (R_C \parallel R_L)C_L = [(5 \times 10^3) \parallel (10 \times 10^3)](15 \times 10^{-12}) = 5 \times 10^{-8} \text{s}$$

即

$$\tau_P = 50 \text{ns}$$

下限转折频率为

$$f_L = \frac{1}{2\pi\tau_S} = \frac{1}{2\pi(46.6 \times 10^{-3})} = 3.42 \text{Hz}$$

上限转折频率为

$$f_H = \frac{1}{2\pi\tau_P} = \frac{1}{2\pi(50 \times 10^{-9})} \Rightarrow 3.18 \text{MHz}$$

最后,带宽为

$$f_{BW} = f_H - f_L = 3.18 \text{MHz} - 3.4 \text{Hz} \approx 3.18 \text{MHz}$$

点评:两个转折频率相差大约 6 个数量级,所以每次只考虑一个电容的方法是有效的。

练习题 7.6 观察图 7.26(a)所示的电路,负载电阻值变为 $R_L = 5 \text{k}\Omega$,电容值变为 $C_L = 5 \text{pF}$ 和 $C_C = 5 \mu\text{F}$。其他电路参数和晶体管参数同例题 7.6。①求解新参数下的集电极电流和小信号混合 π 参数值。②求解中频电压增益的值。③求解电路的转折频率。

答案:① $I_{CQ} = 0.986 \text{mA}$;② $A_v = -4.60$;③ $f_L = 6.82 \text{Hz}$,$f_H = 12.7 \text{MHz}$。

放大电路的性能指标之一是增益带宽积,假设转折频率相距很远,则带宽为

$$f_{BW} = f_H - f_L \approx f_H \tag{7.53}$$

且增益的最大值为 $|A_v|_{max}$,因此,增益带宽积为

$$GB = |A_v|_{max} \cdot f_H \tag{7.54}$$

后面将证明,对于一个给定的负载电容,增益带宽积基本为恒定值。还将讲述在放大电路的设计中,如何在增益和带宽之间进行折中考虑。

7.3.4 旁路电容的影响

在双极型和 FET 分立放大电路中,经常会包含射极和源极旁路电容,以便在不损失小

信号增益的情况下利用射极和源极电阻来稳定 Q 点。假设旁路电容对于信号频率可视为短路。而为了学习选择合适的旁路电容,必须求解在这些电容既不相当于开路也不相当于短路所对应频率范围内的电路响应。

图 7.27(a)给出包含射极旁路电容的共射放大电路,小信号等效电路如图 7.27(b)所示。由该图可以看出,小信号电压增益是频率的函数。利用阻抗折算规则,求得小信号输入电流为

$$I_b = \frac{V_i}{R_S + r_\pi + (1+\beta)\left(R_E \left\| \dfrac{1}{sC_E}\right.\right)} \tag{7.55}$$

发射极的总阻抗乘上了系数$(1+\beta)$。控制电压为

$$V_\pi = I_b r_\pi \tag{7.56}$$

而输出电压为

$$V_o = -g_m V_\pi R_C \tag{7.57}$$

合并等式,求得小信号电压增益为

$$A_v(s) = \frac{V_o(s)}{V_i(s)} = \frac{-g_m r_\pi R_C}{R_S + r_\pi + (1+\beta)\left(R_E \left\| \dfrac{1}{sC_E}\right.\right)} \tag{7.58}$$

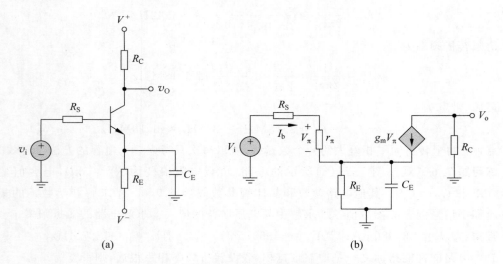

图 7.27 (a)包含射极旁路电容的电路;(b)小信号等效电路

展开 R_E 和 $1/sC_E$ 的并联项,并重新整理各项,可得

$$A_v = \frac{-g_m r_\pi R_C}{[R_S + r_\pi + (1+\beta)R_E]} \times \frac{(1+sR_E C_E)}{\left\{1 + \dfrac{sR_E(R_S + r_\pi)C_E}{[R_S + r_\pi + (1+\beta)R_E]}\right\}} \tag{7.59}$$

式(7.59)可以写成时间常数的形式为

$$A_v = \frac{-g_m r_\pi R_C}{R_S + r_\pi + (1+\beta)R_E} \left\{\frac{1+s\tau_A}{1+s\tau_B}\right\} \tag{7.60}$$

由于该传递函数既有零点又有极点,所以在形式上与之前看到的传递函数稍有不同。

电压增益的幅度波特图具有两条限制范围的水平渐近线。如果令 $s = j\omega$,极限情况为 $\omega \to 0$ 和 $\omega \to \infty$。当 $\omega \to 0$ 时,C_E 相当于开路;当 $\omega \to \infty$ 时,C_E 相当于短路。于是,由式(7.59)可得

$$|A_v|_{\omega \to 0} = \frac{g_m r_\pi R_C}{R_S + r_\pi + (1+\beta)R_E} \qquad (7.61a)$$

和

$$|A_v|_{\omega \to \infty} = \frac{g_m r_\pi R_C}{R_S + r_\pi} \qquad (7.61b)$$

从这些结果可以看出,当 $\omega \to 0$ 时,增益表达其中包含 R_E;而当 $\omega \to \infty$ 时,R_E 不再是增益表达式的一部分,这是因为它被 C_E 有效地短路了。

如果假设式(7.60)中的时间常数 τ_A 和 τ_B 在数量级上相差很大,那么与 τ_B 相关的转折频率为

$$f_B = \frac{1}{2\pi\tau_B} \qquad (7.62a)$$

和 τ_A 相关的转折频率为

$$f_A = \frac{1}{2\pi\tau_A} \qquad (7.62b)$$

于是,所得的电压增益幅度波特图如图 7.28 所示。

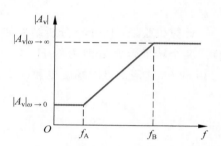

图 7.28 包含射极旁路电容的电路的电压增益幅度波特图

例题 7.7 对于包含射极旁路电容的共射放大电路,求解其转折频率和水平渐近线。图 7.27(a)所示电路的参数为 $R_E = 4k\Omega$,$R_C = 2k\Omega$,$R_S = 0.5k\Omega$,$C_E = 1\mu F$,$V^+ = 5V$ 和 $V^- = -5V$。晶体管的参数为 $\beta = 100$,$V_{BE}(\text{on}) = 0.7V$ 和 $r_o = \infty$。

解: 根据直流分析,求得静态集电极电流 $I_{CQ} = 1.06mA$。小信号参数为 $g_m = 40.77mA/V$,$r_\pi = 2.45k\Omega$ 以及 $r_o = \infty$。

时间常数 τ_A 为

$$\tau_A = R_E C_E = 4 \times 10^3 \times 1 \times 10^{-6} = 4 \times 10^{-3} s$$

时间常数 τ_B 为

$$\tau_B = \frac{R_E(R_S + r_\pi)C_E}{R_S + r_\pi + (1+\beta)R_E}$$

$$= \frac{(4 \times 10^3)(0.5 \times 10^3 + 2.45 \times 10^3)(1 \times 10^{-6})}{0.5 \times 10^3 + 2.45 \times 10^3 + 101 \times 4 \times 10^3}$$

即

$$\tau_B = 2.90 \times 10^{-5} s$$

转折频率为

$$f_A = \frac{1}{2\pi\tau_A} = \frac{1}{2\pi(4 \times 10^{-3})} = 39.8 Hz$$

和

$$f_B = \frac{1}{2\pi\tau_B} = \frac{1}{2\pi(2.9 \times 10^{-5})} \Rightarrow 5.49\text{kHz}$$

式(7.61a)给出的低频水平渐近线为

$$|A_v|_{\omega \to 0} = \frac{g_m r_\pi R_C}{R_S + r_\pi + (1+\beta)R_E} = \frac{40.8 \times 2.45 \times 2}{0.5 + 2.45 + 101 \times 4} = 0.491$$

由式(7.61b)给出的高频水平渐近线为

$$|A_v|_{\omega \to \infty} = \frac{g_m r_\pi R_C}{R_S + r_\pi} = \frac{40.77 \times 2.45 \times 2}{0.5 + 2.45} = 67.7$$

点评：比较电压增益的两个极限值，可以看出含有旁路电容的电路会产生较大的高频增益。

计算机验证：PSpice 分析结果如图 7.29 所示。图 7.29(a)给出小信号电压增益的幅度。两个转折频率近似为 39Hz 和 5600Hz，这与时间常数分析法得出的结果非常一致。0.49 和 68 这两个极限幅度也和人工分析的结果非常接近。

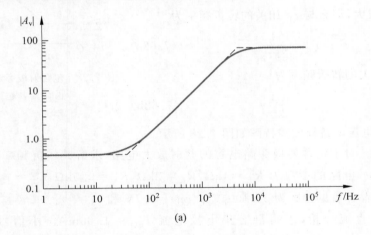

(a)

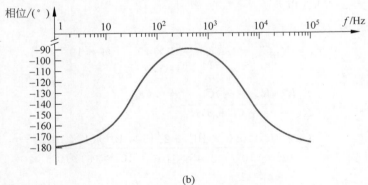

(b)

图 7.29　包含射极旁路电容电路的 PSpice 分析结果，电压增益的：(a) 幅度响应；(b) 相位响应

图 7.29(b)是相位响应相对于频率的变化图。在频率很低和很高时，电容分别相当于开路或短路，相位为 $-180°$，这与共射电路的预期一致。两个转折频率之间的相位变化非常明显，接近 $-90°$。

练习题 7.7 图 7.27(a)所示电路的参数为 $V^+=10\text{V}, V^-=-10\text{V}, R_S=0.5\text{k}\Omega, R_E=$ 4kΩ 和 $R_C=2\text{k}\Omega$。晶体管的参数为 $V_{BE}(\text{on})=0.7\text{V}, V_A=\infty$ 和 $\beta=100$。①求解 C_E 的值，使得低频 3dB 点位于 $f_B=200\text{Hz}$。②利用(a)的结果，求解 f_A。

答案： ① $C_E=49.5\mu\text{F}$；② $f_A=0.80\text{Hz}$

包含源极旁路电容的 FET 放大电路的分析与双极型电路基本相同。电压增益表达式的一般形式与式(7.60)相同，且增益的波特图与图 7.28 基本相同。

7.3.5 共同影响：耦合电容和旁路电容

当一个电路包含多个电容时，频率响应的分析将变得更加复杂。在许多放大电路的应用中，需要放大的输入信号频率通常被限制在中频段。在此情况下，中频段以外的实际频率响应不用考虑。中频段端点是增益值由中频最大值下降了 3dB 的频率点。这些端点频率是高频和低频电容的函数，而这些电容在放大电路的传递函数中引入极点。

例如，如果某个电路中存在多个耦合电容，那么某个电容可能会引入极点，该极点在低频段使最大增益减小 3dB，这种极点称为主导极点。当电路中包含多个电容时，可用零值时间常数分析法来估计电路的主导极点。目前，本书将采用计算机仿真来求解包含多个电容的电路的频率响应。

作为一个例子，图 7.30 给出一个包含两个耦合电容和一个发射极旁路电容的电路，所有这些电容都会影响电路的低频响应。可以得出包含所有电容的传递函数，但对于这种电路的分析，还是利用计算机来处理会更容易。

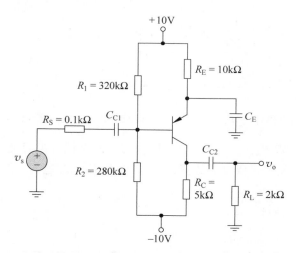

图 7.30 包含两个耦合电容和一个发射极旁路电容的电路

图 7.31 是示例电路电压增益的幅度波特图，图中考虑了两个耦合电容的影响。在这里假设旁路电容为短路。图中的曲线不仅分别考虑 C_1 和 C_2 的影响，还考虑 C_1 和 C_2 共同的影响。正如所预期的，当两个电容同时产生影响时，斜率为 40dB/十倍频或 12dB/倍频。在实际电路中，由于极点相距不是很远，所以并不能分别考虑每个电容的单独作用。

图 7.32 是考虑了射极旁路电容以及两个耦合电容的电压增益的幅度波特图。波特图表明了旁路电容、两个耦合电容以及三个电容的共同影响。当同时考虑三个电容的影响时，

曲线的斜率连续变化,并不存在确定的转折频率。而在大约 $f=150\text{Hz}$ 处,曲线比最大渐近线值低 3dB,于是该频率定义为下限转折频率,或称为下限截止频率。

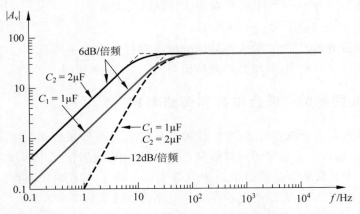

图 7.31 图 7.30 所示电路($C_E\rightarrow\infty$)中每个耦合电容以及两者对电路的共同影响的 PSpice 分析结果

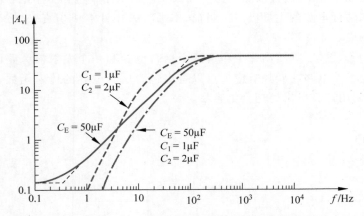

图 7.32 考虑两个耦合电容、一个旁路电容,以及所有电容共同作用的 PSpice 分析结果

理解测试题 7.4 观察图 7.33 所示的共基电路,两个耦合电容能分别处理吗？①利用计算机仿真,求解截止频率。假设参数值为 $\beta=100$ 和 $I_S=2\times10^{-15}\text{A}$。②求解中频小信号电压增益。

答案:①$f_{3db}=1.2\text{kHz}$; ②$A_v=118$。

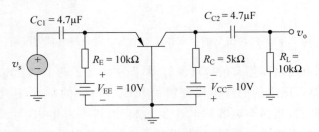

图 7.33 理解测试题 7.4 的图

理解测试题 7.5 图 7.34 所示的共射电路包含一个耦合电容和一个射极旁路电容。①根据计算机分析,求解 3dB 频率。假设参数值为 $\beta=100$ 和 $I_S=2\times10^{-15}\mathrm{A}$。②求解中频小信号电压增益。

答案:①$f_{3\mathrm{db}}\approx575\mathrm{Hz}$;②$|A_v|_{\max}=74.4$。

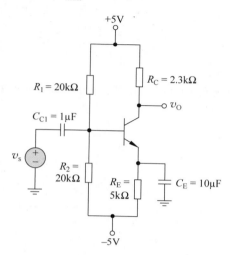

图 7.34 理解测试题 7.5 的图

7.4 双极型晶体管的频率响应

目标:求解双极型晶体管的频率响应、密勒效应和密勒电容。

截至目前,所分析的电路频率响应都是外部电阻和电容的函数,并假设晶体管为理想晶体管。然而,无论是双极型晶体管还是 FET,都具有内部电容,这些电容会对电路的高频响应产生影响。本节将首先建立双极型晶体管的扩展小信号混合 π 模型,该模型将晶体管的内部电容考虑在内。然后,利用该模型来分析双极型晶体管的频率响应特性。

7.4.1 扩展的混合 π 等效电路

当双极型晶体管用于线性放大电路时,晶体管被偏置在正向放大区,并且有较小的正弦电压和电流叠加到直流电压和电流上。图 7.35(a)给出共射电路中的 NPN 型双极型晶体管以及小信号电压和电流。图 7.35(b)是经典集成电路中 NPN 型晶体管的剖面图。C、B和 E 端子是晶体管的外部连接点,而 C′、B′和 E′是理想的内部集电极、基极以及发射极区域。

为了构建晶体管的等效电路,首先需要考虑晶体管的各对端子。图 7.36(a)给出外部基极输入端和外部发射极之间的等效电路。电阻 r_b 为外部基极 B 和内部基区 B′之间的基极串联电阻。因为 B′-E′结正向偏置,所以 C_π 为正向偏置的结电容,r_π 为正向偏置的 PN结扩散电阻,这两个参数都是结电流的函数。最后,r_{ex} 为外部发射极和内部发射区之间的发射极串联电阻,该电阻通常很小,在 1~2Ω。

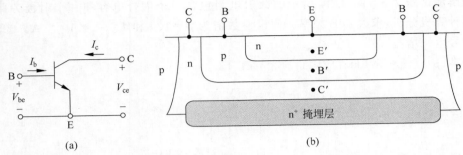

图 7.35　混合 π 模型中：(a) 包含小信号电流和电压的共射 NPN 型双极型晶体管；(b) NPN 型双极型晶体管剖面图

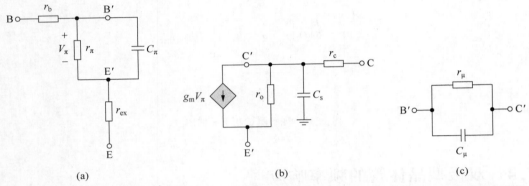

图 7.36　混合 π 等效电路的组成部分：(a) 基极到发射极；(b) 集电极到发射极；(c) 基极到集电极

图 7.37(b)给出从集电极往里看等效电路。电阻 r_c 为外部集电极和内部集电区之间的集电极串联电阻，电容 C_S 为反向偏置的集电极-衬底间 PN 结的结电容。受控电流源 $g_m V_\pi$ 为受内部发射结电压控制的晶体管集电极电流。电阻 r_o 为输出电导 g_o 的倒数，且主要取决于厄尔利效应。

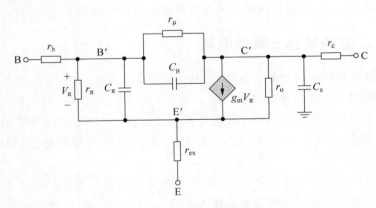

图 7.37　混合 π 等效电路

最后，图 7.36(c)给出反向偏置的 B′-C′ 结的等效电路。电容 C_μ 为反向偏置的结电容，且 r_μ 为反向偏置的扩散电阻。通常，r_μ 为兆欧姆的量级，因此可以忽略不计。C_μ 的值通

常远小于 C_π。然而，由于密勒效应，C_μ 通常不能忽略(本章后面的部分将会讨论密勒效应)。

图 7.37 给出双极型晶体管的完整混合 π 等效电路。图中的电容导致了晶体管的频率效应。其中一个结果是增益为输入信号频率的函数。由于这个等效电路中的元件数量较多，所以采用计算机仿真对这个完整模型进行分析要比人工分析更容易。但是，为了计算双极型晶体管的一些基本的频率效应，可以作一些简化处理。

7.4.2　短路电流增益

在将混合 π 模型做简化之后，首先求解短路电流增益，以便开始理解双极型晶体管的频率效应。

图 7.38 给出晶体管的简化等效电路，图中忽略了附加的电阻 r_b、r_c 和 r_{ex}，也忽略了 B-C 扩散电阻 r_μ 以及衬底电容 C_S。同时，将集电极与信号地相连。注意，晶体管必须保持偏置在正向放大区。下面将求解小信号电流增益 $A_i = I_c/I_b$。

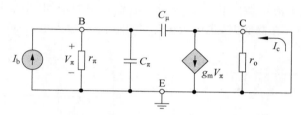

图 7.38　求解短路电流增益的简化混合 π 等效电路

写出输入节点的 KCL 方程，可得

$$I_b = \frac{V_\pi}{r_\pi} + \frac{V_\pi}{\dfrac{1}{j\omega C_\pi}} + \frac{V_\pi}{\dfrac{1}{j\omega C_\mu}} = V_\pi\left[\frac{1}{r_\pi} + j\omega(C_\pi + C_\mu)\right] \tag{7.63}$$

可以看出，V_π 不再等于 $I_b r_\pi$，这是由于 I_b 的一部分通过 C_π 和 C_μ 被分流。

由输出节点的 KCL 方程可得

$$\frac{V_\pi}{\dfrac{1}{j\omega C_\mu}} + I_c = g_m V_\pi \tag{7.64a}$$

即

$$I_c = V_\pi(g_m - j\omega C_\mu) \tag{7.64b}$$

于是，输入电压 V_π 可以写为

$$V_\pi = \frac{I_c}{(g_m - j\omega C_\mu)} \tag{7.64c}$$

将 V_π 的这个表达式代入式(7.63)，可得

$$I_b = I_c \cdot \frac{\left[\dfrac{1}{r_\pi} + j\omega(C_\pi + C_\mu)\right]}{(g_m - j\omega C_\mu)} \tag{7.65}$$

小信号电流增益通常记为 h_{fe}，变为

$$A_i = \frac{I_c}{I_b} = h_{fe} = \frac{(g_m - j\omega C_\mu)}{\left[\dfrac{1}{r_\pi} + j\omega(C_\pi + C_\mu)\right]} \tag{7.66}$$

若假设典型的电路参数值为 $C_\mu = 0.05\text{pF}, g_m = 50\text{mA/V}$ 且最大频率为 $f = 500\text{MHz}$，则可以看出 $\omega C_\mu < g_m$。因此，作为一个好的近似，小信号电流增益为

$$h_{fe} \approx \frac{g_m}{\left[\dfrac{1}{r_\pi} + j\omega(C_\pi + C_\mu)\right]} = \frac{g_m r_\pi}{1 + j\omega r_\pi(C_\pi + C_\mu)} \tag{7.67}$$

由于 $g_m r_\pi = \beta$，如前面所假设，低频电流增益正好是 β。式(7.67)表明，在双极型晶体管中，电流增益的幅度和相位都是频率的函数。

图 7.39(a)为短路电流增益的幅度波特图。在这里，转折频率也称为 β 截止频率 f_β，它由下式给出，即

$$f_\beta = \frac{1}{2\pi r_\pi(C_\pi + C_\mu)} \tag{7.68}$$

图 7.39(b)给出电流增益的相位波特图。随着频率的增加，小信号集电极电流不再和小信号基极电流同相。在高频时，集电极电流的相位滞后输入电流 $90°$。

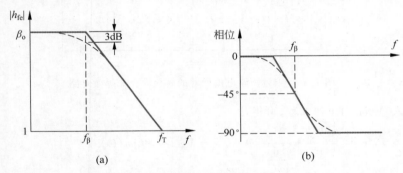

图 7.39　短路电流增益的波特图：(a) 幅度；(b) 相位

例题 7.8　求解双极型晶体管短路电流增益的 3dB 频率。已知晶体管的参数为 $r_\pi = 2.6\text{k}\Omega, C_\pi = 0.5\text{pF}$ 和 $C_\mu = 0.025\text{pF}$。

解：由式(7.68)可得

$$f_\beta = \frac{1}{2\pi r_\pi(C_\pi + C_\mu)} = \frac{1}{2\pi(2.6 \times 10^3)(0.5 + 0.025)(10^{-12})}$$

即

$$f_\beta = 117\text{MHz}$$

点评：高频晶体管必须具有小电容，因此，必须使用较小的器件。

练习题 7.8　双极型晶体管的参数为 $\beta_0 = 120, C_\mu = 0.02\text{pF}, f_\beta = 90\text{MHz}$，它偏置在 $I_{CQ} = 0.2\text{mA}$。①求解 C_π；②在 $f = 50\text{MHz}$、$f = 125\text{MHz}$ 或 $f = 500\text{MHz}$ 时，短路电流增益的幅度是多少？

答案：①$C_\pi = 0.093\text{pF}$；②$105, 70.1, 21.3$。

7.4.3 截止频率

图 7.39(a)表明,小信号电流增益的幅度随频率的上升而下降。在 f_T 处,即截止频率,增益降到1。截止频率是晶体管的一个性能指标。

根据式(7.67),小信号电流增益可以写为

$$h_{fe} = \frac{\beta_o}{1 + j\left(\dfrac{f}{f_\beta}\right)} \tag{7.69}$$

其中,f_β 为式(7.68)所定义的 β 截止频率。h_{fe} 的值为

$$\mid h_{fe} \mid = \frac{\beta_o}{\sqrt{1 + \left(\dfrac{f}{f_\beta}\right)^2}} \tag{7.70}$$

在截止频率 f_T 处,$\mid h_{fe} \mid = 1$,于是式(7.70)变为

$$\mid h_{fe} \mid = 1 = \frac{\beta_o}{\sqrt{1 + \left(\dfrac{f_T}{f_\beta}\right)^2}} \tag{7.71}$$

通常,$\beta_o > 1$,这意味着 $f_T > f_\beta$。于是式(7.71)可以写为

$$1 \approx \frac{\beta_o}{\sqrt{\left(\dfrac{f_T}{f_\beta}\right)^2}} = \frac{\beta_o f_\beta}{f_T} \tag{7.72a}$$

即

$$f_T = \beta_o f_\beta \tag{7.72b}$$

频率 f_β 也称为晶体管的带宽。因此,由式(7.72b)可知,截止频率 f_T 为晶体管的增益带宽积,或更通用的名称为单位增益带宽。根据式(7.68),单位增益带宽为

$$f_T = \beta_o \left[\frac{1}{2\pi r_\pi (C_\pi + C_\mu)}\right] = \frac{g_m}{2\pi (C_\pi + C_\mu)} \tag{7.73}$$

由于电容是晶体管尺寸的函数,再次看到,高频晶体管意味着具有较小尺寸的器件。

截止频率 f_T 也是集电极直流电流 I_C 的一个函数,图 7.40 给出 f_T 相对于 I_C 变化的一般特性。跨导 g_m 直接与 I_C 成比例,而 C_π 只是部分与 I_C 相关。因此,在集电极电流较小时,截止频率也较低。但是,在大电流时截止频率也会下降,就像大电流时 β 会减小一样。

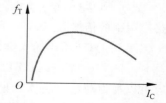

图 7.40 截止频率相对于集
电极电流的变化

晶体管的截止频率或单位增益带宽通常会在器件的数据手册中给出。由于数据手册中也给出了低频电流增益,所以晶体管的 β 截止频率或单位增益带宽可由下式求得,即

$$f_\beta = \frac{f_T}{\beta_o} \tag{7.74}$$

通用的 2N2222A 分立双极型晶体管的截止频率 $f_T = 300\text{MHz}$。对于具有特殊表贴封装的 MSC3130 分立双极型晶体管,其截止频率 $f_T = 1.4\text{GHz}$。这说明了制作在集成电路

中的非常小的晶体管,其截止频率可以达到几 GHz。

例题 7.9 计算双极型晶体管的带宽 f_β 和电容 C_π。已知晶体管的 $I_C = 1\text{mA}$ 时,$f_T = 20\text{GHz}$,同时有 $\beta_o = 120$ 和 $C_\mu = 0.08\text{pF}$。

解:由式(7.74)可得带宽为

$$f_\beta = \frac{f_T}{\beta_o} = \frac{20 \times 10^9}{120} \rightarrow f_\beta = 167\text{MHz}$$

跨导为

$$g_m = \frac{I_C}{V_T} = \frac{1}{0.026} = 38.46\text{mA/V}$$

根据式(7.73),可以求得电容 C_π。于是有

$$f_T = \frac{g_m}{2\pi(C_\pi + C_\mu)}$$

即

$$20 \times 10^9 = \frac{38.5 \times 10^{-3}}{2\pi(C_\pi + 0.08 \times 10^{-12})}$$

可得 $C_\pi = 0.226\text{pF}$。

点评:尽管 C_π 的值可能比 C_μ 的值大得多,但是在第 8 章中将会看到,在电路应用中并不能忽略 C_μ。

练习题 7.9 某 BJT 偏置在 $I_C = 0.15\text{mA}$,其参数为 $\beta_o = 150$,$C_\pi = 0.8\text{pF}$ 和 $C_\mu = 0.012\text{pF}$。求解 f_β 和 f_T。

答案:$f_\beta = 7.54\text{MHz}$;$f_T = 1.13\text{GHz}$。

双极型晶体管的混合 π 等效电路使用分立或集总元件。然而,当截止频率在 $f_T \approx 10\text{GHz}$ 数量级,晶体管工作在微波频率时,晶体管模型中就必须要考虑到其他的寄生元件和分布参数。简单起见,本书假设混合 π 模型足以用来对工作频率高达 β 截止频率的晶体管的特性进行建模。

7.4.4 密勒效应和密勒电容

如前所述,电容 C_μ 在实际电路中不可忽略。密勒效应,或者说反馈效应,则是 C_μ 在电路应用中的倍增效应。

图 7.41(a)给出输入端包含电流源信号的共射电路。下面求解该电路的小信号电流增益 $A_i = i_o/i_s$。图 7.41(b)给出小信号等效电路,假设信号频率足够高,耦合电容和旁路电容可以视为短路。晶体管模型为图 7.38 给出的混合 π 等效电路的简化电路(假设 $r_o = \infty$)。电容 C_μ 是将输出端连接到输入端的反馈元件。因此,输出电压和电流将影响电路的输入特性。

电容 C_μ 的存在使电路的分析变得更加复杂。之前,可以写出输入和输出节点的 KCL 方程,然后再推导出电流增益的表达式。而在这里,将采用不同的方法来解决这个问题。可以将电容 C_μ 看作一个二端口网络,并建立一个等效电路,其中包括基极输入端与地之间以及集电极输出端与地之间的元件。这个步骤看起来似乎很复杂,但它却能清晰地显示出 C_μ 的作用。

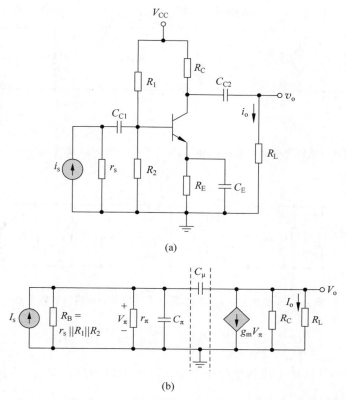

(a)

(b)

图 7.41 (a) 包含电流源输入的共射电路;(b) 包含简化混合 π 模型的小信号等效电路

观察图 7.41(b)中两条虚线之间的电路,可以将这部分电路看作一个二端口网络,如图 7.42 所示。输入电压为 V_π,输出电压为 V_o,图中还定义了输入和输出电流 I_1 和 I_2。

写出输入和输出端的 KVL 方程可得

$$V_\pi = I_1 \left(\frac{1}{j\omega C_\mu} \right) + V_o \qquad (7.75a)$$

和

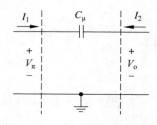

图 7.42 电容 C_μ 的二端口网络

$$V_o = I_2 \left(\frac{1}{j\omega C_\mu} \right) + V_\pi \qquad (7.75b)$$

应用式(7.75a)和式(7.75b),可以组成一个如图 7.43(a)所示的二端口等效电路。然后将输出端的戴维南等效电路转换为诺顿等效电路,转换后的结果如图 7.43(b)所示。

用图 7.43(b)所示的等效电路取代图 7.41(b)所示的虚线内的电路部分,修改后的电路如图 7.44 所示。为了评估该电路,还要作一些简化和近似。

g_m 和 C_μ 的典型值为 $g_m = 50\text{mA/V}$ 和 $C_\mu = 0.05\text{pF}$。根据这些值,可以计算出使两个受控电流源相等的频率值。如果

$$\omega C_\mu V_\pi = g_m V_\pi \qquad (7.76a)$$

则有

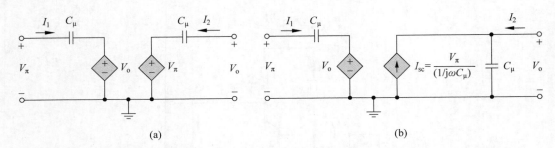

图 7.43　包含等效输出电路的电容 C_μ 的二端口等效电路：(a) 戴维南等效；(b) 诺顿等效

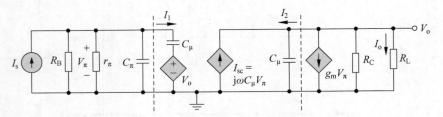

图 7.44　包含电容 C_μ 的二端口等效模型的小信号等效电路

$$f = \frac{g_m}{2\pi C_\mu} = \frac{50 \times 10^{-3}}{2\pi(0.05 \times 10^{-12})} = 1.59 \times 10^{11}\,\text{Hz} \Rightarrow 159\,\text{GHz} \tag{7.76b}$$

由于双极型晶体管的工作频率远小于 159GHz，所以与电流源 $g_m V_\pi$ 相比，可以忽略电流源 $I_{sc} = j\omega C_\mu V_\pi$。

现在可以计算出使 C_μ 的容抗等于 $R_C \parallel R_L$ 的频率值。如果

$$\frac{1}{\omega C_\mu} = R_C \parallel R_L \tag{7.77a}$$

则有

$$f = \frac{1}{2\pi C_\mu (R_C \parallel R_L)} \tag{7.77b}$$

若假设 $R_C = R_L = 4\text{k}\Omega$，这是分立双极型电路的典型值，则有

$$f = \frac{1}{2\pi(0.05 \times 10^{-12})[(4 \times 10^3) \parallel (4 \times 10^3)]} = 1.59 \times 10^9\,\text{Hz} \tag{7.78}$$

如果双极型晶体管的工作频率远小于 1.59GHz，则 C_μ 的阻抗将远大于 $R_C \parallel R_L$ 且可将 C_μ 视为开路。根据这些近似，图 7.44 所示的电路就可以简化为图 7.45 所示的电路。

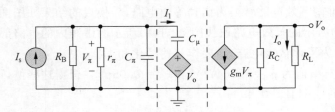

图 7.45　近似处理后的小信号等效电路

在虚线之间的部分电路，I_1 相对于 V_π 的特性为

$$I_1 = \frac{V_\pi - V_o}{\dfrac{1}{j\omega C_\mu}} = j\omega C_\mu (V_\pi - V_o) \tag{7.79}$$

输出电压为

$$V_o = -g_m V_\pi (R_C \parallel R_L) \tag{7.80}$$

将式(7.80)代入式(7.79)，可得

$$I_1 = j\omega C_\mu [1 + g_m(R_C \parallel R_L)]V_\pi \tag{7.81}$$

图 7.45 中虚线之间的部分电路可以用下式所给出的等效电容来代替，即

$$C_M = C_\mu [1 + g_m(R_C \parallel R_L)] \tag{7.82}$$

如图 7.46 所示，电容 C_M 称为密勒电容，且 C_μ 的倍增效应称为密勒效应。

对于图 7.46 所示的等效电路，输入电容为 $C_\pi + C_M$，而不是只有 C_μ 被忽略后的 C_π。

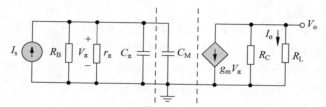

图 7.46　包含密勒等效电容的小信号等效电路

例题 7.10　求解图 7.46 所示电路的电流增益的 3dB 频率，分别考虑有 C_M 的影响和没有 C_M 的影响。已知电路参数为 $R_C = R_L = 4\text{k}\Omega$，$r_\pi = 2.6\text{k}\Omega$，$R_B = 200\text{k}\Omega$，$C_\pi = 0.8\text{pF}$，$C_\mu = 0.05\text{pF}$ 和 $g_m = 38.5\text{mA/V}$。

解：输出电流可以写为

$$I_o = -(g_m V_\pi)\left(\frac{R_C}{R_C + R_L}\right)$$

同样，输入电压为

$$V_\pi = I_s \left[R_B \parallel r_\pi \left\| \frac{1}{j\omega C_\pi} \right\| \frac{1}{j\omega C_M} \right]$$

$$= I_s \left[\frac{R_B \parallel r_\pi}{1 + j\omega(R_B \parallel r_\pi)(C_\pi + C_M)} \right]$$

因此，电流增益为

$$A_i = \frac{I_o}{I_s} = -g_m\left(\frac{R_C}{R_C + R_L}\right)\left[\frac{R_B \parallel r_\pi}{1 + j\omega(R_B \parallel r_\pi)(C_\pi + C_M)} \right]$$

3dB 频率为

$$f_{3\text{dB}} = \frac{1}{2\pi(R_B \parallel r_\pi)(C_\pi + C_M)}$$

忽略 C_μ 的影响（$C_M = 0$），可得

$$f_\beta = \frac{1}{2\pi[(200 \times 10^3) \parallel (2.6 \times 10^3)] \times 0.8 \times 10^{-12}} \Rightarrow 77.5\text{MHz}$$

密勒电容为

$$C_M = C_\mu[1 + g_m(R_C \parallel R_L)] = (0.05)[1 + 38.5 \times (4 \parallel 4)] = 3.9\text{pF}$$

若考虑密勒电容,3dB 频率为

$$f_{3\text{-dB}} = \frac{1}{2\pi(R_B \parallel r_\pi)(C_\pi + C_M)}$$

$$= \frac{1}{2\pi[(200 \times 10^3) \parallel (2.6 \times 10^3)] \times (0.8 + 3.9) \times 10^{-12}} \Rightarrow 13.2\text{MHz}$$

点评:当密勒电容为 $C_M = 3.9\text{pF}$ 时,密勒效应,或 C_μ 的倍增系数为 78。此时,密勒电容大约比 C_π 大 5 倍。这表明,如果忽略 C_μ,实际的晶体管带宽约为忽略前的 1/6。

由式(7.82)可知,密勒电容也可以写成下面的形式,即

$$C_M = C_\mu(1 + |A_v|) \tag{7.83}$$

其中,A_v 为内部的基极到集电极的电压增益。密勒效应的物理起因是在出现在反馈元件 C_μ 两端的电压增益系数。一个小的输入信号电压 V_π 在 C_μ 的输出端产生一个极性相反的大输出电压 $V_o = -|A_v| \cdot V_\pi$。因此,C_μ 两端的电压为 $(1 + |A_v|)V_\pi$,于是引起流过 C_μ 的一个大电流。鉴于这个原因,C_μ 对电路输入部分的影响是非常大的。

现在来看放大电路设计中可以做的一种折中选择。它是在放大电路增益和带宽之间所做的折中。如果增益减小,那么密勒电容将会减小,从而带宽将会增加。在下一章中研究共射-共基放大电路时,还将再次考虑这种折中方案。

讨论:在式(7.80)中,假设 $|j\omega C_\mu| < g_m$,这对于 100MHz 范围内的频率都成立。如果 $j\omega C_\mu$ 不可忽略,则可以写为

$$g_m V_\pi + V_o\left(\frac{1}{R_C \parallel R_L} + j\omega C_\mu\right) = 0 \tag{7.84}$$

式(7.84)表明,在图 7.44 所示等效电路的输出部分,电容 C_μ 应该与 R_C 及 R_L 并联。当 $R_C = R_L = 4\text{k}\Omega$ 及 $C_\mu = 0.05\text{pF}$ 时,曾指出该电容在 $f < 1.5\text{GHz}$ 时可以忽略。而在特殊的电路中,比如包含有源负载的电路中,等效电阻 R_C 和 R_L 可能是 $100\text{k}\Omega$ 的量级。这意味着即使在几 MHz 的频率范围内,电路输出部分的电容 C_μ 也不可忽略。下面将讨论几种输出电路中的 C_μ 不可忽略的特殊情况。

练习题 7.10 图 7.41(a)所示的电路参数为 $R_1 = 200\text{k}\Omega, R_2 = 220\text{k}\Omega, R_C = 2.2\text{k}\Omega, R_L = 4.7\text{k}\Omega, R_E = 1\text{k}\Omega, r_s = 100\text{k}\Omega$ 和 $V_{CC} = 5\text{V}$。晶体管的参数为 $\beta_o = 100, V_{BE}(\text{on}) = 0.7\text{V}, V_A = \infty, C_\pi = 1\text{pF}$。观察晶体管的简化混合 π 模型,(1)求解中频电流增益 $A_i = I_o/I_i$,(2)求解当①$C_\mu = 0\text{pF}$ 和②$C_\mu = 0.08\text{pF}$ 时的密勒电容 C_M。(3)求解当①$C_\mu = 0\text{pF}$ 和②$C_\mu = 0.08\text{pF}$ 时的 3dB 上限频率。

答案:(1) $A_i = -30.24$;(2) ①$C_M = 0$,②$C_M = 4.38\text{pF}$;(3) ①$f_{3\text{dB}} = 60.2\text{MHz}$,②$f_{3\text{dB}} = 11.2\text{MHz}$。

7.4.5 密勒效应的物理原因

图 7.47(a)给出双极型晶体管的混合 π 等效电路,其中输出端连接负载电阻 R_C。图 7.47(b)给出包含密勒电容的等效电路。作为初步近似,输出电压为 $v_o = -g_m v_\pi R_C$。图 7.48 所示为输入信号 v_π 和输出信号 v_o,假设信号均为正弦信号。正如前面所指出的,

输出信号与输入信号相比发生了 180°的相移。此外,因为增益较大,输出电压的幅值比输入电压更大。电压 v_π 和 v_o 之间的差值就是图 7.47(a)所示的电容 C_μ 两端的电压。

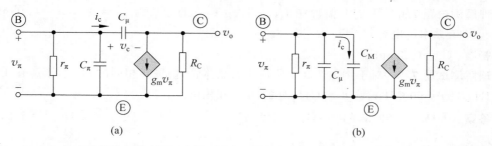

(a) (b)

图 7.47 (a)输出端连接负载电阻 R_C 的双极型晶体管电路的混合 π 等效电路;(b)包含密勒电容的等效电路

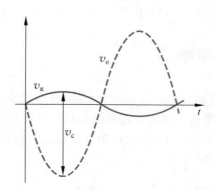

图 7.48 图 7.47 所示电路的输入信号 V_π 和输出信号 v_o

可以将正弦信号写为 $v_\pi = V_\pi e^{j\omega t}$,$v_o = V_o e^{j\omega t}$ 以及 $v_c = V_c e^{j\omega t}$。而流过电容 C_μ 的电流 i_c 可以写为

$$i_c = C_\mu \frac{\mathrm{d}v_c}{\mathrm{d}t} \tag{7.85a}$$

用相量表示,可得

$$I_c = j\omega C_\mu V_c \tag{7.85b}$$

该电流会影响从晶体管的基极往里看的输入阻抗。

由于图 7.47(a)和图 7.47(b)给出的两个电路是等效的,两个电路中的电流 i_c 必然相同。根据图 7.47(b),可以写出

$$i_C = C_M \frac{\mathrm{d}v_\pi}{\mathrm{d}t} \tag{7.86a}$$

或者使用相量表示,得到

$$I_c = j\omega C_M V_\pi \tag{7.86b}$$

由于式(7.85(b))和式(7.86b)给出的两个电容电流是相等的,所以必然有

$$C_\mu V_c = C_M V_\pi \tag{7.87}$$

从图 7.48 所示的信号可以看出,$V_\pi < V_c$,所以必然有 $C_M > C_\mu$。由于 180°的相移和电压增益,电容 C_μ 两侧的电压非常大,致使相应的电容电流 i_c 非常大。当密勒电容 C_M 两侧

的电压比较小时,为了使得 C_M 中的电流和之前一样大, C_M 的值就必须相当大。这就是密勒倍增效应的物理原因。

理解测试题 7.6 某 BJT 偏置在 $I_{CQ} = 120\mu A$,它的参数为 $\beta_o = 120, C_\mu = 0.08pF$ 和 $f_\beta = 15MHz$。求解电容 C_π。

答案: $C_\pi = 0.328pF$。

理解测试题 7.7 对于例题 7.9 中所描述的晶体管,偏置在相同的 Q 点,求解在① $f = 150MHz$,② $f = 500MHz$,③ $f = 4GHz$ 处的 $|h_{fe}|$ 和相位。

答案:① $|h_{fe}| = 89.3, \phi = -41.9°$;② $|h_{fe}| = 38.0, \phi = -71.5°$;③ $|h_{fe}| = 5.0, \phi = -87.6°$。

理解测试题 7.8 晶体管的参数为 $\beta_o = 150, f_T = 1GHz, r_\pi = 12k\Omega$ 和 $C_\mu = 0.15pF$。①求解 C_π 和 f_β。②晶体管的偏置电流是多少?

答案:① $C_\pi = 1.84pF, f_\beta = 6.67MHz$,② $I_{CQ} = 0.325mA$。

7.5 场效应管的频率响应

目标:求解 MOS 晶体管的频率响应,并求解密勒效应和密勒电容。

前面已经研究了用于晶体管高频响应建模的双极型晶体管的扩展混合 π 等效电路。本节将研究考虑器件中的不同电容时 FET 的高频等效电路。将建立 MOSFET 的等效模型,但它同样适用于 JFET 和 MESFET。

7.5.1 高频等效电路

下面将基于第 3 章所描述的基本 MOSFET 的几何结构,来建立 MOSFET 的小信号等效电路。图 7.49 给出的模型是根据 N 沟道 MOSFET 的内部电容和电阻以及用来表示基本器件方程的元件得出的,在等效电路中作一个简化假设:源极和衬底都与地端相连。

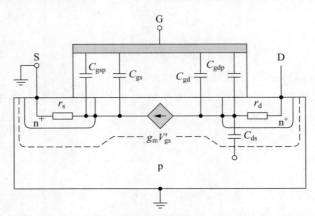

图 7.49 N 沟道 MOSFET 结构中的内部电阻和电容

和栅极相连的两个电容为晶体管的内部电容。电容 C_{gs} 和 C_{gd} 分别代表栅极和源极、漏极附近的沟道反型电荷之间的相互作用。如果器件偏置在非饱和区且 v_{DS} 很小,那么沟

道反型电荷几乎是均匀的,这表明

$$C_{gs} \approx C_{gd} \approx \left(\frac{1}{2}\right) WLC_{ox}$$

其中,$C_{ox}(F/cm^2)=\varepsilon_{ox}/t_{ox}$,参数 ε_{ox} 为氧化物的介电常数。对于硅 MOSFET 来说,$\varepsilon_{ox}=3.9\varepsilon_o$,其中 $\varepsilon_o=8.85\times10^{-14}F/cm$ 为自由空间的介电常数。参数 t_{ox} 为氧化物厚度,单位为 cm。

然而,当晶体管偏置在饱和区时,沟道在漏极处被夹断,且反型电荷不再是均匀的。C_{gd} 的值基本趋近于零,且 C_{gs} 近似等于 $(2/3)WLC_{ox}$。例如,如果某器件的氧化物厚度为 100Å,沟道长度为 $L=0.18\mu m$,沟道宽度为 $W=20\mu m$,那么 C_{gs} 的值为 $C_{gs}\approx8.3fF$。C_{gs} 的值会随着器件尺寸的变化而变化,但其典型值在几十毫微法(fF)范围内。

其余的两个栅极电容 C_{gsp} 和 C_{gdp} 为寄生电容或交叠电容,这样命名的原因是,在实际器件中,由于容差或其他工艺因素,栅极氧化物部分叠加在源极和漏极触点上。下面将会看到,漏极叠加电容 C_{gdp} 会减小 FET 的带宽。参数 C_{ds} 为漏极和衬底之间的 PN 结电容,而 r_s 和 r_d 为源极和漏极之间的串联电阻。内部的栅-源电压通过跨导控制小信号沟道电流。

图 7.50 给出 N 沟道共源 MOSFET 的小信号等效电路。电压 V'_{gs} 为内部的栅-源电压,它控制着沟道电流。假设栅-源电容 C_{gs} 和栅-漏电容 C_{gd} 包含寄生的交叠电容。在图 7.50 中给出的一个参数 r_o 并没有出现在图 7.49 中。该电阻和 I_D-V_{DS} 关系曲线的斜率有关。在理想情况下,MOSFET 偏置在饱和区,I_D 不受 V_{DS} 的影响,这意味着 r_o 是无穷大的。而在短沟道器件中,r_o 是有限的,这是由于沟道长度调制效应,因此在等效电路中要包含 r_o。

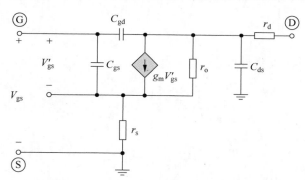

图 7.50 N 沟道共源 MOSFET 等效电路

源极电阻 r_s 会对晶体管特性产生较大的影响。为了说明这一点,图 7.51 给出一个简化的低频等效电路,电路中包含 r_s 而不包含 r_o。对于该电路,漏极电流为

$$I_d = g_m V'_{gs} \tag{7.88}$$

V_{gs} 和 V'_{gs} 之间的关系为

$$V_{gs} = V'_{gs} + (g_m V'_{gs})r_s = (1 + g_m r_s)V'_{gs} \tag{7.89}$$

由式(7.88)可知,漏极电流可以写为

$$I_d = \left(\frac{g_m}{1+g_m r_s}\right) V_{gs} = g'_m V_{gs} \tag{7.90}$$

式(7.90)表明,源极电阻减小了有效的跨导,即减小晶体管的增益。

除了所有的电压极性和电流方向相反之外,P 沟道 MOSFET 的等效电路和 N 沟道器件的完全相同。两种模型的电容和电阻也都相同。

7.5.2 单位增益带宽

与双极型晶体管一样,单位增益频率或单位增益带宽也是 FET 的性能指标。如果忽略 r_s、r_d、r_o 和 C_{ds},并把漏极和信号地相连,那么相应的小信号等效电路如图 7.52 所示。由于栅极输入阻抗在高频时不再是无穷大,就可以定义短路电流增益。据此,可以定义并计算单位增益带宽。

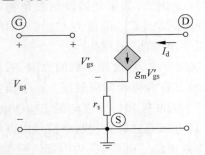

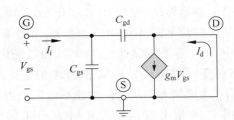

图 7.51　包含源极电阻 r_s 而不包含 r_o 的简化的　　图 7.52　用于求解短路电流增益的 MOSFET
　　　　　N 沟道共源 MOSFET 低频等效电路　　　　　　　　高频小信号等效电路

写出输入节点的 KCL 方程,可得

$$I_i = \frac{V_{gs}}{\dfrac{1}{j\omega C_{gs}}} + \frac{V_{gs}}{\dfrac{1}{j\omega C_{gd}}} = V_{gs}\big[j\omega(C_{gs} + C_{gd})\big] \tag{7.91}$$

由输出节点的 KCL 方程可得

$$\frac{V_{gs}}{\dfrac{1}{j\omega C_{gd}}} + I_d = g_m V_{gs} \tag{7.92a}$$

即

$$I_d = V_{gs}(g_m - j\omega C_{gd}) \tag{7.92b}$$

由式(7.92(b)),求出 V_{gs} 为

$$V_{gs} = \frac{I_d}{(g_m - j\omega C_{gd})} \tag{7.93}$$

将式(7.93)代入式(7.91),可得

$$I_i = I_d \cdot \frac{\big[j\omega(C_{gs} + C_{gd})\big]}{(g_m - j\omega C_{gd})} \tag{7.94}$$

因此,小信号电流增益为

$$A_i = \frac{I_d}{I_i} = \frac{g_m - j\omega C_{gd}}{j\omega(C_{gs} + C_{gd})} \tag{7.95}$$

若假设典型值为 $C_{gd} = 10\text{fF}$ 和 $g_m = 1\text{mA/V}$,且最大频率 $f = 1\text{GHz}$,可以发现 $\omega C_{gd} < g_m$。于是,小信号电流增益近似为

$$A_i = \frac{I_d}{I_i} \approx \frac{g_m}{j\omega(C_{gs} + C_{gd})} \tag{7.96}$$

单位增益频率 f_T 被定义为短路电流增益到达 1 时所对应的频率。于是,由式(7.96)可得

$$f_T = \frac{g_m}{2\pi(C_{gs} + C_{gd})} \tag{7.97}$$

可见,单位增益频率或单位增益带宽取决于晶体管的参数,而与电路无关。

例题 7.11 求解 FET 的单位增益带宽。已知 N 沟道 MOSFET 的参数为 $K_n = 1.5\,\text{mA/V}^2$,$V_{TN} = 0.4\,\text{V}$,$\lambda = 0$,$C_{gd} = 10\text{fF}$ 和 $C_{gs} = 50\text{fF}$。假设晶体管偏置在 $V_{GS} = 0.8\,\text{V}$。

解: 跨导为

$$g_m = 2K_n(V_{GS} - V_{TN}) = 2(1.5)(0.8 - 0.4) = 1.2\,\text{mA/V}$$

根据式(7.97),单位增益带宽,或单位增益频率为

$$f_T = \frac{g_m}{2\pi(C_{gs} + C_{gd})} = \frac{1.2 \times 10^{-3}}{2\pi(50 + 10) \times 10^{-15}} = 3.18 \times 10^9\,\text{Hz}$$

即

$$f_T = 3.18\,\text{GHz}$$

点评: 与双极型晶体管相同,高频 FET 同样要求具有较小的电容和较小的器件尺寸。

练习题 7.11 N 沟道 MOSFET 的参数为 $K_n = 1.2\,\text{mA/V}^2$,$V_{TN} = 0.5\,\text{V}$,$\lambda = 0$,$C_{gd} = 8\text{fF}$ 和 $C_{gs} = 60\text{fF}$。单位增益频率为 $f_T = 3\text{GHz}$。求解 MOSFET 的跨导和偏置电流。

答案: $g_m = 1.282\,\text{mA/V}$,$I_{DQ} = 0.342\,\text{mA}$。

对于 MOSFET 而言,C_{gs} 的典型值在 10fF 到 50fF 之间,而 C_{gd} 的典型值为 0.1fF 到 0.5fF 之间。

如前所述,MOSFET、JFET 以及 MESFET 的等效电路相同。对于 JFET 和 MESFET 而言,电容 C_{gs} 和 C_{gd} 为耗尽层电容而不是氧化物电容。通常,JFET 的 C_{gs} 和 C_{gd} 要大于 MOSFET 的 C_{gs} 和 C_{gd},而 MESFET 的 C_{gs} 和 C_{gd} 较小。同样,对于用砷化镓制造的 MESFET,其单位增益带宽可能在几十 GHz 的范围。鉴于这个原因,砷化镓 MESFET 常用于微波放大电路。

7.5.3 密勒效应和密勒电容

和双极型晶体管相同,密勒效应和密勒电容也是 FET 电路高频特性的影响因素。图 7.53 为简化的高频晶体管模型,电路输出端连接负载电阻 R_L。下面通过求解电流增益来证明密勒效应的产生与影响。

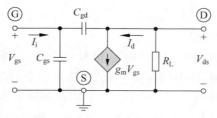

图 7.53 包含负载电阻 R_L 的 MOSFET 高频小信号等效电路

写出栅极输入节点处的基尔霍夫电流定律(KCL)方程,可得

$$I_i = j\omega C_{gs}V_{gs} + j\omega C_{gd}(V_{gs} - V_{ds}) \tag{7.98}$$

其中，I_i 为输入电流。同样，将输出端漏极节点处的电流求和可得

$$\frac{V_{ds}}{R_L} + g_m V_{gs} + j\omega C_{gd}(V_{ds} - V_{gs}) = 0 \qquad (7.99)$$

合并式(7.98)和式(7.99)，可消去电压 V_{ds}。于是输入电流为

$$I_i = j\omega \left\{ C_{gs} + C_{gd}\left[\frac{1 + g_m R_L}{1 + j\omega R_L C_{gd}} \right] \right\} V_{gs} \qquad (7.100)$$

通常，$(\omega R_L C_{gd})$ 远小于 1；因此，可以忽略 $(j\omega R_L C_{gd})$，于是式(7.100)变为

$$I_i = j\omega [C_{gs} + C_{gd}(1 + g_m R_L)] V_{gs} \qquad (7.101)$$

图 7.54 给出式(7.101)所描述的等效电路。参数 C_M 为密勒电容，表达式为

$$C_M = C_{gd}(1 + g_m R_L) \qquad (7.102)$$

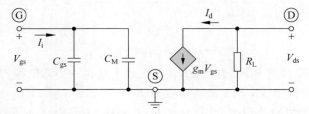

图 7.54　包含密勒等效电容的 MOSFET 高频电路

式(7.102)清晰地表明寄生的漏极交叠电容的影响。当晶体管偏置在饱和区时，和放大电路中一样，交叠电容是栅漏电容 C_{gd} 的主要来源。该交叠电容由于密勒效应而倍增，并可能成为影响放大电路带宽的一个重要因素。将交叠电容降到最小是制造工艺的挑战之一。

MOSFET 的截止频率 f_T 定义为短路电流增益值为 1 时，或输入电流 I_i 的值和理想的输出电流 I_d 的值相等时所对应的频率。从图 7.54 可以看出

$$I_i = j\omega (C_{gs} + C_M) V_{gs} \qquad (7.103)$$

理想的短路输出电流为

$$I_d = g_m V_{gs} \qquad (7.104)$$

因此，电流增益的绝对值为

$$|A_i| = \left| \frac{I_d}{I_i} \right| = \frac{g_m}{2\pi f(C_{gs} + C_M)} \qquad (7.105)$$

令式(7.105)等于 1，可以求得截止频率为

$$f_T = \frac{g_m}{2\pi (C_{gs} + C_M)} = \frac{g_m}{2\pi C_G} \qquad (7.106)$$

其中 C_G 为等效的栅极输入电容。

例题 7.12　求解 FET 电路的密勒电容和截止频率。例题 7.11 所描述的 N 沟道 MOSFET 偏置在相同的电流，输出端连接一个 $10\text{k}\Omega$ 的负载电阻。

解：根据例题 7.11，跨导为 $g_m = 1.2\text{mA/V}$。因此密勒电容为

$$C_M = C_{gd}(1 + g_m R_L) = 10 \times (1 + 1.2 \times 10) = 130\text{fF}$$

由式(7.106)可知，截止频率为

$$f_T = \frac{g_m}{2\pi (C_{gs} + C_M)} = \frac{1.2 \times 10^{-3}}{2\pi (50 + 130) \times 10^{-15}} = 1.06 \times 10^9 \text{Hz}$$

即

$$f_T = 1.06\text{MHz}$$

点评：密勒效应和密勒等效电容会降低 FET 电路的截止频率，与它们在双极型电路中的情况一样。

练习题 7.12 图 7.55 所示的电路中，晶体管的参数为 $K_n = 0.8\text{mA/V}^2$，$V_{TN} = 2\text{V}$，$\lambda = 0$，$C_{gs} = 100\text{fF}$ 和 $C_{gd} = 20\text{fF}$。求解①中频电压增益；②密勒电容和③小信号电压增益的上限 3dB 频率。

答案：①$A_v = -6.69$，②$C_M = 167.6\text{fF}$，③$f_{3dB} = 1.32\text{GHz}$。

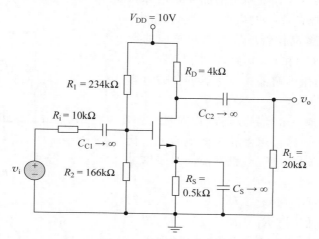

图 7.55 练习题 7.12 的电路

理解测试题 7.9 N 沟道 MOSFET 的参数为 $K_n = 0.4\text{mA/V}^2$，$V_{TN} = 1\text{V}$ 和 $\lambda = 0$，①当 $V_{GS} = 3\text{V}$ 时，求解源极电阻的最大值，使跨导从其理想值减小不超过 20%。②应用①中求得的 r_s 值，求解当 $V_{GS} = 5\text{V}$ 时 g_m 从其理想值减小了多少？

答案：①$r_s = 156\Omega$；②33.3%。

理解测试题 7.10 某 MOSFET 的单位增益带宽 $f_T = 1.2\text{GHz}$。假设交叠电容 $C_{gsp} = C_{gdp} = 3\text{fF}$，$k_n = 100\mu\text{A/V}^2$，$W/L = 15$，且 $V_{TN} = 0.4\text{V}$。如果晶体管偏置在 $I_{DQ} = 100\mu\text{A}$，求解 C_{gs}。（假设 C_{gd} 等于零。）

答案：$C_{gs} = 66.6\text{fF}$。

理解测试题 7.11 对于某 MOSFET，假设 $g_m = 1.2\text{mA/V}$。栅极电容为 $C_{gs} = 60\text{fF}$，$C_{gd} = 0$ 且交叠电容为 $C_{gsp} = C_{gdp}$。求解对应于 2.5GHz 的单位增益带宽，交叠电容的最大值为多少？

答案：$C_{gsp} = C_{gdp} = 8.2\text{fF}$。

7.6 晶体管电路的高频响应

目标：求解包含共射-共基电路的基本晶体管电路的高频响应。

上一节建立了双极型晶体管和场效应晶体管的高频等效电路，并讨论了密勒效应，它是在晶体管工作在某种电路结构时所出现的。本节将扩展晶体管电路的高频特性分析。

首先,将着眼于共射和共源电路的高频响应。然后,分析共基和共栅电路以及共由共射和共基电路组合而成的射-共基放大电路。最后,将分析射极跟随器以及源极跟随器电路的高频特性。在下面的例题中,将采用相同的基本双极型晶体管电路,以便更好地对三种电路结构进行比较。

7.6.1 共射和共源电路

图 7.56 所示共射放大电路中的晶体管电容和负载电容都会对电路的高频响应产生影响。首先,通过人工分析来求解晶体管电容对高频响应的影响。在分析中假设 C_C 和 C_E 短路,而 C_L 开路。然后,利用计算机分析来求解晶体管电容和负载电容的共同影响。

共射电路的高频小信号等效电路如图 7.57(a) 所示,其中假设 C_L 开路。用密勒等效电容 C_M 代替电容 C_μ,如图 7.57(b) 所示,根据前面对于密勒电容的分析,可以写出

$$C_M = C_\mu (1 + g_m R'_L) \qquad (7.107)$$

其中,输出电阻 R'_L 为 $r_o \parallel R_C \parallel R_L$。

采用时间常数法,可以求得上限 3dB 频率为

$$f_H = \frac{1}{2\pi\tau_P} \qquad (7.108)$$

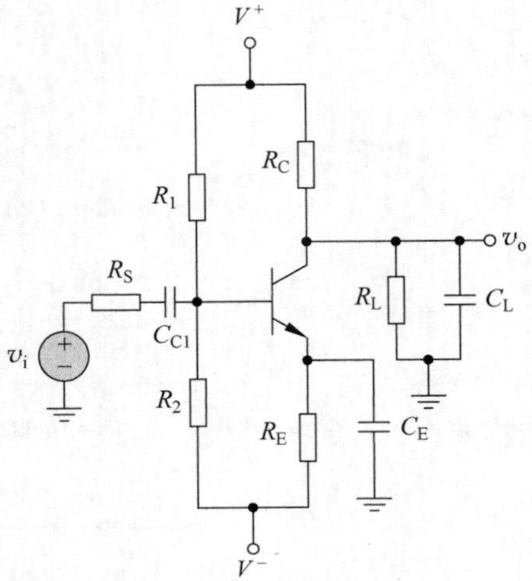

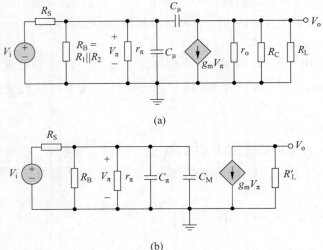

图 7.56 共射放大电路

图 7.57 (a) 共射放大电路的高频等效电路;(b) 包含密勒电容的共射放大电路高频等效电路

其中,$\tau_P = R_{eq} C_{eq}$。在这里,等效电容为 $C_{eq} = C_\pi + C_M$,等效电阻为电容上看到的有效电阻,即 $R_{eq} = r_\pi \parallel R_B \parallel R_S$。因此,上限截止频率为

$$f_{\mathrm{H}} = \frac{1}{2\pi[r_\pi \parallel R_{\mathrm{B}} \parallel R_{\mathrm{S}}](C_\pi + C_{\mathrm{M}})} \qquad (7.109)$$

假设 C_π 和 C_{M} 开路,可以求得中频电压增益值为

$$|A_{\mathrm{v}}|_{\mathrm{M}} = \left|\frac{V_{\mathrm{o}}}{V_{\mathrm{i}}}\right|_{\mathrm{M}} = g_{\mathrm{m}} R'_{\mathrm{L}} \left[\frac{R_{\mathrm{B}} \parallel r_\pi}{R_{\mathrm{B}} \parallel r_\pi + R_{\mathrm{S}}}\right] \qquad (7.110)$$

高频电压增益的幅度波特图如图 7.58 所示。

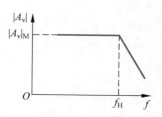

图 7.58　共射放大电路高频电压增益的幅度波特图

例题 7.13　求解共射放大电路的上限截止频率和中频增益。图 7.56 所示电路的参数为 $V^+ = 5\mathrm{V}$,$V^- = -5\mathrm{V}$,$R_{\mathrm{s}} = 0.1\mathrm{k\Omega}$,$R_1 = 40\mathrm{k\Omega}$,$R_2 = 5.72\mathrm{k\Omega}$,$R_{\mathrm{E}} = 0.5\mathrm{k\Omega}$,$R_{\mathrm{C}} = 5\mathrm{k\Omega}$ 和 $R_{\mathrm{L}} = 10\mathrm{k\Omega}$。晶体管的参数为 $\beta = 150$,$V_{\mathrm{BE}}(\mathrm{on}) = 0.7\mathrm{V}$,$V_A = \infty$,$C_\pi = 35\mathrm{pF}$ 和 $C_\mu = 4\mathrm{pF}$。

解：由直流分析求得 $I_{\mathrm{CQ}} = 1.03\mathrm{mA}$。因此小信号参数为 $g_{\mathrm{m}} = 39.6\mathrm{mA/V}$ 和 $r_\pi = 3.79\mathrm{k\Omega}$。于是,密勒电容为

$$C_{\mathrm{M}} = C_\mu(1 + g_{\mathrm{m}} R'_{\mathrm{L}}) = C_\mu[1 + g_{\mathrm{m}}(R_{\mathrm{C}} \parallel R_{\mathrm{L}})]$$

即

$$C_{\mathrm{M}} = (4)[1 + 39.6 \times (5 \parallel 10)] = 532\mathrm{pF}$$

因此,上限 3dB 频率为

$$f_{\mathrm{H}} = \frac{1}{2\pi[r_\pi \parallel R_{\mathrm{B}} \parallel R_{\mathrm{S}}](C_\pi + C_{\mathrm{M}})}$$

$$= \frac{1}{2\pi[3.79 \parallel 40 \parallel 5.72 \parallel 0.1] \times 10^3 \times (35 + 532) \times 10^{-12}} \Rightarrow 2.94\mathrm{MHz}$$

最后,中频增益为

$$|A_{\mathrm{v}}|_{\mathrm{M}} = g_{\mathrm{m}} R'_{\mathrm{L}} \left[\frac{R_{\mathrm{B}} \parallel r_\pi}{R_{\mathrm{B}} \parallel r_\pi + R_{\mathrm{S}}}\right]$$

$$= 39.6 \times (5 \parallel 10) \left[\frac{40 \parallel 5.72 \parallel 3.79}{40 \parallel 5.72 \parallel 3.79 + 0.1}\right] = 126$$

点评：上述例题说明了密勒效应的重要性。反馈电容 C_μ 被乘上了系数 133(从 4pF 到 532pF),而且相应的密勒电容 C_{M} 大约比 C_π 大了 15 倍。因此,实际的截止频率大约比忽略 C_μ 时的小 15 倍。

PSpice 验证：图 7.59 给出该共射电路的 PSpice 分析结果。仿真值为 $C_\pi = 35.5\mathrm{pF}$ 和 $C_\mu = 3.89\mathrm{pF}$。标记“仅 C_π”的曲线是忽略 C_μ 时的电路频率响应；标记“仅 C_π 和 C_μ”的曲线是考虑 C_π、C_μ 以及密勒效应时的电路频率响应。这些曲线表明,密勒效应使电路的带宽急剧减小。截止频率约为 2.5MHz,中频增益为 125,这和人工分析的结果非常一致。

标记为“$C_{\mathrm{L}} = 5\mathrm{pF}$”和“$C_{\mathrm{L}} = 150\mathrm{pF}$”的曲线表示当晶体管为理想晶体管,电容 C_π 和 C_μ 为零,且输出端连接了一个负载电容时的电路响应。这些结果表明,对于 $C_{\mathrm{L}} = 5\mathrm{pF}$,电路响应主要受晶体管电容 C_π 和 C_μ 影响。而如果输出端连接的负载电容较大,比如 $C_{\mathrm{L}} = 150\mathrm{pF}$,那么电路响应主要受负载电容 C_{L} 的影响。

练习题 7.13　图 7.60 所示的电路中,晶体管的参数为 $\beta = 125$,$V_{\mathrm{BE}}(\mathrm{on}) = 0.7\mathrm{V}$,$V_A = 200\mathrm{V}$,$C_\pi = 24\mathrm{pF}$ 和 $C_\mu = 3\mathrm{pF}$。①计算密勒电容。②求解上限 3dB 频率。③求解小信号中频电压增益。

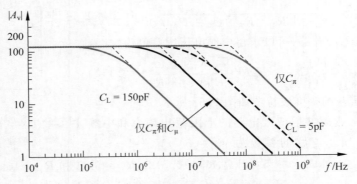

图 7.59　共射放大电路的 PSpice 分析结果

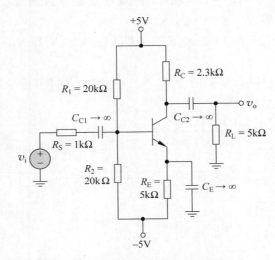

图 7.60　练习题 7.13 的电路

答案：①$C_M = 155$pF；②$f_H = 1.21$MHz；③$|A_v| = 37.3$。

共源电路的高频响应与共射电路类似,讨论过程和结论也相同。用电容 C_{gs} 代替电容 C_π,电容 C_{gd} 代替电容 C_μ 即可。FET 的高频小信号等效电路也基本与双极型晶体管的相同。

7.6.2　共基、共栅以及共射-共基电路

正如刚刚所看到的,共源和共射电路的带宽都由于密勒效应而减小。于是,为了增加放大电路的带宽,就必须使密勒效应或 C_μ 倍增系数最小化甚至消失。而共基和共栅放大电路可以得到这一结果。下面将分析一个共基电路,分析过程与共栅电路相同。

1. 共基电路

图 7.61 给出一个共基电路,除了在基极连接了一个旁路电容,以及输入端通过电容耦合到发射极之外,电路结构和前面讨论的共射电路基本相同。

图 7.62(a)给出共基放大电路的高频等效电路,其中耦合电容和旁路电容被短路线所

代替。这样,电阻 R_1 和 R_2 就被有效地短路掉了。同时,假设电阻 r_o 为无穷大。引起倍增效应的电容 C_μ 不再位于输入端和输出端之间,C_μ 的一端连接到信号地。

写出发射极处的 KCL 方程,可得

$$I_e + g_m V_\pi + \frac{V_\pi}{(1/sC_\pi)} + \frac{V_\pi}{r_\pi} = 0 \quad (7.111)$$

由于 $V_\pi = -V_e$,式(7.111)变为

$$\frac{I_e}{V_e} = \frac{1}{Z_i} = \frac{1}{r_\pi} + g_m + sC_\pi \quad (7.112)$$

其中,Z_i 为从发射极往里看的阻抗,重新整理各项,可得

$$\frac{1}{Z_i} = \frac{1+r_\pi g_m}{r_\pi} + sC_\pi = \frac{1+\beta}{r_\pi} + sC_\pi \quad (7.113)$$

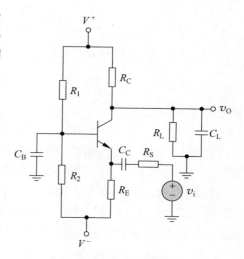

图 7.61 共基放大电路

电路的等效输入部分如图 7.62(b)所示。

图 7.62(c)所示为电路的等效输出部分。同样,C_μ 的一侧与地相连,这样就消除了反馈或密勒倍增效应。于是上限 3dB 频率将有望大于共射电路中所得的结果。

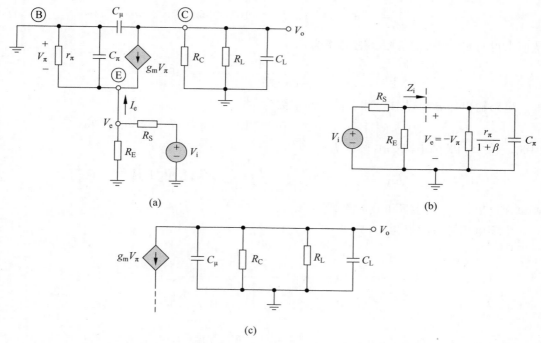

(a)

(b)

(c)

图 7.62 (a) 高频共基等效电路;(b) 等效输入电路;(c) 等效输出电路

对于电路的输入部分,上限 3dB 频率由下式给出,即

$$f_{H\pi} = \frac{1}{2\pi\tau_{P\pi}} \quad (7.114a)$$

其中的时间常数为

$$\tau_{P\pi} = \left[\left(\frac{r_\pi}{1+\beta}\right) \parallel R_E \parallel R_S\right] \cdot C_\pi \tag{7.114b}$$

在人工分析中,假设 C_L 为开路。电容 C_μ 仍将产生上限 3dB 频率,即

$$f_{H\mu} = \frac{1}{2\pi\tau_{P\mu}} \tag{7.115a}$$

其中的时间常数为

$$\tau_{P\mu} = [R_C \parallel R_L] \cdot C_\mu \tag{7.115b}$$

如果 C_μ 远小于 C_π,由 C_π 引起的 3dB 频率 $f_{H\pi}$ 将主导电路的高频响应。然而,时间常数 $\tau_{P\pi}$ 中的系数 $r_\pi/(1+\beta)$ 较小;因此两个时间常数可能具有相同的数量级。

例题 7.14 求解共基电路的上限截止频率和中频增益。图 7.61 所示电路的参数为 $V^+=5V, V^-=-5V, R_S=0.1k\Omega, R_1=40k\Omega, R_2=5.72k\Omega, R_E=0.5k\Omega, R_C=5k\Omega$ 和 $R_L=10k\Omega$(这些值和例题 7.13 中的共射电路相同)。晶体管的参数为 $\beta=150, V_{BE}(\text{on})=0.7V, V_A=\infty, C_\pi=35pF$ 和 $C_\mu=4pF$。

解:直流分析与例题 7.13 相同,因此,有 $I_{CQ}=1.03mA, g_m=39.6mA/V$ 和 $r_\pi=3.79k\Omega$。与 C_π 相关的时间常数为

$$\tau_{P\pi} = \left[\left(\frac{r_\pi}{1+\beta}\right) \parallel R_E \parallel R_S\right] \cdot C_\pi$$
$$= \left[\left(\frac{3.79}{151}\right) \parallel (0.5) \parallel (0.1)\right] \times 10^3 \times 35 \times 10^{-12} = 0.675ns$$

从而求得与 C_π 相关的上限 3dB 频率为

$$f_{H\pi} = \frac{1}{2\pi\tau_{P\pi}} = \frac{1}{2\pi(0.675 \times 10^{-9})} = 236MHz$$

电路输出部分中,与 C_μ 相关的时间常数为

$$\tau_{P\mu} = [R_C \parallel R_L] \cdot C_\mu = [5 \parallel 10] \times 10^3 \times (4 \times 10^{-12}) = 13.33ns$$

因此,与 C_μ 相关的上限 3dB 频率为

$$f_{H\mu} = \frac{1}{2\pi\tau_{P\mu}} = \frac{1}{2\pi(13.3 \times 10^{-9})} \Rightarrow 11.9MHz$$

所以在这里,$f_{H\mu}$ 为主导极点频率。

中频电压增益的值为

$$|A_v|_M = g_m(R_C \parallel R_L)\left[\frac{R_E \parallel \left(\frac{r_\pi}{1+\beta}\right)}{R_E \parallel \left(\frac{r_\pi}{1+\beta}\right) + R_S}\right]$$
$$= 39.6 \times (5 \parallel 10)\left[\frac{0.5 \parallel \left(\frac{3.79}{151}\right)}{0.5 \parallel \left(\frac{3.79}{151}\right) + 0.1}\right] = 25.5$$

点评:上述例题的结果表明,共基电路的带宽主要受位于电路输出部分的电容 C_μ 的限制。该电路的带宽为 12MHz,大约比例题 7.14 中共射电路的带宽大 4 倍。

计算机验证:图 7.63 给出共基电路的 PSpice 分析结果。仿真值为 $C_\pi=35.5pF$ 和

$C_\mu = 3.89\text{pF}$，这些都和例题 7.13 的结果相同。标记"仅 C_π"的曲线是忽略 C_μ 时的电路频率响应；标记"仅 C_π 和 C_μ"的曲线为 C_π 和 C_μ 共同作用下的电路频率响应。正如人工分析所预测的那样，C_μ 主导着电路的高频响应。

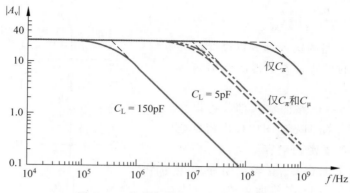

图 7.63　共基电路的 PSpice 分析结果

截止频率约为 13.5MHz，而中频增益为 25.5，这两个值都与人工分析的结果非常一致。

标记"$C_L = 5\text{pF}$"和"$C_L = 150\text{pF}$"的曲线表示当晶体管为理想晶体管，且只包含一个负载电容时的电路响应。这些结果再次说明，如果输出端连接一个 $C_L = 150\text{pF}$ 的负载电容，那么电路响应将主要由这个电容决定。而如果在输出端连接一个 $C_L = 5\text{pF}$ 的负载电容，那么电路响应将同时为电容 C_L 和 C_μ 的函数，因为这两种响应的特性几乎完全一样。

练习题 7.14　图 7.64 所示的共基电路中，晶体管的参数为 $\beta = 100$，$V_{BE}(\text{on}) = 0.7\text{V}$，$V_A = \infty$，$C_\pi = 24\text{pF}$ 和 $C_\mu = 3\text{pF}$。①求解和等效电路的输入和输出部分相对应的上限 3dB 频率。②求解小信号中频电压增益。

答案：①$f_{H\pi} = 223\text{MHz}$，$f_{H\mu} = 58.3\text{MHz}$；②$A_v = 0.869$。

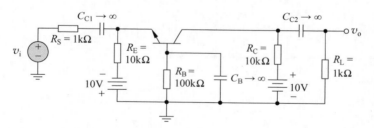

图 7.64　练习题 7.14 的电路

2. 共射-共基电路

图 7.65 给出的共射-共基电路综合了共射电路和共基电路的优点。输入信号加在共射电路（Q_1），而共射电路的输出信号又被给到共基电路（Q_2）。共射电路（Q_1）的输入阻抗相对很大，而从 Q_1 看到的负载电阻是 Q_2 发射极的输入阻抗，相当小。所以从 Q_1 看到的低输出电阻会减小 $C_{\mu 1}$ 上的密勒倍增系数，从而将电路带宽展宽。

图 7.66(a)给出共射-共基电路的高频小信号等效电路。耦合电容和旁路电容等效为短

路,并假设 Q_2 的电阻 r_o 为无穷大。

Q_2 发射极的输入阻抗为 Z_{ie2}。由前面分析中的式(7.113)可得

$$Z_{ie2} = \left(\frac{r_{\pi2}}{1+\beta}\right) \left\|\left(\frac{1}{sC_{\pi2}}\right)\right. \quad (7.116)$$

小信号等效电路的输入部分可以变换为图 7.66(b)所示的形式。图中再次标出输入阻抗 Z_{ie2}。

图 7.66(b)所示电路的输入部分可以变换为图 7.66(c)所示的形式,图中标出密勒电容。输入部分包含了密勒电容 C_{M1},Q_1 模型的输出部分包含了电容 $C_{\mu1}$。输出电路中包含电容 C_μ 的可能性已在前面的 7.4.4 节讨论。

在等效电路的中间部分,电阻 r_{o1} 与 $r_{\mu2}/(1+\beta)$ 并联。由于 r_{o1} 通常较大,可以近似为开路。于是,密勒电容为

$$C_{M1} = C_{\mu1}\left[1+g_{m1}\left(\frac{r_{\pi2}}{1+\beta}\right)\right] \quad (7.117)$$

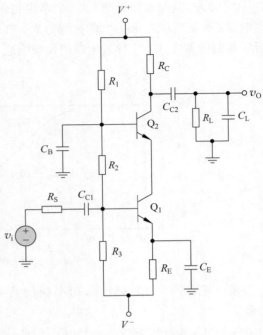

图 7.65　共射-共基电路

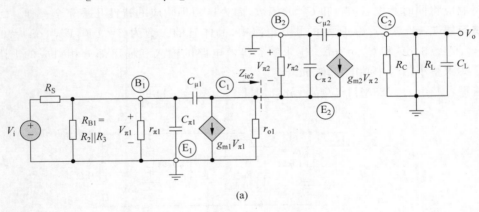

(a)

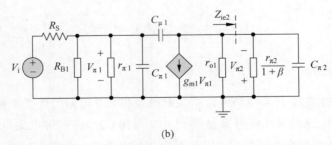

(b)

图 7.66　(a) 共射-共基结构的高频等效电路;(b) 重新整理后的高频等效电路;(c) 包含密勒电容的高频等效电路的变形

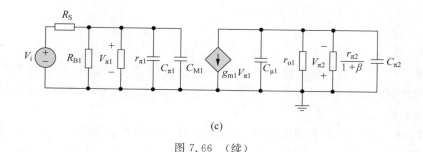

(c)

图 7.66 （续）

晶体管 Q_1 和 Q_2 的偏置电流基本上相同,因此有

$$r_{\pi 1} \approx r_{\pi 2} \quad 和 \quad g_{m1} \approx g_{m2}$$

于是

$$g_{m1} r_{\pi 2} = \beta$$

可得

$$C_{M1} \approx 2 C_{\mu 1} \tag{7.118}$$

式(7.118)表明,这种共射-共基电路大大地减小了密勒倍增系数。

与 $C_{\pi 2}$ 相关的时间常数包括电阻 $r_{\pi 2}/(1+\beta)$。由于该电阻很小,所以时间常数也很小,因而与 $C_{\pi 2}$ 相关的转折频率非常大。由此,可以忽略电路中间部分的电容 $C_{\mu 1}$ 和 $C_{\pi 2}$ 的影响。

电路输入部分的时间常数为

$$\tau_{P\pi} = [R_S \parallel R_{B1} \parallel r_{\pi 1}](C_{\pi 1} + C_{M1}) \tag{7.119a}$$

其中 $C_{M1} = 2 C_{\mu 1}$。相应的 3dB 频率为

$$f_{H\pi} = \frac{1}{2\pi\tau_{P\pi}} \tag{7.119b}$$

假设 C_L 相当于开路,根据图 7.66,电路输出部分的时间常数为

$$\tau_{P\mu} = [R_C \parallel R_L](C_{\mu 2}) \tag{7.120a}$$

相应的转折频率为

$$f_{H\mu} = \frac{1}{2\pi\tau_{P\mu}} \tag{7.120b}$$

为了求解中频电压增益,假设图 7.66(c)所示电路中的所有电容均为开路,于是输出电压为

$$V_o = -g_{m2} V_{\pi 2}(R_C \parallel R_L) \tag{7.121}$$

和

$$V_{\pi 2} = g_{m1} V_{\pi 1} \left[r_{o1} \parallel \left(\frac{r_{\pi 2}}{1+\beta} \right) \right] \tag{7.122}$$

与 $r_{\pi 2}/(1+\beta)$ 相比,可以忽略电阻 r_{o1} 的影响。同时,由于 $g_{m1} r_{\pi 2} = \beta$,式(7.122)变为

$$V_{\pi 2} \approx V_{\pi 1} \tag{7.123}$$

而且,根据电路的输入部分

$$V_{\pi 1} = \frac{R_{B1} \parallel r_{\pi 1}}{R_{B1} \parallel r_{\pi 1} + R_S} \times V_i \tag{7.124}$$

最后,合并各式,可得中频电压增益为

$$A_{vM} = \frac{V_o}{V_i} = -g_{m2}(R_C \parallel R_L)\left[\frac{R_{B1} \parallel r_{\pi1}}{R_{B1} \parallel r_{\pi1} + R_S}\right] \qquad (7.125)$$

如果将式(7.125)和共射电路的式(7.110)进行比较,可以发现共射-共基电路的中频增益表达式和共射电路的完全相同。综上所述,共射-共基电路在扩展电路带宽的同时还获得了相对较大的电压增益。

例题 7.15 求解共射-共基电路的 3dB 频率和中频增益。图 7.65 所示电路的参数为 $V^+=10V, V^-=-10V, R_S=0.1k\Omega, R_1=42.5k\Omega, R_2=20.5k\Omega, R_3=28.3k\Omega, R_E=5.4k\Omega, R_C=5k\Omega, R_L=10k\Omega$ 和 $C_L=0$。晶体管的参数为 $\beta=150, V_{BE}(on)=0.7V, V_A=\infty, C_\pi=35pF$ 和 $C_\mu=4pF$。

解: 由于每个晶体管的 β 值都很大,每个晶体管中的静态集电极电流基本相同,均为 $I_{CQ}=1.02mA$。小信号参数为 $r_{\pi1}=r_{\pi2}\equiv r_\pi=3.82k\Omega$ 和 $g_{m1}=g_{m2}\equiv g_m=39.2mA/V$。

根据式(7.119a),与电路输入部分相关的时间常数为

$$\tau_{P\pi} = [R_S \parallel R_{B1} \parallel r_{\pi1}](C_{\pi1}+C_{M1})$$

由于 $R_{B1}=R_2 \parallel R_3$ 和 $C_{M1}=2C_{\mu1}$,于是

$$\tau_{P\pi} = [(0.1) \parallel 20.5 \parallel 28.3 \parallel 3.82] \times 10^3[35+2(4)] \times 10^{-12} \Rightarrow 4.16ns$$

相应的 3dB 频率为

$$f_{H\pi} = \frac{1}{2\pi\tau_{P\pi}} = \frac{1}{2\pi(4.16 \times 10^{-9})} \Rightarrow 38.3MHz$$

根据式(7.120(a)),与电路输出部分相关的时间常数为

$$\tau_{P\mu} = [R_C \parallel R_L]C_{\mu2} = [5 \parallel 10] \times 10^3(4 \times 10^{-12}) \Rightarrow 13.3ns$$

相应的 3dB 频率为

$$f_{H\mu} = \frac{1}{2\pi\tau_{P\mu}} = \frac{1}{2\pi(13.3 \times 10^{-9})} \Rightarrow 12MHz$$

根据式(7.125),中频电压增益为

$$|A_v|_M = g_{m2}(R_C \parallel R_L)\left[\frac{R_{B1} \parallel r_{\pi1}}{R_{B1} \parallel r_{\pi1} + R_S}\right]$$

$$= 39.2 \times (5 \parallel 10)\left[\frac{(20.5 \parallel 28.3 \parallel 3.82)}{(20.5 \parallel 28.3 \parallel 3.82) + (0.1)}\right] = 126$$

点评:与共基电路的情况相同,共射-共基电路的 3dB 频率也由输出级的电容 C_μ 决定。相比于共射电路约 3MHz 的带宽,共射-共基电路的带宽为 12MHz。两种电路的中频电压增益基本相同。

计算机验证:图 7.67 给出共射-共基电路的 PSpice 分析结果。由人工分析得出的两个转折频率分别为 12MHz 和 38.3MHz。由于这两个频率相距很近,可以设想实际的频率响应应该是两个电容共同作用的结果。这个设想得到计算机分析结果的验证。标记"仅 C_π"和"仅 C_π 和 C_μ"的曲线离得非常近,并且它们的斜率都比 $-6dB$/倍频还要陡,这说明该响应中包含的电容不止一个。在 12MHz 频率处,响应曲线比最大渐近线增益低 3dB,且中频增益为 120。这些值都和人工分析的结果非常接近。

标记"$C_L=5pF$"和"$C_L=150pF$"的曲线表示当晶体管为理想晶体管,且只包含一个负

载电容时的电路响应。

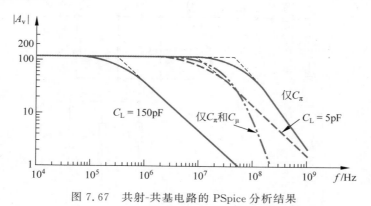

图 7.67 共射-共基电路的 PSpice 分析结果

练习题 7.15 图 7.65 所示的共射-共基电路参数为 $V^+=12\text{V},V^-=0,R_1=58.8\text{k}\Omega$, $R_2=33.3\text{k}\Omega,R_3=7.92\text{k}\Omega,R_C=7.5\text{k}\Omega,R_S=1\text{k}\Omega,R_E=0.5\text{k}\Omega$ 和 $R_L=2\text{k}\Omega$。晶体管的参数为 $\beta=100,V_{BE}(\text{on})=0.7\text{V},V_A=\infty,C_\pi=24\text{pF}$ 和 $C_\mu=3\text{pF}$。令 C_L 为开路。①求解等效电路的输入和输出部分所对应的 3dB 频率。②计算小信号中频电压增益。③将①和②中的结果与计算机分析结果进行比较。

答案: ①$f_{H\pi}=7.15\text{MHz},f_{H\mu}=33.6\text{MHz}$; ②$|A_v|=22.5$。

7.6.3 射极跟随器和源极跟随器电路

本节分析射极跟随器电路的高频响应。将要分析的基本电路结构与之前分析过的完全相同。这部分的结果和讨论同样也适用于源极跟随器。

图 7.68 给出一个射极跟随器电路,电路的输出信号取自于发射极,并经电容耦合至负载。图 7.69(a)给出高频小信号等效电路,其中的耦合电容相当于短路。

为了更好地理解电路特性,将对电路进行重新整理。发现 C_μ 被连接到地电位且 r_o 和 R_E 及 R_L 并联,于是可以定义

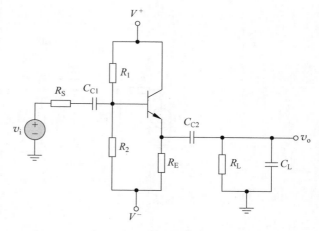

图 7.68 射极跟随器电路

$$R'_L=R_E \parallel R_L \parallel r_o$$

这里的分析忽略了电容 C_L 的影响。图 7.69(b)给出重新整理后的电路。

可以求得在不考虑 C_μ 的情况下从基极往里看的阻抗 Z'_b。流进 r_π 和 C_π 并联电路的电流 I'_b 和从并联电路流出的电流相等。于是,输出电压为

$$V_o=(I'_b+g_mV_\pi)R'_L \tag{7.126}$$

电压 V_π 由下式给出

449

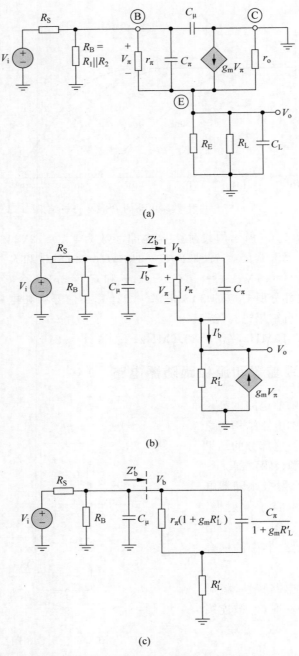

(a)

(b)

(c)

图 7.69 （a）射极跟随器的高频等效电路；（b）重新整理后的高频等效电路；
（c）包含基极有效输入阻抗的高频等效电路

$$V_\pi = \frac{I'_b}{y_\pi} \tag{7.127}$$

其中

$$y_\pi = (1/r_\pi) + sC_\pi$$

电压 V_b 为

$$V_b = V_\pi + V_o$$

因此

$$Z'_b = \frac{V_b}{I'_b} = \frac{V_\pi + V_o}{I'_b} \tag{7.128}$$

合并式(7.126)、式(7.127)和式(7.128)可得

$$Z'_b = \frac{1}{y_\pi} + R'_L + \frac{g_m R'_L}{y_\pi} \tag{7.129a}$$

即

$$Z'_b = \frac{1}{y_\pi}(1 + g_m R'_L) + R'_L \tag{7.129b}$$

将 y_π 的表达式代入,可得

$$Z'_b = \frac{1}{\frac{1}{r_\pi} + sC_\pi} \times (1 + g_m R'_L) + R'_L \tag{7.130a}$$

这可以写为

$$Z'_b = \frac{1}{\frac{1}{r_\pi(1 + g_m R'_L)} + \frac{sC_\pi}{(1 + g_m R'_L)}} + R'_L \tag{7.130b}$$

阻抗 Z'_b 在图 7.69(c)所示的等效电路中给出。式(7.130b)表明,在射极跟随器电路结构中,电容 C_π 的影响被减弱了。

由于射极跟随器电路具有一个零点和两个极点,对电路进行详细分析会非常麻烦。根据式(7.126)和式(7.127),有

$$V_o = V_\pi(y_\pi + g_m)R'_L \tag{7.131}$$

当 $y_\pi + g_m = 0$ 时,上式也为零。利用 y_π 的定义,可知零点发生在

$$f_o = \frac{1}{2\pi C_\pi \left(\frac{r_\pi}{1+\beta}\right)} \tag{7.132}$$

因为 $r_\pi/(1+\beta)$ 很小,所以通常频率 f_o 非常高。

如果作一个简化的假设,可以求出一个极点的近似值。在很多应用中,$r_\pi(1 + g_m R'_L)$ 与 $C_\pi/(1 + g_m R'_L)$ 并联的阻抗要大于 R'_L。如果忽略 R'_L,那么时间常数为

$$\tau_P = [R_S \parallel R_B \parallel (1 + g_m R'_L)r_\pi]\left(C_\mu + \frac{C_\pi}{1 + g_m R'_L}\right) \tag{7.133a}$$

于是 3dB 频率(即极点)为

$$f_H = \frac{1}{2\pi\tau_P} \tag{7.133b}$$

例题 7.16 求解射极跟随器高频响应中的一个零点和一个极点的频率。图 7.68 所示射极跟随器电路的参数为 $V^+ = 5V, V^- = -5V, R_s = 0.1k\Omega, R_1 = 40k\Omega, R_2 = 5.72k\Omega,$ $R_E = 0.5k\Omega$ 和 $R_L = 10k\Omega$。晶体管的参数为 $\beta = 150, V_{BE}(on) = 0.7V, V_A = \infty, C_\pi = 35pF$ 和 $C_\mu = 4pF$。

解：与之前的例题相同，由直流分析可得 $I_{CQ}=1.02\text{mA}$，因此有 $g_m=39.2\text{mA/V}$ 和 $r_\pi=3.82\text{k}\Omega$。

根据式(7.132)，零点出现在

$$f_o=\frac{1}{2\pi C_\pi\left(\dfrac{r_\pi}{1+\beta}\right)}=\frac{1}{2\pi(35\times 10^{-12})\left(\dfrac{3.82\times 10^3}{151}\right)}\Rightarrow 180\text{MHz}$$

为了确定高频极点计算中的时间常数，有

$$1+g_m R'_L=1+g_m(R_E\parallel R_L)=1+(39.2)(0.5\parallel 10)=19.7$$

和

$$R_B=R_1\parallel R_2=40\parallel 5.72=5\text{k}\Omega$$

因此，时间常数为

$$\tau_P=\left[R_S\parallel R_B\parallel(1+g_m R'_L)r_\pi\right]\left(C_\mu+\frac{C_\pi}{1+g_m R'_L}\right)$$

$$=\left[(0.1)\parallel 5\parallel(19.7)(3.82)\right]\times 10^3\left(4+\frac{35}{19.7}\right)\times 10^{-12}\Rightarrow 0.566\text{ns}$$

于是，3dB 频率(即极点)为

$$f_H=\frac{1}{2\pi\tau_P}=\frac{1}{2\pi(0.566\times 10^{-9})}\Rightarrow 281\text{MHz}$$

点评：零点和极点的频率都非常高，而且相距不远，这就使得计算不太可信。然而，由于频率较高，射极跟随器是一种宽频带电路。

计算机验证：图 7.70 给出射极跟随器的 PSpice 分析结果。由人工分析可知，3dB 频率在 281MHz 左右。而计算机分析结果显示，3dB 频率约为 400MHz。必须牢记，为了更为精确地预测频率响应，在频率较高时还需要考虑晶体管内部的分布参数的影响。

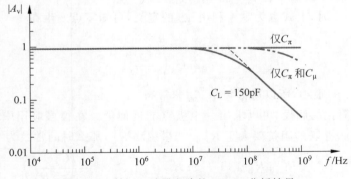

图 7.70　射极跟随器电路的 PSpice 分析结果

图中还给出了由 150pF 的负载电容所引起的频率响应。例如，将此结果与共射电路相比较，将会发现射极跟随器电路的带宽约比共射电路的带宽大两个数量级。

7.6.4　高频放大电路的设计

分析结果表明，一个放大电路的频率响应或高频截止频率点，取决于所使用的晶体管和电路参数，以及放大电路的结构形式。

还可以看到,计算机仿真要比人工分析来得简单,尤其是对于射极跟随器电路的分析。然而,如果要想正确地预测电路的频率响应,在仿真中一定要采用电路中的实际晶体管参数。同时,当频率较高时,额外的寄生电容,比如集电极-衬底间电容可能需要考虑。这一点在本例题中没有考虑。最后,在高频放大电路中,集成电路中各器件之间连线的寄生电容也是影响整体电路响应的一个因素。

理解测试题 7.12 图 7.71 所示电路的晶体管参数为 $K_n = 1\text{mA/V}^2$,$V_{TN} = 0.8\text{V}$,$\lambda = 0$,$C_{gs} = 2\text{pF}$ 和 $C_{gd} = 0.2\text{pF}$。求解①密勒电容;②上限 3dB 频率;③中频电压增益;④将②和③所得结果与计算机分析进行比较。

答案:①$C_M = 1.62\text{pF}$;②$f_H = 3.38\text{MHz}$;③$|A_v| = 4.60$。

理解测试题 7.13 图 7.72 所示电路的晶体管参数为 $V_{TN} = 1\text{V}$,$K_n = 1\text{mA/V}^2$,$\lambda = 0$,$C_{gd} = 0.4\text{pF}$ 和 $C_{gs} = 5\text{pF}$。利用计算机仿真,求解上限 3dB 频率和中频小信号电压增益。

答案:$f_H = 64.5\text{MHz}$;$|A_v| = 0.127$。

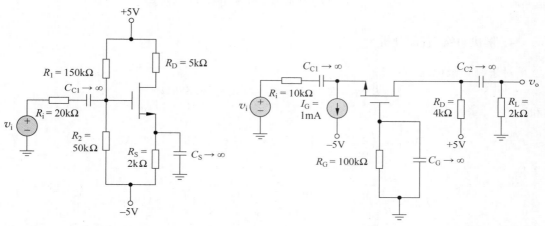

图 7.71 理解测试题 7.12 的电路   图 7.72 理解测试题 7.13 的电路

7.7 设计应用:一个电容耦合两级放大电路

目标:设计一个电容耦合的两级 BJT 放大电路,并使每一级电路的 3dB 频率相等。

1. 设计指标

要求多级 BJT 放大电路的前两级通过电容进行耦合,而且要求每一级的 3dB 频率为 20Hz。

2. 设计方案

待设计的电路结构如图 7.73 所示。该电路表示分立式多级放大电路的前两级。

3. 器件选择

假设 BJT 的参数为 $V_{BE}(\text{on}) = 0.7\text{V}$,$\beta = 200$ 和 $V_A = \infty$。

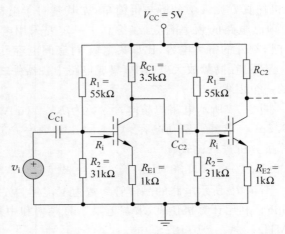

图 7.73   设计应用中的电容耦合两级 BJT 放大电路

4. 解决方案(直流分析)

对于每一级电路,有

$$R_{TH} = R_1 \parallel R_2 = 55 \parallel 31 = 19.83 k\Omega$$

和

$$V_{TH} = \left(\frac{R_2}{R_1 + R_2}\right) V_{CC} = \left(\frac{31}{31 + 55}\right) \times 5 = 1.802 V$$

于是

$$I_{BQ} = \frac{V_{TH} - V_{BE}(on)}{R_{TH} + (1 + \beta)R_E} = \frac{1.802 - 0.7}{19.83 + 201 \times 1} \Rightarrow 4.99 \mu A$$

所以

$$I_{CQ} = 0.998 mA$$

5. 解决方案(交流分析)

小信号扩散电阻为

$$r_\pi = \frac{\beta V_T}{I_{CQ}} = \frac{200 \times 0.026}{0.998} = 5.21 k\Omega$$

从每个基极往里看的输入电阻为

$$R_i = r_\pi + (1 + \beta)R_E = 5.21 + (201)(1) = 206.2 k\Omega$$

6. 解决方案(交流设计)

小信号等效电路如图 7.74 所示,第一级的时间常数为

$$\tau_A = (R_1 \parallel R_2 \parallel R_i)C_{C1}$$

第二级的时间常数为

$$\tau_B = (R_{C1} + R_1 \parallel R_2 \parallel R_i)C_{C2}$$

如果要求每一级的 3dB 频率为 20Hz,则

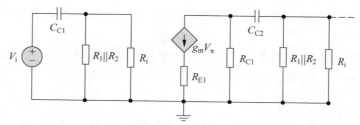

图 7.74　设计应用中电容耦合两级 BJT 放大电路的小信号等效电路

$$\tau_{\mathrm{A}} = \tau_{\mathrm{B}} = \frac{1}{2\pi f_{\text{3-dB}}} = \frac{1}{2\pi(20)} = 7.958 \times 10^{-3}\,\mathrm{s}$$

第一级的耦合电容必须为

$$C_{\mathrm{C1}} = \frac{\tau_{\mathrm{A}}}{R_1 \parallel R_2 \parallel R_{\mathrm{i}}} = \frac{7.958 \times 10^{-3}}{(55 \parallel 31 \parallel 206.2) \times 10^3} \Rightarrow 0.44\,\mu\mathrm{F}$$

第二级的耦合电容必须为

$$C_{\mathrm{C2}} = \frac{\tau_{\mathrm{B}}}{R_{\mathrm{C1}} + R_1 \parallel R_2 \parallel R_{\mathrm{i}}} = \frac{7.958 \times 10^{-3}}{(2.5 + 55 \parallel 31 \parallel 206.2) \times 10^3} \Rightarrow 0.386\,\mu\mathrm{F}$$

点评：该电路设计中采用了两个耦合电容，这是对两级放大电路设计的一种粗略的处理，在集成电路设计中将不会采用这种方法。

由于每个电容的 3dB 频率为 20Hz，所以该电路被称为双极点高通滤波器。

7.8　本章小结

本章重点内容包括：

（1）本章讨论了晶体管电路的频率响应。分析了耦合电容、旁路电容以及负载电容等电路电容对电路的影响，此外还分析了 BJT 和 FET 的扩展等效电路，并求解晶体管的频率响应。

（2）阐述了时间常数法，使得不用推导复杂的传递函数就可构建波特图。根据时间常数，可直接求得上限和下限转折频率，即 3dB 频率。

（3）耦合电容和旁路电容影响电路的低频特性，而负载电容影响电路的高频响应特性。

（4）双极型和 MOS 晶体管小信号等效电路中包含的电容会导致高频处晶体管增益的下降。截止频率是晶体管的性能指标，被定义为电流增益的幅度为 1 时所对应的频率。

（5）密勒效应是基极-集电极或栅极-漏极电容的倍增，这是由晶体管电路输出和输入之间的反馈所引起的。密勒效应会减小放大电路的带宽。

（6）通常，共射（共源）放大电路表明了由密勒效应引起的最大带宽缩减。共基（共栅）放大电路由于倍增系数较小，具有较大的带宽。共射-共基级联结构是共射电路和共基极电路的组合，兼具高增益和宽频带的优点。

（7）作为一个应用，设计了一个两级 BJT 放大电路，满足指定的 3dB 频率。

通过本章的学习，读者应该能够做到：

（1）根据用复频率 s 写出的传递函数，构建增益幅度和相位波特图。

（2）在考虑电路电容的情况下，用时间常数法构建电子放大电路的幅度和相位波特图。

（3）求解 BJT 的短路电流增益相对于频率的变化,并用扩展的混合 π 等效电路求解 BJT 电路的密勒电容。

（4）求解 FET 的单位增益带宽,并用扩展的小信号等效电路求解 FET 电路的密勒电容。

（5）描述三种基本放大电路和共射-共基放大电路的频率响应。

复习题

（1）描述放大电路的一般频率响应,并定义低频段、中频段和高频段。

（2）描述应用于低频段、中频段和高频段的等效电路的一般特性。

（3）描述 s 域系统传递函数的含义。

（4）定义转折频率,即 3dB 频率的标准是什么?

（5）描述传递函数的相位的含义。

（6）描述用于求解转折频率的时间常数法。

（7）阐述耦合电容、旁路电容、负载电容的一般频率响应。

（8）画出 BJT 的扩展混合 π 模型。

（9）描述 BJT 的短路电流增益相对于频率响应的变化,并定义截止频率。

（10）描述密勒效应和密勒电容。

（11）密勒电容对放大电路带宽有什么影响?

（12）画出 MOSFET 的扩展小信号等效电路。

（13）定义 MOSFET 的截止频率。

（14）在 MOSFET 中,密勒电容的主要来源是什么?

（15）为什么在共基电路中不存在密勒效应?

（16）描述共射-共基放大电路的电路结构。

（17）为什么通常共射-共基放大电路的带宽要比简单共射放大电路的宽?

（18）为什么射极跟随器放大电路的带宽是三种基本 BJT 放大电路中最大的?

习题

1. 系统传递函数

7.1　①求解图 7.75(b)所示电路的电压传递函数 $T(s)=V_o(s)/V_i(s)$。②画出幅度波特图,并求解转折频率。③求解电路对于幅值为 V_{IO} 的输入阶跃函数的时间响应。

7.2　对于图 7.76 所示电路,重复习题 7.1。

7.3　观察图 7.77 所示的电路。①推导电压传递函数 $T(s)=V_o(s)/V_i(s)$ 的表达式。②与电路相关的时间常数是多少? ③求解转折频率;④画出电压传递函数的幅度波特图。

7.4　观察图 7.78 所示的电路,该电路包含一个信号电流源。电路的参数为 $R_i=30\text{k}\Omega,R_P=10\text{k}\Omega,C_S=10\mu\text{F}$ 且 $C_P=50\text{pF}$。①求解与 C_S 相关的开路时间常数以及与 C_P 相关的短路时间常数。②求解传递函数 $T(s)=V_o(s)/I_i(s)$ 在中频段的转折频率及幅度。③画出幅度波特图。

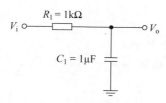

图 7.75 习题 7.1 图

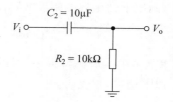

图 7.76 习题 7.2 图

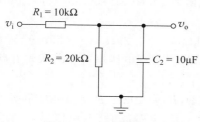

图 7.77 习题 7.3 图

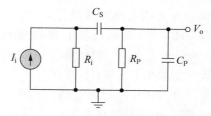

图 7.78 习题 7.4 图

7.5 观察图 7.79 所示的电路。①频率较低时，电压传递函数 V_o/V_i 的值是多少？②频率较高时，电压传递函数的值是多少？③推导电压传递函数 $T(s)=V_o(s)/V_i(s)$ 的表达式。若表达式采用的形式为 $T(s)=K(1+s\tau_A)/(1+s\tau_B)$。$K$、$\tau_A$ 和 τ_B 的值是多少？

*7.6 ①推导图 7.10 所示电路的电压传递函数 $T(s)=V_o(s)/V_i(s)$，要求同时考虑两个电容。②令 $R_S=R_P=10\mathrm{k}\Omega$，$C_S=1\mu\mathrm{F}$ 和 $C_P=10\mathrm{pF}$。计算传递函

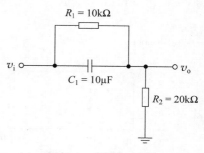

图 7.79 习题 7.5 图

数在 $f_L=1/[(2\pi)(R_S+R_P)C_S]$ 和 $f_H=1/[(2\pi)(R_S\parallel R_P)C_P]$ 处的实际值。这些值与最大幅度 $R_P/(R_S+R_P)$ 相比如何？③当 $R_S=R_P=10\mathrm{k}\Omega$，$C_S=C_P=0.1\mu\mathrm{F}$ 时，重复②。

7.7 电压传递函数为 $T(f)=1/(1+\mathrm{j}f/f_T)^3$。①证明在 $f=f_T$ 处的实际响应比最大值大约低 9dB。在该频率处的相角为多少？②当 $f>f_T$ 时，幅度曲线的斜率是多少？在此频率范围内，相角为多少？

7.8 画出以下函数的幅度波特图。

① $T_1(s)=\dfrac{s}{s+100}$

② $T_2(s)=\dfrac{5}{s/2000+1}$

③ $T_3(s)=\dfrac{200(s+10)}{(s+1000)}$

$T(s)=\dfrac{10(s+10)(s+100)}{(s+1)(s+1000)}$

$T(s)=\dfrac{8s^2}{(0.2s+1)^2}$

7.9　① 画出下列函数的幅度波特图。

$$T(s) = \frac{10(s+10)(s+100)}{(s+1)(s+1000)}$$

转折频率是多少？求解当 $\omega \to 0$ 时的 $|T(\omega)|$。求解当 $\omega \to \infty$ 时的 $|T(\omega)|$。

② 对于以下函数，重复①。

$$T(s) = \frac{8s^2}{(0.2s+1)^2}$$

7.10　①求解图 7.80 所示幅度波特图的传递函数。②在 $\omega = 50\text{rad/s}$、$\omega = 150\text{rad/s}$ 及 $\omega = 100\text{krad/s}$ 处的实际增益值是多少？

7.11　图 7.15 所示电路的参数为 $R_S = 0.5\text{k}\Omega$，$r_\pi = 5.2\text{k}\Omega$，$g_m = 29\text{mA/V}$ 和 $R_L = 6\text{k}\Omega$。转折频率为 $f_L = 30\text{Hz}$ 和 $f_H = 480\text{kHz}$。①计算中频电压增益。②求解开路和短路时间常数。③求解 C_C 和 C_L 的值。

*7.12　图 7.81 所示电路的参数为 $R_1 = 10\text{k}\Omega$，$R_2 = 10\text{k}\Omega$，$R_3 = 40\text{k}\Omega$ 和 $C = 10\mu\text{F}$。①频率较低时，电压传递函数 V_o/V_i 的值是多少？②频率较高时，电压传递函数的值是多少？③推导电压传递函数 $T(s) = V_o(s)/V_i(s)$ 的表达式。若表达式采用的形式为 $T(s) = K(1+s\tau_A)/(1+s\tau_B)$。$K$、$\tau_A$、$\tau_B$ 的值是多少？

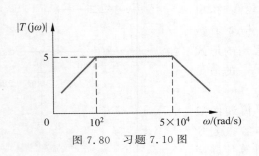

图 7.80　习题 7.10 图

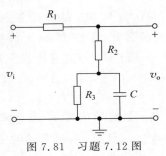

图 7.81　习题 7.12 图

7.13　图 7.10 所示电路的参数为 $R_S = 1\text{k}\Omega$，$R_P = 10\text{k}\Omega$ 和 $C_S = C_P = 0.01\mu\text{F}$。利用 PSpice 分析，画出电压传递函数的幅度和相位波特图。求解电压传递函数的最大值。在多大频率时，传递函数的幅值为峰值的 $1/\sqrt{2}$？

2. 晶体管电路的频率响应

7.14　图 7.82 所示的晶体管参数为 $V_{TN} = 0.4\text{V}$，$K_n = 0.4\text{mA/V}^2$ 和 $\lambda = 0$。晶体管偏置在 $I_{DQ} = 0.8\text{mA}$。①最大增益是多少？②带宽是多少？

7.15　观察图 7.83 所示的电路。晶体管的参数为 $\beta = 120$ 且 $V_A = \infty$。电路的带宽为 800MHz 且静态集电极-发射极间电压为 $V_{CEQ} = 1.25\text{V}$。①求解 R_C，②求解 I_{CQ}，③求解最大增益。

7.16　图 7.84 所示电路的晶体管参数为 $V_{TN} = 0.4\text{V}$，$K_n = 50\mu\text{A/V}^2$ 和 $\lambda = 0.01\text{V}^{-1}$。①推导电压传递函数 $T(s) = V_o(s)/V_i(s)$ 的表达式。②求解最大电压增益。③带宽是多少？

7.17　图 7.85 所示的共射电路中，晶体管的参数为 $\beta = 100$，$V_{BE}(\text{on}) = 0.7\text{V}$ 和 $V_A = \infty$。①计算最低转折频率；②求解中频电压增益；③画出电压增益的幅度波特图。

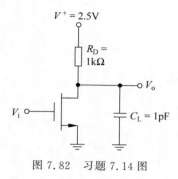

图 7.82 习题 7.14 图

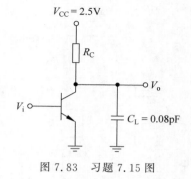

图 7.83 习题 7.15 图

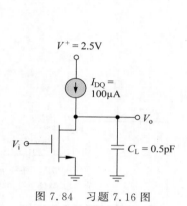

图 7.84 习题 7.16 图

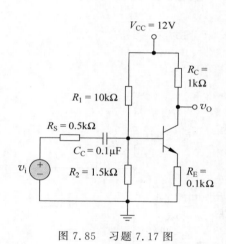

图 7.85 习题 7.17 图

7.18 ①设计图 7.86 所示的电路,使得 $I_{DQ}=0.8\text{mA}$,$V_{DSQ}=3.2\text{V}$,$R_{in}=160\text{k}\Omega$ 且下限转折频率 $f_L=16\text{Hz}$。晶体管的参数为 $K_n=0.5\text{mA/V}^2$,$V_{TN}=1.2\text{V}$ 和 $\lambda=0$。②中频电压增益是多少?③求解当 $f=5\text{Hz}$、$f=14\text{Hz}$ 或 $f=25\text{Hz}$ 时的电压增益值。④画出电压的幅度和相位波特图。

*7.19 图 7.87 所示电路的晶体管参数为 $K_n=0.5\text{mA/V}^2$,$V_{TN}=1\text{V}$ 和 $\lambda=0$。①设计电路,使得 $I_{DQ}=1\text{mA}$ 和 $V_{DSQ}=3\text{V}$。②推导传递函数 $T(s)=I_o(s)/V_i(s)$ 的表达式,并求解电路时间常数的表达式。③求解使下限 3dB 频率为 10Hz 的 C_C 值。④利用计算机仿真,验证①和③的结果。

*7.20 图 7.88 所示电路的晶体管参数为 $K_p=0.5\text{mA/V}^2$,$V_{TP}=-2\text{V}$ 和 $\lambda=0$。①求解 R_o。②电路时间常数的表达式是什么?③求解 C_C,使得下限 3dB 频率为 20Hz。

7.21 图 7.89 所示电路的晶体管参数为 $\beta=120$,$V_{BE}(\text{on})=0.7\text{V}$ 和 $V_A=50\text{V}$。①设计一个偏置稳定电路,使得 $I_{EQ}=1.5\text{mA}$。②利用①的结果,求解小信号中频电压增益。③求解输出电阻 R_o。④求解下限 3dB 转折频率。

7.22 ① 对于图 7.90 所示的电路,写出电压传递函数 $T(s)=V_o(s)/V_i(s)$。假设该晶体管的 $\lambda>0$。②与电路输入部分相关的时间常数表达式是什么?③与电路输出部分相关的时间常数表达式是什么?

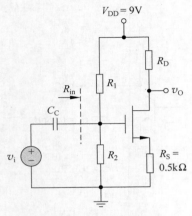

图 7.86 习题 7.18 图

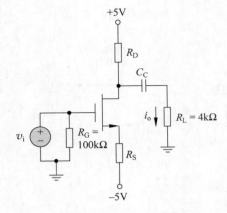

图 7.87 习题 7.19 图

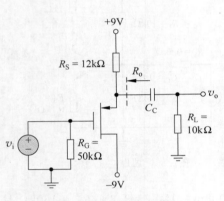

图 7.88 习题 7.20 图

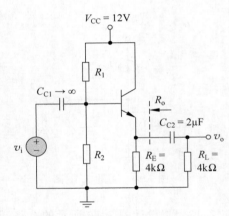

图 7.89 习题 7.21 图

7.23 观察图 7.91 所示的电路,①写出电压传递函数 $T(s)=V_o(s)/V_i(s)$。假设该晶体管的 $\lambda=0$。②求解与电路输入部分相关的时间常数表达式。③求解与电路输出部分相关的时间常数表达式。

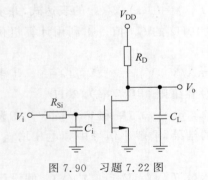

图 7.90 习题 7.22 图

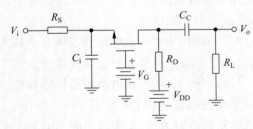

图 7.91 习题 7.23 图

7.24 图 7.92 所示电路的晶体管参数为 V_{BE}(on)$= 0.7V$, $\beta = 100$ 和 $V_A = \infty$。①求解晶体管的静态参数和小信号参数。②求解与 C_{C1} 和 C_{C2} 相关的时间常数。③是否存在 $-3dB$ 主导频率？估算 $-3dB$ 频率。

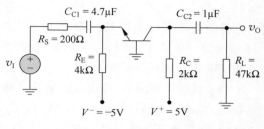

图 7.92 习题 7.24 图

7.25 在图 7.92 所示电路中放置一个电容，与 R_L 并联。该电容为 $C_L = 10pF$。晶体管参数同习题 7.24。①求解上限 $-3dB$ 频率。②求解小信号电压增益值为中频值十分之一的高频值。

7.26 图 7.93 所示电路的晶体管参数为 $K_p = 1mA/V^2$, $V_{TP} = -1.5V$ 和 $\lambda = 0$。①求解晶体管的静态参数和小信号参数。②求解与 C_{C1} 和 C_{C2} 相关的时间常数。③是否存在主导极点频率？估算 $-3dB$ 频率。

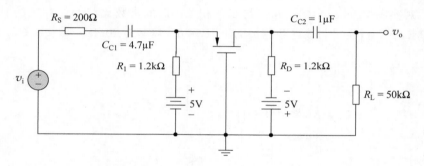

图 7.93 习题 7.26 图

*7.27 设计图 7.94 所示结构的 MOSFET 放大电路，用于电话电路。要求中频段的电压增益值 10，且中频段范围为 200Hz 到 3kHz（注：电话的频率范围并不符合高保真系统的频率要求）。确定所有的电阻、电容以及 MOSFET 参数。

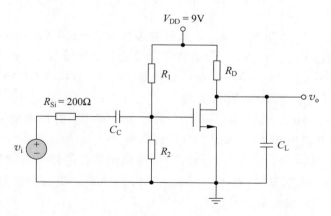

图 7.94 习题 7.27 图

7.28 图 7.95 所示的电路是一个简单音频放大电路的输出级。晶体管的参数为 $\beta = 200$，$V_{BE}(on) = 0.7V$ 和 $V_A = \infty$。求解 C_C，使得下限 $-3dB$ 频率为 $15Hz$。

7.29 重新观察图 7.95 所示的电路。晶体管的参数为 $\beta = 120$，$V_{BE}(on) = 0.7V$ 和 $V_A = \infty$。电路的参数为 $V^+ = 3.3V$，$R_S = 100\Omega$。①求解 R_B 和 R_E，使得 $I_{EQ} = 0.25mA$ 且 $V_{CEQ} = 1.8V$。②利用①的结果，求解 C_C，使得 $f_L = 20Hz$。③求解中频电压增益。

7.30 图 7.96 所示电路的晶体管参数为 $\beta = 100$，$V_{BE}(on) = 0.7V$ 和 $V_A = \infty$。与 C_{C1} 相关的时间常数比与 C_{C2} 相关的时间常数大 100 倍。①求解 C_{C2}，使得与该电容相关的下限 $-3dB$ 频率为 $25Hz$。②求解 C_{C1} 的值。

7.31 观察图 7.96 所示的电路。与 C_{C2} 相关的时间常数比与 C_{C1} 相关的时间常数大 100 倍。①求解 C_{C1}，使得与该电容相关的下限 $-3dB$ 频率为 $20Hz$。②求解 C_{C2} 的值。

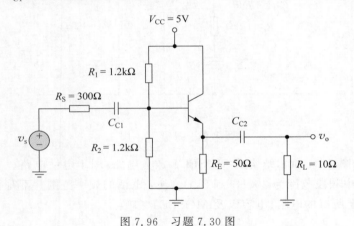

图 7.96 习题 7.30 图

7.32 观察图 7.97 所示的电路。晶体管的参数为 $\beta = 200$，$V_{BE}(on) = 0.7V$ 和 $V_A = \infty$。①求解 R_C，使得 $V_{CEQ} = 2.2V$。②求解中频增益。③推导与 C_C 和 C_E 相关的转折频率表达式。④求解 C_C 和 C_E，使得 C_E 的转折频率 $f_E = 10Hz$，C_C 的转折频率 $f_C = 50Hz$。

*7.33 图 7.98 所示电路的晶体管参数为 $K_n = 0.5mA/V^2$，$V_{TN} = 0.8V$ 和 $\lambda = 0$。①设计电路，使得 $I_{DQ} = 0.5mA$ 和 $V_{DSQ} = 4V$。②求解 3dB 频率。③如果用一个恒流源代替电阻 R_S，产生相同的静态电流 I_{DQ}，求解 3dB 转折频率。

7.34 图 7.99 所示为两个完全相同的共源电路串联。晶体管的参数为 $K_{n1} = K_{n2} = 0.8mA/V^2$，$\lambda_1 = \lambda_2 = 0.02V^{-1}$，且 $I_{DQ1} = I_{DQ2} = 0.5mA$。电路的参数为 $R_D = 5k\Omega$ 且 $C_L = 12pF$。①推导电压传递函数的表达式。分别有 $T_1(s) = V_{o1}(s)/V_i(s)$；$T_2(s) = V_o(s)/V_{o1}(s)$；$T(s) = V_o(s)/V_i(s)$。②求解 $-3dB$ 频率：分别有 $T_1(s)$；$T_2(s)$；$T(s)$。③画出传递函数 $T(s)$ 的幅度波特图。

*7.35 图 7.100 所示的共射电路具有一个射极旁路电容。①推导小信号电压增益 $A_v(s) =$

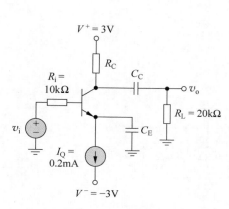

图 7.97 习题 7.32 图

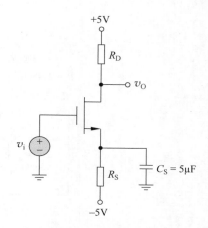

图 7.98 习题 7.33 图

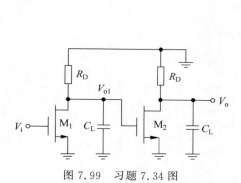

图 7.99 习题 7.34 图

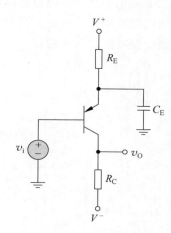

图 7.100 习题 7.35 图

$V_o(s)/V_i(s)$ 的表达式,并将该表达式写成与式(7.60)类似的形式。②求解时间常数 τ_A 和 τ_B 的表达式。

7.36 观察图 7.100 中的电路。偏置电压为 $V^+ = 3\text{V}$, $V^- = -3\text{V}$。晶体管的参数为 $\beta = 90$, $V_{EB}(\text{on}) = 0.7\text{V}$ 和 $V_A = \infty$。①设计电路,使得 $I_{CQ} = 0.15\text{mA}$ 且 $V_{ECQ} = 2.2\text{V}$。②求解中频电压增益。③当 $C_E = 3\mu\text{F}$ 时,求解转折频率。

7.37 观察教材图 7.33 中的共基电路。晶体管的参数为 $\beta = 90$, $V_{EB}(\text{on}) = 0.7\text{V}$ 和 $V_A = \infty$。负载电容 $C_L = 3\text{pF}$ 与 R_L 并联。①求解中频电压增益。②求解上限 3dB 频率。

7.38 观察图 7.25① 中的电路。偏置电压变为 $V^+ = 3\text{V}$, $V^- = -3\text{V}$。负载电阻为 $R_L = 20\text{k}\Omega$。晶体管的参数为 $K_p = 0.1\text{mA/V}^2$, $V_{TP} = -0.6\text{V}$ 和 $\lambda = 0$。①设计电路,使得 $I_{DQ} = 0.2\text{mA}$ 且 $V_{SDQ} = 1.9\text{V}$。②求解产生转折频率为 $f_H = 4\text{MHz}$ 的 C_L 值。

7.39 图 7.101 所示电路的晶体管参数为 $K_n = 0.5\text{mA/V}^2$, $V_{TN} = 2\text{V}$ 和 $\lambda = 0$。求解使带宽至少为 BW = 5MHz 的 C_L 的最大值。陈述所做的所有近似和假设。同时求解中频小信号电压增益值。利用计算机仿真验证结果。

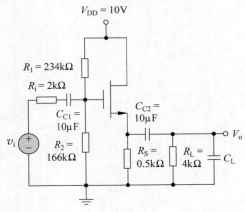

图 7.101　习题 7.39 图

7.40　图 7.102 所示电路的晶体管参数为 $\beta=100, V_{BE}(on)=0.7V$ 和 $V_A=\infty$。忽略晶体管的电容效应。①画出在低频段、中频段以及高频段表示放大电路的三种等效电路。②画出幅度波特图。③求解 $|A_m|_{dB}$、f_L 以及 f_H 的值。

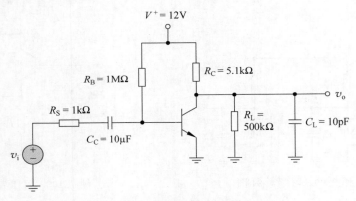

图 7.102　习题 7.40 图

7.41　观察教材中图 7.25①所示的共射电路。在源极和地之间连接一个源极旁路电容。电路的参数为 $R_S=3.2k\Omega, R_D=10k\Omega, R_L=20k\Omega$ 且 $C_L=10pF$。晶体管的参数为 $V_{TP}=-2V, K_p=0.25mA/V^2$ 和 $\lambda=0$。①推导小信号电压增益表达式，表示为 s 的函数，描述电路在高频段的工作情况。②与上限 3dB 频率相关的时间常数的表达式是什么？③求解时间常数、上限 3dB 频率以及小信号中频电压增益。

*7.42　观察图 7.103 所示的共基电路。选择合适的晶体管参数。①利用计算机分析，产生从一个非常低的频率到中频段的电压增益幅度波特图。在什么频率时电压增益值比最大值低 3dB？在非常低的频率时，曲线的斜率是多少？②利用 PSpice 分析，求解中频段的电压增益值、输入电阻 R_i 以及输出电阻 R_o。

*7.43　为图 7.104 所示的共射电路选择合适的晶体管参数，并进行计算机分析。产生从非常低的频率到中频段的电压增益幅度波特图。在什么频率时电压增益值比最大值低 3dB？是一个电容决定了 3dB 频率吗？如果是，是哪个电容？

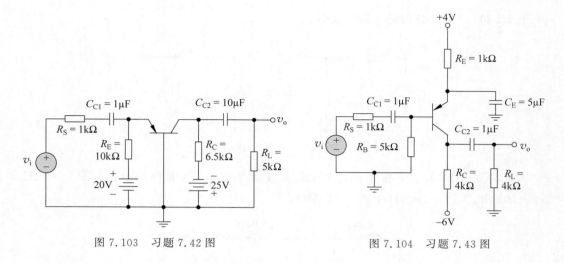

图 7.103　习题 7.42 图　　　　　　　图 7.104　习题 7.43 图

*7.44　为图 7.105 所示的多晶体管放大电路选择合适的晶体管参数。要求下限 3dB 频率小于或等于 20Hz。假设三个耦合电容相等。令 $C_B \to \infty$。利用计算机分析，求解耦合电容的最大值。求解电压增益的幅度波特图在非常低的频率处的斜率。

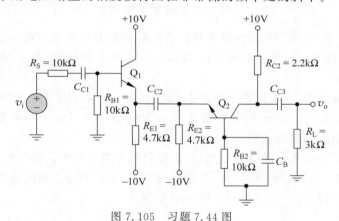

图 7.105　习题 7.44 图

3. 双极型晶体管的频率响应

7.45　某双极型晶体管工作在 $I_{CQ} = 0.25\text{mA}$ 时，有 $f_T = 4\text{GHz}$，$\beta_o = 120$ 且 $C_\mu = 0.08\text{pF}$。求解 g_m、f_β 和 C_π。

7.46　某高频双极型晶体管偏置在 $I_{CQ} = 0.4\text{mA}$，其参数为 $C_\mu = 0.075\text{pF}$，$f_T = 2\text{GHz}$ 和 $\beta_o = 120$。①求解 C_π 和 f_β；②求解当 $f = 10\text{MHz}$，$f = 20\text{MHz}$，$f = 50\text{MHz}$ 时的 $|h_{fe}|$。

7.47　①当偏置在 $I_{CQ} = 0.2\text{mA}$ 时，双极型晶体管的频率 $f_T = 540\text{MHz}$。晶体管的参数为 $C_\mu = 0.4\text{pF}$ 且 $\beta_o = 120$。求解 C_π 和 f_β；②当偏置在 $I_{CQ} = 0.8\text{mA}$ 时，利用①的结果，求解 f_β 和 f_T。

7.48　图 7.106 所示的电路为包含电阻 r_b 的混合 π 等效电路。①推导电压增益传递函数 $A_v(s) = V_o(s)/V_i(s)$ 的表达式。②如果晶体管偏置在 $I_{CQ} = 1\text{mA}$，且 $R_L = 4\text{k}\Omega$ 和 $\beta_o = 100$，求解当 $r_b = 100\Omega$，$r_b = 500\Omega$ 时的中频电压增益。③对于 $C_1 = 2.2\text{pF}$，求解当

$r_b = 100\Omega$ 和 $r_b = 500\Omega$ 时的 $-3dB$ 频率。

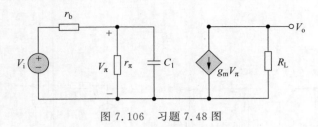

图 7.106 习题 7.48 图

7.49 对于图 7.107 所示的电路,求解由信号源 V_i 往里看的阻抗:① $f = 1kHz$;② $f = 10kHz$;③ $f = 100kHz$;④ $f = 1MHz$。

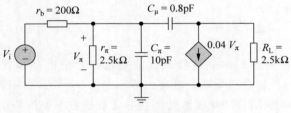

图 7.107 习题 7.49 图

*7.50 图 7.108 所示为共射等效电路。①求解密勒电容的表达式。②根据密勒电容和其他的电路参数,推导电压增益的表达式 $A_v(s) = V_o(s)/V_i(s)$。③上限 3dB 频率的表达式是什么?

7.51 对于本书图 7.41①所示的共射电路,假设 $r_s = \infty$,$R_1 \parallel R_2 = 5k\Omega$ 和 $R_C = R_L = 1k\Omega$。晶体管偏置在 $I_{CQ} = 5mA$,其参数为 $\beta_o = 200$,$V_A = \infty$,$C_\mu = 5pF$ 和 $f_T = 250MHz$。求解小信号电流增益的上限 3dB 频率。

*7.52 在图 7.109 所示的共射电路中,假设射极旁路电容 C_E 非常大,晶体管的参数为 $\beta_o = 100$,$V_{BE}(on) = 0.7V$,$V_A = \infty$,$C_\mu = 2pF$ 和 $f_T = 400MHz$。利用简化的晶体管混合 π 模型,求解小信号电压增益的下限和上限 3dB 频率。

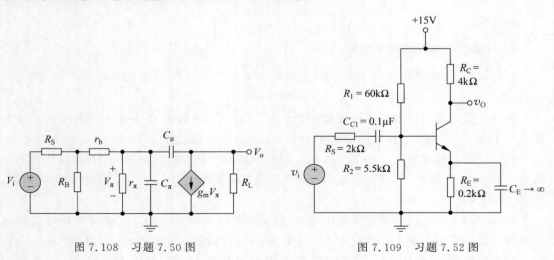

图 7.108 习题 7.50 图   图 7.109 习题 7.52 图

7.53 图 7.109 所示的电路中,电阻 R_S 变为 500Ω,其他所有的电阻值都扩大到原来的 10 倍。晶体管的参数同习题 7.52。求解电压增益值的下限和上限 -3dB 频率,并求解中频增益。

7.54 图 7.109 所示电路的参数变为 $V^+=5\text{V}$,$R_S=0$,$R_1=33\text{k}\Omega$,$R_2=22\text{k}\Omega$,$R_C=5\text{k}\Omega$ 且 $R_E=4\text{k}\Omega$。晶体管的参数为 $\beta_o=150$,$C_\mu=0.45\text{pF}$ 和 $f_T=800\text{MHz}$。①求解 I_{CQ} 和 V_{CEQ}。②求解 C_π、f_β 和密勒电容 C_M。③求解上限 3dB 频率。

4. 场效应管的频率响应

7.55 N 沟道 MOSFET 的参数为 $k_n'=80\mu\text{A/V}^2$,$W=4\mu\text{m}$,$L=0.8\mu\text{m}$,$C_{gs}=50\text{fF}$ 且 $C_{gd}=10\text{fF}$。晶体管偏置在 $I_{DQ}=0.6\text{mA}$。求解 f_T。

7.56 对于偏置在 $I_{DQ}=120\mu\text{A}$ 和 $V_{GS}-V_{TN}=0.20\text{V}$ 的 MOSFET,求解 f_T。晶体管的参数为 $C_{gs}=40\text{fF}$ 且 $C_{gd}=10\text{fF}$。

7.57 在下表所示的空格处,填入所缺的 MOSFET 参数,令 $K_n=1.5\text{mA/V}^2$。

表 7.2 习题 7.57 表

$I_D/\mu\text{A}$	f_T/GHz	C_{gs}/fF	C_{gd}/fF
50		60	10
300		60	10
	3	60	10
250	2.5		8

7.58 ①N 沟道 MOSFET 的电阻迁移率为 $450\text{cm}^2/(\text{V}\cdot\text{s})$,沟道长度为 $1.2\mu\text{m}$。令 $V_{GS}-V_{TN}=0.5\text{V}$。求解截止频率 f_T。②如果沟道长度减小为 $0.18\mu\text{m}$,重复①。

7.59 共源等效电路如图 7.110 所示。晶体管的跨导 $g_m=3\text{mA/V}$。①求解密勒等效电容。②求解小信号电压增益的上限 3dB 频率。

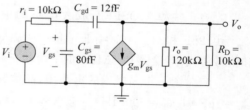

图 7.110 习题 7.59 图

7.60 由式(7.97)所定义的单位增益带宽入手,忽略交叠电容,并假设 $C_{gd}\approx 0$ 和 $C_{gs}\approx\left(\dfrac{2}{3}\right)WLC_{ox}$,证明

$$f_T=\frac{3}{2\pi L}\cdot\sqrt{\frac{\mu_n I_D}{2C_{ox}WL}}$$

由于 I_D 与 W 成正比,这种关系说明,要想增加 f_T,则沟道长度 L 必须很小。

7.61 理想的 N 沟道 MOSFET,其 $(W/L)=8$,$\mu_n=400\text{cm}^2/(\text{V}\cdot\text{s})$,$C_{ox}=6.9\times10^{-7}\text{F/cm}^2$ 和 $V_{TN}=0.4\text{V}$。①当 $V_{GS}=3\text{V}$ 时,若要使跨导从其理想值减小不超过 20%,求解所需的源极电阻的最大值。②利用①中求得的 r_s 值,求解当 $V_{GS}=1\text{V}$ 时,g_m 从其理想值减小多少?

*7.62 图 7.111 所示的 FET 高频等效电路中包含一个源极电阻 r_s。①推导低频电流增益 $A_i = I_o/I_i$ 的表达式。②假设 R_i 非常大,推导电流增益传递函数 $A_i(s) = I_o(s)/I_i(s)$。③随着 r_s 的增加,电流增益值怎么变化?

7.63 图 7.112 所示的 FET 电路中,晶体管的参数为 $K_n = 1\text{mA/V}^2$,$V_{TN} = 2\text{V}$,$\lambda = 0$,$C_{gs} = 50\text{fF}$ 和 $C_{gd} = 8\text{fF}$。①画出简化的高频等效电路。②计算密勒等效电容。③求解小信号电压增益值的上限 3dB 频率,并求解中频电压增益。

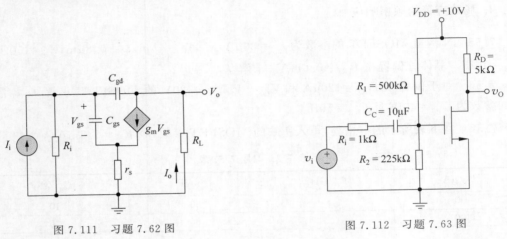

图 7.111 习题 7.62 图   图 7.112 习题 7.63 图

5. 晶体管电路的高频响应

7.64 共源 MOSFET 放大电路的中频电压增益 $A_v = -15\text{V/V}$。晶体管的电容为 $C_{gs} = 0.2\text{pF}$ 和 $C_{gd} = 0.04\text{pF}$。①求解输入密勒电容。②什么样的等效输入电阻(偏置电阻和信号源内阻)会产生 5MHz 的上限转折频率?

7.65 图 7.113 所示的电路中,晶体管的参数为 $\beta = 120$,$V_{BE}(\text{on}) = 0.7\text{V}$,$V_A = 100\text{V}$,$C_\mu = 1\text{pF}$ 和 $f_T = 600\text{MHz}$。①求解 C_π 和密勒等效电容 C_M。陈述所做的任何近似或假设。②求解上限 3dB 频率和中频电压增益。

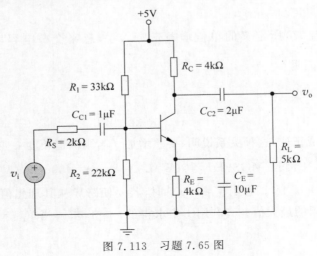

图 7.113 习题 7.65 图

*7.66　图 7.114 所示的电路中,晶体管的参数为 $\beta=120$,$V_{BE}(on)=0.7V$,$V_A=\infty$,$C_\mu=3pF$ 和 $f_T=250MHz$。假设射极旁路电容 C_E 和耦合电容 C_{C2} 非常大。①求解下限和上限 3dB 频率,使用简化的晶体管混合 π 模型。②画出电压增益的幅度波特图。

7.67　图 7.115 所示的共源电路中,晶体管的参数为 $K_p=2mA/V^2$,$V_{TP}=-2V$,$\lambda=0.01V^{-1}$,$C_{gs}=10pF$ 和 $C_{gd}=1pF$。①求解密勒等效电容 C_M。②求解上限 3dB 频率和中频电压增益。

7.68　图 7.115 所示电路的偏置电压变为 $V^+=3V$ 和 $V^-=-3V$。输入电阻为 $R_i=4k\Omega$ 且 $R_G=200k\Omega$。晶体管的参数为 $K_p=0.5mA/V^2$,$V_{TP}=-0.5V$,$\lambda=0$,$C_{gs}=0.8pF$ 和 $C_{gd}=0.08pF$。①设计电路,使得 $I_{DQ}=0.5mA$ 且 $V_{SDQ}=2V$。②求解中频电压增益。③求解密勒等效电容。④求解上限 3dB 频率。

7.69　图 7.116 所示的 PMOS 共源电路中,晶体管的参数为 $V_{TP}=-2V$,$K_p=1mA/V^2$,$\lambda=0$,$C_{gs}=15pF$ 和 $C_{gd}=3pF$。①求解上限 3dB 频率。②求解密勒等效电容,陈述所做的任何近似或假设。③求解中频电压增益。

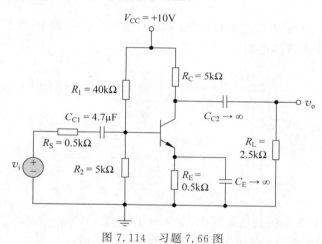

图 7.114　习题 7.66 图

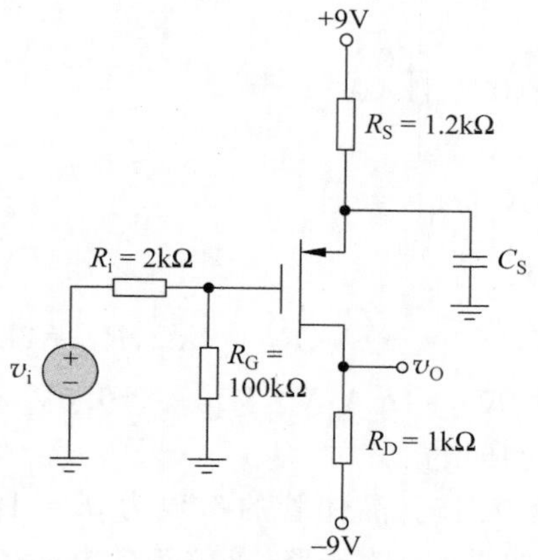

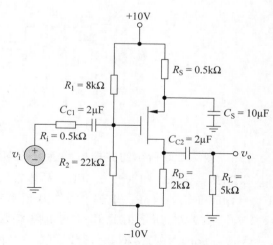

图 7.115　习题 7.67 图

图 7.116　习题 7.69 图

*7.70 图 7.117 所示的共基电路中,晶体管的参数为 $\beta=100$,$V_{BE}(\text{on})=0.7V$,$V_A=\infty$,$C_{\pi}=10pF$ 和 $C_{\mu}=1pF$。①求解与等效电路的输入和输出部分相对应的上限 3dB 频率。②求解小信号中频电压增益。③如果在输出端和地之间接一个负载电容 $C_L=15pF$,请确定该上限 3dB 频率主要是受负载电容 C_L 还是受晶体管特性影响。

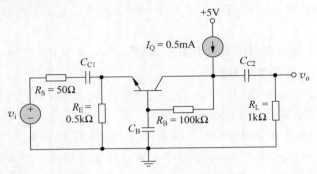

图 7.117 习题 7.70 图

*7.71 对于图 7.118 所示的共基电路,重复习题 7.70。假设 PNP 晶体管的 $V_{EB}(\text{on})=0.7V$,其余的晶体管参数同习题 7.70。

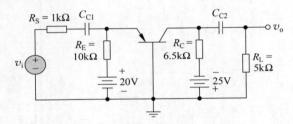

图 7.118 习题 7.71 图

*7.72 图 7.119 所示的共栅电路中,晶体管的参数为 $V_{TN}=1V$,$K_n=3mA/V^2$,$\lambda=0$,$C_{gs}=15pF$ 和 $C_{gd}=4pF$。求解上限 3dB 频率和中频电压增益。

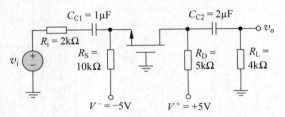

图 7.119 习题 7.72 图

7.73 图 7.120 所示的共栅电路参数为 $V^+=5V$,$V^-=-5V$,$R_S=4k\Omega$,$R_D=2k\Omega$,$R_L=4k\Omega$,$R_G=50k\Omega$ 和 $R_i=0.5k\Omega$。晶体管的参数为 $K_p=1mA/V^2$,$V_{TP}=-0.8V$,$\lambda=0$,$C_{gs}=4pF$ 和 $C_{gd}=1pF$。求解上限 3dB 频率和中频电压增益。

*7.74 图 7.65 所示的共射-共基电路参数同例题 7.15。晶体管的参数为 $\beta_0=120$,$V_A=\infty$,$V_{BE}(\text{on})=0.7V$,$C_{\pi}=12pF$ 和 $C_{\mu}=2pF$。①如果 C_L 为开路,求解等效电路中与输入和输出部分相对应的上限 3dB 频率。②求解中频电压增益。③如果在输出端连接负

载电容 $C_L = 15\text{pF}$，请确定该上限 3dB 频率主要受负载电容影响还是受晶体管特性影响。

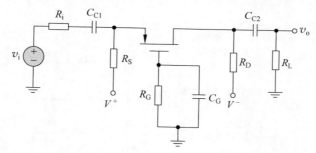

图 7.120 习题 7.73 图

6. 计算机仿真题

*7.75 图 7.121 所示为一个射极跟随器电路。利用计算机仿真，求解当①$R_L = 0.2\text{k}\Omega$，②$R_L = 2\text{k}\Omega$ 和③$R_L = 20\text{k}\Omega$ 时的上限 3dB 频率和中频电压增益。其中采用标准晶体管。解释这三部分结果之间的不同。

7.76 图 7.122 中的晶体管电路是复合管结构。利用计算机仿真，求解当①$R_{E1} = 10\text{k}\Omega$，②$R_{E1} = 40\text{k}\Omega$ 和③$R_{E1} = \infty$ 时的上限 3dB 频率和中频电压增益。使用标准晶体管。解释这三部分结果之间的不同。

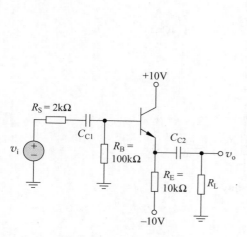

图 7.121 习题 7.75 图

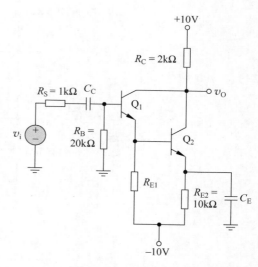

图 7.122 习题 7.76 图

7.77 观察图 7.123(a)所示的共源放大电路和图 7.123(b)所示的共源-共栅放大电路。采用标准晶体管，利用计算机仿真，求解每个电路的上限 3dB 频率和中频电压增益。比较 3dB 频率和中频电压增益。

7.78 观察图 7.124 电路中两个完全一样的晶体管，假设两个耦合电容相等，均为 $C_C = 4.7\mu\text{F}$。利用计算机仿真，求解下限和上限 3dB 频率以及中频增益。负载电容值为多少时，才能将带宽变为原来的两倍？

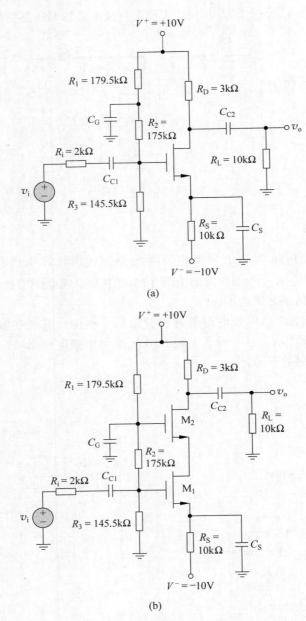

(a)

(b)

图 7.123 习题 7.77 图

7. 设计习题

（注意：每个设计都应该用计算机分析来验证）

*7.79 ①利用 2N2222A 晶体管设计一个共射放大电路，要求晶体管偏置在 $I_{CQ}=1\text{mA}$ 和 $V_{CEQ}=10\text{V}$。可提供的电源为 $\pm15\text{V}$，负载电阻为 $R_L=20\text{k}\Omega$，源极电阻为 $R_S=0.5\text{k}\Omega$，输入和输出部分交流耦合到放大电路，要求下限 3dB 频率小于 10Hz。设计电路，使得中频增益最大，并求解上限 3dB 频率。②对于 $I_{CQ}=50\mu\text{A}$，重复该设计。假设 f_T 与 $I_{CQ}=1\text{mA}$

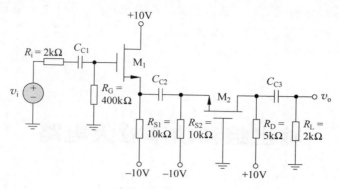

图 7.124　习题 7.78 图

时的 f_T 相同。比较两种设计的中频增益和带宽。

*7.80　设计双极型晶体管放大电路,要求中频增益为 $|A_v| = 50$,下限 3dB 频率为 10Hz,可提供晶体管 2N2222A,可用的电源为 $\pm 10V$。电路中所有的晶体管都应该偏置在约 0.5mA。负载电阻为 $R_L = 5k\Omega$,信号源内阻为 $R_S = 0.1k\Omega$,而且输入和输出交流耦合到放大电路。比较单级设计和共射-共基设计的带宽。

*7.81　设计一个共射放大电路,提供特定的中频增益和带宽,使用表 7.3 中的器件 A。假设 $I_{CQ} = 1mA$。若电路中插入器件 B 和 C,研究对中频增益和带宽所产生的影响。哪种器件能提供最大的带宽? 每种情况下的增益带宽积为多少?

表 7.3　习题 7.81 表

器件	f_T/MHz	C_μ/pF	β	r_b/Ω
A	350	2	100	15
B	400	5	100	10
C	500	2	50	5

*7.82　图 7.125 所示为简化的共射放大电路高频等效电路。输入信号通过 C_{C1} 耦合到放大电路,输出信号通过 C_{C2} 耦合到负载,放大电路提供中频增益 $|A_m|$ 和上限 3dB 频率 f_H。将该单级放大电路的设计与信号和负载之间采用三级放大电路的设计进行比较。在三级放大电路中,假设除了每一级的 g_m 为单级放大电路的三分之一以外,所有的参数都相同。比较中频增益和带宽。

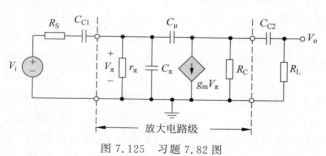

图 7.125　习题 7.82 图

第8章

输出级和功率放大电路

前面各章节主要分析线性放大电路的小信号电压增益、电流增益和阻抗特性。本章将分析和设计能为负载提供指定功率的电路。因此,需要关注晶体管中的功率损耗,特别是输出级,因为输出级必须传输信号功率。然而,输出信号的线性度仍然是需要优先考虑的问题。给出衡量输出级线性特性的性能指标总谐波失真。

本章对各种功率放大电路进行定义,并求解各类放大电路的理想和实际工作效率。

本章主要内容如下:

(1)描述功率放大电路的概念。

(2)描述 BJT 和 MOSFET 功率晶体管的特性,并分析采用散热片时半导体器件的温度和热流特性。

(3)定义各类功率放大电路,并求解每种功率放大电路的最高效率。

(4)分析几种甲类功率放大电路的电路结构。

(5)讨论一种理想乙类功率放大电路输出级的工作特性。

(6)分析和设计几种甲乙类功率放大电路输出级的电路结构。

(7)作为一个应用,利用 MOSFET 作为输出器件,设计一个输出级。

8.1 功率放大电路

目标:描述功率放大电路的概念。

多级放大电路可能需要给无源负载输送较大的功率。该功率的形式可能是一个相对较小的负载电阻上的大电流,比如音频扬声器;也可能是一个相对较大的负载电阻上的大电压,比如开关电源。功率放大电路输出级的设计必须满足功率的要求。本章仅讨论采用BJT 或 MOSFET 设计的功率放大电路,将不涉及其他类型的电力电子器件,比如晶闸管等。

输出级有两个比较重要的功能,一个是提供较低的输出电阻,这样可以在不损失增益的前提下向负载输送信号功率;另一个是输出信号保持线性。较低的输出电阻意味着需要采用射极跟随器或者源极跟随器等电路结构。衡量输出信号线性度的指标为总谐波失真(THD)。该性能指标为输出信号谐波分量的有效值,其中不包含基波,通常表示为基波的百分比。

输出级的设计主要关注将所需的信号功率有效地传递给负载,这就意味着输出级晶体管本身消耗的功率应该尽可能地小。输出晶体管必须能够为负载提供所需的电流,并且能够承受所需的输出电压。

下面首先讨论功率晶体管,然后分析几种功率放大电路的输出级。

8.2 功率晶体管

目标:描述 BJT 和 MOSFET 功率晶体管的特性,并分析采用散热片时功率器件的温度和热流特性。

在前面各章节的讨论中,忽略了晶体管的最大电流、电压以及功率方面的任何物理限制,默认假设晶体管能够承受指定的电流和电压,并能够承受晶体管内部的功耗而不发生任何损坏。

而由于现在将讨论功率放大电路,必须关心晶体管的极限值。极限值包括:最大额定电流(安培量级)、最大额定电压(100V 量级)以及最大额定功率(几瓦或几十瓦量级)[①]。将首先分析 BJT 中的这些影响,然后分析 MOSFET 的。最大功率极限和晶体管的最大允许温度有关,晶体管的最大允许温度又是散热速率的函数。因此,接下来将简要分析散热和热流。

8.2.1 功率 BJT

功率晶体管为大面积器件。由于几何结构和掺杂浓度的差异,它们的特性与小信号器件有所不同。表 8.1 对通用小信号 BJT 和两种功率 BJT 的参数进行对比。功率晶体管的电流增益通常较小,典型范围为 $20\sim100$,并且集电极电流可能是温度的强函数。图 8.1 给出 2N3055 功率 BJT 的电流增益在不同温度下随集电极电流变化的典型特性曲线。当电流较大时,电流增益显著下降,而且基极和集电极之间的寄生电阻有可能变得非常大,从而影响晶体管端子的特性。

表 8.1 小信号 BJT 和功率 BJT 特性和最大额定值对比

参　　数	小信号 BJT (2N2222A)	功率 BJT (2N3055)	功率 BJT (2N6078)
$V_{CE(max)}$ /V	40	60	250
$I_{C(max)}$ /A	0.8	15	7
$P_{D(max)}$ /W($T=25℃$)	1.2	115	45
β	$35\sim100$	$5\sim20$	$12\sim70$
f_T /MHz	300	0.8	1

集电极的最大额定电流 $I_{C(rated)}$ 可能与以下因素有关:连接半导体和外部电极的导线所能承受的最大电流;当电流增益下降到最小指定值以下时的集电极电流以及当晶体管在饱和区时引起最大功耗的电流。

[①] 必须注意,最大额定电流和最大额定电压通常不能同时出现。

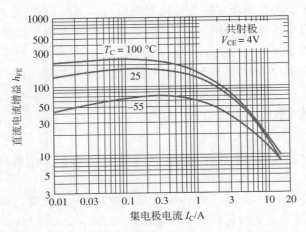

图 8.1   2N3055 的典型直流 β 特性(h_{FE}-I_C 特性)

　　BJT 的最大电压限制通常和反向偏置的基极-集电极 PN 结的雪崩击穿有关。在共射电路结构中,击穿电压机制也包括晶体管增益和 PN 结上的击穿现象。典型的 I_C-V_{CE} 特性如图 8.2 所示。当基极开路($I_B=0$)时,击穿电压为 V_{CEO}。根据图 8.2 所示的数据,这个值约为 130V。

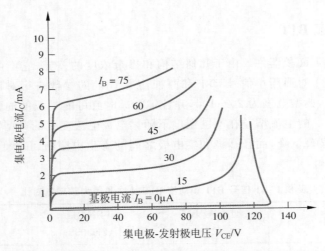

图 8.2   双极型晶体管的集电极电流随集电极-发射极间电压变化的典型特性,显示出击穿效应

　　当晶体管偏置在放大区时,在到达击穿电压 V_{CEO} 之前,集电极电流开始显著增加,而一旦发生击穿,则所有的曲线都趋向于汇集到同一个集电极-发射极间电压,这个电压用 $V_{CE(sus)}$ 表示,它是晶体管发生击穿所需的最小电压。根据图 8.2 所示的数据,$V_{CE(sus)}$ 的值约为 115V。

　　另一种击穿效应称为二次击穿,它发生在 BJT 工作于高电压和大电流时。微小的电流密度不均匀就会引起局部温度上升,使半导体材料的电阻减小,进而增加该区域的电流。这个效应引起正反馈,使电流继续上升,从而进一步引起温度上升,直至半导体材料融化,在集电极和发射极之间产生短路,并最终导致器件永久性损坏。

BJT 的内部瞬时功率损耗为

$$p_Q = v_{CE} i_C + v_{BE} i_B \qquad (8.1)$$

基极电流通常远小于集电极电流,因此,作为一个好的近似,瞬时功耗为

$$p_Q \approx v_{CE} i_C \qquad (8.2)$$

对式(8.2)在一个信号周期内积分,可得平均功率为

$$\bar{p}_Q = \frac{1}{T} \int_0^T v_{CE} i_C \, dt \qquad (8.3)$$

为了使器件的温度保持在最大值以下,BJT 中的平均功耗必须保持在一个特定的最大值以下。如果假设集电极电流和集电极-发射极间电压均为直流量,则晶体管的最大额定功率 P_T 可以写为

$$P_T = v_{CE} I_C \qquad (8.4)$$

最大电流、最大电压以及最大功率限制都可以通过图 8.3 所示的 I_C-V_{CE} 特性曲线给出。平均功率限制 P_T 是式(8.4)所描述的双曲线。晶体管能够安全工作的区域称为安全工作区(SOA),该区域受 $I_{C(max)}$、$V_{CE(sus)}$、P_T 和晶体管二次击穿特性的约束。图 8.3(a)给出线性电流和电压坐标下的安全工作区;图 8.3(b)则为对数坐标下的相同特性。

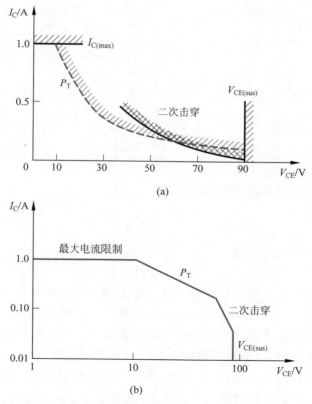

图 8.3 双极型晶体管的安全工作区:(a)线性坐标;(b)对数坐标

i_C-v_{CE} 工作点可以暂时移动到安全工作区之外,而不会造成晶体管的损坏,这取决于 Q 点移出安全工作区多远和多久。为了安全考虑,假设器件必须一直保持在安全工作区之内。

例题 8.1 求解功率 BJT 所需要的额定电流、电压和功率。图 8.4 所示共射电路的参数为 $R_L = 8\Omega$ 和 $V_{CC} = 24V$。

解：当 $V_{CE} \approx 0$ 时，最大集电极电流为

$$I_{C(max)} = \frac{V_{CC}}{R_L} = \frac{24}{8} = 3A$$

当 $I_C = 0$ 时，最大集电极-发射极间电压为

$$V_{CE(max)} = V_{CC} = 24V$$

负载线方程为

$$V_{CE} = V_{CC} - I_C R_L$$

如图 8.5 所示，由于必须保持在安全工作区，因此，晶体管的功耗为

$$P_T = V_{CE} I_C = (V_{CC} - I_C R_L) I_C = V_{CC} I_C - I_C^2 R_L$$

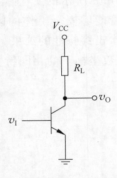

图 8.4 例题 8.1 的电路

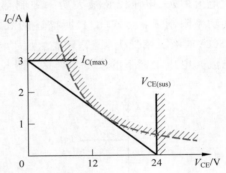

图 8.5 安全工作区的直流负载线

将该式的导数置零，如下

$$\frac{dP_T}{dI_C} = 0 = V_{CC} - 2I_C R_L$$

可以求得发生最大功率时的电流，即

$$I_C = \frac{V_{CC}}{2R_L} = \frac{24}{2 \times 8} = 1.5A$$

最大功率点的 C-E 间电压为

$$V_{CE} = V_{CC} - I_C R_L = 24 - 1.5 \times 8 = 12V$$

晶体管的最大功耗发生在负载线的中点。因此，晶体管的最大功耗为

$$P_T = V_{CE} I_C = 12 \times 1.5 = 18W$$

点评：通常采用安全系数，为特定的应用选择晶体管。对于这个例子，需要选择额定电流大于 3A、额定电压大于 24V，且额定功率大于 18W 的晶体管。

练习题 8.1 观察图 8.4 给出的共射电路。假设晶体管的限制条件为 $I_{C(max)} = 5A$、$V_{CE(sus)} = 30V$ 和 $P_T = 25W$。忽略二次击穿效应，对于①$V_{CC} = 24V$，②$V_{CC} = 12V$，求解使晶体管的 Q 点总是保持在安全工作区的最小 R_L。在每种情况下，求解集电极电流的最大值和晶体管耗散功率的最大值。

答案：①$R_L = 5.76\Omega$，$I_{C(max)} = 4.17A$，$P_{Q(max)} = 25W$；②$R_L = 2.4\Omega$，$I_{C(max)} = 5A$，

$P_{Q(max)} = 15W$。

功率晶体管被设计成可以承受较大的电流,要求它有较大的发射极面积,来维持合理的电流密度。为了使基极的寄生电阻最小化,晶体管的发射极宽度通常被设计得较窄,也可能被制作成如图 8.6 所示的交指式结构。同时,通常在设计中引入发射极稳流电阻,即每个发射极引脚上的小电阻。这些电阻可以保持每个 B-E 结中的电流相等。

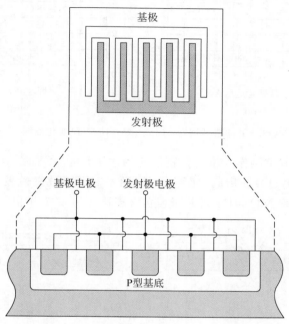

图 8.6 交指式双极型晶体管结构:顶视图和剖面图

8.2.2 功率 MOSFET

表 8.2 列出两个 N 沟道功率 MOSFET 的基本参数。漏极电流在安培范围内,击穿电压在几百伏范围内。和前面讨论的 BJT 相同,这类晶体管也必须工作在安全工作区之内。

表 8.2 两个功率 MOSFET 的特性

参 数	2N6757	2N6792
$V_{DS(max)}/V$	150	400
$I_{D(max)}/W(T=25℃)$	8	2
P_D/W	75	20

功率 MOSFET 和双极型功率晶体管在工作原理和性能上均不相同。功率 MOSFET 的优越性在于:较短的开关时间、不存在二次击穿,以及较宽温度范围内的稳定增益和响应时间。图 8.7(a)给出 2N6757 的跨导随温度的变化曲线。MOSFET 跨导随温度的变化要小于图 8.1 所示的 BJT 电流增益随温度的变化。

功率 MOSFET 通常通过垂直或双扩散工艺制作而成,分别称为 VMOS 和 DMOS。VMOS 器件的剖面图如图 8.8(a)所示,DMOS 器件的剖面图如 8.8(b)所示。DMOS 工艺

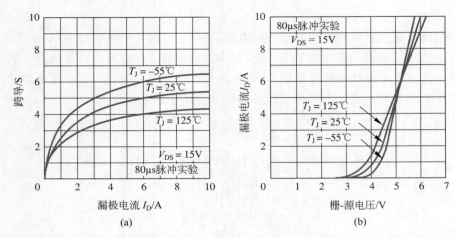

图 8.7 大功率 MOSFET 的典型特性：（a）跨导-漏极电流变化曲线；（b）转移特性曲线

可以用来在单片硅芯片上制作大量的紧密填充的六边形单元，如图 8.8(c) 所示。同时，这类 MOSFET 还可以通过并联形成大面积器件，而不需要等效发射极稳流电阻来对电流密度进行平衡。单个功率 MOSFET 芯片可能包含多达 25 000 个并联单元。

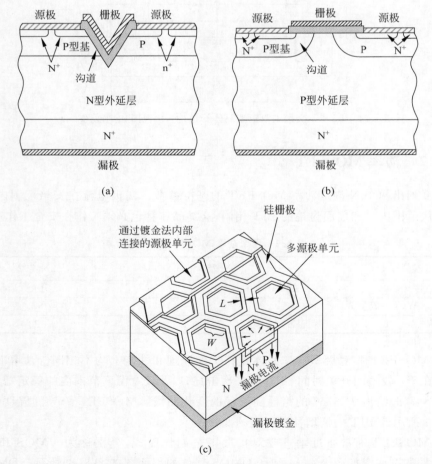

图 8.8 （a）VMOS 器件的剖面图；（b）DMOS 器件的剖面图；（c）六边形 FET 结构

由于漏极和源极之间的通道实质上为电阻,所以导通电阻 $r_{ds(on)}$ 为 MOSFET 功率能力的一个重要参数。图 8.9 给出一个典型的 $R_{DS(on)}$ 与漏极电流之间的函数关系特性。目前已经可以获得几十毫欧姆范围的 $R_{DS(on)}$ 值。

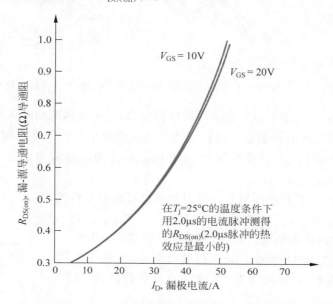

图 8.9 典型的 MOSFET 漏-源电阻随漏极电流的变化特性

8.2.3 功率 MOSFET 和 BJT 的比较

由于 MOSFET 为高输入阻抗压控器件,驱动电路更为简单。10A 的功率 MOSFET 的栅极可以由一个标准逻辑电路的输出进行驱动。而相反,如果一个 10A 的 BJT 的电流增益为 $\beta=10$,那么 10A 的集电极电流就需要 1A 的基极电流进行驱动。而这个输入电流比大部分逻辑电路的输出驱动能力大得多,也就意味着功率 BJT 的驱动电路更加复杂。

MOSFET 是一种多数载流子(多子)器件,多子的迁移率随温度的增加而下降,于是就增加了半导体的电阻。这意味着 MOSFET 不容易发生双极型晶体管所容易发生的热击穿和二次击穿现象。图 8.7(b) 给出几种温度下典型的 I_D-V_{GS} 变化特性,它清晰地表明,对于给定的栅-源间电压,当电流较高时,电流会随着温度的上升而下降。

8.2.4 散热片

消耗在晶体管中的功率会增加晶体管的内部温度,使其内部温度高于周围环境温度。如果器件或结温 T_j 上升得太高,晶体管就可能永久性损坏。在晶体管封装和散热片方面必须采取专门的预防措施,以便使热量从晶体管上传导出去。图 8.10(a) 和(b)给出两种封装示意图,图 8.10(c) 给出一种典型的散热片。

为了给功率晶体管设计散热片,首先需要理解热阻 θ 的概念,它的单位为℃/W。热阻为 θ 的元件,它两端的温差 T_2-T_1 为

$$T_2 - T_1 = P\theta \tag{8.5}$$

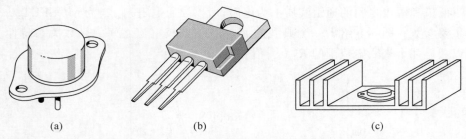

图 8.10 两种封装示意图：(a)和(b)为功率晶体管；(c)典型散热片

其中,P 为元件中的热功率。温差是电压的模拟量,而功率或热流则是电流的模拟量。

制造商提供的功率器件数据手册通常给出结或器件的最大工作温度 $T_{j,max}$,以及从结到外壳的热阻 $\theta_{jc} = \theta_{dev\text{-}case}$[①]。根据定义,壳和散热片之间的热阻为 $\theta_{case\text{-}snk}$,而散热片和环境之间的热阻为 $\theta_{snk\text{-}amb}$。

当采用散热片时,器件和环境之间的温差可以写成如下形式,即

$$T_{dev} - T_{amb} = P_D(\theta_{dev\text{-}case} + \theta_{case\text{-}snk} + \theta_{snk\text{-}amb}) \tag{8.6}$$

其中 P_D 为器件中的功率消耗。式(8.6)也可以用其等效电气元件进行建模,如图 8.11 所示。元件两端的温差,比如外壳和散热片之间的温差,为损耗功率 P_D 乘以合适的热阻,在这个例子中为 $\theta_{case\text{-}snk}$。

如果不采用散热片,则器件和环境之间的温差写为

$$T_{dev} - T_{amb} = P_D(\theta_{dev\text{-}case} + \theta_{case\text{-}amb}) \tag{8.7}$$

其中 $\theta_{snk\text{-}amb}$ 为外壳和环境之间的热阻。

例题 8.2 求解晶体管的最大功耗,并求解晶体管的外壳和散热片的温度。已知功率 MOSFET 的热阻参数如下：

$$\theta_{dev\text{-}case} = 1.75℃/W \qquad \theta_{case\text{-}snk} = 1℃/W$$

$$\theta_{snk\text{-}amb} = 5℃/W \qquad \theta_{case\text{-}amb} = 50℃/W$$

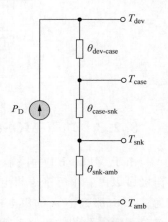

图 8.11 从器件到环境的热流电气等效电路

环境温度 $T_{amb} = 30℃$,结或器件的最高温度 $T_{j,max} = T_{dev} = 150℃$。

解(最大功率)：当不使用散热片时,由式(8.7)可得,器件的最大功耗为

$$P_{D,max} = \frac{T_{j,max} - T_{amb}}{\theta_{dev\text{-}case} + \theta_{case\text{-}amb}} = \frac{150 - 30}{1.75 + 50} = 2.32W$$

当使用散热片时,由式(8.6)可得,器件的最大功耗为

$$P_{D,max} = \frac{T_{j,max} - T_{amb}}{\theta_{dev\text{-}case} + \theta_{case\text{-}snk} + \theta_{snk\text{-}amb}} = \frac{150 - 30}{1.75 + 1 + 5} = 15.5W$$

解(温度)：器件的温度 $T = 150℃$,且环境温度 $T_{amb} = 30℃$,热流 $P_D = 15.5W$。散热片的温度(见图 8.11)可由下式求解

$$T_{snk} - T_{amb} = P_D \cdot \theta_{snk\text{-}amb}$$

即

[①] 在这个简短的讨论中,采用一种更具描述性的下标符号,以使讨论清晰。

$$T_{\text{snk}} = 30 + 15.5 \times 5 \Rightarrow T_{\text{snk}} = 107.5\,℃$$

外壳的温度为

$$T_{\text{case}} - T_{\text{amb}} = P_{\text{D}} \cdot (\theta_{\text{case-snk}} + \theta_{\text{snk-case}})$$

即

$$T_{\text{case}} = 30 + 15.5 \times (1 + 5) \Rightarrow T = 123\,℃$$

　　点评：上述结果表明，使用散热片，可以允许器件上消耗更多功率，同时保持器件的温度小于或等于其最大限定值。

　　练习题 8.2　功率 BJT 工作在平均集电极电流 $I_{\text{C}} = 2\text{A}$，平均集电极-发射极间电压 $V_{\text{CE}} = 8\text{V}$。器件的参数为 $\theta_{\text{dev-case}} = 3\,℃/\text{W}$，$\theta_{\text{case-snk}} = 1\,℃/\text{W}$ 和 $\theta_{\text{snk-amb}} = 4\,℃/\text{W}$。环境温度 $T_{\text{amb}} = 25\,℃$。求解：①器件温度，②外壳温度，③散热片温度。

　　答案：①153℃；②105℃；③89℃。

　　器件的最大安全功耗为(1)结和外壳之间的温差和(2)器件和外壳之间的热阻 $\theta_{\text{dev-case}}$ 的函数，即

$$P_{\text{D,max}} = \frac{T_{\text{j,max}} - T_{\text{case}}}{\theta_{\text{dev-case}}} \tag{8.8}$$

　　图 8.12 给出 $P_{\text{D,max}}$-T_{case} 的关系曲线，称为晶体管的功率降额曲线。功率降额曲线穿越横轴时所对应的温度为 $T_{\text{j,max}}$。在这个温度时，器件不能再容忍额外的温度上升；因此，允许的功耗必须为零，意味着此时的输入信号为零。

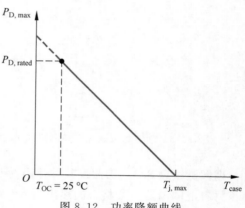

图 8.12　功率降额曲线

　　器件的额定功率通常定义为：当器件达到其最大温度，而外壳温度保持在室温或环境温度，即 $T_{\text{case}} = 25\,℃$ 时的功率。外壳温度维持在环境温度，意味着外壳和环境之间的热阻为零，或使用了无限大的散热片。而无限大散热片是不可能的。由于 $\theta_{\text{case-snk}}$ 和 $\theta_{\text{snk-amb}}$ 的值非零，外壳温度会上升到环境温度以上，于是，器件达不到额定功率。通过分析图 8.11 所示的等效电路模型，可以得出这个影响。如果器件的温度处于其最大允许值 $T_{\text{dev}} = T_{\text{j,max}}$，那么随着 T_{case} 上升，$\theta_{\text{dev-case}}$ 两端的温差下降，这意味着元件上的功率必须减小。

　　例题 8.3　求解晶体管的最大安全功耗。已知功率 BJT 的额定功率为 20W，最大结温 $T_{\text{j,max}} = 175\,℃$。该晶体管安装在参数为 $\theta_{\text{case-snk}} = 1\,℃/\text{W}$ 和 $\theta_{\text{snk-amb}} = 5\,℃/\text{W}$ 的散热片上。

　　解：由式(8.8)，器件和外壳之间的热阻为

$$\theta_{\text{dev-case}} = \frac{T_{\text{j,max}} - T_{\text{OC}}}{P_{\text{D,rated}}} = \frac{175 - 25}{20} = 7.5\,℃/\text{W}$$

由式(8.6)，最大功耗为

$$P_{\text{D,max}} = \frac{T_{\text{j,max}} - T_{\text{amb}}}{\theta_{\text{dev-case}} + \theta_{\text{case-snk}} + \theta_{\text{snk-amb}}}$$

$$= \frac{175 - 25}{7.5 + 1 + 5} = 11.1\text{W}$$

点评：器件中的实际最大安全功耗可能会小于额定值。当外壳温度不能控制在环境温度时，会发生这种情况，这是因为在外壳和环境之间存在非零的热阻。

练习题 8.3 功率 BJT 的额定功率 $P_{D.rated}=50W$，最大允许结温 $T_{j,max}=200℃$，环境温度 $T_{amb}=25℃$。散热片和空气之间的热阻 $\theta_{snk\text{-}amb}=2℃/W$，外壳和散热片之间的热阻 $\theta_{case\text{-}snk}=0.5℃/W$。求解外壳的最大安全功耗和温度。

答案：$P_{D,max}=29.2W,T_{case}=98℃$。

理解测试题 8.1 图 8.13 所示共源电路的参数为 $R_D=20\Omega,V_{DD}=24V$。求解所需的 MOSFET 额定电流、额定电压以及额定功率。

答案：$I_{D(max)}=1.2A,V_{D(max)}=24V,P_{D(max)}=7.2W$。

理解测试题 8.2 图 8.14 所示的射极跟随器电路偏置在 $V_{CC}=12V$。晶体管的电流增益 $\beta=80$，晶体管的限制值为 $I_{C,max}=250mA$ 和 $V_{CE(sus)}=30V$。为使晶体管的 Q 点一直处于安全工作区，①求解电阻 R_E 的最小值。②求解晶体管所需的最小额定功耗。

答案：①$R_E=96\Omega$，②$P_Q=1.5W$。

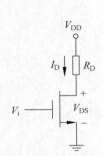
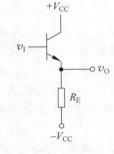

图 8.13　理解测试题 8.1 和例题 8.4 的图　　　图 8.14　理解测试题 8.2 的图

理解测试题 8.3 ①假设某种热阻为 $\theta=1.8℃/W$ 的材料，流经的功耗为 $P=6W$。求解该材料上的温差。②材料的热阻为 $\theta=2.5℃/W$。如果材料上的温差 $\Delta T=100℃$，求解流经材料的功耗。

答案：①$\Delta T=10.8℃$，②$P=40W$。

8.3　功率放大电路分类

目标：定义各类功率放大电路，并研究包括功率效率在内的功率放大电路的特性。

根据输出晶体管导通的时间百分比，划分出几类功率放大电路。四种主要的类型为：甲类、乙类、甲乙类和丙类。图 8.15 给出正弦输入信号下的这些分类。在甲类工作方式中，输出晶体管的静态偏置电流为 I_Q，在整个输入信号周期内都处于导通状态；在乙类工作方式中，每个输出晶体管仅在正弦输入信号的半个周期内导通；在甲乙类工作方式中，输出晶体管偏置在很小的静态电流 I_Q，输出晶体管的导通时间略大于半个周期；相比之下，在丙类工作方式中，输出晶体管的导通时间小于半个周期。将分析这些功率放大电路的偏置、负载线和功率效率。

功率放大电路的其他分类包括 D 类、E 类和 F 类，它们使用输出晶体管作为开关。放

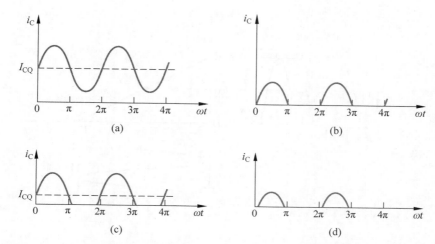

图 8.15 集电极电流随时间变化的特性:(a) 甲类放大电路;(b) 乙类放大电路;
(c) 甲乙类放大电路;(d) 丙类放大电路

大电路的输出通常为高 Q 的 RLC 谐振电路。当开关闭合时,给输出谐振电路提供电流和功率。在理想情况下,当开关闭合时,开关两端的电压为零;而当开关断开时,流过开关的电流为零。在这两种情况下,开关中消耗的理想功耗均为零。这类放大电路的功率效率接近 100%。

本章的学习目标是提供几个功率放大电路的基本特性。通常,除了本教材所介绍的这几种功率放大电路之外,还存在其他类型的功率放大电路和电力电子装置,包括高频和射频(RF)电路设计。

8.3.1 甲类工作方式

第 4 章和第 6 章所分析的小信号放大电路,都偏置在甲类工作方式。图 8.16(a)给出基本共射电路结构。为方便起见,图中忽略偏置电路。同时,在这个标准的甲类放大电路中,未使用电感或变压器。

图 8.16(b)给出直流负载线。假设 Q 点位于负载线的中心,使得 $V_{CEQ}=V_{CC}/2$。如果加一个正弦输入信号,则会引起集电极电流和集电极-发射极间电压的正弦变化。尽管实际上达不到 $v_{CE}=0$ 和 $i_C=2I_{CQ}$,图中给出可能出现的绝对变化量。

忽略基极电流,晶体管的瞬时功耗为

$$P_Q = v_{CE}i_C \tag{8.9}$$

对于一个正弦输入信号,集电极电流和集电极-发射极间电压可以写为

$$i_C = I_{CQ} + I_P\sin\omega t \tag{8.10a}$$

和

$$v_{CE} = \frac{V_{CC}}{2} - V_P\sin\omega t \tag{8.10b}$$

如果考虑绝对变化量,则有 $I_P=I_{CQ}$ 和 $V_P=V_{CC}/2$。因此,根据式(8.9),晶体管的瞬时功耗为

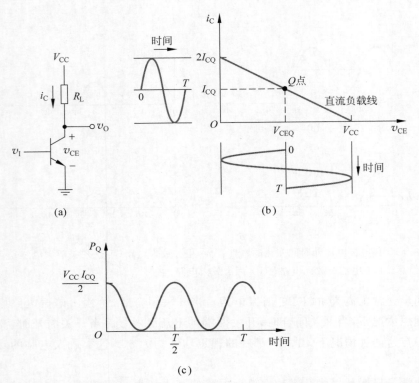

图 8.16　(a) 共射放大电路；(b) 直流负载线；(c) 晶体管瞬时功耗随时间的变化曲线

$$P_Q = \frac{V_{CC} I_{CQ}}{2}(1 - \sin^2 \omega t) \tag{8.11}$$

图 8.16(c)给出晶体管的瞬时功耗。由于最大功耗和静态值(见图 8.5)相对应,所以当输入信号为零时,晶体管必须能够承受持续的功耗 $V_{CC} I_{CQ}/2$。

功率转换效率定义为

$$\eta = \frac{负载信号功率(\overline{P}_L)}{电源功率(\overline{P}_S)} \tag{8.12}$$

其中 $\overline{P}_L$ 为输送给负载的平均交流功率, $\overline{P}_S$ 为电源 V_{CC} 提供的平均功率。对于标准甲类功率放大电路和正弦输入信号,传递给负载的平均交流功率为 $\left(\dfrac{1}{2}\right)V_P I_P$。使用绝对可能变化量,有

$$\overline{P}_{L(max)} = \frac{1}{2}\left(\frac{V_{CC}}{2}\right)(I_{CQ}) = \frac{V_{CC} I_{CQ}}{4} \tag{8.13}$$

电源 V_{CC} 提供的平均功率为

$$\overline{P}_S = V_{CC} I_{CQ} \tag{8.14}$$

因此,可能达到的最大转化效率为

$$\eta_{max} = \frac{\frac{1}{4} V_{CC} I_{CQ}}{V_{CC} I_{CQ}} \Rightarrow 25\% \tag{8.15}$$

必须记住,当放大电路的输出端连接负载时,最大可能转换效率将会发生变化。这个效率相对较低,因此,当所需的信号功率大于约 1W 时,通常不会采用标准甲类功率放大电路。

必须强调的是,在实际中,最大信号电压 $V_{CC}/2$ 和最大信号电流 I_{CQ} 均不可能实现。为避免由于晶体管饱和或者截止导致的非线性失真,输出信号电压必须限制在相对较小的值。最大可能效率的计算还忽略了偏置电路的功耗。由此,实际的标准甲类功率放大电路的最大转换效率在 20% 左右或更低。

设计指南:在电路分析中,最大功率传递定理指出,负载阻抗应当与放大电路的输出阻抗匹配,从而提供 50% 的功率转换效率。而在功率放大电路的设计中,这个定理并不切实际。例如,将 50kW 输送到天线,如果功率转换效率仅为 50%,则电路也将消耗 50kW。通常,在放大电路中消耗这个数量级的功率是无法接受的。在大功率放大电路中,希望功率转换效率尽可能接近 100%。

例题 8.4 计算甲类功率放大电路输出级的实际效率。图 8.13 所示共源电路的参数为 $V_{DD}=10\text{V}$ 和 $R_D=5\text{k}\Omega$。晶体管的参数为 $K_n=1\text{mA/V}^2$,$V_{TN}=1\text{V}$ 和 $\lambda=0$。假设输出电压的幅度限制在转移点和 $v_{DS}=9\text{V}$ 之间的范围。设计电路,使得非线性失真最小。

解:负载线为

$$V_{DS}=V_{DD}-I_D R_D$$

在转移点,有

$$V_{DS}(\text{sat})=V_{GS}-V_{TN}$$

和

$$I_D=K_n(V_{GS}-V_{TN})^2$$

联合上述各式,可由下式求得转移点

$$V_{DS}(\text{sat})=V_{DD}-K_n R_D V_{DS}^2(\text{sat})$$

即

$$(1)(5)V_{DS}^2(\text{sat})+V_{DS}(\text{sat})-10=0$$

解得

$$V_{DS}(\text{sat})=1.32\text{V}$$

为了得到指定条件下的最大不失真输出电压,希望 Q 点位于 $V_{DS}=1.32\text{V}$ 和 $V_{DS}=9\text{V}$ 的中间,即

$$V_{DSQ}=5.16\text{V}$$

于是,负载电阻两端电压的最大交流分量为

$$v_r=3.84\sin\omega t$$

传输给负载的平均功率为

$$\overline{P}_L=\frac{1}{2}\cdot\frac{3.84^2}{5}=1.47\text{mW}$$

静态漏极电流为

$$I_{DQ}=\frac{10-5.16}{5}=0.968\text{mA}$$

电源 V_{DD} 提供的平均功率为

$$\overline{P}_S=V_{DD}I_{DQ}=10\times0.968=9.68\text{mW}$$

由式(8.12)可得,功率转换效率为

$$\eta = \frac{\overline{P}_L}{P_S} = \frac{1.47}{9.68} \Rightarrow 15.2\%$$

点评：通过限制漏-源间电压的幅度,可以避免非饱和与截止以及由此产生的非线性失真。与标准甲类功率放大电路的理论最大效率值 25% 相比,输出级的功率转换效率降低了不少。

练习题 8.4 对于图 8.17 所示的共源电路,Q 点为 $V_{DSQ} = 4V$。①求解 I_{DQ}。②要求漏极瞬时电流的最小值必须不小于 $\frac{1}{10} I_{DQ}$,且漏-源间瞬时电压的最小值必须不小于 $v_{DS} = 1.5V$。求解对称正弦输出电压的最大峰-峰值。③对于②中的条件,计算功率转换效率,其中信号功率为传送给 R_L 的功率。

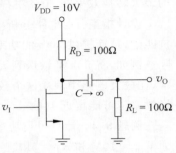

图 8.17 练习题 8.4 的电路

答案：①$I_{DQ} = 60mA$；②$V_{p\text{-}p} = 5.0V$；③$\overline{P}_L = 31.25mW$, $\eta = 5.2\%$。

甲类放大电路的工作原理同样适用于射极跟随器、共基放大电路、源极跟随器以及共栅放大电路。如前所述,图 8.13 和图 8.16(a)中所考虑的电路均为标准甲类放大电路,都未采用电感和变压器。本章稍后将分析电感耦合和变压器耦合的功率放大电路,它们同样工作于甲类工作方式。将会看到,这些电路的最大转换效率为 50%。

8.3.2 乙类工作方式

1. 理想的乙类工作方式

图 8.18(a)给出包含互补电子器件对的理想乙类输出级。当 $v_I = 0$ 时,两个器件均截止,偏置电流为零,且 $v_O = 0$。在 $v_I > 0$ 时,器件 A 导通,为图 8.18(b)所示的负载提供电流。当 $v_I < 0$ 时,器件 B 导通,从图 8.18(c)所示的负载吸收电流。图 8.18(d)给出电压传输特性,理想电压增益为 1。

2. 类乙类电路

图 8.19 给出包含一对互补双极型晶体管的输出级。当输入电压 $v_I = 0$ 时,两个晶体管都截止,输出电压 $v_O = 0$。如果假设 B-E 间开启电压为 0.6V,则只要输入电压在 $-0.6 \leqslant v_I \leqslant +0.6V$ 的范围内,输出电压 v_O 均保持为零。

如果 v_I 变为正且大于 0.6V,则 Q_n 导通,且工作于射极跟随器状态。通过 Q_n 向负载提供正电流 i_L,Q_p 的 B-E 结反向偏置。如果 v_I 变为负且大于 0.6V,则 Q_p 导通,且工作于射极跟随器状态,晶体管 Q_p 从负载吸收电流,这意味着 i_L 为负。

这类电路称为互补推挽式输出级。在输入信号的正半周期,晶体管 Q_n 导通；在输入信号的负半周期,晶体管 Q_p 导通。两个晶体管不同时导通。

图 8.20 给出这个电路的电压传输特性。当其中一个晶体管导通时,由于是射极跟随器,电压增益,也就是曲线的斜率,基本上为 1。图 8.21 给出正弦输入信号下的输出电压。当输出电压为正时,NPN 型晶体管导通；当输出电压为负时,PNP 型晶体管导通。由图可

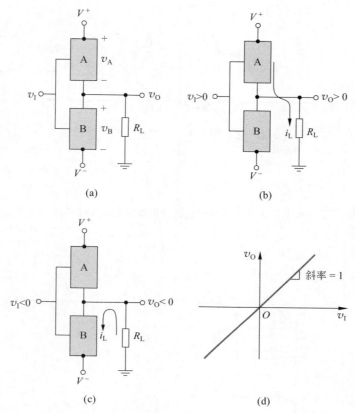

图 8.18　（a）包含互补电子器件对 A 和 B 的理想乙类输出级；（b）$v_I > 0$ 时，器件 A 导通，向负载提供电流；（c）$v_I < 0$ 时，器件 B 导通，从负载吸收电流；（d）理想的电压传输特性

见，实际上每个晶体管的导通时间都略小于半个周期。由此，图 8.19 所示的双极型推挽式电路并不是真正的乙类电路。

将会看到，采用 NMOS 和 PMOS 晶体管的输出级也将产生相同的电压传输特性。

3. 交越失真

由图 8.20 可见，当输入电压为 0V 左右时，两个晶体管均处于截止状态，并且 $v_O = 0$V，这段曲线称为死区。在正弦输入信号下的输出电压如图 8.21 所示。输出电压不是一个完美的正弦信号，这意味着死区产生了交越失真。

当 v_I 为零时，利用较小的静态集电极电流对 Q_n 和 Q_p 进行偏置，就可以消除交越失真。这种方法将在下一节具体讨论。反馈电路中也可以使用运算放大器来使交越失真的影响最小化。运算放大器将在第 9 章进行讨论，反馈将在第 12 章进行讨论，这里暂不作讨论。

例题 8.5　求解图 8.19 所示乙类互补推挽式输出级的总谐波失真。已经进行 PSpice 分析，得到输出信号的谐波分量。

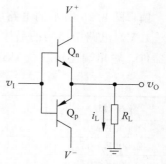

图 8.19　基本互补推挽式输出级

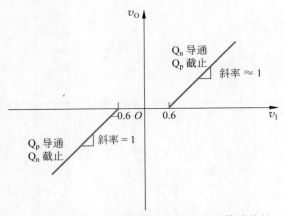

图 8.20　基本互补推挽式输出级的电压传输特性

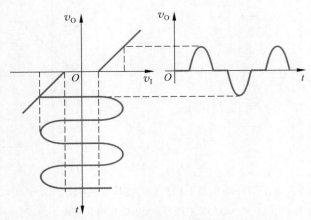

图 8.21　基本互补推挽式输出级的交越失真

解：图 8.19 所示的电路中，在输入端加一个幅度为 2V 的 1kHz 正弦信号。电路偏置在 ±10V。电路中使用的晶体管型号为 2N3904 的 NPN 型器件和型号为 2N3906 的 PNP 型器件。输出端连接一个 1kΩ 的负载电阻。

表 8.3　例题 8.5 的谐波分量

频率（Hz）	傅里叶分量	归一化分量	相位（度）
$1.000E+03$	$1.151E+00$	$1.000E+00$	$-1.626E-01$
$2.000E+03$	$6.313E-03$	$5.485E-03$	$-9.322E+01$
$3.000E+03$	$2.103E-01$	$1.827E-01$	$-1.793E+02$
$4.000E+03$	$4.984E-03$	$4.331E-03$	$-9.728E+01$
$5.000E+03$	$8.064E-02$	$7.006E-02$	$-1.792E+02$
$6.000E+03$	$3.456E-03$	$3.003E-03$	$-9.702E+01$
$7.000E+03$	$2.835E-02$	$2.464E-02$	$1.770E+02$
$8.000E+03$	$2.019E-03$	$1.754E-03$	$-8.029E+01$
$9.000E+03$	$6.679E-03$	$5.803E-03$	$1.472E+02$

总谐波失真 $=1.974899E+01\%$

表 8.3 中列出前 9 次谐波分量。可以看到,输出信号中含有丰富的奇次谐波,其中 3kHz 的三次谐波达到 1kHz 基波输出信号的 18%。输出总谐波失真为 19.7%,这个值比较大。

点评:这些结果明显地给出死区的影响。如果输入信号的幅度增加,谐波失真下降。但如果幅度下降,则总谐波失真将增加到 19% 以上。

练习题 8.5 在图 8.19 中,用 NMOS 晶体管取代 NPN 型晶体管,用 PMOS 晶体管取代 PNP 型晶体管,重复例题 8.5。

4. 理想功率效率

如果考虑图 8.19 所示电路的一个理想版本,其中发射结的开启电压为零,则每个晶体管的导通时间将正好等于输入信号的半个周期。这个电路将是一个理想的乙类功率放大电路输出级,输出电压和负载电流将和输入信号完全一样。集电极-发射极间电压也呈现相同的正弦变化。

图 8.22 给出相应的直流负载线。Q 点位于集电极电流为零或两个晶体管都截止的点。于是,每个晶体管的静态功耗均为零。

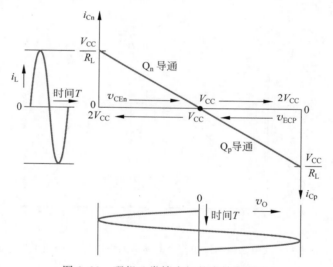

图 8.22 理想乙类输出级的有效负载线

这个理想乙类输出级的输出电压可以写为

$$v_O = V_p \sin\omega t \tag{8.16}$$

其中 V_p 的最大可能值为 V_{CC}。

Q_n 的瞬时功耗为

$$p_{Qn} = v_{CEn} i_{Cn} \tag{8.17}$$

当 $0 \leqslant \omega t \leqslant \pi$ 时,集电极电流为

$$i_{Cn} = \frac{V_p}{R_L} \sin\omega t \tag{8.18a}$$

当 $\pi \leqslant \omega t \leqslant 2\pi$ 时,集电极电流为

$$i_{Cn} = 0 \tag{8.18b}$$

其中 V_p 为输出电压的峰值。

由图 8.22 可见,集电极-发射极间电压可以写为

$$v_{CEn} = V_{CC} - V_p \sin\omega t \tag{8.19}$$

因此,当 $0 \leqslant \omega t \leqslant \pi$ 时,Q_n 中的总瞬时功耗为

$$p_{Qn} = (V_{CC} - V_p \sin\omega t)\left(\frac{V_p}{R_L}\sin\omega t\right) \tag{8.20}$$

当 $\pi \leqslant \omega t \leqslant 2\pi$ 时

$$p_{Qn} = 0$$

因此,平均功耗为

$$\overline{P}_{Qn} = \frac{V_{CC}V_p}{\pi R_L} - \frac{V_p^2}{4R_L} \tag{8.21}$$

由于对称性,晶体管 Q_p 中的平均功耗和晶体管 Q_n 中的完全相同。

每个晶体管的平均功耗如图 8.23 所示,它是 V_p 的函数。功耗先随输出电压的增加而增加,到达一个最大值,最后又随着 V_p 的增加而减小。通过令 P_{Qn} 对 V_p 的导数为零,可以求得最大平均功耗为

$$\overline{P}_{Qn(max)} = \frac{V_{CC}^2}{\pi^2 R_L} \tag{8.22}$$

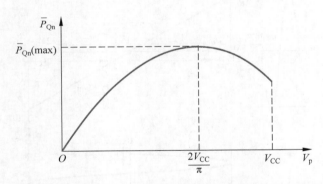

图 8.23　乙类功率放大电路输出级中每个晶体管的平均功耗-输出电压峰值变化曲线

最大功耗发生在

$$V_p\big|_{P_{Qn(max)}} = \frac{2V_{CC}}{\pi} \tag{8.23}$$

传送给负载的平均功率为

$$\overline{P}_L = \frac{1}{2} \cdot \frac{V_p^2}{R_L} \tag{8.24}$$

由于每个电源提供的电流为半个正弦波,平均电流为 $V_p/(\pi R_L)$,因此,每个电源提供的平均功率为

$$\overline{P}_{S+} = \overline{P}_{S-} = V_{CC}\left(\frac{V_p}{\pi R_L}\right) \tag{8.25}$$

两个电源提供的总平均功率为

$$\overline{P}_S = 2V_{CC}\left(\frac{V_p}{\pi R_L}\right) \tag{8.26}$$

由式(8.12),转换效率为

$$\eta = \frac{\dfrac{1}{2}\dfrac{V_p^2}{R_L}}{2V_{CC}\left(\dfrac{V_p}{\pi R_L}\right)} = \frac{\pi}{4}\cdot\frac{V_p}{V_{CC}} \tag{8.27}$$

当 $V_p = V_{CC}$ 时产生最大可能效率,为

$$\eta(\max) = \frac{\pi}{4} \Rightarrow 78.5\% \tag{8.28}$$

这个最大效率的值明显大于标准甲类功率放大电路。

由式(8.24),传送给负载的最大可能平均功率为

$$\overline{P}_L(\max) = \frac{1}{2}\frac{V_{CC}^2}{R_L} \tag{8.29}$$

由于存在其他电路消耗,并且输出电压的峰值必须保持小于 V_{CC},以避免晶体管饱和,所以实际所得的转换效率小于最大值。随着输出电压幅度的增加,输出信号失真也将增加。为了将这个失真限制在可以接受的范围之内,通常限制输出电压的峰值在 V_{CC} 以下。由图 8.23 和式(8.23)可以看到,最大晶体管功耗发生在 $V_p = 2V_{CC}/\pi$ 时。根据式(8.27),在这个输出电压峰值下,乙类功率放大电路的转换效率为

$$\eta = \frac{\pi}{4V_{CC}}V_p = \left(\frac{\pi}{4V_{CC}}\right)\left(\frac{2V_{CC}}{\pi}\right) = \frac{1}{2} \Rightarrow 50\% \tag{8.30}$$

8.3.3 甲乙类工作方式

在输入信号为零时,通过给每个输出晶体管加一个小的静态偏置,可以消除交越失真,称为甲乙类输出级,如图 8.24 中的电路所示。如果 Q_n 和 Q_p 为匹配晶体管,则当 $v_I = 0$ 时,Q_n 的 B-E 结所加的电压为 $V_{BB}/2$,Q_p 的 E-B 结所加的电压为 $V_{BB}/2$,且 $v_O = 0$。每个晶体管的静态集电极电流为

$$i_{Cn} = i_{Cp} = I_S e^{V_{BB}/(2v_T)} \tag{8.31}$$

随着 v_I 的增加,Q_n 的基极电压增加,而且 v_O 增加。晶体管 Q_n 工作在射极跟随器状态,为负载 R_L 提供电流。输出电压为

$$v_O = v_I + \frac{V_{BB}}{2} - v_{BEn} \tag{8.32}$$

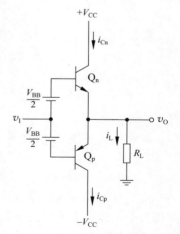

图 8.24 双极型甲乙类输出级

Q_n 的集电极电流(忽略基极电流)为

$$i_{Cn} = i_L + i_{Cp} \tag{8.33}$$

由于 i_{Cn} 必须增加,为负载提供电流,所以 v_{BEn} 也必须增加。假设 V_{BB} 保持恒定,随着 v_{BEn} 增加,v_{EBp} 将减小,进而导致 i_{Cp} 减小。

随着 v_I 变为负值,Q_p 的基极电压减小,而且 v_O 减小。晶体管 Q_p 工作在射极跟随器状态,从负载吸收电流。随着 i_{Cp} 增加,v_{EBp} 增加,导致 v_{BEn} 和 i_{Cn} 减小。

图 8.25(a)给出甲乙类输出级的电压传输特性。如果 v_{EBp} 和 v_{BEn} 不发生较大的变化,则电压增益,即传输特性曲线的斜率,基本上为 1。正弦输入电压信号、相应的集电极电流以及负载电流如图 8.25(b)、(c)和(d)所示。每个晶体管的导通时间大于半个周期,这也是甲乙类工作方式的定义。

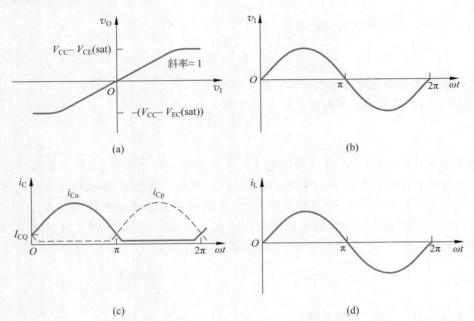

图 8.25　甲乙类输出级的特性:(a) 电压传输特性曲线;(b) 正弦输入信号;(c) 集电极电流;
(d) 输出电流

已知 i_{Cn} 和 i_{Cp} 之间的关系为

$$v_{BEn} + v_{EBp} = V_{BB} \qquad (8.34a)$$

可以写为

$$V_T \ln\left(\frac{i_{Cn}}{I_S}\right) + V_T \ln\left(\frac{i_{Cp}}{I_S}\right) = 2V_T \ln\left(\frac{I_{CQ}}{I_S}\right) \qquad (8.34b)$$

合并式(8.34b)中的各项,可得

$$i_{Cn} i_{Cp} = I_{CQ}^2 \qquad (8.35)$$

i_{Cn} 和 i_{Cp} 的乘积为一常数,因此,如果 i_{Cn} 增加,则 i_{Cp} 下降,但不会降为零。

由于对于零输入信号,输出晶体管中仍存在静态集电极电流,每个电压源提供的平均功率和每个晶体管中消耗的平均功率都大于乙类电路。这意味着甲乙类输出级的功率转换效率小于理想乙类电路。此外,甲乙类电路中晶体管所需的功率处理能力要稍大于乙类电路。而由于静态集电极电流 I_{CQ} 与峰值电流相比通常较小,功耗的增加并不大。在甲乙类输出级中,转换效率减小和功耗增加方面的微弱缺陷,与消除交越失真的优点比较起来微不足道。

例题 8.6　求解图 8.24 所示甲乙类互补推挽式输出级的总谐波失真。已经进行 PSpice 仿真分析,得出输出信号的谐波分量。

解：在电路的输入端加一个幅度为 2V、频率为 1kHz 的正弦信号。偏置电压 $V_{BB}/2$ 是一组变化的值。电路偏置在 $\pm 10V$,输出端连接一个 $1k\Omega$ 的负载。表 8.4 给出所加的 $V_{BB}/2$、静态晶体管电流和总谐波失真。

表 8.4 甲乙类电路的静态集电极电流和总谐波失真

$V_{BB}/2(V)$	$I_{CQ}(mA)$	THD(%)
0.60	0.048	1.22
0.65	0.33	0.244
0.70	2.20	0.0068
0.75	13.3	0.0028

讨论：对于 2V 的输出电压峰值和 $1k\Omega$ 的负载,负载电流峰值在 2mA 的量级。由表 8.4 所示的结果可见,THD 随着静态晶体管电流和负载电流峰值比值的增加而减小。换言之,对于一个给定的输入电压,当加信号时,和静态集电极电流相比,集电极电流的变化越小,失真越小。然而,还需要折中考虑。当静态晶体管电流增加时,功率转换效率会减小。应当设计电路,使得当达到最大总谐波失真指标时,晶体管的静态电流为最小值。

点评：可以看到,甲乙类输出级的 THD 值远小于乙类电路。但是在很多电路中,都没有唯一确定的偏置电压。

图 8.26 给出一个采用增强型 MOSFET 的甲乙类输出级。如果 M_n 和 M_p 为匹配晶体管,并且 $v_I=0$,则 M_n 的栅-源和 M_p 的源-栅极间加 $V_{BB}/2$ 的电压,每个晶体管中建立的静态漏极电流为

$$i_{Dn}=i_{Dp}=I_{DQ}=K\left(\frac{V_{BB}}{2}-|V_T|\right)^2 \quad (8.36)$$

随着 v_I 增加,M_n 的栅极电压将增加,而且 v_O 增加。晶体管 M_n 工作在源极跟随器状态,向负载 R_L 提供电流。由于 i_{Dn} 必须增加,为负载提供电流,v_{GSn} 也必须增加。假设 V_{BB} 保持恒定,v_{GSn} 增加意味着 v_{GSp} 和 i_{Dp} 相应减小。当 v_I 变为负值时,M_p 的栅极电压减小,而且 v_O 减小。然后,晶体管 M_p 工作于源极跟随器状态,从负载吸收电流。

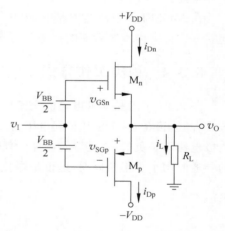

图 8.26 MOSFET 甲乙类输出级

例题 8.7 求解 MOSFET 甲乙类输出级所需的偏置。图 8.26 所示电路的参数为 $V_{DD}=10V$ 和 $R_L=20\Omega$。晶体管都相互匹配,参数为 $K=0.20A/V^2$、$|V_T|=1V$。当 $v_O=5V$ 时,要求静态漏极电流为负载电流的 20%。

解：当 $v_O=5V$ 时,有

$$i_L=5/20=0.25A$$

于是,对于 $v_O=0$ 时 $I_Q=0.05A$,有

$$I_{DQ}=0.05=K\left(\frac{V_{BB}}{2}-|V_T|\right)^2=(0.20)\left(\frac{V_{BB}}{2}-1\right)^2$$

可以得出

$$V_{BB}/2 = 1.50V$$

当 v_O 为正时,输入电压为

$$v_I = v_O + v_{GSn} - \frac{V_{BB}}{2}$$

当 $v_O = 5V$ 和 $i_{Dn} \approx i_L = 0.25A$ 时,有

$$v_{GSn} = \sqrt{\frac{i_{Dn}}{K}} + |V_T| = \sqrt{\frac{0.25}{0.20}} + 1 = 2.12V$$

M_p 的源-栅间电压为

$$v_{SGp} = V_{BB} - V_{GSn} = 3 - 2.12 = 0.88V$$

这意味着 M_p 截止,且 $i_{Dn} = i_L$。最后,输入电压为

$$v_I = 5 + 2.12 - 1.5 = 5.62V$$

点评:由于 $v_I > v_O$,输出级的电压增益小于 1,与预期一致。

练习题 8.7 观察图 8.26 所示的甲乙类 MOSFET 输出级。电路的参数为 $V_{DD} = 15V$ 和 $R_L = 25\Omega$。晶体管相互匹配,参数为 $K = 0.25A/V^2$ 和 $|V_T| = 1.2V$。当 $v_O = 8V$ 时,要求静态漏极电流为负载电流的 20%。①求解 V_{BB};②当 $v_O = 0$,$v_O = 8V$ 时,求解小信号增益 $A_v = dv_O/dv_I$。

答案:①$V_{BB} = 3.412V$;②$A_v = 0.927$,$A_v = 0.934$。

在 MOSFET 甲乙类电路中,电压 V_{BB} 可通过额外的增强型 MOSFET 和恒流源 I_{Bias} 建立。这将留作本章后面的一道习题。

8.3.4 丙类工作方式

图 8.27 给出晶体管电路的交流负载线,包含延伸至截止区以外的部分。对于丙类工作方式,晶体管在 Q 点的 B-E 间电压为反向偏置,如图 8.27 所示。注意,在静态工作点处,集电极电流不是负值,而是零。晶体管仅在正半周期输入信号足够大时才导通,因此,晶体管的导通时间小于半个周期,这也是丙类工作方式的定义。

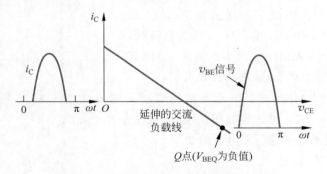

图 8.27 丙类放大电路的有效交流负载线

丙类放大电路能够提供较大的功率,转换效率大于 78.5%。这些放大电路通常用于射频电路,在无线电和电视发射机中通常使用可调 RLC 负载。RLC 电路将驱动电流脉冲转化为正弦信号。由于这是一个专用领域,这里不对这些电路进行分析。

理解测试题 8.4 图 8.16(a)所示的共射输出级中,令 $V_{CC} = 12V$ 和 $R_L = 1k\Omega$。假设 Q 点位于负载线的中点。(1)求解晶体管的静态功耗。(2)假设正弦输出电压信号的峰-峰值限制为 9V,求解①传送给负载的平均信号功率;②功率转换效率;③晶体管的平均功耗。

答案:(1) $P_Q = 36mW$;(2) ① $\overline{P}_L = 10.1mW$,② $\eta = 14.1\%$,③ $\overline{P}_Q = 25.9mW$。

理解测试题 8.5 设计如图 8.18 所示的理想乙类输出级,给 8Ω 的扬声器输送 25W 的平均功率。要求输出电压的峰值不超过电源电压 V_{CC} 的 80%。求解①所需的 V_{CC} 值;②每个晶体管的峰值电流;③每个晶体管的平均功耗;④功率转换效率。

答案:① $V_{CC} = 25V$;② $I_P = 2.5A$;③ $\overline{P}_Q = 7.4W$;④ $\eta = 62.8\%$。

理解测试题 8.6 图 8.18 所示理想乙类输出级的参数为 $V_{CC} = 5V$ 和 $R_L = 100\Omega$。测得输出信号为 $v_o = 4\sin\omega t$ (V)。求解①平均负载信号功率;②每个晶体管的峰值电流;③每个晶体管的平均功耗;④功率转换效率。

答案:① $\overline{P}_L = 80mW$;② $I_P = 40mA$;③ $\overline{P}_Q = 23.7mW$;④ $\eta = 62.8\%$。

8.4 甲类功率放大电路

目标:分析几种甲类功率放大电路的电路结构。

前面分析了标准甲类放大电路,求得其最大可能功率转换效率为 25%。通过使用电感和变压器,可以提高甲类放大电路的转换效率。

8.4.1 电感耦合放大电路

为负载输送较大功率时,通常要求较高的电压和较大的电流。在共射电路中,可以通过用电感取代集电极电阻来满足这个要求,如图 8.28(a)所示。电感对于直流电流相当于短路,但对于频率足够高的交流信号相当于开路。因此,全部的交流电流耦合到负载。假设信号频率最低时 $\omega L > R_L$。

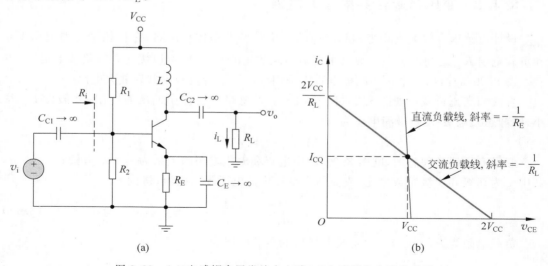

(a)   (b)

图 8.28 (a)电感耦合甲类放大电路;(b)直流和交流负载线

直流和交流负载线如图 8.28(b)所示。假设电感的电阻可以忽略,且射极电阻的值很小。于是,静态集电极-发射极间电压约为 $V_{CEQ} \approx V_{CC}$。集电极交流电流为

$$i_c = \frac{-v_{ce}}{R_L} \tag{8.37}$$

为了得到最大不失真输出电压,进而产生最大功率,需要有

$$I_{CQ} \approx \frac{V_{CC}}{R_L} \tag{8.38}$$

此时,交流负载线与 v_{CE} 轴相交于 $2V_{CC}$ 处。

电感或储能元件的使用,产生了大于 V_{CC} 的交流输出电压幅值。电感两端感应电压的极性,可以使得电压与 V_{CC} 相加,从而产生大于 V_{CC} 的输出电压。

负载中信号电流的最大幅值绝对值为 I_{CQ},因此,输送给负载的最大可能平均信号功率为

$$\overline{P}_L(\max) = \frac{1}{2}I_{CQ}^2 R_L = \frac{1}{2}\frac{V_{CC}^2}{R_L} \tag{8.39}$$

如果忽略偏置电阻 R_1 和 R_2 上消耗的功率,电源 V_{CC} 提供的平均功率为

$$\overline{P}_S = V_{CC}I_{CQ} = \frac{V_{CC}^2}{R_L} \tag{8.40}$$

于是,最大可能功率转换效率为

$$\eta_{\max} = \frac{\overline{P}_L(\max)}{\overline{P}_S} = \frac{\frac{1}{2}\frac{V_{CC}^2}{R_L}}{\frac{V_{CC}^2}{R_L}} = \frac{1}{2} \Rightarrow 50\% \tag{8.41}$$

这表明,在标准甲类放大电路中用电感取代集电极电阻,可以使最大可能功率转换效率翻倍。

8.4.2 变压器耦合共射放大电路

设计电感耦合放大电路来达到较高的功率转换效率比较困难,它依赖于电源电压 V_{CC} 和负载电阻 R_L 之间的关系。通过采用适当匝数比的变压器,可以优化有效负载电阻。

图 8.29(a)给出一个在集电极电路中采用变压器耦合负载的共射放大电路。

直流和交流负载线如图 8.29(b)所示。如果忽略变压器中的所有电阻,并假设 R_E 很小,则静态集电极-发射极间电压为

$$V_{CEQ} \approx V_{CC}$$

假设变压器是理想的,则图 8.29(a)中电流和电压之间的关系为 $i_L = \alpha i_C$ 和 $v_2 = v_1/\alpha$,其中 α 为初级和次级匝数之比,或简称为匝数比。电压除以电流,得到

$$\frac{v_2}{i_L} = \frac{v_I/\alpha}{\alpha i_C} = \frac{v_I}{i_C}\frac{1}{\alpha^2} \tag{8.42}$$

负载电阻为 $R_L = v_2/i_L$。定义变换后的负载电阻为

$$R'_L = \frac{v_I}{i_C} = \alpha^2 \frac{v_2}{i_L} = \alpha^2 R_L \tag{8.43}$$

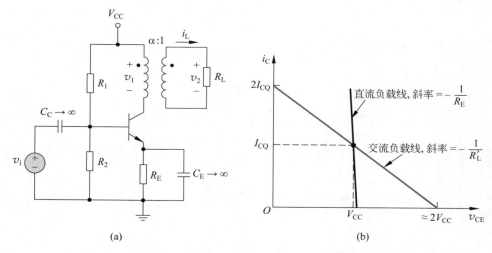

图 8.29 (a) 变压器耦合共射放大电路；(b) 直流和交流负载线

设计该匝数比，产生最大不失真输出电流和输出电压，由此

$$R'_L = \frac{2V_{CC}}{2I_{CQ}} = \frac{V_{CC}}{I_{CQ}} = \alpha^2 R_L \tag{8.44}$$

传送给负载的最大平均功率等于传送给理想变压器初级线圈的最大平均功率，如下

$$\overline{P}_L(\max) = \frac{1}{2} V_{CC} I_{CQ} \tag{8.45}$$

其中，V_{CC} 和 I_{CQ} 为正弦信号的最大可能幅值。如果忽略偏置电阻 R_1 和 R_2 上消耗的功率，则电源 V_{CC} 提供的平均功率为

$$\overline{P}_S = V_{CC} I_{CQ}$$

再次看到，最大可能功率转换效率为

$$\eta_{\max} = 50\%$$

8.4.3 变压器耦合射极跟随器放大电路

由于射极跟随器具有较低输出阻抗，它常常用作放大电路的输出级。图 8.30(a) 给出一个变压器耦合射极跟随器电路。直流和交流负载线如图 8.30(b) 所示。和前面一样，假设变压器的电阻可以忽略不计。

变换后的负载电阻同样为 $R'_L = \alpha^2 R_L$。通过正确地设计变压器的匝数比，可以获得最大不失真输出电流和输出电压。

传送给负载的平均功率为

$$\overline{P}_L = \frac{1}{2} \frac{V_p^2}{R_L} \tag{8.46}$$

其中 V_p 为正弦输出信号的峰值。射极电压的最大峰值为 V_{CC}，所以输出信号的最大峰值为

$$V_p(\max) = V_{CC}/\alpha$$

因此，最大平均输出信号功率为

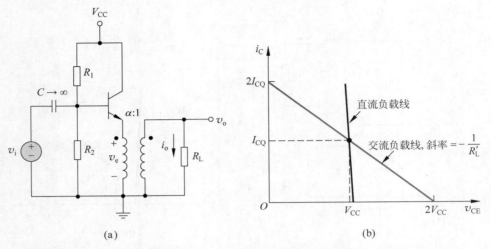

图 8.30 (a) 变压器耦合射极跟随器放大电路；(b) 直流和交流负载线

$$\bar{P}_{\mathrm{L}}(\mathrm{max}) = \frac{1}{2} \frac{[V_{\mathrm{p}}(\mathrm{max})]^2}{R_{\mathrm{L}}} = \frac{V_{\mathrm{CC}}^2}{2\alpha^2 R_{\mathrm{L}}} \tag{8.47}$$

这个电路的最大功率转换效率同样为 50%。

例题 8.8 设计一个变压器耦合射极跟随器放大电路，传送规定的信号功率。图 8.30 (a)所示电路的参数为 $V_{\mathrm{CC}} = 24\mathrm{V}$ 和 $R_{\mathrm{L}} = 8\Omega$。要求传送给负载的平均功率为 5W，发射极电流信号的峰值不大于 $0.9I_{\mathrm{CQ}}$，发射极电压信号的峰值不大于 $0.9V_{\mathrm{CC}}$。令 $\beta = 100$。

解：传送给负载的平均功率由式(8.46)给出。因此，输出电压的峰值为

$$V_{\mathrm{p}} = \sqrt{2 R_{\mathrm{L}} \bar{P}_{\mathrm{L}}} = \sqrt{2 \times 8 \times 5} = 8.94\mathrm{V}$$

输出电流的峰值为

$$I_{\mathrm{p}} = \frac{V_{\mathrm{p}}}{R_{\mathrm{L}}} = \frac{8.94}{8} = 1.12\mathrm{A}$$

由于

$$V_{\mathrm{e}} = 0.9V_{\mathrm{CC}} = \alpha V_{\mathrm{p}}$$

于是有

$$\alpha = \frac{0.9V_{\mathrm{CC}}}{V_{\mathrm{p}}} = \frac{0.9 \times 24}{8.94} = 2.42$$

同样，由于

$$I_{\mathrm{e}} = 0.9I_{\mathrm{CQ}} = I_{\mathrm{p}}/\alpha$$

于是

$$I_{\mathrm{CQ}} = \frac{1}{0.9} \frac{I_{\mathrm{p}}}{\alpha} = \frac{1.12}{0.9 \times 2.42} = 0.514\mathrm{A}$$

对于甲类工作方式，晶体管中的最大功耗为

$$P_{\mathrm{Q}} = V_{\mathrm{CC}} I_{\mathrm{CQ}} = 24 \times 0.514 = 12.3\mathrm{W}$$

所以晶体管必须能够承受这个功率。

由直流分析可以求解偏置电阻 R_1 和 R_2。戴维南等效电压为

$$V_{TH} = I_{BQ} R_{TH} + V_{BE}(on)$$

其中

$$R_{TH} = R_1 \parallel R_2 \quad \text{和} \quad V_{TH} = [R_2/(R_1 + R_2)]V_{CC}$$

同时有

$$I_{BQ} = \frac{I_{CQ}}{\beta} = \frac{0.514}{100} \Rightarrow 5.14 \text{mA}$$

由于 $V_{TH} < V_{CC}$ 和 $I_{BQ} \approx 5 \text{mA}$，$R_{TH}$ 不能太大。而如果 R_{TH} 很小，则 R_1 和 R_2 上消耗的功率就会变得太大而无法接受。选择 $R_{TH} = 2.5 \text{k}\Omega$，使得

$$V_{TH} = \frac{1}{R_1}(R_{TH})V_{CC} = \frac{1}{R_1}(2.5 \times 24) = 5.14 \times 2.5 + 0.7$$

因此，$R_1 = 4.43 \text{k}\Omega$，$R_2 = 5.74 \text{k}\Omega$。

点评：电源 V_{CC} 提供的平均功率（忽略偏置电阻的影响）为 $\overline{P}_S = V_{CC} I_{CQ} = 12.3 \text{W}$，这意味着功率转化效率为 $\eta = 5/12.3 \Rightarrow 40.7\%$。如果晶体管的饱和与失真需要最小化，这个效率始终小于 50% 的最大值。

练习题 8.8 变压器耦合射极跟随器放大电路如图 8.30(a)所示。其参数为 $V_{CC} = 18 \text{V}$，$V_{BE}(on) = 0.7 \text{V}$，$\beta = 100$，$a = 10$ 和 $R_L = 8\Omega$。①设计 R_1 和 R_2，给负载传送最大功率。从信号源 v_i 看到的输入电阻为 $1.5 \text{k}\Omega$。②如果射极电压 v_E 的峰值限制为 $0.9 V_{CC}$，射极电流 i_E 的峰值限制为 $0.9 I_{CQ}$，求解输出电压信号的最大幅值以及传送给负载的平均功率。

答案：①$R_1 = 26.4 \text{k}\Omega$，$R_2 = 1.62 \text{k}\Omega$；②$V_P = 1.62 \text{V}$，$I_P = 203 \text{mA}$，$\overline{P}_L = 0.164 \text{W}$。

理解测试题 8.7 对于图 8.28(a)所示的电感耦合放大电路，其参数为 $V_{CC} = 12 \text{V}$，$V_{BE}(on) = 0.7 \text{V}$，$R_E = 0.1 \text{k}\Omega$，$R_L = 1.5 \text{k}\Omega$ 和 $\beta = 75$。①设计 R_1 和 R_2，获得最大不失真输出电流和输出电压[令 $R_{TH} = (1 + \beta)R_E$]。②如果输出电压的峰值限制为 $0.9 V_{CC}$，且输出电流的峰值限制为 $0.9 I_{CQ}$，求解传送给负载的平均功率、晶体管中消耗的平均功率以及功率转换效率。

答案：①$R_1 = 39.1 \text{k}\Omega$，$R_2 = 9.43 \text{k}\Omega$；②$\overline{P}_L = 38.9 \text{mW}$，$\overline{P}_Q = 57.1 \text{mW}$，$\eta = 40.5\%$。

8.5 甲乙类推挽式互补输出级

目标：分析几种甲乙类功率放大电路的电路结构。

甲乙类输出级消除了乙类电路会产生的交越失真。本节将分析几种为输出晶体管提供小静态偏置的电路。这些电路不仅用作功率放大电路的输出级，也可以用作第 13 章将讨论的运算放大电路的输出级。

8.5.1 二极管偏置的甲乙类输出级

在甲乙类电路中，为输出晶体管提供静态偏置的电压 V_{BB} 可以通过二极管上的压降来建立，如图 8.31 所示。使用一个恒流源 I_{Bias}，在二极管对或连接成二极管的晶体管 D_1 和 D_2 上建立所需的压降。由于 D_1 和 D_2 未必和 Q_n 和 Q_p 相匹配，晶体管的静态电流可能不等于 I_{Bias}。

输出电压随着输入电压的增加而增加,引起电流 i_{Cn} 增加。进而,又导致基极电流 i_{Bn} 增加。由于基极电流的增加由流过 D_1 和 D_2 的电流 I_{Bias} 提供,由此电压 V_{BB} 会略有减小。由于这个电路中的 V_{BB} 并未保持恒定,式(8.35)给出的 i_{Cn} 和 i_{Cp} 之间的关系在此不严格成立。因此,上节中的分析需要略作调整,但这个甲乙类电路的基本工作原理相同。

例题 8.9 设计图 8.31 所示的甲乙类输出级,满足特定的设计指标。假设 D_1 和 D_2 的 $I_{SD}=3\times10^{-14}\,\mathrm{A}$,$Q_n$ 和 Q_p 的 $I_{SQ}=10^{-13}$,且 $\beta_n=\beta_p=75$。令 $R_L=8\,\Omega$。要求传送给负载的平均功率为 5W,输出电压的峰值不大于 V_{CC} 的 80%,二极管电流 I_D 的最小值不小于 5mA。

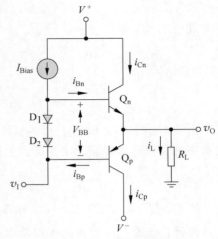

图 8.31　用二极管建立静态偏置的甲乙类输出级

解:由式(8.24),传送给负载的平均功率为

$$\overline{P}_L=\frac{1}{2}\frac{V_p^2}{R_L}$$

因此

$$V_P=\sqrt{2R_L\overline{P}_L}=\sqrt{2\times8\times5}=8.94\mathrm{V}$$

于是,电源电压必须为

$$V_{CC}=\frac{V_p}{0.8}=\frac{8.94}{0.8}=11.2\mathrm{V}$$

在输出电压峰值处,Q_n 的射极电流约等于负载电流,即

$$i_{En}\approx i_L(\max)=\frac{V_p(\max)}{R_L}=\frac{8.94}{8}=1.12\mathrm{A}$$

基极电流为

$$i_{Bn}=\frac{i_{En}}{1+\beta_n}=\frac{1.12}{76}=14.7\mathrm{mA}$$

对最小值 $I_D=5\mathrm{mA}$,选择 $I_{Bias}=20\mathrm{mA}$。输入信号为零时,忽略基极电流,可得

$$V_{BB}=2V_T\ln\left(\frac{I_D}{I_{SD}}\right)=2(0.026)\ln\left(\frac{20\times10^{-3}}{3\times10^{-14}}\right)=1.416\mathrm{V}$$

静态集电极电流为

$$I_{CQ}=I_{SQ}\mathrm{e}^{(V_{BB}/2)V_T}=10^{-13}\mathrm{e}^{1.416/2\times0.026}\Rightarrow67.0\mathrm{mA}$$

对于 $v_O=8.94\mathrm{V}$ 和 $i_L=1.12\mathrm{A}$,基极电流为 $i_{Bn}=14.7\mathrm{mA}$,且

$$I_D=I_{Bias}-i_{Bn}=5.3\mathrm{mA}$$

于是新的 V_{BB} 值为

$$V'_{BB}=2V_T\ln\left(\frac{I_D}{I_{SD}}\right)=2(0.026)\ln\left(\frac{5.3\times10^{-3}}{3\times10^{-14}}\right)=1.347\mathrm{V}$$

Q_n 的 B-E 间电压为

$$v_{BEn} = V_T \ln\left(\frac{i_{Cn}}{I_{SQ}}\right) = (0.026)\ln\left(\frac{1.12}{10^{-13}}\right) = 0.781V$$

于是，Q_p 的 E-B 间电压为

$$v_{EBp} = V'_{BB} - v_{BEn} = 1.347 - 0.781 = 0.566V$$

和

$$i_{Cp} = I_{SQ}e^{v_{EBp}/V_T} = (10^{-13})e^{0.566/0.026} \Rightarrow 0.285mA$$

点评：当输出变为正电压时，与预期一致，Q_p 中的电流显著下降，但不会降为零。Q_n 和 Q_p 的电流相差约 10^3 倍。

设计指南：如果输出信号电流很大，输出晶体管中的基极电流与流过二极管 D_1 和 D_2 的偏置电流相比，将显得很大。为了保持输出级的小信号电压增益接近于 1，应将二极管偏置电流的变化减到最小。

练习题 8.9 图 8.31 所示的甲乙类输出级偏置在 $V^+ = 5V$ 和 $V^- = -5V$，负载电阻 $R_L = 1k\Omega$。器件的参数为，二极管 D_1 和 D_2 的 $I_{SD} = 1.2 \times 10^{-14}A$，晶体管 Q_n 和 Q_p 的 $I_{SQ} = 2 \times 10^{-14}A$。①忽略基极电流，求解产生静态集电极电流 $I_{CQ} = 1mA$ 的 I_{Bias} 值；②假设 $\beta_n = \beta_p = 100$，求解当 $v_O = 1.2V$ 时的 $i_{Cn}, i_{Cp}, v_{BEn}, v_{BEp}$ 以及 I_D；③当 $v_O = 3V$ 时，重复②。

答案：① $I_{Bias} = 0.6mA$；② $i_{Cn} = 1.73mA$，$i_{Cp} = 0.547mA$，$v_{BEn} = 0.6547V$，$v_{EBp} = 0.6248V$，$I_D = 0.5827mA$；③ $i_{Cn} = 3.24mA$，$i_{Cp} = 0.276mA$，$v_{BEn} = 0.671V$，$v_{EBp} = 0.607V$，$I_D = 0.5676mA$。

8.5.2 带 V_{BE} 倍增电路的甲乙类输出级

图 8.32 所示为另外一种偏置方案，在输出级的设计中提供更大的灵活性。提供偏置电压 V_{BB} 的偏置电路由晶体管 Q_1 以及电阻 R_1 和 R_2 组成，并由恒流源 I_{Bias} 偏置。

如果忽略 Q_1 的基极电流，则有

$$I_R = \frac{V_{BE1}}{R_2} \tag{8.48}$$

电压 V_{BB} 为

$$V_{BB} = I_R(R_1 + R_2) = V_{BE1}\left(1 + \frac{R_1}{R_2}\right) \tag{8.49}$$

由于电压 V_{BB} 为结电压 V_{BE1} 的倍增，这个电路称为 V_{BE} 倍增电路。通过设计倍增系数，可以产生所需的 V_{BB} 值。

恒流源 I_{Bias} 的一部分流过 Q_1，所以有

$$V_{BE1} = V_T \ln\left(\frac{I_{C1}}{I_{S1}}\right) \tag{8.50}$$

同时，静态偏置电流 i_{Cn} 和 i_{Cp} 通常很小，因而可以忽略 i_{Bn} 和 i_{Bp}。电流 I_{Bias} 在 I_R 和 I_{C1} 之间分配，并同时满足式(8.48)和式(8.50)。

随着 v_I 增加，v_O 将变为正，且 i_{Cn} 和 i_{Bn} 增加，这将减小 Q_1 的集电极电流。而式(8.50)所给出的对 I_{C1} 的对数依赖，意味着当输出电压变化时，V_{BE1} 以及 V_{BB} 将保持基本恒定。

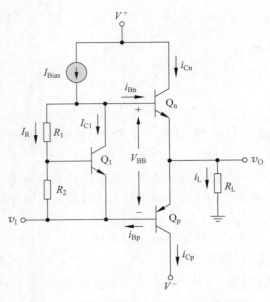

图 8.32 带 V_{BE} 倍增电路的甲乙类输出级

例题 8.10 设计一个带 V_{BE} 倍增电路的甲乙类输出级,满足特定的总谐波失真指标。假设图 8.32 所示的电路偏置在 $V^+ = 15V$ 和 $V^- = -15V$,它是一个音频放大电路的输出级,用于驱动另一个输入电阻为 $1k\Omega$ 的功率放大电路。要求最大正弦输出电压的峰值为 10V,总谐波失真小于 0.1%。

解:采用标准 2N3904 和 2N3906 晶体管。由例题 8.6 的结果可知,THD 为输出晶体管静态电流的函数。对于图 8.24 中的基本电路,当 $V_{BB} = 1.346V$ 时,求得 THD 为 0.097%,静态集电极电流为 0.88mA,且正弦输出电压的峰值为 10V。

图 8.33 给出 PSpice 电路原理图。对于 10V 的峰值输出电压,负载电流的峰值为 10mA。假设 $\beta \approx 100$,则基极电流的峰值为 0.1mA。选择 1mA 的偏置电流,为 V_{BE} 倍增电路提供偏置。峰值为 0.1mA 的电流,通常不会影响流过倍增电路的电流。

可以选择 $I_R = 0.2mA$(流过 R_1 和 R_2 的电流)和 $I_{C3} = 0.8mA$。于是有

$$R_1 + R_2 = \frac{V_{BB}}{I_R} = \frac{1.346}{0.2} = 6.73k\Omega$$

对于 2N3904,当静态集电极电流约为 0.8mA 时,求得 $V_{BE} \approx 0.65V$。因此

$$R_2 = \frac{V_{BE3}}{I_R} = \frac{0.65}{0.2} = 3.25k\Omega$$

因此 $R_1 = 3.48k\Omega$。

根据 PSpice 分析结果,可以求得 Q_1 的基极电压为 0.6895V,Q_2 的基极电压为 $-0.6961V$,这意味着 $V_{BB} = 1.3856V$。这个电压略大于设计值 $V_{BB} = 1.346V$。表 8.5 列出晶体管的静态参数。输出晶体管的静态集电极电流为 1.88mA,约为设计值 0.88mA 的两倍。总谐波失真为 0.0356%,在设计指标以内。

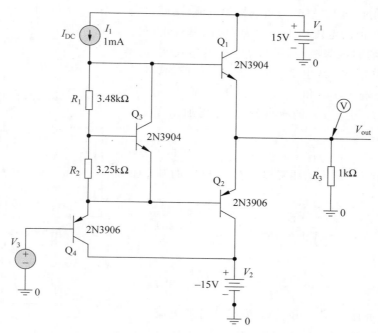

图 8.33 例题 8.10 的 PSpice 电路原理图

表 8.5 晶体管的静态参数

名 称	Q_Q1	Q_Q2	Q_Q3	Q_Q4
MODEL	Q2N3904	Q2N3906	Q2N3904	Q2N3906
I_B	1.12E−05	−5.96E−06	6.01E−06	−3.20E−06
I_C	1.88E−03	−1.88E−03	7.80E−04	−9.92E−04
V_{BE}	6.78E−01	−7.08E−01	6.59E−01	−6.92E−01
V_{BC}	−1.43E+01	1.43E+01	−7.27E−01	1.36E+01
V_{CE}	1.50E+01	−1.50E+01	1.39E+00	−1.43E+01
BETADC	1.67E+02	3.15E+02	1.30E+02	3.10E+02
GM	7.11E−02	7.15E−02	2.98E−02	3.80E−02
RPI	2.66E+03	4.34E+03	5.01E+03	8.09E+03

点评：由于所得到的 V_{BB} 电压略大于设计值，输出晶体管的静态电流约为设计值的两倍。虽然 THD 指标得到满足，但更大的集电极电流意味着静态功耗也更大。基于这个原因，可能需要重新设计电路，以减小静态电流。

8.5.3 带输入缓冲晶体管的甲乙类输出级

图 8.34 所示的输出级是由互补晶体管对 Q_3 和 Q_4 组成的甲乙类电路。电阻 R_1 和 R_2 以及射极跟随器晶体管 Q_1 和 Q_2 建立电路所需的静态偏置。电阻 R_3 和 R_4 一起用作图中未画出的短路保护器件，同时也维持输出晶体管的热稳定性能。输入信号 v_1 可以是小功率放大电路的输出。同时，由于这是一个射极跟随器，输出电压近似等于输入电压。

当输入电压 v_1 从零开始增加时，Q_3 的基极电压增大，输出电压 v_O 增大。负载电流 i_O

为正，Q_3 的发射极电流增加，为负载提供电流，从而导致流入 Q_3 基极的电流增大。因为 Q_3 的基极电压增大，R_1 两端的压降减小，导致 R_1 中的电流更小。这意味着 i_{E1} 和 i_{B1} 也将下降。随着 v_1 增加，R_2 两端的压降增加，i_{E2} 和 i_{B2} 增加。于是，产生一个净输入电流 i_I，引起 i_{B1} 的减小和 i_{B2} 的增加。

净输入电流为

$$i_I = i_{B2} - i_{B1} \tag{8.51}$$

忽略 R_3 和 R_4 两端的压降以及 Q_3 和 Q_4 的基极电流，有

$$i_{B2} = \frac{(v_I - V_{BE}) - V^-}{(1+\beta_n)R_2} \tag{8.52a}$$

和

$$i_{B1} = \frac{V^+ - (v_I + V_{BE})}{(1+\beta_p)R_1} \tag{8.52b}$$

其中 β_n 和 β_p 分别为 NPN 和 PNP 型晶体管的电流增益。如果 $V^+ = -V^-$，$V_{BE} = V_{EB}$，$R_1 = R_2 \equiv R$ 以及 $\beta_n = \beta_p \equiv \beta$，则联合求解式(8.52a)、式(8.52b)和式(8.51)，可以得到

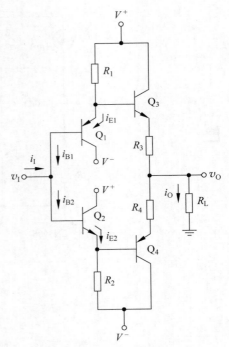

图 8.34　带输入缓冲晶体管的甲乙类输出级

$$i_I = \frac{(v_I - V_{BE} - V^-)}{(1+\beta)R} - \frac{V^+ - v_I - V_{EB}}{(1+\beta)R} = \frac{2v_I}{(1+\beta)R} \tag{8.53}$$

由于这个输出级的电压增益约为 1，输出电流为

$$i_O = \frac{v_O}{R_L} \approx \frac{v_I}{R_L} \tag{8.54}$$

利用式(8.53)和式(8.54)，求得这个输出级的电流增益为

$$A_i = \frac{i_O}{i_I} = \frac{(1+\beta)R}{2R_L} \tag{8.55}$$

β 位于分子中，这个电流增益相当重要。由于功率放大电路的输出级必须提供必要的电流以满足功率要求，所以较大的电流增益会比较理想。

例题 8.11　求解带输入缓冲晶体管的输出级的电流和电流增益。图 8.34 所示电路的参数为 $R_1 = R_2 = 2k\Omega$，$R_L = 100\Omega$，$R_3 = R_4 = 0$ 和 $V^+ = -V^- = 15V$。假设所有晶体管均匹配，$\beta = 60$，$V_{BE}(\text{npn}) = V_{EB}(\text{pnp}) = 0.6V$。

解：对于 $v_I = 0$，

$$i_{R1} = i_{R2} \approx i_{E1} = i_{E2} = \frac{15 - 0.6}{2} = 7.2\text{mA}$$

假设所有晶体管均匹配，由于 Q_1 和 Q_3 的发射结电压相等，Q_2 和 Q_4 的发射结电压也相等，所以 Q_3 和 Q_4 的偏置电流也同样约为 7.2mA。

解：当 $v_I = 10V$ 时，输出电流近似为

$$i_O = \frac{v_O}{R_L} \approx \frac{10}{0.1} = 100\text{mA}$$

Q_3 的发射极电流基本上等于负载电流,这意味着 Q_3 的基极电流近似为

$$i_{B3} = 100/61 = 1.64\text{mA}$$

R_1 中的电流为

$$i_{R1} = \frac{15 - (10 + 0.6)}{2} = 2.2\text{mA}$$

这意味着

$$i_{E1} = i_{R1} - i_{B3} = 0.56\text{mA}$$

和

$$i_{B1} = i_{E1}/(1 + \beta) = 0.56/61 \Rightarrow 9.18\mu\text{A}$$

由于当 v_O 增加时 Q_4 趋于截止,有

$$i_{E2} \approx i_{R2} = \frac{10 - 0.6 - (-15)}{2} = 12.2\text{mA}$$

和

$$i_{B2} = i_{E2}/(1 + \beta) = 12.2/61 \Rightarrow 200\mu\text{A}$$

于是,输入电流为

$$i_I = i_{B2} - i_{B1} = 200 - 9.18 \approx 191\mu\text{A}$$

因此,电流增益为

$$A_i = \frac{i_O}{i_I} = \frac{100}{0.191} = 524$$

根据式(8.55),预期的电流增益为

$$A_i = \frac{i_O}{i_I} = \frac{(1 + \beta)R}{2R_L} = \frac{61 \times 2}{2 \times 0.1} = 610$$

点评:由于根据式(8.55)所求得的电流增益忽略了 Q_3 和 Q_4 的基极电流,实际电流增益小于预期值,这是预料之中的。$191\mu\text{A}$ 的输入电流,可以很容易地通过一个小功率放大电路提供。

练习题 8.11 图 8.34 所示甲乙类输出级的参数为 $V^+ = -V^- = 12\text{V}$,$R_1 = R_2 = 250\Omega$,$R_L = 8\Omega$,$R_3 = R_4 = 0$。假设所有晶体管均匹配,$\beta = 40$,$V_{BE}(\text{npn}) = V_{EB}(\text{pnp}) = 0.7\text{V}$。①当 $v_I = 0$ 时,求解 i_{E1}、i_{E2}、i_{B1} 和 i_{B2}。②当 $v_I = 5\text{V}$ 时,求解 i_O、i_{E1}、i_{E2}、i_{B1}、i_{B2} 和 i_I。③利用②的结果,求解输出级的电流增益。将这个值和利用式(8.55)求得的值进行比较。

答案:①$i_{E1} = i_{E2} = 44.1\text{mA}$,$i_{B1} = i_{B2} = 1.08\text{mA}$;②$i_O = 0.625\text{A}$,$i_{E1} = 10.0\text{mA}$,$i_{B1} = 0.244\text{mA}$,$i_{E2} = 65.2\text{mA}$,$i_{B2} = 1.59\text{mA}$,$i_I = 1.35\text{mA}$;③$A_i = 463$,由式(8.55)求得 $A_i = 641$。

8.5.4 利用复合管的甲乙类输出级

互补推挽式输出级使用 NPN 和 PNP 型双极型晶体管。在集成电路设计中,PNP 型晶体管通常制作成具有较低 β 值的横向器件,β 的典型值在 $5 \sim 10$ 之间;而 NPN 型晶体管通常制作成纵向器件,β 值通常在 200 左右。这意味着 NPN 和 PNP 型晶体管并非像前面分析中所假设的那样很好地匹配。

观察图 8.35(a)所示的双晶体管电路,假设 NPN 和 PNP 型晶体管的电流增益分别为 β_n 和 β_p。可以写出

$$i_{Cp} = i_{Bn} = \beta_p i_{Bp} \tag{8.56}$$

和

$$i_2 = (1+\beta_n)i_{Bn} = (1+\beta_n)\beta_p i_{Bp} \approx \beta_n \beta_p i_{Bp} \tag{8.57}$$

端子 1 相当于复合三端器件的基极,端子 2 为集电极,端子 3 为发射极。于是,器件的电流增益约为 $\beta_n\beta_p$。等效电路如图 8.35(b)所示。可以将图 8.35(a)所示的双晶体管结构作为单个等效 PNP 型晶体管,它的电流增益和 NPN 型晶体管具有相同的数量级。

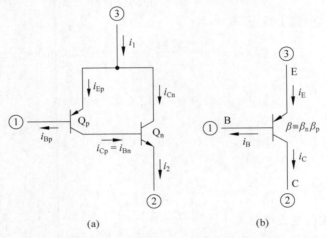

图 8.35 (a) 一个等效 PNP 型晶体管的双晶体管结构;(b) 等效 PNP 型晶体管

在图 8.36 中,输出级采用复合管来提供必要的电流增益。晶体管 Q_1 和 Q_2 组成 NPN 型达林顿射极跟随器,为负载提供电流。晶体管 Q_3、Q_4 和 Q_5 则组成复合 PNP 型达林顿射极跟随器,从负载吸收电流。三个二极管 D_1、D_2 和 D_3,为输出晶体管提供静态偏置。

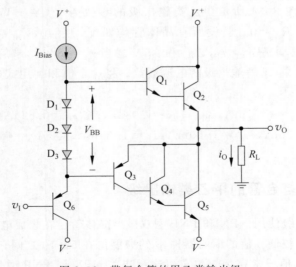

图 8.36 带复合管的甲乙类输出级

三晶体管结构 Q_3-Q_4-Q_5 的有效电流增益为三个独立晶体管增益的乘积。由于 Q_3 的电流增益较低,Q_3-Q_4-Q_5 结构的总电流增益与 Q_1-Q_2 对管的类似。

理解测试题 8.8 图 8.37 所示的甲乙类输出级中,NPN 型晶体管的参数为 $\beta_n = 100$、$I_{Sn} = 5 \times 10^{-16}$ A,PNP 型晶体管的参数为 $\beta_p = 100$、$I_{Sp} = 8 \times 10^{-16}$ A。① $v_O = 0$ 时,什么样的 V_{BB} 值,可以建立静态集电极电流 $I_{CQ} = 1$mA?②求解 v_{BEn} 和 v_{EBp}。③求解使得 $v_O = 0$ 的 v_I 值。

答案: ① $V_{BB} = 1.4606$;② $v_{BEn} = 0.7364$,$v_{EBp} = 0.7242$;③ $v_I = 6.1$mV。

理解测试题 8.9 根据图 8.36,证明 Q_3、Q_4 和 Q_5 构成的三晶体管电路的总电流增益约为 $\beta = \beta_3 \beta_4 \beta_5$。

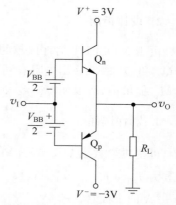

图 8.37 理解测试题 8.8 的电路图

8.6 设计应用:一个基于 MOSFET 的输出级

目标: 利用功率 MOSFET 作为输出器件,设计一个输出级。

1. 设计指标

待设计的输出级电路如图 8.38 所示。电流 I_{Bias} 为 5mA,要求 M_N 和 M_P 中的零输出静态电流为 0.5mA。

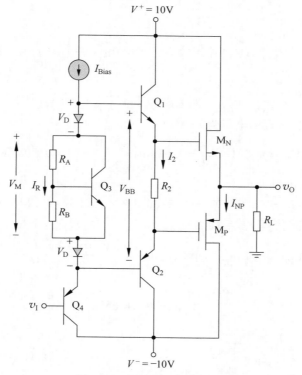

图 8.38 设计应用的输出级

2. 设计指南

由于 MOSFET 器件优越的功率特性,采用 MOSFET 作为输出器件。射极跟随器晶体管 Q_1 和 Q_2 的低输出电阻有利于提高输出晶体管的开关速度。电阻 R_2 两端的电压为 M_n 和 M_p 提供偏置,以便将交越失真减到最小。

3. 器件选择

可提供参数为 $V_{TN}=0.8\mathrm{V}, V_{TP}=-0.8\mathrm{V}, K_n=K_p=5\mathrm{mA/V^2}$ 和 $\lambda=0$ 的 MOSFET;参数为 $I_{S1}=I_{S2}=10^{-12}\mathrm{A}, I_{S3}=I_{S4}=2\times10^{-13}\mathrm{A}$ 和 $\beta=150$ 的 BJT;以及参数为 $I_{SD}=5\times10^{-13}\mathrm{A}$ 的二极管。

4. 解决方案

对于 $I_{NP}=0.5\mathrm{mA}$,由下式求解栅-源间电压

$$I_{NP}=K_n(V_{GSn}-V_{TN})^2$$

即

$$0.5=5(V_{GSn}-0.8)^2$$

由于两个输出晶体管相互匹配,所以

$$V_{GSn}=V_{SGp}=1.116\mathrm{V}$$

如果设计成 $I_2=2\mathrm{mA}$,则电阻 R_2 的值为

$$R_2=\frac{2\times1.116}{2}=1.116\mathrm{k\Omega}$$

观察 BJT,得到

$$V_{BE1}=V_{EB2}=V_T\ln\left(\frac{I_2}{I_{S1}}\right)=(0.026)\ln\left(\frac{2\times10^{-3}}{10^{-12}}\right)=0.5568\mathrm{V}$$

于是可得

$$V_{BB}=2\times0.5568+2\times1.116=3.3456\mathrm{V}$$

忽略基极电流,二极管两端的电压为

$$V_D=V_T\ln\left(\frac{I_D}{I_{SD}}\right)=0.026\ln\left(\frac{5\times10^{-3}}{5\times10^{-13}}\right)=0.5987\mathrm{V}$$

V_{BE} 倍增电路两端的电压为

$$V_M=V_{BB}-2V_D=3.3456-2\times0.5987=2.1482\mathrm{V}$$

将设计 V_{BE} 倍增电路,使得 $I_{C3}=(0.9)I_{Bias}$ 和 $I_R=(0.1)I_{Bias}$,于是

$$V_{BE3}=V_T\ln\left(\frac{I_{C3}}{I_{S3}}\right)=(0.026)\ln\left[\frac{0.9\times(5\times10^{-3})}{2\times10^{-13}}\right]$$

即

$$V_{BE3}=0.6198\mathrm{V}$$

同时有

$$R_B=\frac{V_{BE3}}{I_R}=\frac{0.6198}{0.1\times(5\times10^{-3})}=1.24\mathrm{k\Omega}$$

由式(8.48)，有

$$V_M = V_{BE3}\left(1 + \frac{R_A}{R_B}\right)$$

即

$$2.1482 = 0.6198 \times \left(1 + \frac{R_A}{R_B}\right)$$

可得 $R_A/R_B = 2.466$，所以 $R_A = 2.466$，$R_B = 3.06\text{k}\Omega$。

可以看出

$$V_{EB4} = V_T\ln\left(\frac{I_{Bias}}{I_{C4}}\right) = 0.026 \times \ln\frac{5 \times 10^{-3}}{2 \times 10^{-13}} = 0.6225\text{V}$$

于是，对于 $v_O = 0$，输入电压 v_I 必须为

$$v_I = -V_{SGp} - V_{EB2} - V_{EB4} = -1.116 - 0.5568 - 0.6225$$

即

$$v_I = -2.295\text{V}$$

点评：为了使得 $v_O = 0$，所需的输入电压 v_I 可以通过放大电路的前级来设计。此外，建立电流 I_{Bias} 所需的电路将在第 10 章中讨论。可以注意到，除了 I_{Bias}，所有的设计参数都和偏置电压 V^+ 和 V^- 无关。

8.7 本章小结

本章主要内容如下：

（1）分析和设计能够为负载传送较大功率的放大电路和输出级。

（2）讨论 BJT 和 MOSFET 的额定电流、额定电压以及额定功率，并用这些极限参数定义晶体管的安全工作区。晶体管的最大额定功率与器件可以工作而不至于损坏的最大允许温度有关。

（3）定义了几类功率放大电路。

（4）在甲类放大电路中，输出晶体管在 100% 的时间内导通。标准甲类放大电路的理论最大功率转换效率为 25%。通过在电路中引入电感或变压器，理论上可以使转换效率提高到 50%。

（5）乙类输出级由工作在推挽方式的互补晶体管对构成。在一个理想的乙类输出级工作方式下，每个输出晶体管在 50% 的时间内导通。对于一个理想乙类输出级，理论最大功率转换效率为 78.5%。而实际的乙类输出级在输出为 0V 左右时会受到交越失真的影响。

（6）甲乙类输出级与乙类电路类似，但它为每个输出晶体管提供一个较小的静态偏置，从而使每个晶体管的导通时间略大于 50%。这类电路的功率转换效率比理想乙类电路低，但显著大于甲类电路。此外，交越失真大大减小。

（7）作为一个应用，设计了一个使用 MOSFET 的甲乙类输出级。

通过本章的学习，读者应该具备以下能力：

（1）描述与晶体管最大电流和最大电压相关的因素。

(2) 定义晶体管的安全工作区,并定义功率降额曲线。

(3) 定义输出级的功率转换效率。

(4) 描述甲类输出级的工作原理。

(5) 描述理想乙类输出级的工作原理,并讨论交越失真的概念。

(6) 描述和设计甲乙类输出级,并讨论为什么交越失真基本上得到消除。

复习题

(1) 讨论 BJT 和 MOSFET 中最大额定电流和最大额定电压的限制因素。

(2) 描述晶体管的安全工作区。

(3) 为什么在大功率 BJT 的设计中使用交指式结构?

(4) 讨论大功率晶体管结构中不同结之间的热阻的作用。

(5) 定义并描述晶体管的功率降额曲线。

(6) 定义输出级的功率转换效率。

(7) 描述甲类输出级的工作原理。

(8) 描述理想乙类输出级的工作原理。

(9) 讨论交越失真。

(10) 谐波失真意味着什么?

(11) 描述甲乙类输出级的工作原理,为什么甲乙类输出级比较重要?

(12) 描述变压器耦合甲类共射放大电路的工作原理。

(13) 画出采用 V_{BE} 倍增电路的甲乙类 BJT 互补推挽式输出级。

(14) 画出全部使用 MOSFET 的甲乙类 MOSFET 互补推挽式输出级。

(15) 复合管结构的优点是什么?

(16) 画出与单个 PNP 型 BJT 等效的 NPN 和 PNP 型 BJT 双晶体管电路。

习题

1. 功率晶体管

8.1 功率 MOSFET 的最大额定电流、额定电压以及额定功率分别为 4A、40V 和 30W。(1)在线性电流和电压坐标轴下,画出并标出晶体管的安全工作区。(2)对于图 8.39 所示的共源电路,求解 R_D 的值,并对 $V_{DD}=24$V 和 $V_{DD}=40$V,分别画出在晶体管中产生最大功率的负载线。(3)利用(2)中的结果,分别求解 $V_{DD}=24$V 和 $V_{DD}=40$V 时的最大可能漏极电流。

8.2 图 8.40 中的共射电路偏置在 $V_{CC}=24$V。晶体管的最大功率额定值为 $P_{Q,max}=25$W。晶体管的其他参数为 $\beta=60$,$V_{BE}(on)=0.7$V。①求解 R_L 和 R_B,使得晶体管偏置在最大功率点。②对于 $V_p=12$MV,求解晶体管的平均功耗。

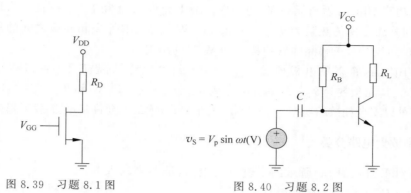

图 8.39 习题 8.1 图   图 8.40 习题 8.2 图

8.3 图 8.40 所示的共射电路中,晶体管的参数为 $\beta = 80$, $P_{\text{D,max}} = 10\text{W}$, $V_{\text{CE(sus)}} = 30\text{V}$ 和 $I_{\text{C,max}} = 1.2\text{A}$。①当 $V_{\text{CC}} = 30\text{V}$ 时,设计 R_{L} 和 R_{B} 的值。晶体管的最大功耗是多少?②如果 $P_{\text{D,max}} = 5\text{W}$,利用①中的 R_{L} 值,求解 $I_{\text{C,max}}$ 和 V_{CC}。③假设 $i_{\text{C}} \geqslant 0$, $0 \leqslant v_{\text{CE}} \leqslant V_{\text{CC}}$,计算①和②中可以传送给 R_{L} 的最大不失真交流功率。

8.4 画出 MOSFET 的安全工作区。在最大值双曲线上任意标出三点。假设标出的每个点都为 Q 点,画出通过每个点的正切负载线。讨论每个工作点相对于最大可能信号幅值的优点和缺点。

8.5 功率 MOSFET 连接成图 8.39 所示的共源结构。其参数为 $I_{\text{D,max}} = 4\text{A}$, $V_{\text{DS,max}} = 50\text{V}$, $P_{\text{Q,max}} = 35\text{W}$, $V_{\text{TN}} = 4\text{V}$ 和 $K_{\text{n}} = 0.25\text{A/V}^2$。电路的参数为 $V_{\text{DD}} = 40\text{V}$ 和 $R_{\text{L}} = 10\Omega$。①在线性电流和电压坐标轴下,画出并标出晶体管的安全工作区,并在同一个图中画出负载线。②对于 $V_{\text{GG}} = 5$、6、7、8 和 9V,计算晶体管中消耗的功率。③晶体管是否有可能损坏?请解释。

8.6 观察图 8.41 所示的共源电路。晶体管的参数为 $V_{\text{TN}} = 4\text{V}$ 和 $K_{\text{n}} = 0.2\text{A/V}^2$。①设计偏置电路,使得 Q 点位于负载线的中心。②Q 点处晶体管消耗的功率是多少?③求解最小的 $I_{\text{D,max}}$、$V_{\text{DS,max}}$ 和 $P_{\text{D,max}}$ 额定值。④如果 $v_{\text{I}} = 0.5\sin\omega t\text{ V}$,计算输送给 R_{L} 的交流功率,并求解晶体管的平均功耗。

8.7 某特定的晶体管,在外壳温度为 25℃ 时的最大功耗额定值为 60W。温度高于 25℃ 时,允许的功耗减小情况为 0.5W/℃。①画出功率降额曲线。②求解最大允许结温。③$\theta_{\text{dev-case}}$ 的值为多少?

8.8 MOSFET 的额定功率为 50W,规定的最大结温为 150℃。环境温度为 $T_{\text{amb}} = 25$℃。求解实际工作功率和 $\theta_{\text{case-amb}}$ 之间的关系。

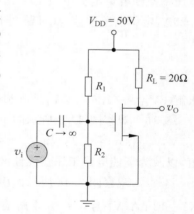

图 8.41 习题 8.6 图

8.9 功率 MOSFET 的 $\theta_{\text{dev-case}} = 1.5$℃/W, $\theta_{\text{snk-amb}} = 2.8$℃/W, $\theta_{\text{case-snk}} = 0.6$℃/W。如果环境温度为 25℃,①如果最大结温限制为 $T_{\text{j,max}} = 120$℃,求解最大允许功耗。②利用①的结果,求解外壳和散热片的温度。

8.10 功率BJT必须消耗30W的功率。最大允许结温为 $T_{\mathrm{j,max}}=150℃$,环境温度为25℃,器件和外壳之间的热阻为 $\theta_{\mathrm{dev\text{-}case}}=2.8℃/W$。①求解外壳和环境之间的最大允许热阻。②利用①的结果,求解晶体管功耗为20W时的结温。

8.11 BJT的静态集电极电流 $I_{\mathrm{CQ}}=3A$,最大允许结温 $T_{\mathrm{j,max}}=175℃$,环境温度 $T_{\mathrm{amb}}=25℃$。其他参数为 $\theta_{\mathrm{snk\text{-}amb}}=3.8℃/W$, $\theta_{\mathrm{case\text{-}snk}}=1.5℃/W$ 和 $\theta_{\mathrm{dev\text{-}case}}=4℃/W$。①求解晶体管中可以安全耗散的功率。②利用①的结果,求解最大允许集电极-发射极间电压。

2. 功率放大电路分类

8.12 对于图8.16(a)所示的甲类放大电路,证明当输入为对称方波时,理论上的最大转换效率为50%。

8.13 观察图8.42所示的甲类射极跟随器电路。

(1) 假设 $\beta\gg1$,证明小信号电压增益可以写成如下形式

$$A_{\mathrm{v}}=\frac{I_{\mathrm{C}}R_{\mathrm{L}}}{I_{\mathrm{C}}R_{\mathrm{L}}+V_{\mathrm{T}}}=\frac{R_{\mathrm{L}}}{R_{\mathrm{L}}+\dfrac{1}{g_{\mathrm{m}}}}$$

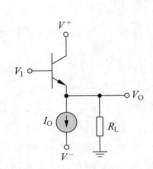

图8.42 习题8.13图

(2) 如果负载电阻 $R_{\mathrm{L}}=8\Omega$,求解所产生的小信号电压增益为①$A_{\mathrm{v}}=0.9$,②$A_{\mathrm{v}}=0.95$,③$A_{\mathrm{v}}=0.9970$ 时的最小集电极电流。

8.14 观察图8.42所示甲类射极跟随器电路。要求给负载电阻 $R_{\mathrm{L}}=8\Omega$ 输送的平均功耗为0.5W。①求解交流输出电压和交流负载电流的峰值。②当 V_{O} 达到负向最大电压时,集电极电流达到最小值。如果要求集电极电流为输出电流 I_{O} 的10%,求解 I_{O}(利用①的结果)。

8.15 观察图8.42所示甲类射极跟随器电路。由于发射结电压为集电极电流的函数,电压增益随着集电极电流的变化而变化,这将导致输出信号的失真。假设 $R_{\mathrm{L}}=8\Omega$, $I_{\mathrm{O}}=0.25A$,定义电压增益为(习题8.13)

$$A_{\mathrm{v}}=\frac{R_{\mathrm{L}}}{R_{\mathrm{L}}+\dfrac{1}{g_{\mathrm{m}}}}$$

求解①$V_{\mathrm{O}}=+1.6V$,②$V_{\mathrm{O}}=0$ 和③$V_{\mathrm{O}}=-1.6V$ 时的电压增益。

8.16 观察图8.43所示的甲类源极跟随器电路。假设所有晶体管匹配,且 $V_{\mathrm{BE}}(\mathrm{on})=0.7V$, $V_{\mathrm{CE}}(\mathrm{sat})=0.2V$ 和 $V_{\mathrm{A}}=\infty$。忽略基极电流的影响。求解输出电压的最大和最小值,以及为了使电路工作在线性区的相应输入电压。

8.17 观察图8.44所示的甲类源极跟随器电路。晶体管匹配,其参数为 $V_{\mathrm{TN}}=0.5V$, $K_{\mathrm{n}}=12mA/V^{2}$ 且 $\lambda=0$。求解输出电压的最大和最小值,以及为了使电路工作在线性区的相应输入电压。

8.18 图8.43所示为一个恒流源偏置的甲类射极跟随器。假设电路的参数为 $V^{+}=12V$, $V^{-}=-12V$, $R_{\mathrm{L}}=20\Omega$。晶体管的参数为 $\beta=40$, $V_{\mathrm{BE}}(\mathrm{on})=0.7V$。要求 Q_{1} 的最小电流为 $i_{\mathrm{E1}}=50mA$,最小集电极-发射极间电压为 $v_{\mathrm{CE}}(\mathrm{min})=0.7V$。①求解产生最大可能输出电压时的 R 值。I_{Q} 的值为多少?i_{E1} 的最大和最小值是多少?②利用①的结果,计算转换效率。

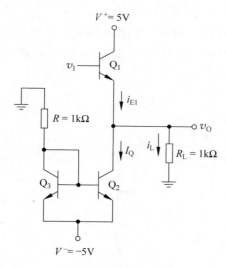

图 8.43 习题 8.16 图

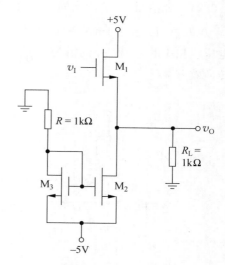

图 8.44 习题 8.17 图

8.19 图 8.43 所示甲类射极跟随器电路的参数为 $V^+=24\text{V}$，$V^-=-24\text{V}$ 和 $R_L=200\Omega$。晶体管的参数为 $\beta=50$，$V_{BE}(\text{on})=0.7\text{V}$ 和 $V_{CE}(\text{sat})=0.2\text{V}$。要求输出电压在 $+20\text{V}$ 至 -20V 之间变化，Q_1 中的最小电流为 $i_{E1}=20\text{mA}$，①求解所需的最小 I_Q 和最小 R。②对于 $v_O=0$，求解晶体管 Q_1 以及电流源（Q_2、Q_3 和 R）中消耗的功率。③求解输出峰值为 20V 的对称正弦波电压时的转换效率。

8.20 图 8.45 所示为双极型 BiCMOS 跟随器电路。BJT 晶体管的参数为 $V_{BE}(\text{on})=0.7\text{V}$，$V_{CE}(\text{sat})=0.2\text{V}$ 和 $V_A=\infty$。MOSFET 的参数为 $V_{TN}=-1.8\text{V}$，$K_n=12\text{mA/V}^2$ 和 $\lambda=0$。对于①$R_L=\infty$ 和②$R_L=500\Omega$，求解输出电压的最大和最小值，以及为了使电路工作在线性区的相应输入电压。③如果输出端产生峰值为 2V 的正弦波，R_L 的最小可能值是多少？相应的转换效率是多少？

8.21 对于图 8.18 所示的理想乙类输出级，证明当输入信号为对称方波时，理论最大转换效率为 100%。

8.22 观察图 8.46 所示的理想乙类输出级（器件 A 和 B 的有效开启电压为零，v_A 和 v_B 的有效"饱和"电压也为零）。假设 $V^+=5\text{V}$，$V^-=-5\text{V}$。同时假设输出端产生对称正弦波。①当功率转换效率最大时的输出电压峰值为多少？②当每个器件消耗最大功率时，输出电压峰值为多少？③当每个器件的最大允许功耗为 2W，且输出电压处于最大值时，输出负载电阻的较小允许值为多少？

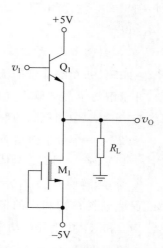

图 8.45 习题 8.20 图

8.23 观察图 8.46 所示的理想乙类输出级（对于"理想"的定义，见习题 8.22）。要求当输入信号为对称正弦信号时，输出级向 24Ω 的负载输送 50W 的平均功率。假设电源电压为 $\pm n\text{V}$，其中 n 为整数。①若要求电源电压至少比最大输出电压大 3V，则电源电压必须为多少？②每个器件中的峰值电流为多少？③功率转换效率为多少？

8.24 观察图 8.47 所示的带互补 MOSFET 的乙类输出级。晶体管的参数为 $V_{TN} = V_{TP} = 0, K_n = K_p = 0.4\text{mA/V}^2$。令 $R_L = 5\text{k}\Omega$。①求解使 M_n 保持偏置在饱和区的最大输出电压。相应的 i_L 和 v_I 的值为多少？②若输出信号为对称正弦波,其峰值如①中所求,求解转换效率。

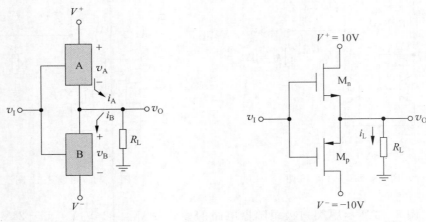

图 8.46 习题 8.22 图　　　　　图 8.47 习题 8.24 图

8.25 对于图 8.47 所示的乙类输出级,偏置电压为 $V^+ = 12\text{V}, V^- = -12\text{V}$,负载电阻 $R_L = 50\Omega$,晶体管的参数为 $V_{TN} = V_{TP} = 0, K_n = K_p = 4\text{mA/V}^2$。①当 $-10 \leqslant v_I \leqslant +10\text{V}$ 时,画出 v_O-v_I 变化曲线。②当 $v_I = 0$; $v_I = 1\text{V}$; $v_I = 10\text{V}$ 时,分别求解电压增益 $A_v = \text{d}v_O/\text{d}v_I$。

8.26 图 8.24 所示为一个简化的 BJT 甲乙类输出级。电路的参数为 $V_{CC} = 5\text{V}$ 和 $R_L = 1\text{k}\Omega$。每个晶体管的 $I_S = 2 \times 10^{-15}\text{A}$。①当 $v_I = 0$ 时,求解使 $i_{Cn} = i_{Cp} = 1\text{mA}$ 的 V_{BB} 值,并求解每个晶体管消耗的功率。②当 $v_O = -3.5\text{V}$ 时,求解 i_L、i_{Cn}、i_{Cp} 和 v_I,并求解 Q_n、Q_p 和 R_L 中消耗的功率。

8.27 一个带增强型 MOSFET 的简化甲乙类输出级如图 8.26 所示。电路的参数为 $V_{DD} = 12\text{V}, R_L = 1\text{k}\Omega$。晶体管的参数为 $V_{TN} = -V_{TP} = 1.5\text{V}, K_n = K_p = 4\text{mA/V}^2$。(1)当 $v_I = 0$ 时,求解使 $i_{Dn} = i_{Dp} = 1\text{mA}$ 的 V_{BB} 值,并求解每个晶体管消耗的功率。(2)①求解使 M_n 保持偏置在饱和区的最大输出电压。②求解此时的 i_{Dn}、i_{Dp}、i_L 和 v_I 的值。③计算 M_n、M_p 和 R_L 中消耗的功率。

8.28 图 8.48 所示的甲乙类输出级中,二极管和晶体管均匹配,其参数为 $I_S = 6 \times 10^{-12}\text{A}$ 和 $\beta = 40$。①求解 R_1 的值,使得当 $v_O = 24\text{V}$ 时,二极管中的最小电流为 25mA。求解此时的 i_N 和 i_P。②利用①的结果,求解 $v_O = 0$ 时的二极管和晶体管电流。

*8.29 增强型 MOSFET 甲乙类输出级如图 8.49 所示。每个晶体管的阈值电压为 $V_{TN} = -V_{TP} = 1\text{V}$,输出晶体管的传导参数为 $K_{n1} = K_{n2} = 5\text{mA/V}^2$。令 $I_{Bias} = 200\mu\text{A}$。①求解使 M_1 和 M_2 中的静态漏极电流为 5mA 的 $K_{n3} = K_{n4}$ 值。②利用①的结果,求解 $v_O = 0, v_O = 5\text{V}$ 时的小信号电压增益 $A_v = \text{d}v_O/\text{d}v_I$。

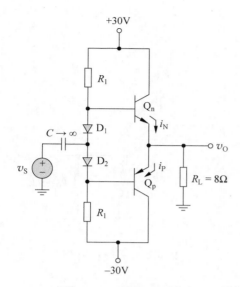

图 8.48 习题 8.28 图

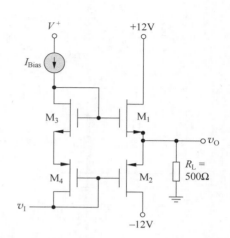

图 8.49 习题 8.29 图

8.30 图 8.26 所示 MOSFET 甲乙类输出级的参数为 $V_{DD}=10V$, $R_L=100\Omega$。晶体管 M_n 和 M_p 的参数为 $V_{TN}=-V_{TP}=1V$。输出电压的峰值限制为 5V。设计电路,使得当 $v_O=0$ 时,小信号电压增益 $A_v=\mathrm{d}v_O/\mathrm{d}v_I=0.95$。

8.31 图 8.28(a)所示放大电路的参数为 $V_{CC}=12V$, $R_E=20\Omega$, $R_1=14k\Omega$, $R_2=10k\Omega$。晶体管的参数为 $\beta=90$, $V_{BE}(on)=0.7V$。①求解静态值 I_{CQ}。②求解 R_L 的值,使得给负载传送最大的功率。③如果输出电压保持在 $1V\leqslant v_O\leqslant23V$ 的范围内,传送给负载的最大功率是多少?④使用③的结果,忽略偏置电阻中的电流,转换效率为多少?

8.32 对于图 8.28(a)所示的电感耦合共射放大电路,其参数为 $V_{CC}=15V$, $R_E=0.1k\Omega$, $R_L=1k\Omega$。晶体管的参数为 $\beta=100$ 和 $V_{BE}=0.7V$。设计 R_1 和 R_2,为负载传输最大功率。可以传送给负载的最大功率是多少?

8.33 观察图 8.50 所示的变压器耦合共射放大电路。其参数为 $V_{CC}=12V$, $R_E=20\Omega$, $R_L=8\Omega$, $R_1=2.3k\Omega$, $R_2=1.75k\Omega$。晶体管的参数为 $\beta=40$, $V_{BE}(on)=0.7V$。①求解静态电流 I_{CQ}。②求解匝数比,使得给负载传输最大功率。③当 v_I 保持在 $2V\leqslant v_I\leqslant20V$ 的范围时,求解传输给负载的最大功率。④利用③的结果,忽略偏置电阻中的电流,求解转换效率。

8.34 图 8.50 所示变压器耦合共射放大电路的参数为 $V_{CC}=36V$ 和 $n_1:n_2=4:1$。要求传输给负载的信号功率为 2W。求解①负载两端的电压有效值;②变压器初级线圈两端的电压有效值;③初级和次级电流;④如果 $I_{CQ}=150mA$,转换效率为多少?

8.35 BJT 射极跟随器通过理想变压器耦合到负载,如图 8.51 所示。图中未画出偏置电路。晶体管的电流增益 $\beta=49$,晶体管偏置在 $I_{CQ}=100mA$。①推导电压传递函数 v_e/v_i 和 v_O/v_i 的表达式。②求解给 R_L 输送最大交流功率所需的 $n_1:n_2$。③求解从发射极往回看的等效小信号输出电阻。

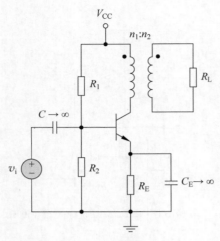

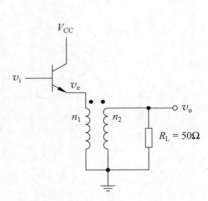

图 8.50 习题 8.33 图　　　　　图 8.51 习题 8.35 图

8.36　观察图 8.52 所示的变压器耦合射极跟随器电路,假设变压器是理想的。晶体管的参数为 $\beta=100$ 和 $V_{BE}=0.7V$。①设计电路,提供电流增益 $A_i=i_o/i_i=80$。②如果为了防止失真,将射极电流信号的大小限制为 $0.9I_{CQ}$,求解输送给负载的功率和转换效率。

8.37　变压器耦合甲类射极跟随器需要为 8Ω 的扬声器输送 2W 的功率。令 $V_{CC}=18V$,$\beta=100$ 和 $V_{BE}=0.7V$。①求解所需的匝数比 $n_1:n_2$;②求解最小的晶体管额定功率。

8.38　如果变压器初级线圈具有 100Ω 的电阻,重复习题 8.36。

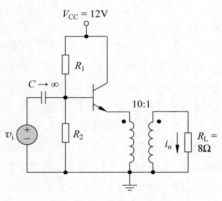

图 8.52 习题 8.36 图

3. 甲乙类推挽式互补输出级

8.39　图 8.31 所示电路的参数为 $I_{Bias}=1mA$,$R_L=100\Omega$,$V^+=10V$ 和 $V^-=-10V$。二极管和晶体管的参数分别为 $I_{SD}=5\times10^{-16}A$ 和 $I_{SQ}=7\times10^{-15}A$。忽略基极电流。求解①V_{BB};②晶体管的静态集电极电流(对于 $v_O=0$)。

8.40　要求设计图 8.31 所示的电路,使得静态集电极电流为 $4mA$($v_O=0$)。假设 $I_{SQ}=2\times10^{-15}A$ 和 $I_{SD}=4\times10^{-16}A$。忽略基极电流。求解①所需的 I_{Bias};②所得的 V_{BB} 值;③所需的 v_I 值。

8.41　图 8.31 所示电路的偏置电流 I_{Bias} 为 $0.5mA$。假设二极管和三极管的参数分别为 $I_{SD1}=10^{-16}A$ 和 $I_{SD2}=4\times10^{-16}A$,$I_{SQn}=8\times10^{-16}A$ 和 $I_{SQp}=1.6\times10^{-15}A$。当 $v_O=0$ 时忽略基极电流,求解①V_{BB};② v_{BEn} 和 v_{EBp};③静态集电极电流;④ 所需的 v_I 值。

8.42　图 8.34 所示输出级中的所有晶体管均匹配,它们的参数为 $\beta=60$ 和 $I_S=5\times$

10^{-13}A。电阻 R_1 和 R_2 用 3mA 理想电流源代替，$R_3 = R_4 = 0$。令 $V^+ = 10$V 和 $V^- = -10$V。①当 $v_I = v_O = 0$ 时，求解四个晶体管的静态集电极电流。②当负载电阻 $R_L = 200\Omega$，且输出电压峰值为 6V 时，求解电路的电流增益和电压增益。

*8.43 观察图 8.34 所示的电路。电源电压为 $V^+ = 10$V 和 $V^- = -10$V，电阻 R_3 和 R_4 的值均为零。晶体管的参数为 $\beta_1 = \beta_2 = 120, \beta_3 = \beta_4 = 50, I_{S1} = I_{S2} = 2 \times 10^{-13}$A 和 $I_{S3} = I_{S4} = 2 \times 10^{-12}$A。①输出电流的范围为 -1A $\leqslant i_O \leqslant +1$A，求解 R_1 和 R_2 的值，使得晶体管 Q_1 和 Q_2 中电流的差异不超过 2:1。②利用①的结果，求解当 $v_I = v_O = 0$ 时四个晶体管中的静态集电极电流。③当静态输出电压为零时，计算输出电阻，不包括 R_L。假设 v_I 的信号源电阻为零。

8.44 对于图 8.34 所示电路，使用例题 8.11 所给出的参数，求解静态输出电压为零时的输入电阻。

8.45 ①应用增强型 MOSFET，重新设计图 8.34 所示的甲乙类输出级，令 $R_3 = R_4 = 0$。画出电路。②假设偏置电压为 $V^+ = 10$V 和 $V^- = -10$V。假设 N 沟道器件的阈值电压 $V_{TN} = 1$V，P 沟道器件的阈值电压 $V_{TP} = -1$V，传导参数 $K_{n1} = K_{n2} = 2$mA/V^2，$K_{n3} = K_{n4} = 5$mA/V^2。求解 R_1 和 R_2 的值，使得输出晶体管的静态漏极级电流为 5mA（对于 $v_I = v_O = 0$)。③利用②中的参数，求解 M_1 和 M_2 中的电流。④如果 $R_L = 150\Omega$，求解每个晶体管中的电流；如果 $v_O = 3.5$V，求解传送给负载的功率。

8.46 图 8.53 所示甲乙类 MOSFET 输出级的电路参数为 $I_{Bias} = 0.2$mA，$R_L = 1$kΩ；晶体管的参数为 $K'_n = 100\mu$A/V^2，$K'_p = 40\mu$A/V^2，$V_{TN} = 0.8$V，$V_{TP} = -0.8$V。假设 $v_{GS3} = v_{GS4}$，$v_{SG1} = v_{SG2}$。当 $v_I = -1.5$V、$v_O = 0$，且 $i_{D1} = i_{D2} = 0.5$mA 时，求解每个晶体管的宽长比。

8.47 图 8.54 给出一个复合 PNP 达林顿射极跟随器，它从负载吸收电流。参数 I_Q 为等效偏置电流，Z 为 Q_1 基极的等效阻抗。假设晶体管的参数为 $\beta(\text{pnp}) = 10, \beta(\text{npn}) = 50, V_{AP} = 50$V，$V_{AN} = 100$V，其中 V_{AP} 和 V_{AN} 分别为 PNP 和 NPN 型晶体管的厄尔利电压。计算输出电阻 R_o。

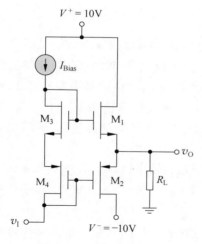

图 8.53　习题 8.46 图

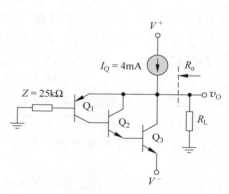

图 8.54　习题 8.47 图

*8.48 图 8.55 所示甲乙类输出级的参数为 $V^+ = 12V$ 和 $V^- = -12V$，$R_L = 100\Omega$ 和 $I_{Bias} = 5mA$。晶体管和二极管的参数为 $I_S = 10^{-13}A$。NPN 和 PNP 型器件的电流增益分别为 $\beta_n = 100$ 和 $\beta_p = 20$。①对于 $v_O = 0$，求解 V_{BB} 以及每个晶体管的静态集电极电流和发射结电压。②对于 $v_O = 10V$，重复①。传输给负载的功率和每个晶体管中消耗的功率是多少？

*8.49 图 8.36 所示甲乙类输出级的参数为 $V^+ = 24V$，$V^- = -24V$，$R_L = 20\Omega$ 和 $I_{Bias} = 10mA$。二极管和晶体管的参数为 $I_S = 2 \times 10^{-12}A$。NPN 和 PNP 型器件的电流增益分别为 $\beta_n = 20$ 和 $\beta_p = 5$。①对于 $v_O = 0$，求解 V_{BB} 以及每

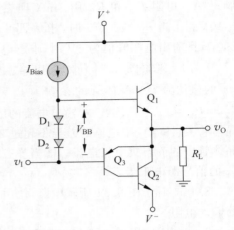

图 8.55 习题 8.48 图

个晶体管的静态集电极电流和发射结电压。②要求传送给负载的平均功率为 10W，求解每个晶体管的静态集电极电流，并求解当输出电压处于其负峰值时 Q_2、Q_5 及 R_L 中的瞬时功耗。

4. 计算机仿真题

8.50 ①利用计算机仿真，画出图 8.19 所示互补推挽式输出级的电压传输特性，并说明交越失真。②对于图 8.24 所示的甲乙类输出级，重复①。使用几个 V_{BB} 值。

8.51 利用计算机仿真，画出带 V_{BE} 倍增电路的甲乙类输出级的电压传输特性。使用例题 8.10 中给出的参数。

8.52 利用计算机仿真，验证例题 8.11 中的结果。

8.53 利用计算机仿真，画出图 8.36 所示甲乙类放大电路的电压传输特性。

5. 设计习题

（注：每个设计都应当与计算机分析联系起来。）

*8.54 设计一个音频放大电路，给 8Ω 的扬声器输送 10W 的平均功率。要求带宽覆盖 20Hz 到 18kHz 的范围。确定所有晶体管的电流增益、电流、电压和功率的最小额定值。

*8.55 设计一个变压器耦合甲类射极跟随器放大电路，给 8Ω 的扬声器输送 10W 的平均功率。环境温度为 25℃，最大结温 $T_{j,max} = 150℃$。假设热阻值为 $\theta_{dev\text{-}case} = 3.2℃/W$，$\theta_{case\text{-}snk} = 0.8℃/W$ 以及 $\theta_{snk\text{-}amb} = 4℃/W$。确定电源电压、变压器的匝数比、偏置电阻值以及晶体管的额定电流、额定电压和额定功率。

*8.56 设计如图 8.32 所示带 V_{BE} 倍增电路的甲乙类输出级，给 8Ω 的负载输送 1W 的平均功率。要求输出电压的峰值必须不超过 V^+ 的 80%。令 $V^- = -V^+$。确定电路和晶体管的参数。

*8.57 设计图 8.53 所示的电路，给 20Ω 的负载输送 2W 的功率。最大输出电压应为对称的 8V 正弦波。

物理常数与转换因子

一般常数和转换因子

埃	Å	$1\text{Å} = 10^{-4}\,\mu\text{m} = 10^{-8}\,\text{cm} = 10^{-10}\,\text{m}$
玻尔兹曼常数	k	$k = 1.38 \times 10^{-23}\,\text{J/K} = 8.6 \times 10^{-5}\,\text{eV/K}$
电子伏特	eV	$1\text{eV} = 1.6 \times 10^{-19}\,\text{J}$
电子电荷	e or q	$q = 1.6 \times 10^{-19}\,\text{C}$
微米	μm	$1\mu\text{m} = 10^{-4}\,\text{cm} = 10^{-6}\,\text{m}$
毫米	nm	$1\text{mil} = 0.001\text{in.} = 25.4\mu\text{m}$
		$1\text{nm} = 10^{-9}\,\text{m} = 10^{-3}\,\mu\text{m} = 10\text{Å}$
纳米	ε_o	$\varepsilon_\text{o} = 8.85 \times 10^{-14}\,\text{F/cm}$
真空介电常数	μ_o	$\mu_\text{o} = 4\pi \times 10^{-9}\,\text{H/cm}$
真空磁导率		
普朗克常数	h	$h = 6.625 \times 10^{-34}\,\text{J}_{-\text{s}}$
温度电压当量	V_T	$V_\text{T} = kT/q \approx 0.026\text{V}(300\text{K 时})$
真空光速	c	$c = 2.998 \times 10^{10}\,\text{cm/s}$

半导体常数

	Si	Ge	GaAs	SiO_2
相对介电常数	11.7	16.0	13.1	3.9
带隙能量，E_g/eV	1.1	0.66	1.4	
本征载流子浓度，n_i(300K 时,cm^{-3})	1.5×10^{10}	2.4×10^{13}	1.8×10^{6}	

制造商数据手册节选

这个附录包含典型的晶体管和运放的数据手册。这个附录并非要替代相应的数据手册。因此,有时只提供一些节选信息。这些数据手册由国家半导体公司提供。

B.1 2N2222 NPN 双极型三极管

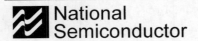
National Semiconductor

| 2N2222 | PN2222 | MMBT2222 | MPQ2222 |
| 2N2222A | PN2222A | MMBT2222A | |

TO–18

TO–92

TO–236 (SOT–23)

TO–116

NPN 型通用运放

电气特性(除非特殊说明,$T_C = 25℃$)

符　　号	参　　数		最小值	最大值	单位
关断特性					
$V_{(BR)CEO}$	集电极-发射极间击穿电压(注 1) ($I_C = 10\text{mA}, I_B = 0$)	2222 2222A	30 40		V
$V_{(BR)CBO}$	集电极-基极间击穿电压 ($I_C = 10\mu A, I_E = 0$)	2222 2222A	60 75		V

续表

符号	参数 / 条件	型号			单位
$V_{(BR)EBO}$	发射极-基极间击穿电压 $(I_E=10\mu A, I_C=0)$	2222 2222A	5.0 6.0		V
I_{CEX}	集电极截止电流 $(V_{CE}=60V, V_{EB(OFF)}=3.0V)$	2222A		10	nA
I_{CBO}	集电极截止电流 $(V_{CB}=50V, I_E=0)$ $(V_{CB}=60V, I_E=0)$ $(V_{CB}=50V, I_E=0, T_A=150℃)$ $(V_{CB}=60V, I_E=0, T_A=150℃)$	2222 2222A 222 2222A		0.01 0.01 10 10	μA
I_{EBO}	发射极截止电流 $(V_{EB}=3.0V, I_C=0)$	2222A		10	nA
I_{BL}	基极截止电流 $(V_{CE}=60V, V_{EB(OFF)}=3.0)$	2222A		20	nA

导通特性

符号	参数 / 条件	型号			单位
h_{FE}	直流电流增益 $(I_C=0.1mA, V_{CE}=10V)$ $(I_C=1.0mA, V_{CE}=10V)$ $(I_C=10mA, V_{CE}=10V)$ $(I_C=10mA, V_{CE}=10V, T_A=-55℃)$ $(I_C=150mA, V_{CE}=10V)$注1 $(I_C=150mA, V_{CE}=1.0V)$注1 $(I_C=500mA, V_{CE}=10V)$注1	 2222 2222A	35 50 75 35 100 50 30 40	300	
$V_{CE}(sat)$	集电极-发射极间饱和电压(注2) $(I_C=150mA, I_B=15mA)$ $(I_C=500mA, I_B=50mA)$	2222 2222A 2222 2222A		0.4 0.3 1.6 1.0	V
$V_{BE}(sat)$	基极-发射极间饱和电压(注3) $(I_C=150mA, I_B=15mA)$ $(I_C=500mA, I_B=50mA)$	2222 2222A 2222 2222A	0.6 0.8	1.3 1.2 2.6 2.0	V

小信号特性

符号	参数 / 条件	型号			单位
f_T	电流增益-带宽积(注4) $(I_C=20mA, V_{CE}=20V, f=100MHz)$	2222 2222A	250 300		MHz
C_{obo}	输出电容(注3) $(V_{CB}=10V, I_E=0, f=100kHz)$			8.0	pF

续表

符号	参数		最小值	最大值	单位
C_{ibo}	输入电容(注 3) ($V_{EB}=0.5V, I_C=0, f=100kHz$)	2222 2222A		30 25	pF
$r_b' C_c$	集电极-基极时间常数 ($I_E=20mA, V_{CB}=20V, f=31.8MHz$)	2222A		150	ps
NF	噪声系数 ($I_C=100\mu A, V_{CE}=10V, R_S=1.0k\Omega, f=1.0kHz$)	2222A		4.0	dB
$R_e(h_{ie})$	共射高频输入阻抗的实部 ($I_C=200mA, V_{CE}=20V, f=300MHz$)			60	Ω
开关特性					
t_D	延迟时间	($V_{CC}=30V, V_{BE(OFF)}=0.5V$, except		10	ns
t_R	上升时间	$I_C=150mA, I_{B1}=15mA$) MPQ2222		25	ns
t_S	存储时间	($V_{CC}=30V, I_C=150mA$, except		225	ns
t_F	下降时间	$I_{B1}=I_{B2}=15mA$) MPQ2222		60	ns

注:

1. 脉冲测试:脉冲宽度≤300μs,占空比≤2.0%。

2. 脉冲测试:脉冲宽度≤300μs,占空比≤2.0%。

3. 特性曲线见 Process 19。

4. f_T 定义为 h_{fe} 的值为 1 时的频率。

B.2 2N2907 PNP 双极型三极管

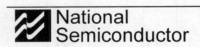
National Semiconductor

2N2907   PN2907   MMBT2907   MPQ2907
2N2907A   PN2907A   MMBT2907A

TO-18

TO-92

TO-236
(SOT-23)

TO-116

PNP 型通用运放

电气特性(除非特殊说明,$T_C=25℃$)

符号	参　　数		最小值	最大值	单位
关断特性					
$V_{(BR)CEO}$	集电极-发射极间击穿电压(注 1) ($I_C=10mA_{dc}, I_B=0$)	2907 2907A	40 60		V_{dc}

续表

$V_{(BR)CBO}$	集电极-基极间击穿电压 ($I_C = 10\mu A_{dc}$, $I_E = 0$)		60		V_{dc}
$V_{(BR)EBO}$	发射极-基极间击穿电压 ($I_E = 10\mu A_{dc}$, $I_C = 0$)		5.0		V_{dc}
I_{CEX}	集电极截止电流 ($V_{CE} = 30V_{dc}$, $V_{BE} = 0.5V_{dc}$)			50	nA_{dc}
I_{CBO}	集电极截止电流 ($V_{CB} = 50V_{dc}$, $I_E = 0$) ($V_{CB} = 50V_{dc}$, $I_E = 0$, $T_A = 150℃$)	2907 2907A 2907 2907A		0.020 0.010 20 10	μA_{dc}
I_B	基极截止电流 ($V_{CE} = 30V_{dc}$, $V_{EB} = 0.5V_{dc}$)			50	nA_{dc}
导通特性					
h_{FE}	直流电流增益 ($I_C = 0.1mA_{dc}$, $V_{CE} = 10V_{dc}$) ($I_C = 1.0mA_{dc}$, $V_{CE} = 10V_{dc}$) ($I_C = 10mA_{dc}$, $V_{CE} = 10V_{dc}$) ($I_C = 150mA_{dc}$, $V_{CE} = 10V_{dc}$)(注1) ($I_C = 500mA_{dc}$, $V_{CE} = 10V_{dc}$)(注1)	2907 2907A 2907 2907A 2907 2907A 2907 2907A	35 75 50 100 75 100 100 30 50	300	
$V_{CE}(sat)$	集电极-发射极间饱和电压(注1) ($I_C = 150mA_{dc}$, $I_B = 15mA_{dc}$) ($I_C = 500mA_{dc}$, $I_B = 50mA_{dc}$)			0.4 1.6	V_{dc}
$V_{BE}(sat)$	基极-发射极间饱和电压 ($I_C = 150mA_{dc}$, $I_B = 15mA_{dc}$) ($I_C = 150mA_{dc}$, $I_B = 50mA_{dc}$) 注1			1.3 2.6	V_{dc}
小信号特性					
f_T	电流增益-带宽积 ($I_C = 50mA_{dc}$, $V_{CE} = 20V_{dc}$, $f = 100MHz$)		200		MHz
C_{obo}	输出电容 ($V_{CB} = 10V_{dc}$, $I_E = 0$, $f = 100kHz$)			8.0	pF
C_{ibo}	输入电容 ($V_{EB} = 2.0V_{dc}$, $I_C = 0$, $f = 100kHz$)			30	pF
开关特性					
t_{on}	开通时间	($V_{CC} = 30V_{dc}$, $I_C = 150mA_{dc}$, Except		45	ns
t_d	延迟时间	$I_{B1} = 15mA_{dc}$) MPQ2907		10	ns
t_r	上升时间			40	ns
t_{off}	关断时间	($V_{CC} = 6.0V_{dc}$, $I_C = 150mA_{dc}$, Except		100	ns
t_S	存储时间	$I_{B1} = I_{B2} = 15mA_{dc}$) MPQ2907		80	ns
t_f	下降时间			30	ns

注1：脉冲测试：脉冲宽度≤300μs，占空比≤2.0%。

B.3 NDS410 N 沟道增强型 MOSFET

NDS9410

分立式 N 沟道增强型场效应晶体管

概述

这些 N 沟道增强型功率场效应晶体管,利用国家半导体公司的知识产权以及高密度 DMOS 技术生产制造。这种非常高密度的工艺通过特殊的调整,可使导通电阻最小化,提供出色的开关特性,并具有优越的抗雪崩击穿能力。这些器件特别适合于低电压应用,例如笔记本电脑的电源管理以及其他需要快速开关、低功率损耗和耐瞬变的电池供电电路。

特性

- 7.0A,30V。$R_{DS(ON)}=0.03\Omega$
- 内置源-漏二极管,可免于使用外部瞬态抑制稳压二极管
- 高密度设计,超低的 $R_{DS(ON)}$
- 大功率和大电流处理能力,广泛使用表贴式封装
- 针对高温条件专门设计的关键直流电气参数

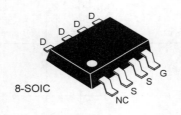

8-SOIC

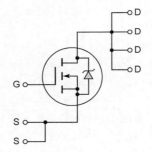

绝对最大额定值   除非特殊说明,$T_C=25℃$

符 号	参 数	NDS410	单 位
V_{DSS}	漏-源间电压	30	V
V_{DGR}	漏-源间电压($R_{GS}\leqslant1M\Omega$)	30	V
V_{GSS}	栅-源间电压	±20	V
I_D	漏极电流-连续,$T_C=25℃$	±7.0	A
	-连续,$T_C=70℃$	±5.8	A
	-脉冲	±20	A
P_D	最大功耗,$T_C=25℃$	2.5(注 1)	W
$T_j T_{STG}$	工作和储存温度范围	$-55\sim150$	℃
温度特性			
$R_{\theta JA}(t)$	热电阻,结到环境(脉冲=10s)	50(注 1)	℃/W
$R_{\theta JA}$	热电阻,结到环境(稳态)	100(注 2)	℃/W
电气特性(除非特殊说明,$T_C=25℃$)			

续表

符 号	参 数	测试条件	最小值	典型值	最大值	单位
关断特性						
BV_{DSS}	漏-源间击穿电压	$V_{GS}=0V, I_D=250\mu A$	30			V
I_{DSS}	栅极电压为零时的漏极电流	$V_{DS}=24V,$ $V_{GS}=0V$			2	μA
		$T_C=125℃$			25	μA
I_{GSSF}	正向栅极-衬底间漏电流	$V_{GS}=20V, V_{DS}=0V$			100	nA
I_{GSSR}	反向栅极-衬底间漏电流	$V_{GS}=-20V, V_{DS}=0V$			−100	nA
导通特性(注3)						
$V_{GS(h)}$	栅极开启电压	$V_{DS}=V_{GS}, I_D=250\mu A$	1	1.4	3	V
		$T_C=125℃$	0.7	1	2.2	V
$R_{DS(ON)}$	静态漏-源间导通电阻	$V_{GS}=10V, I_D=7.0A$		0.022	0.03	Ω
		$T_C=125℃$		0.033	0.045	Ω
		$V_{GS}=4.5V, I_D=3.5A$		0.031	0.05	Ω
		$T_C=125℃$		0.045	0.075	Ω
$I_{D(ON)}$	导通漏极电流	$V_{GS}=10V, V_{DS}=5V$	20			A
		$V_{GS}=2.7V, V_{DS}=2.7V$		7.7		A
g_{FS}	正向跨导	$V_{DS}=15V, I_D=7.0V$		15		S
动态特性						
C_{ISS}	输入电容	$V_{DS}=15V, V_{GS}=0V,$ $f=1.0MHz$		1250		pF
C_{OSS}	输出电容			610		pF
C_{RSS}	反向转移电容			260		pF
开关特性(注3)						
$t_{D(ON)}$	导通延迟时间	$V_{DD}=25V, I_D=1A,$ $V_{GEN}=10V, R_{GEN}=6\Omega$		10	30	ns
t_r	导通上升时间			15	60	ns
$t_{D(OFF)}$	关断延迟时间			70	150	ns
t_r	关断下降时间			50	140	ns
Q_g	总栅极电荷	$V_{DS}=15V, I_D=2.0A,$ $V_{GS}=10V$		41	50	nC
Q_{gs}	栅-源间电荷			2.8		nC
Q_{gd}	栅-漏间电荷			12		nC
漏-源间二极管特性和最大额定值						
I_S	最大连续漏-源间二极管正向电流				2.2	A
V_{SD}	漏-源间二极管正向电压	$V_{GS}=0V, I_S=2.0A$(注3)		0.76	1.1	V
t_{rr}	反向恢复时间	$V_{GS}=0V, I_S=2A,$ $dI_S/dt=100A/\mu s$		100		ns

典型电气特性

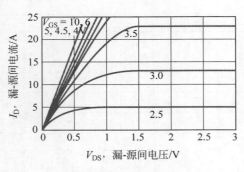

图 1　导通区特性

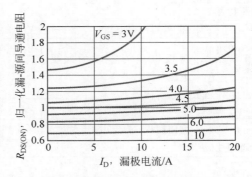

图 2　导通电阻随漏极电流和栅极电压的变化

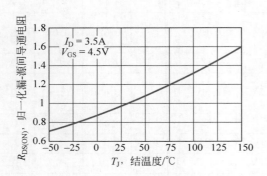

图 3　导通电阻随温度的变化

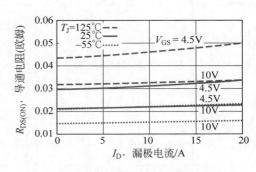

图 4　导通电阻随漏极电流和温度的变化

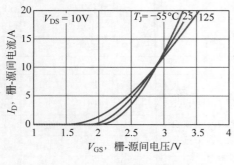

图 5　传输特性

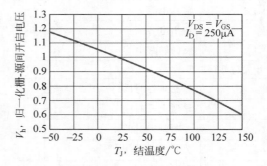

图 6　阈值电压随温度的变化

注：

① 最大功耗和热电阻的前提是假设 10s 的脉冲与稳态等效, 并使用一个单面最大覆铜印制电路板。

② 结到环境的热电阻基于静态空气中的稳态条件, 使用最小热耗散的印制电路板。

③ 脉冲测试：脉冲宽度≤300μs, 占空比≤2.0%。

B.4 LM741 运算放大器

 National Semiconductor

LM741 运放

概述

LM741 系列为通用运放,它的性能优于工业标准,例如运放 LM709。在很多应用中,它们可以直接代替 709C、LM201、MC1439 和 748。运放提供了很多特性,使得应用非常方便,这些特性包括:输入和输出端的过载保护、超

过共模范围时的无自锁和无振荡。LM741C/LM741E 与 LM741/LM41A 基本上等价,除了 LM741C/LM741E 可以在 0～70℃ 温度范围内保证良好性能,而不是 -55℃～+125℃

原理图-(见教材图 13.3)

调零电路

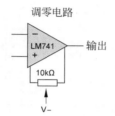

绝对最大额定值

	LM741A	LM741E	LM741	LM741C
电源电压	±22V	±22V	±22V	±18V
功耗	500mW	500mW	500mW	500mW
差分输入电压	±30V	±30V	±30V	±30V
输入电压(注 2)	±15V	±15V	±15V	±15V
输出短路持续时间	连续	连续	连续	连续
工作温度范围	-55℃ to+125℃	0℃ to+70℃	-55℃ to+125℃	0℃ to+70℃
储存温度范围	-65℃ to+150℃	-65℃ to+150℃	-65℃ to+150℃	-65℃ to+150℃
结温	150℃	100℃	150℃	100℃

电气特性

参数	测试条件	LM741A/LM741E			LM741			LM741C			单位
		最小值	典型值	最大值	最小值	典型值	最大值	最小值	典型值	最大值	
输入失调电压	$T_A=25℃$ $R_S \leqslant 10k\Omega$ $R_S \leqslant 50\Omega$		0.8	3.0		1.0	5.0		2.0	6.0	mV mV
	$T_{AMIN} \leqslant T_A \leqslant T_{AMAX}$ $R_S \leqslant 50\Omega$ $R_S \leqslant 10k\Omega$			4.0			6.0			7.5	mV mV
平均输入失调电压漂移			15								$\mu V/℃$

续表

参数	测试条件	LM741A/LM741E			LM741			LM741C			单位
		最小值	典型值	最大值	最小值	典型值	最大值	最小值	典型值	最大值	
输入失调电压调节范围	$T_A = 25℃$, $V_S = \pm 20V$	± 10				± 15			± 15		mV
输入失调电流	$T_A = 25℃$		3.0	30		20	200		20	200	nA
	$T_{AMIN} \leqslant T_A \leqslant T_{AMAX}$			70		85	500			300	nA
平均输入失调电流漂移				0.5							nA/℃
输入偏置电流	$T_A = 25℃$		30	80		80	500		80	500	nA
	$T_{AMIN} \leqslant T_A \leqslant T_{AMAX}$			0.210			1.5			0.8	μA
输入电阻	$T_A = 25℃$, $V_S = \pm 20V$	1.0	6.0		0.3	2.0		0.3	2.0		$M\Omega$
	$T_{AMIN} \leqslant T_A \leqslant T_{AMAX}$, $V_S = \pm 20V$	0.5									$M\Omega$
输入电压范围	$T_A = 25℃$							± 12	± 13		V
	$T_{AMIN} \leqslant T_A \leqslant T_{AMAX}$				± 12	± 13					V
大信号电压增益	$T_A = 25℃$, $R_L \geqslant 2k\Omega$ $V_S = \pm 20V, V_O = \pm 15V$ $V_S = \pm 15V, V_O = \pm 10V$	50			50	200		20	200		V/mV V/mV
	$T_{AMIN} \leqslant T_A \leqslant T_{AMAX}$, $R_L \geqslant 2k\Omega$ $V_S = \pm 20V, V_O = \pm 15V$ $V_S = \pm 15V, V_O = \pm 10V$ $V_S = \pm 5V, V_O = \pm 2V$	32 10				25			15		V/mV V/mV V/mV
输出电压摆幅	$V_S = \pm 20V$ $R_L \geqslant 10k\Omega$ $R_L \geqslant 2k\Omega$	± 16 ± 15									V V
	$V_S = \pm 15V$ $R_L \geqslant 10k\Omega$ $R_L \geqslant 2k\Omega$				± 12 ± 10	± 14 ± 13		± 12 ± 10	± 14 ± 13		V V
输出短路电流	$T_A = 25℃$ $T_{AMIN} \leqslant T_A \leqslant T_{AMAX}$	10 10	25	35 40		25			25		mA mA
共模抑制比	$T_{AMIN} \leqslant T_A \leqslant T_{AMAX}$ $R_S \leqslant 10k\Omega$, $V_{CM} = \pm 12V$ $R_S \leqslant 50\Omega$, $V_{CM} = \pm 12V$	80	95		70	90		70	90		dB dB
电源电压抑制比	$T_{AMIN} \leqslant T_A \leqslant T_{AMAX}$ $V_S = \pm 20V$ to $V_S = \pm 5V$ $R_S \leqslant 50\Omega$ $R_S \leqslant 10\Omega$	86	96		77	96		77	96		

续表

参数	测试条件	LM741A/LM741E			LM741			LM741C			单位
		最小值	典型值	最大值	最小值	典型值	最大值	最小值	典型值	最大值	
瞬态响应 上升时间 过冲	$T_A=25℃$,Unity Gain		0.25 6.0	0.8 20		0.3 5			0.3 5		μs %
带宽	$T_A=25℃$	0.437	1.5								MHz
压摆率	$T_A=25℃$ 单位增益	0.3	0.7			0.5			0.5		V/μs
电源电流	$T_A=25℃$					1.7	2.8		1.7	2.8	mA
功耗	$T_A=25℃$										
	$V_S=\pm20V$		80	150		50	85		50	85	mW
	$V_S=\pm15V$										mW
LM741A	$V_S=\pm20V$										
	$T_A=T_{AMIN}$			165							mW
	$T_A=T_{AMAX}$			135							mW
LM741E	$V_S=\pm20V$										
	$T_A=T_{AMIN}$			150							mW
	$T_A=T_{AMAX}$			130							mW
LM741	$V_S=\pm15V$										
	$T_A=T_{AMIN}$					60	100				mW
	$T_A=T_{AMAX}$					45	75				mW

注：当电源电压小于±15V时,绝对最大输出电压等于电源电压。

标准电阻值和电容值

　　本附录列出标准元件值,用于分立电子电路和系统设计中电阻和电容值的选取。容差为 2% ～ 20% 的低功耗碳膜电阻具有一组标准电阻值和标准的色环标记方案。这些数值可能因制造商而异,表中列出的为典型值。

C.1　碳膜电阻

　　表 C.1 中列出标准电阻值。浅体字表示容差为 2% 和 5% 的值,粗体字表示容差为 10% 的电阻值。

表 C.1　标准电阻值($\times 10^n$)

10	16	**27**	43	**68**
11	**18**	30	**47**	75
12	20	**33**	51	**82**
13	**22**	36	**56**	91
15	24	**39**	62	**100**

　　离散的碳膜电阻有一个标准的色环标记方案,使得电路或器件盒中的电阻值易于识别,而不需要查找打印标记。色环从电阻的一端开始,如图 C.1 所示。根据两个数位和一位乘数来确定电阻值。其他色环表示容差和可靠性。数位和乘数的颜色编码如表 C.2 所示。

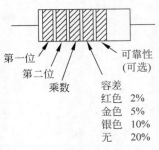

图 C.1　低功耗碳膜电阻的色环标记

表 C.2 数位和乘数的颜色编码

数 位	颜 色	乘 数	0 的个数
	银色	0.01	−2
	金色	0.1	−1
0	黑色	1	0
1	棕色	10	1
2	红色	100	2
3	橘色	1k	3
4	黄色	10k	4
5	绿色	100k	5
6	蓝色	1M	6
7	紫色	10M	7
8	灰色		
9	白色		

例如，$4.7k\Omega$ 电阻的前三个色环为黄、紫和红色。前两个数位为 47，乘数为 100。$150k\Omega$ 电阻的前三个色环为棕、绿和黄色。

容差为 10% 的碳膜电阻，额定功率有 $\frac{1}{4}W$、$\frac{1}{2}W$、$1W$ 和 $2W$。

C.2 精密电阻(容差为 1%)

金属膜精密电阻的容差水平可达到 $0.5\%\sim1\%$。这些电阻上使用四个数位而不是两个数位的色环方案。前三个数位表示一个值，最后一个数位是表示 0 的个数的乘数。例如，2503 表示一个 $250k\Omega$ 的电阻，2000 表示 $20k\Omega$ 的电阻。如果电阻的值太小，不能用这种方法表示，则用 R 表示小数点，例如，37R5 表示 37.5Ω 的电阻，10R0 表示 10.0Ω 的电阻。

标准电阻值通常为 10Ω 到 $301k\Omega$。表 C.3 给出每 10 个一组内的标准电阻值。

表 C.3 标准精密电阻值

100	140	196	274	383	536	750
102	143	200	280	392	549	768
105	147	205	287	402	562	787
107	150	210	294	412	576	806
110	154	215	301	422	590	825
113	158	221	309	432	604	845
115	162	226	316	442	619	866
118	165	232	324	453	634	887
121	169	237	332	464	649	909
124	174	243	340	475	665	931
127	178	249	348	487	681	953
130	182	255	357	499	698	976
133	187	261	365	511	715	
137	191	267	374	523	732	

1%的电阻通常用于对稳定性和准确性要求特别高的应用。可以将一个小的微调电阻与1%的电阻串联,给出精确的电阻值。1%的电阻只在给定的一组条件下保证阻值在额定值的1%误差范围内。由于温湿度变化或者工作在满额功率下而引起的阻值变化可能超过1%的容差。

C.3 电容

来自于某制造商的容差为10%的典型电容值如表 C.4 所示。陶瓷电容的容值范围约为 $10pF \sim 1\mu F$。

表 C.4 陶瓷电容($\times 10^n$)

3.3	30	200	600	2700
5	39	220	680	3000
6	47	240	750	3300
6.8	50	250	800	3900
7.5	51	270	820	4000
8	56	300	910	4300
10	68	330	1000	4700
12	75	350	1200	5000
15	82	360	1300	5600
18	91	390	1500	6800
20	100	400	1600	7500
22	120	470	1800	8200
24	130	500	2000	
25	150	510	2200	
27	180	560	2500	

钽电容(最大可达 $330\mu F$)

0.0047	0.010	0.022
0.0056	0.012	0.027
0.0068	0.015	0.033
0.0082	0.018	0.039

参 考 文 献

一般电子学书籍

1. Burns S G, Bond P R. Principles of Electronic Circuits. 2nd ed. Boston: PWS Publishing Co., 1997.

2. Hambley A R. Electronics, 2nd ed. Upper Saddle River, NJ: Prentice-Hall, Inc., 2003.

3. Hayt W H Jr, Neudeck G W. Electronic Circuit Analysis and Design. 2nd ed. Boston: Houghton Mifflin Co., 1984.

4. Horenstein M N. Microelectronic Circuits and Devices. 2nd ed. Englewood Cliffs, NJ: Prentice Hall, Inc., 1995.

5. Horowitz P, Hill W. The Art of Electronics. 2nd ed. New York: Cambridge University Press, 1989.

6. Howe R T, Sodini C G. Microelectronics: An Integrated Approach. Upper Saddle River, NJ: Prentice-Hall, Inc., 1997.

7. Jaeger R C., Blalock T N. Microelectronic Circuit Design. 3rd ed. New York: McGraw-Hill, 2008.

8. Malik N R. Electronic Circuits: Analysis, Simulation, and Design. Englewood Cliffs, NJ: Prentice Hall, Inc., 1995.

9. Mauro R. Engineering Electronics. Englewood Cliffs, NJ: Prentice Hall, Inc., 1989.

10. Millman J A. Graybel. Microelectronics. 2nd ed. New York: McGraw-Hill Book Co., 1987.

11. Mitchell F H., Jr. Introduction to Electronics Design. 2nd ed. Englewood Cliffs, NJ: Prentice-Hall, Inc., 1992.

12. Rashid M H. Microelectronic Circuits: Analysis and Design. Boston: PWS Publishing Co., 1999.

13. Razaavi B. Fundamentals of Microelectronics. New York: John Wiley and Sons, Inc., 2008.

14. Roden M S, Carpenter G L. Electronic Design: From Concept to Reality. 3rd ed. Burbank, CA: Discovery Press, 1997.

15. Schubert T., Jr. Active and Non-Linear Electronics. New York: John Wiley and Sons, Inc., 1996.

16. Spencer R R, Ghausi M S. Introduction to Electronic Circuit Design. Upper Saddle River, NJ: Prentice-Hall, Inc., 2003.

17. Sedra A S, Smith K C. Microelectronic Circuits. 5th ed. New York: Oxford University Press, 2004.

线性电路理论

18. Alexander C K, Sadiku M N O. Fundamentals of Electric Circuits. 3rd ed. New York: McGraw-Hill, 2007.

19. Bode H W. Network Analysis and Feedback Amplifier Design. Princeton, NJ: D. Van Nostrand Co., 1945.

20. Hayt W H, Kemmerly Jr. Engineering Circuit Analysis. 7th ed. New York: McGraw-Hill, 2007.

21. Irwin J D, Nelms R M. Basic Engineering Circuit Analysis. 9th ed. New York: John Wiley and Sons, Inc., 2008.

22. Johnson, D. E., J. L. Hillburn. Basic Electric Circuit Analysis. 5th ed. Englewood Cliffs, NJ: Prentice Hall, Inc., 1995.

23. Nilsson, J. W., S. A. Riedel. Electric Circuits. 8th ed. Upper Saddle River, NJ: Prentice-Hall, Inc., 2007.

24. Thomas, R. E., A. J. Rosa. The Analysis and Design of Linear Circuits. 6th ed. New York: John Wiley and Sons, Inc., 2008.

半导体器件

25. Neamen, D. A. An Introduction to Semiconductor Devices. Boston: McGraw-Hill, 2006.

26. Neamen, D. A. Semiconductor Physics and Devices: Basic Principles. 3rd ed. Boston: McGraw-Hill, 2003.

27. Streetman, B. G., S. Banerjee. Solid State Electronic Devices. 6th ed. Upper Saddle River, NJ: Prentice Hall, 2006.

28. Sze, S. M., K. K. Ng. Physics of Semiconductor Devices. 3rd ed. New York: John Wiley and Sons, Inc., 2007.

29. Taur, Y., T. H. Ning. Fundamentals of Modern VLSI Devices. Cambridge, United Kingdom: Cambridge University Press, 1998.

模拟集成电路

30. Allen, P. E., D. R. Holberg. CMOS Analog Circuit Design. 2nd ed. New York: Oxford University Press, 2002.

31. Geiger, R. L., P. E. Allen. VLSI Design Techniques for Analog and Digital Circuits. New York: McGraw-Hill Publishing Co., 1990.

32. Gray, P. R., P. J. Hurst. Analysis and Design of Analog Integrated Circuits. 5th ed. New York: John Wiley and Sons, Inc., 2009.

33. Johns, D. A., K. Martin. Analog Integrated Circuit Design. New York: John Wiley and Sons, Inc., 1997.

34. Laker, K. R., W. M. C. Sansen. Design of Analog Integrated Circuits and Systems. New York: McGraw-Hill, Inc., 1994.

35. Northrop, R. B. Analog Electronic Circuits. Reading, MA: Addison-WesleyPublishing Co., 1990.

36. Razavi, B. Design of Analog CMOS Integrated Circuits. Boston: McGraw-Hill, 2001.

37. Soclof, S. Design and Applications of Analog Integrated Circuits. Englewood Cliffs,NJ: Prentice Hall, Inc., 1991.

38. Solomon, J. E. "The Monolithic Op-Amp: A Tutorial Study," IEEE Journal of Solid-State Circuits SC-9, No. 6 (December 1974), pp. 314-32.

39. Widlar, R. J. "Design Techniques for Monolithic Operational Amplifiers," IEEE Journal of Solid-State Circuits SC-4 (August 1969), pp. 184-91.

运算放大电路

40. Barna, A.; and D. I. Porat. Operational Amplifiers. 2nd ed. New York: John Wiley and Sons, Inc., 1989.

41. Berlin, H. M. Op-Amp Circuits and Principles. Carmel, IN: SAMS, A division of Macmillan Computer Publishing, 1991.

42. Clayton, G., B. Newby. Operational Amplifiers. London: Butterworth-Heinemann, Ltd., 1992.

43. Coughlin, R. F., F. F. Driscoll. Operational Amplifiers and Linear Integrated Circuits. Englewood Cliffs, NJ: Prentice Hall, Inc., 1977.

44. Fiore, J. M. Operational Amplifiers and Linear Integrated Circuits: Theory and Application. New York: West Publishing Co., 1992.

45. Franco, S. Design with Operational Amplifiers and Analog Integrated Circuits. 2nd ed. New York: McGraw-Hill, 1998.

46. Graeme, J. G., G. E. Tobey. Operational Amplifiers: Design and Applications. New York: McGraw-Hill Book Co., 1971.

47. Helms, H. Operational Amplifiers 1987 Source Book. Englewood Cliffs, NJ: Prentice Hall, Inc., 1987.

数字电路和器件

48. Ayers，J. E. Digital Integrated Circuits：Analysis and Design. New York：CRC Press，2004.

49. Baker，R. J.，H. W. Li. CMOS Circuit Design，Layout，and Simulation. New York：IEEE Press，1998.

50. CMOS/NMOS Integrated Circuits，RCA Solid State，1980.

51. DeMassa，T. A.，Z. Ciccone. Digital Integrated Circuits. New York：John Wiley and Sons，Inc.，1996.

52. Glasford，G. M. Digital Electronic Circuits. Englewood Cliffs，NJ：Prentice Hall，Inc.，1988.

53. Hauser，J. R.，"Noise Margin Criteria for Digital Logic Circuits." IEEE Transactions on Education 36，No. 4 (November 1993)，pp. 363-68.

54. Hodges，D. A.，H. G. Jackson. Analysis and Design of Digital Integrated Circuits. 3rd ed. New York：McGraw-Hill，2004.

55. Kang，S. M.，Y. Leblebici. CMOS Digital Integrated Circuits：Analysis and Design. 3rd ed. New York：McGraw-Hill，2003.

56. Lohstroh，J. "Static and Dynamic Noise Margins of Logic Circuits," IEEE Journal of Solid-State Circuits SC-14，No. 3 (June 1979)，pp. 591-98.

57. Mead，C.，L. Conway. Introduction to VLSI Systems. Reading，MA：Addison-Wesley Publishing Co.，Inc.，1980.

58. Mukherjee，A. Introduction to NMOS and CMOS VLSI Systems Design. Englewood Cliffs，NJ：Prentice Hall，Inc.，1986.

59. Prince，B. Semiconductor Memories：A Handbook of Design，Manufacture and Applications. 2nd ed. New York：John Wiley and Sons，Inc.，1991.

60. Rabaey，J. M.，A. Chandrakasan. Digital Integrated Circuits：A Design Perspective. 2nd ed. Upper Saddle River，NJ：Prentice-Hall，2003.

61. Segura，J.，C. F. Hawkins. CMOS Electronics：How It Works，How It Fails. Piscataway，NJ：IEEE Press，2004.

62. Wang，N. Digital MOS Integrated Circuits. Englewood Cliffs，NJ：Prentice Hall，Inc.，1989.

63. Wilson，G. R. "Advances in Bipolar VLSI." Proceedings of the IEEE 78，No. 11 (November 1990)，pp. 1707-19.

SPICE 和 PSPICE 参考文献

64. Banzhap，W. Computer-Aided Circuit Analysis Using PSpice. 2nd ed. Englewood Cliffs，NJ：Prentice Hall，Inc.，1992.

65. Brown，W. L.，A. Y. J. Szeto. "Verifying Spice Results with Hand Calculations：Handling Common Discrepancies." IEEE Transactions on Education，37，No. 4 (November 1994)，pp. 358-68.

66. Goody，R. W. MicroSim PSpice for Windows：Volume I：DC，AC，and Devices and Circuits. 2nd ed. Upper Saddle River，NJ：Prentice-Hall，Inc.，1998.

67. Goody，R. W. MicroSim PSpice for Windows：Volume II：Operational Amplifiers and Digital Circuits. 2nd ed. Upper Saddle River，NJ：Prentice-Hall，1998.

68. Herniter，M. E. Schematic Capture with MicroSim PSpice. 3rd ed. Upper Saddle River，NJ：Prentice-Hall，1998.

69. Meares，L. G.，C. E. Hymowitz. Simulating with Spice. San Pedro，CA：Intusoft，1988.

70. MicroSim Staff. PSpice User's Manual Version 4. 03. Irvine，CA：MicroSim Corporation，1990.

71. Natarajan，S. "An Effective Approach to Obtain Model Parameters for BJTs and FETs from Data Books." IEEE Transactions on Education 35，No. 2 (May 1992)，pp. 164-69.

72. Rashid，M. H. SPICE for Circuits and Electronics Using PSpice. Englewood Cliffs，NJ：Prentice

Hall, Inc., 1990.

73. Roberts, G. W., A. S. Sedra. SPICE for Microelectronic Circuits. 3rd ed. New York: Saunders College Publishing, 1992.

74. Thorpe, T. W. Computerized Circuit Analysis with SPICE. New York: John Wiley and Sons, Inc., 1992.

75. Tront, J. G. PSpice for Basic Microelectronics with CD. New York: McGraw-Hill, 2008.

76. Tuinenga, P. W. SPICE: A Guide to Circuit Simulation and Analysis Using PSpice. 2nd ed. Englewood Cliffs, NJ: Prentice Hall, Inc., 1992.